实例展示

01 课堂案例：制作飞鸟挂钟/41页
02 课堂案例：制作扇子/38页
03 课堂案例：制作仿古印章/46页
04 课后习题：制作复古金属图标/52页
05 课后习题：制作玩偶淘宝图片/52页
06 课堂案例：制作宝宝照片/56页

实例展示

Warm
blood
basketbal
01

动感音乐
尽握手中
02

手机图标
12:30 AM
确认
返回
03

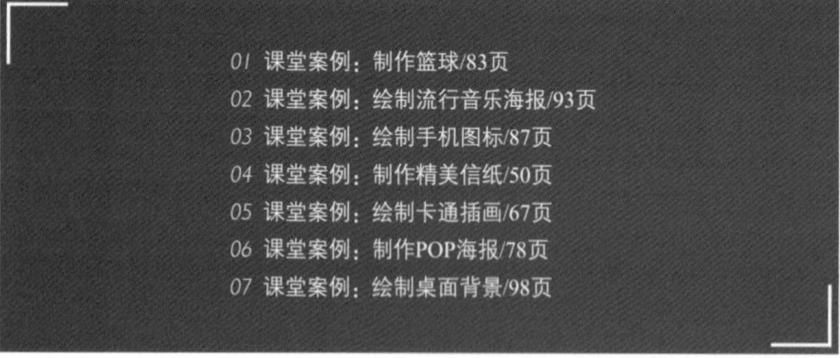

04

05

万圣节
狂欢派对
10月31日20:30
如此神秘的节日岂能错过！
神秘嘉宾等着你，
还在等什么？
带上你的好友来狂欢吧！
The text which here is located, has no any sense and is intended only for comparative acquaintance with possible variants of this image. Here you can place any text necessary for you.
06

07

实例展示

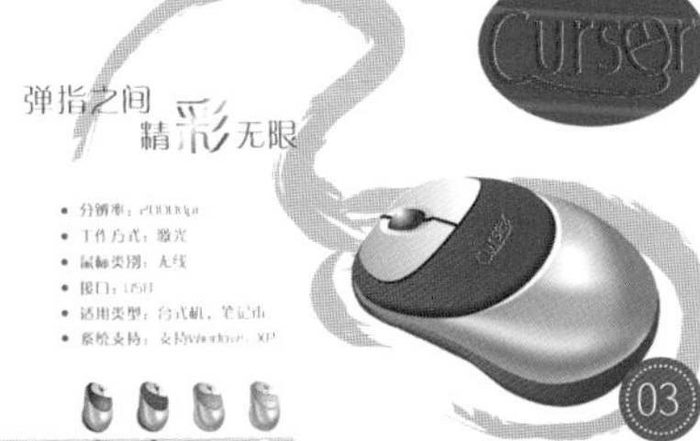

01 课后习题：绘制MP3/108页

02 课堂案例：绘制象棋盘/102页

03 课后习题：绘制鼠标/107页

04 课后习题：制作纸模型/108页

05 课堂案例：绘制鳄鱼/111页

06 课堂案例：制作蛋挞招贴/116页

07 课堂案例：制作焊接拼图游戏/128页

08 课后习题：绘制液晶电视/108页

实例展示

01 课后习题：制作闹钟/152页

02 课堂案例：绘制生日贺卡/142页

03 课堂案例：绘制音乐CD/163页

04 课堂案例：制作照片桌面/132页

05 课后习题：制作蛇年明信片/152页

06 课堂案例：制作明信片/136页

07 课堂案例：绘制渐变字/148页

08 课后习题：绘制杯垫/152页

实例展示

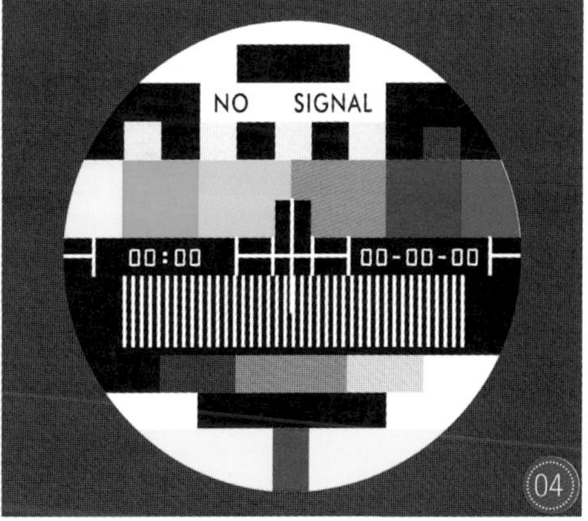

01 课后习题：绘制创意字体/152页

02 课堂案例：绘制音乐海报/166页

03 课堂案例：绘制卡通画/186页

04 课堂案例：绘制电视标板/194页

实例展示

01

Invitation

02

PALUOSITE
03

04

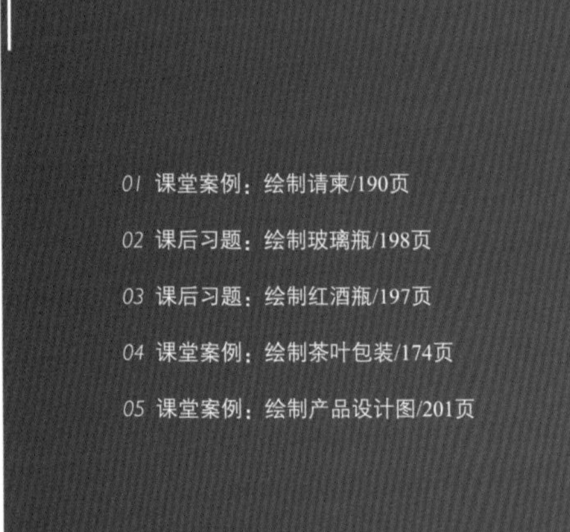

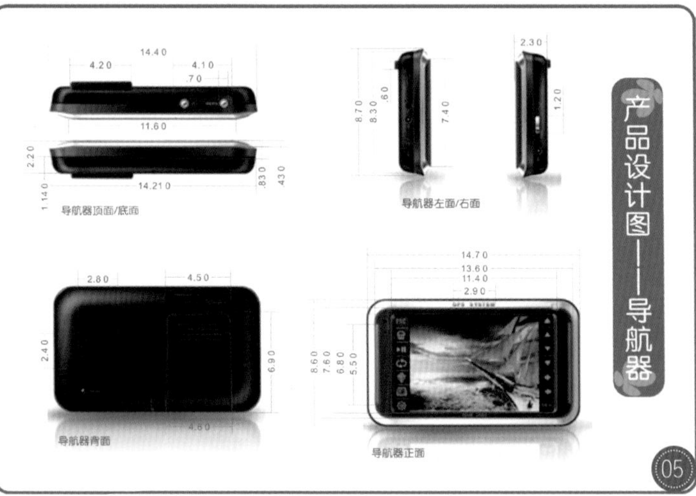
产品设计图——导航器
导航器顶面/底面
导航器左面/右面
导航器背面
导航器正面
05

实例展示

FOREVER AFTER
SHReK
01

《藏獒概要图》
02

《相机按钮简介》

03

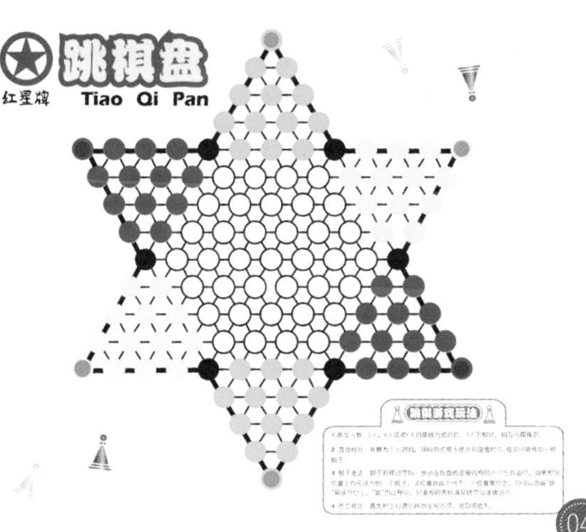
跳棋盘
红星牌 Tiao Qi Pan
04

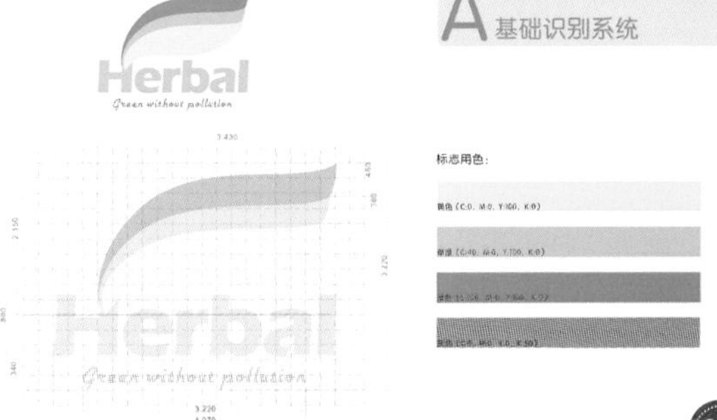
Herbal
Green without pollution
A 基础识别系统
标志用色：
标志制作尺寸图
05

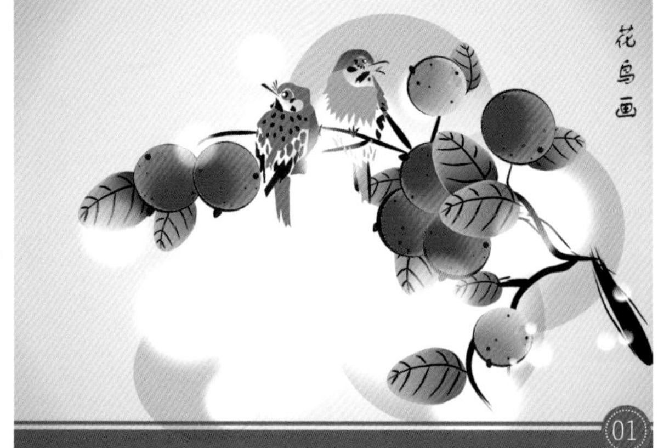
花鸟画
01

New Year
weather
2013
I am a little bee
I was industrious bees
02

SWEET
店主小九
sweet甜品
欲罢不能的甜蜜
会上瘾的幸福感觉
03

Yellow
The warm yellow
On behalf of the sun
04

会呼吸的健康油漆
Healthy paint is the best
NIUCHA
05

2013年暑期黄金档震撼上映
超人归来
MAN OF STEEL
2013
06

运动鞋
07

牛仔衬衫
NIUZAICHENSAN
08

Love
09

THE YOUNG
DREAM
ONE
NEVER GIVE UP
All things come to those who wait
WWW.LUYUANYUAN.COM
10

FURNITURE
SMALL PURE PASTORAL STYLE

11

实例展示

01 课堂案例：绘制书籍封面/310页

02 课堂案例：绘制书籍封套/326页

03 课堂案例：绘制请柬内页/323页

04 课堂案例：制作下沉文字效果/306页

05 课堂案例：绘制卡通底纹/317页

06 课堂案例：组合文字设计/331页

07 课堂案例：绘制格子背景/345页

08 课堂案例：绘制杂志内页/313页

实例展示

01

02

03

04

05

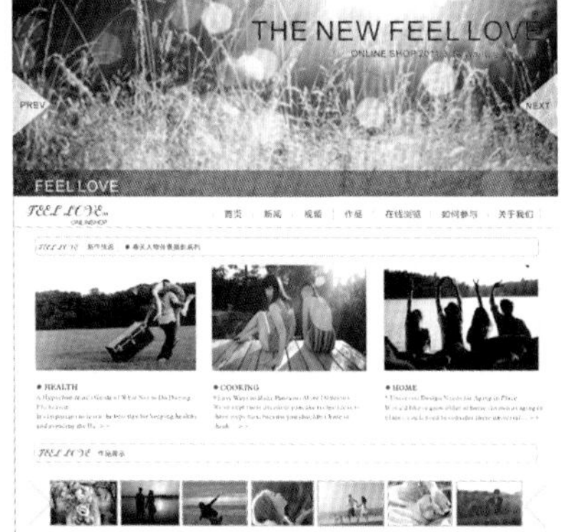

06

07

08

09

10

11

实例展示

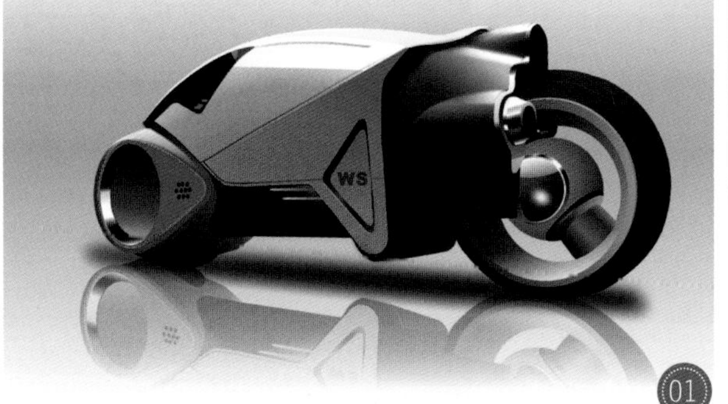

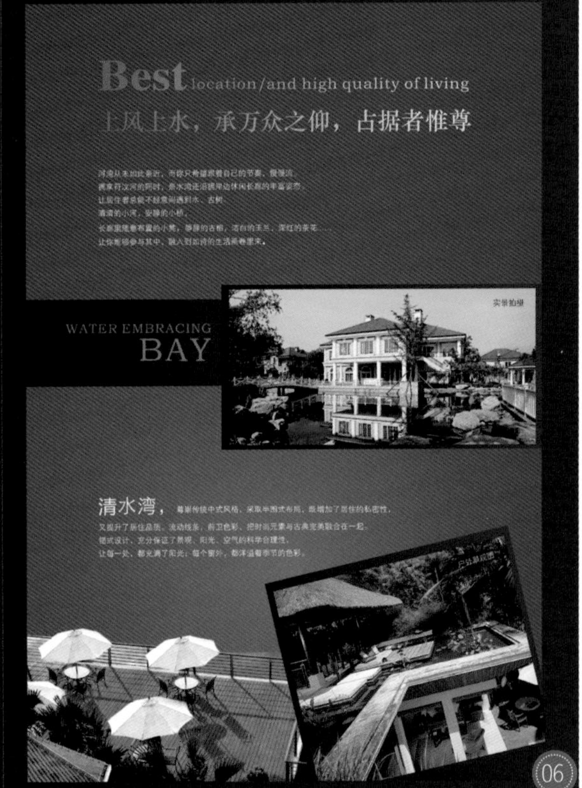

01 课后习题：精通概念摩托车设计/392页

02 课堂案例：精通概念跑车设计/378页

03 课堂案例：精通休闲鞋设计/371页

04 课后习题：精通卡通人物设计/390页

05 课后习题：精通炫光文字设计/390页

06 课后习题：精通地产招贴设计/391页

中文版 CorelDRAW X6 实用教程

（第2版）

时代印象 编著

人民邮电出版社
北京

图书在版编目（CIP）数据

中文版CorelDRAW X6实用教程 / 时代印象编著. -- 2版. -- 北京 : 人民邮电出版社, 2017.6
ISBN 978-7-115-45397-6

Ⅰ. ①中… Ⅱ. ①时… Ⅲ. ①图形软件－教材 Ⅳ. ①TP391.41

中国版本图书馆CIP数据核字(2017)第076154号

内 容 提 要

这是一本全面介绍中文版 CorelDRAW X6 基本功能及实际运用的书。本书主要针对零基础读者编写，是入门级读者快速、全面掌握 CorelDRAW X6 的必备参考书。

本书内容以各种重要软件技术为主线，对每个技术板块中的重点内容进行了详细介绍，并安排了适量的课堂案例，让读者从实际运用中熟悉软件功能并理解制作思路。另外，在第 2 章~第 10 章的最后都安排了课后习题，这些课后习题都是非常实用的案例项目，它们既能达到强化训练的目的，又可以让读者了解实际工作中会做些什么，该做些什么。

本书附带下载资源，内容包含本书所有实例的实例文件、素材文件与多媒体教学录像。读者可通过在线方式获取这些资源，具体方法请参看本书前言。另外，我们还为读者精心准备了中文版 CorelDRAW X6 快捷键索引和课堂案例、课后习题的索引，以方便读者查找。本书非常适合作为院校和培训机构艺术专业课程的教材，也可以作为中文版 CorelDRAW X6 自学人员的参考用书。

◆ 编　　著　时代印象
　责任编辑　张丹丹
　责任印制　陈　犇
◆ 人民邮电出版社出版发行　　北京市丰台区成寿寺路 11 号
　邮编　100164　　电子邮件　315@ptpress.com.cn
　网址　http://www.ptpress.com.cn
　北京市艺辉印刷有限公司印刷
◆ 开本：787×1092　1/16
　印张：25　　彩插：6
　字数：627 千字　　2017 年 6 月第 2 版
　印数：5 201－7 700 册　　2017 年 6 月北京第 1 次印刷

定价：49.80 元

读者服务热线：(010)81055410　印装质量热线：(010)81055316
反盗版热线：(010)81055315
广告经营许可证：京东工商广字第 8052 号

前言

Corel公司的CorelDRAW X6是一款优秀的矢量绘图软件，CorelDRAW的强大功能使其从诞生以来就一直受到平面设计师的喜爱。利用CorelDRAW，可以在矢量绘图、文本编排、Logo设计、字体设计及工业产品设计等方面制作出高品质的对象，这也使其在平面设计、商业插画、VI设计和工业设计等领域中占据非常重要的地位，成为全球最受欢迎的矢量绘图软件之一。

我们对本书的编写体系进行了精心的设计，按照“软件功能解析→课堂案例→课后习题”这一思路编排，通过软件功能解析使读者深入学习软件功能和制作特色，通过课堂案例演练使读者快速熟悉软件功能和设计思路，并通过课后习题拓展读者的实际操作能力。在内容编写方面，我们力求通俗易懂，细致全面；在文字叙述方面，我们注意言简意赅、突出重点；在案例选取方面，我们强调案例的针对性和实用性。

随书资源中包含了书中所有课堂案例和课后习题的实例文件和素材文件。同时，为了方便读者学习，本书还配备所有案例的大型多媒体教学录像，这些录像也是由专业人员录制的，详细记录了每一个操作步骤，尽量让读者一看就懂。另外，为了方便教师教学，本书还配备了PPT课件等丰富的教学资源，任课教师可直接拿来使用。

本书的参考学时为66学时，其中讲授环节为40学时，实训环节为26学时，各章的参考学时如下表所示。

章	课程内容	学时分配	
		讲授	实训
第1章	初识CorelDRAW X6	2	
第2章	对象操作	4	2
第3章	绘图工具	4	4
第4章	图形与轮廓的编辑	6	4
第5章	填充与智能操作	4	2
第6章	度量标示和连接工具	2	2
第7章	图像效果	4	2
第8章	位图操作	6	3
第9章	文本与表格	4	3
第10章	商业案例实训	4	4
学时总计		40	26

为了使读者轻松自学并深入地了解CorelDRAW X6软件功能，本书在版面结构设计上尽量做到清晰明了，如下图所示。

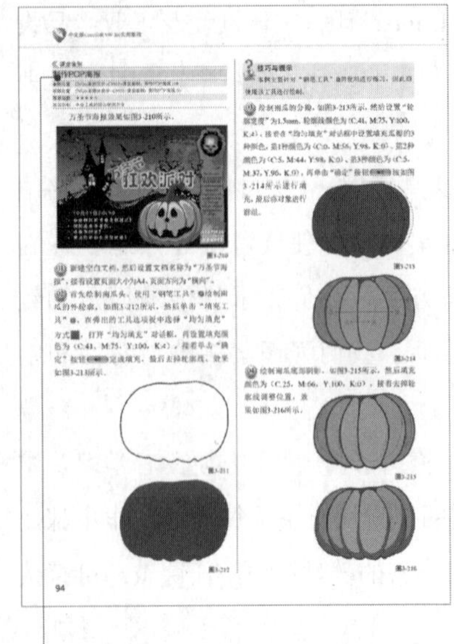

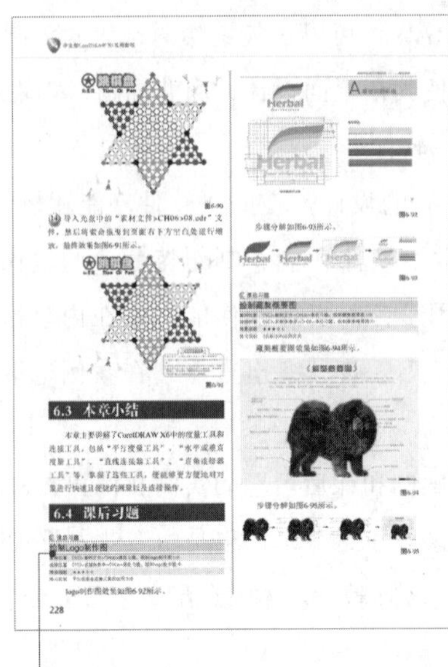

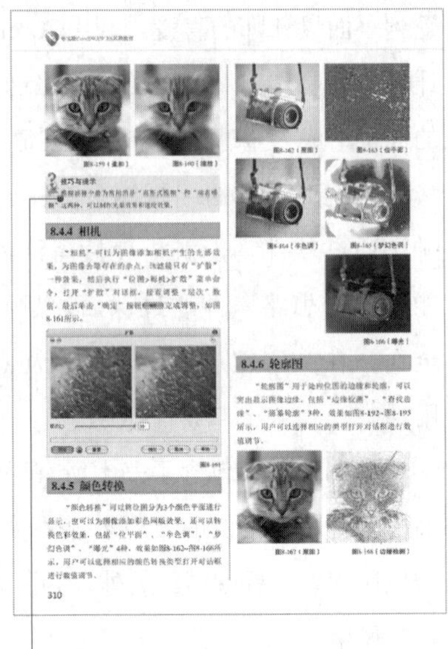

课堂案例：包含大量的案例详解，让读者深入掌握基础知识以及各种工具的使用。

课后习题：安排重要的制作习题，让读者在学完相应内容以后继续强化所学技术。

技巧与提示：针对软件的实用技巧及制作过程中的难点进行重点提示。

我们衷心地希望能够为广大读者提供力所能及的阅读服务，尽可能地帮助读者解决一些实际问题，如果读者在学习过程中需要我们的支持，请通过以下方式与我们取得联系，我们将尽力解答。

售后服务

本书所有的学习资源文件均可在线下载（或在线观看视频教程），扫描封底的“资源下载”二维码，关注我们的微信公众号即可获得资源文件下载方式。在资源下载过程中如有疑问，可通过我们的在线客服或客服电话与我们联系。在阅读本书的过程中，如果遇到问题，也欢迎读者与我们交流，我们将竭诚为读者服务。

资源下载

读者可以通过以下方式来联系我们。

客服邮箱：press@iread360.com

客服电话：028-69182687、028-69182657

时代印象

2017年3月

目 录 CONTENTS

目 录 CONTENTS

目录 CONTENTS

目 录 CONTENTS

目 录 CONTENTS

第1章

初识CorelDRAW X6

CorelDRAW是深受广大平面设计人员青睐的软件之一，是由Corel公司推出的集图形设计、文字编辑及图形高品质输出于一体的矢量图形绘制软件。本章主要介绍CorelDRAW X6的一些基础知识以及CorelDRAW X6的工作界面、基本操作以及工具设置等。

课堂学习目标

了解CorelDRAW X6的应用领域

了解CorelDRAW X6的兼容性

了解矢量图与位图的概念

了解CorelDRAW X6的安装与卸载方法

了解CorelDRAW X6的菜单栏

了解CorelDRAW X6的标准工具栏

了解CorelDRAW X6的属性栏

了解CorelDRAW X6的工具箱

了解CorelDRAW X6的标尺

掌握CorelDRAW X6的基本操作

1.1 CorelDRAW X6的应用领域

CorelDRAW是一款通用且强大的图形设计软件，强大的功能使其广泛运用于商标设计、图标制作、模型绘制、插图绘制、排版、网页及分色输出等诸多领域，是当今设计、创意过程中不可或缺的有力助手。CorelDRAW X6的应用领域包含以下4个方面。

第1：绘制矢量图形。CorelDRAW X6是一款顶级的矢量图制作软件，它在矢量图制作中有很强的灵活性，如插画设计、字体设计以及Logo设计，是任何软件不可比拟的。

第2：页面排版。由于文字设计在页面排版中非常重要，而CorelDRAW的文字设计功能又非常强大，因此在实际工作中，设计师经常使用CorelDRAW来排版单页面；另外，CorelDRAW还可以进行多页面排版，如画册设计、杂志内页设计等。

第3：位图处理。作为专业的图像处理软件，CorelDRAW X6除了针对位图增加了很多新的特效功能外，还增加了一款辅助软件Corel PHOTO-PAINT X6，在处理位图时可以让特效更全面且更丰富。

第4：色彩处理。CorelDRAW为图形设计提供了很全面的色彩编辑功能，利用各种颜色填充工具或面板，可以轻松快捷地为图形编辑丰富的色彩效果，甚至可以进行对象间色彩属性的复制，提高了图形编辑的效率。

图1-1所示为使用CorelDRAW X6所绘制的作品。

图1-1

1.2 CorelDRAW的兼容性

由于平面领域涉及的软件很多，文件格式也非常多，CorelDRAW X6可以兼容使用多种格式的文件，方便读者导入文件素材和进行编辑。当然，CorelDRAW X6还支持将编辑好的内容以多种格式进行输出，方便读者导入其他设计软件（如Photoshop、Flash）中进行编辑。

1.3 矢量图与位图

在CorelDRAW中，可以进行编辑的图像包含矢量图和位图两种，在特定情况下二者可以进行互相转换，但是转换后的对象与原图有一定的偏差。

1.3.1 矢量图

CorelDRAW软件主要以矢量图形为基础进行创作，矢量图也称为“矢量形状”或“矢量对象”，在数学上定义为一系列由线连接的点。矢量文件中每个对象都是一个自成一体的实体，它具有颜色、形状、轮廓、大小和屏幕位置等属性，可以直接进行轮廓修饰、颜色填充和效果添加等操作。

矢量图与分辨率无关，因此在进行任意移动或修改时都不会丢失细节或影响其清晰度。当调整矢量图形的大小、将矢量图形打印到任何尺寸的介质上、在PDF文件中保存矢量图形或将矢量图形导入到基于矢量的图形应用程序中时，矢量图形都将保持清晰的边缘。打开一个矢量图形文件，如图1-2所示，将其放大到200%，图像上不会出现锯齿（通常称为“马赛克”），如图1-3所示，继续放大，同样也不会出现锯齿，如图1-4所示。

图1-2

图1-3

图1-4

1.3.2 位图

位图也称为“栅格图像”。位图由众多像素组成，每个像素都会被分配一个特定位置和颜色值，在编辑位图图像时只针对图像像素而无法直接编辑形状或填充颜色。将位图放大后图像会“发虚”，并且可以清晰地观察到图像中有很多像素小方块，这些小方块就是构成图像的像素。打开一张位图图像，如图1-5所示；将其放大到200%显示，可以发现图像已经开始变得模糊，如图1-6所示；继续放大，就会出现非常严重的马赛克现象，如图1-7所示。

图1-5

图1-6

图1-7

1.4 CorelDRAW X6的安装与卸载

在正式讲解CorelDRAW的强大功能之前，编者有必要介绍一下如何正确地安装CorelDRAW X6，以及如何卸载该软件。

1.4.1 安装CorelDRAW X6

由于设计行业对软件的要求很严格，因此建议用户购买官方正版CorelDRAW X6。下面就对CorelDRAW X6的安装方法进行详细讲解。

第1步：根据自己的计算机配置选择32位版本或64位版本，然后单击安装程序进入CorelDRAW X6的安装对话框，等待程序初始化。

技巧与提示

注意，在安装CorelDRAW X6的时候，必须确保没有其他版本的CorelDRAW正在运行，否则将无法继续进行安装。

第2步：等待初始化完毕以后，单击“继续”按钮 继续(O) > ，进入到用户许可协议界面以后，再单击“我接受”按钮 我接受(A) 。

第3步：接受许可协议后，会进入产品注册界面。对于“用户名”选项，可以不用更改；如果已经购买了CorelDRAW X6的正式产品，可以勾选“我有序列号或订阅代码”选项，然后手动输入序列号即可；如果没有序列号或订阅代码，可以选择“我没有序列号，我想试用产品”选项。选择完相应选项以后，单击“下一步”按钮 下一步(N) 。

第4步：进入到安装选项界面以后，可以选择“典型安装”或者“自定义安装”两种方式（这里推荐使用“典型安装”方式）。选择好安装方式以后，软件会自动进行安装。安装完成后单击“完成”按钮 完成(F) 退出安装界面。

技巧与提示

注意，所选择的安装盘必须要留够足够的空间，否则安装将会自动终止。

第5步：单击桌面上的快捷图标，启用CorelDRAW X6，图1-8所示是其启动画面。

图1-8

1.4.2 卸载CorelDRAW X6

对于CorelDRAW X6的卸载方法，可以采用常规卸载，也可以采用专业的卸载软件进行卸载，这里介绍一下常规卸载方法。在计算机界面中执行“开始>控制面板”命令，打开“控制面板”对话框，然后双击“添加或删除程序”选项，如图1-9所示，接着在弹出的“添加或删除程序”对话框中选择CorelDRAW X6的安装程序，最后进行卸载即可，如图1-10所示。

图1-9

图1-10

1.5 CorelDRAW X6的工作界面

为了方便用户高效率操作，CorelDRAW X6的工作界面布局非常人性化。启动CorelDRAW X6后可以观察到其工作界面。

在默认情况下，CorelDRAW X6的界面组成元素包含标题栏、菜单栏、标准工具栏、属性栏、工具箱、页面、工作区、标尺、导航器、状态栏、调色板、泊坞窗、视图导航器、滚动条和用户登录，如图1-11所示。

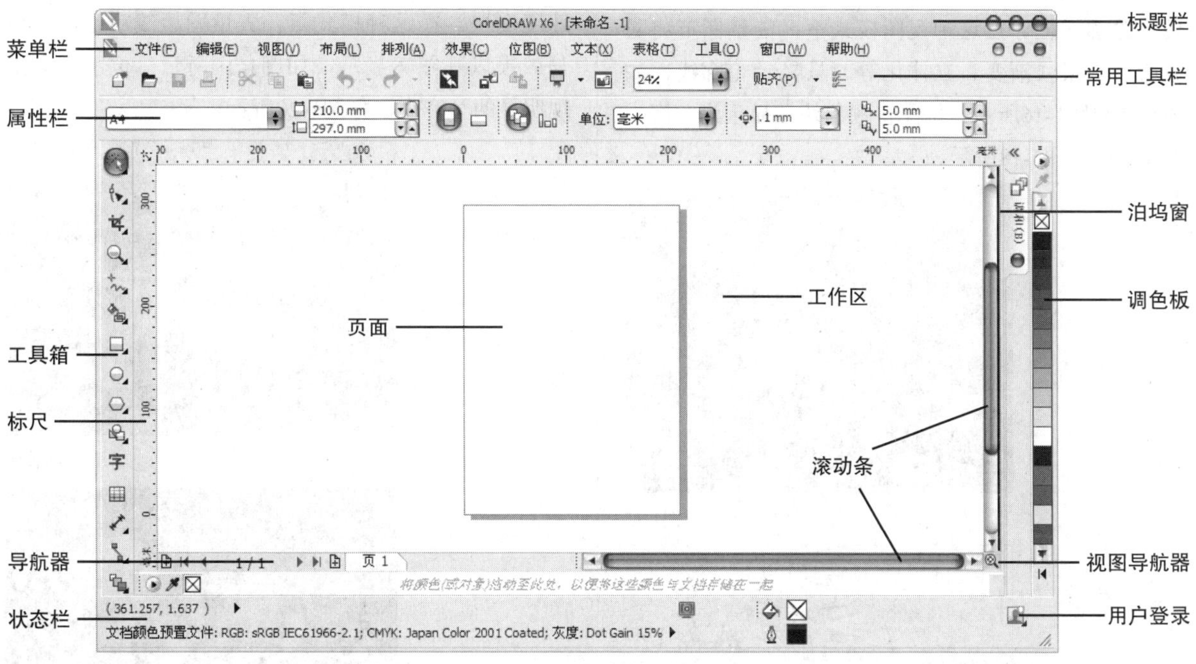

图1-11

技巧与提示

初次启动CorelDRAW X6时泊坞窗是没有显示出来的，可以执行“窗口>泊坞窗”菜单命令调出相应的泊坞窗。

1.5.1 标题栏

标题栏位于界面的最上方，标注软件名称CorelDRAW X6和当前编辑文档的名称，如图1-12所示。标题显示黑色为激活状态。

图1-12

1.5.2 菜单栏

菜单栏包含CorelDRAW X6中常用的各种菜单命令，包括“文件”“编辑”“视图”“布局”“排列”“效果”“位图”“文本”“表格”“工具”“窗口”和“帮助”12组菜单，如图1-13所示。

图1-13

1.文件

“文件”菜单可以对文档进行基本操作，选择相应菜单命令可以进行页面的新建、打开、关闭、保存等操作，也可以进行导入、导出或执行打印设置等操作。

2.编辑

“编辑”菜单用于进行对象编辑操作，选择相应的菜单命令可以进行步骤的撤销与重做，也可以进行对象的剪切、复制、粘贴、删除、符号制作操作，还可以插入条码、插入对象、查看对象属性。

3.视图

“视图”菜单用于进行文档的视图操作。选择相应的菜单命令可以对文档视图模式进行切换、调整视图预览模式和界面显示操作，如图1-14所示。

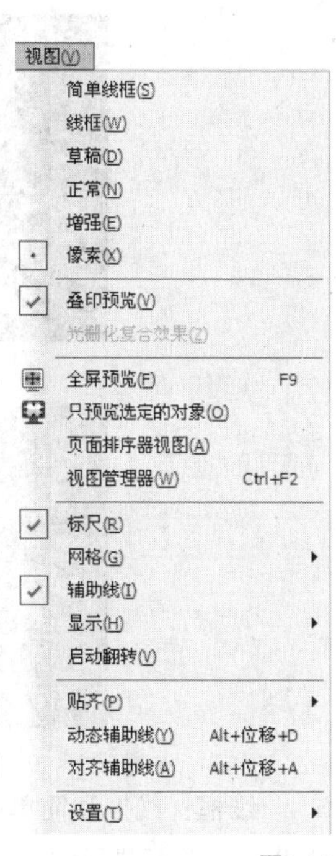

图1-14

视图菜单命令介绍

简单线框：单击该命令，编辑界面中的对象会显示轮廓线框。在这种视图模式下，矢量图形将隐藏所有效果（渐变、立体化等）只显示轮廓线，如图1-15和图1-16所示；位图将颜色统一显示为灰度，如图1-17和图1-18所示。

图1-15

图1-16

图1-17

图1-18

线框：线框和简单线框相似，区别在于，位图是以单色进行显示的。

草稿：单击该命令，编辑界面中的对象会显示为低分辨率图像，使打开文件的速度和编辑文件的速度变快。在这种模式下，矢量图边线粗糙，填色与效果以基图案显示，如图1-19所示；位图则会出现明显的马赛克，如图1-20所示。

图1-19

图1-20

正常：单击该命令，编辑界面中的对象会正常显示（以原分辨率显示），如图1-21和图1-22所示。

图1-21

图1-22

增强：单击该命令，编辑界面中的对象会显示为最佳效果。在这种模式下，矢量图的边缘会尽可能地平滑，图像越复杂，处理的时间越长，如图1-23所示；位图以高分辨率显示，如图1-24所示。

图1-23

图1-24

像素：单击该命令，编辑界面中的对象会显示为像素格效果，放大对象比例可以看见每个像素格，如图1-25和图1-26所示。

图1-25

图1-26

叠印预览：直接预览叠印效果。

光栅化复合效果：将图像分割成小像素块，可以和光栅插件配合使用更换图片颜色。

全屏预览：将所有编辑对象进行全屏预览，按F9键可以进行快速切换，这种方法并不会显示所有编辑的内容，如图1-27所示。

图1-27

只预览选定的对象：对选中的对象进行预览，没有被选中的对象会隐藏，如图1-28所示。

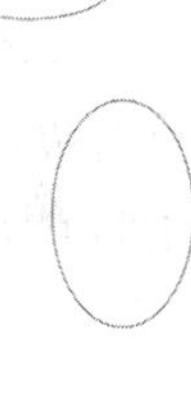

图1-28

页面排序器视图：将文档内编辑的所有页面以平铺手法进行预览，方便在书籍、画册编排时进行查看和调整，如图1-29所示。

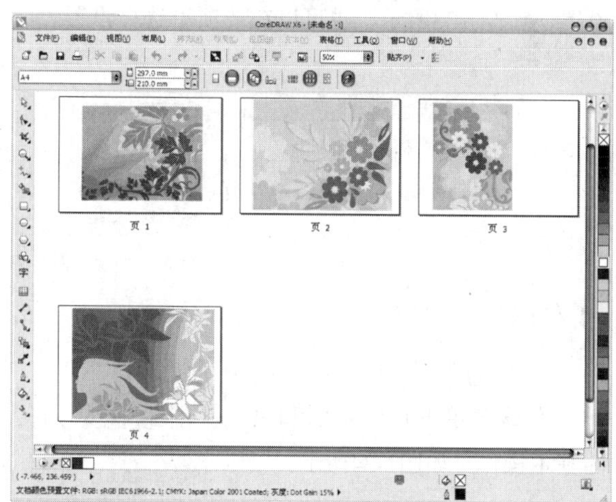

图1-29

视图管理器：以泊坞窗的形式进行视图查看。

标尺：单击该命令可以进行标尺的显示或隐藏。

网格：在子菜单中可以选择添加的网格类型，如图1-30所示，包括“文档网格”“像素网格”和“基线网格”。

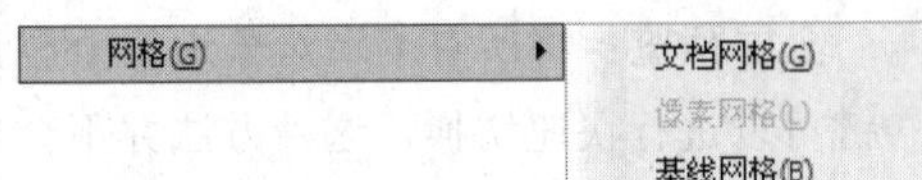

图1-30

辅助线：单击该命令可以显示或隐藏辅助线，在隐藏辅助线时不会将其删除。

显示：在子菜单中可以选择页面相关的显示区域，包括“页边框”“出血”和“可打印区域”，如图1-31所示。

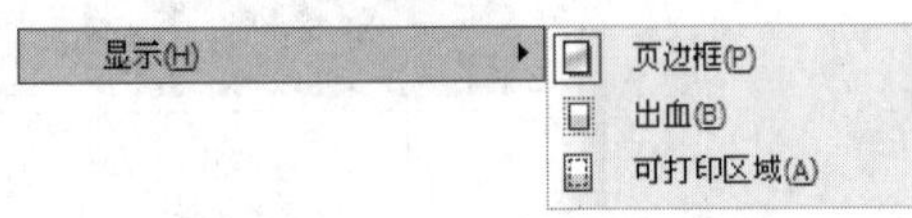

图1-31

启动翻转：开启视图的翻转效果。

贴齐：在子菜单中选取相应对象类型进行贴齐，使用贴齐后，当对象移动到目标吸引范围时会自动贴靠。该命令可以配合网格、辅助线、基线等辅助工具使用，如图1-32所示。

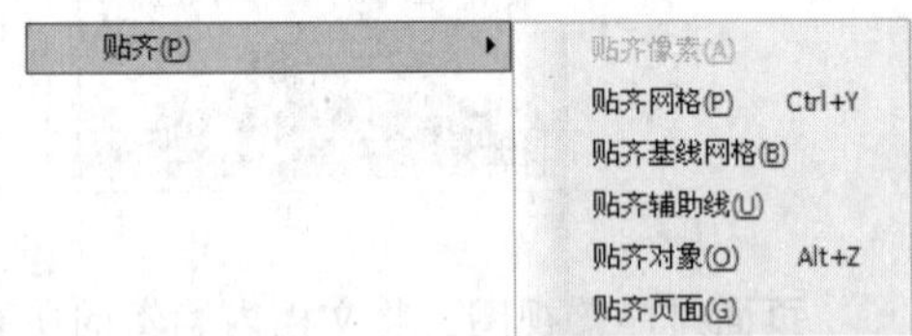

图1-32

设置：在子菜单中选择相应的命令进行相应的设置，如图1-33所示，也可以在选项里选择设置。

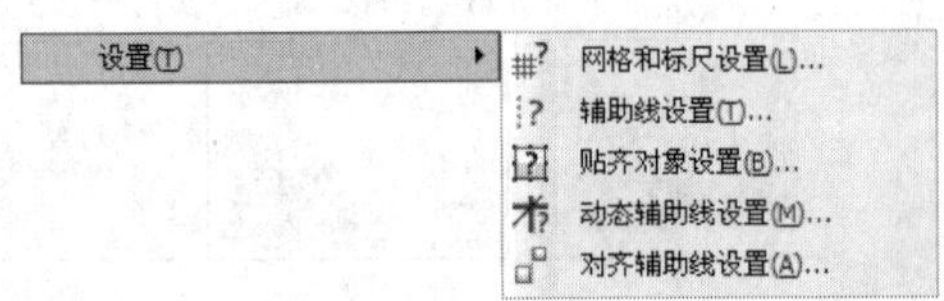

图1-33

4.布局

“布局”菜单用于文本编排。在该菜单下包含页面和页码的基本操作，如图1-34所示。

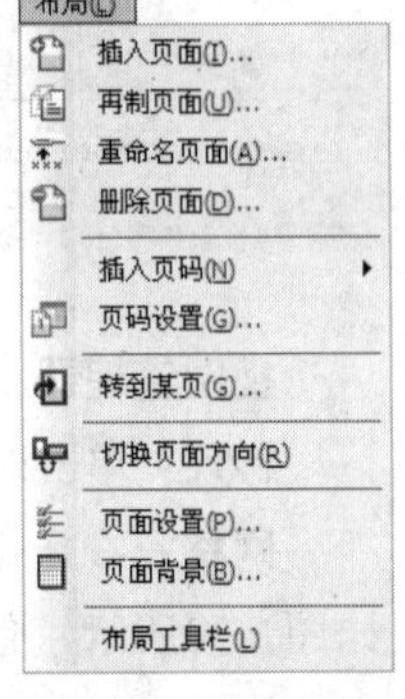

图1-34

布局菜单命令介绍

插入页面：单击该命令可以打开“插入页面”对话框，进行插入新页面操作。

再制页面：在当前页前或后，复制当前页或当前页及其页面内容。

重命名页面：重新命名页面名称。

删除页面：删除已有的页面，可以输入删除页面的范围。

插入页码：在子菜单中选择插入页码的方式进行操作，包括“位于活动图层”“位于所有页”“位于所有奇数页”和“位于所有偶数页”，如图1-35所示。

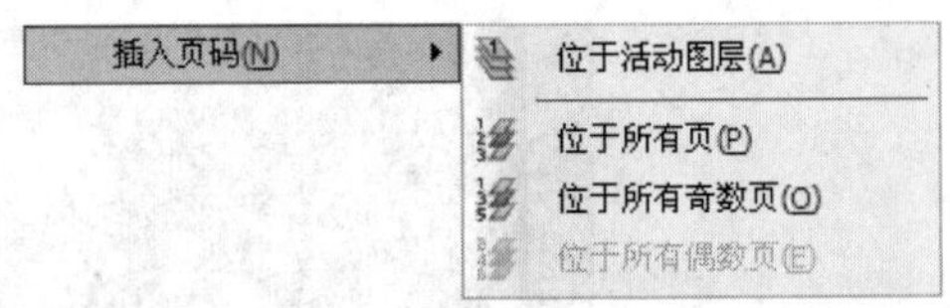

图1-35

技巧与提示

注意，插入的页码具有流动性，如果删除或移动中间任意页面，页码会自动流动更新，不用重新进行编辑。

页码设置：执行“布局>页码设置”菜单命令，打开“页码设置”对话框，在该对话框中可以设置“起始编号”和“起始页”的数值，同时还可以设置页码的“样式”，如图1-36所示。

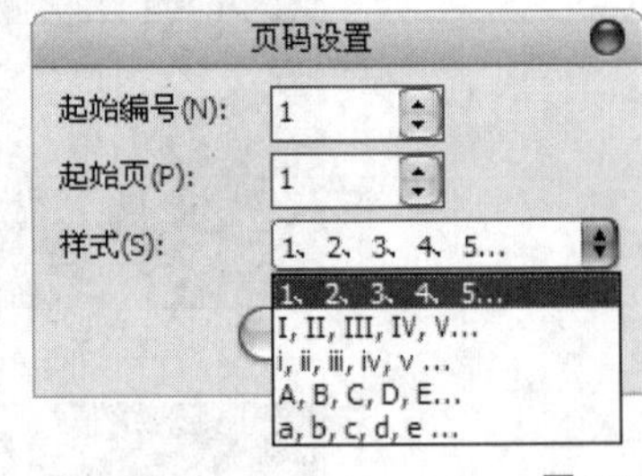

图1-36

转到某页：快速跳转至文档中某一页。

切换页面方向：切换页面的横向或纵向。

页面设置：可以打开“选项”菜单设置页面基础参数。

页面背景：在菜单栏执行中“布局>页面背景”命令，打开“选项”对话框，如图1-37所示。默认为无背景；勾选纯色背景后在下拉颜色选项中可以选择背景颜色；勾选位图后可以载入图片作为背景。勾选

"打印和导出背景"选项，可以在输出时显示填充的背景。

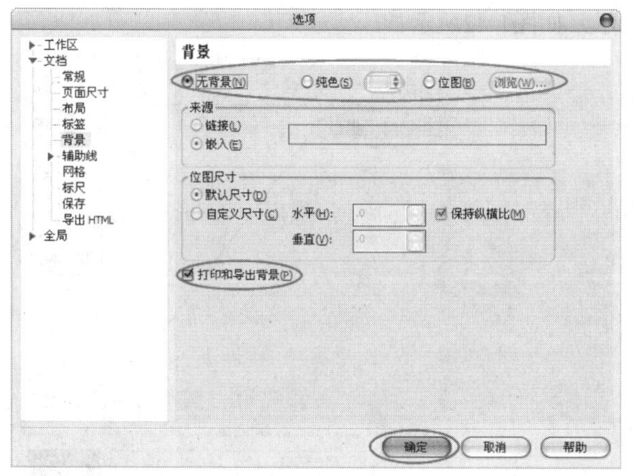

图1-37

布局工具栏：打开布局的标准工具栏，方便我们快速使用布局效果。

5.排列

"排列"菜单用于对象编辑的辅助操作。在该菜单下可以进行对象的形状变换、排放、组合、锁定、造形和转曲等操作。

6.效果

"效果"菜单用于图像的效果编辑。在该菜单下可以进行位图的颜色校正调节、矢量图的材质效果的加载。

7.位图

"位图"菜单可以进行位图的编辑和调整，也可以为位图添加特殊效果。

8.文本

"文本"菜单用于文本的编辑与设置，在该菜单下可以进行文本的段落设置、路径设置和查询操作。

9.表格

"表格"菜单用于文本中表格的创建与设置。在该菜单栏下可以进行表格的创建和编辑，也可以进行文本与表格的转换操作。

10.工具

"工具"菜单用于打开样式管理器进行对象的批量处理，如图1-38所示。

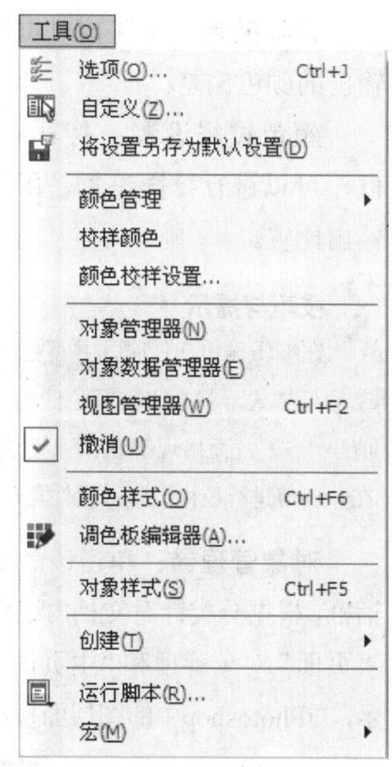

图1-38

工具菜单命令介绍

选项：打开"选项"对话框进行参数设置，可以对"工作区""文档"和"全局"进行分项目设置，如图1-39所示。

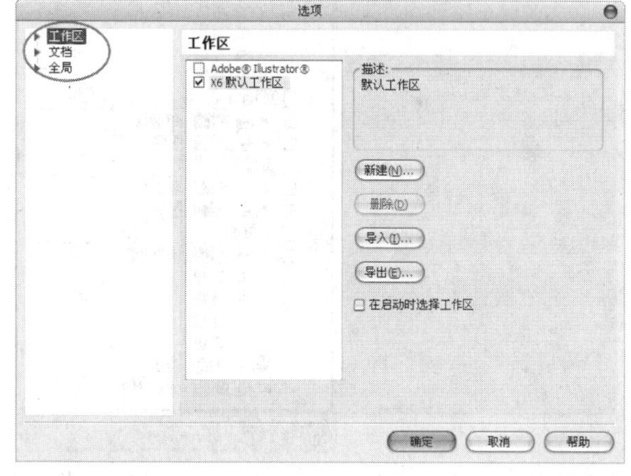

图1-39

自定义：在"选项"对话框中设置自定义选项。

将设置另存为默认设置：可以将设定好的数值保存为软件默认设置，即使再次重启软件也不会变。

颜色管理：在下拉菜单中可以选择相应的设置类型，包括"默认设置"和"文档设置"两个命令，如图1-40所示。

图1-40

校样颜色： 快速校对位图的颜色，减小显示或输出的颜色偏差。

颜色校样设置： 打开“颜色校样设置”对话框，可以进行校样设置，用于印前颜色校对，可以输出比较。

技巧与提示

在编辑输出文件时，并不会注意颜色的数值，随意地拖曳颜色样式，就会出现颜色的无效值（CMYK的4种颜色数值小于5），而出现颜色偏差无法正常输出打印，因此需要在输出前进行校样，降低文件与印刷成品的色差。

对象管理器： 单击该命令打开“对象管理器”对话框，根据分类针对文档内编辑的对象进行管理，包括“页面”对象管理和“主页面”对象管理，如图1-41所示，与Photoshop中的图层面板相似。

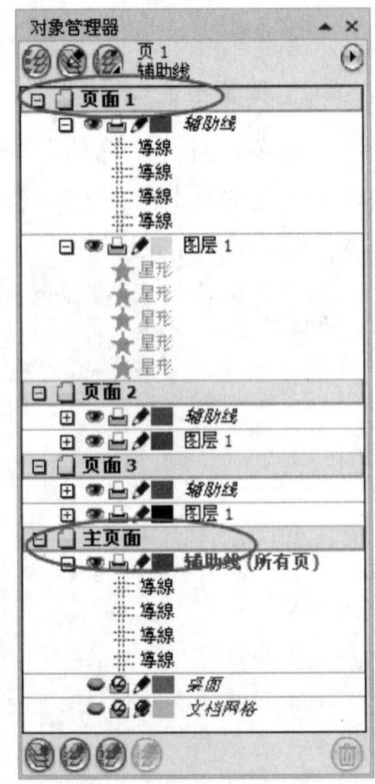

图1-41

对象数据管理器： 单击该命令打开“对象数据”对话框，用于管理和创建对象数据。

视图管理器： 单击该命令可以对文档视图进行管理与操作。

撤销： 打开撤销的所有步骤图，与Photoshop中的历史记录一样，可以单击回到某一步。

颜色样式： 单击该命令可以打开“颜色样式”对话框，快速添加颜色和整体变更颜色。

调色板编辑器： 用于编辑新建调色板。单击打开“调色板编辑器”对话框，利用右边相应的按钮编辑调色板颜色，添加的颜色样式在空白界面上显示，如图1-42所示。

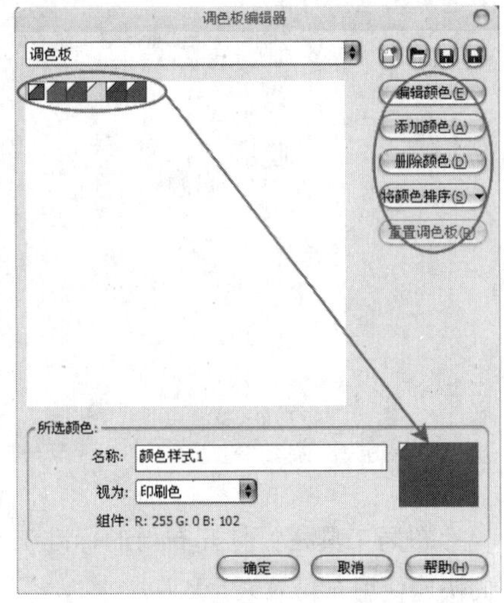

图1-42

对象样式： 单击打开“对象样式”对话框，包含“样式”“样式集”和“默认对象属性”，在相应的选项下选择对象类型进行设置，单击“应用于选定对象”按钮应用于选定对象将设置应用于选定的对象；对对象类型进行修改时，批量使用该类型的所有对象也随之修改，如图1-43所示。

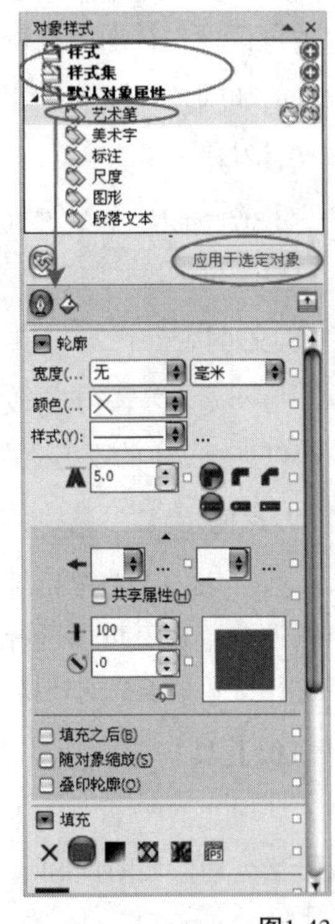

图1-43

创建：可以用来创建新的元素，包含“箭头”“字符”和“图案填充”。

运行脚本：运行导入已有的脚本。

宏：用于快速建立批量处理动作，并进行批量处理。

11.窗口

“窗口”菜单用于调整窗口文档视图和切换编辑窗口。在该菜单下可以进行文档窗口的添加、排放和关闭，如图1-44所示。注意，打开的多个文档窗口在菜单最下方显示，正在编辑的文档前方显示对钩，单击选择相应的文档可以进行快速切换编辑。

图1-44

窗口菜单命令介绍

新建窗口：用于新建一个文档窗口。

层叠：将所有文档窗口进行叠加预览，如图1-45所示。

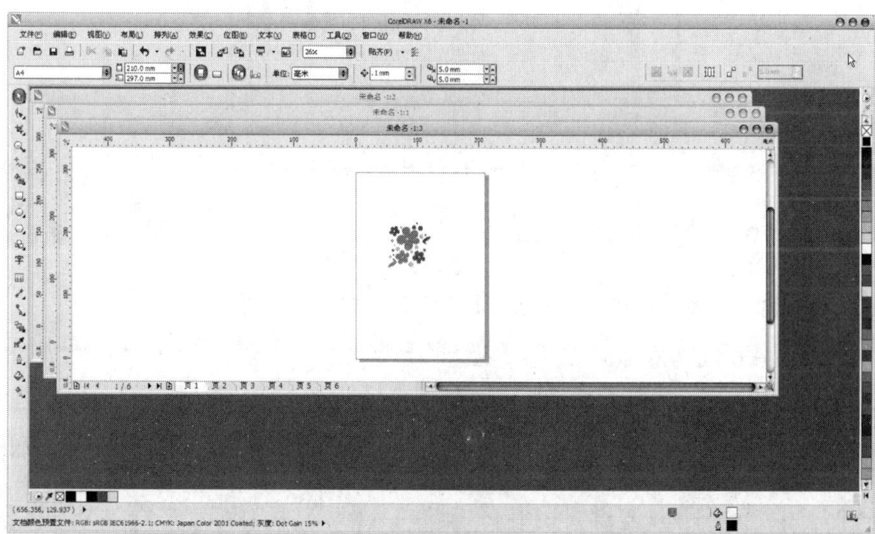

图1-45

水平平铺：将所有文档窗口进行水平方向平铺预览，如图1-46所示。

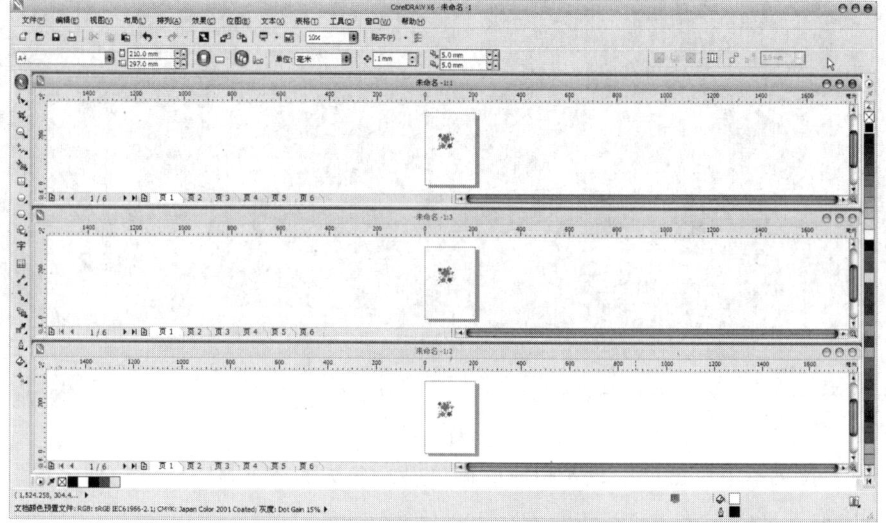

图1-46

垂直平铺：将所有文档窗口进行垂直方向平铺预览，如图1-47所示。

图1-47

排列图标：将所有窗口以图标形式在下方进行排列预览，如图1-48所示。

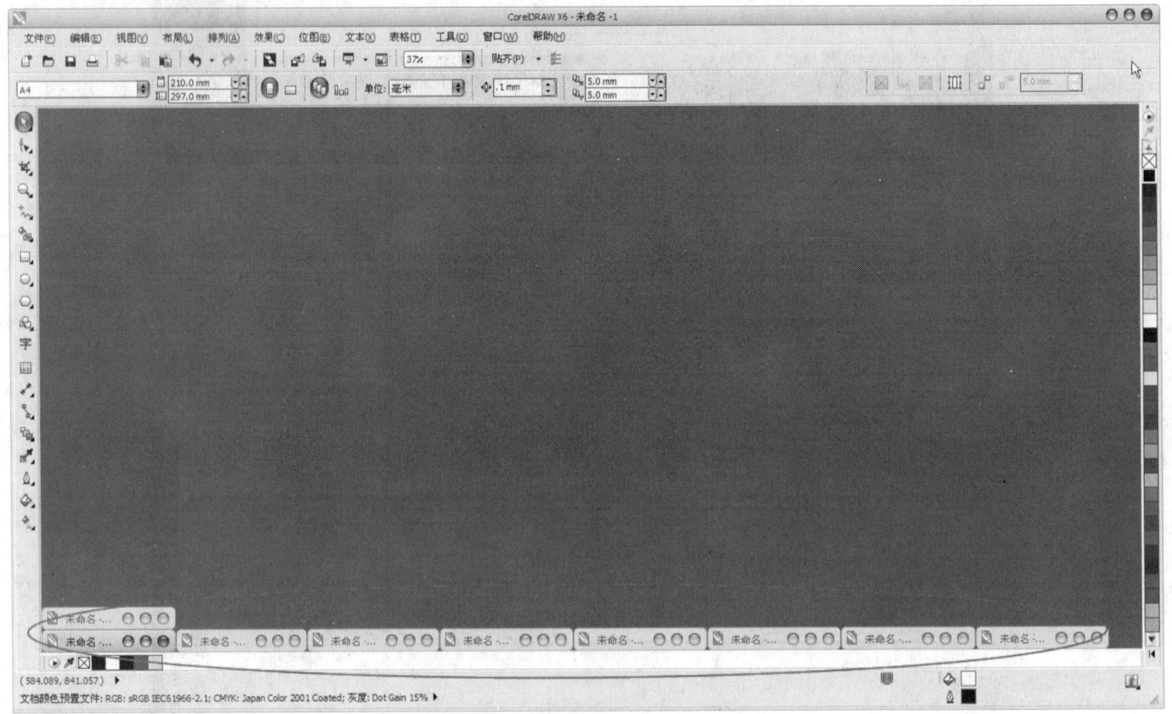

图1-48

调色板：在下拉菜单中单击可以载入相应的调色板，默认状态下显示“文档调色板”和“默认调色板”，如图1-49所示。

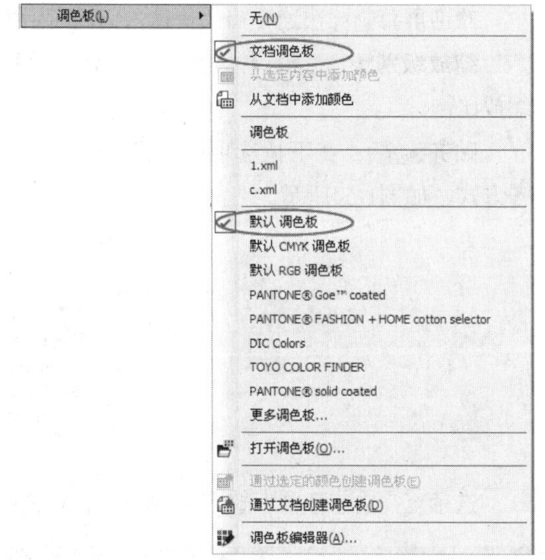

图1-49

泊坞窗：在子菜单中单击可以添加相应的泊坞窗，如图1-50所示。

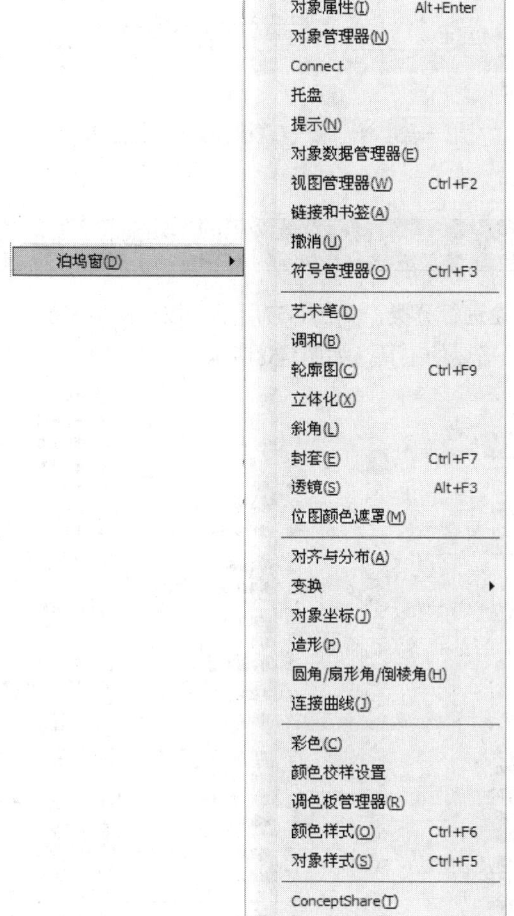

图1-50

工具栏：在子菜单中单击可以添加界面相应工作区，如图1-51所示。

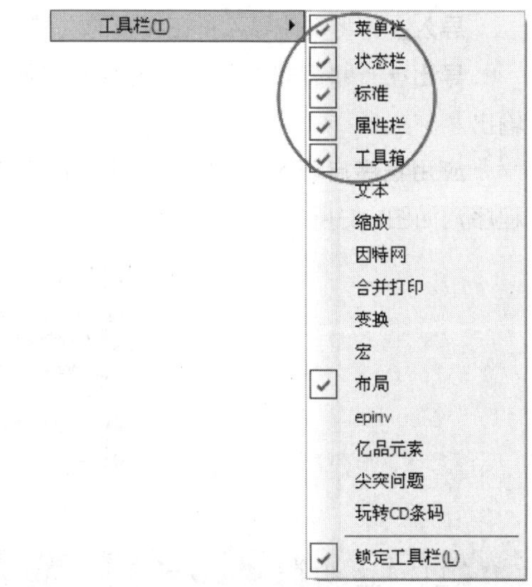

图1-51

关闭：关闭当前文档窗口。

全部关闭：将打开的所有文档窗口关闭。

刷新窗口：刷新当前窗口。

12.帮助

"帮助"菜单用于新手入门学习和查看CorelDRAW X6软件的信息。

1.5.3 标准工具栏

标准工具栏包含CorelDRAW X6软件的常用基本工具图标，方便我们直接单击使用，如图1-52所示。

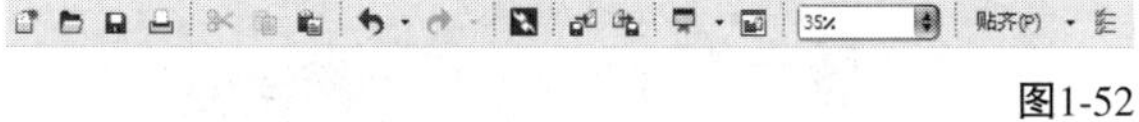

图1-52

标准工具栏工具介绍

新建：开始创建一个新文档。

打开：打开已有的cdr文档。

保存：保存编辑的内容。

打印：将当前文档打印输出。

剪切：剪切选中的对象。

复制：复制选中的对象。

粘贴：从剪贴板中粘贴对象。

撤销：取消前面的操作（在下拉面板中可以选择撤销的详细步骤）。

重做：重新执行撤销的步骤（在下拉面板中可以选择重做的详细步骤）。

搜索内容：使用Corel CONNECT X6泊坞窗进

行搜索字体、图片等连接。

导入：将文件导入正在编辑的文档。

导出：将编辑好的文件另存为其他格式进行输出。

应用程序启动器：快速启动Corel的其他应用程序，如图1-53所示。

图1-53

欢迎屏幕：快速开启“快速入门”对话框。

缩放级别：输入数值来指定当前视图的缩放比例。

贴齐：在下拉选项中选择页面中对象的贴齐方式，如图1-54所示。

图1-54

选项：快速开启“选项”对话框进行相关设置。

1.5.4 属性栏

单击工具箱中的工具时，属性栏上就会显示该工具的属性设置。属性栏在默认情况下为页面属性设置，如图1-55所示，如果单击“矩形工具”则切换为矩形属性设置，如图1-56所示。

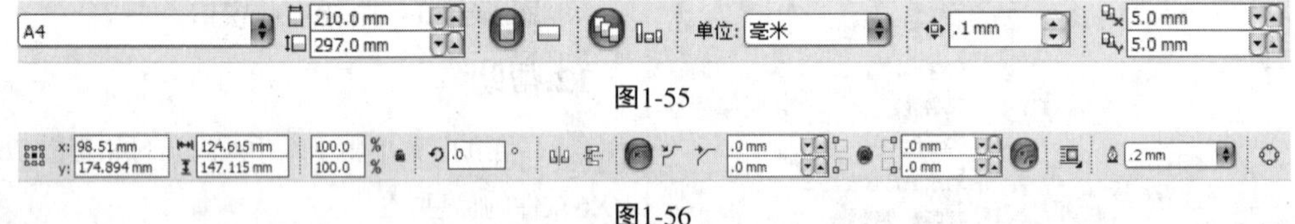

图1-55

图1-56

1.5.5 工具箱

工具箱包含文档编辑的常用基本工具，以工具的用途进行分类，如图1-57所示。按住鼠标左键拖曳工具右下角的下拉箭头可以打开隐藏的工具组，可以单击更换需要的工具，如图1-58所示。

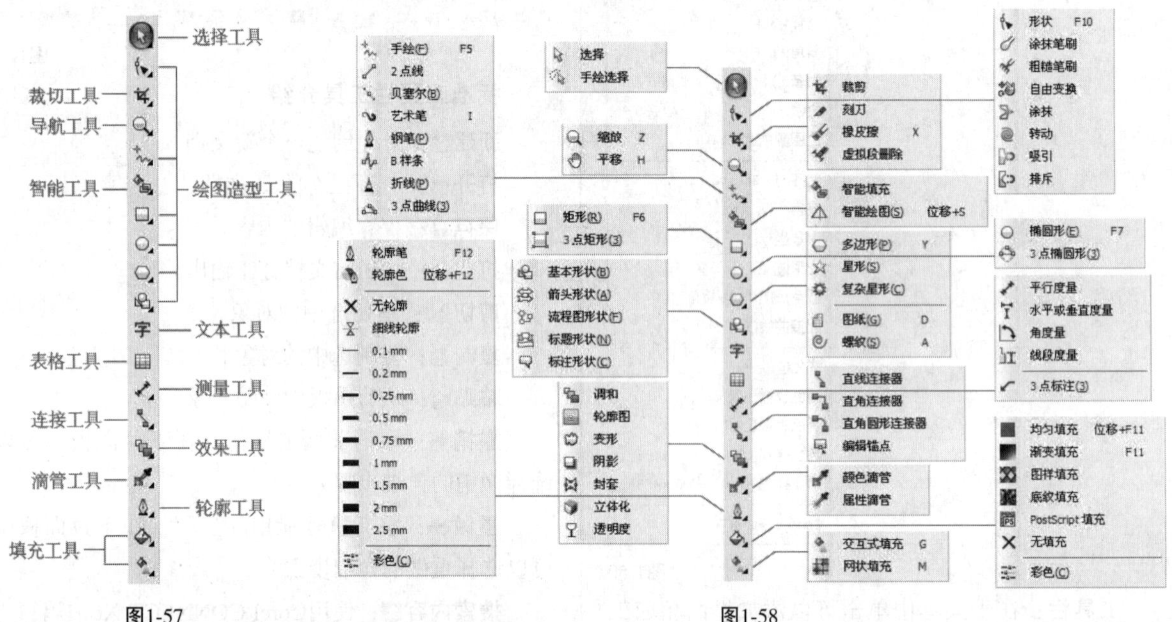

图1-57

图1-58

技巧与提示

关于工具箱中工具的使用方法我们将在后面的章节中进行详细讲解。

1.5.6 标尺

标尺起到辅助精确制图和缩放对象的作用，默认情况下，原点坐标位于页面左下角，如图1-59所示，在标尺交叉处拖曳可以移动原点位置，回到默认原点要双击标尺交叉点。

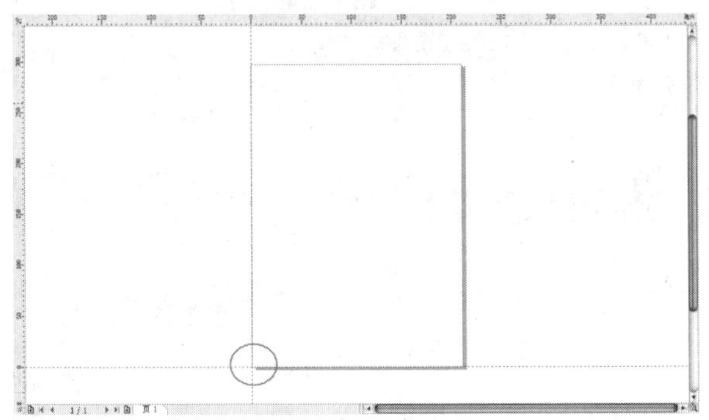

图1-59

1.辅助线的操作

辅助线是帮助用户进行准确定位的虚线。辅助线可以位于绘图窗口的任何地方，不会在文件输出时显示，使用鼠标左键拖曳可以添加或移动平行辅助线、垂直辅助线和倾斜辅助线。

设置辅助线的方法有以下两种。

第1种：将光标移动到水平或垂直标尺上，然后按住鼠标左键直接拖曳设置辅助线，如果设置倾斜辅助线，可以选中垂直或水平辅助线，接着使用逐渐单击进行旋转角度，这种方法用于大概定位。

第2种：在“选项”对话框中进行辅助线设置，可以添加辅助线，用于精确定位。

在“选项”对话框中选择“文档>辅助线”选项，勾选“显示辅助线”复选框为显示辅助线，反之为隐藏辅助线，为了分辨辅助线，我们还可以设置显示辅助线的颜色，如图1-60所示。

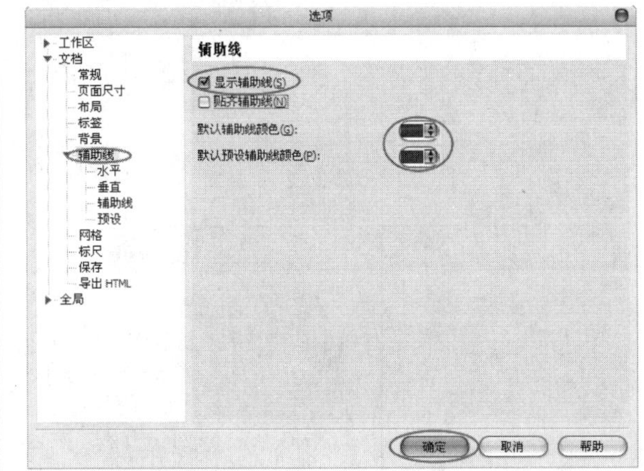

图1-60

技巧与提示

为了方便用户使用辅助线进行制图，介绍以下使用技巧。

选择单条辅助线：单击辅助线，显示红色为选中，可以进行相关的编辑。

选择全部辅助线：执行“编辑>全选>辅助线”菜单命令，可以将绘图区内所有未锁定的辅助线选中，方便用户进行整体删除、移动、变色和锁定等操作，如图1-61所示。

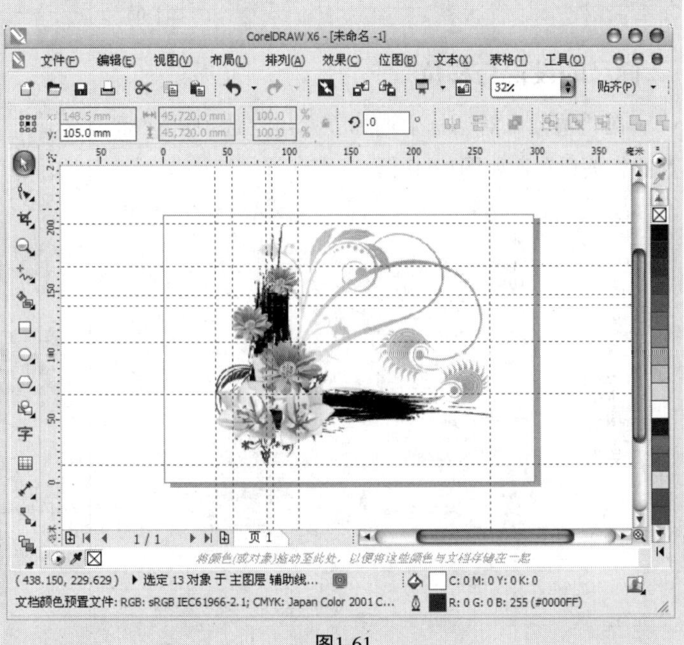

图1-61

锁定与解锁辅助线：选中需要锁定的辅助线，然后执行“排列>锁定对象”菜单命令进行锁定；执行“排列>解锁对象”菜单命令进行解锁。单击鼠标右键，在下拉菜单中执行“锁定对象”和“解锁对象”命令也可进行操作。

贴齐辅助线：在没有使用贴齐时，编辑对象无法精确贴靠在辅助线上，如图1-62所示，执行“视图>贴齐辅助线”菜单命令后，移动对象就可以进行吸附贴靠，如图1-63所示。

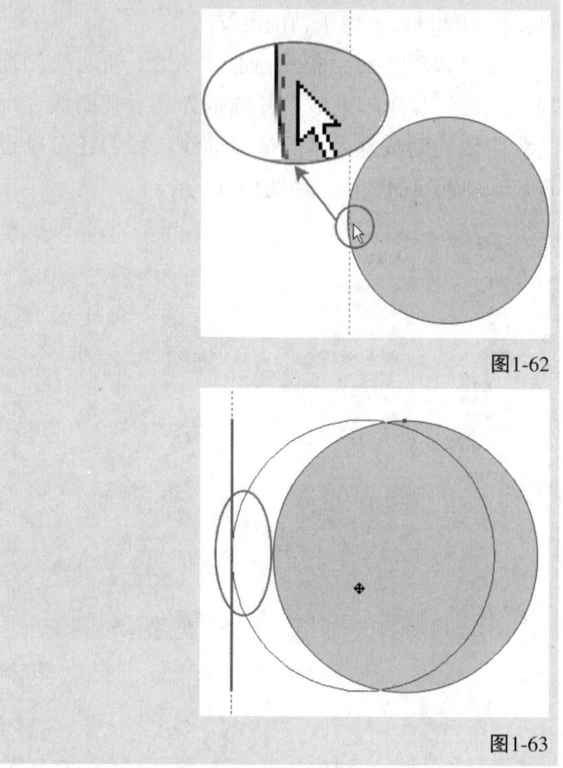

图1-62

图1-63

2.标尺的设置与移位

在“选项”对话框中选择“标尺”选项进行标尺的相关设置，如图1-64所示。

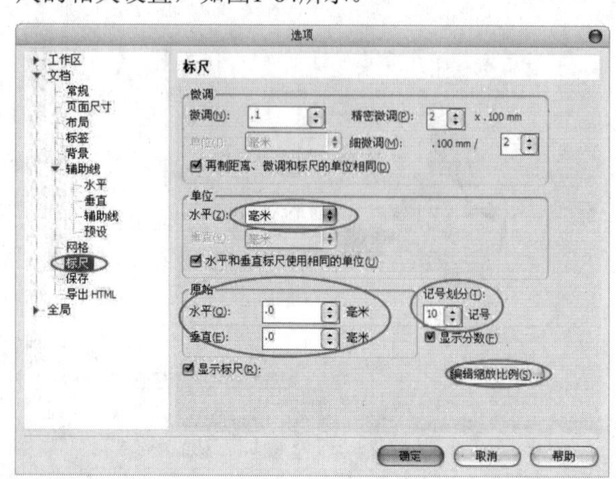

图1-64

标尺选项介绍

单位：设置标尺的单位。

原始：在下面的“水平”和“垂直”文本框内输入数值可以确定原点的位置。

记号划分：输入数值，可以设置标尺的刻度记号，范围最大为20、最小为2。

编辑缩放比例：单击“编辑缩放比例”按钮 编辑缩放比例(S)... 弹出“绘图比例”对话框，在“典型比例”下拉列表选项中选择不同的比例，如图1-65所示。

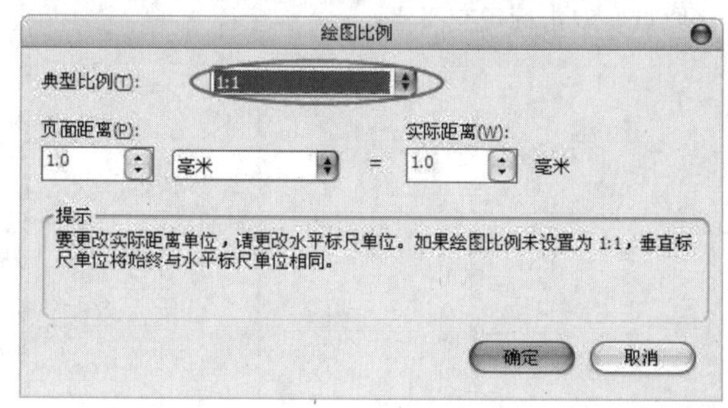

图1-65

移动标尺的方法有以下两种。

第1种：整体移动标尺位置。将光标移动到标尺交叉处原点上，按住Shift键的同时按住鼠标左键移动标尺交叉点，如图1-66所示。

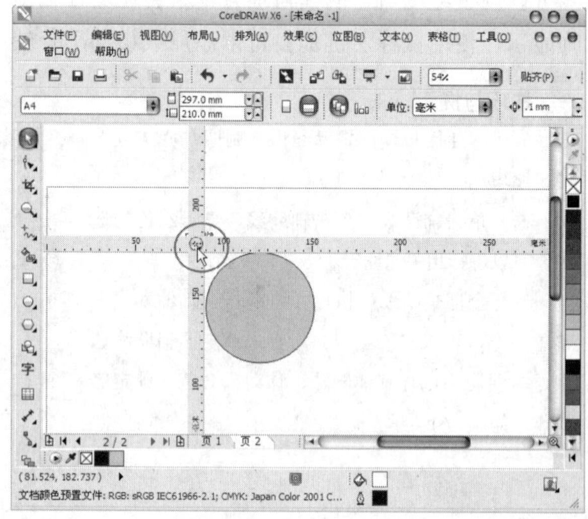

图1-66

第2种：移动水平或垂直标尺。将光标移动到水平或垂直标尺上，按住Shift键的同时按住鼠标左键移动位置，如图1-67和图1-68所示。

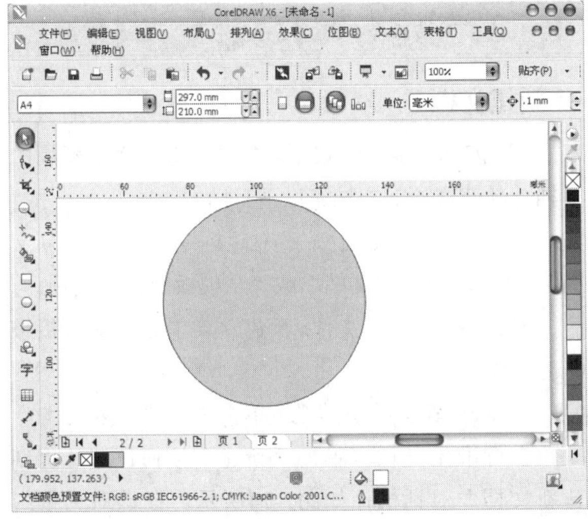

图1-67

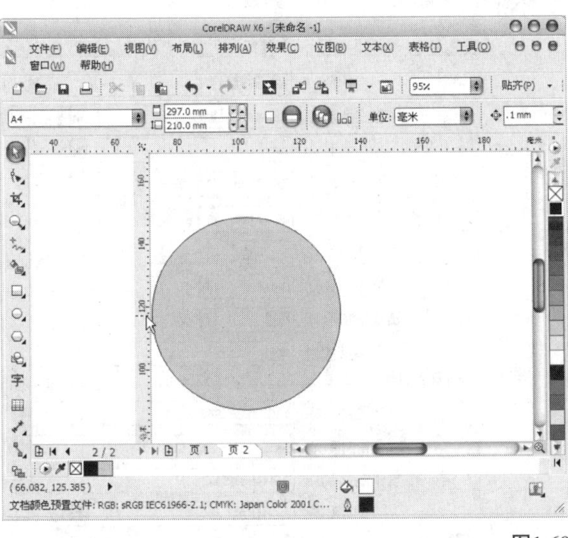

图1-68

1.5.7 页面

页面指工作区中的矩形区域，表示会被输出显示的内容，页面外的内容不会进行输出。编辑时可以自定义页面大小和页面方向，也可以建立多个页面进行操作。

1.5.8 导航器

导航器可以进行视图和页面的定位引导。可以执行跳页和视图移动定位等操作，如图1-69所示。

图1-69

1.5.9 状态栏

状态栏可以显示当前鼠标所在位置、文档信息和用户登录状态，如图1-70所示。

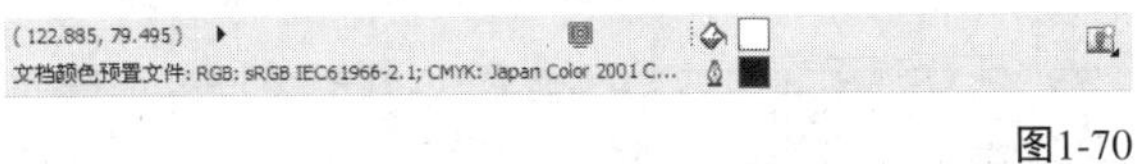

图1-70

1.5.10 调色板

调色板方便用户进行快速便捷的颜色填充，在色样上单击鼠标左键可以填充对象颜色，单击鼠标右键可以填充轮廓线颜色。用户可以根据相应的菜单栏操作进行调色板颜色的重置和调色板的载入。

技巧与提示

文档调色板位于导航器下方，显示文档编辑过程中使用过的颜色，方便用户进行文档用色预览和重复填充对象，如图1-71所示。

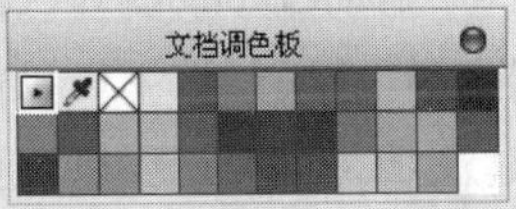

图1-71

1.5.11 泊坞窗

泊坞窗主要是用来放置管理器和选项面板的，可以单击图标激活展开相应选项面板，如图1-72所示，执行“窗口>泊坞窗”菜单命令可以添加相应的泊坞窗。

图1-72

1.6 基本操作

了解了CorelDRAW X6的工作界面之后，编者继续为读者讲解关于CorelDRAW X6的一些基本操作。

1.6.1 启动与关闭软件

确认安装无误后，学习启动与关闭CorelDRAW X6软件。

1.启动软件

在一般情况下，可以采用以下两种方法来启动CorelDRAW X6。

第1种：执行“开始>程序>CorelDRAW Graphics Suite X6”命令。

第2种：在桌面上双击CorelDRAW X6快捷图标。

启动CorelDRAW X6后会弹出“快速入门”对话框，在该对话框中可以快速打开使用过的文档或新建文档，同时还可以浏览图库以及查看软件的新功能，如图1-73所示。

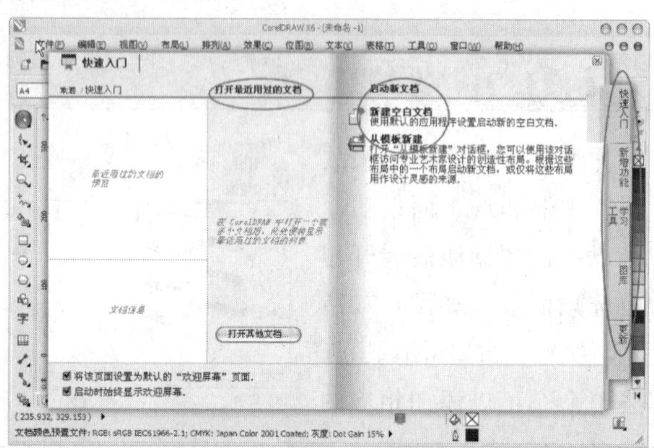

图1-73

技巧与提示

关闭“快速入门”对话框左下角的“启动时始终显示欢迎屏幕”选项可以在下次启动软件时不显示“快速入门”对话框。如果要重新调出“快速入门”对话框，可以在标准工具栏上单击“欢迎屏幕”按钮。

2.关闭软件

在一般情况下，可以采用以下两种方法来关闭CorelDRAW X6。

第1种：在标题栏最右侧单击“关闭”按钮。

第2种：执行“文件>退出”菜单命令。

1.6.2 创建与保存文档

1.新建文档

启动CorelDRAW X6后，需要新建一个编辑用的文档。新建文档的方法有以下3种。

第1种：在“快速入门”对话框中单击“启动新文档”下的“新建空白文档”或“从模板新建”选项。

第2种：执行“文件>新建”菜单命令或直接按Ctrl+N组合键。

第3种：在标准工具栏上单击“新建”按钮。

在标准工具栏上单击“新建”按钮打开“创建新文档”对话框，如图1-74所示。在该对话框中可以详细设置文档的相关参数。

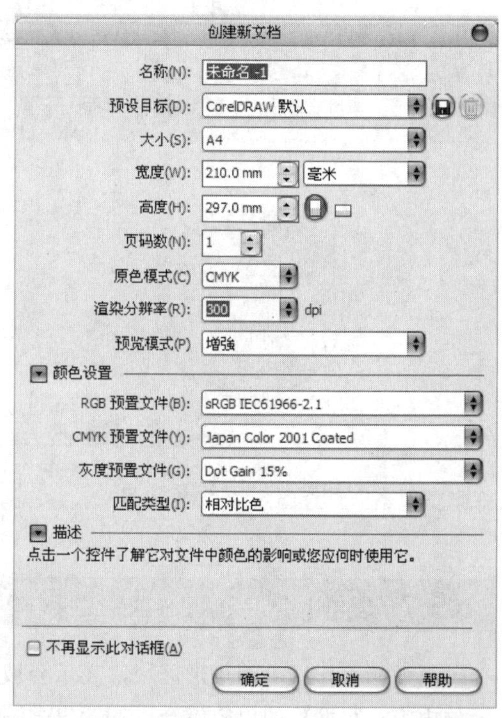

图1-74

创建新文档参数介绍

名称：设置文档的名称。

预设目标：设置编辑图形的类型，包含“CorelDRAW默认”“默认CMYK”、Web、“默认RGB”以及“自定义”5种。

大小：选择页面的大小，如A4（默认大小）、A3、B2和网页等，也可以选择“自定义”选项来自行设置文档大小。

宽度：设置页面的宽度，可以在后面选择单位。

高度：设置页面的高度，可以在后面选择单位。

纵向/横向：这两个按钮用于切换页面的方向。单击“纵向”按钮为纵向排放页面；单击“横向”按钮为横向排放页面。

页码数：设置新建的文档页数。

原色模式：选择文档的原色模式（原色模式会影响一些效果中颜色的混合方式，如填充、透明和混合等），一般情况下都选择CMYK或RGB模式。

渲染分辨率：选择光栅化图形后的分辨率。默认RGB模式的分辨率为72dpi；默认CMYK模式的分辨率为300dpi。

技巧与提示

在CorelDRAW中，编辑的对象分为位图和矢量图形两种，同时输出对象也分为这两种。当将文档中的位图和矢量图形输出为位图格式（如jpg和png格式）时，其中的矢量图形就会转换为位图，这个转换过程就称为“光栅化”。光栅化后的图像在输出为位图时的单位是“渲染分辨率”，这个数值设置得越大，位图效果越清晰，反之越模糊。

预览模式：选择图像在操作界面中的预览模式（预览模式不影响最终的输出效果），包含“简单线框”“线框”“草稿”“常规”“增强”和“像素”6种，其中“增强”的效果最好。

2.保存文档

保存文档的方法有3种。

第1种：执行菜单命令。执行“文件>保存”菜单命令进行保存，首次进行保存会打开“保存绘图”对话框，以后就可以直接覆盖保存；执行“文件>另存为”菜单命令，修改文件名称后，不会覆盖原文件；执行“文件>另存为模板”菜单命令，同时注意，保存为模板时默认保存路径为默认模板位置Templates、“保存类型”为CDT-CorelDRAW Template。

第2种：在标准工具栏中单击“保存”按钮进行快速保存。

第3种：按Ctrl+S组合键进行快速保存。

技巧与提示

在文档编辑过程中难免会发生断电、死机等意外状况，所以要习惯运用Ctrl+S组合键随时保存。

1.6.3 页面操作

1.设置页面尺寸

除了在新建文档时可以设置页面外，还可以在编辑过程中重新进行设置，其设置方法有以下两种。

第1种：执行“布局>页面设置”菜单命令，打开“选项”对话框，如图1-75所示。在该对话框中可以重新对页面的尺寸以及分辨率进行重新设置。在“页面尺寸”选项组下有一个“只将大小应用到当前页面”选项，如果勾选该选项，那么所修改的尺寸就只针对当前页面，而不会影响到其他页面。

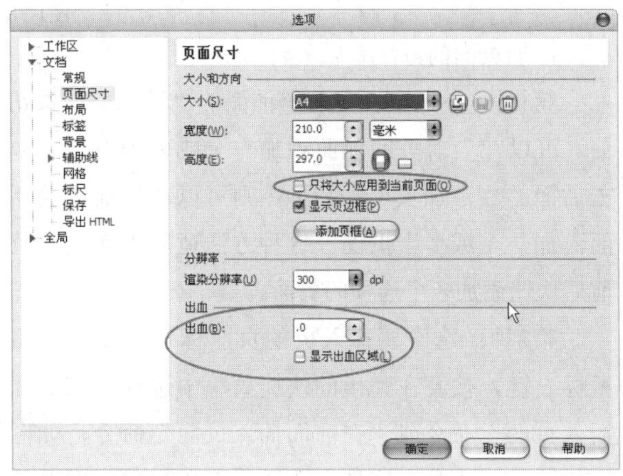

图1-75

技巧与提示

“出血”是排版设计的专用词，意思是文本的配图在页面显示为溢出状态，超出页边的距离为出血，如图1-76所示。出血区域在打印装帧时可能会被剪切掉，以确保在装订时应该占满页面的文字或图像不会留白。

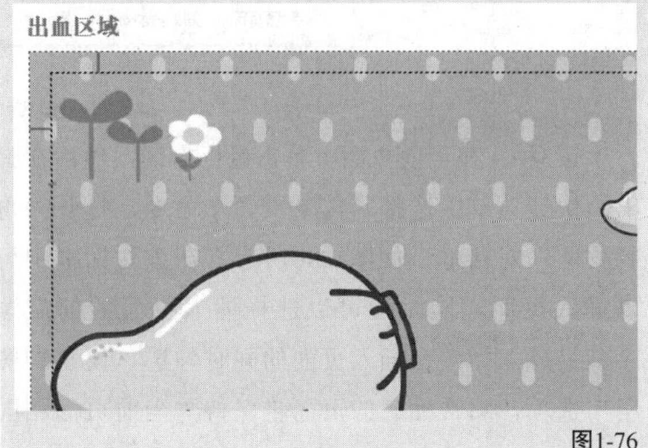

图1-76

第2种：单击页面或其他空白处，可以切换到页面的设置属性栏，如图1-77所示。在属性栏中可以对页面的尺寸、方向以及应用方式进行调整。调整相关数值以后，单击“当前页”按钮可以将设置仅应用于当前页；单击“所有页面”按钮可以将设置应用于所有页面。

图1-77

2.添加页面

如果页面不够，还可以在原有页面上快速添加页面，在页面下方的导航器上有页数显示与添加页面的相关按钮，如图1-78所示。

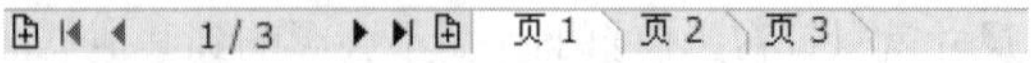

图1-78

添加页面的方法有以下4种。

第1种：单击页面导航器前面的“添加页”按钮，可以在当前页的前面添加一个或多个页面；单击后面的“添加页”按钮，则可以在当前页的后面添加一个或多个页面。这种方法适用于在当前页前后快速添加多个连续的页面。

第2种：选中要插入页的页面标签，然后单击鼠标右键，接着在弹出的快捷菜单中选择“在后面插入页面”命令或“在前面插入页面”命令，如图1-79所示。注意，这种方法适用于在当前页面的前后添加一个页面。

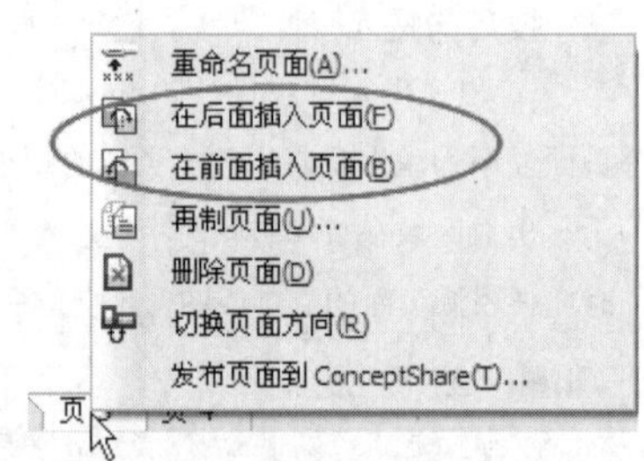

图1-79

第3种：在当前页面上单击鼠标右键，然后在弹出的快捷菜单中选择“再制页面”命令，打开“再制页面”对话框，如图1-80所示。在该对话框中可以插入页面，同时还可以选择插入页面的前后顺序。另外，如果在插入页面的同时勾选“仅复制图层”选项，那么插入的页面将保持与当前页面相同的设置；如果勾选“复制图层及其内容”选项，那么不仅可以复制当前页面的设置，还会将当前页面上的所有内容也复制到插入的页面上。

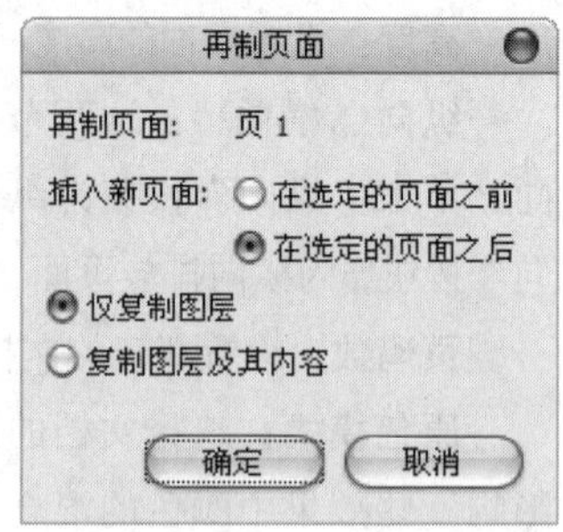

图1-80

第4种：在“布局”菜单下执行相关的命令。

3.切换页面

如果需要切换到其他的页面进行编辑，可以单击页面导航器上的页面标签进行快速切换，或者单击和按钮进行跳页操作。如果要切换到起始页或结束页，可以单击按钮或按钮。

技巧与提示

如果当前文档的页面过多，不方便执行页面切换操作，可以在页面导航器的页数上单击鼠标右键，如图1-81所示，然后在弹出的“转到某页”对话框中输入要转到的页码，如图1-82所示。

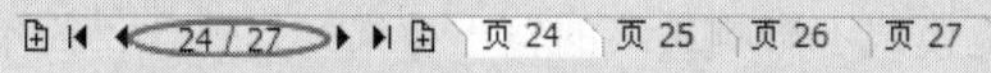

图1-81

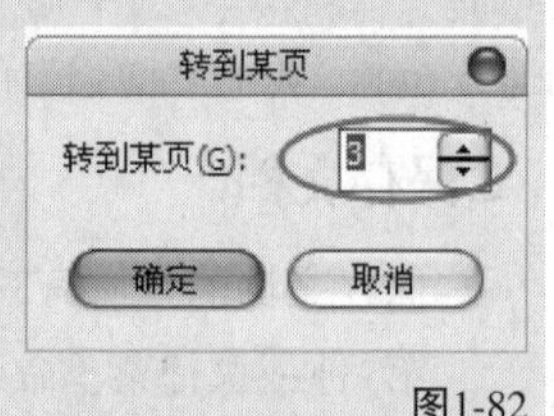

图1-82

1.6.4 打开文件

如果计算机中有CorelDRAW的保存文件，可以采用以下5种方法将其打开继续进行编辑。

第1种：执行“文件>打开”菜单命令，然后在弹出的“打开绘图”对话框中找到要打开的CorelDRAW文件（标准格式为.cdr），如图1-83所示。在“打开绘图”对话框中勾选“预览”选项，还可以查看文件的缩略图效果，同时在对话框的右下角还可以查看文件的保存版本等详细信息。

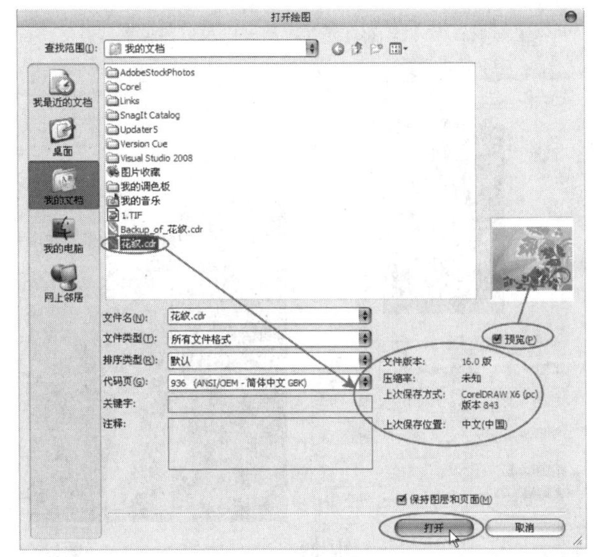

图1-83

第2种：在标准工具栏中单击“打开”图标也可以打开“打开绘图”对话框。

第3种：在“快速入门”对话框中单击最近使用过的文档（最近使用过的文档会以列表的形式排列在“打开最近用过的文档”下面）。

第4种：在文件夹中找到要打开的CorelDRAW文件，然后双击鼠标左键将其打开。

第5种：在文件夹里找到要打开的CorelDRAW文件，然后使用鼠标左键将其拖曳到CorelDRAW的操作界面中的灰色区域将其打开，如图1-84所示。

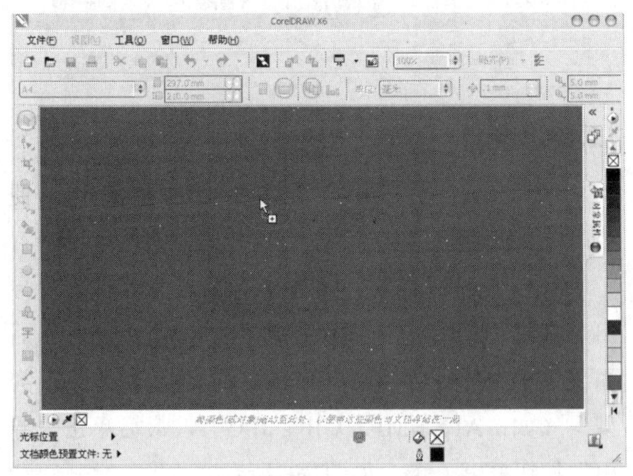

图1-84

技巧与提示

注意，使用拖曳方法打开文件时，如果将文件拖曳到非灰色区域，比如拖曳到计算机的任务栏上，系统会弹出一个错误对话框，提醒用户采用这种方法无法打开文件，如图1-85所示。

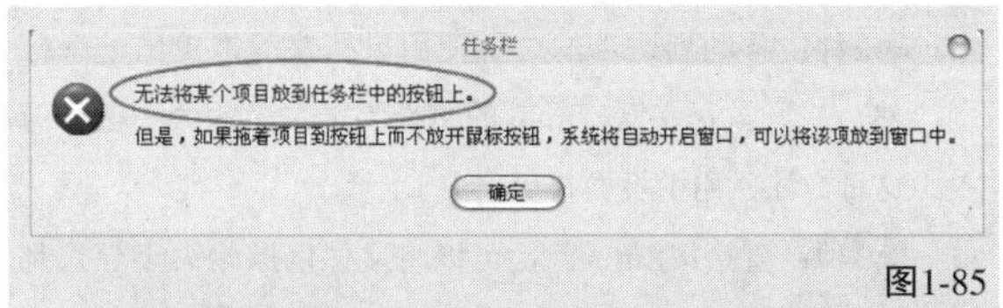

图1-85

1.6.5 导入与导出文件

1.导入文件

在实际工作中，经常需要将其他文件导入到文档中进行编辑，如.jpg、.ai和.tif格式的素材文件，可以采用以下3种方法将文件导入到文档中。

第1种：执行“文件>导入”菜单命令，然后在弹出的“导入”对话框中选择需要导入的文件，如图1-86所示，接着单击“导入”按钮 导入 准备好导入，待光标变为直角形状时单击鼠标左键进行导入，如图1-87所示。

图1-86

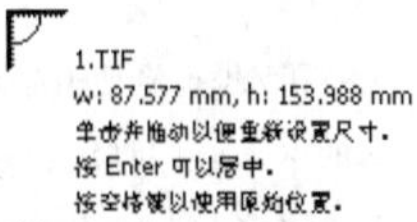

1.TIF
w: 87.577 mm, h: 153.988 mm
单击并拖动以便重新设置尺寸。
按 Enter 可以居中。
按空格键以使用原始位置。

图1-87

技巧与提示

在确定导入文件后，可以选用以下3种方式来确定导入文件的位置与大小。

第1种：移动到适当的位置单击鼠标左键进行导入，导入的文件为原始大小，导入位置在鼠标单击点处。

第2种：移动到适当的位置使用鼠标左键拖曳出一个范围，然后松开鼠标左键，导入的文件将以定义的大小进行导入。这种方法常用于页面排版。

第3种：直接按Enter键，可以将文件以原始大小导入到文档中，同时导入的文件会以居中的方式放在页面中。

第2种：在标准工具栏上单击“导入”按钮，也可以打开“导入”对话框。

第3种：在文件夹中找到要导入的文件，然后将其拖曳到编辑的文档中。采用这种方法导入的文件会按原比例大小进行显示。

技巧与提示

这里介绍一种比较实用的方法，即在导入前裁剪要导入的文件。注意，只能对位图进行裁剪，无法裁剪矢量图形。具体操作流程如下。

第1步：打开“导入”对话框，然后选择要导入的位图文件，接着设置导入类型为“裁剪”，最后单击“导入”按钮，如图1-88所示。

图1-88

第2步：在弹出的“裁剪图像”对话框中精确设置要裁剪的区域，同时也可以直接拖曳裁剪框确定裁剪区域，然后单击“确定”按钮准备导入，如图1-89所示。

第3步：光标变为直角形状时单击鼠标左键进行导入，如图1-90所示。

另外，如果导入图像的尺寸和分辨率不符合当前文档的需求，可以进行重新取样导入。在“导入”对话框中设置导入类型为“重新取样”，然后单击“导入”按钮打开“重新取样图像”对话框，如图1-91所示。在该对话框中

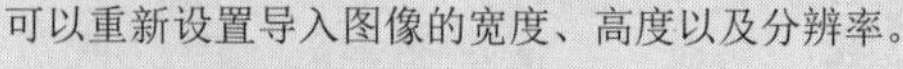
可以重新设置导入图像的宽度、高度以及分辨率。

图1-89 图1-90

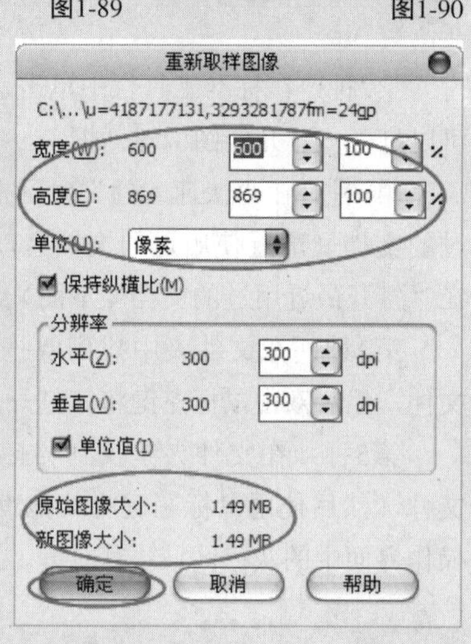

图1-91

2.导出文件

编辑完成的文档可以导出为不同的保存格式，方便用户导入其他软件中进行编辑，导出方法有以下两种。

第1种：执行“文件>导出”菜单命令打开“导出”对话框，然后选择保存路径，在“文件名”后面文本框中输入名称，接着设置文件的“保存类型”（如：AI、BMP、GIF、JPG），最后单击“导出”按钮，如图1-92所示。

当选择的“保存类型”为JPG时，弹出“导出到JPEG”对话框，然后设置“颜色模式”（CMYK、RGB、灰度），再设置“质量”调整图片输出显示效果（通常情况下选择高），其他的默认即可，如图1-93所示。

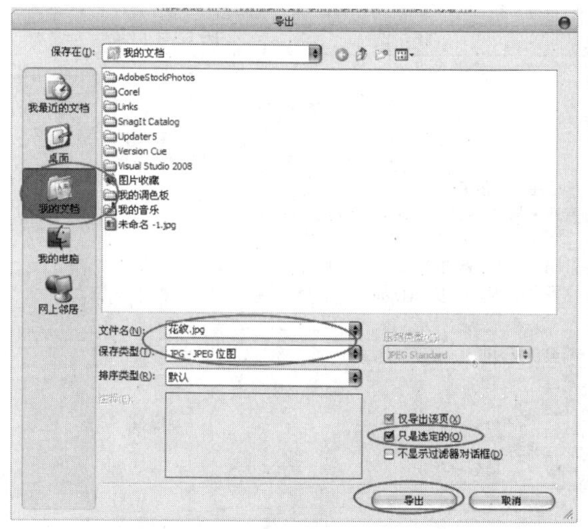

图1-92

图1-93

第2种：在“标准工具栏”上单击“导出”按钮，打开“导出”对话框进行操作。

技巧与提示

导出时有两种导出方式，第1种为导出页面内编辑的内容，是默认的导出方式；第2种在导出时勾选“只是选定的”复选框，导出的内容为选中的目标对象。

1.6.6 视图的缩放与移动

在CorelDRAW X6编辑文件时，经常会将页面进行放大或缩小来查看图像的细节或整体效果。

1.视图的缩放

缩放视图的方法有以下3种。

第1种：在“工具箱”中单击“缩放工具”，光标会变成形状，此时在图像上单击鼠标左键，可以放大图像的显示比例；如果要缩小显示比例，可以单击鼠标右键，或按住Shift键待光标变成形状时单击鼠标左键进行缩小显示比例操作。

技巧与提示

如果要让所有编辑内容都显示在工作区内，可以直接双击“缩放工具”。

第2种：单击“缩放工具”，然后在该工具的属性栏上进行相关操作，如图1-94所示。

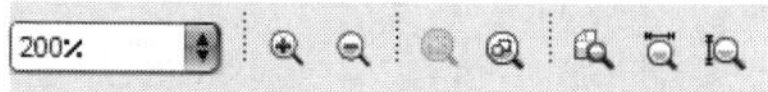

图1-94

第3种：滚动鼠标中键（滑轮）进行放大缩小操作。如果按住Shift键滚动，则可以微调显示比例。

技巧与提示

在全页面显示或最大化全界面显示时，文档内容并不会紧靠工作区边缘标尺，而是会留出出血范围，方便进行选择编辑和查看边缘。

2.视图的移动

在编辑过程中，移动视图位置的方法有以下3种。

第1种：在“工具箱”中“缩放工具”位置按住鼠标左键拖曳打开下拉工具组，然后单击“平移工具”，再按住鼠标左键平移视图位置，在使用“平移工具”时不会移动编辑对象的位置，也不会改变视图的比例。

第2种：使用鼠标左键在导航器上拖曳滚动条进行视图平移。

第3种：按住Ctrl键滚动鼠标中键（滑轮）可以左右平移视图；按住Alt键滚动鼠标中键（滑轮）可以上下平移视图。

技巧与提示

在使用滚动鼠标中键（滑轮）进行视图缩放或平移时，如果滚动频率不太合适，可以执行“工具>选项”菜单命令，打开“选项”对话框，然后选择“工作区>显示”选项，调出“显示”面板，接着调整“渐变步长预览”的数值即可，如图1-95所示。

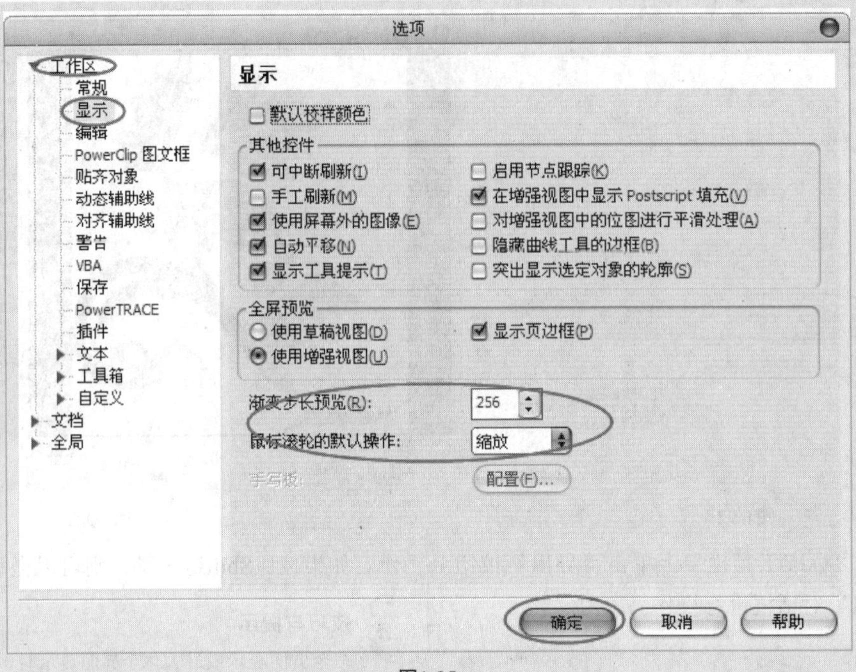

图1-95

1.6.7 撤销与重做

在编辑对象的过程中，如果前面任意操作步骤出错时，我们可以使用“撤销”命令和“重做”命令进行撤销重做，撤销与重做的使用方法有以下两种。

第1种：执行“编辑>撤销”菜单命令可以撤销前一步的编辑操作，或者按Ctrl+Z组合键进行快速操作；执行“编辑>重做”菜单命令可以重做当前撤销的操作步骤，或者按Ctrl+Shift+Z组合键进行快速操作。

第2种：在标准工具栏中单击“撤销”后面的按钮打开可撤销的步骤选项，单击撤销的步骤名称可以快速撤销该步骤与之后的所有步骤；单击“重做”后面的按钮打开可重做的步骤选项，单击重做的步骤名称可以快速重做该步骤与之前的所有步骤。

1.6.8 预览模式的切换

在编辑对象时，用户可以使用丰富的视图切换命令进行视图查看，也可以隐藏掉所有界面内容进行全屏幕显示预览。

1.7 本章小结

本章主要讲解了CorelDRAW X6的一些基本知识，包括CorelDRAW X6的应用领域、兼容性、安装与卸载以及矢量图与位图的区别，然后讲解了CorelDRAW X6的工作界面与基本设置，最后讲解了CorelDRAW X6的基本操作，包括启动与关闭软件、创建与保存文档和页面的操作等。

第2章 对象操作

在CorelDRAW X6中，所有的编辑处理都需要在选择对象的基础上进行，所以准确地选择对象，是进行图形操作和管理的第一步。在绘图过程中，通常需要对绘制的对象进行如复制、变换、控制和排列等方面的管理，以得到理想的绘图效果。本章将详细介绍选择对象、变换对象、复制对象、控制对象和对齐与分布对象等的操作方法。

课堂学习目标

掌握对象的选择方法

掌握对象基本变换

掌握复制对象的方法

掌握对象控制的方法

掌握对象对齐与分布的方法

了解步长与重复运用

2.1 选择对象

在文档编辑过程中需要选取单个或多个对象进行编辑操作，下面进行详细介绍。

本节重要工具介绍

名称	作用	重要程度
选择工具	单击或绘制几何范围来选择对象	高
手绘选择工具	单击或手绘范围来选择对象	中

2.1.1 选择单个对象

单击工具箱上的“选择工具”，再单击要选择的对象，当该对象四周出现黑色控制点时，表示对象被选中，如图2-1所示，选中后可以对其进行移动和变换等操作。

图2-1

2.1.2 选择多个对象

选择多个对象的方法有如下两种。

第1种：单击工具箱上的“选择工具”，然后按住鼠标左键在空白处拖曳出虚线矩形范围，如图2-2所示，松开鼠标后，该范围内的对象全部选中，如图2-3所示。

图2-2

图2-3

技巧与提示

当我们进行多选时会出现对象重叠的现象，因此用白色方块表示选择的对象位置，一个白色方块代表一个对象。

第2种：单击“手绘选择工具”，然后按住鼠标左键在空白处绘制一个不规则范围，如图2-4所示，范围内的对象被全部选择。

图2-4

2.1.3 选择多个不相连对象

单击“选择工具”，然后按住Shift键再逐个单击不相连的对象进行加选。

2.1.4 按顺序选择

单击“选择工具”，然后选中最上面的对象，接着按Tab键按照从前到后的顺序依次选择编辑的对象。

2.1.5 全选对象

全选对象的方法有3种。

第1种：单击“选择工具”，然后按住鼠标左键在所有对象外围拖曳虚线矩形，再松开鼠标将所有对象全选。

第2种：双击“选择工具”可以快速全选编辑的内容。

第3种：执行“编辑>全选”菜单命令，在子菜单中选择相应的类型可以全选该类型所有的对象，如图2-5所示。

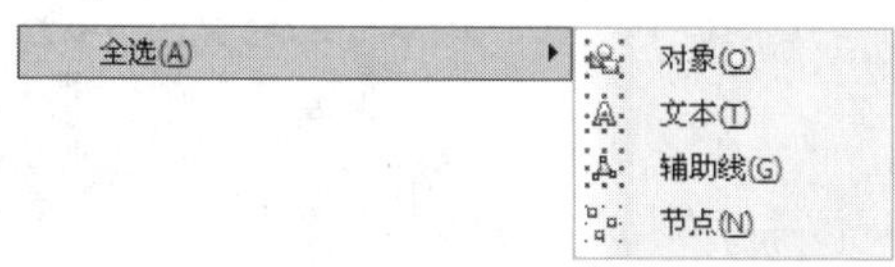

图2-5

全选命令介绍

对象：选取绘图窗口中所有的对象。

文本：选取绘图窗口中所有的文本。

辅助线：选取绘图窗口中所有的辅助线，选中的辅助线以红色显示。

节点：选取当前选中对象的所有节点。

技巧与提示

在执行“编辑>全选”菜单命令时，锁定的对象、文本或辅助线将不会被选中；双击“选择工具”进行全选时，全选类型不包含辅助线和节点。

2.1.6 选择覆盖对象

选择被覆盖的对象时，可以在使用“选择工具”选中上方对象后，按住Alt键的同时再单击鼠标左键，可以选中下面被覆盖的对象。

2.2 对象基本变换

在编辑对象时，选中对象可以进行简单快捷的变换或辅助操作，使对象效果更丰富。下面进行详细的学习。

本节重要工具/命令介绍

名称	作用	重要程度
移动	移动对象的位置	高
旋转	旋转对象的方向	高
缩放	缩放对象的大小	高
镜像	将对象水平或垂直镜像	高
大小	按设置值变换对象大小	中
倾斜	按角度倾斜对象	中

2.2.1 移动对象

移动对象的方法有以下3种。

第1种：选中对象，当时光标变为✥时，按住鼠标左键进行拖曳移动（不精确）。

第2种：选中对象，然后利用键盘上的方向键进行移动（相对精确）。

第3种：选中对象，然后执行“排列>变换>位置”菜单命令打开“变换”面板，接着在x轴和y轴后面的文本框中输入数值，再选择移动的相对位置，最后单击“应用”按钮应用完成，如图2-6所示。

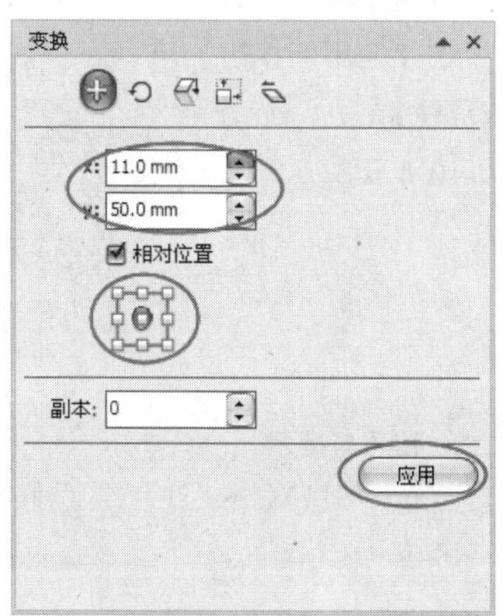

图2-6

技巧与提示

“相对位置”选项以原始对象相对应的锚点作为坐标原点，沿设定的方向和距离进行位移。

2.2.2 旋转对象

旋转对象的方法有3种。

第1种：双击需要旋转的对象，出现旋转箭头后才可以进行旋转，如图2-7所示，然后将光标移动到标有曲线箭头的锚点上，按住鼠标左键拖曳旋转，如图2-8所示，可以按住鼠标左键移动旋转的中心点。

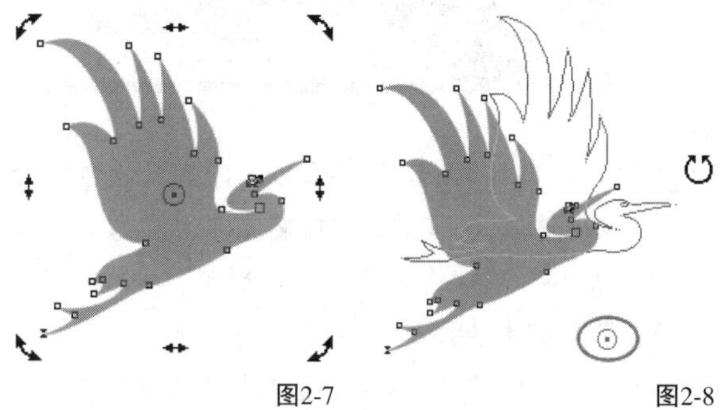

图2-7 图2-8

第2种：选中对象后，在属性栏上“旋转角度”后面的文本框中输入数值进行旋转，如图2-9所示。

图2-9

第3种：选中对象后，然后执行“排列>变换>旋转”菜单命令打开“变换”面板，再设置“旋转角度”数值，接着选择相对旋转中心，最后单击“应用”按钮[应用]完成，如图2-10所示。

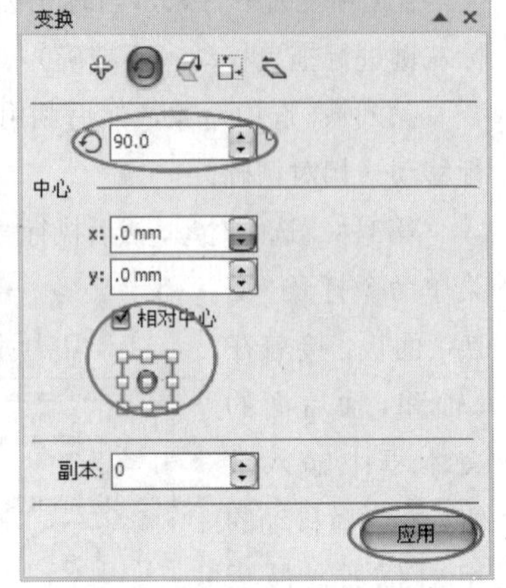

图2-10

技巧与提示

在旋转时在副本上打上复制数值，可以进行旋转复制形成图案。

课堂案例

制作扇子

案例位置	案例文件>CH02>课堂案例：制作扇子.cdr
视频位置	多媒体教学>CH02>课堂案例：制作扇子.flv
难易指数	★★★☆☆
学习目标	旋转的运用方法

扇子效果如图2-11所示。

图2-11

01 执行“文件>新建”菜单命令，打开“创建新文档”对话框，在该对话框中将文本名称改为“扇子”、大小为“A4”、方向为“横向”，然后单击“确定”按钮[确定]建立新文档。

02 单击“导入”图标打开对话框，导入“素材文件>CH02>01.cdr”文件，然后在属性栏中单击“取消群组”图标将花纹解散为独立个体，接着选中扇骨，并在属性栏的“旋转”中输入数值78.0°进行旋转，如图2-12所示，最后将旋转后的扇骨移动到扇面左边缘，如图2-13所示。

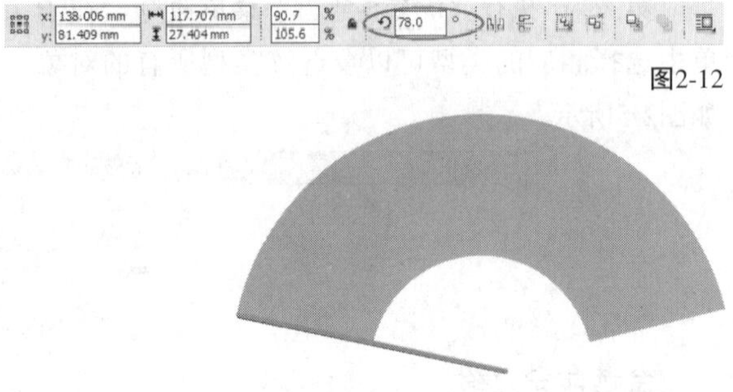

图2-12

图2-13

03 使用鼠标左键拖曳一条扇面中心的垂直辅助线，然后双击扇骨，将旋转中心单击定位于垂直中心的扇柄处，如图2-14所示。

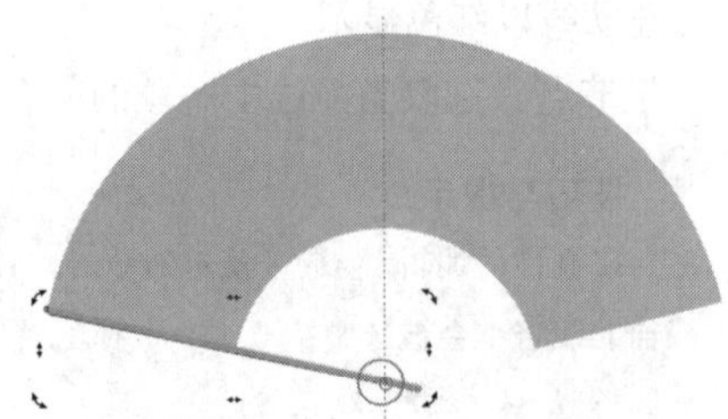

图2-14

04 执行“排列>变换>旋转”菜单命令，打开“变换”泊坞窗，然后设置旋转角度为-11.9，在“副本”处设置复制数为13，接着单击“应用”按钮[应用]，如图2-15所示，扇子的基本形状已经展现出来，如图2-16所示。

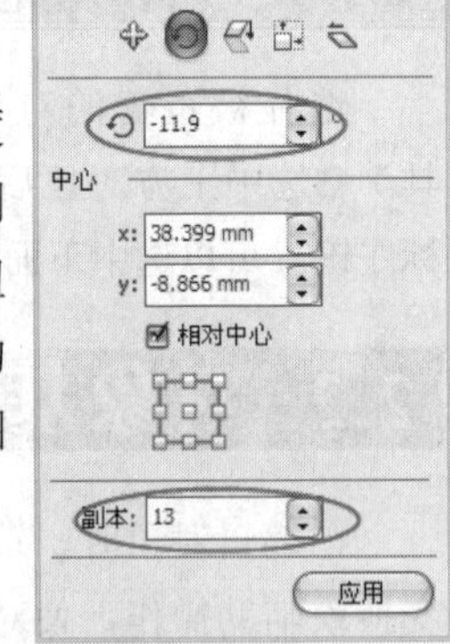

图2-15

图2-16

05 下面为扇面添加图案。导入“素材文件>CH02>02.cdr”文件，然后将图案拖曳到扇面进行缩放，再单击鼠标左键进行手动旋转，如图2-17所示，接着用鼠标右键单击调色板☒去掉轮廓线颜色，如图2-18所示。

图2-17

图2-18

06 选中白色图案，然后执行“效果>图框精确剪裁>置于图文框内部”菜单命令，当光标变成箭头形状时单击扇面，将图案放置在扇面内，如图2-19所示。

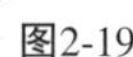

图2-19

07 导入“素材文件>CH02>03.psd”文件，然后拖曳到扇柄处缩放到适合大小，接着全选对象单击属性栏的“群组”图标进行群组，如图2-20所示。

图2-20

08 导入“素材文件>CH02>04.jpg”文件，拖曳到页面内进行缩放，然后按P键置于页面中心位置，接着按Ctrl+End组合键使背景图置于底层，效果如图2-21所示。

图2-21

09 双击“矩形工具”创建与页面等大的矩形，然后在调色板棕色上单击鼠标左键填充矩形，接着用鼠标右键单击调色板☒去掉边框，如图2-22所示。

图2-22

10 导入“素材文件>CH02>05.cdr”文件，放置在页面左上角，然后将扇子缩放拖曳到页面右边，最终效果如图2-23所示。

图2-23

2.2.3 缩放对象

缩放对象的方法有以下两种。

第1种：选中对象后，将光标移动到锚点上按住鼠标左键拖曳缩放，蓝色线框为缩放大小的预览效果，如图2-24所示。从顶点开始进行缩放为等比例缩放；在水平或垂直锚点开始进行缩放会改变对象形状。

图2-24

技巧与提示

进行缩放时，按住Shift键可以进行中心缩放。

第2种：选中对象后，然后执行“排列>变换>缩放和镜像”菜单命令打开“变换”面板，在x轴和y轴后面的文本框中设置缩放比例，接着选择相对缩放中心，最后单击“应用”按钮应用完成，如图2-25所示。

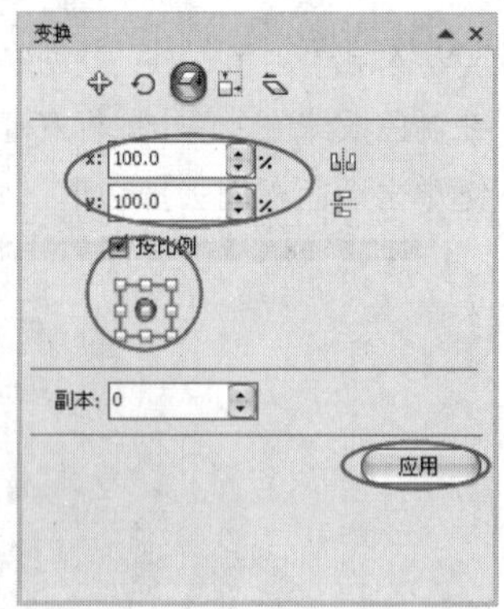

图2-25

2.2.4 镜像对象

镜像对象的方法有以下3种。

第1种：选中对象，按住Ctrl键的同时按住鼠标左键在锚点上进行拖曳，松开鼠标完成镜像操作。向上或向下拖曳为垂直镜像；向左或向右拖曳为水平镜像。

第2种：选中对象，在属性栏上单击“水平镜像”按钮或“垂直镜像”按钮进行操作。

第3种：选中对象，然后执行“排列>变换>缩放和镜像”菜单命令打开“变换”面板，再选择相对中心，接着单击“水平镜像”按钮或“垂直镜像”按钮进行操作，如图2-26所示。

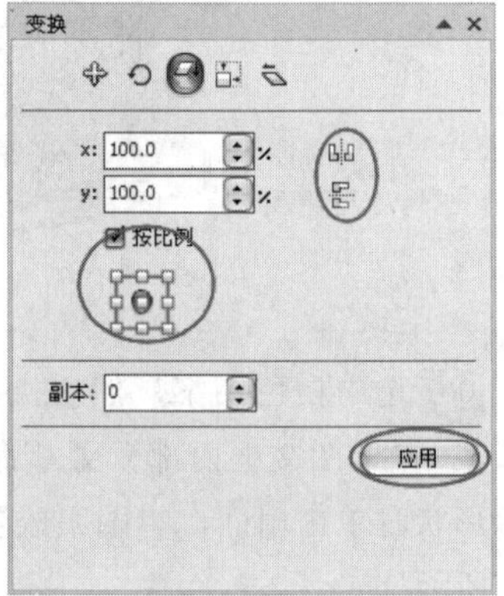

图2-26

2.2.5 设置大小

设置对象大小的方法有两种。

第1种：选中对象，在属性栏中的“对象大小”里输入数值进行操作，如图2-27所示。

图2-27

第2种：选中对象，然后执行“排列>变换>大小”菜单命令打开“变换”面板，接着在x轴和y轴后面的文本框中输入大小，再选择相对缩放中心，最后单击“应用”按钮应用完成，如图2-28所示。

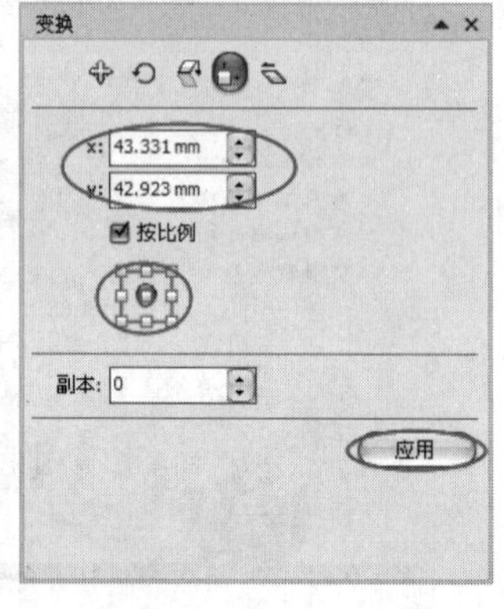

图2-28

2.2.6 倾斜处理

倾斜对象的方法有两种。

第1种：双击需要倾斜的对象，当对象周围出现旋转/倾斜箭头后，将光标移动到水平或垂直线上的倾斜锚点上，按住鼠标左键拖曳倾斜程度，如图2-29所示。

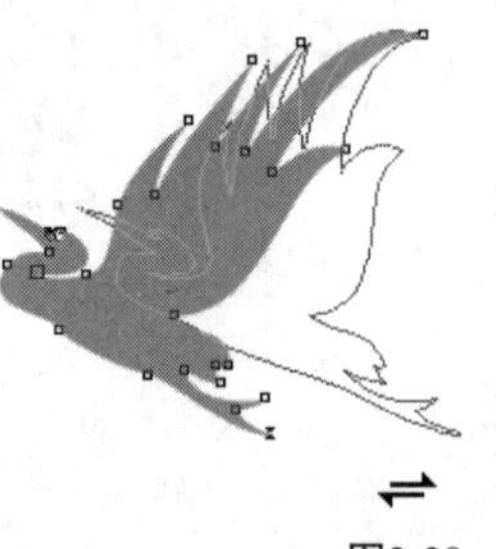

图2-29

第2种：选中对象，然后执行“排列>变换>倾斜”菜单命令打开“变换”面板，接着设置x轴和y轴的数值，再选择“使用锚点”选项，最后单击“应用”按钮完成，如图2-30所示。

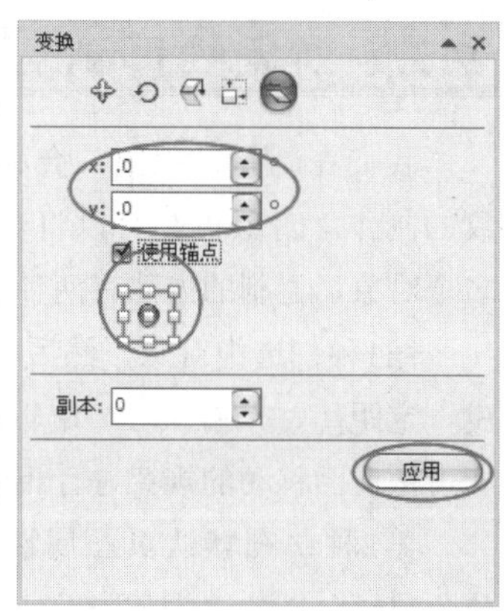

图2-30

课堂案例

制作飞鸟挂钟

案例位置	案例文件>CH02>课堂案例：制作飞鸟挂钟.cdr
视频位置	多媒体教学>CH02>课堂案例：制作飞鸟挂钟.flv
难易指数	★★☆☆☆
学习目标	倾斜的运用方法

飞鸟挂钟效果如图2-31所示。

图2-31

01 新建空白文档，然后设置文档名称为“飞鸟挂钟”，接着设置页面大小为“A4”、页面方向为“横向”。

02 使用“椭圆形工具”绘制一个椭圆，然后在调色板“黑色”色样上单击鼠标左键填充椭圆，如图2-32所示。

图2-32

03 选中黑色椭圆，执行“排列>变换>倾斜”菜单命令，打开“变换”面板，然后设置x轴数值为15、y轴数值为10、“副本”数值为11，接着单击“应用”按钮，如图2-33所示，最后全选对象进行群组，效果如图2-34所示。

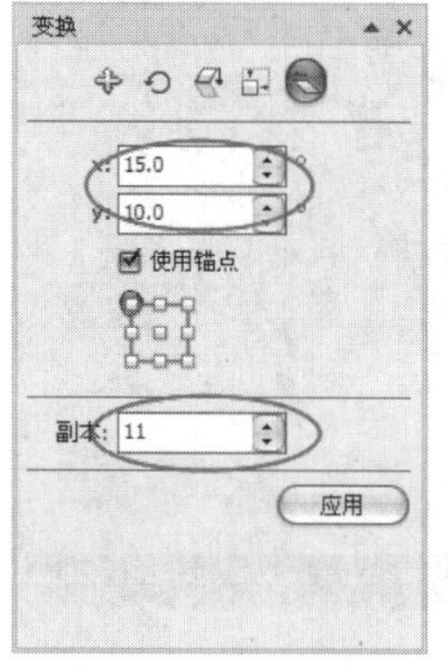

图2-33

图2-34

04 导入“素材文件>CH02>06.cdr”文件，然后将翅膀拖曳到鸟身上进行旋转缩放，接着全选进行群组，如图2-35所示。

图2-35

05 导入“素材文件>CH02>07.cdr”文件，然后拖曳到页面内缩放适合大小，将飞鸟缩放到合适大小拖曳到钟摆位置，接着全选进行群组，效果如图2-36所示。

图2-36

06 下面添加背景环境。导入“素材文件>CH02>08.jpg”文件，然后拖曳到页面中缩放大小，接着执行“排列>顺序>到页面后面”菜单命令将背景置于最下面，最后调整挂钟大小，最终效果如图2-37所示。

图2-37

2.3 复制对象

CorelDRAW X6为用户提供了两种复制的类型，一种是对象的复制，另一种是对象属性的复制，下面将进行具体讲解。

2.3.1 对象基础复制

对象复制的方法有以下6种。

第1种：选中对象，然后执行“编辑>复制”菜单命令，接着执行“编辑>粘贴”菜单命令，在原始对象上进行覆盖复制。

第2种：选中对象，然后单击鼠标右键，在下拉菜单中执行“复制”命令，接着将光标移动到需要粘贴的位置，再单击鼠标右键，在下拉菜单中执行“粘贴”命令完成。

第3种：选中对象，然后按Ctrl+C组合键将对象复制在剪贴板上，再按Ctrl+V组合键进行原位置粘贴。

第4种：选中对象，然后按键盘上的加号键+，在原位置上进行复制。

第5种：选中对象，然后在标准工具箱上单击“复制”按钮，再单击“粘贴”按钮进行原位置复制。

第6种：选中对象，然后按住鼠标左键拖曳到空白处，出现蓝色线框进行预览，如图2-38所示，接着在释放鼠标左键前单击鼠标右键，完成复制。

图2-38

2.3.2 对象的再制

我们在制图过程中，会利用再制进行花边、底纹的制作。对象再制可以将对象按一定规律复制为多个对象，再制的方法有两种。

第1种：选中对象，然后按住鼠标左键将对象拖曳一定距离，接着执行“编辑>重复再制”菜单命令即可按前面移动的规律进行相同的再制。

第2种：在默认页面属性栏中调整位移的“单位”类型（默认为毫米），然后调整“微调距离”的偏离数值，接着在“再制距离”上输入准确的数值，如图2-39所示，最后选中需要再制的对象，按Ctrl+D组合键进行再制。

图2-39

技巧与提示

下面介绍如何使用“再制”制作效果。

平移效果绘制：选中素材花纹，然后按住Shift键的同时按住鼠标左键进行平行拖曳，在释放鼠标左键前单击鼠标右键进行复制，如图2-40所示，接着按Ctrl+D组合键进行重复再制，效果如图2-41所示。

图2-40

图2-41

旋转效果绘制：选中素材椭圆形，然后按住鼠标左键拖曳再单击鼠标右键进行复制，接着直接单击旋转一定的角度，如图2-42所示，最后按Ctrl+D组合键进行再制，如图2-43所示，再制对象将以一定的角度进行旋转。

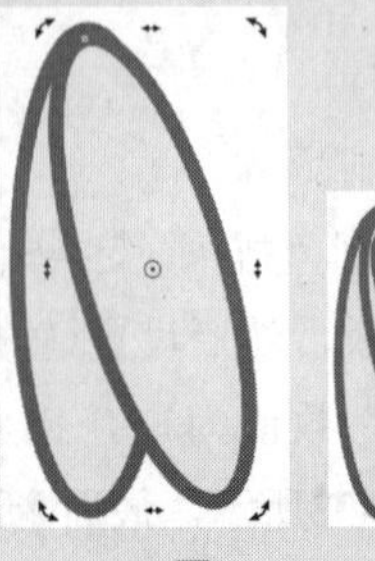

图2-42

图2-43

缩放效果绘制：选中素材球，然后按住鼠标左键拖曳再单击鼠标右键进行复制，再进行缩放，如图2-44所示，接着按Ctrl+D组合键进行再制，如图2-45所示，再制对象以一定的比例进行缩放。如果在再制过程中调整间距效果就可以产生更好的效果，如图2-46所示。

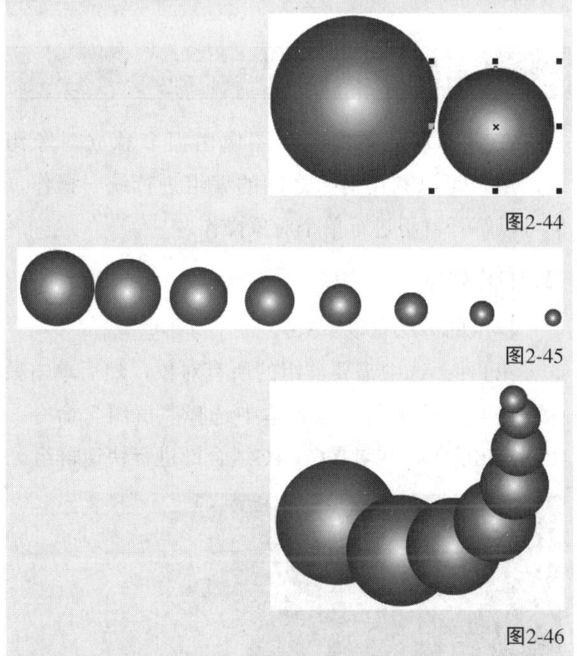

图2-44

图2-45

图2-46

2.3.3 对象属性的复制

单击“选择工具”选中要赋予属性的对象，然后执行“编辑>复制属性自”菜单命令，打开“复制属性”对话框，勾选要复制的属性类型，接着单击“确定”按钮，如图2-47所示。

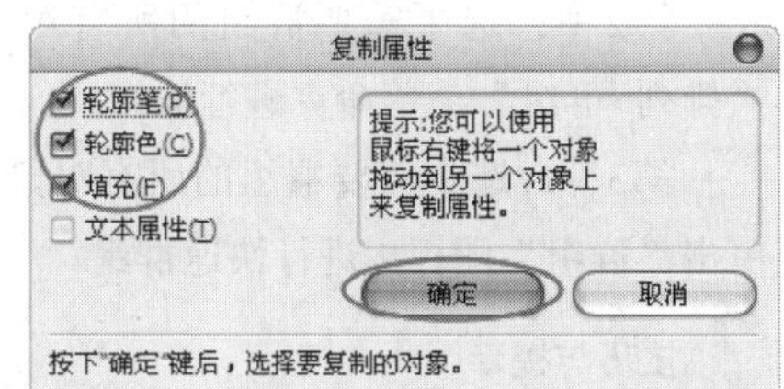

图2-47

当光标变为➡时，移动到源文件位置单击鼠标左键完成属性的复制，如图2-48所示，复制后的效果如图2-49所示。

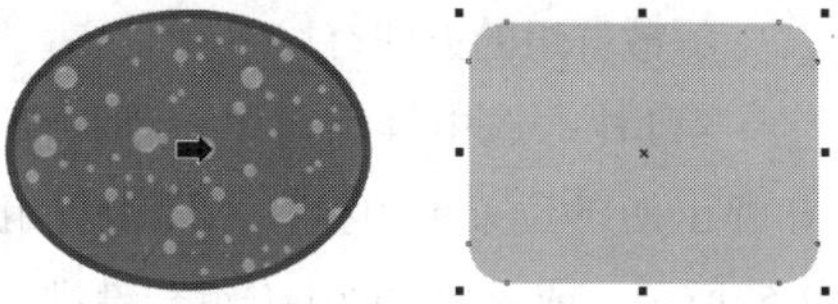

图2-48

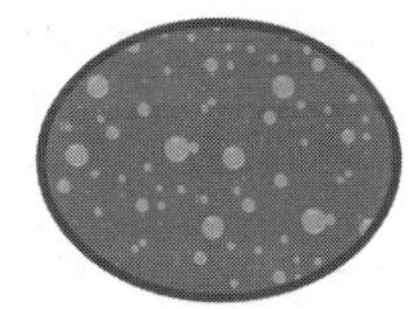

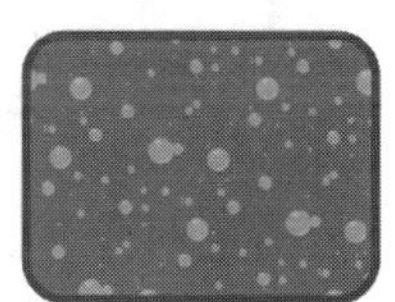

图2-49

技巧与提示

在填充有颜色属性的对象按住鼠标右键拖曳到空白对象上，如图2-50所示，松开鼠标右键在弹出下拉菜单中选择“复制所有属性”命令进行复制，如图2-51所示，复制后的效果如图2-52所示。

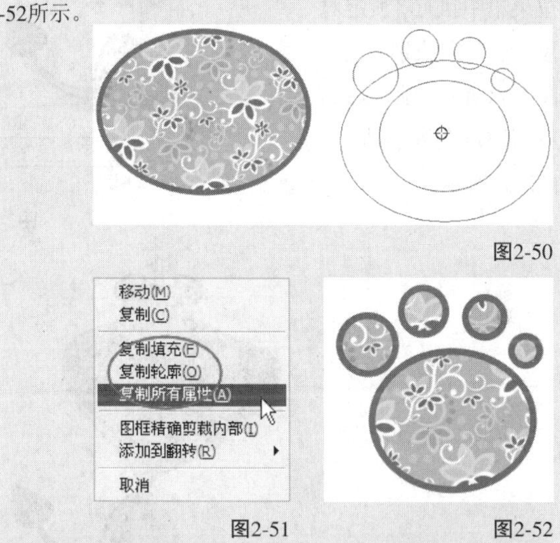

图2-50

图2-51

图2-52

2.4 对象的控制

在对象编辑的过程中，用户可以进行对象的各种控制和运用。包括对象的锁定与解锁、群组与解散群组、合并与拆分和排列顺序。

本节重要工具/命令介绍

名称	作用	重要程度
锁定对象	使对象不会被选中或移动	高
解锁对象	将对象解除锁定	高
群组	将单个对象或组与组之间进行群组，其属性不变	高
取消群组	取消单个对象或组与组之间的群组	高
顺序	将对象作为图层排列前后顺序	高
合并	将两个或多个对象合并为一个全新的对象，其属性会随之变化	高
拆分	将合并对象拆分为单个对象	高

2.4.1 锁定和解锁

在文档编辑过程中，为了避免操作失误，可以将编辑完毕或不需要编辑的对象锁定，锁定的对象无法进行编辑也不会被误删，继续编辑则需要解锁对象。

1.锁定对象

锁定对象的方法有两种。

第1种：选中需要锁定的对象，然后单击鼠标右键，在弹出的下拉菜单中执行“锁定对象”命令完成锁定，如图2-53所示，锁定后的对象锚点变为小锁，如图2-54所示。

图2-53

图2-54

第2种：选中需要锁定的对象，然后执行“排列>锁定对象”菜单命令进行锁定。选择多个对象进行同样操作可以同时进行锁定。

2.解锁对象

解锁对象的方法有两种。

第1种：选中需要解锁的对象，然后单击鼠标右键，在弹出的下拉菜单中执行“解锁对象”命令完成解锁，如图2-55所示。

图2-55

第2种：选中需要解锁的对象，然后执行“排列>解锁对象”菜单命令进行解锁。

技巧与提示

执行“排列>解除锁定全部对象”菜单命令可以同时解锁所有锁定对象。

2.4.2 群组与解组

在编辑复杂图像时，图像由很多独立对象组成，用户可以利用对象之间的编组进行统一操作，也可以解开群组进行单个对象操作。

1.群组对象

群组的方法有以下3种。

第1种：选中需要群组的所有对象，然后单击鼠标右键，在弹出的下拉菜单中选择“群组”命令，如图2-56所示，或者按Ctrl+G组合键进行快速群组。

图2-56

第2种：选中需要群组的所有对象，然后执行“排列>群组”菜单命令进行群组。

第3种：选中需要群组的所有对象，在属性栏上单击“群组”图标进行快速群组。

技巧与提示

群组不仅可以用于单个对象之间，组与组之间也可以进行群组，并且群组后的对象成为整体，显示为一个图层。

2.取消群组

解散群组的方法有以下3种。

第1种：选中群组对象，然后单击鼠标右键，在弹出的下拉菜单中执行“取消群组”命令，如图2-57所示，或者按住Ctrl+U组合键进行快速解散。

图2-57

第2种：选中群组对象，然后执行“排列>取消群组”菜单命令进行解组。

第3种：选中群组对象，然后在属性栏上单击“取消群组”图标进行快速解组。

技巧与提示

执行“取消群组”可以撤销前面进行的群组操作，如果上一步群组操作是组与组之间的，那么，执行后就变为独立的组。

3.取消全部群组

使用“取消全部群组”命令，可以将群组对象进行彻底解组，变为最基本的独立对象。取消全部群组的方法有以下3种。

第1种：选中群组对象，然后单击鼠标右键，在下拉菜单中执行“取消全部群组”命令，解开所有的群组，如图2-58所示（图中标出独立的两个组）。

图2-58

第2种：选中群组对象，然后执行“排列>取消全部群组”菜单命令进行解散。

第3种：选中群组对象，然后在属性栏上单击“取消全部群组”图标进行快速解散。

2.4.3 对象的排序

在编辑图像时，通常利用图层的叠加组成图案或体现效果。我们可以把独立对象和群组的对象看为一个图层，如图2-59所示，排序方法有以下3种。

图2-59

第1种：选中相应的图层单击鼠标右键，然后在弹出的下拉菜单上选择“顺序”命令，在子菜单中选择相应的命令进行操作，如图2-60所示。

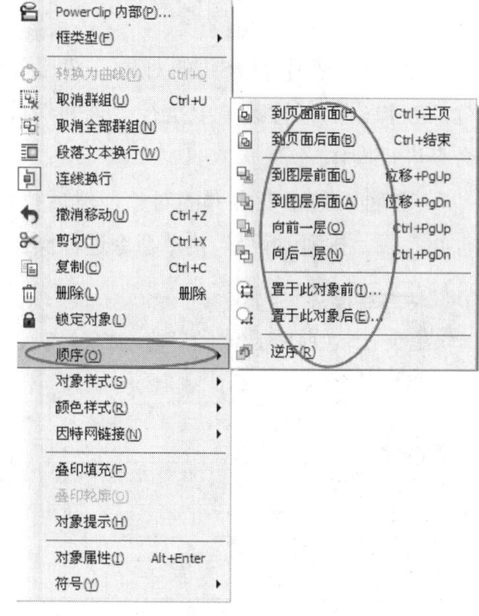

图2-60

第2种：选中相应的图层后，执行“排列>顺序”菜单命令，在子菜单中选择操作。

第3种：按Ctrl+Home组合键可以将对象置于顶层；按Ctrl+End组合键可以将对象置于底层；按Ctrl+PageUp组合键可以将对象往上移一层；按Ctrl+PageDown组合键可以将对象往下移一层。

2.4.4 合并与拆分

合并与群组不同，群组是将两个或多个对象编成一个组，内部还是独立的对象，对象属性不变；合并是将两个或多个对象合并为一个全新的对象，其对象的属性也会随之变化。

合并与拆分的方法有以下3种。

第1种：选中要合并的对象，如图2-61所示，然后在属性面板上单击“合并”按钮合并为一个对象（属性改变），如图2-62所示，单击“拆分”按钮可以将合并对象拆分为单个对象（属性维持改变后的）排放顺序为由大到小排放。

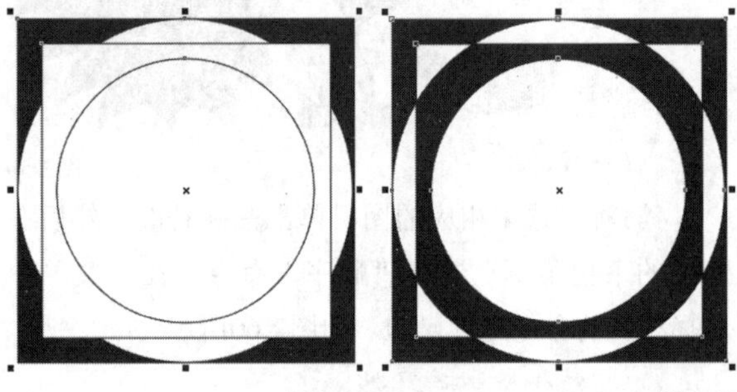

图2-61　　图2-62

第2种：选中要合并的对象，然后单击鼠标右键，在弹出的下拉菜单中执行“合并”或“拆分”命令进行操作。

第3种：选中要合并的对象，然后执行“排列>合并”或“排列>拆分”菜单命令进行操作。

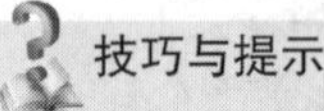

技巧与提示

合并后对象的属性会同合并前最底层对象的属性保持一致，拆分后属性无法恢复。

课堂案例

制作仿古印章

案例位置	案例文件>CH02>课堂案例：制作仿古印章.cdr
视频位置	多媒体教学>CH02>课堂案例：制作仿古印章.flv
难易指数	★★★☆☆
学习目标	合并的巧用

仿古印章效果如图2-63所示。

图2-63

01 新建空白文档，然后设置文档名称为“仿古印章”，接着设置页面大小为“A4”、页面方向为“横向”。

02 导入“素材文件>CH02>09.cdr”文件，然后选中方块按Ctrl+C组合键进行复制，再按Ctrl+V组合键进行原位置复制，接着按住Shift键的同时按住鼠标左键向内进行中心缩放，如图2-64所示。

图2-64

03 导入“素材文件>CH02>10.cdr”文件，然后拖曳到方块内部进行缩放，接着调整位置，如图2-65所示。

图2-65

04 将对象全选，然后执行“排列>合并”菜单命令，得到完成的印章效果，如图2-66所示。

图2-66

05 下面为印章添加背景。导入“素材文件>CH02>11.jpg、12.cdr”文件，然后将水墨画背景图拖曳到页面进行缩放，接着把书法字拖曳到水墨画的右上角，如图2-67所示。

图2-67

06 将印章拖曳到书法字下方空白位置，然后缩放到适应大小，最终效果如图2-68所示。

图2-68

2.5 对齐与分布

在编辑过程中可以进行很准确的对齐或分布操作，方法有以下两种。

第1种：选中对象，然后单击“排列>对齐和分布”菜单命令，在子菜单中选择相应的命令进行操作，如图2-69所示。

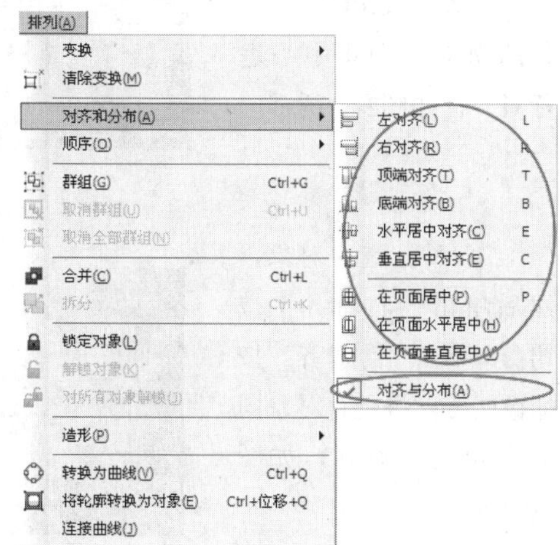

图2-69

第2种：选中对象，然后在属性栏上单击“对齐与分布”按钮打开“对齐与分布”面板进行单击操作。

下面我们就“对齐与分布”面板详细学习对齐与分布的相关操作。

2.5.1 对齐对象

在“对齐与分布”面板中可以进行对齐的相关操作，如图2-70所示。对齐的相关参数介绍如下。

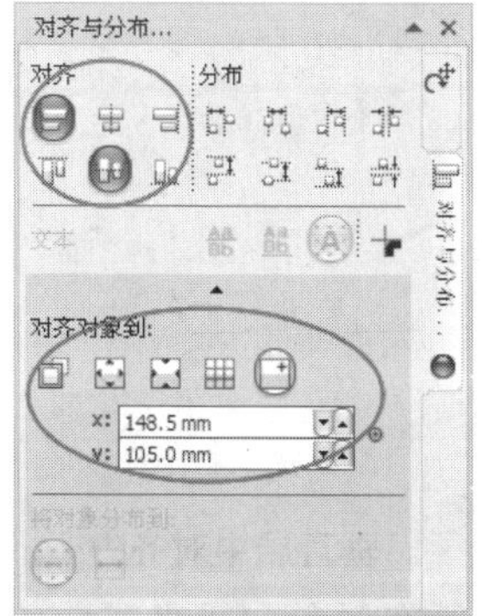

图2-70

对齐参数介绍

左对齐：将所有对象向最左边进行对齐，如图2-71所示。

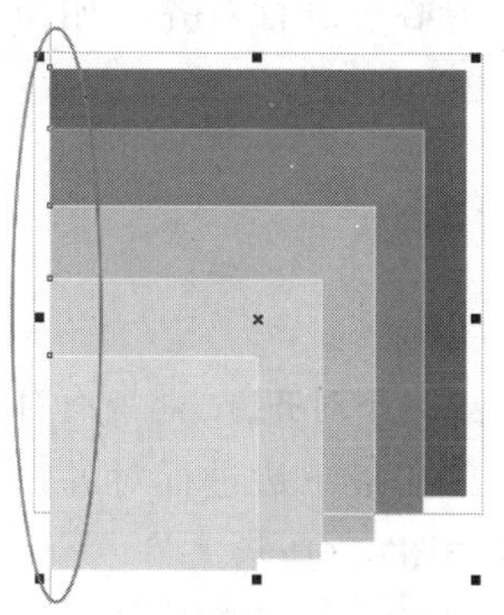

图2-71

水平居中对齐：将所有对象向水平方向的中心点进行对齐，如图2-72所示。

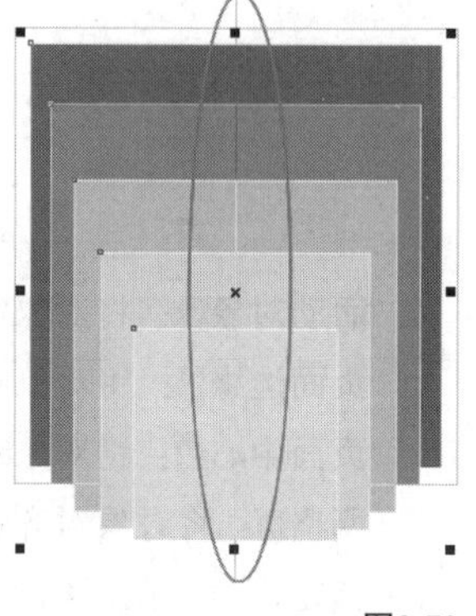

图2-72

右对齐：将所有对象向最右边进行对齐，如图2-73所示。

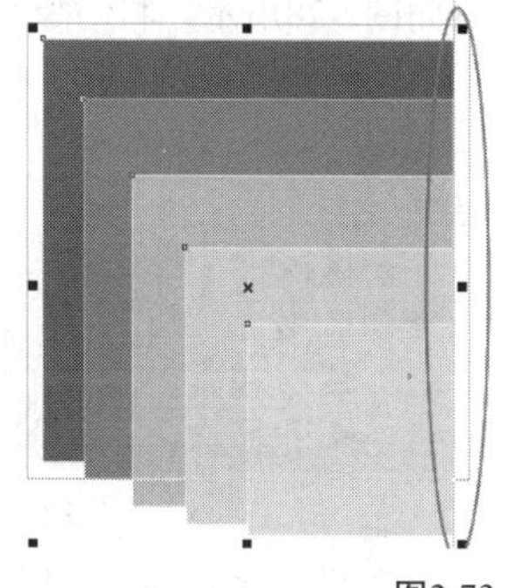

图2-73

上对齐：将所有对象向最上边进行对齐，如图2-74所示。

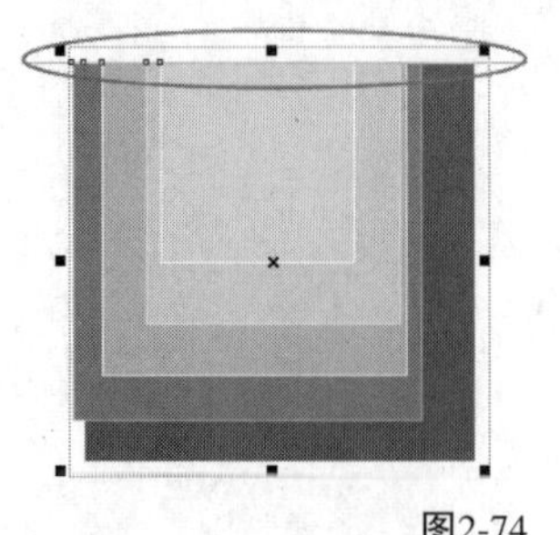

图2-74

垂直居中对齐：将所有对象向垂直方向的中心点进行对齐，如图2-75所示。

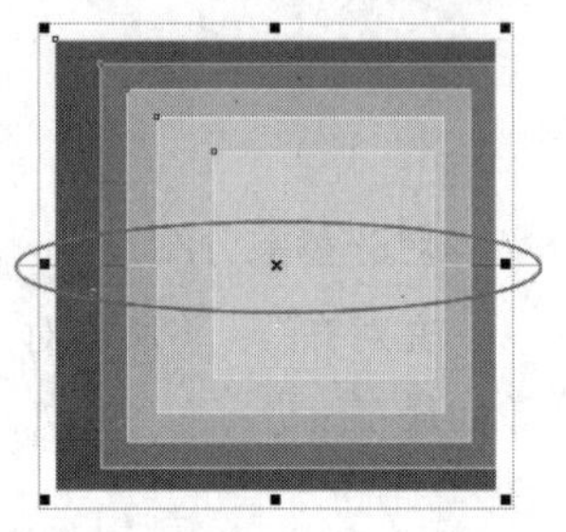

图2-75

下对齐：将所有对象向最下边进行对齐，如图2-76所示。

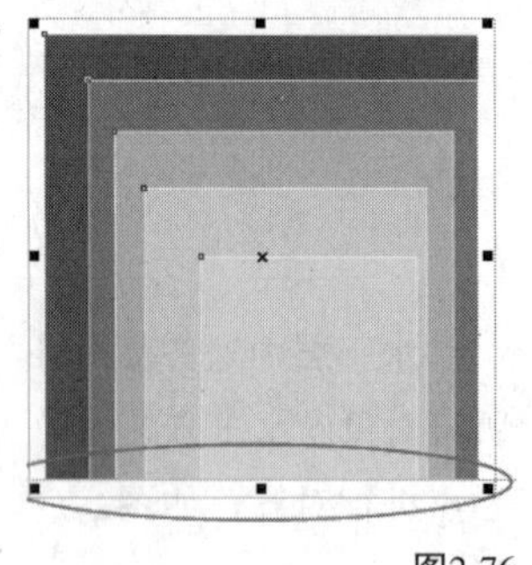

图2-76

活动对象：将对象对齐到选中的活动对象。

页面边缘：将对象对齐到页面的边缘。

页面中心：将对象对齐到页面中心。

网格：将对象对齐到网格。

指定点：在横纵坐标上进行数值输入，如图2-77所示，或者单击"指定点"按钮，在页面定点如图2-78所示，将对象对齐到设定点上。

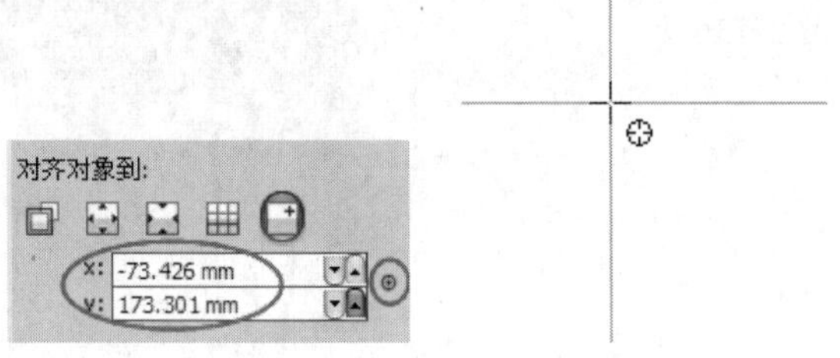

图2-77　图2-78

在进行对齐操作的时候，除了分别单独进行操作外，也可以进行组合使用，具体操作方法有以下5种。

第1种：选中对象，然后单击"左对齐"按钮再单击"上对齐"按钮，可以将所有对象向左上角进行对齐，如图2-79所示。

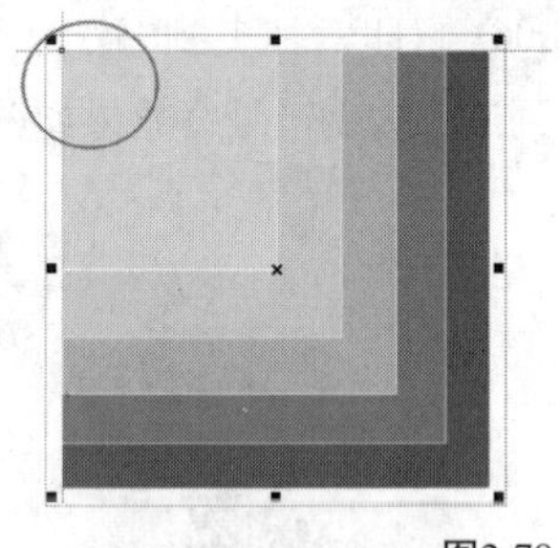

图2-79

第2种：选中对象，然后单击"左对齐"按钮再单击"下对齐"按钮，可以将所有对象向左下角进行对齐，如图2-80所示。

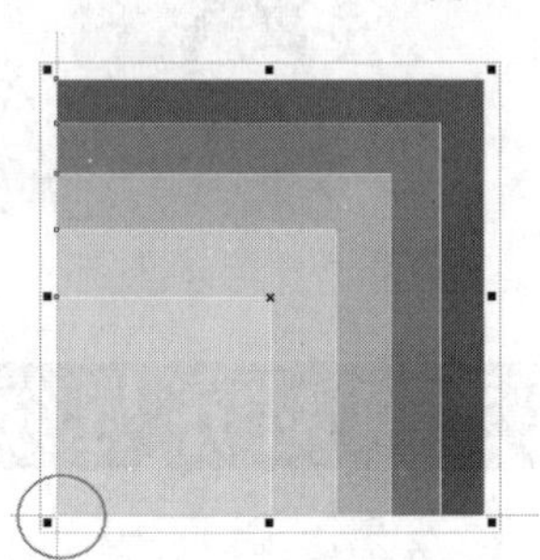

图2-80

第3种：选中对象，然后单击"水平居中对齐"按钮再单击"垂直居中对齐"按钮，可以将所有对象向正中心进行对齐，如图2-81所示。

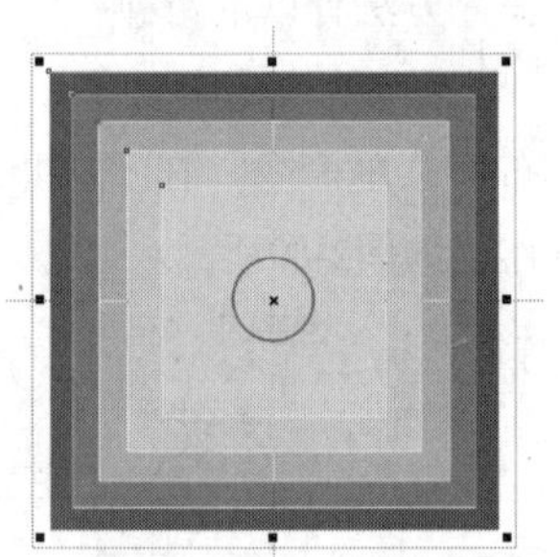

图2-81

第4种：选中对象，然后单击"右对齐"按钮再单击"上对齐"按钮，可以将所有对象向右上角进行对齐，如图2-82所示。

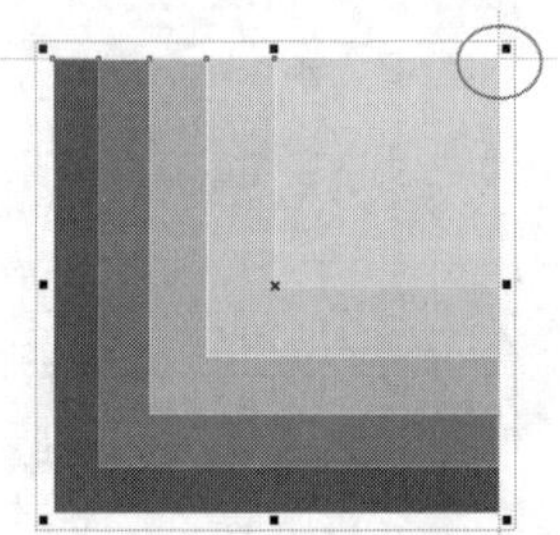

图2-82

第5种：选中对象，然后单击"右对齐"按钮再单击"下对齐"按钮，可以将所有对象向右下角进行对齐，如图2-83所示。

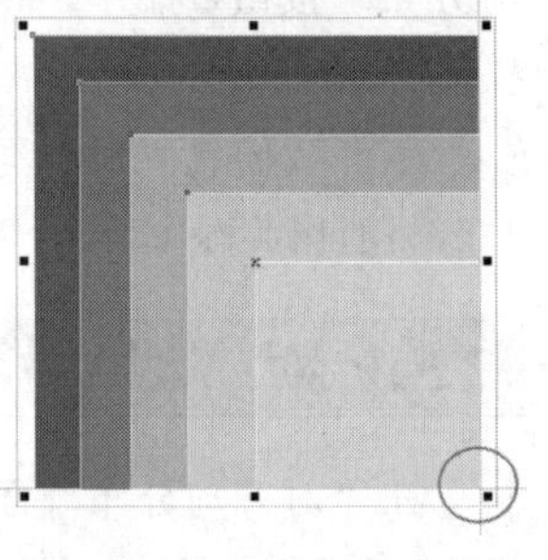

图2-83

2.5.2 对象分布

在“对齐与分布”面板中可以进行分布的相关操作，如图2-84所示。分布的相关参数介绍如下。

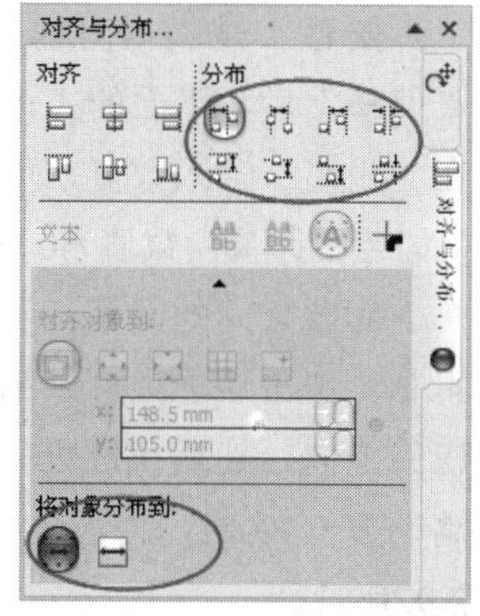

图2-84

分布参数介绍

左分散排列：平均设置对象左边缘的间距，如图2-85所示。

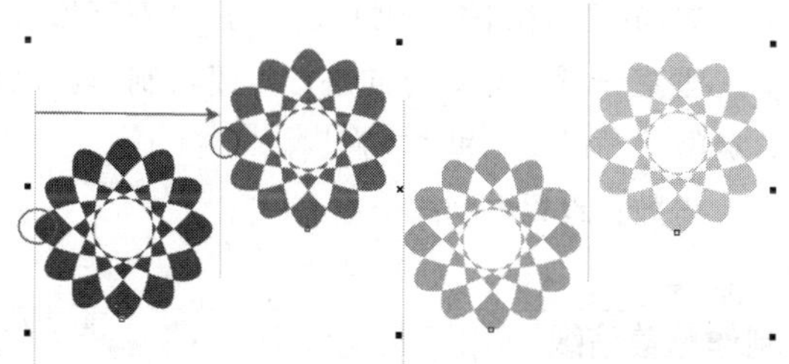
图2-85

水平分散排列中心：平均设置对象水平中心的间距，如图2-86所示。

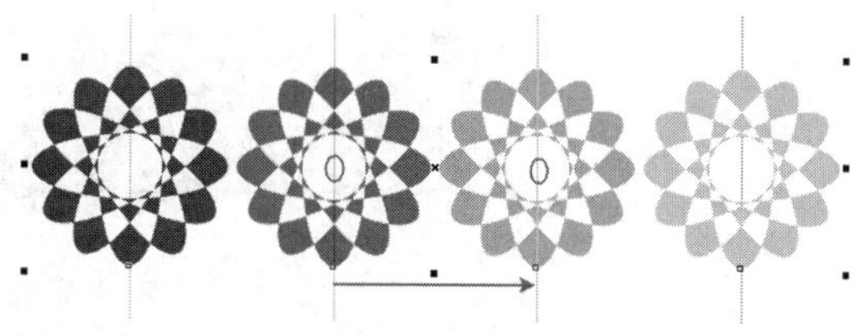
图2-86

右分散排列：平均设置对象右边缘的间距，如图2-87所示。

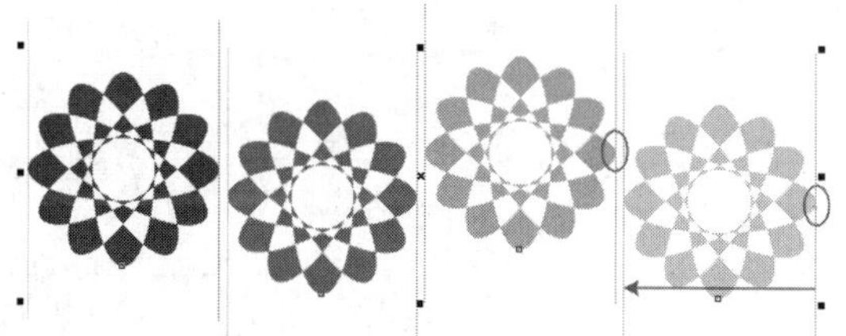
图2-87

水平分散排列间距：平均设置对象水平的间距，如图2-88所示。

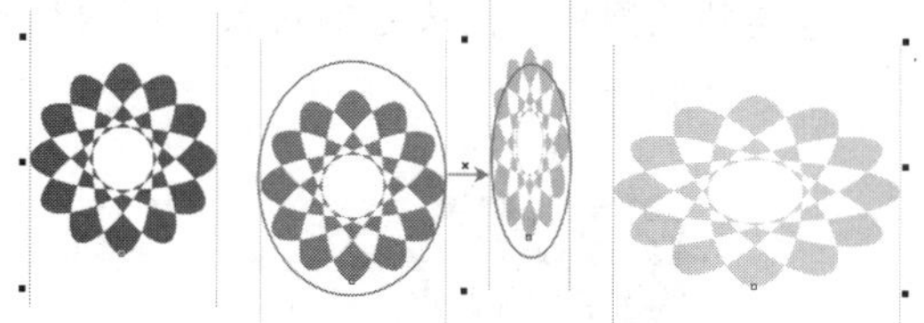
图2-88

顶部分散排列：平均设置对象上边缘的间距，如图2-89所示。

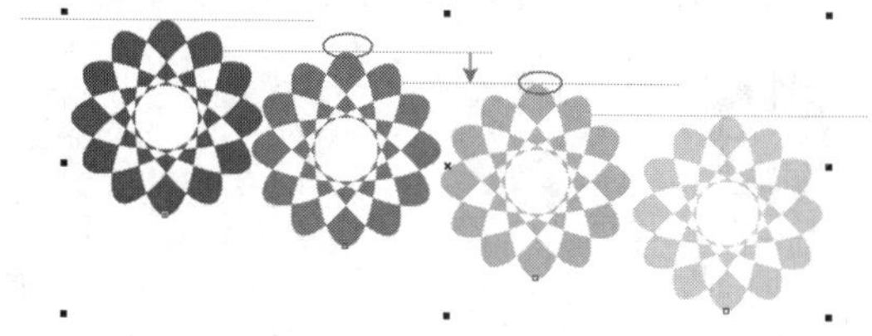
图2-89

垂直分散排列中心：平均设置对象垂直中心的间距，如图2-90所示。

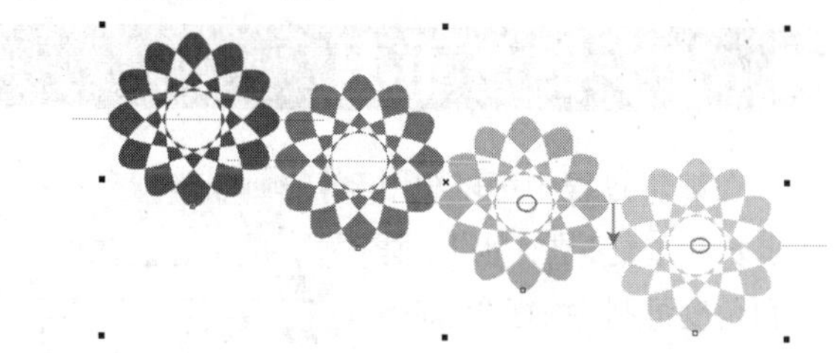
图2-90

底部分散排列：平均设置对象左边缘的间距，如图2-91所示。

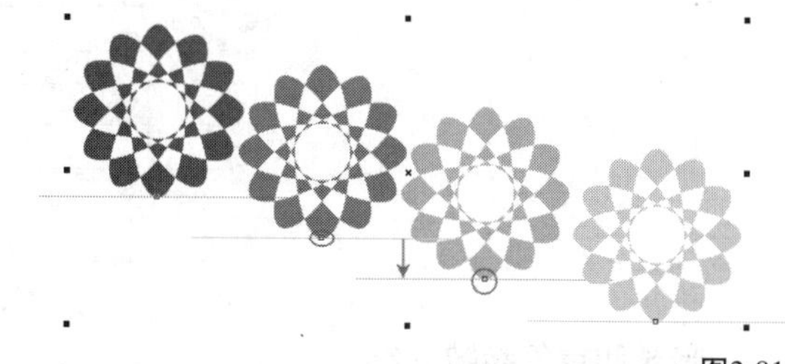
图2-91

垂直分散排列间距：平均设置对象垂直的间距，如图2-92所示。

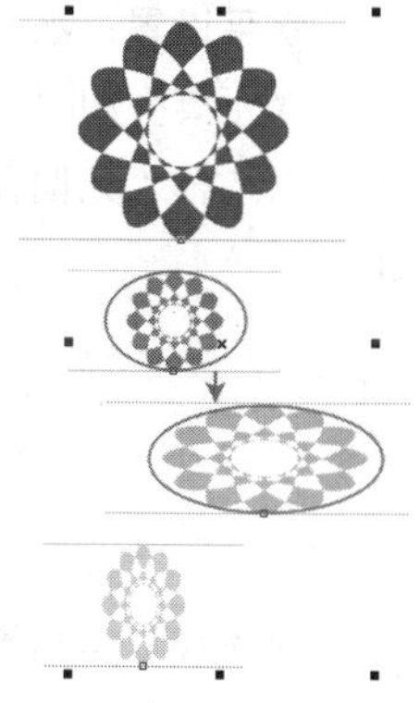
图2-92

选定的范围：在选定的对象范围内进行分布，如图2-93所示。

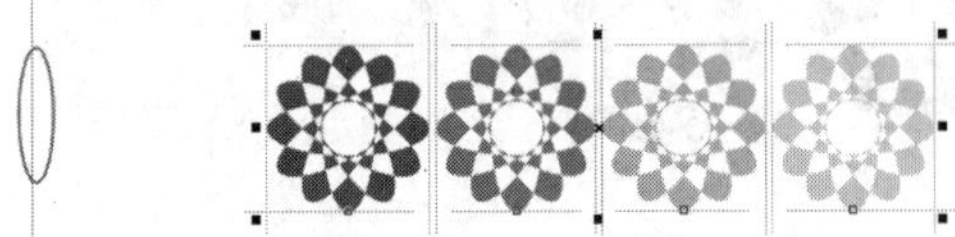

图2-93

页面范围：将对象以页边距为定点平均分布在页面范围内，如图2-94所示。

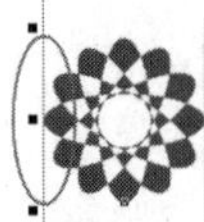

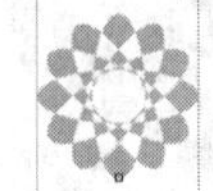
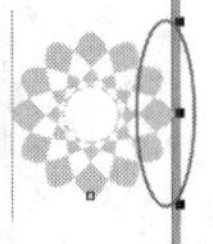

图2-94

技巧与提示

分布也可以进行混合使用，可以使分布更精确。

2.6 步长与重复

在编辑过程中可以利用“步长和重复”进行水平、垂直和角度再制。执行“编辑>步长和重复”菜单命令，打开“步长和重复”对话框，如图2-95所示。

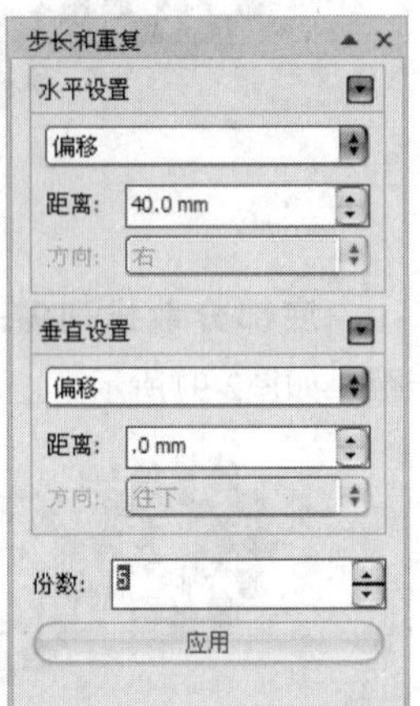

图2-95

步长和重复参数介绍

水平设置：水平方向进行再制，可以设置“类型”“距离”和“方向”，如图2-96所示，在类型里可以选择“无偏移”“偏移”和“对象之间的间距”。

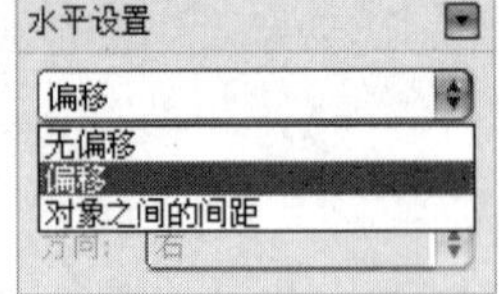

图2-96

无偏移：是指不进行任何偏移。选择“无偏移”后，下面的“距离”和“方向”无法进行设置，在份数输入数值后单击“应用”按钮，则是在原位置进行再制。

偏移：是指以对象为准进行水平偏移。选择“偏移”后，下面的“距离”和“方向”被激活，在“距离”输入数值，可以在水平方向进行重复再制。当“距离”数值为0时，为原位置重复再制。

对象之间的间距：是指以对象之间的间距进行再制。单击该选项可以激活“方向”选项，选择相应的方向，然后在份数输入数值进行再制。当“距离”数值为0时，为水平边缘重合的再制效果，如图2-97所示。

图2-97

距离：在后方的文本框里输入数值进行精确偏移。

方向：可以在下拉选项中选择方向“左”或“右”。

垂直设置：垂直方向进行重复再制，可以设置“类型”“距离”和“方向”。

份数：设置再制的份数。

课堂案例

制作精美信纸

案例位置	案例文件>CH02>课堂案例：制作精美信纸.cdr
视频位置	多媒体教学>CH02>课堂案例：制作精美信纸.flv
难易指数	★★★★☆
学习目标	再制、群组、排放、对齐与分布功能的巧用

精美信纸效果如图2-98所示。

图2-98

01 新建空白文档，然后设置文档名称为“精美信纸”，并设置页面大小为“A4”。

02 导入“素材文件>CH02>13.cdr”文件，然后拖曳到页面左上角进行缩放，如图2-99所示。

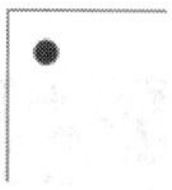

图2-99

03 选中圆形，然后按住Shift键的同时按住鼠标左键进行水平拖曳，确定好位置后单击鼠标右键复制一份，接着按Ctrl+D组合键复制到页面另一边，如图2-100所示。

图2-100

04 全选圆形，然后在属性栏中单击“对齐与分布”按钮打开“对齐与分布”面板，接着单击“水平分散排列间距”按钮调整间距，再单击“页面范围”按钮，如图2-101所示。

图2-101

05 全选圆形进行群组，然后以组的形式向下进行复制，接着在“对齐与分布”面板中单击“垂直分散排列间距”按钮调整间距，再单击“页面范围”按钮平均分布在页面中，如图2-102所示，最后全选进行群组。

图2-102

06 导入“素材文件>CH02>14.jpg”文件，然后拖曳到页面中调整大小，再按Ctrl+End组合键将图片放置在底层，接着选中点状背景单击鼠标左键填充颜色为白色，最后全选进行群组，如图2-103所示。

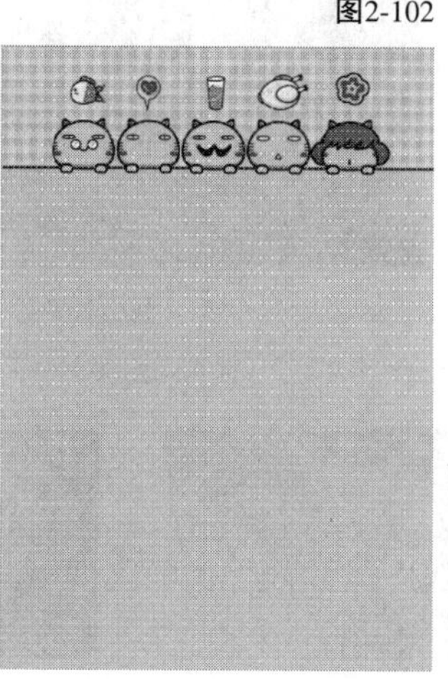

图2-103

07 导入“素材文件>CH02>15.cdr”文件，然后单击属性栏上的“取消群组”图标解散群组，再将透明矩形分别拖曳到页面，接着选中两个矩形，并单击“对齐与分布”面板中“左对齐”按钮对齐后进行群组，最后全选单击“水平居中对齐”按钮进行整体对齐，对齐后去掉轮廓线，如图2-104所示。

图2-104

08 导入“素材文件>CH02>16.cdr”文件，将线条进行垂直再制，然后执行“排列>对齐和分布>左对齐”菜单命令进行对齐，接着群组后拖曳到透明矩形中，最后全选执行“排列>对齐和分布>水平居中对齐”菜单命令进行对齐，最终效果如图2-105所示。

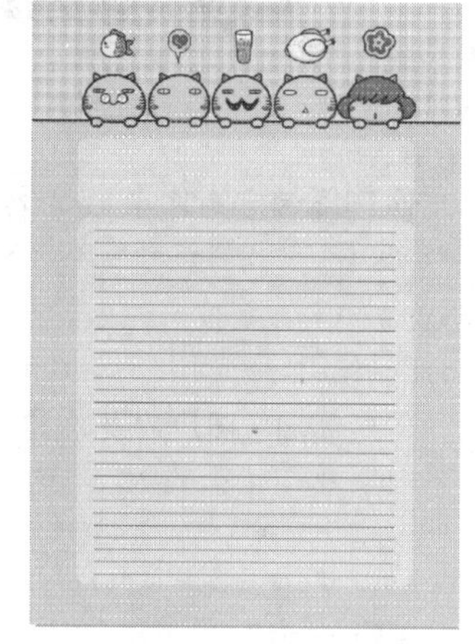

图2-105

2.7 本章小结

通过本章的学习，读者对对象的操作与管理有了一定的了解和掌握，选择对象并进行复制对象、变换对象、控制对象、对齐与分布对象的操作，这对以后在CorelDRAW X6中设计制作作品非常重要。

2.8 课后习题

课后习题

制作复古金属图标

案例位置	案例文件>CH02>课后习题：制作复古金属图标.cdr
视频位置	多媒体教学>CH02>课后习题：制作复古金属图标.flv
难易指数	★★☆☆☆
练习目标	镜像的运用方法

复古金属图标效果如图2-106所示。

图2-106

步骤分解如图2-107所示。

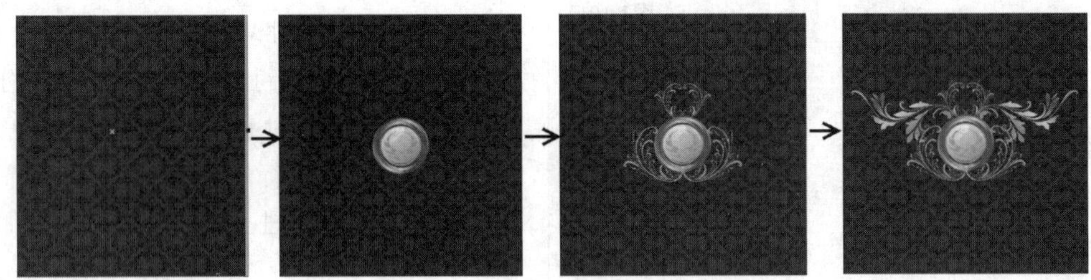

图2-107

课后习题

制作玩偶淘宝图片

案例位置	案例文件>CH02>课后习题：制作玩偶淘宝图片cdr
视频位置	多媒体教学>CH02>课后习题：制作玩偶淘宝图片.flv
难易指数	★★☆☆☆
练习目标	变换大小的操作方法

玩偶淘宝图片效果如图2-108所示。

图2-108

步骤分解如图2-109所示。

图2-109

第3章 绘图工具

作为专业的平面图形绘制软件，CorelDRAW X6提供了丰富的图形绘制工具，具有曲线编辑功能。掌握各种图形的绘制和编辑方法，是使用CorelDRAW X6进行平面设计创作的基本技能。本章将详细讲解CorelDRAW X6的各种基本图形绘制工具和路径绘图工具的使用方法和技巧。

课堂学习目标

掌握手绘工具的运用
掌握2点线工具的运用
掌握贝塞尔工具的运用
了解艺术笔工具的运用
掌握钢笔工具的运用
了解折线工具的运用
掌握线条样式设置的运用
掌握矩形和3点矩形工具的运用
掌握椭圆形和3点椭圆形工具的运用
掌握多边形工具的运用
掌握星形工具的运用
了解图纸工具的运用
了解形状工具组的运用

3.1 线条工具简介

线条是两个点之间的路径，线条由多条曲线或直线线段组成，线段间通过节点连接，以小方块节点表示，我们可以用线条进行各种形状的绘制和修饰。CorelDRAW X6为我们提供了各种线条工具，通过这些工具可以绘制曲线和直线，以及同时包含曲线段和直线段的线条。

3.2 手绘工具

“手绘工具”具有很高的灵活性，就像我们在纸上用铅笔绘画一样，同时兼顾直线和曲线，并且会在绘制过程中对毛糙的边缘进行自动修复，使绘制更流畅、更自然。

3.2.1 基本绘制方法

单击工具箱中的“手绘工具”进行以下基本的绘制方法的学习。

1.绘制直线线段

单击“手绘工具”，然后在页面内空白处单击鼠标左键，如图3-1所示，接着移动光标确定另外一点的位置，再单击鼠标左键形成一条线段，如图3-2所示。

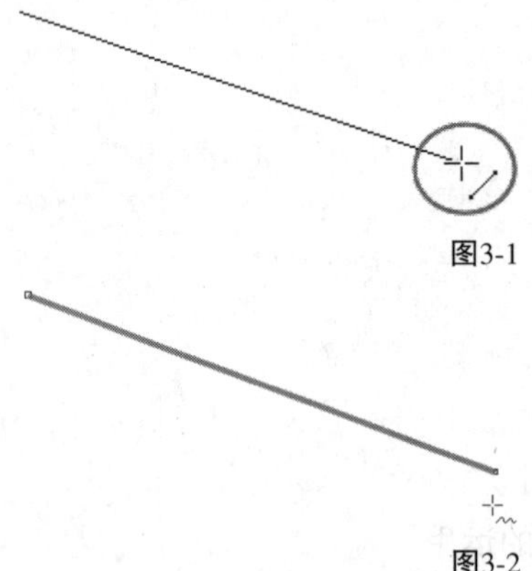

图3-1

图3-2

线段的长短与光标移动的位置长短相同，结尾端点的位置也相对随意。如果我们需要一条水平或垂直的直线，在移动时按住Shift键就可以快速实现。

2.连续绘制线段

使用“手绘工具”绘制一条直线线段，然后将光标移动到线段末尾的节点上，当光标变为时单击鼠标左键，如图3-3所示，移动光标到空白位置单击鼠标左键创建折线，如图3-4所示，以此类推可以绘制连续线段，如图3-5所示。

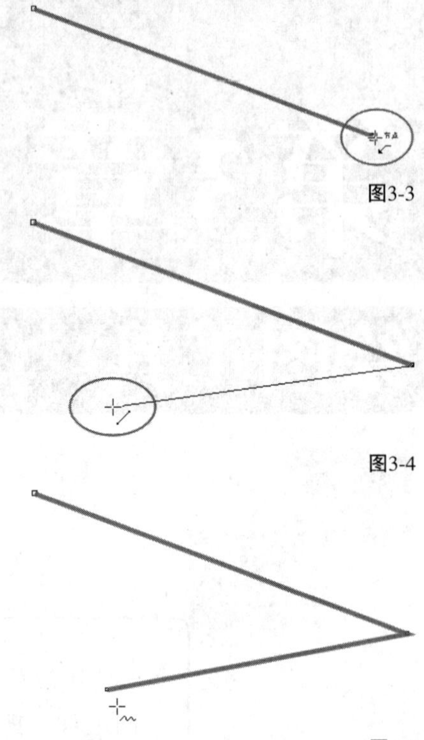

图3-3

图3-4

图3-5

在进行连续绘制时，起始点和结束点重合时，会形成一个面，可以进行颜色填充和效果添加等操作，利用这种方式我们可以绘制各种抽象的几何形状。

3.绘制曲线

在工具箱上单击“手绘工具”，然后在页面空白处按住鼠标左键进行拖曳绘制，松开鼠标形成曲线，如图3-6和图3-7所示。

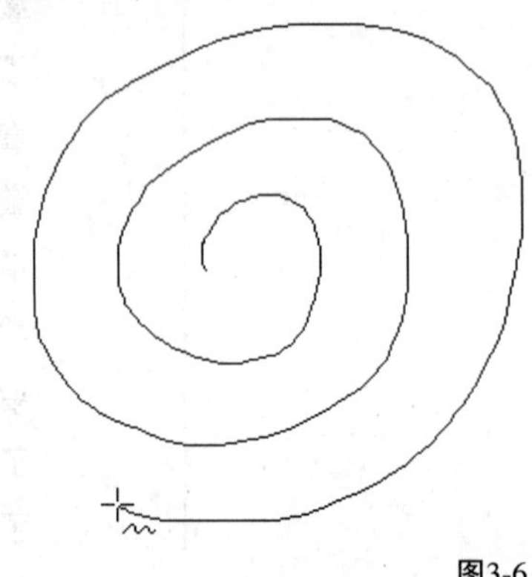

图3-6

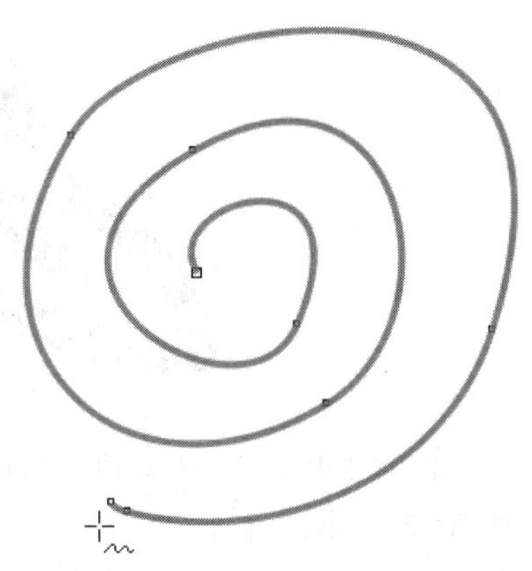

图3-7

在绘制曲线的过程中，线条会呈现有毛边或手抖的感觉，可以在属性栏上调节“手动平滑”数值，进行自动平滑线条。

进行绘制时，每次松开鼠标左键都会形成独立的曲线，以一个图层显示，所以我们可以通过像画素描一样，一层层盖出想要的效果。

4.在线段上绘制曲线

在工具箱上单击“手绘工具”，在页面空白处单击移动绘制一条直线线段，如图3-8所示，然后将光标拖曳到线段末尾的节点上，当光标变为时按住鼠标左键拖曳绘制，如图3-9所示，可以连续穿插绘制。

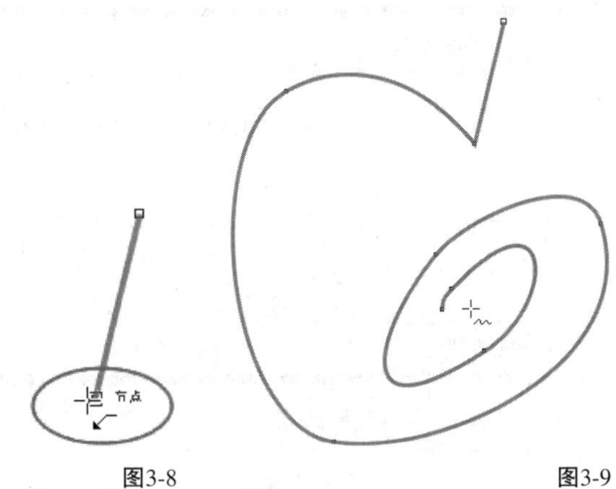

图3-8　　图3-9

在综合使用时，可以在直线线段上接连绘制曲线，也可以在曲线上绘制曲线，穿插使用，灵活性很强。

技巧与提示

在使用“手绘工具”时，按住鼠标左键进行拖曳绘制对象，如果出错，可以在没松开鼠标左键前按住Shift键往回拖曳鼠标，当绘制的线条变为红色时，松开鼠标进行擦除。

3.2.2 线条设置

“手绘工具”的属性栏如图3-10所示。

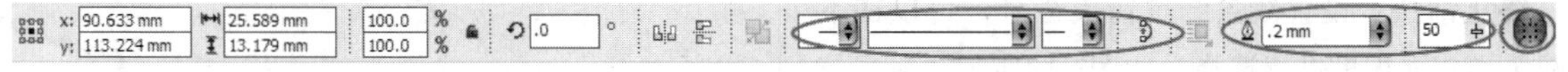

图3-10

手绘工具选项介绍

起始箭头：用于设置线条起始箭头符号，可以在下拉箭头样式面板中进行选择，如图3-11所示，起始箭头并不代表是设置指向左边的箭头，而是表示起始端点的箭头，如图3-12所示。

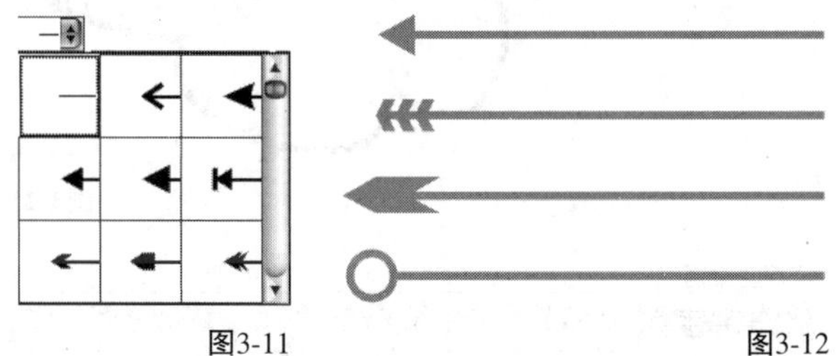

图3-11　　图3-12

线条样式：设置绘制线条的样式，可以在下拉线条样式面板里进行选择，如图3-13所示，添加效果如图3-14所示。

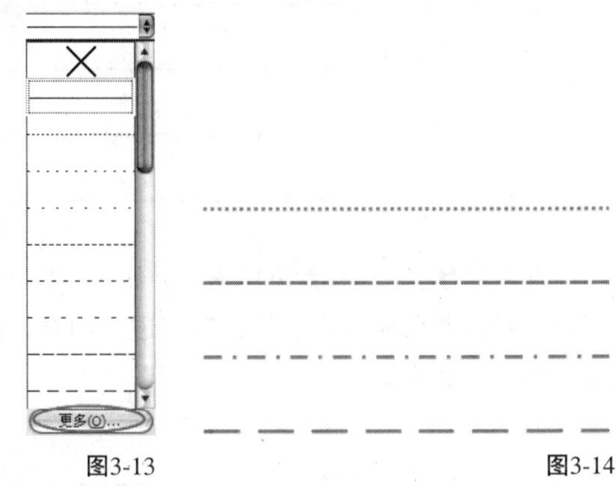

图3-13　　图3-14

技巧与提示

在添加线条样式时，如果没有我们想要的样式，我们可以单击“更多”按钮打开“编辑线条样式”对话框进行自定义编辑，如图3-15所示。

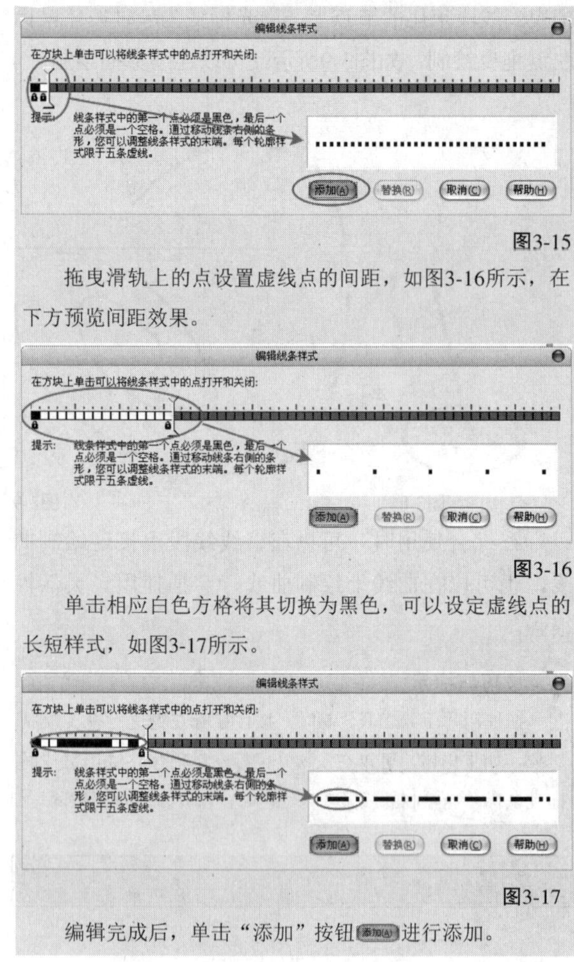

图3-15

拖曳滑轨上的点设置虚线点的间距，如图3-16所示，在下方预览间距效果。

图3-16

单击相应白色方格将其切换为黑色，可以设定虚线点的长短样式，如图3-17所示。

图3-17

编辑完成后，单击“添加”按钮添加(A)进行添加。

终止箭头：设置线条结尾箭头符号，可以在下拉箭头样式面板里进行选择，如图3-18所示。

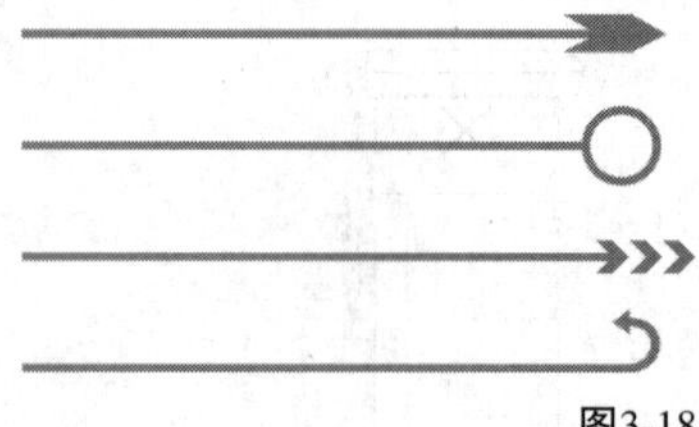

图3-18

闭合曲线：选中绘制的未合并线段，如图3-19所示，单击将起始节点和终止节点进行闭合，形成面，如图3-20所示。

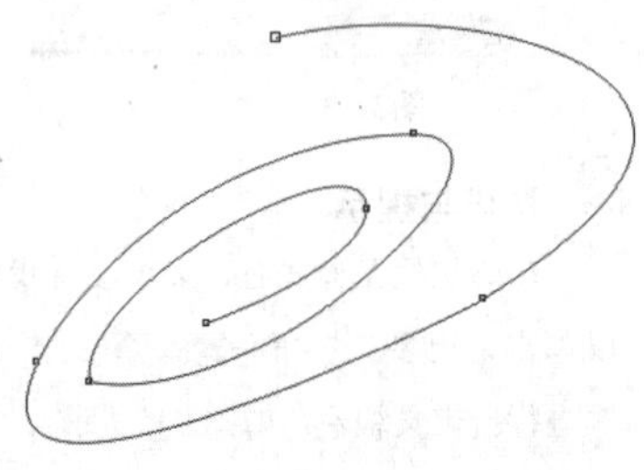

图3-19

图3-20

轮廓宽度：输入数值可以调整线条的粗细，如图3-21所示。

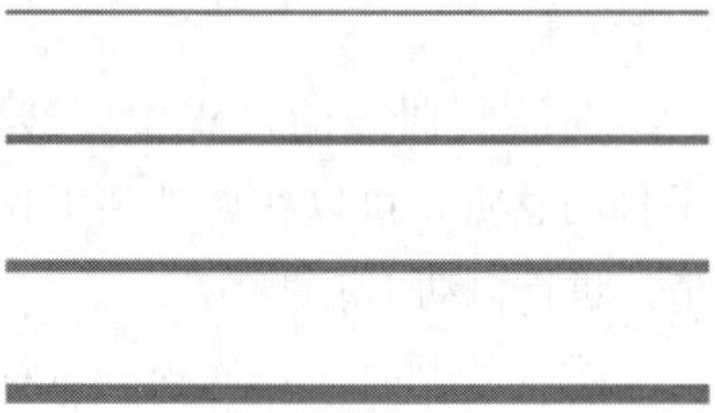

图3-21

手绘平滑：设置手绘时自动平滑的程度，最大为100，最小为0，默认为50。

边框：激活该按钮则隐藏边框，如图3-22所示，默认情况下边框为显示的，如图3-23所示，可以根据用户绘图习惯来设置。

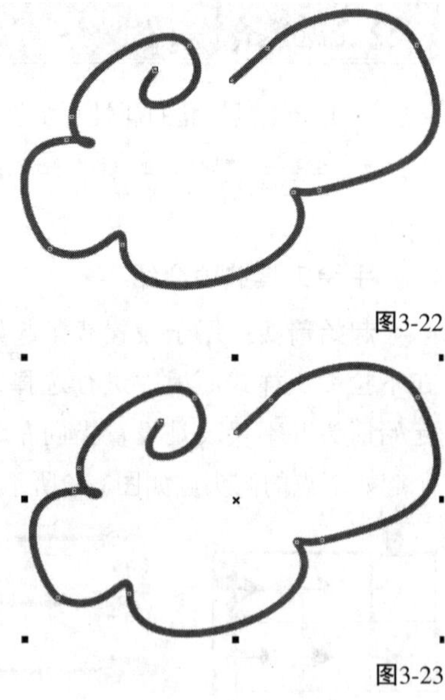

图3-22

图3-23

课堂案例

制作宝宝照片

案例位置	案例文件>CH03>课堂案例：制作宝宝照片.cdr
视频位置	多媒体教学>CH03>课堂案例：制作宝宝照片.flv
难易指数	★★☆☆☆
学习目标	手绘工具的使用方法

宝宝照片效果如图3-24所示。

图3-24

01 新建空白文档，然后设置文档名称为“宝宝照片”，接着设置页面大小为“A4”、页面方向为“横向”。

02 导入“素材文件>CH03>01.jpg”文件，然后拖曳到页面上方进行缩放，注意，图片以页面上方贴齐，页面下方是留白的，如图3-25所示。

图3-25

03 双击“矩形工具”创建与页面等大小的矩形，填充颜色为（C:35，M:73，Y:100，K:0），如图3-26所示，然后双击创建第2个矩形，再设置轮廓线“宽度”为10mm，轮廓线颜色为（C:35，M:73，Y:100，K:0），接着在属性栏中设置“圆角”为5mm，如图3-27所示。

图3-26

图3-27

04 下面绘制边框内角。使用“矩形工具”绘制一个正方形，填充与边框相同的颜色，如图3-28所示，然后单击“转换为曲线”按钮将正方形转为自由编辑对象，接着单击“形状工具”，双击去掉右下角的节点，如图3-29所示，再选中斜线，单击鼠标右键，在下拉菜单中执行“到曲线”命令，最后拖曳斜线得到均匀曲线，如图3-30所示。

图3-28

图3-29

图3-30

05 将绘制好的对象拖曳到页面左上角，进行缩放调整，如图3-31所示，然后复制一份拖曳到右上角，接着单击“水平镜像”按钮进行水平反转，效果如图3-32所示。

图3-31

图3-32

06 下面添加外框装饰。导入“素材文件>CH03>02.cdr”文件，然后选中小鸡并执行“编辑>步长和重复”菜单命令，在“步长和重复”面板中设置“水平设置”的“类型”为“对象之间的间距”、“距离”为0mm、“方向”为“右”、“垂直设置”的“类型”为“无偏移”，再设置“份数”为8，接着单击“应用”按钮 应用 进行复制，如图3-33所示，最后将小鸡群组拖曳到照片与边框的交界线上居中对齐，效果如图3-34所示。

图3-33　　图3-34

07 使用“手绘工具”绘制翅膀形状，然后双击对象选中相应节点，单击鼠标右键，在下拉菜单中执行“尖突”命令进行移动修改，如图3-35所示。

图3-35

08 单击“填充工具”，然后在弹出的工具选项板中选择“均匀填充”方式■，打开“均匀填充”对话框，设置填充颜色为（C:7，M:16，Y:53，K:0），再单击“确定”按钮完成填充，填充完成后再设置轮廓线“宽度”为3mm、轮廓线颜色为白色，最后单击“透明度工具”，在属性栏中设置“透明度类型”为“标准”、“开始透明度”为20，效果如图3-36所示。

图3-36

09 将绘制的翅膀拖曳到宝宝照片上，然后复制一份并双击进行透视角度的微调，再拖曳到相应的宝宝后背上，如图3-37所示。

图3-37

10 下面绘制鸡蛋的表情。使用“手绘工具”绘制鸡蛋的表情，然后填充嘴巴颜色为白色，再填充轮廓线颜色为（C:48，M:100，Y:100，K:25），接着设置眼睛的轮廓线“宽度”为1.5mm、嘴巴的轮廓线“宽度”为1mm，效果如图3-38所示。

图3-38

11 使用“手绘工具”绘制脸部红晕形状，然后填充颜色为（C:0，M:100，Y:0，K: 0），再去掉轮廓线，接着单击“透明度工具”，在属性栏中设置“透明度类型”为“标准”、“开始透明度”为40，效果如图3-39所示。

图3-39

12 使用“手绘工具”在脸部红晕上绘制几条线段，然后设置轮廓线“宽度”为0.2mm、颜色为（C:48，M:100，Y:100，K:25），效果如图3-40所示。

图3-40

13 导入“素材文件>CH03>03.cdr”文件，然后将文字解散群组，排放在相应的鸡蛋中，最终效果如图3-41所示。

图3-41

3.3 2点线工具

“2点线工具”是专门绘制直线线段的，使用该工具还可直接创建与对象垂直或相切的直线。

3.3.1 基本绘制方法

接下来，我们学习“2点线工具”的基本绘制方法。

1.绘制一条线段

单击工具箱上的“2点线工具”，将光标移动到页面内空白处，然后按住鼠标左键不放拖曳一段距离，松开鼠标左键完成绘制，如图3-42所示。

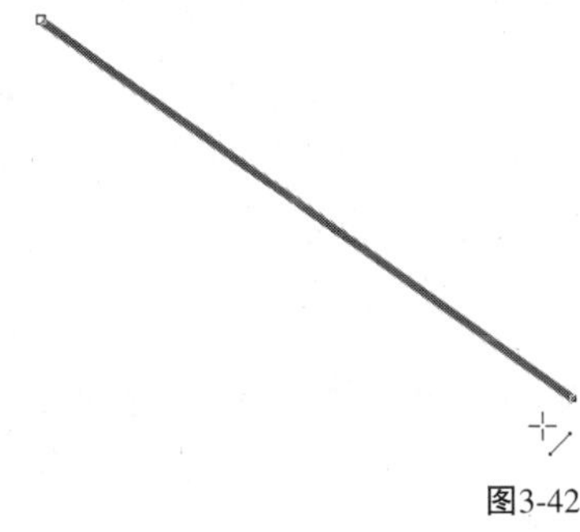

图3-42

2.绘制连续线段

单击工具箱上的“2点线工具”，在绘制一条直线后不移开光标，光标会变为↙，如图3-43所示，然后再按住鼠标左键拖曳绘制，如图3-44所示。

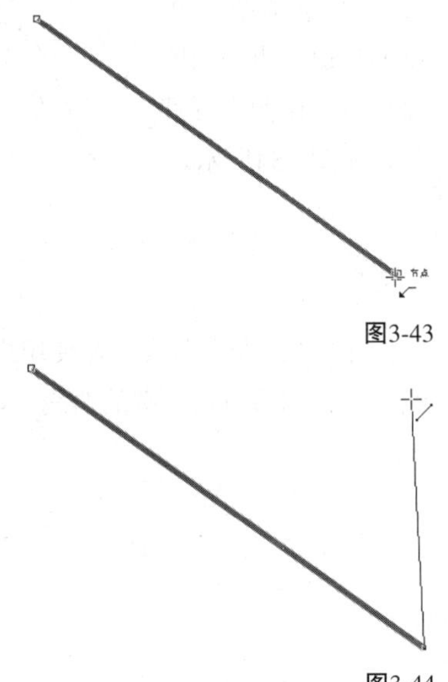

图3-43

图3-44

连续绘制，直到首尾节点合并，可以形成面，如图3-45所示。

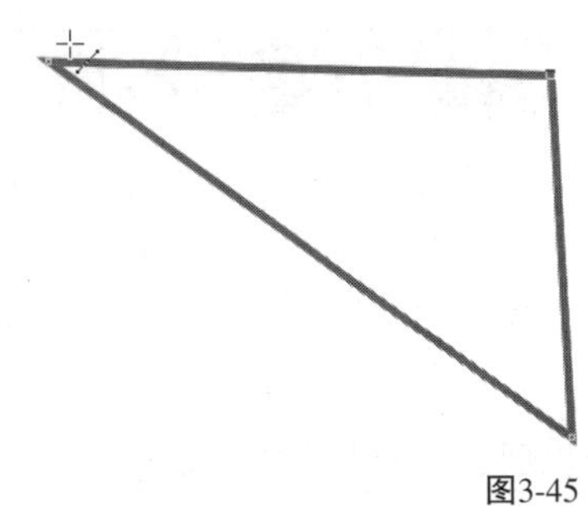

图3-45

3.3.2 设置绘制类型

在“2点线工具”的属性栏里可以切换绘制的2点线的类型，如图3-46所示。

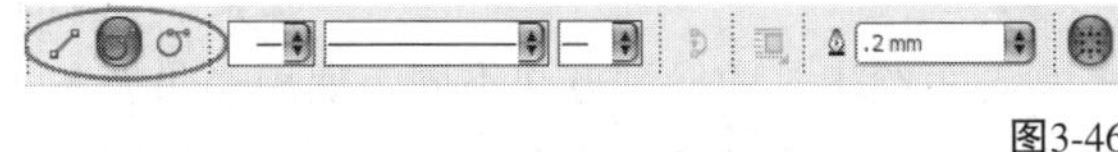

图3-46

2点线工具选项介绍

2点线工具：连接起点和终点绘制一条直线。

垂直2点线：绘制一条与现有对象或线段垂直的2点线，如图3-47所示。

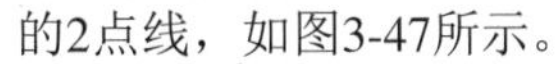

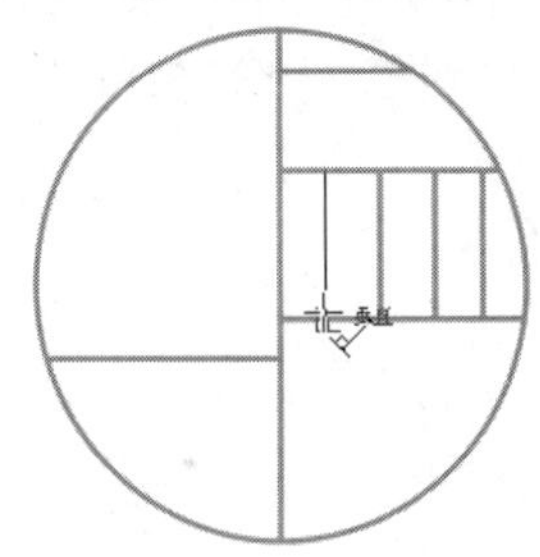

图3-47

相切2点线：绘制一条与现有对象或线段相切的2点线，如图3-48所示。

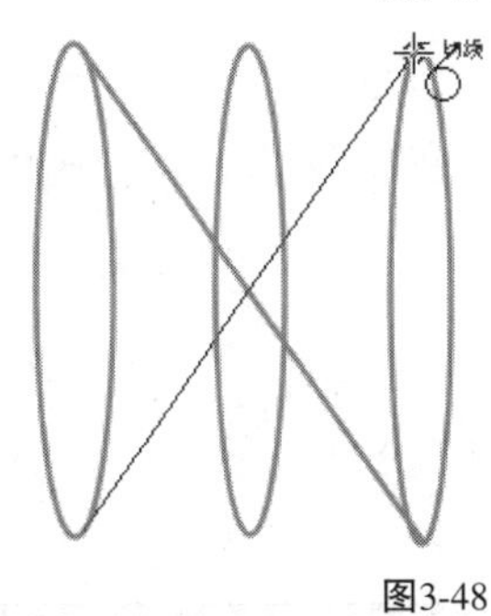

图3-48

3.4 贝塞尔工具

“贝塞尔工具”是所有绘图类软件中最为重要的工具之一，可以创建更为精确的直线和对称流畅的曲线，我们可以通过改变节点和控制其位置来变化曲线弯度。在绘制完成后，可以通过节点进行曲线和直线的修改。

3.4.1 直线绘制方法

单击工具箱上的“贝塞尔工具”，将光标移动到页面空白处，单击鼠标左键确定起始节点，然后移动光标并单击鼠标左键确定下一个点，此时两点间将出现一条直线，如图3-49所示，按住Shift键可以创建水平线或垂直线。

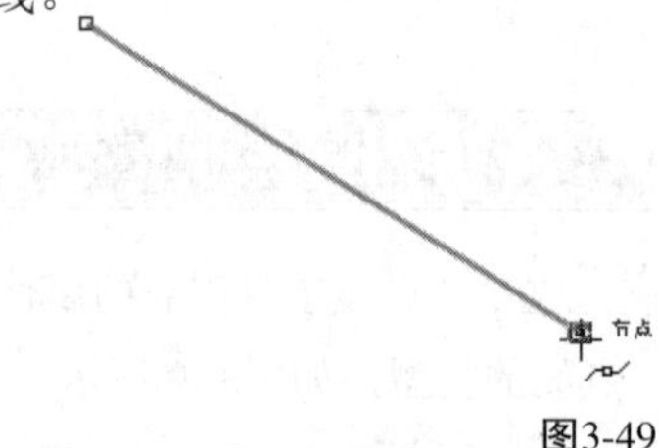

图3-49

与手绘工具的绘制方法不同，使用“贝塞尔工具”，只需要继续移动光标，单击鼠标左键添加节点就可以进行连续绘制，如图3-50所示，停止绘制可以按空格键或者单击“选择工具”完成编辑。首尾两个节点相接可以形成一个面，可以进行编辑与填充，如图3-51所示。

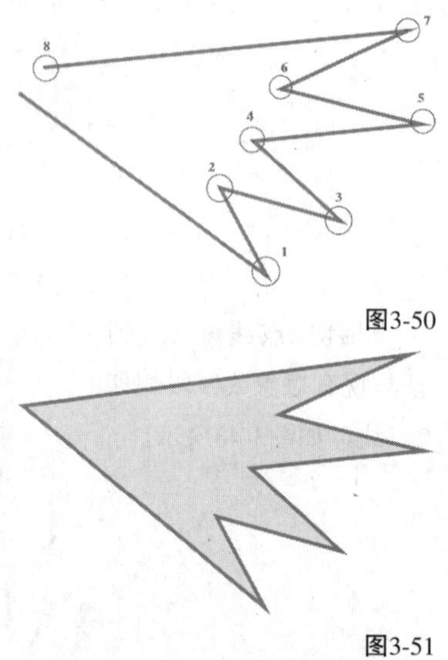

图3-50

图3-51

3.4.2 曲线绘制方法

在绘制贝塞尔曲线之前，我们要先对贝塞尔曲线的类型进行了解。

1.认识贝塞尔曲线

“贝塞尔曲线”是由可编辑节点连接而成直线或曲线，每个节点都有两个控制点，允许修改线条的形状。

在曲线段上每选中一个节点都会显示其相邻节点一条或两条方向线，如图3-52所示，方向线以方向点结束，方向线与方向点的长短和位置决定曲线线段的大小和弧度形状，移动方向线则改变曲线的形状，如图3-53所示。方向线也可以叫“控制线”，方向点叫“控制点”。

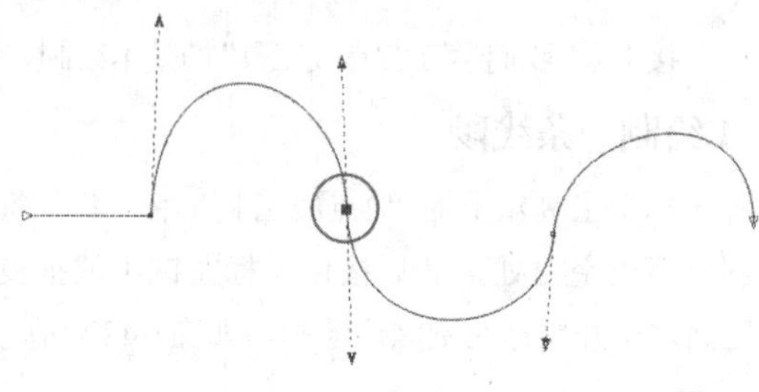

图3-52

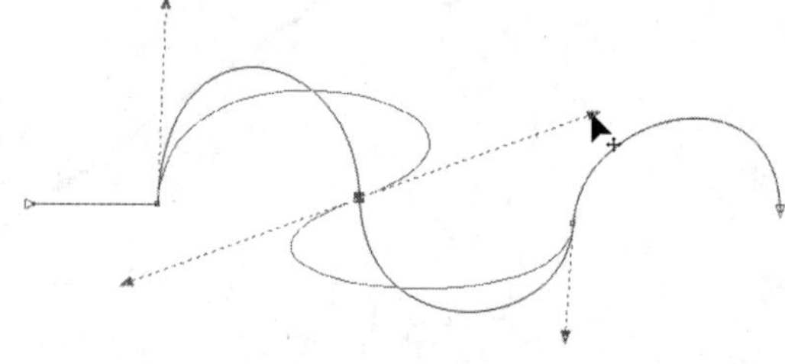

图3-53

贝塞尔曲线分为“对称曲线”和“尖突曲线”两种。

第1种：对称曲线。在使用对称时，调节“控制线”可以使当前节点两端的曲线段等比例进行调整，如图3-54所示。

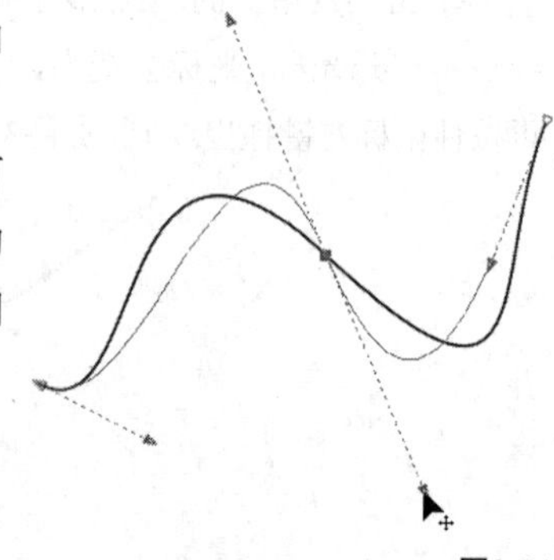

图3-54

第2种：尖突曲线。在使用尖突时，调节“控制线”只会调节节点一端的曲线，如图3-55所示。

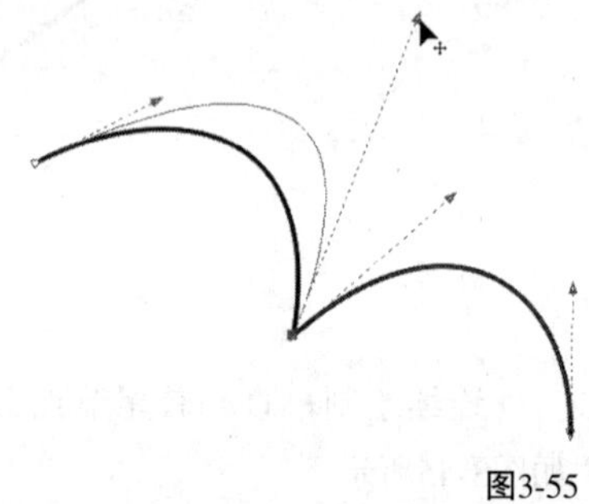

图3-55

贝塞尔曲线可以是没有闭合的线段，也可以是闭合的图形，我们可以利用贝塞尔绘制矢量图案，单独绘制的线段和图案都以图层的形式存在，经过排放可以绘制各种简单和复杂的图案，如图3-56所示，如果变为线稿可以看出来曲线的痕迹，如图3-57所示。

图3-56

图3-57

2.绘制曲线

单击工具箱上的“贝塞尔工具”，然后将光标移动到页面空白处，按住鼠标左键并拖曳，确定第一个起始节点，此时节点两端出现蓝色控制线，如图3-58所示，调节“控制线”控制曲线的弧度和大小，节点在选中时以实色方块显示，所以也可以叫作“锚点”。

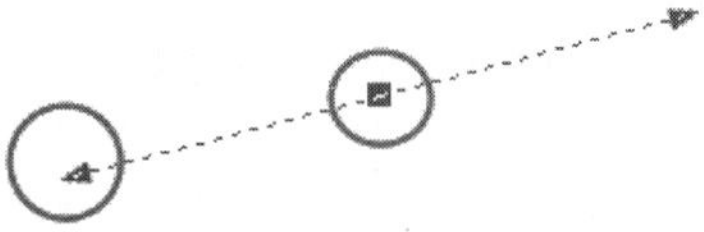

图3-58

> **技巧与提示**
>
> 在调整节点时，按住Ctrl键再拖曳鼠标，可以设置增量为15°，以调整曲线弧度。

调整第一个节点后松开鼠标，然后移动光标到下一个位置上，按住鼠标左键拖曳控制线调整节点间曲线的形状，如图3-59所示。

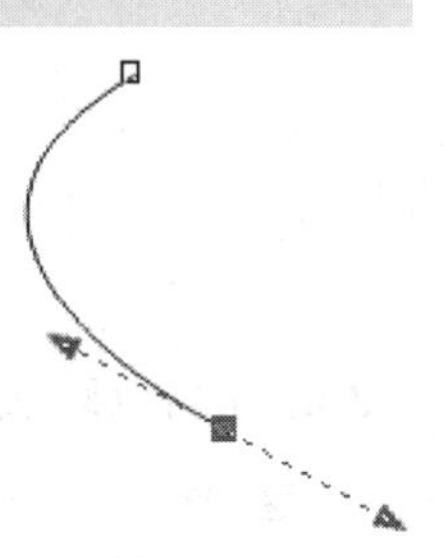

图3-59

在空白处继续进行拖曳控制线调整曲线可以进行连续绘制，绘制完成后按空格键或者单击“选择工具”完成编辑，如果绘制闭合路径，那么，在起始节点和结束节点闭合时自动完成编辑，不需要按空格键，闭合路径可以进行颜色填充，如图3-60和图3-61所示。

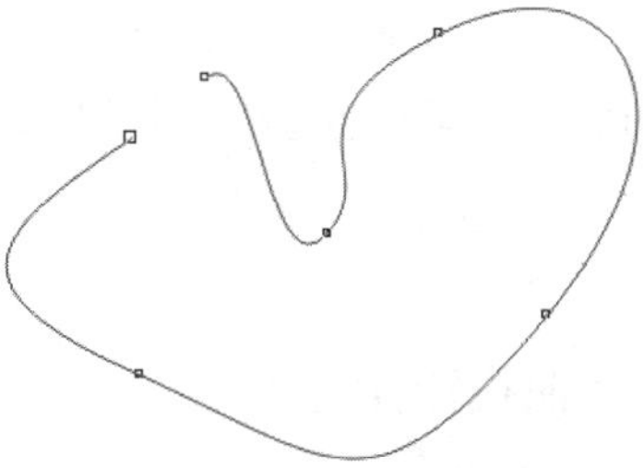

图3-60

图3-61

> **技巧与提示**
>
> 如果节点位置定错了但是已经拉动“控制线”了，这时可以按Alt键不放，将节点移动到需要的位置即可，这个方法适用于编辑过程中的节点位移，我们也可以在编辑完成后按空格键结束，配合“形状工具”进行位移节点修正。

3.4.3 贝塞尔的设置

双击“贝塞尔工具”打开“选项”面板，在“手绘/贝塞尔工具”选项组中进行设置，如图3-62所示。

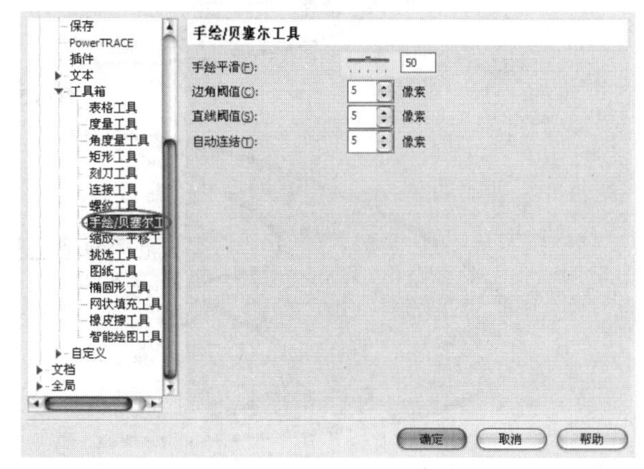

图3-62

手绘/贝塞尔工具选项介绍

手绘平滑：设置自动平滑程度和范围。

直线阈值：设置在进行调节时线条平滑的范围。

边角阈值：设置边角平滑的范围。

自动连接：设置节点之间自动吸附连接的范围。

3.4.4 贝塞尔的修饰

在使用贝塞尔进行绘制时无法一次性得到需要的图案，所以需要在绘制后进行线条修饰，我们配合“形状工具”和属性栏，可以对绘制的贝塞尔线条进行修改，如图3-63所示。

图3-63

1.曲线转直线

在工具箱中单击“形状工具”，然后单击选中对象，在要变为直线的那条曲线上单击鼠标左键，出现黑色小点为选中，如图3-64所示。

图3-64

在属性栏上单击“转换为线条”按钮，该线条变为直线，如图3-65所示。在右键快捷菜单中也可以进行操作，选中曲线单击鼠标右键，在弹出的下拉菜单中执行“到直线”命令，完成曲线变直线，如图3-66所示。

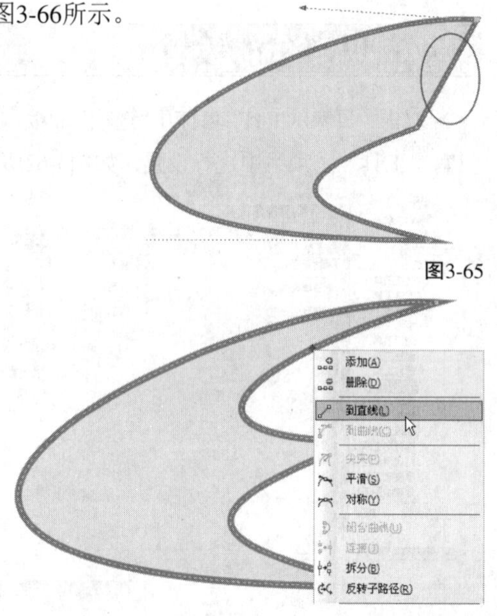

图3-65

图3-66

2.直线转曲线

选中要变为曲线的直线，如图3-67所示，然后在属性栏上单击“转换为曲线”按钮转换为曲线，如图3-68所示，接着将光标移动到转换后的曲线上，当光标变为时按住鼠标左键进行拖曳调节曲线，最后双击增加节点，调节“控制点”使曲线变得更有节奏，如图3-69所示。

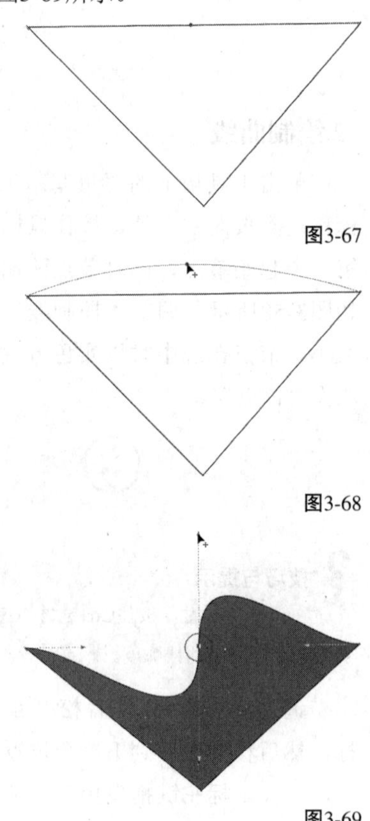

图3-67

图3-68

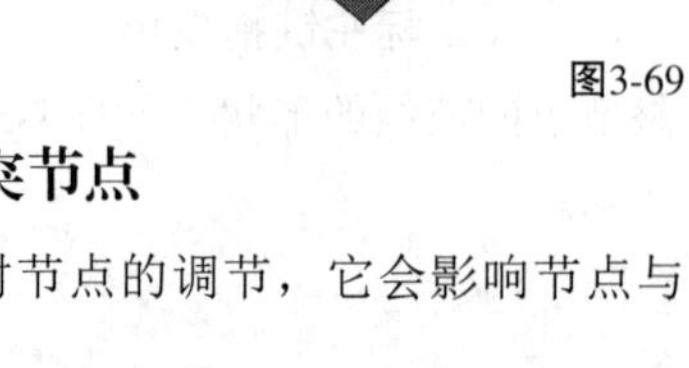

图3-69

3.对称节点转尖突节点

这项操作是针对节点的调节，它会影响节点与它两端曲线的变化。

单击“形状工具”，然后在节点上单击鼠标左键将其选中，如图3-70所示，接着在属性栏上单击“尖突节点”按钮将其转换为尖突节点，再拖曳其中一个“控制点”，将同侧的曲线进行了调节，对应一侧的曲线和“控制线”并没有变化，如图3-71所示，最后调整另一边的“控制点”，可以得到一个心形，如图3-72所示。

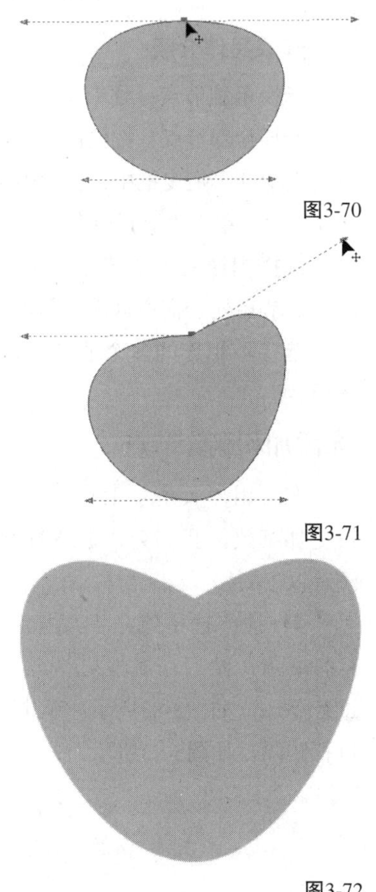

图3-70

图3-71

图3-72

4.尖突节点转对称节点

单击“形状工具”，然后在节点上单击鼠标左键将其选中，如图3-73所示，接着在属性栏上单击“对称节点”按钮将该节点变为对称节点，再拖曳“控制点”，同时调整两端的曲线，如图3-74所示。

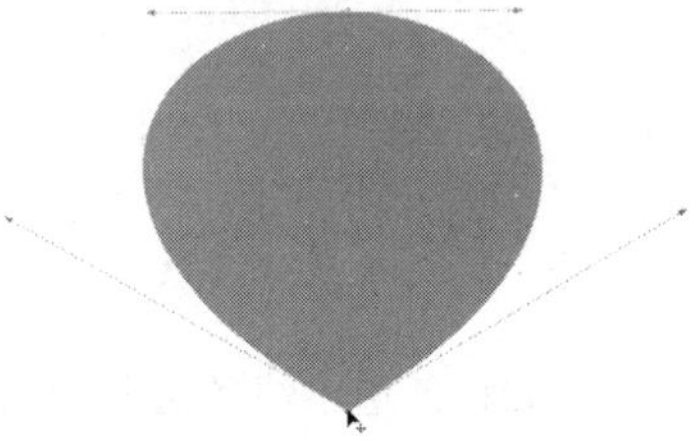

图3-73

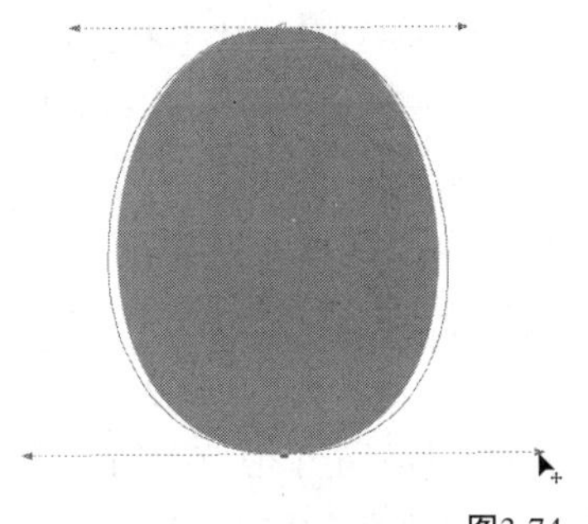

图3-74

5.闭合曲线

在使用“贝塞尔工具”绘制曲线时，没有闭合起点和终点就不会形成封闭的路径，不能进行填充处理，闭合是针对节点进行操作的，方法有以下6种。

第1种：单击“形状工具”，然后选中结束节点，按住鼠标左键拖曳到起始节点，可以自动吸附闭合为封闭式路径，如图3-75所示。

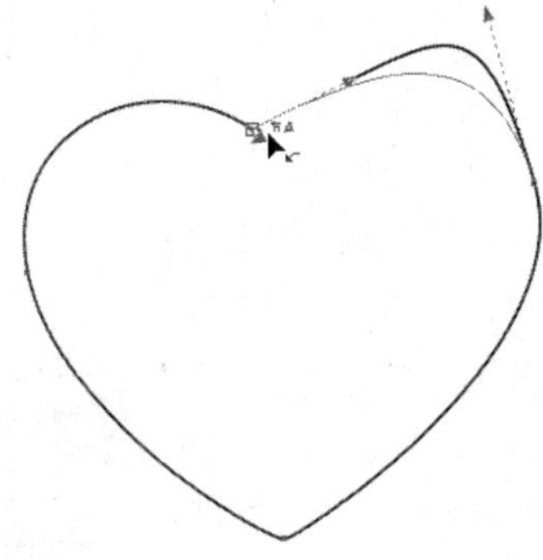

图3-75

第2种：使用“贝塞尔工具”选中未闭合线条，然后将光标移动到结束节点上，当光标出现↙时单击鼠标左键，接着将光标移动到开始节点，如图3-76所示，当光标出现↙时单击鼠标左键完成封闭路径，如图3-77所示。

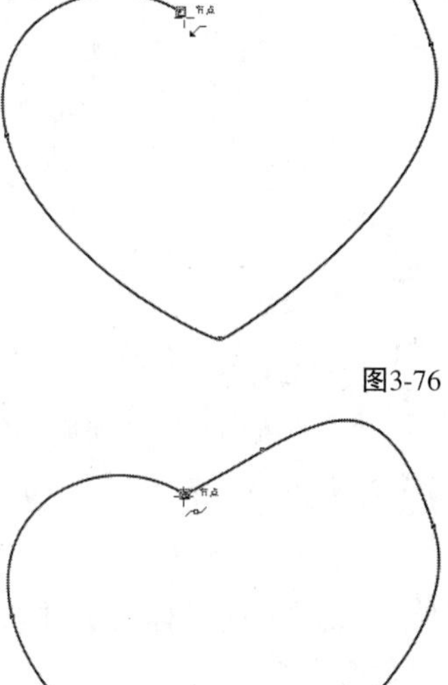

图3-76

图3-77

第3种：使用“形状工具”选中未闭合线条，然后在属性栏上单击“闭合曲线”按钮完成闭合。

第4种：使用“形状工具”选中未闭合线条，然后单击鼠标右键并在下拉菜单中执行“闭合曲线”命令完成闭合曲线。

第5种：使用“形状工具”选中未闭合线条，然后在属性栏上单击“延长曲线使之闭合”按钮，添加一条曲线完成闭合。

第6种：使用“形状工具”选中未闭合的起始和结束节点，然后在属性栏上单击“连接两个节点”按钮，将两个节点连接重合完成闭合。

6.断开节点

在编辑好的路径中可以进行断开操作，将路径分解为单独的线段，和闭合一样，断开操作也是针对节点进行的，方法有两种。

第1种：使用“形状工具”选中要断开的节点，然后在属性栏上单击“断开曲线”按钮，断开当前节点的连接，如图3-78和图3-79所示，闭合路径中的填充消失。

图3-78

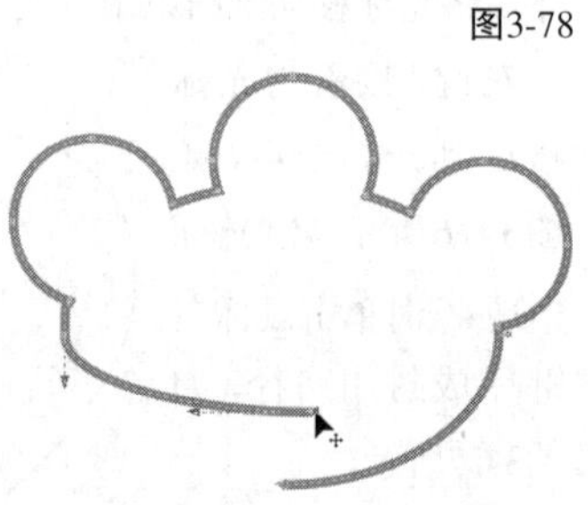

图3-79

技巧与提示

当节点断开时，无法形成封闭路径，那么原图形的填充就无法显示了，将路径重新闭合后会重新显示填充。

第2种：使用“形状工具”选中要断开的节点，然后单击鼠标右键并在下拉菜单中执行“拆分”命令断开节点。

闭合的路径可以进行断开，线段也可以进行分别断开，全选线段节点，然后在属性栏上单击“断开曲线”按钮，就可以分别移开节点，如图3-80所示。

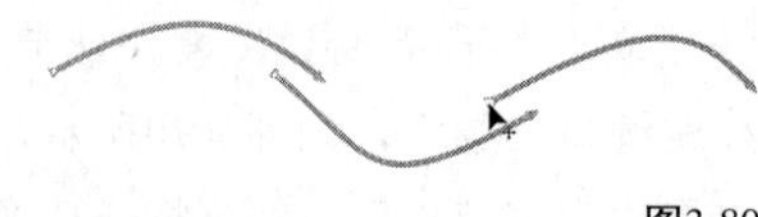

图3-80

7.选取节点

线段与线段之间的节点可以和对象一样被选取，单击“形状工具”进行多选、单选、节选等操作。

选取操作介绍

选择单独节点：逐个单击进行选择编辑。

选择全部节点：按住鼠标左键在空白处拖曳使所有节点均处于拖曳框中；按Ctrl+A组合键全选节点；在属性栏上单击“选择所有节点”按钮进行全选。

选择相连的多个节点：在空白处拖曳，使需要选择的节点处于拖曳框内，即可选择多个节点。

选择不相连的多个节点：按住Shift键进行单击选择。

8.添加和删除节点

在使用“贝塞尔工具”进行编辑时，为了使编辑更加细致，我们会在调整时增加与删除节点，方法有以下4种。

第1种：选中线条上要加入节点的位置，如图3-81所示，然后在属性栏单击“添加节点”按钮进行添加，如图3-82所示；单击“删除节点”按钮进行删除，如图3-83所示。

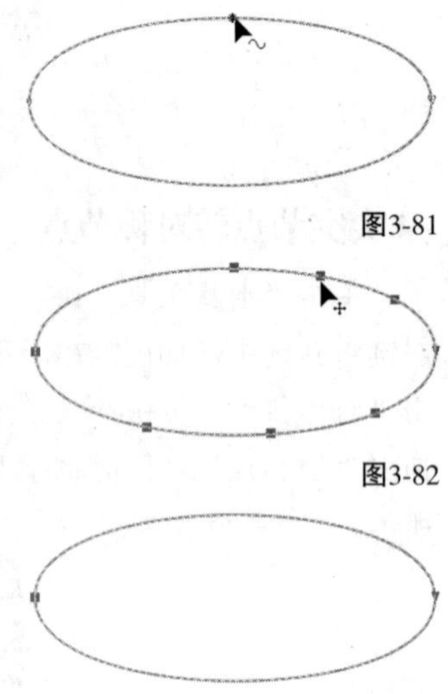

图3-81

图3-82

图3-83

第2种：选中线条上要加入节点的位置，然后单击鼠标右键，在下拉菜单中执行“添加”命令添加节点；执行“删除”命令删除节点。

第3种：在需要增加节点的地方，双击鼠标左键表示添加节点，双击已有节点表示删除。

第4种：选中线条上要加入节点的位置，按+键可以添加节点；按-键可以删除节点。

9.翻转曲线方向

曲线的起始节点到终止节点中所有的节点，由开始到结束是一个顺序，就算首尾相接，也是有方向的，如图3-84所示，在起始和结尾的节点都有箭头表示方向。

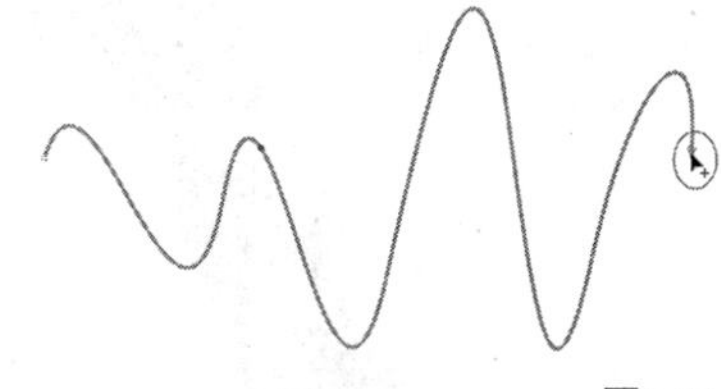

图3-84

选中线条，然后在属性栏上单击“反转方向”按钮，可以变更起始和结束节点的位置，翻转方向，如图3-85所示。

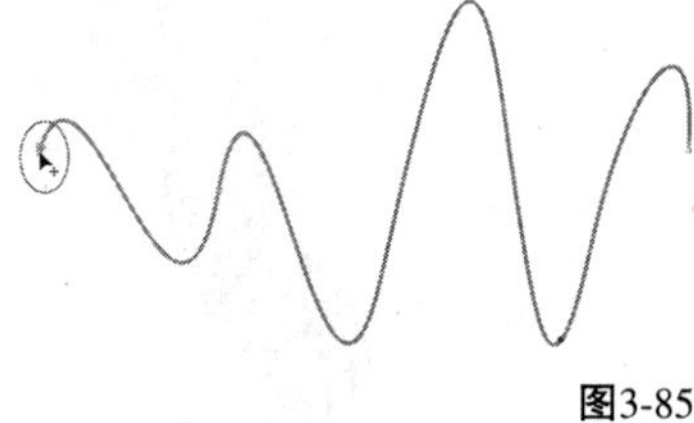

图3-85

10.提取子路径

一个复杂的封闭图形路径中包含很多子路径，在最外面的轮廓路径是“主路径”，其余所有在“主路径”内部的路径都是“子路径”，如图3-86所示，为了方便区分可以标为“子路径1”“子路径2”依次类推。

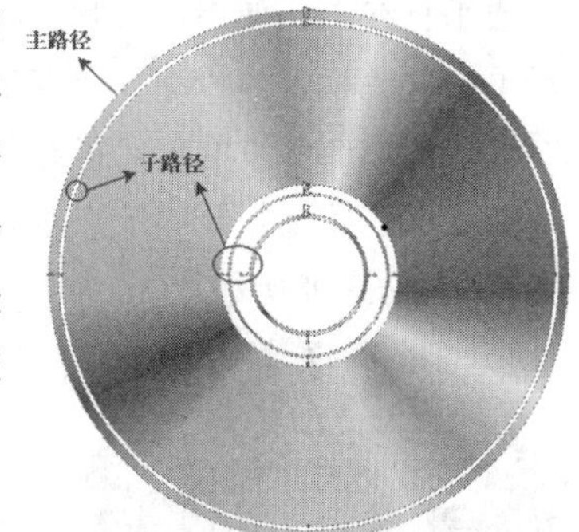

图3-86

我们可以提取出主路径内部的子路径做其他用处。单击“形状工具”，然后在要提取的子路径上单击任意一个点，如图3-87所示，接着在属性栏上单击“提取子路径”按钮进行提取，提取出的子路径以红色虚线显示，如图3-88所示，我们可以将提取的路径移出进行单独编辑，如图3-89所示。

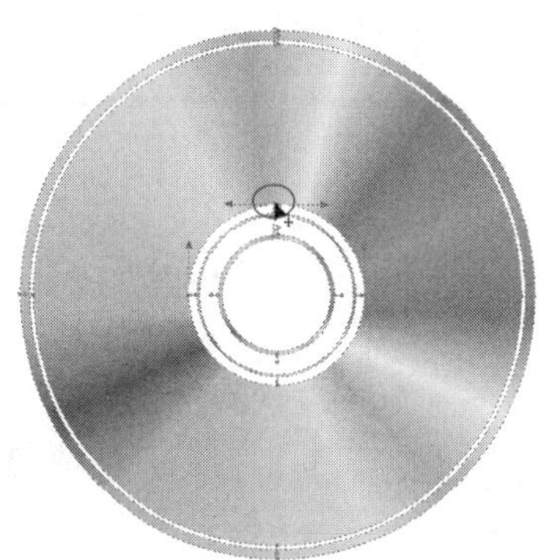

图3-87

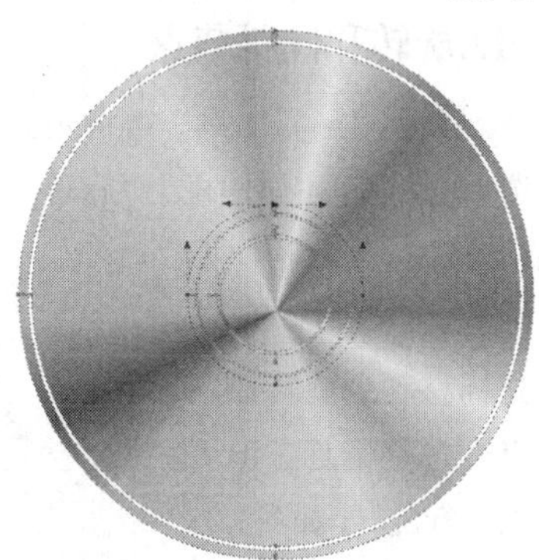

图3-88

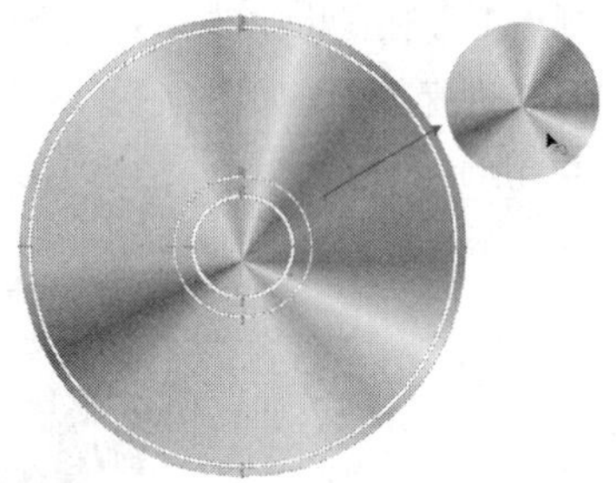

图3-89

11.延展与缩放节点

单击“形状工具”，按住鼠标左键拖曳一个范围将光盘中间的圆圈子路径全选中，然后单击属性栏上“延展与缩放节点”按钮，显示8个缩放控制点，如图3-90所示，接着将光标移动到控制点上按住鼠标左键进行缩放，在缩放时按住Shift键可以中心缩放，如图3-91所示。

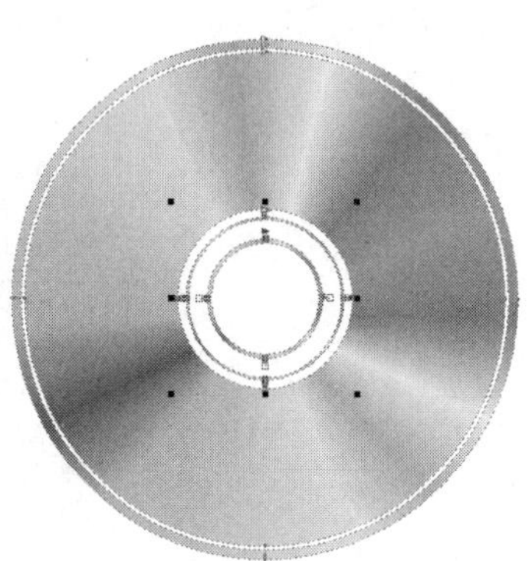

图3-90

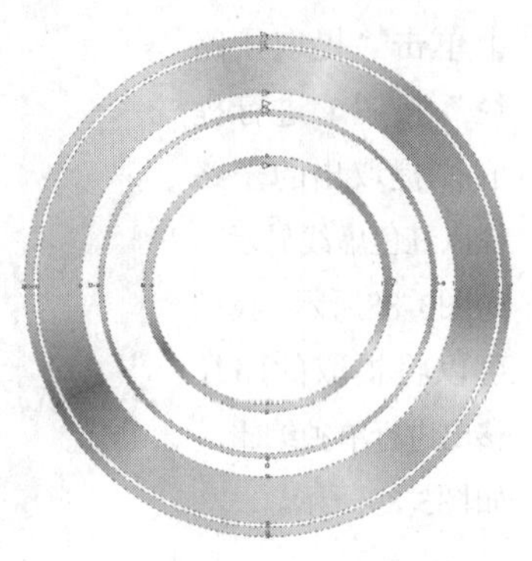

图3-91

12.旋转和倾斜节点

使用“形状工具”将光盘中间的圆圈子路径全选中，然后单击属性栏上“旋转与倾斜节点”按钮，显示8个旋转控制点，如图3-92所示，接着将光标移动到旋转控制点上按住鼠标左键可以进行旋转，如图3-93所示，移动到倾斜控制点上按住鼠标左键可以进行倾斜，如图3-94所示。

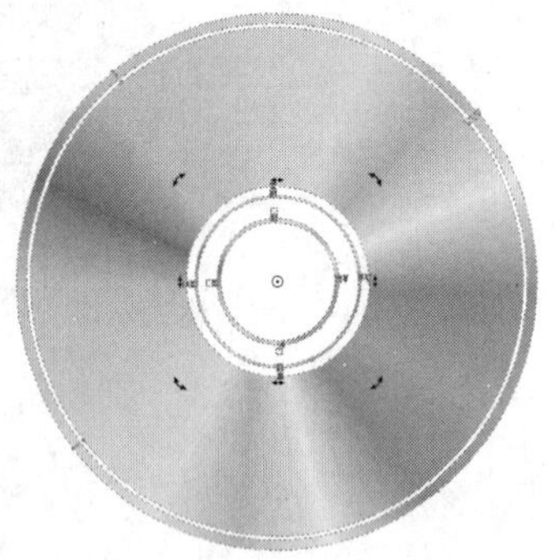

图3-92

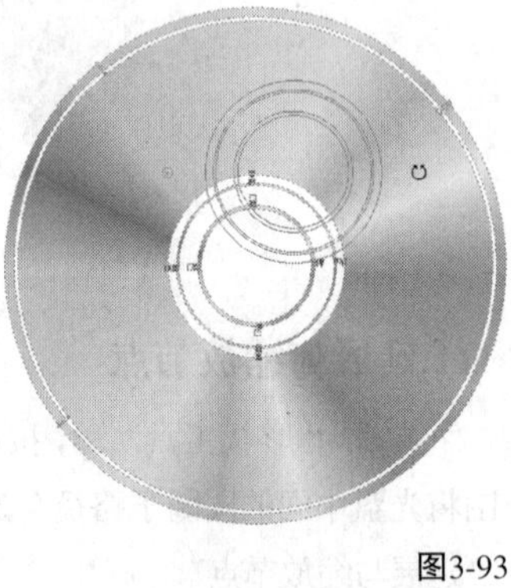

图3-93

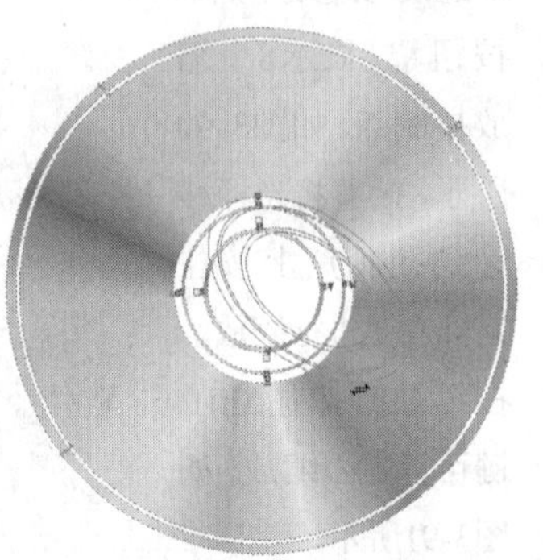

图3-94

13.反射节点

反射节点适用于在镜像作用下选中双方同一个点，按相反的方向发生相同的编辑。选中两个镜像的对象，单击“形状工具”，然后选中对应的两个节点，如图3-95所示，接着在属性栏中单击选中“水平反射节点”按钮或“垂直反射节点”按钮，最后将光标移动在其中一个选中的节点上进行移动或拖曳“控制线”，相对的另一边的节点也会进行相同且方向相对的操作，如图3-96所示。

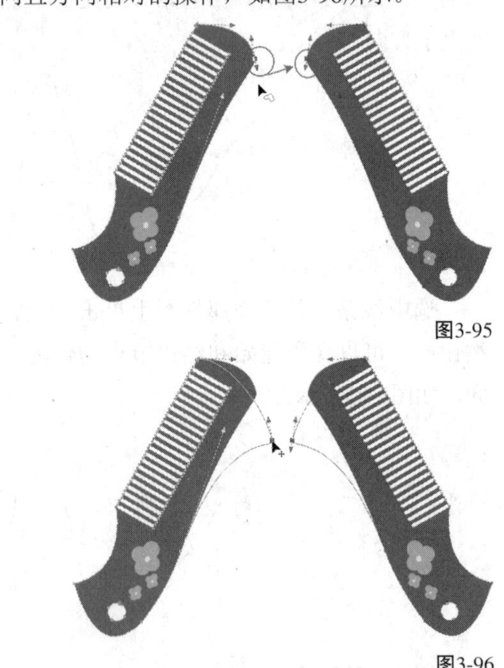

图3-95

图3-96

14.节点的对齐

使用对齐节点的命令可以将节点对齐在一套平行或垂直线上。使用“形状工具”选中对象，然后单击属性栏上的“选择所有节点”按钮选中所有节点，如图3-97所示，接着单击属性栏中的“对齐节点”按钮打开“节点对齐”对话框进行选择操作，如图3-98所示。

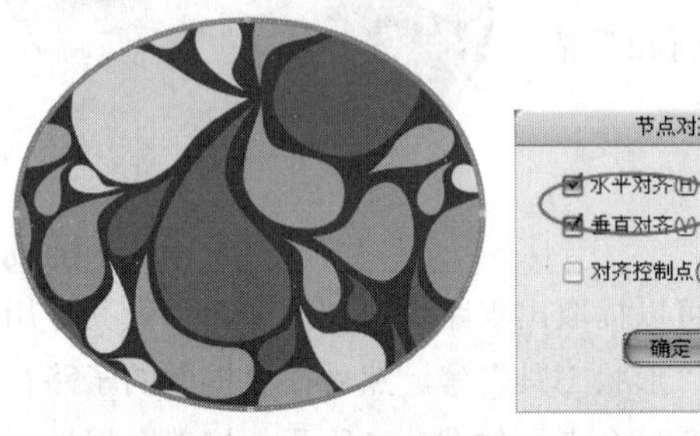

图3-97　图3-98

节点对齐选项介绍

水平对齐：将两个或多个节点水平对齐，如图3-99所示，也可以全选节点进行对齐，如图3-100所示。

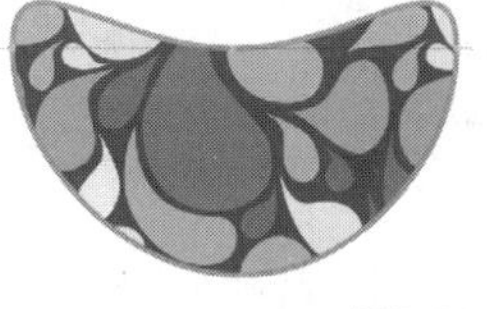

图3-99

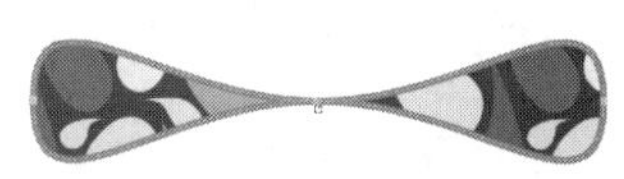

图3-100

垂直对齐：将两个或多个节点垂直对齐，如图3-101所示，也可以全选节点进行对齐。

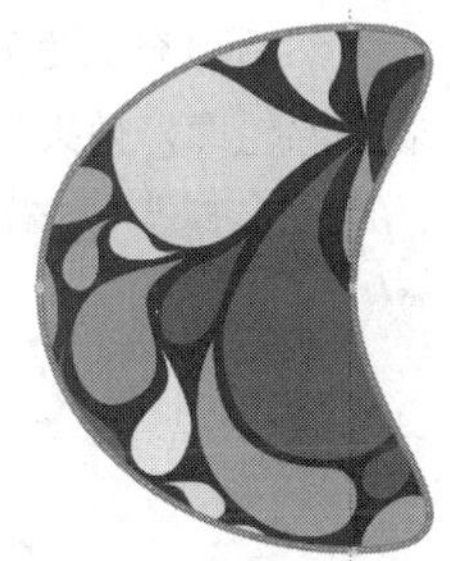

图3-101

水平垂直对齐：将两个或多个节点居中对齐，如图3-102所示，也可以全选节点进行对齐，如图3-103所示。

图3-102

图3-103

对齐控制点：将两个节点重合并将以控制点为基准进行对齐，如图3-104所示。

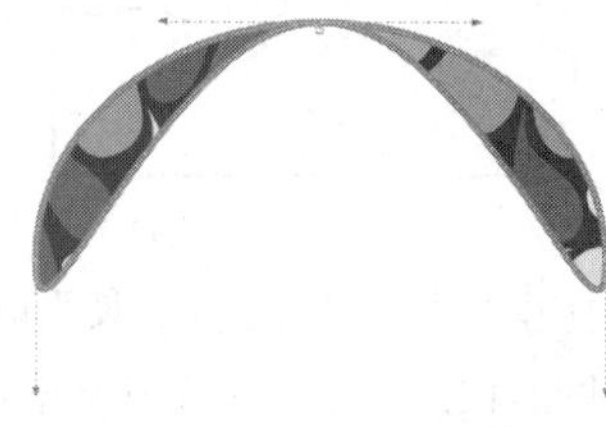

图3-104

课堂案例

绘制卡通插画

案例位置	案例文件>CH03>课堂案例：绘制卡通插画.cdr
视频位置	多媒体教学>CH03>课堂案例：绘制卡通插画.flv
难易指数	★★★★☆
学习目标	贝塞尔工具的使用方法

卡通插画效果如图3-105所示。

图3-105

01 新建空白文档，然后设置文档名称为“卡通插画”，接着设置“宽度”为205mm、“高度”为150mm。

02 使用“矩形工具”绘制一个矩形，然后单击“交互式填充工具”，接着在属性栏上设置“填充类型”为“线性”、两个节点填充颜色为白色和（C:68，M:11，Y:0，K:0）、“填充中心点”为51%、“角度”为85.606°、“边界”为9%，如图3-106所示，效果如图3-107所示。

图3-106

图3-107

03 使用“贝塞尔工具”绘制出天空左边云彩的轮廓，如图3-108所示，然后填充白色，接着去除轮廓，效果如图3-109所示。

图3-108

图3-109

04 使用“贝塞尔工具”绘制页面左边的第2个云彩轮廓，如图3-110所示，然后填充颜色为（C:7，M:0，Y:2，K:0），接着去除轮廓，效果如图3-111所示。

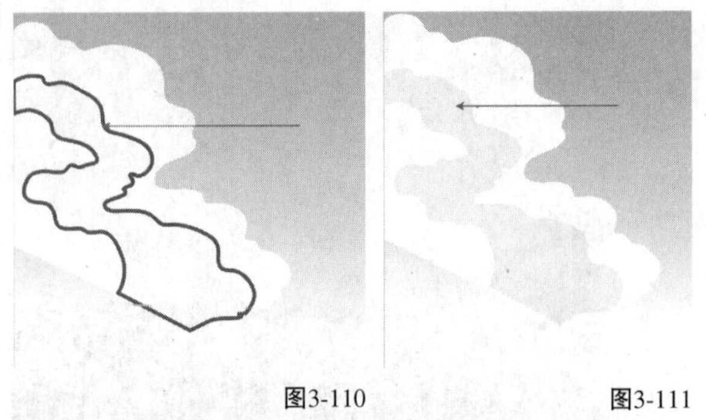

图3-110　　图3-111

技巧与提示

在填充以上的云朵图形时，因为颜色的色差很小，所以肉眼不容易观察到，但绘制完成后，图形间颜色的过渡会更加自然。

05 绘制出左边第3个云彩的轮廓，如图3-112所示，然后填充颜色为（C:13，M:0，Y:2，K:0），接着去除轮廓，再选中左边的所有云彩，按Ctrl+G组合键进行群组，效果如图3-113所示。

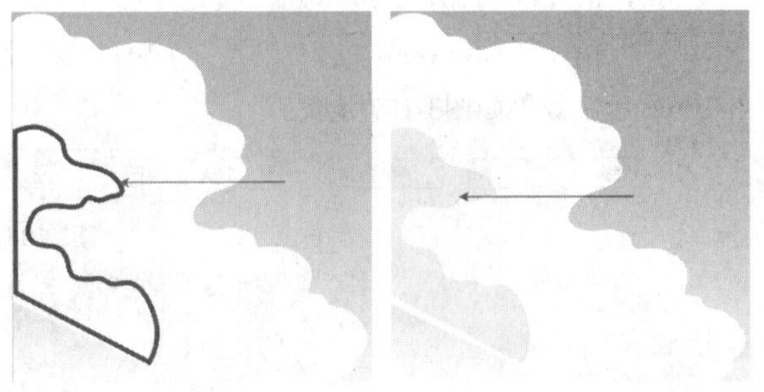

图3-112　　图3-113

06 按照上面的方法绘制出天空右边的第1个云彩轮廓，如图3-114所示，然后填充白色，接着去除轮廓，效果如图3-115所示。

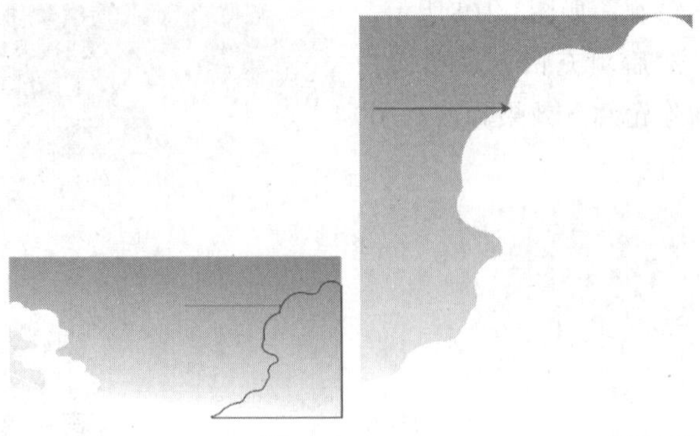

图3-114　　图3-115

07 绘制出右边第2个云彩的轮廓，如图3-116所示，然后填充颜色为（C:7，M:0，Y:2，K:0），接着去除轮廓，效果如图3-117所示。

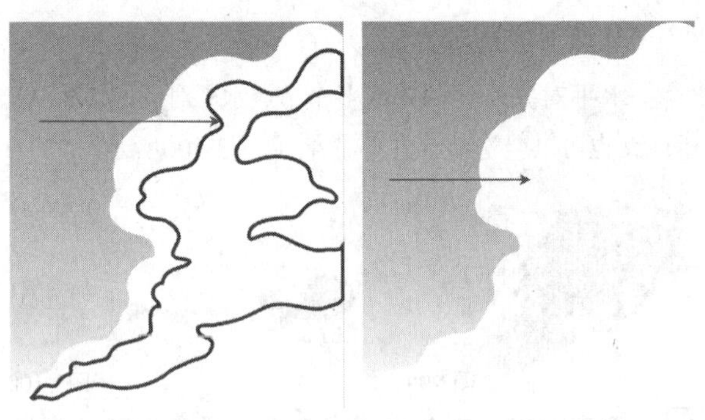

图3-116　　图3-117

08 绘制出右边第3个云彩的轮廓，如图3-118所示，然后填充颜色为（C:13，M:0，Y:2，K:0），接着去除轮廓，效果如图3-119所示。

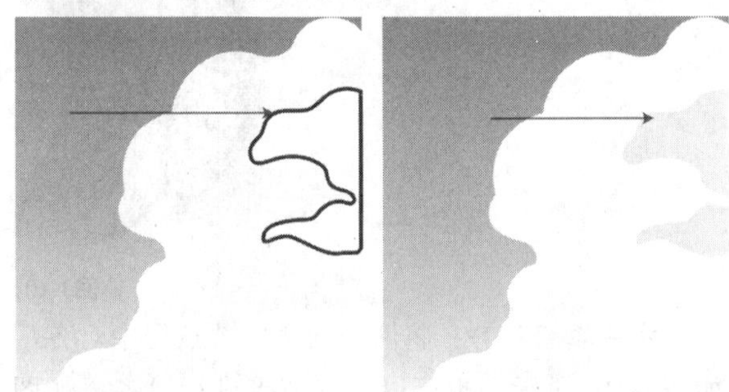

图3-118　　图3-119

09 绘制出右边第4个云彩的轮廓，如图3-120所示，然后填充颜色为（C:13，M:0，Y:2，K:0），接着去除轮廓，再按Ctrl+G组合键群组右边的所有云彩，效果如图3-121所示。

图3-120　　图3-121

10 使用“贝塞尔工具”绘制出草坪的轮廓，如图3-122所示，然后填充草坪颜色为（C:27，M:0，Y:100，K:0）、轮廓颜色为（C:54，M:0，Y:100，K:0），接着在属性栏上设置“轮廓宽度”为0.35mm，效果如图3-123所示。

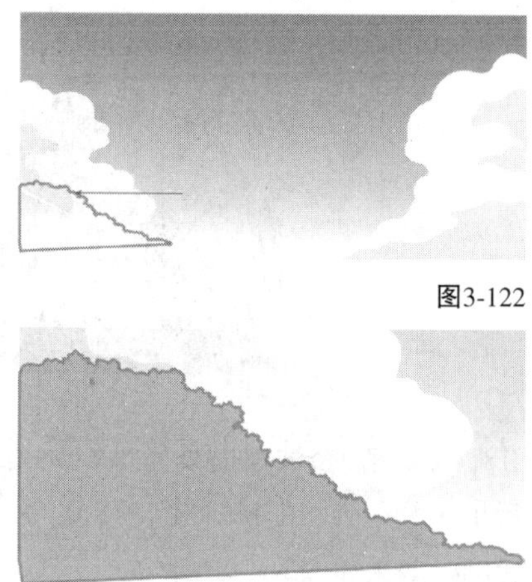

图3-122

图3-123

⑪ 复制一个前面绘制的草坪，然后适当缩小，接着填充颜色为（C:54，M:0，Y:100，K:0），再去除轮廓，效果如图3-124所示。

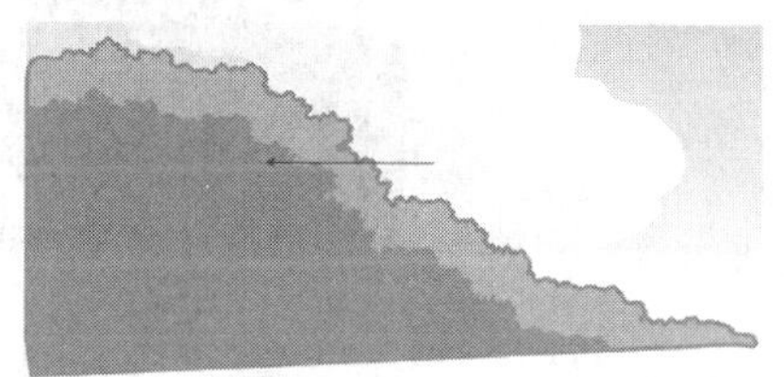

图3-124

⑫ 使用“贝塞尔工具”绘制出河面的外轮廓，如图3-125所示，然后单击“交互式填充工具”，接着在属性栏上设置“填充类型”为“线性”、两个节点填充颜色为（C:25，M:0，Y:1，K:0）和（C:91，M:67，Y:0，K:0）、“填充中心点”为42%、“角度”为270°、“边界”为1%，如图3-126所示，再去除轮廓，最后多次按Ctrl+PageDown组合键将对象放置在云朵后面，效果如图3-127所示。

图3-125

图3-126

图3-127

⑬ 绘制出河岸的外轮廓，如图3-128所示，然后填充颜色为（C:11，M:9，Y:5，K:0），接着去除轮廓，效果如图3-129所示。

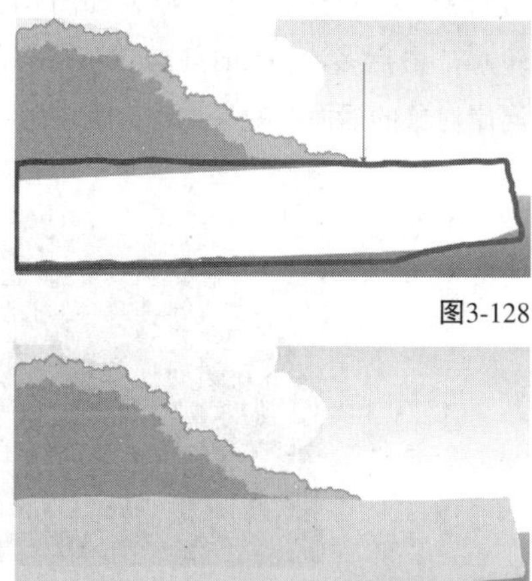

图3-128

图3-129

⑭ 选中前面绘制的河岸图形，然后复制一份，接着稍微缩小，再填充颜色为（C:24，M:16，Y:13，K:0），效果如图3-130所示。

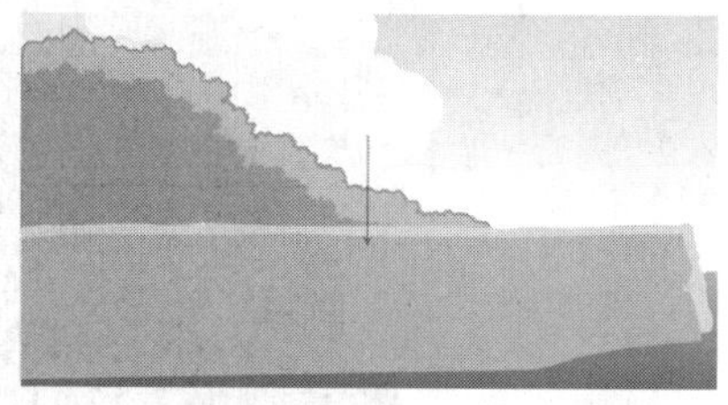

图3-130

⑮ 绘制河岸下方泥土的外轮廓，如图3-131所示，然后填充颜色为（C:0，M:22，Y:45，K:0），接着去除轮廓，效果如图3-132所示。

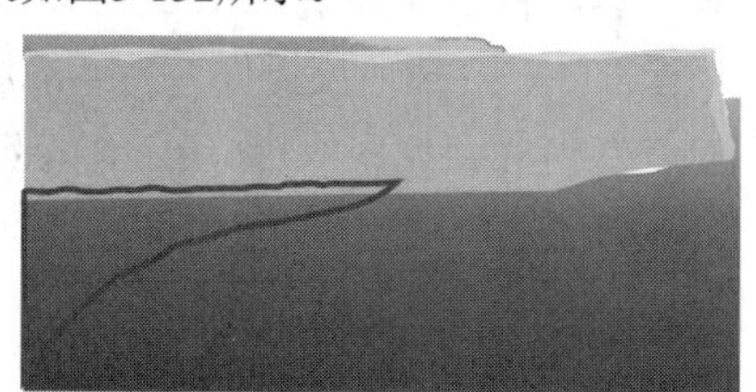

图3-131

图3-132

⑯ 绘制出河面上第1个波浪的外轮廓，如图3-133所示，然后单击“交互式填充工具”，接着在属性栏上设置“填充类型”为“线性”、两个节点填充颜色为（C:18，M:42，Y:65，K:0）和白色、“角度”为315.031°、“边界”为39%，如图3-134所示，再去除轮廓，最后多次按Ctrl+PageDown组合键，将其移至河岸对象的后面，效果如图3-135所示。

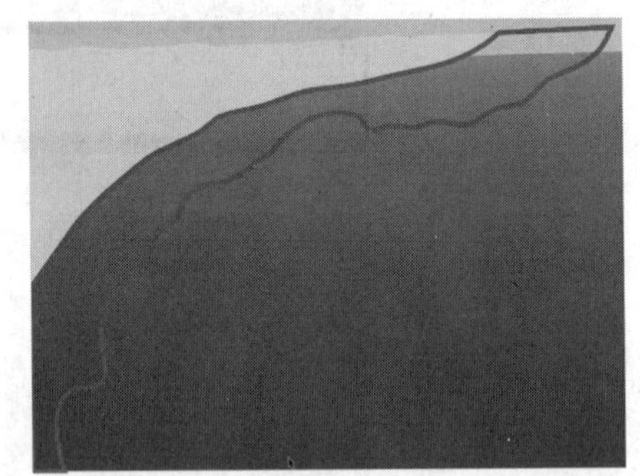

图3-133

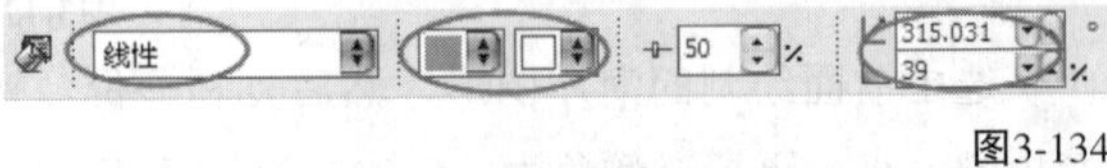

图3-134

图3-135

⑰ 选中第1个波浪图形，然后单击“透明度工具”，接着在属性栏上设置“透明度类型”为“标准”、“透明度操作”为“常规”、“开始透明度”为82，如图3-136所示，设置后的效果如图3-137所示。

图3-136

图3-137

⑱ 绘制第2个波浪的外轮廓，如图3-138所示，然后填充颜色为（C:16，M:4，Y:0，K:0），接着去除轮廓，效果如图3-139所示。

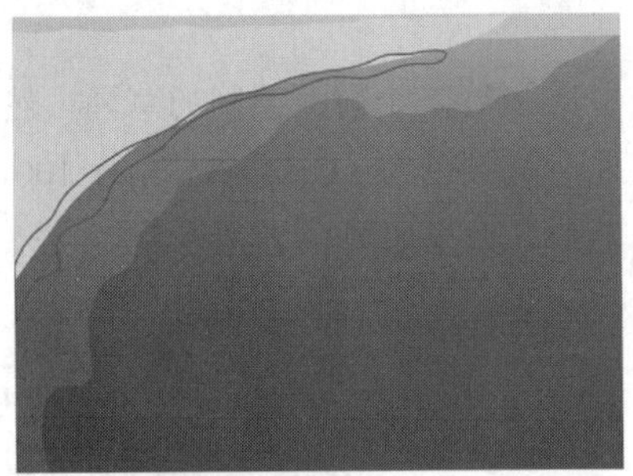

图3-138

图3-139

⑲ 绘制第3个波浪的外轮廓，如图3-140所示，然后单击“交互式填充工具”，接着在属性栏上设置“填充类型”为“线性”、两个节点填充颜色为白色和浅蓝色（C:69, M:16, Y:0, K:0）、“角度”为254.087°、“边界”为16%，如图3-141所示，再去除轮廓，最后多次按Ctrl+PageDown组合键，将其移至河岸对象的后面，效果如图3-142所示。

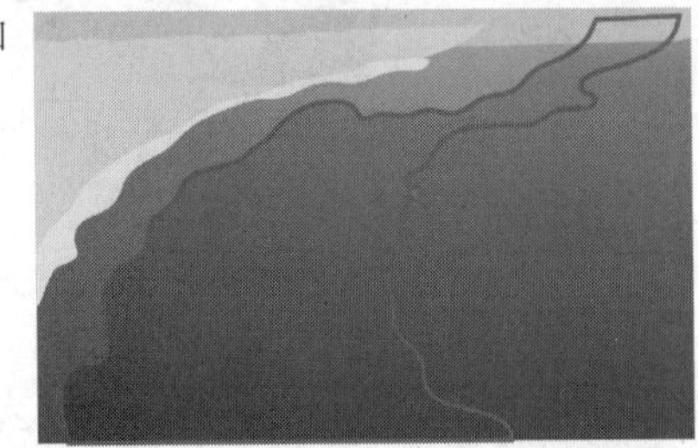

图3-140

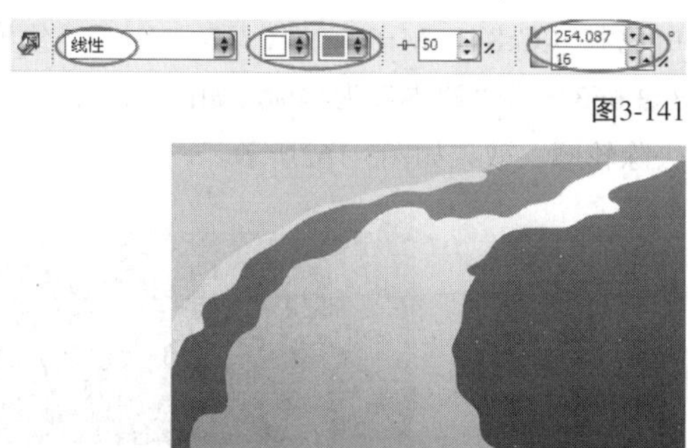

图3-141

图3-142

20 选中第3个波浪图形，然后单击“透明度工具”，接着在属性栏上设置“透明度类型”为“标准”、“透明度操作”为“常规”、“开始透明度”为72，如图3-143所示，效果如图3-144所示。

图3-143

图3-144

21 绘制第4个波浪的外轮廓，如图3-145所示，然后单击“交互式填充工具”，接着在属性栏上设置“填充类型”为“线性”、两个节点填充颜色为（C:0，M:0，Y:0，K:0）和（C:69，M:16，Y:0，K:0），“角度”为250.557°、“边界”为28%，如图3-146所示，最后去除轮廓，效果如图3-147所示。

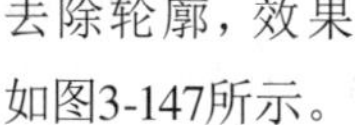

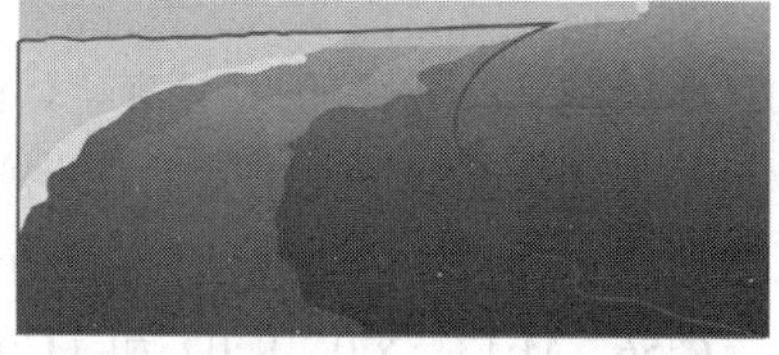

图3-145

图3-146

图3-147

22 选中第4个波浪图形，然后单击“透明度工具”，接着在属性栏上设置“透明度类型”为“标准”、“透明度操作”为“常规”、“开始透明度”为72，如图3-148所示，最后多次按Ctrl+PageDown组合键，将其放置在第3个波浪图形的下面，效果如图3-149所示。

图3-148

图3-149

23 绘制第5个波浪的外轮廓，如图3-150所示，然后单击“交互式填充工具”，接着在属性栏上设置“填充类型”为“线性”、两个节点填充颜色为白色和蓝色（C:82，M:51，Y:0，K:0）、“角度”为312.564°、“边界”为13%，如图3-151所示，最后去除轮廓，效果如图3-152所示。

图3-150

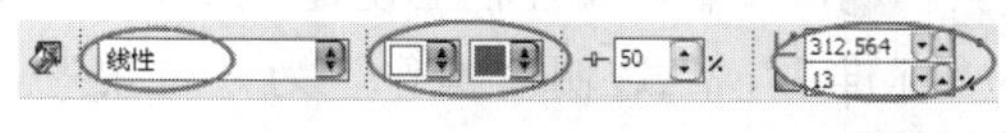

图3-151

图3-152

24 选中第5个波浪图形，然后单击“透明度工具”，接着在属性栏上设置“透明度类型”为“标准”、“透明度操作”为“常规”、“开始透明度”为72，如图3-153所示，最后多次按Ctrl+PageDown组合键，将其放置在泥土对象的下面，效果如图3-154所示。

图3-153

图3-154

25 绘制第6个波浪的外轮廓，如图3-155所示，然后单击“交互式填充工具”，接着在属性栏上设置“填充类型”为“线性”、两个节点填充颜色为白色和（C:84，M:60，Y:0，K:0）、“角度”为299.796°、“边界”为41%，如图3-156所示，最后去除轮廓，效果如图3-157所示。

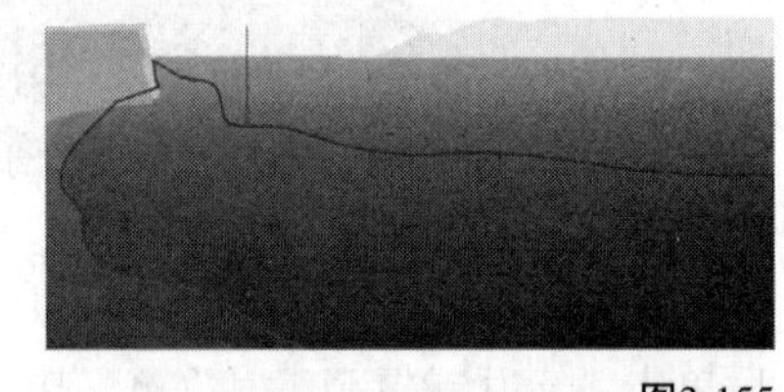

图3-155

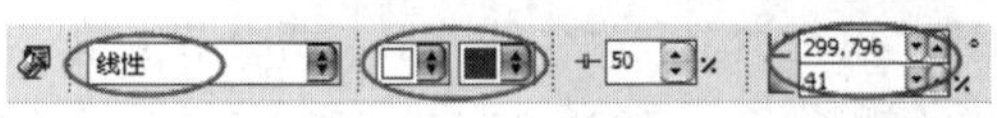

图3-156

图3-157

26 选中第6个波浪图形，然后单击“透明度工具”，接着在属性栏上设置“透明度类型”为“标准”、“透明度操作”为“常规”、“开始透明度”为72，如图3-158所示，最后多次按Ctrl+PageDown组合键，将其放置在河岸对象的下面，效果如图3-159所示。

图3-158

图3-159

27 绘制第7个波浪的外轮廓，如图3-160所示，然后单击“交互式填充工具”，在属性栏上设置“填充类型”为“线性”、两个节点填充颜色为白色和（C:84，M:60，Y:0，K:0）、“角度”为323.663°、“边界”为44%，如图3-161所示，最后去除轮廓，效果如图3-162所示。

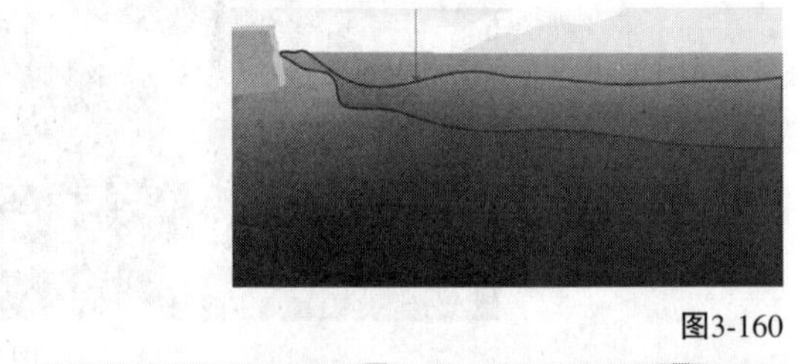

图3-160

图3-161

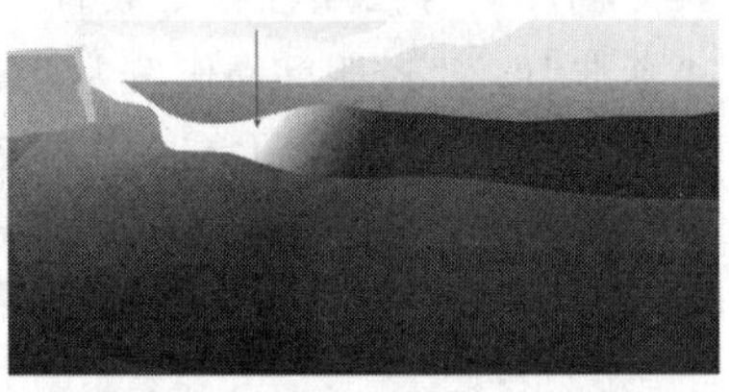

图3-162

28 选中第7个波浪图形，然后单击“透明度工具”，接着在属性栏上设置“透明度类型”为“标准”、“透明度操作”为“常规”、“开始透明度”为72，如图3-163所示，效果如图3-164所示。

图3-163

图3-164

29 绘制第8个波浪的外轮廓，如图3-165所示，然后单击“交互式填充工具”，接着在属性栏上设置“填充类型”为“线性”、两个节点填充颜色为（C:56，M:13，Y:0，K:0）和（C:82，M:53，Y:0，K:0）、“角度”为307.155°、“边界”为47%，如图3-166所示，最后去除轮廓，效果如图3-167所示。

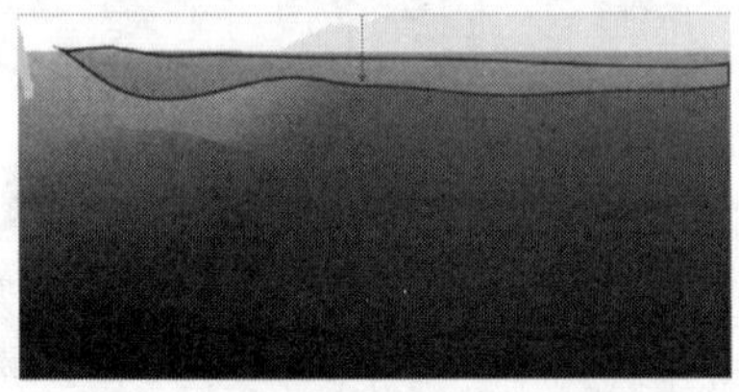

图3-165

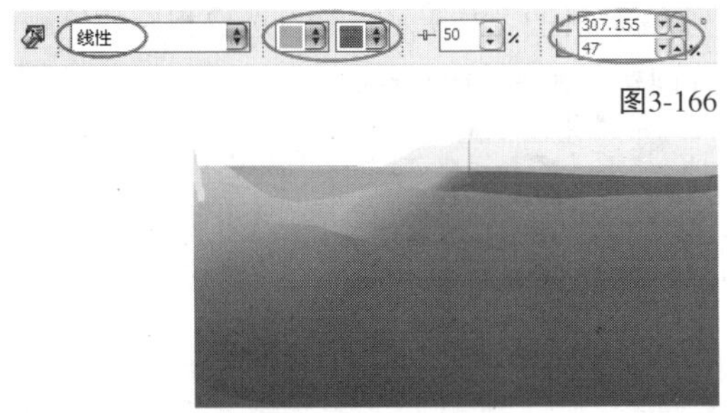

图3-166

图3-167

30 选中第8个波浪图形，然后单击“透明度工具”，接着在属性栏上设置“透明度类型”为“标准”、“透明度操作”为“常规”、“开始透明度”为67，如图3-168所示，效果如图3-169所示。

图3-168

图3-169

31 使用“贝塞尔工具”绘制出河面的反光区域轮廓，如图3-170所示，然后填充颜色为(C:16，M:4，Y:0，K:0)，接着去除轮廓，如图3-171所示。

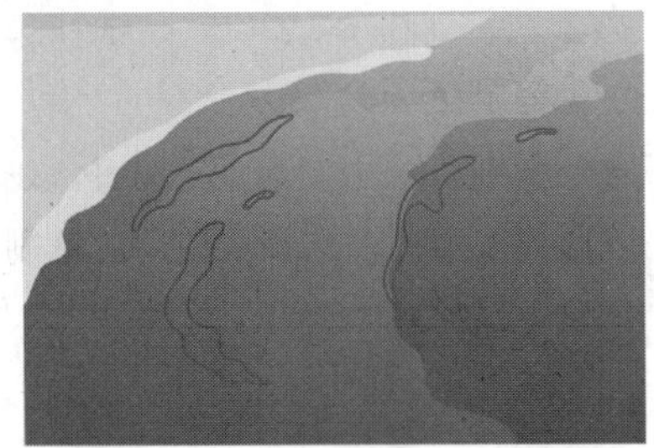

图3-170

图3-171

32 选中前面绘制的几个反光区域轮廓，然后单击“透明度工具”，接着在属性栏上设置“透明度类型”为“标准”、“透明度操作”为“常规”、“开始透明度”为57，如图3-172所示，效果如图3-173所示。

图3-172

图3-173

33 导入“素材文件>CH03>04.cdr”文件，然后适当调整大小，并将其放置在河面上方，如图3-174所示。

图3-174

34 导入“素材文件>CH03>05.cdr”文件，然后适当调整大小，并将其放置在河面上方，最终效果如图3-175所示。

图3-175

3.5 艺术笔工具

“艺术笔工具”可以快速创建系统提供的图案或笔触效果，并且绘制出的对象为封闭路径，可以单击进行填充编辑，如图3-176所示。艺术笔类型分为“预设”“笔刷”“喷涂”“书法”和“压力”5种，在属性栏中通过单击选择更改后面的参数选项。

图3-176

单击“艺术笔工具”，然后将光标移动到页面内，按住鼠标左键拖曳绘制路径，如图3-177所示，最后松开鼠标左键完成绘制，如图3-178所示。

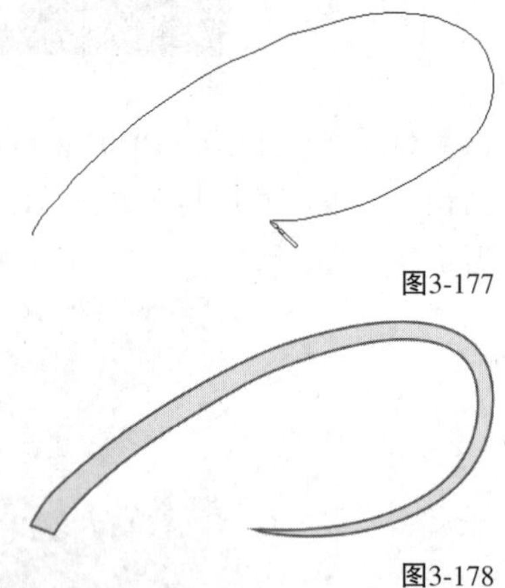

图3-177

图3-178

3.5.1 预设

“预设”是指使用预设的矢量图形来绘制曲线。

在“艺术笔工具”属性栏上单击“预设”按钮，将属性栏变为预设属性，如图3-179所示。

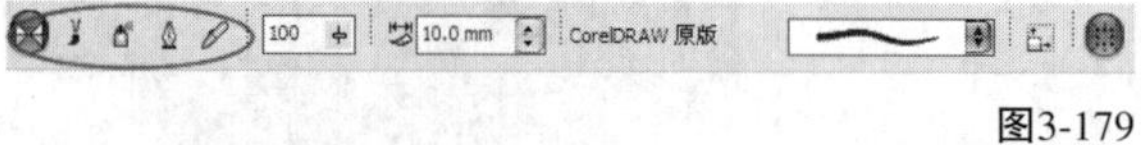

图3-179

预设选项介绍

手绘平滑：在文本框内设置数值调整线条的平滑度，最高平滑度为100。

笔触宽度：设置数值可以调整绘制笔触的宽度，值越大笔触越宽，反之越小，如图3-180所示。

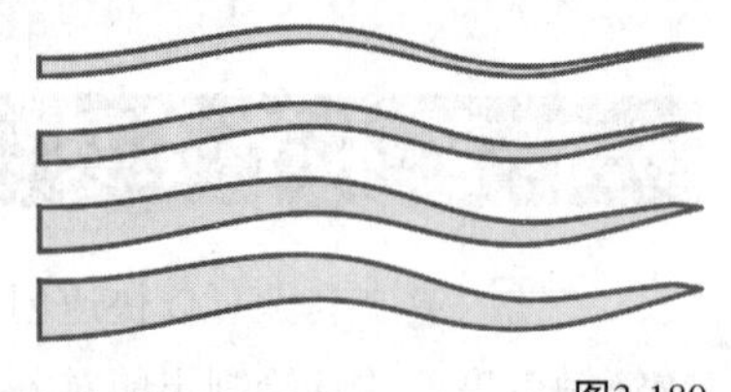

图3-180

预设笔触：单击后面的按钮，打开下拉样式列表，如图3-181所示，可以选取相应的笔触样式进行创建，如图3-182所示。

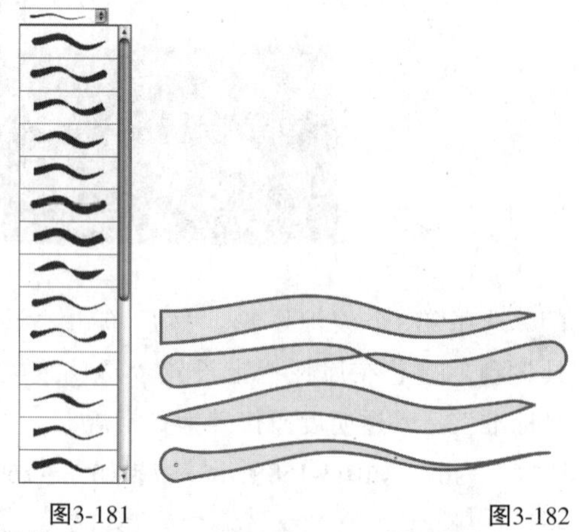

图3-181　　图3-182

随对象一起缩放笔触：单击该按钮后，缩放笔触时，笔触线条的宽度会随着缩放改变。

边框：单击后会隐藏或显示边框。

3.5.2 笔刷

“笔刷”是指绘制与笔刷笔触相似的曲线，我们可以利用“笔刷”绘制出仿真效果的笔触。

在“艺术笔工具”的属性栏上单击“笔刷”按钮，将属性栏变为笔刷属性，如图3-183所示。

图3-183

笔刷选项介绍

类别：单击后面的按钮，在下拉列表中可以选择要使用的笔刷类型，如图3-184所示。

图3-184

笔刷笔触：在其下拉列表中可以选择相应笔刷类型的笔刷样式。

浏览：可以浏览硬盘中的艺术笔刷文件夹，选取艺术笔刷可以进行导入使用，如图3-185所示。

图3-185

保存艺术笔触：确定好自定义的笔触后，使用该命令保存到笔触列表，如图3-186所示，文件格式为.cmx，位置在默认艺术笔刷文件夹。

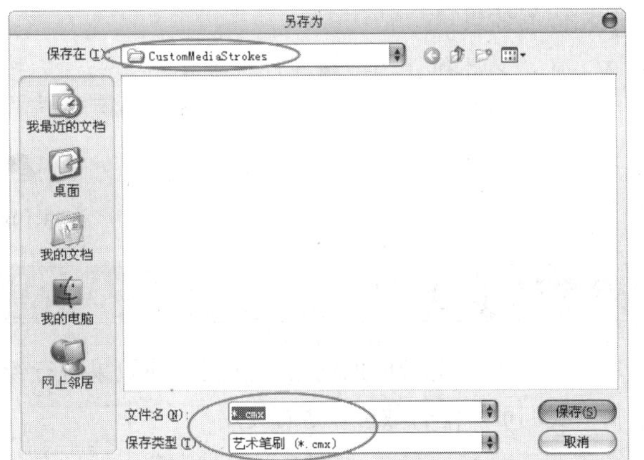

图3-186

删除：删除已有的笔触。

技巧与提示

在CorelDRAW X6中，我们可以用一组矢量图或者单一的路径对象制作自定义的笔触，下面将进行介绍。

第1步：绘制或者导入需要定义成笔触的对象，如图3-187所示。

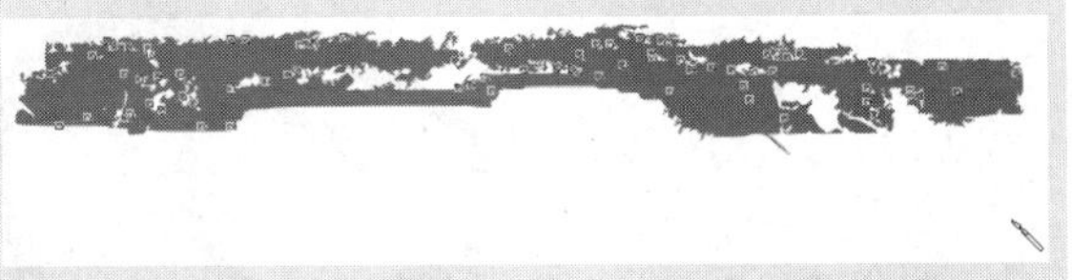

图3-187

第2步：选中该对象，然后在工具箱中单击“艺术笔工具”，在属性栏上单击“笔刷”按钮，接着单击“保存艺术笔触”按钮，弹出“另存为”对话框，如图3-188所示，在“文件名”处输入“墨迹效果”，单击“保存”按钮进行保存。

图3-188

第3步：在“类别”的下拉列表中会出现自定义，如图3-189所示，之前我们自定义的笔触会显示在后面“笔刷笔触”列表中，此时我们就可以用自定义的笔触进行绘制了，如图3-190所示。

图3-189

图3-190

3.5.3 喷涂

“喷涂”是指通过喷涂一组预设图案进行绘制。

在“艺术笔工具”属性栏上单击“喷涂”按钮，将属性栏变为喷涂属性，如图3-191所示。

图3-191

喷涂选项介绍

喷涂对象大小：在上方的数值框中将喷射对象的大小统一调整为特定的百分比，可以手动调整数值。

递增按比例放缩：单击锁头激活下方的数值框，在下方的数值框输入百分比可以将每一个喷射对象大小调整为前一个对象大小的某一特定百分比，如图3-192所示。

图3-192

类别：在下拉列表中可以选择要使用的喷射的类别，如图3-193所示。

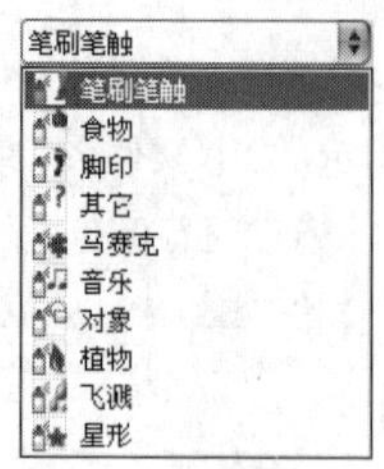

图3-193

喷着图样：在其下拉列表中可以选择相应喷涂类别的图案样式，可以是矢量的图案组。

喷涂顺序：在下拉列表中提供了“随机”“顺序”和“按方向”3种，如图3-194所示，这3种顺序要参考播放列表的顺序，如图3-195所示。

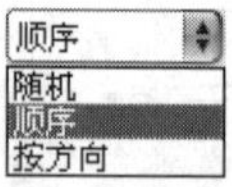

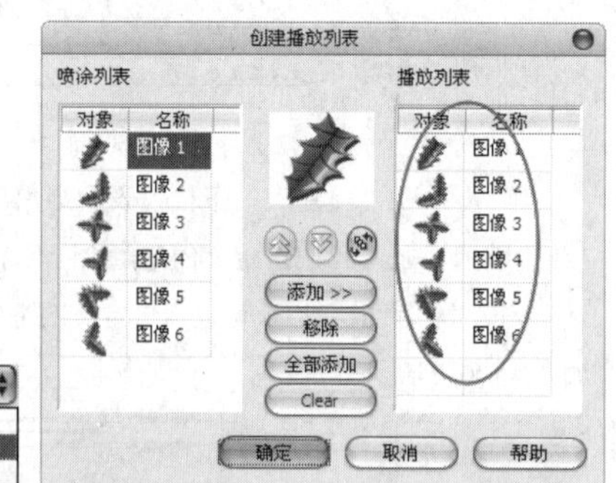

图3-194　　图3-195

添加到喷涂列表：添加一个或多个对象到喷涂列表。

喷涂列表选项：可以打开“创建播放列表”对话框，用来设置喷涂对象的顺序和设置对象数目。

每个色块中的图案像素和图像间距：在上方的文字框中输入数值设置每个色块中的图像数；在下方的文字框中输入数值调整笔触长度中各色块之间的距离。

旋转：在下拉“旋转”选项面板中设置喷涂对象的旋转角度，如图3-196所示。

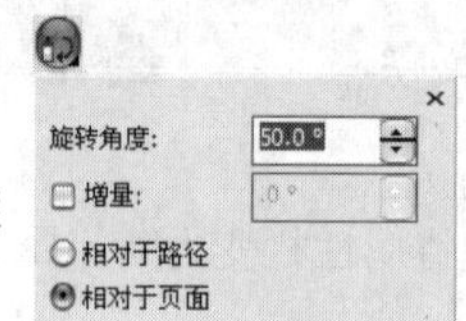

图3-196

偏移：在下拉“偏移”选项面板中设置喷涂对象的偏移方向和距离，如图3-197所示。

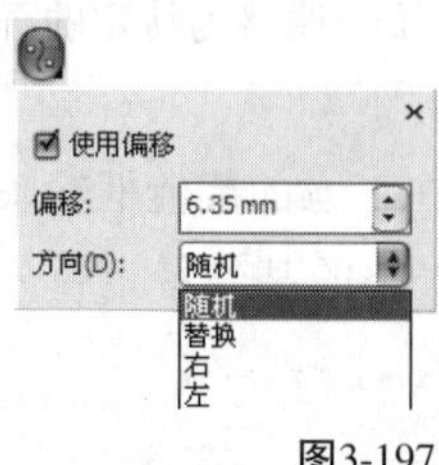

图3-197

3.5.4 书法

“书法”是指通过笔锋角度变化绘制书法笔笔触相似的效果。

在“艺术笔工具”属性栏上单击“书法”按钮，将属性栏变为书法属性，如图3-198所示。

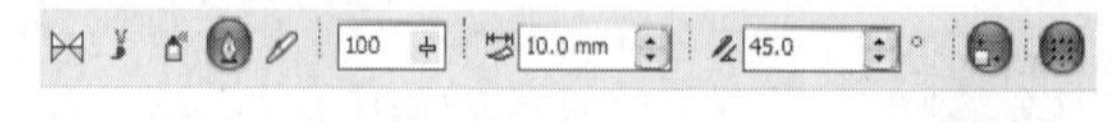

图3-198

3.5.5 压力

“压力”是指模拟使用压感画笔的效果进行绘制，我们可以配合数位板进行使用。

在工具箱中单击“艺术笔工具”，然后在属性栏上单击“压力”按钮，如图3-199所示，属性栏变为压力基本属性。绘制压力线条和在Adobe Photoshop软件里用数位板进行绘画感觉相似，模拟压感进行绘制，如图3-200所示，笔画流畅。

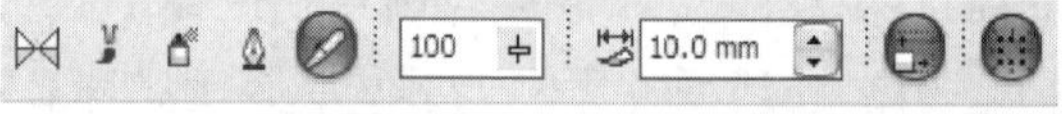

100　10.0 mm

图3-199

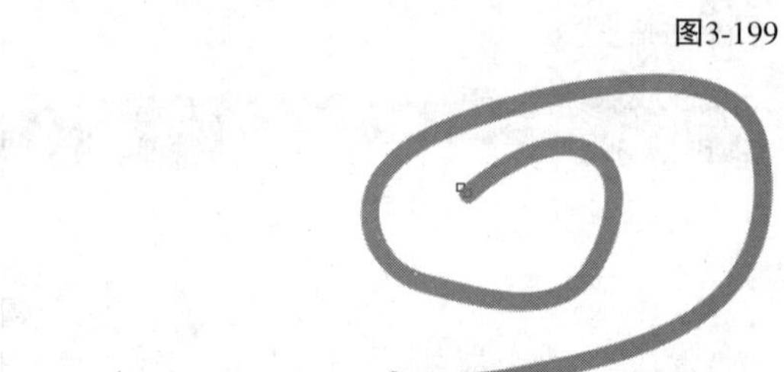

图3-200

3.6 钢笔工具

“钢笔工具”和“贝塞尔工具”很相似，也是通过节点的连接绘制直线和曲线，在绘制之后通过“形状工具”进行修饰。

3.6.1 绘制方法

在绘制过程中，“钢笔工具”可以使我们预览到绘制拉伸的状态，方便进行移动修改。

1.绘制直线和折线

在工具箱中单击“钢笔工具”，然后将光标移动到页面内空白处，单击鼠标左键确定起始节点，接着移动光标出现蓝色预览线条进行查看，如图3-201所示。

图3-201

选择好结束节点的位置后，单击鼠标左键线条变为实线，完成编辑就双击鼠标左键，如图3-202所示。

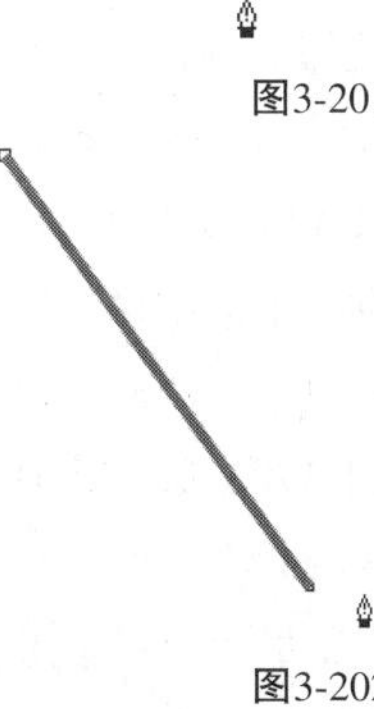

图3-202

绘制连续折线时，将光标移动在结束节点上，当光标变为时单击鼠标左键，然后继续移动光标单击指定节点，如图3-203所示，当起始节点和结束节点重合时形成闭合路径可以进行填充操作，如图3-204所示。

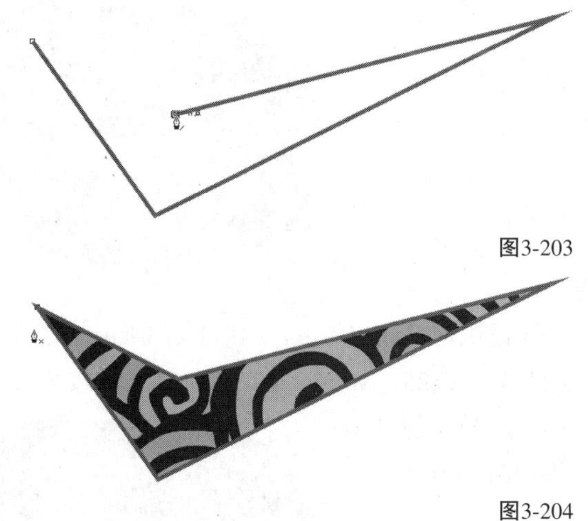

图3-203

图3-204

> **技巧与提示**
>
> 在绘制直线的时候按住Shift键可以绘制水平线段、垂直线段或15°递进的线段。

2.绘制曲线

单击“钢笔工具”，然后将光标移动到页面内空白处，单击鼠标左键指定起始节点，移动光标到下一位置按住鼠标左键不放进行拖曳“控制线”，如图3-205所示，松开鼠标左键移动光标会有蓝色弧线进行预览，如图3-206所示。

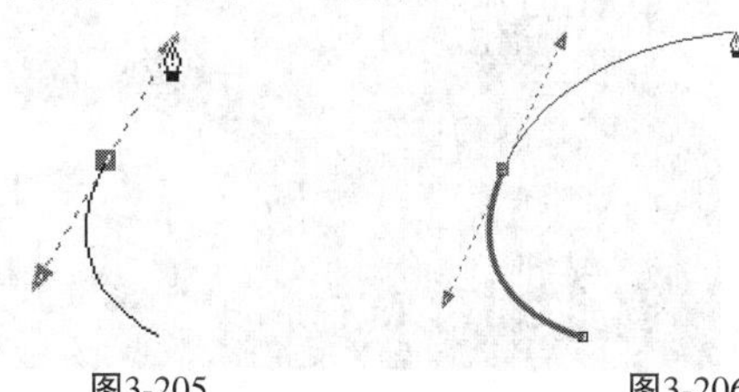

图3-205　图3-206

绘制连续的曲线要考虑到曲线的转折，“钢笔工具”可以生成预览线进行查看，所以在确定节点之前，可以进行修正，如果位置不合适，可以及时调整，如图3-207所示，起始节点和结束节点重合可以形成闭合路径，进行填充操作，如图3-208所示，在路径上方绘制一个圆形，可以绘制一朵小花。

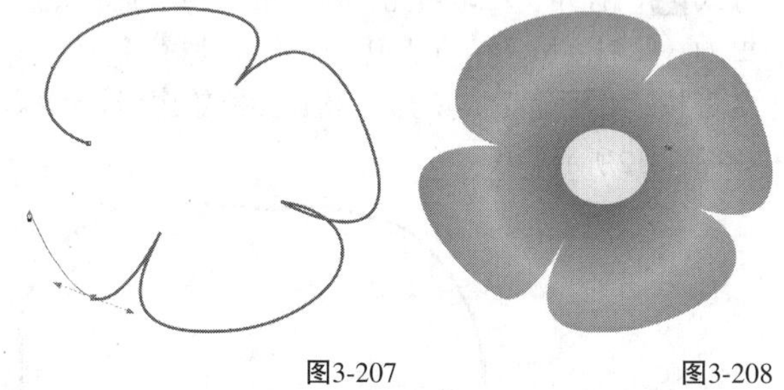

图3-207　图3-208

3.6.2 属性栏设置

“钢笔工具”的属性栏如图3-209所示。

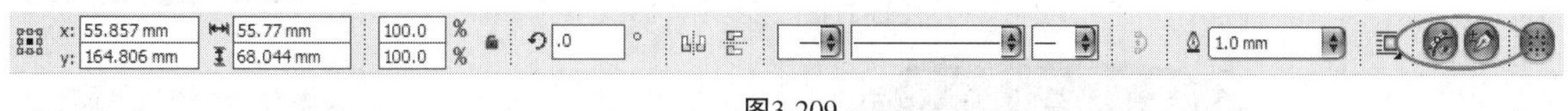

图3-209

钢笔工具选项介绍

预览模式：激活该按钮后，会在确定下一节点前自动生成一条预览当前曲线形状的蓝线；关掉就不显示预览线。

自动添加或删除节点：单击激活后，将光标移动到曲线上，光标变为单击鼠标左键添加节点，光标变为单击鼠标左键删除节点；关掉就无法单击鼠标左键进行快速添加。

课堂案例

制作POP海报

案例位置	案例文件>CH03>课堂案例：制作POP海报.cdr
视频位置	多媒体教学>CH03>课堂案例：制作POP海报.flv
难易指数	★★★★☆
学习目标	手绘工具的综合使用方法

万圣节海报效果如图3-210所示。

图3-210

01 新建空白文档，然后设置文档名称为“万圣节海报”，接着设置页面大小为A4、页面方向为“横向”。

02 首先绘制南瓜头。使用“钢笔工具”绘制南瓜的外轮廓，如图3-211所示，然后单击“填充工具”，在弹出的工具选项板中选择“均匀填充”方式，打开“均匀填充”对话框，再设置填充颜色为（C:41，M:75，Y:100，K:4），接着单击“确定”按钮完成填充，最后去掉轮廓线，效果如图3-212所示。

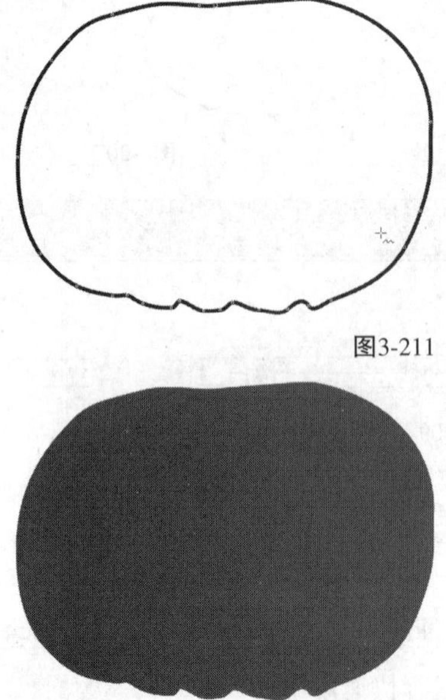

图3-211

图3-212

技巧与提示

本例主要针对“钢笔工具”的使用进行练习，因此均使用该工具进行绘制。

03 绘制南瓜的分瓣，如图3-213所示，然后设置“轮廓宽度”为1.5mm、轮廓线颜色为（C:41，M:75，Y:100，K:4），接着在“均匀填充”对话框中设置填充瓜瓣的3种颜色，第1种颜色为（C:0，M:56，Y:98，K:0）、第2种颜色为（C:5，M:44，Y:98，K:0）、第3种颜色为（C:5，M:37，Y:96，K:0），再单击“确定”按钮按如图3-214所示进行填充，最后将对象进行群组。

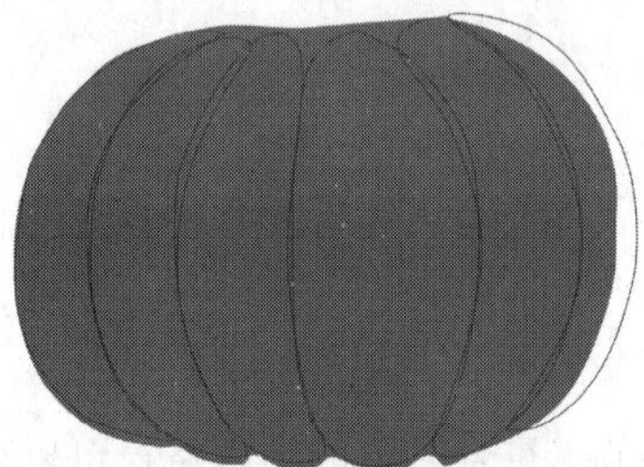

图3-213

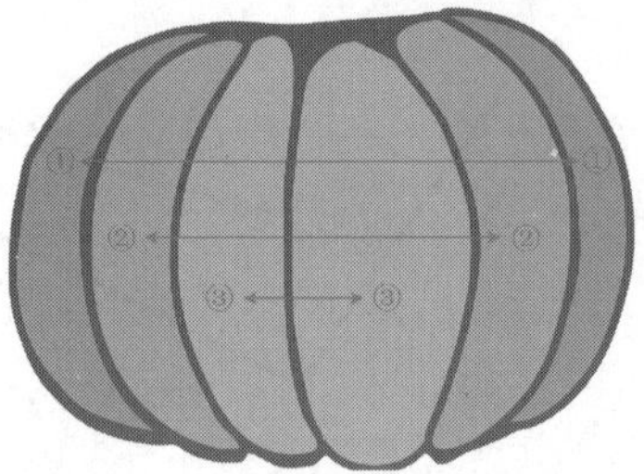

图3-214

04 绘制南瓜底部阴影，如图3-215所示，然后填充颜色为（C:25，M:66，Y:100，K:0），接着去掉轮廓线调整位置，效果如图3-216所示。

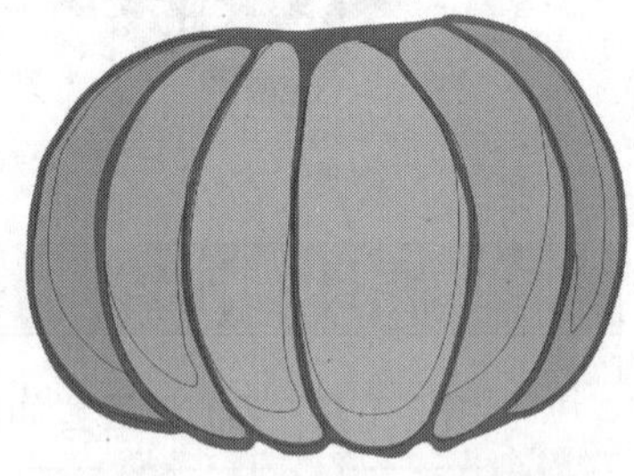

图3-215

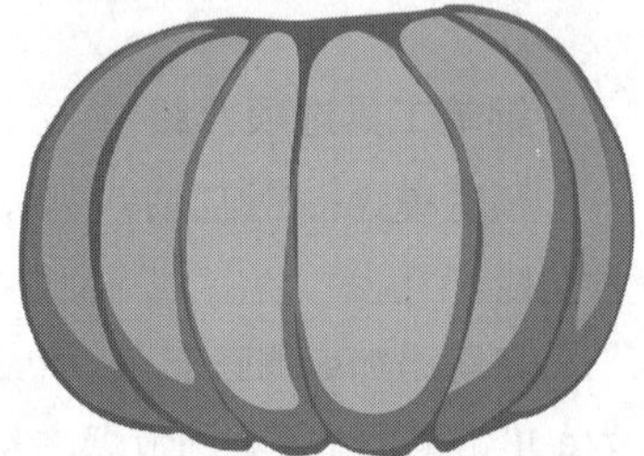

图3-216

05 绘制南瓜阴影过渡，如图3-217所示，然后在“均匀填充”对话框中设置填充颜色为（C:0，M:54，Y:98，K:0），接着单击“确定”按钮 确定 完成填充，最后去掉轮廓线，效果如图3-218所示。

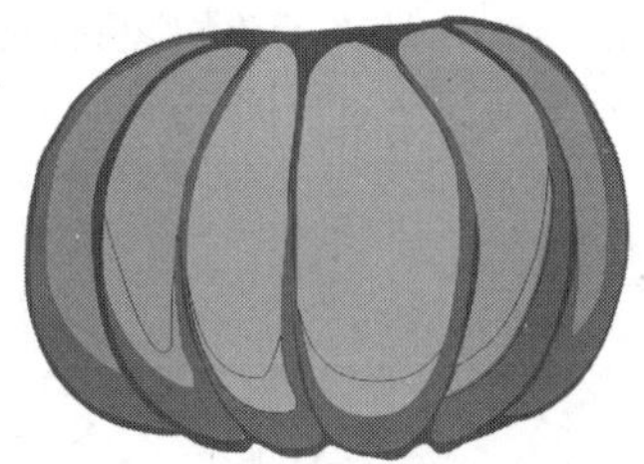

图3-217

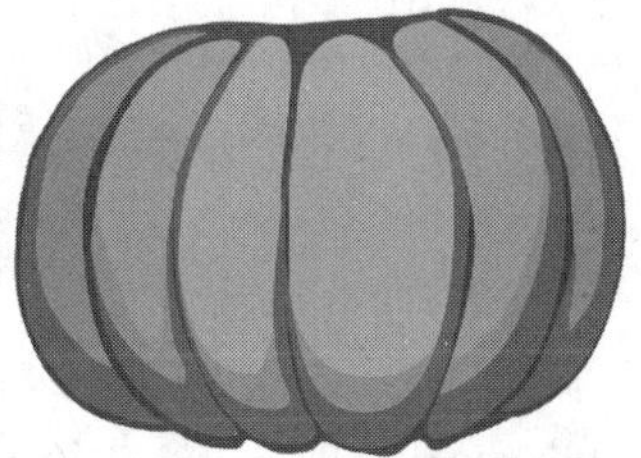

图3-218

06 绘制南瓜的高光，如图3-219所示，然后填充颜色为（C:3，M:0，Y:88，K:0），接着去掉轮廓线，效果如图3-220所示。

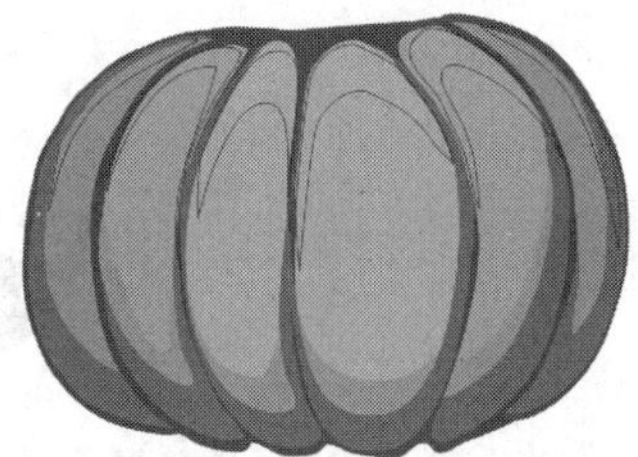

图3-219

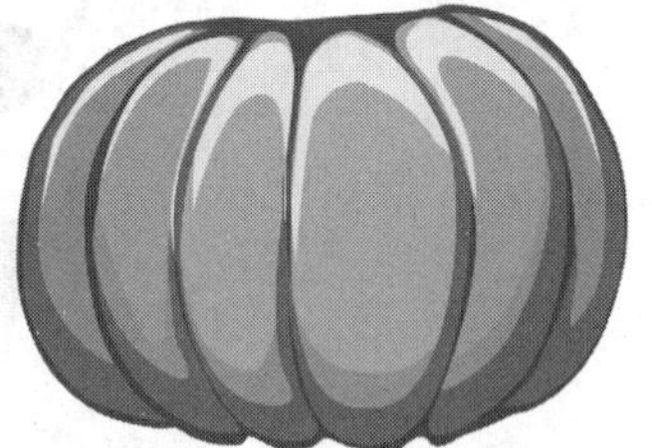

图3-220

07 绘制南瓜的叶子和柄，如图3-221所示，然后填充颜色为（C:70，M:38，Y:100，K:0），接着去掉轮廓线，效果如图3-222所示。

图3-221

图3-222

08 将叶柄复制两份，然后填充第2层颜色为（C:74，M:52，Y:100，K:15），接着填充第3层颜色为（C:81，M:62，Y:100，K:42），如图3-223所示，最后将对象排列起来，效果如图3-224所示。

图3-223

图3-224

09 绘制叶柄阴影，如图3-225所示，然后填充颜色为（C:81，M:62，Y:100，K:42），调整位置后进行群组，效果如图3-226所示，接着绘制叶柄过渡面，如图3-227所示，再填充颜色为（C:61，M:17，Y:93，K:0），最后将对象群组去掉轮廓线，效果如图3-228所示。

图3-225

图3-226

图3-227

图3-228

10 使用“钢笔工具”绘制南瓜藤的高光，如图3-229所示，然后填充颜色为（C:42，M:9，Y:80，K:0），接着去掉轮廓线，如图3-230所示。

图3-229

图3-230

11 下面绘制南瓜面部。使用“钢笔工具”绘制南瓜的眼睛，然后填充颜色为（C:3，M:0，Y:88，K:0），如图3-231所示，接着将对象向内复制两份，填充第2层颜色为（C:0，M:54，Y:98，K:0）、第1层颜色为（C:74，M:93，Y:95，K:71），填充后将对象排列起来，效果如图3-232所示，最后将排列好的眼睛群组复制1份，在属性栏上单击“水平镜像”按钮进行镜像水平翻转，效果如图3-233所示。

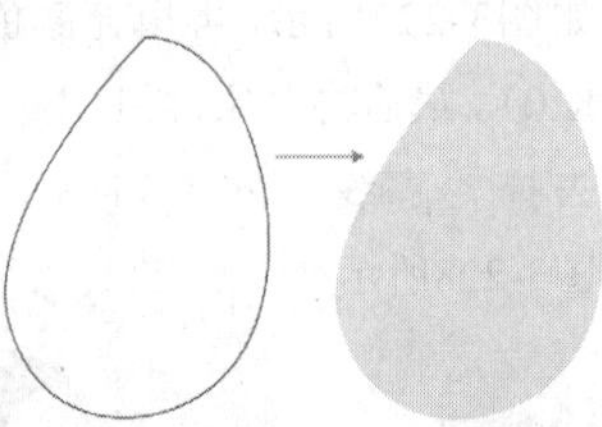
图3-231

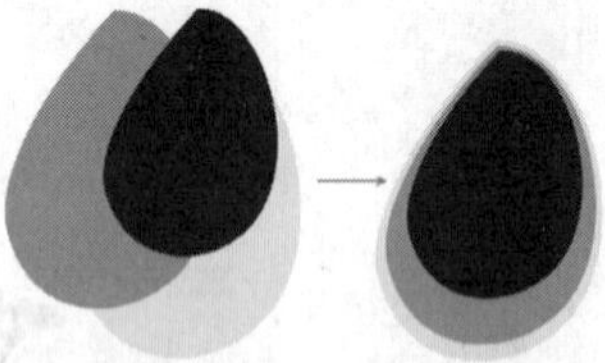

图3-232

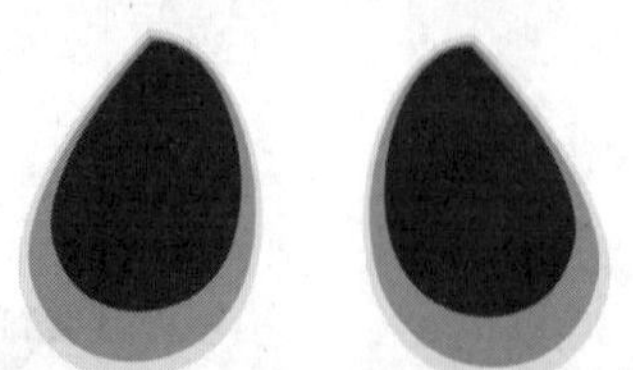
图3-233

12 绘制鼻孔轮廓，然后填充颜色为（C:3，M:0，Y:88，K:0），如图3-234所示，接着将对象向内复制两份，填充第2层颜色为（C:0，M:54，Y:98，K:0）、第1层颜色为（C:74，M:93，Y:95，K:71），填充后将对象排列起来，最后全选将轮廓线去掉，效果如图3-235所示。

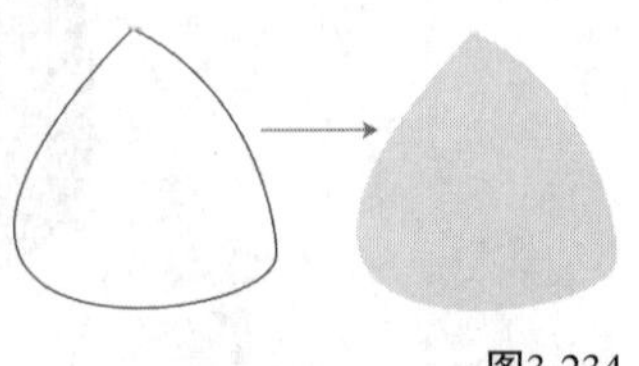
图3-234

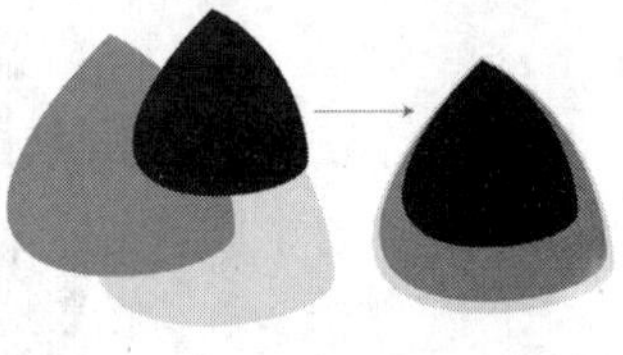
图3-235

13 绘制南瓜头嘴巴轮廓，然后填充颜色为（C:74，M:93，Y:95，K:71），如图3-236所示，接着绘制嘴的外围高光区域，再填充颜色为（C:3，M:0，Y:88，K:0），如图3-237所示。

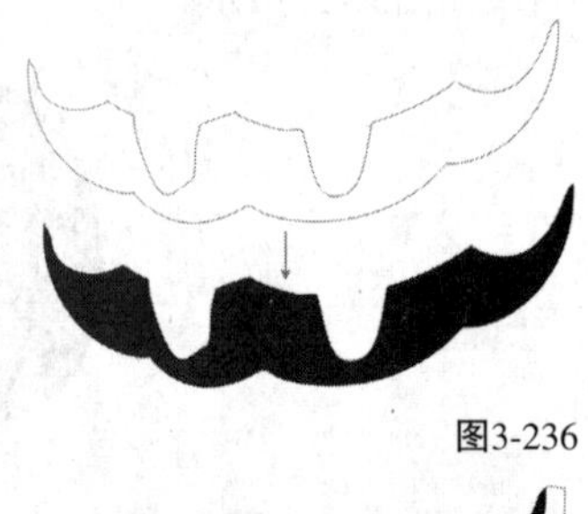
图3-236

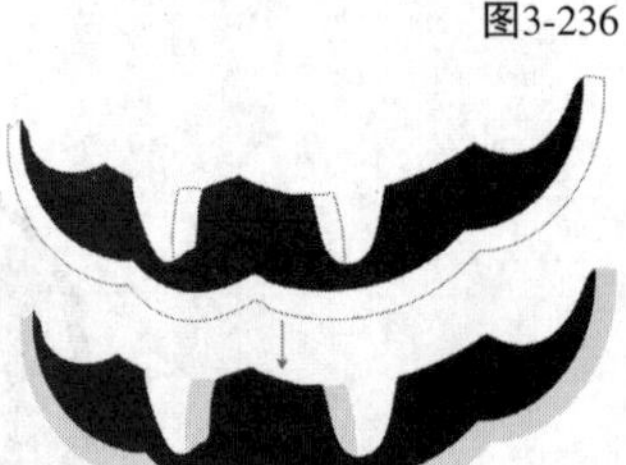
图3-237

14 绘制嘴巴的厚度，然后填充颜色为（C:0，M:54，Y:98，K:0），效果如图3-238所示，接着全选去掉轮廓线。

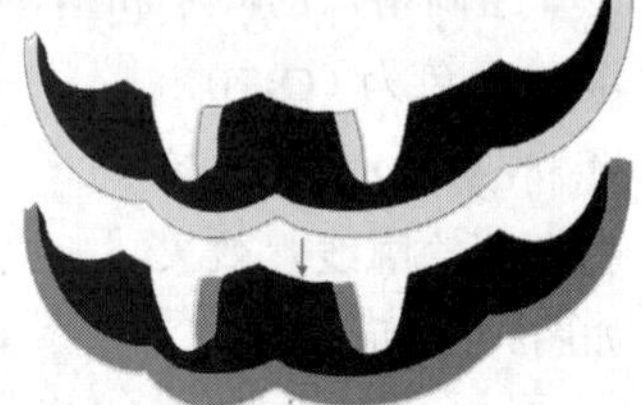
图3-238

15 将绘制的南瓜头局部分别进行群组，然后拖曳到南瓜上调整位置，如图3-239所示，接着全选对象进行群组，最后拖放在页面外备用。

图3-239

16 双击“矩形工具”在页面创建等大的矩形，然后在“渐变填充”对话框中设置“类型”为“线性”、“角度”为270.4、“边界”为21%、“颜色调和”为“双色”，再设置“从”的颜色为（C:61，M:80，Y:100，K:47）、“到”的颜色为（C:0，M:60，Y:100，K:0），接着单击“确定”按钮进行填充，如图3-240和图3-241所示。

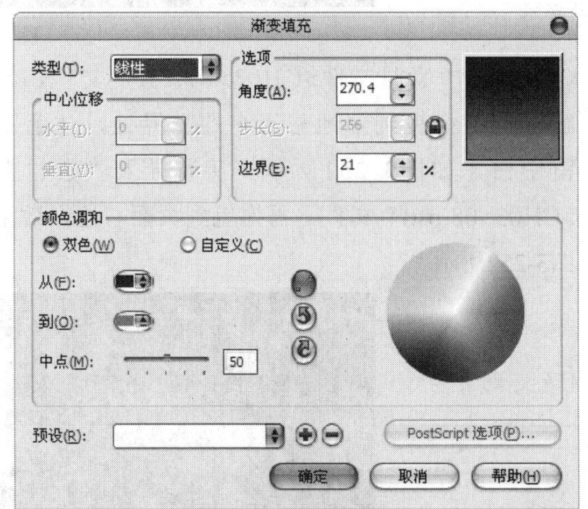

图3-240

图3-241

17 使用“钢笔工具”绘制一条曲线，如图3-242所示，然后将矩形和曲线全选执行“排列>造形>修剪”菜单命令，接着单击曲线按Delete键将其删除。

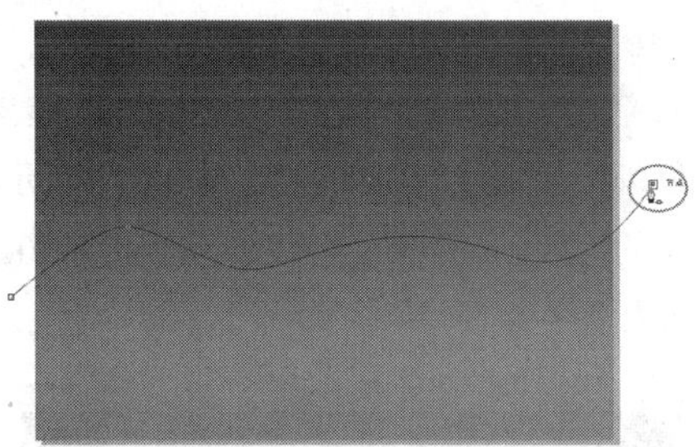

图3-242

18 选中矩形单击鼠标右键，在弹出的快捷菜单中执行“拆分曲线”命令，拆分为两个独立图形，如图3-243所示，然后删除下面的部分，接着调整填充效果，如图3-244所示。

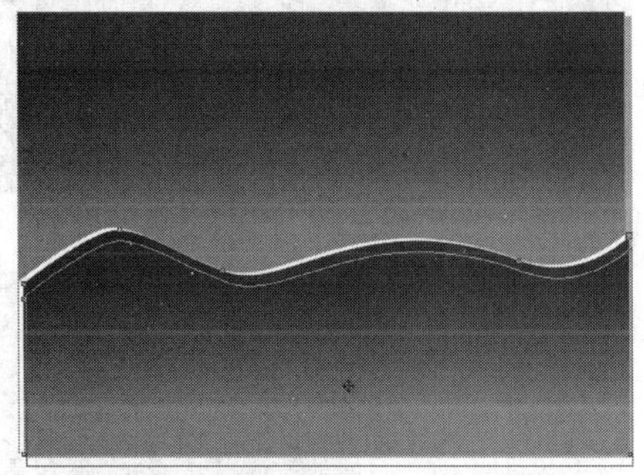

图3-243

图3-244

19 双击“矩形工具”创建矩形，然后填充颜色为（C:74，M:93，Y:95，K:71），接着去掉轮廓线，效果如图3-245所示。

图3-245

20 单击“艺术笔工具”，然后在属性栏上设置“艺术笔”为“笔刷”、“类别”为“底纹”，接着选取适当的纹理沿着曲线绘制曲线，如图3-246所示，最后选中绘制的笔触，填充颜色为（C:0，M:60，Y:100，K:0），效果如图3-247所示。

图3-246

图3-247

21 以同样的方法绘制云，然后依次填充浅色为（C:0，M:55，Y:99，K:0）、过渡色为（C:25，M:66，Y:100，K:0）、深色为（C:62，M:80，Y:100，K:49），效果如图3-248所示。

图3-248

22 以同样的方法，选取点状纹理绘制雾气，然后将天空上的雾气选中，填充颜色为（C:74，M:93，Y:95，K:71），接着选中地面上的雾气，填充颜色为（C:60，M:82，Y:100，K:46），效果如图3-249所示。

图3-249

23 导入“素材文件>CH03>06.cdr”文件，然后解散群组，再将标志拖曳到页面左上角，接着将圆形线条拖曳到页面右边，调整前后位置，效果如图3-250所示。

图3-250

24 导入“素材文件>CH03>07.cdr”文件，然后解散群组拖曳到陆地与天空的交界处，注意不要留空白，如图3-251所示，接着导入“素材文件>CH03>08.psd”文件，再拖曳到页面右边，效果如图3-252所示。

图3-251

图3-252

25 导入“素材文件>CH03>09.cdr”文件，然后解散群组拖曳到相应位置，再进行旋转和前后位置的调整，效果如图3-253所示，接着将之前绘制的南瓜头拖曳到页面空白处，最后将树枝置于标卡上方，调整位置，最终效果如图3-254所示。

图3-253

图3-254

3.7 B样条工具

“B样条工具”是通过建造控制点来轻松创建连续平滑的曲线。

单击工具箱上的“B样条工具”，然后将光标移动到页面内空白处，再单击鼠标左键定下第一个控制点，移动光标，会拖曳出一条实线与虚线重合的线段，如图3-255所示，单击确定第二个控制点。

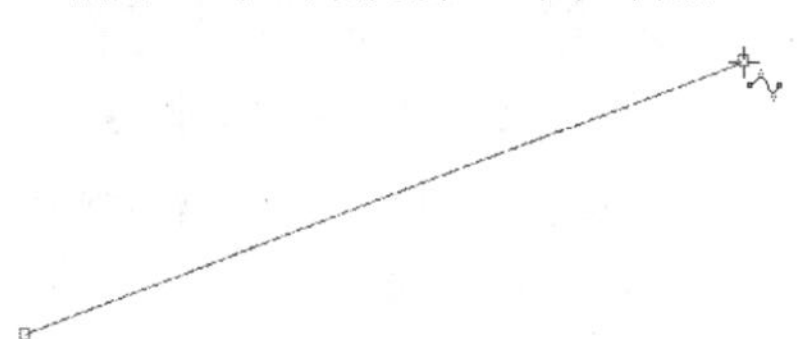

图3-255

在确定第二个控制点后，再移动光标时实线就会被分离出来，如图3-256所示，此时可以看出实线为绘制的曲线，虚线为连接控制点的控制线，继续增加控制点直到闭合控制点，在闭合控制线时自动生成平滑曲线，如图3-257所示。

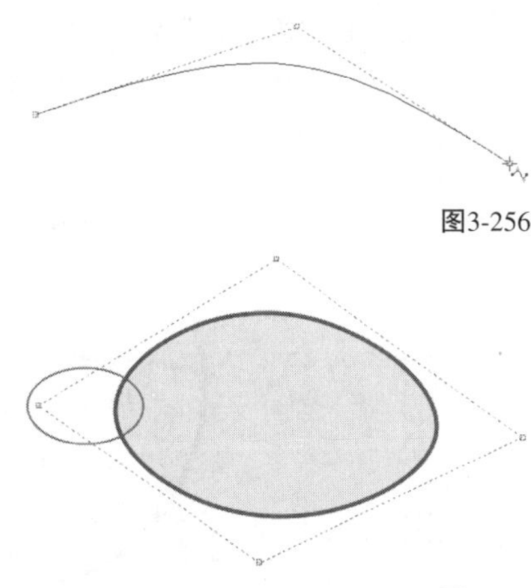

图3-256

图3-257

在编辑完成后可以单击“形状工具”，通过修改控制点来轻松修改曲线。

技巧与提示

绘制曲线时，双击鼠标左键可以完成曲线编辑；绘制闭合曲线时，直接将控制点闭合完成编辑。

课堂案例

制作篮球

案例位置	案例文件>CH03>课堂案例：制作篮球.cdr
视频位置	多媒体教学>CH03>课堂案例：制作篮球.flv
难易指数	★★★☆☆
学习目标	B样条工具的使用方法

热血篮球效果如图3-258所示。

图3-258

01 新建空白文档，然后设置文档名称为“热血篮球”，接着设置页面大小为“A4”、页面方向为“横向”。

02 使用“椭圆形工具”按住Ctrl键绘制一个圆形，注意，在绘制时轮廓线什么颜色都可以，后面会进行修改，如图3-259所示。

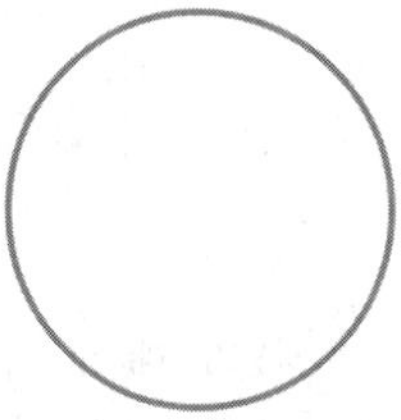

图3-259

03 使用“B样条工具”在圆形上绘制篮球的球线，然后单击“轮廓笔”工具将“轮廓宽度”设置为2mm，如图3-260所示。

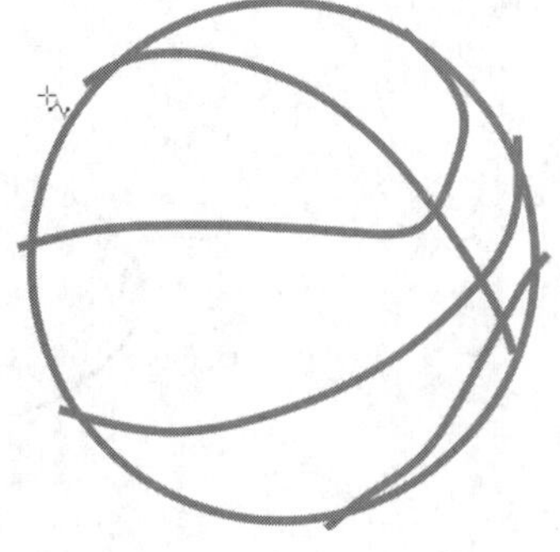

图3-260

04 单击“形状工具”对之前的篮球线进行调整，使球线的弧度更平滑，如图3-261所示，调整完毕后将之前绘制的球身移到旁边。

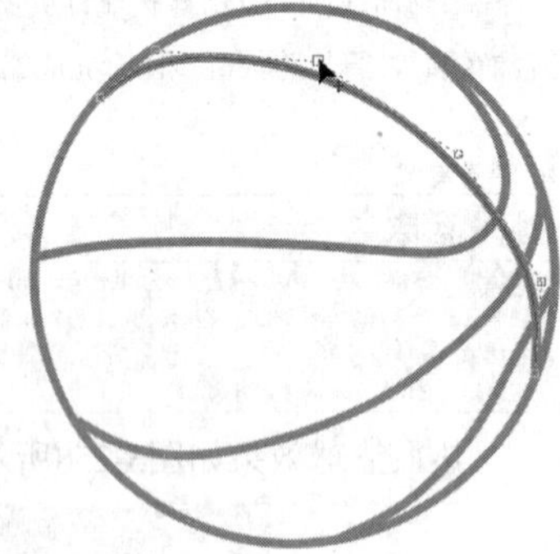

图3-261

05 下面进行球线的修饰。全选绘制的球线，然后执行“排列>将轮廓转换为对象”菜单命令，将球线转为可编辑对象，接着执行“排列>造形>合并”菜单命令将对象焊接在一起，此时球线颜色变为黑色（双击显示很多可编辑节点），如图3-262所示。

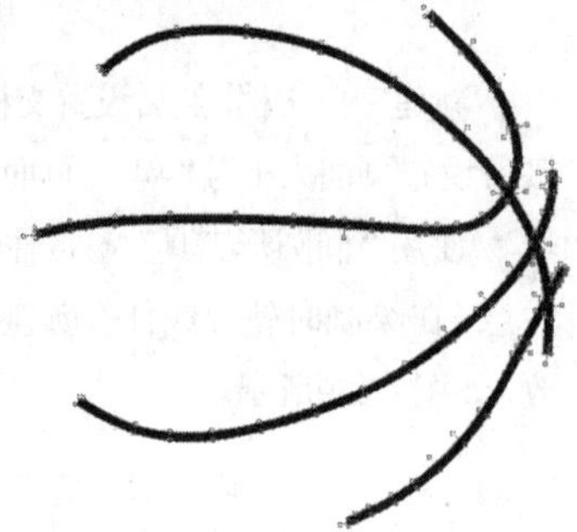

图3-262

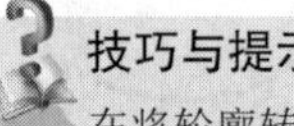

技巧与提示

在将轮廓转换为对象后，我们就无法将对象进行修改轮廓宽度，所以，在本案例中，为了更加方便，我们要在转换前将轮廓线调整为合适的宽度。

另外，转换为对象后在进行缩放时，线条显示的是对象不是轮廓，可以相对放大，没有转换的则不会变化。

06 选中黑色球线复制一份，然后在状态栏里修改颜色，再设置下面的球线为（C:0、M:35、Y:75、K:0），如图3-263所示，接着将下面的对象微微错开排放，最后全选后群组，如图3-264所示。

C: 0 M: 35 Y: 75 K: 0
无

图3-263

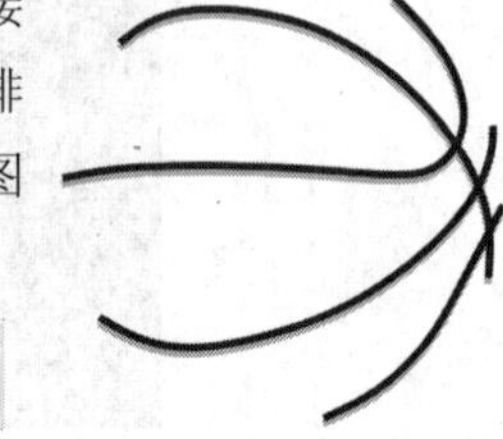

图3-264

07 下面进行球身的修饰。选中之前编辑的圆形，然后在“渐变填充”对话框中设置“类型”为“辐射”、“颜色调和”为“双色”，再设置“从”的颜色为（C:30，M:70，Y:100，K:0）、“到”的颜色为（C:0，M:50，Y:100，K:0），接着单击“确定”按钮进行填充，如图3-265所示，最后设置“轮廓宽度”为2mm、颜色为黑色，效果如图3-266所示。

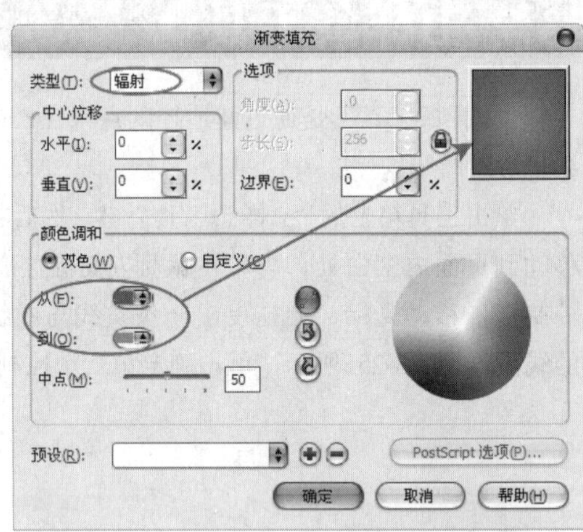

图3-265

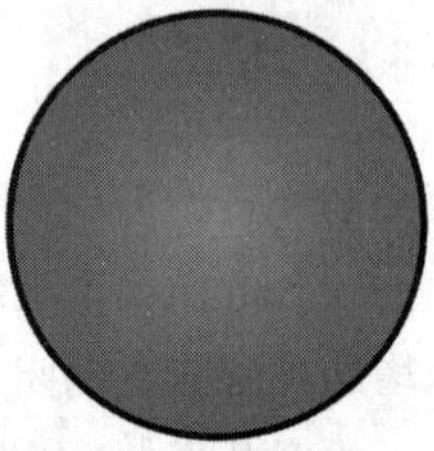

图3-266

08 将球线群组拖曳到球线上方调整位置，如图3-267所示，接着选中球线执行“效果>图框精确剪裁>置于文框内部”菜单命令，将球线置于球身内，使球线融入球身中，效果如图3-268所示。

图3-267　　图3-268

09 导入“素材文件>CH03>10.jpg”文件，将背景拖入页面内缩放至合适大小，然后将篮球拖曳到页面上，再按Ctrl+Home组合键将篮球放置在顶层，接着调整大小放在背景中间墨迹里，效果如图3-269所示。

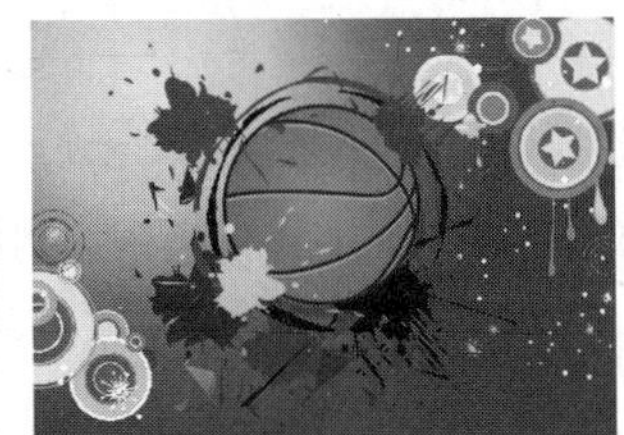

图3-269

10 导入“素材文件>CH03>11.cdr”文件，然后单击属性栏上的“取消群组”按钮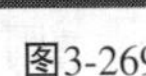将墨迹变为独立的个体，接着将墨迹分别拖曳到篮球的角落上，效果如图3-270所示。

图3-270

11 导入“素材文件>CH03>12.cdr”文件，然后缩放拖曳到篮球上，再去掉轮廓线，接着导入“素材文件>CH03>13.cdr”文件，最后调整大小放置在右下角，最终效果如图3-271所示。

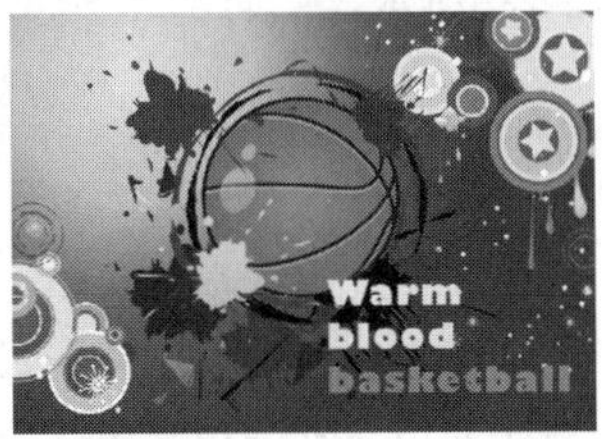

图3-271

3.8 折线工具

“折线工具”用于方便快捷地创建复杂几何形和折线。

在工具箱上单击“折线工具”，然后在页面空白处单击鼠标左键定下起始节点，移动光标会出现一条线，如图3-272所示，接着单击鼠标左键定下第2个节点的位置，继续绘制形成复杂折线，最后双击鼠标左键可以结束编辑，如图3-273所示。

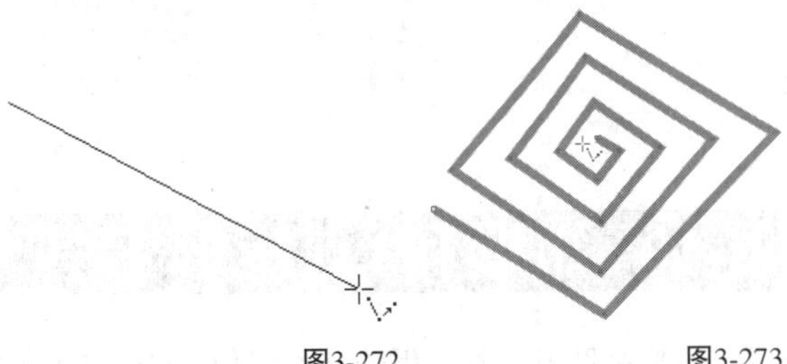

图3-272　　图3-273

除了绘制折线外还可以绘制曲线，单击“折线工具”，然后在页面空白处按住鼠标左键进行拖曳绘制，松开鼠标后可以自动平滑曲线，如图3-274所示，双击鼠标左键结束编辑。

图3-274

3.9 3点曲线工具

“3点曲线工具”可以准确地确定曲线的弧度和方向。

在工具箱中单击“3点曲线工具”，然后将光标移动到页面内按住鼠标左键进行拖曳，出现一条直线进行预览，拖曳到合适位置后松开鼠标左键并移动光标调整曲线弧度，如图3-275所示，接着单击鼠标左键完成编辑，如图3-276所示。

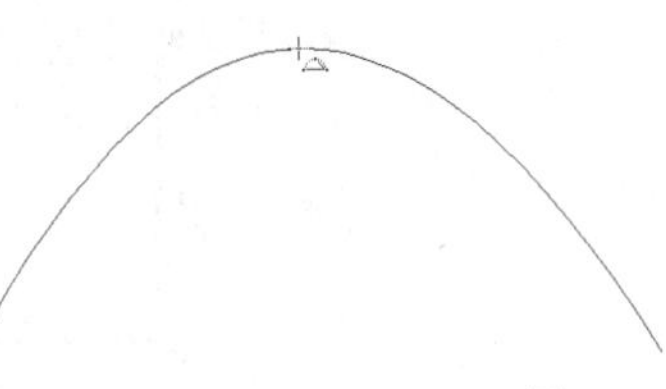

图3-275

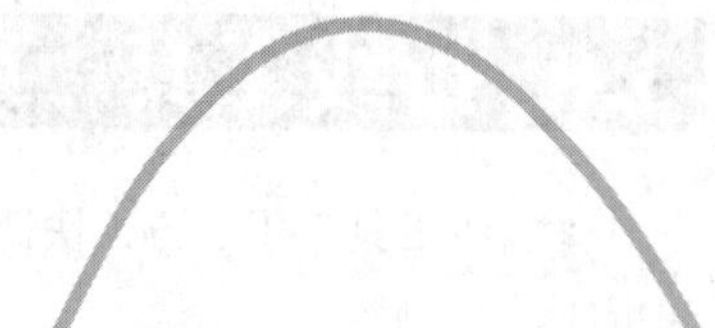
图3-276

熟练运用“3点曲线工具”可以快速制作流线造型的花纹，如图3-277所示，重复排列可以制作花边。

图3-277

3.10 矩形和3点矩形工具

矩形是图形绘制常用的基本图形，CorelDRAW X6软件提供了两种绘制工具“矩形工具”和“3点矩形工具”，用户可以使用这两种工具轻松地绘制出需要的矩形。

本节重要工具介绍

名称	作用	重要程度
矩形工具	以斜角拖曳来快速绘制矩形	高
3点矩形工具	通过3个点以指定的高度和宽度绘制矩形	中

3.10.1 矩形工具

“矩形工具”主要以斜角拖曳来快速绘制矩形，并且利用属性栏进行基本的修改变化。

单击工具箱中的“矩形工具”，然后将光标移动到页面空白处，按住鼠标左键以对角的方向进行拉伸，如图3-278所示，形成实线方形可以进行预览大小，在确定大小后松开鼠标左键完成编辑，如图3-279所示。

图3-278

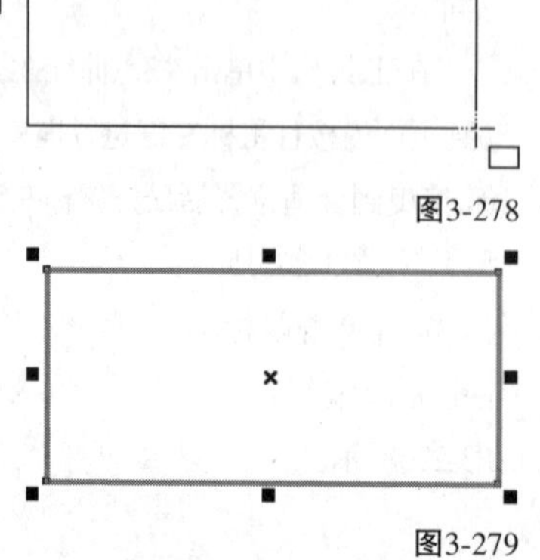
图3-279

在绘制矩形时按住Ctrl键可以绘制一个正方形，如图3-280所示，也可以在属性栏上输入宽和高将原有的矩形变为正方形，如图3-281所示。

图3-280

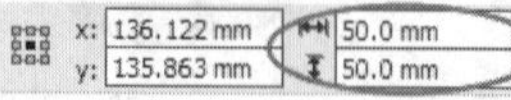
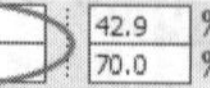

图3-281

技巧与提示

在绘制时按住Shift键可以定起始点为中心开始绘制一个矩形，同时按住Shift键和Ctrl键则是以起始点为中心绘制正方形。

“矩形工具”的属性栏如图3-282所示。

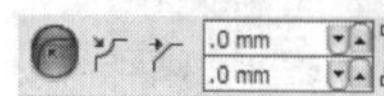
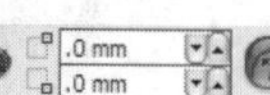

图3-282

矩形工具选项介绍

圆角：单击可以将角变为弯曲的圆弧角，如图3-283所示，数值可以在后面输入。

图3-283

扇形角：单击可以将角变为扇形相切的角，形成曲线角，如图3-284所示。

图3-284

倒棱角：单击可以将角变为直棱角，如图3-285所示。

图3-285

圆角半径：在4个文本框中输入数值可以分别设置边角样式的平滑度大小，如图3-286所示。

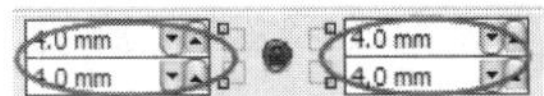

图3-286

同时编辑所有角：单击激活后在任意一个“圆角半径”文本框中输入数值，其他3个的数值将会统一进行变化；单击熄灭后可以分别修改“圆角半径”的数值，如图3-287所示。

图3-287

相对的角缩放：单击激活后，边角在缩放时“圆角半径”也会相对地进行缩放；单击熄灭后，缩放的同时“圆角半径”将不会缩放。

轮廓宽度：可以设置矩形边框的宽度。

转换为曲线：在没有转曲时只能进行角上的变化，如图3-288所示，单击转曲后可以进行自由变换和添加节点等操作，如图3-289所示。

图3-288

图3-289

3.10.2 3点矩形工具

“3点矩形工具”可以通过定3个点的位置，以指定的高度和宽度绘制矩形。

单击工具箱中的“3点矩形工具”，然后在页面空白处定下第1个点，长按鼠标左键拖曳，此时会出现一条实线进行预览，如图3-290所示，确定位置后松开鼠标左键定下第2个点，接着移动光标进行定位，如图3-291所示，确定后单击鼠标左键完成编辑，如图3-292所示，通过3个点确定一个矩形。

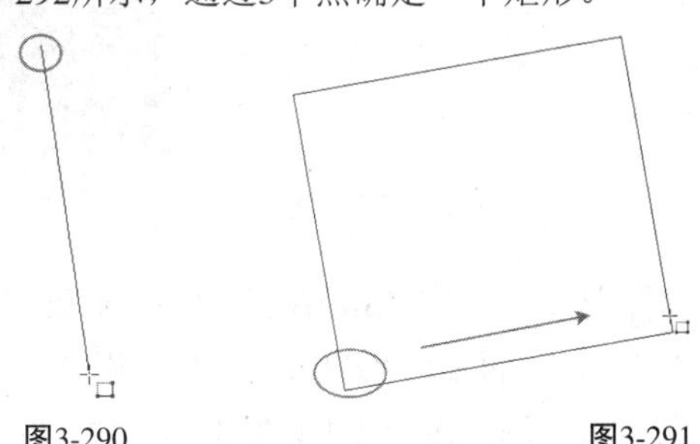

图3-290　　图3-291

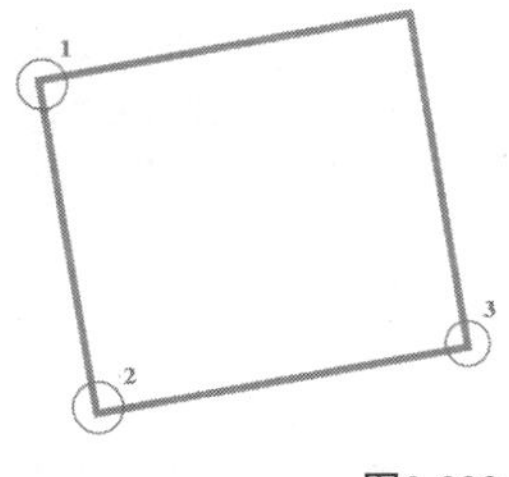

图3-292

课堂案例

绘制手机图标

案例位置	案例文件>CH03>课堂案例：绘制手机图标.cdr
视频位置	多媒体教学>CH03>课堂案例：绘制手机图标.flv
难易指数	★★★★☆
学习目标	矩形工具的运用方法

手机图标效果如图3-293所示。

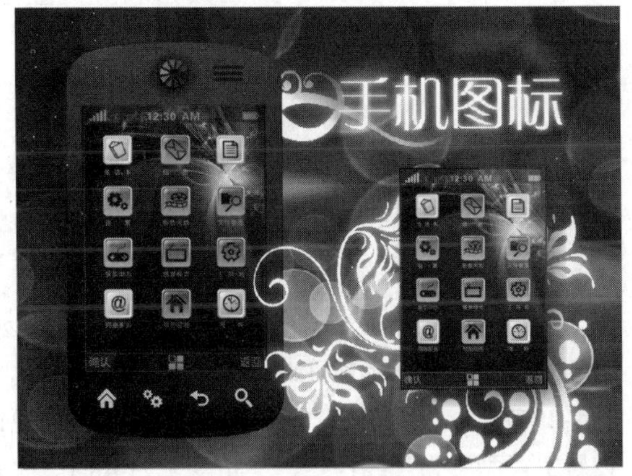

图3-293

01 新建空白文档，然后设置文档名称为“手机界面”，接着设置页面大小的“宽”为258mm、“高”为192mm。

02 使用“矩形工具”绘制一个正方形，在属性栏中设置“圆角”为1.2mm，如图3-294所示。

图3-294

03 选中矩形，然后在“渐变填充”对话框中设置“类型”为“线性”、“角度”为92.3、“边界”为1%、“颜色调和”为“自定义”，再设置“位置”为22%的色标颜色为（C:0，M:0，Y:0，K:30）、“位置”为46%的色标颜色为（C:0，M:0，Y:0，K:10）、“位置”为66%的色标颜色为白色，接着单击“确定”按钮进行填充，如图3-295所示，最后设置“轮廓宽度”为“极细”、颜色填充为（C:0，M:0，Y:0，K:40），效果如图3-296所示。

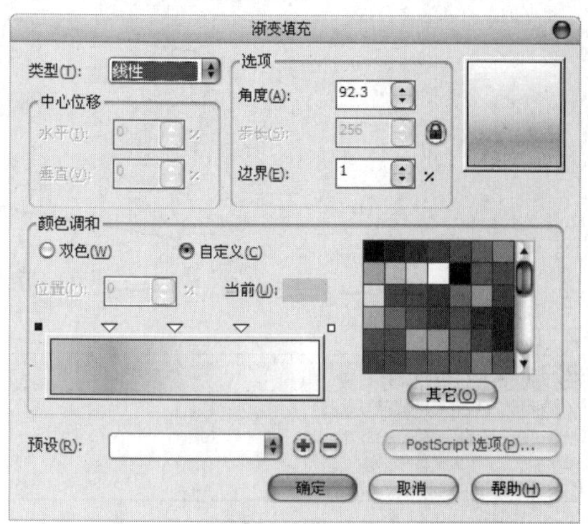

图3-295

图3-296

04 将编辑好的矩形按住Shift键向内进行缩放，如图3-297所示。然后在“渐变填充”对话框中更改设置“类型”为“线性”、“角度”为-48.1、“边界”为13%、“颜色调和”为“双色”，再设置“从”的颜色为（C:0，M:0，Y:0，K:20）、“到”的颜色为白色，接着单击“确定”按钮进行填充，最后去掉轮廓线，效果如图3-298所示，将对象全选复制一份备用。

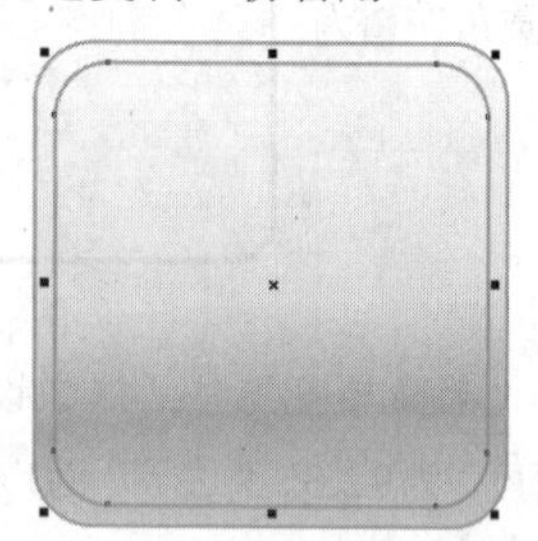

图3-297 图3-298

05 选中外层矩形按Shift键向内进行缩放，如图3-299所示，然后在“渐变填充”对话框中更改设置“类型”为“线性”、“角度”为127.3、“边界”为12%、“颜色调和”为“双色”，再设置“从”的颜色为（C:0，M:0，Y:0，K:30）、“到”的颜色为白色，接着单击“确定”按钮进行填充，填充完成后去掉轮廓线，效果如图3-300所示，最后全选对象进行群组。

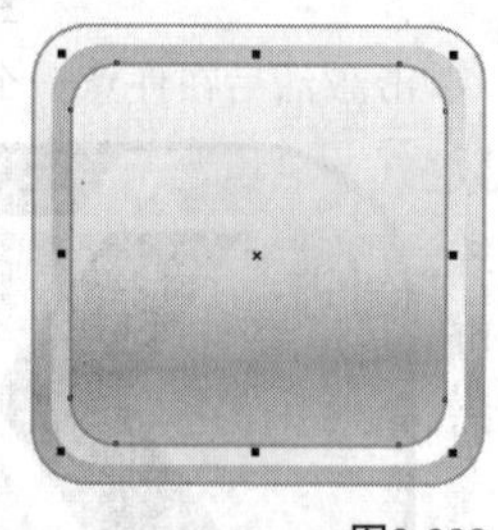

图3-299 图3-300

06 将前面复制备用的对象拖入页面，选中内部的矩形，然后在“渐变填充”对话框中变更参数，设置“类型”为“线性”、“角度”为91.8、“边界”为1%、“颜色调和”为“自定义”，再设置“位置”为0%的色标颜色为（C:29，M:0，Y:100，K:0）、“位置”为73%的色标颜色为（C:60，M:29，Y:100，K:3）、“位置”为100%的色标颜色为（C:71，M:45，Y:100，K:5），接着单击“确定”按钮进行填充，如图3-301所示。填充完成后去掉轮廓线，效果如图3-302所示。

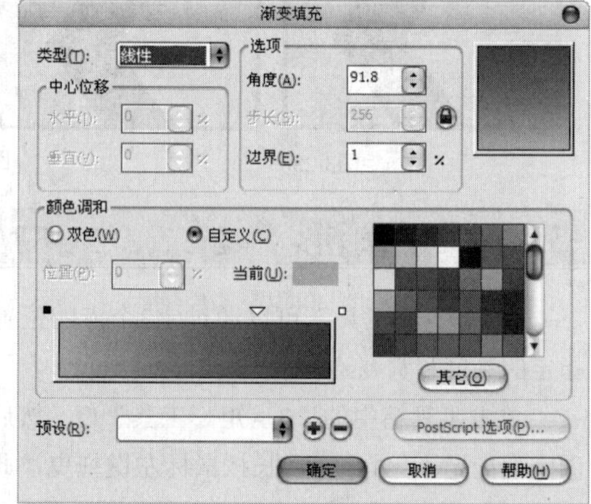

图3-301

图3-302

07 选中矩形按住Shift键向内进行缩放，然后填充颜色为白色，再使用“透明度工具”拖曳渐变效果，如图3-303所示，接着选中透明矩形复制一份重新拖曳渐变效果，如图3-304所示，最后全选进行群组。

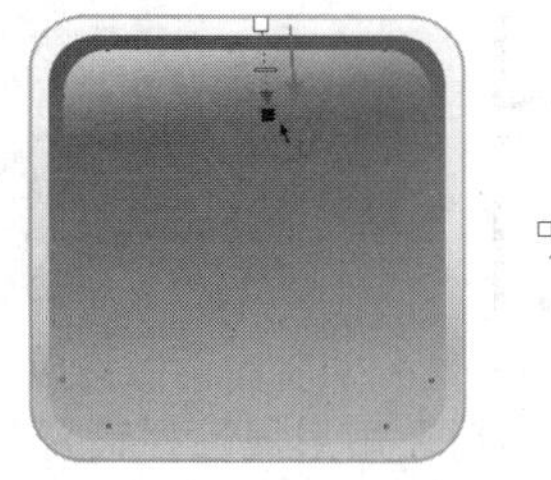

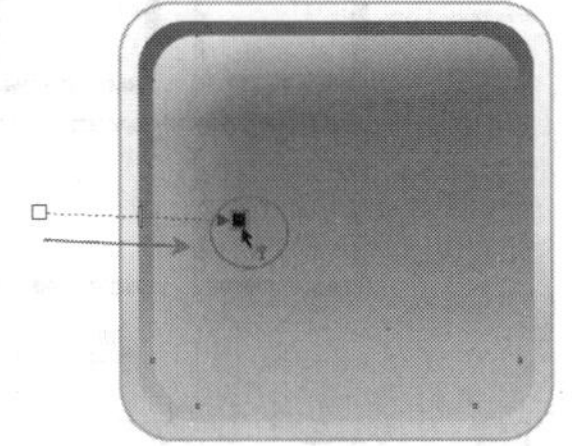

图3-303　　图3-304

08 导入“素材文件>CH03>14.cdr”文件，然后把之前绘制的两种图标框进行复制排列，如图3-305所示，接着将图标解散群组，分别拖曳到图标框中，效果如图3-306所示。

图3-305　　图3-306

09 导入“素材文件>CH03>15.cdr”文件，然后将文字解散群组，再分别拖曳到相应的图标下方，接着填充文字颜色为（C:31，M:2，Y:100，K:0），如图3-307所示。

图3-307

10 下面绘制手机界面。使用“矩形工具”绘制一个矩形。然后在“渐变填充”对话框中设置“类型”为“辐射”、“颜色调和”为“双色”，再设置“从”的颜色为黑色、“到”的颜色为（C:20，M:0，Y:20，K:0），接着单击“确定”按钮完成填充，效果如图3-308所示。

图3-308

11 选中矩形按住Shift键向内进行缩放，然后设置轮廓线颜色为（C:20，M:0，Y:0，K:40），接着导入“素材文件>CH03>16.jpg”文件，选中图片执行“效果>图框精确剪裁>置于图文框内部”菜单命令，当光标变为“箭头”时单击矩形，将图片置入，如图3-309所示，效果如图3-310所示。

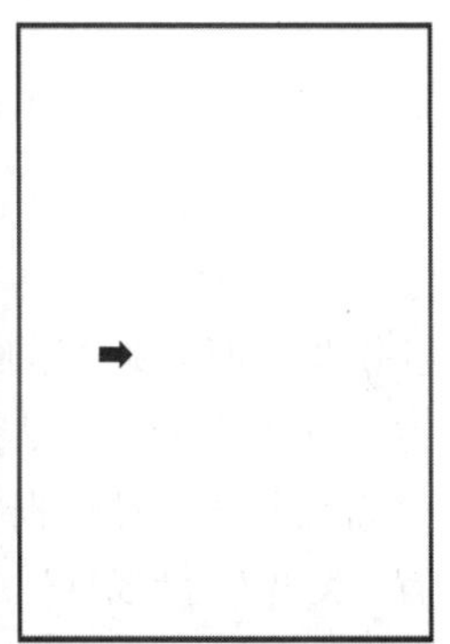

图3-309

图3-310

12 使用“矩形工具”在屏幕壁纸下方绘制与底部重合的矩形，然后填充颜色为（C:0，M:0，Y:0，K:60），再去掉轮廓线，接着单击“透明度工具”，在属性栏中设置“透明度类型”为“标准”、“开始透明度”为69，效果如图3-311所示。

图3-311

13 将透明矩形原位置复制一份，然后向下缩放一点，填充颜色为黑色，再设置“轮廓宽度”为“细线”、颜色为白色，接着单击“透明度工具”，在属性栏中设置“透明度类型”为“标准”、“开始透明度”为69，效果如图3-312所示。

图3-312

⑭ 将前面绘制的矩形复制一份拖曳到屏幕壁纸上方，去掉轮廓线，然后在“渐变填充”对话框中设置“类型”为“线性”、“颜色调和”为“双色”，再设置“从”的颜色为（C:20，M:0，Y: 0，K:80）、“到”的颜色为黑色，接着单击“确定”按钮完成设置，如图3-313所示。

图3-313

⑮ 将图标群组拖曳到屏幕背景上，然后调整位置和大小，如图3-314所示，接着将屏幕其他位置的文字拖曳到相应位置进行对齐，效果如图3-315所示。

图3-314　　图3-315

⑯ 下面绘制界面细节。使用“矩形工具”绘制正方形，然后复制3份进行排列，如图3-316所示，接着选中后3个正方形填充颜色为（C:31，M:2，Y:100，K:0），再选中4个正方形填充轮廓线颜色为（C:31，M:2，Y:100，K:0），最后设置第1个正方形“轮廓宽度”为0.5mm，如图3-317所示。

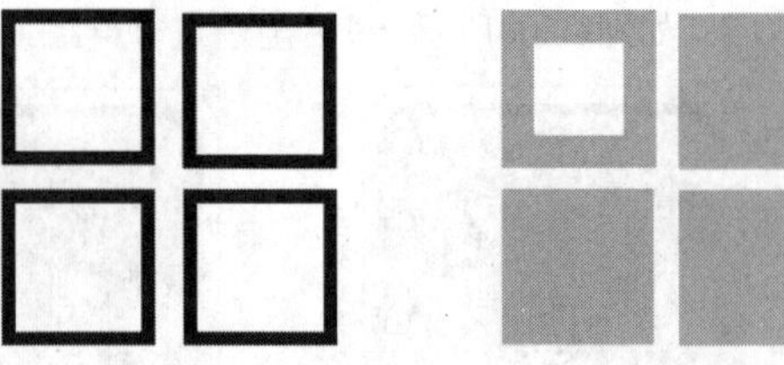

图3-316　　图3-317

⑰ 分别选中正方形，然后在矩形属性栏设置相对“圆角”为0.54mm，接着调整大小和位置，最后进行群组，效果如图3-318所示。

图3-318

⑱ 使用“矩形工具”绘制两个矩形，重叠排放，如图3-319所示，然后全选执行“排列>造形>合并”菜单命令合成电池外形，如图3-320所示。

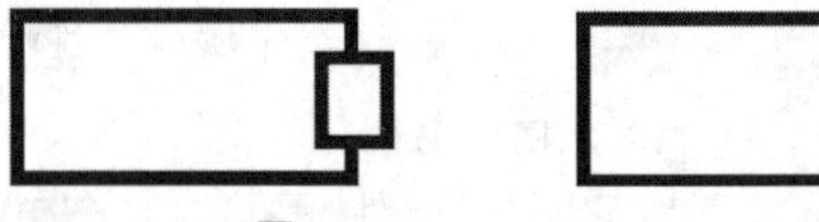

图3-319　　图3-320

⑲ 使用“矩形工具”绘制电池内部电量格，如图3-321所示，然后填充内部矩形颜色为（C:31，M:2，Y:100，K:0），去掉轮廓线，接着设置电池轮廓的“轮廓宽度”为0.2mm、颜色为（C:31，M:2，Y:100，K:0），最后全选进行群组，如图3-322所示。

图3-321　　图3-322

⑳ 使用“矩形工具”绘制由小到大排列的矩形，然后调整间距和对齐，如图3-323所示，接着填充颜色为（C:31，M:2，Y:100，K:0），再去掉轮廓线，如图3-324所示，最后将绘制好的细节拖曳到屏幕背景相应位置，效果如图3-325所示。

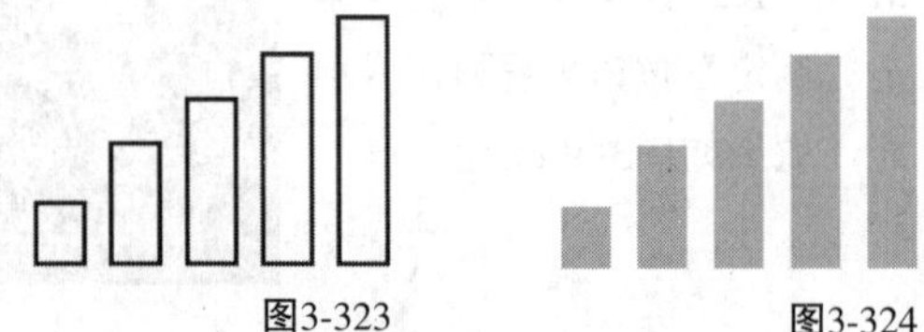

图3-323　　图3-324

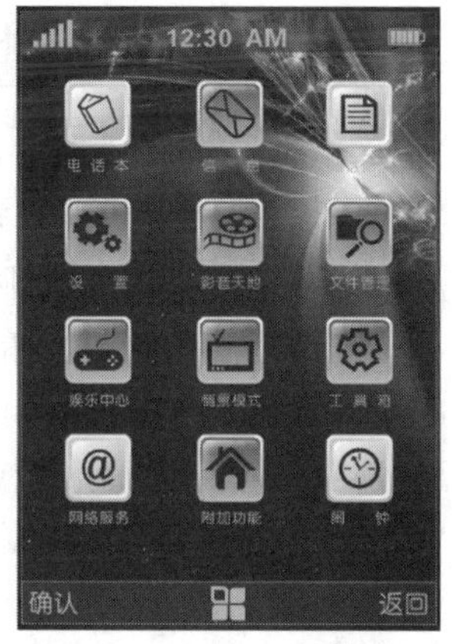

图3-325

21 将绘制好的界面全选群组复制一份备用，然后使用“钢笔工具”在其中一份上绘制反光，再填充颜色为白色，去掉轮廓线，如图3-326所示，接着单击“透明度工具”拖曳渐变效果，调节中间滑块使渐变更完美，如图3-327所示。

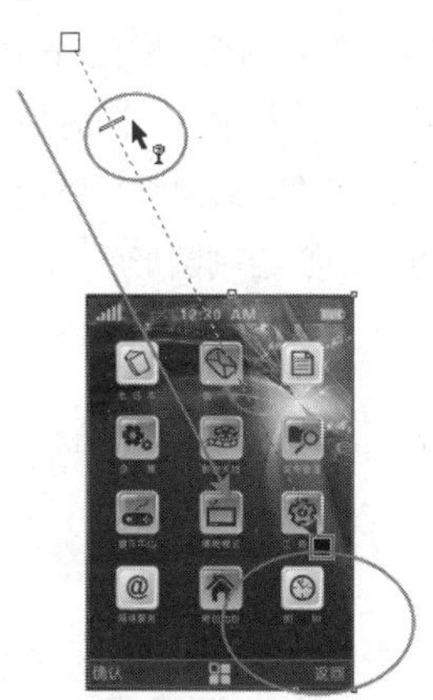

图3-326 图3-327

22 导入“素材文件>CH03>17.jpg”文件，然后拖曳到页面中进行缩放，如图3-328所示，接着双击“矩形工具”创建矩形，再按Ctrl+Home组合键置于背景上方，填充颜色为（C:87，M:72，Y:100，K:65），最后使用“透明度工具”拖曳渐变透明效果，如图3-329所示。

图3-328 图3-329

23 导入“素材文件>CH03>18.cdr”文件，然后将手机素材解散群组，再选中前面复制的手机界面，执行“效果>图框精确裁剪>置于图文框内部”菜单命令，当光标变为“箭头”时单击手机屏幕矩形，将界面置入，如图3-330所示，接着全选进行群组，效果如图3-331所示。

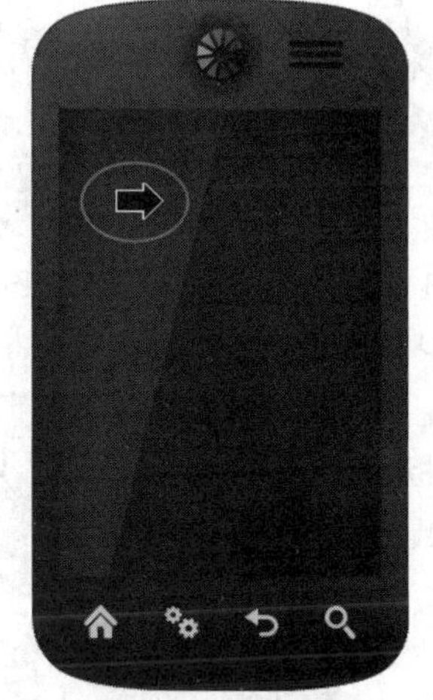

图3-330

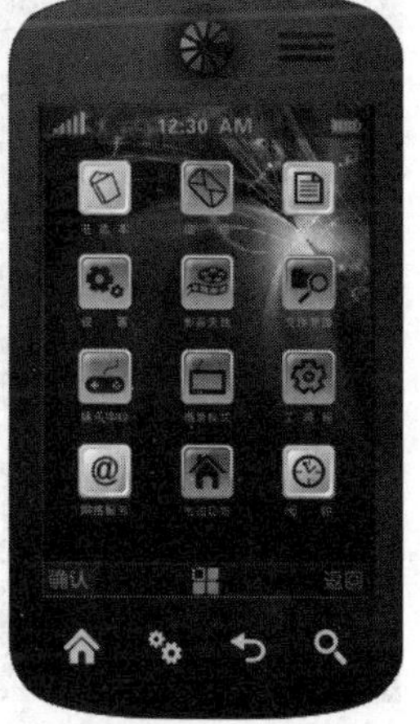

图3-331

24 选中手机，然后使用“阴影工具”拖曳阴影效果，调整阴影位置，效果如图3-332所示。

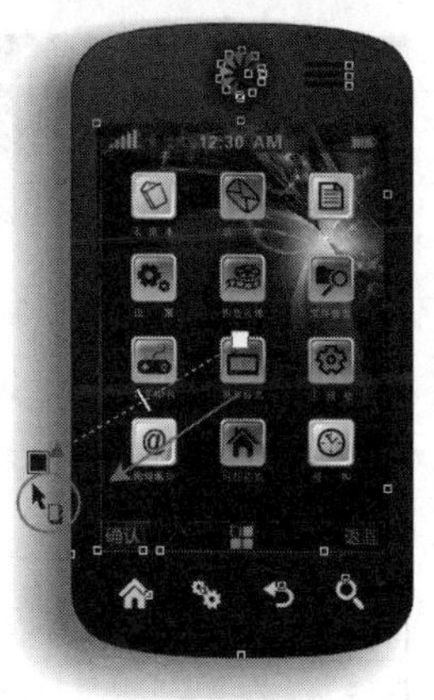

图3-332

25 导入“素材文件>CH03>19.psd、20.psd”文件，然后拖曳到页面右边进行缩放，如图3-333所示，接着将手机拖曳到页面左边置于下面花纹后方，效果如图3-334所示。

图3-333

图3-334

26 导入“素材文件>CH03>21.psd”文件，然后缩放拖曳到页面右上方，如图3-335所示，接着将前面绘制的手机界面拖曳到页面右边，调整位置，最终效果如图3-336所示。

图3-335

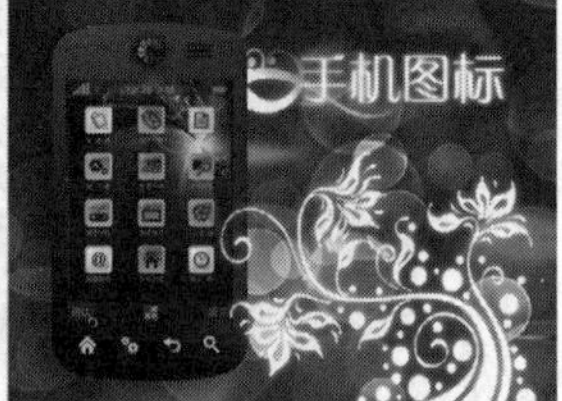

图3-336

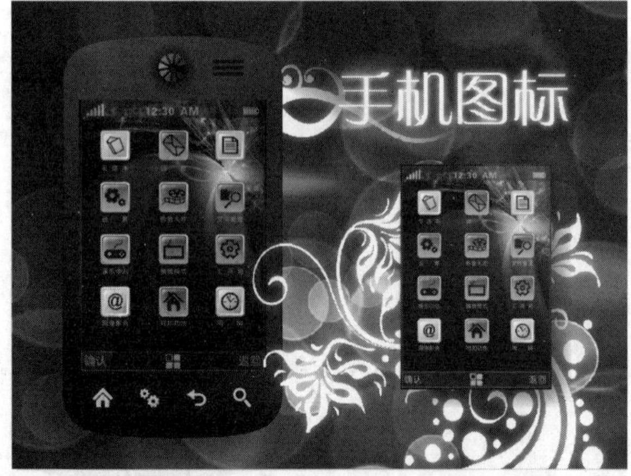

3.11 椭圆形和3点椭圆形工具

椭圆形是图形绘制中除了矩形外另一个常用的基本图形，CorelDRAW X6软件同样为我们提供了两种绘制工具，它们是“椭圆形工具”和“3点椭圆形工具”。

本节重要工具介绍

名称	作用	重要程度
椭圆形工具	以斜角拖曳的方法快速绘制椭圆	高
3点椭圆形工具	通过3个点以指定的高度和直径绘制椭圆形	中

3.11.1 椭圆形工具

“椭圆形工具”以斜角拖曳的方法快速绘制椭圆，可以在属性栏进行基本设置。

单击工具箱中的“椭圆形工具”，然后将光标移动到页面空白处，按住鼠标左键以对角的方向进行拉伸，如图3-337所示，可以预览圆弧大小，在确定大小后松开鼠标左键完成编辑，如图3-338所示。

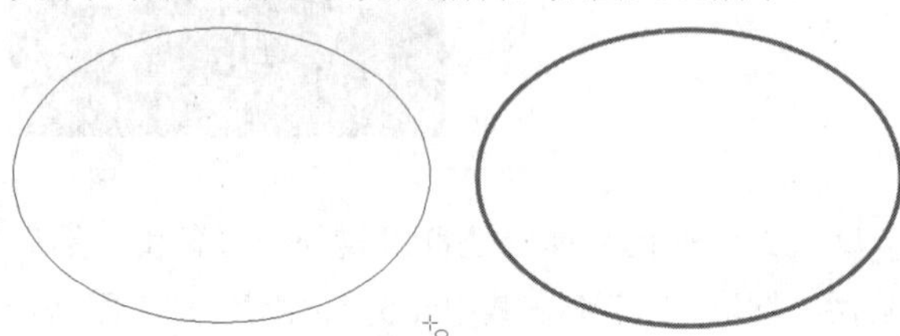
图3-337　　图3-338

在绘制椭圆形时按住Ctrl键可以绘制一个圆形，如图3-339所示，也可以在属性栏上输入宽和高将原有的椭圆变为圆形，按住Shift键可以定起始点为中心开始绘制一个椭圆形，同时按住Shift键和Ctrl键则是以起始点为中心绘制圆形。

图3-339

“椭圆形工具”的属性栏如图3-340所示。

图3-340

椭圆形工具选项介绍

椭圆形：在单击“椭圆工具”后默认下该图标是激活的，绘制椭圆形，如图3-341所示，选择饼图和弧后该图标熄灭。

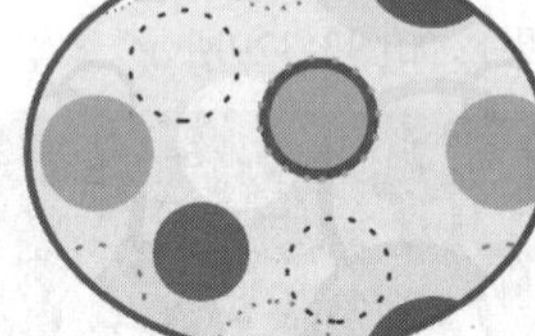
图3-341

饼图：单击激活后可以绘制圆饼，或者将已有的椭圆变为圆饼，如图3-342所示，点选其他两项则熄灭恢复未选中状态。

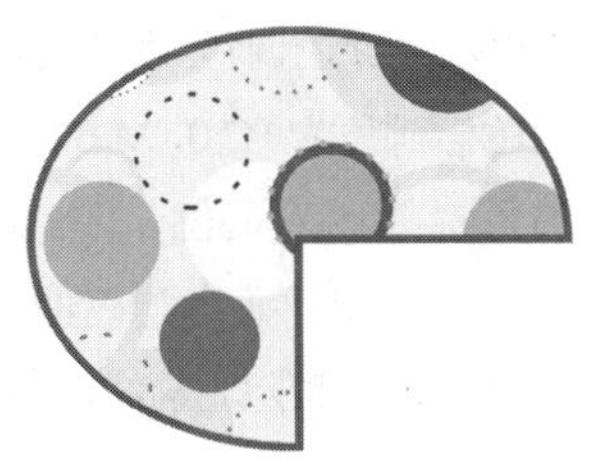

图3-342

弧：单击激活后可以绘制以椭圆为基础的弧线，或者将已有的椭圆或圆饼变为弧，如图3-343所示，变为弧后填充消失并且只显示轮廓线，点选其他两项则恢复未选中状态。

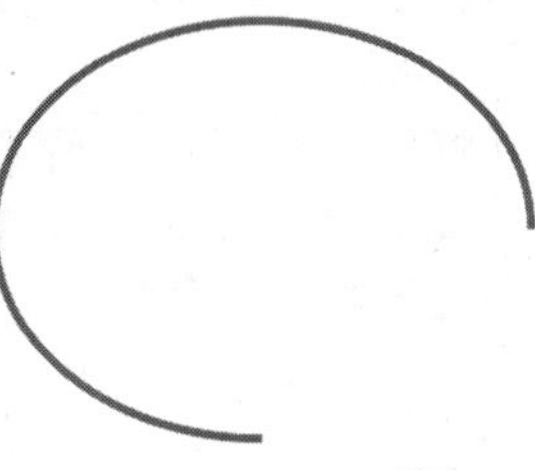

图3-343

起始和结束角度：设置“饼图”和“弧”的断开位置的起始角度与终止角度，范围是最大360°，最小0°。

更改方向：用于变更起始和终止的角度方向，也就是顺时针和逆时针的调换。

转曲：没有转曲进行“形状”编辑时，是以饼图或弧编辑的，如图3-344所示，转曲后可以进行曲线编辑，可以增减节点，如图3-345所示。

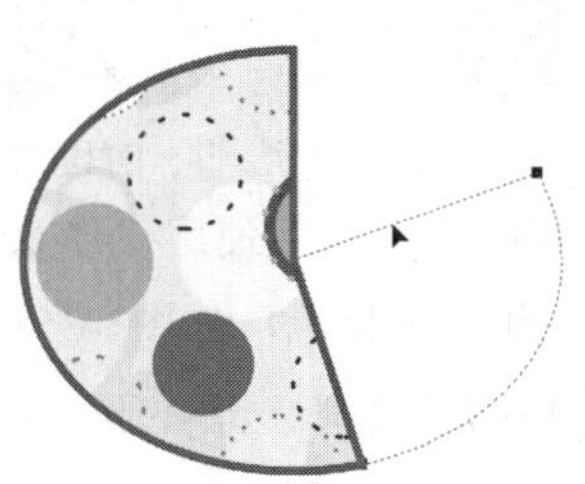

图3-344

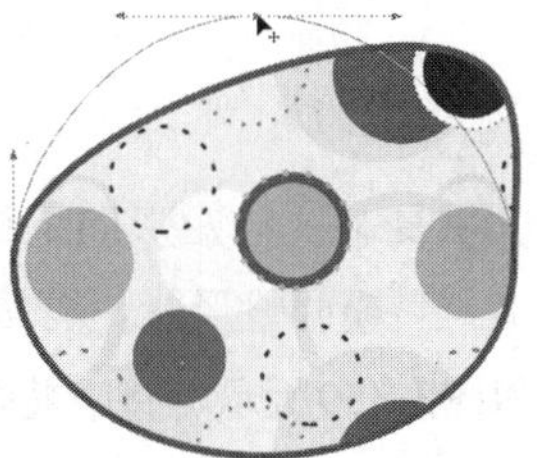

图3-345

3.11.2 3点椭圆形工具

“3点椭圆形工具”和“3点矩形工具”的绘制原理相同，都是定3个点来确定一个形，不同之处是矩形以高度和宽度定一个形，椭圆则是以高度和直径长度定一个形。

单击工具箱中的“3点椭圆形工具”，然后在页面空白处定下第1个点，长按鼠标左键拖曳一条实线进行预览，如图3-346所示，确定位置后松开鼠标左键定下第2个点，接着移动光标进行定位，如图3-347所示，确定后单击鼠标左键完成编辑。

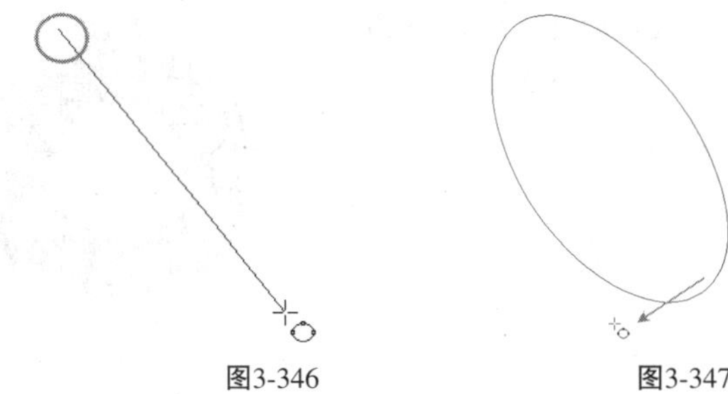

图3-346　　图3-347

技巧与提示

在用“3点椭圆形工具”绘制时按Ctrl键进行拖曳可以绘制一个圆形。

课堂案例

绘制流行音乐海报

案例位置	案例文件>CH03>课堂案例：绘制流行音乐海报.cdr
视频位置	多媒体教学>CH03>课堂案例：绘制流行音乐海报.flv
难易指数	★★★★☆
学习目标	椭圆形的运用方法

音乐海报效果如图3-348所示。

图3-348

01 新建空白文档，然后设置文档名称为“音乐海报”，接着设置页面大小为“A4”、页面方向为“横向”。

02 使用“椭圆形工具”绘制一个圆形，按住Shift键使用鼠标左键拖曳向中心缩放，然后单击鼠标右键进行复制，再松开鼠标左键完成复制，得到一组重叠的圆，如图3-349所示。

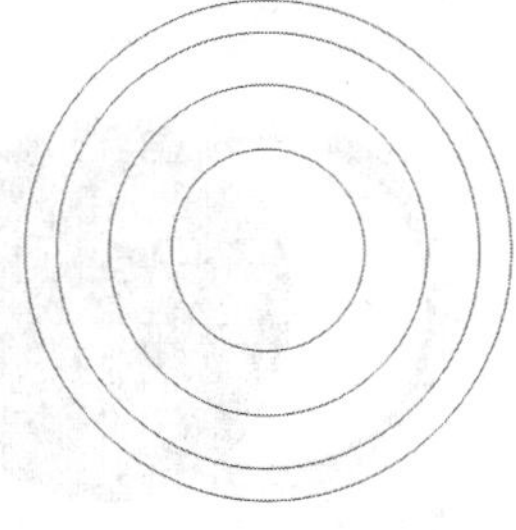

图3-349

03 选中圆形，然后由外层到内层分别填充颜色为（C:3，M:0，Y:87，K:0）、（C:53，M:100，Y:100，K:40）、（C:34，M:100，Y:100，K:2）、

（C:3，M:0，Y:87，K:0），接着去掉轮廓线，效果如图3-350所示。

图3-350

04 下面绘制空心圆环。使用“椭圆形工具”以同样的方法绘制一组圆，如图3-351所示，然后设置轮廓线颜色从外到内为黄色、红色、（C:0，M:0，Y:0，K:20）、（C:55，M:100，Y:100，K:46），如图3-352所示。

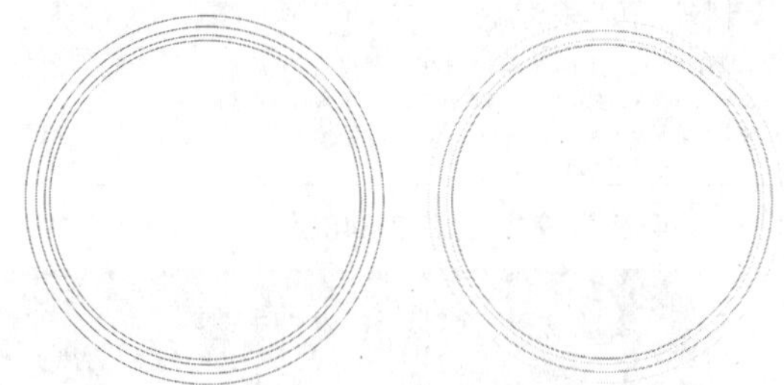

图3-351　　图3-352

05 下面调整轮廓线。设置黄色“轮廓宽度”为5mm、设置红色“轮廓宽度”为3mm、设置灰色“轮廓宽度”为3mm、设置深红色“轮廓宽度”为4mm，然后全选对象填充颜色为黑色，如图3-353所示。

图3-353

06 全选对象执行“排列>将轮廓转换为对象”菜单命令，将轮廓线转换为可编辑对象，然后将黑色的填充移到一边进行删除，如图3-354和图3-355所示。

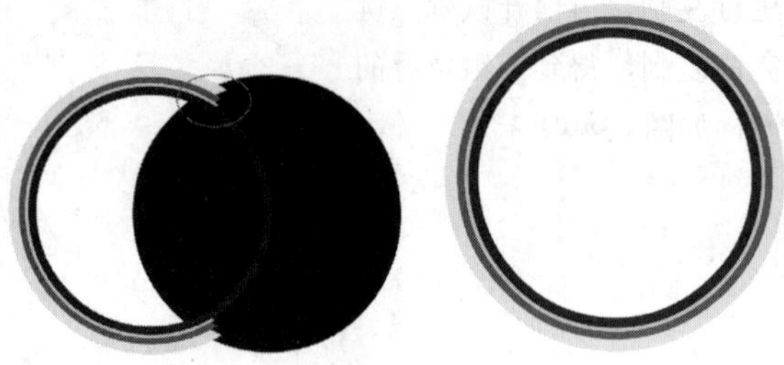

图3-354　　图3-355

07 双击“矩形工具”创建与页面等大的矩形，然后在“渐变填充”对话框中设置“类型”为“辐射”、在“中心位移”中设置“水平”为2%、“垂直”为-10%、“边界”为9%、“颜色调和”为“自定义”，再设置“位置”为0%的色标颜色为（C:0，M:60，Y:100，K:0）、“位置”为46%的色标颜色为黄色、“位置”为100%的色标颜色为白色，接着单击“确定”按钮完成，如图3-356所示，填充完成后删除轮廓线，效果如图3-357所示。

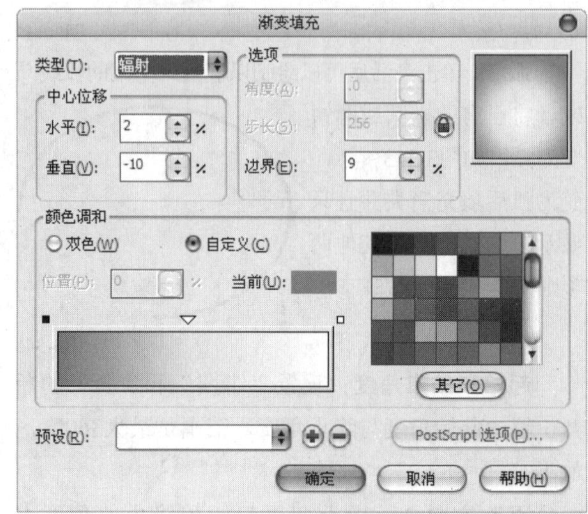

图3-356

图3-357

08 复制一份矩形向下进行缩放，然后使用“形状工具”调整形状，再填充颜色为黑色，如图3-358和图3-359所示，接着将黑色路径复制一份填充为黄色，最后向下缩放一定距离，如图3-360所示。

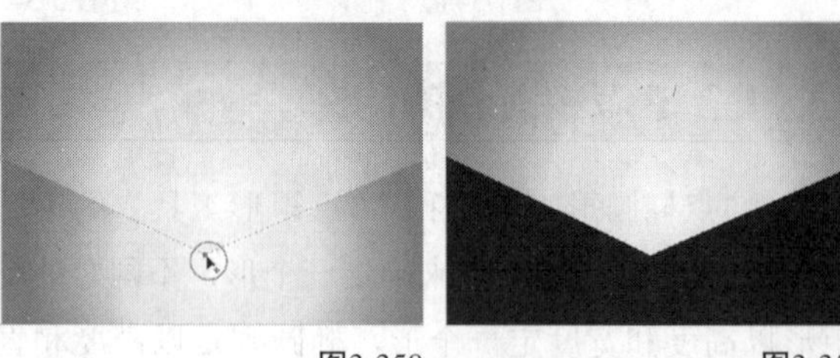

图3-358　　图3-359

图3-360

09 将黄色路径复制一份向下缩放一点距离，然后在“渐变填充”对话框中设置“类型”为“辐射”、“颜色调和”为“双色”，再设置“从”的颜色为（C:43，M:100，Y:100，K:14）、“到”的颜色为黄色，最后单击“确定”按钮完成填充，如图3-361所示。

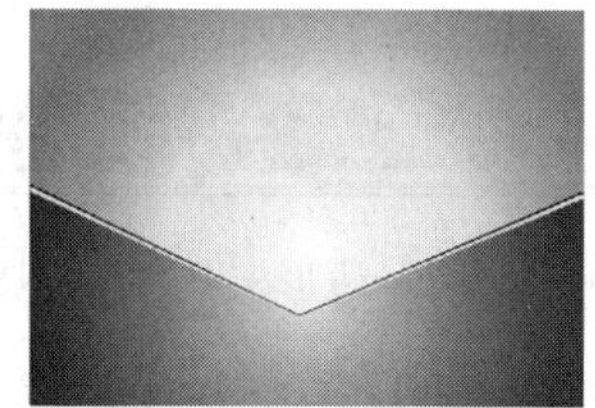

图3-361

10 复制一份路径向下缩放一段距离，填充颜色为白色，如图3-362所示，然后复制一份向下缩放一段距离，接着在“渐变填充”对话框中设置“类型”为“辐射”、在“中心位移”中设置“水平”为-1%、“颜色调和”为“双色”，再设置“从”的颜色为（C:54，M:100，Y:100，K:44）、“到”的颜色为黑色，最后单击“确定”按钮完成填充，效果如图3-363所示。

图3-362

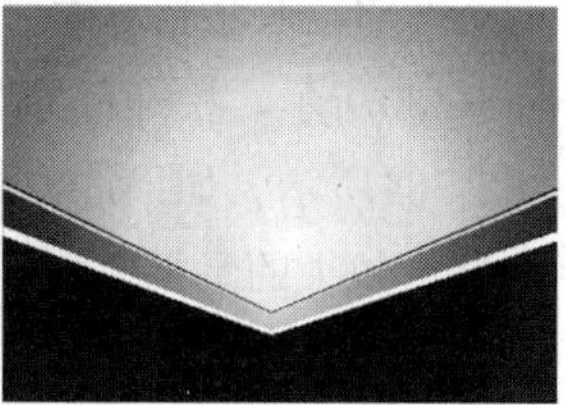

图3-363

11 导入“素材文件>CH03>22.cdr”文件，然后将光芒拖曳到页面中，再放置在黑色路径后面，如图3-364所示，接着把前面绘制的圆环拖放在光芒上方，如图3-365所示。

图3-364

图3-365

12 使用“星形工具”绘制一个正星形，如图3-366所示，然后在属性栏中设置“点数或边数”为89、“锐度”为90，如图3-367和图3-368所示。

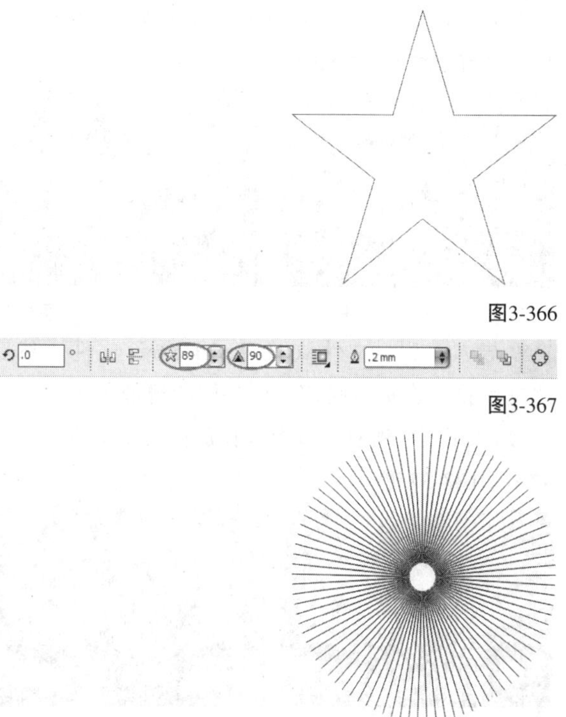

图3-366

图3-367

图3-368

13 把星形拖曳到圆环上方，然后填充颜色为白色，再设置轮廓线颜色为白色，如图3-369所示，接着复制一份圆环缩小放置在星形上方，如图3-370所示。

图3-369

图3-370

14 使用“椭圆形工具”绘制一个椭圆，然后填充颜色为白色，再去掉轮廓线，接着单击“透明度工具”，在属性栏中设置“透明度类型”为“标准”、“开始透明度”为50，效果如图3-371所示。

图3-371

15 导入“素材文件>CH03>23.psd”文件，然后将吉他素材拖曳到页面中，再进行缩放和旋转，如图

3-372所示，接着将前面绘制的圆复制排列在吉他下面，遮盖住吉他底部，如图3-373所示。

图3-372

图3-373

16 导入“素材文件>CH03>24.cdr”文件，然后将文字拖放在页面底部，调整圆的排放位置，如图3-374所示，接着复制几个圆摆放在文字上方，最终效果如图3-375所示。

图3-374

图3-375

3.12 多边形工具

“多边形工具”是专门用于绘制多边形的工具，可以自定义多边形的边数。

3.12.1 多边形的绘制方法

单击工具箱中的“多边形工具”，然后将光标移动到页面空白处，按住鼠标左键以对角的方向进行拉伸，如图3-376所示，可以预览多边形大小，确定后松开鼠标左键完成编辑，如图3-377所示，在默认情况下，多边形边数为5条。

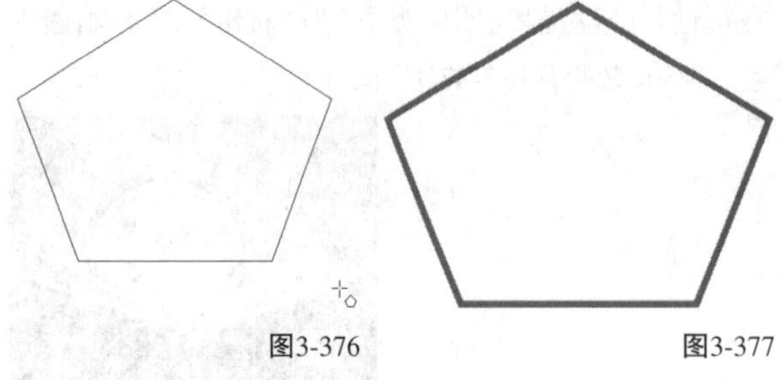
图3-376　　图3-377

在绘制多边形时按住Ctrl键可以绘制一个正多边形，如图3-378所示，也可以在属性栏上输入宽和高改为正多边形，按住Shift键以中心为起始点绘制一个多边形，按住Shift+Ctrl组合键则是以中心为起始点绘制正多边形。

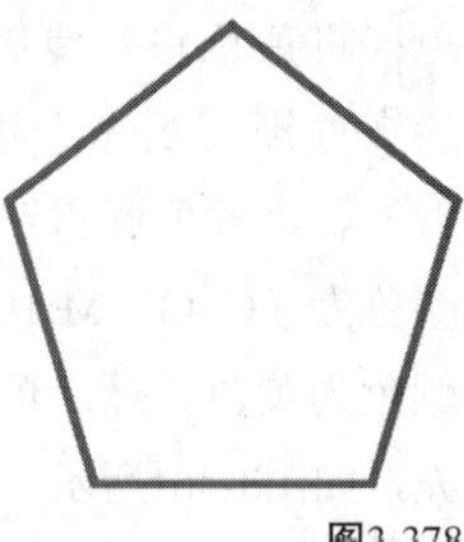
图3-378

3.12.2 多边形的设置

“多边形工具”的属性栏如图3-379所示。

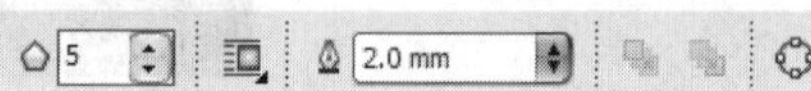

图3-379

3.12.3 多边形的修饰

多边形和星形复杂星形都是息息相关的，我们可以利用增加边数和“形状工具”的修饰进行转化。

1.多边形转星形

在默认的5条边情况下，绘制一个正多边形，在工具箱中单击“形状工具”，选择在线段上的一个节点，长按鼠标左键按Ctrl键向内进行拖曳，如图3-380所示，松开鼠标左键得到一个五角星形，如图3-381所示。如果边数相对比较多，就可以做一个惊爆价效果的星形，如图3-382所示。我们还可以在此效果上加入旋转效果，在向内侧的节点上任选一个，按鼠标左键进行拖曳，如图3-383所示。

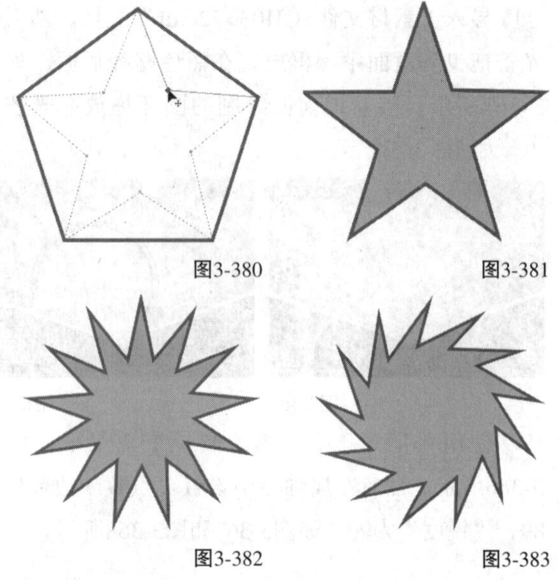
图3-380　　图3-381

图3-382　　图3-383

2.多边形转复杂星形

选择工具箱中的“多边形工具”，在属性栏上将边数设置为9，然后按Ctrl键绘制一个正多边形，接着单击“形状工具”，选择在线段上的一个节点，进行拖曳至重叠，如图3-384所示，松开鼠标左键就得到一个复杂重叠的星形，如图3-385所示。

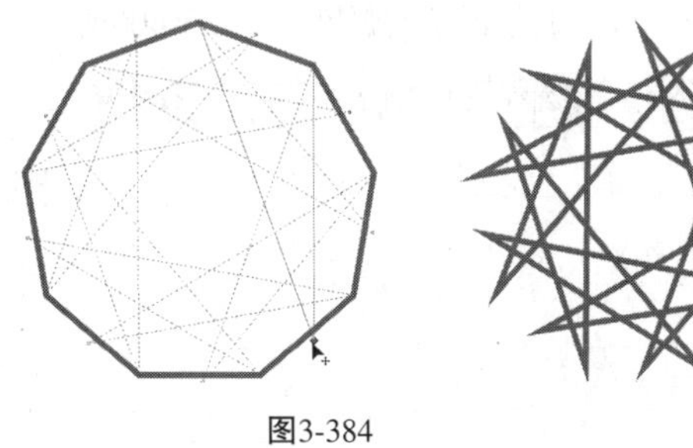

图3-384　　图3-385

3.13 星形工具

“星形工具”用于绘制规则的星形，默认下星形的边数为12。

3.13.1 星形的绘制

单击工具箱中的“星形工具”，然后在页面空白处，按住鼠标左键以对角的方向进行拖曳，如图3-386所示，松开鼠标左键完成编辑，如图3-387所示。

图3-386

图3-387

在绘制星形时按住Ctrl键可以绘制一个正星形，如图3-388所示，也可以在属性栏上输入宽和高进行修改，按住Shift键以中心为起始点绘制一个星形，按住Shift+Ctrl组合键则是以中心为起始点绘制正星形，与其他几何形的绘制方法相同。

图3-388

3.13.2 星形的参数设置

“星形工具”的属性栏如图3-389所示。

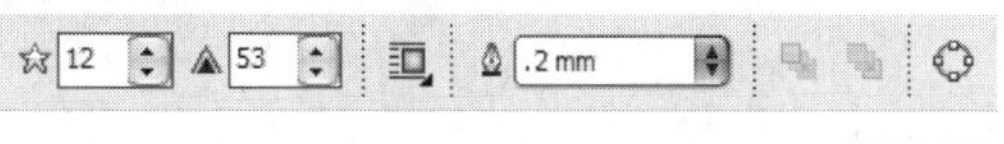

图3-389

星形工具选项介绍

锐度：调整角的锐度，可以在文本框内输入数值，数值越大角越尖，数值越小角越钝，图3-390所示最大值为99，角向内缩成线；图3-391所示最小值为1，角向外扩几乎贴平；图3-392所示值为50，这个数值比较适中。

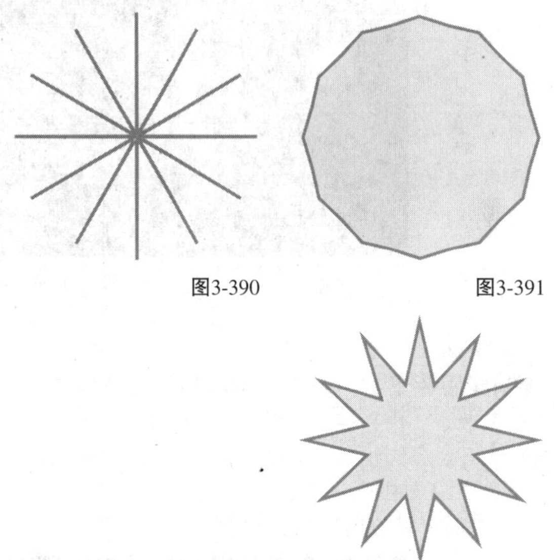

图3-390　　图3-391

图3-392

技巧与提示

星形在绘图制作中不仅可以大面积编辑，也可以利用层层覆盖堆积来形成效果，现在我们就针对星形的边角堆积效果来制作光晕。

使用“星形工具”绘制一个正星形，先删除轮廓线，然后在“渐变填充”对话框中设置“类型”为“辐射”、“颜色调和”为“双色”，再设置“从”的颜色为黄色、

"到"的颜色为白色，接着单击"确定"按钮完成填充，效果如图3-393所示。

图3-393

在属性栏中设置"点数或边数"为500、"锐度"为53，如图3-394和图3-395所示。

图3-394

图3-395

把星形放置在夜景图片中，用于表现月亮的光晕效果，效果如图3-396所示。

图3-396

课堂案例

绘制桌面背景

案例位置 案例文件>CH03>课堂案例：绘制桌面背景.cdr

视频位置 多媒体教学>CH03>课堂案例：绘制桌面背景.flv

难易指数 ★★★☆☆

学习目标 星形工具的运用方法

桌面背景效果如图3-397所示。

图3-397

01 新建空白文档，然后设置文档名称为"星星桌面"，接着设置页面大小为A4、页面方向为"横向"。

02 使用"星形工具"绘制一个正星形，然后在属性栏中设置"点数或边数"为5、"锐度"为30，如图3-398和图3-399所示，接着将星形转曲，再选中每条直线并单击鼠标右键，在弹出的快捷菜单中执行"到曲线"命令，最后调整锐角的弧度，如图3-400所示。

图3-398

图3-399 图3-400

03 将星形向内复制3份，调整大小位置，如图3-401所示，然后设置"轮廓宽度"为1mm、再由外向内填充轮廓线颜色为（C:57，M:77，Y:100，K:34）、黄色、白色、洋红，效果如图3-402所示。

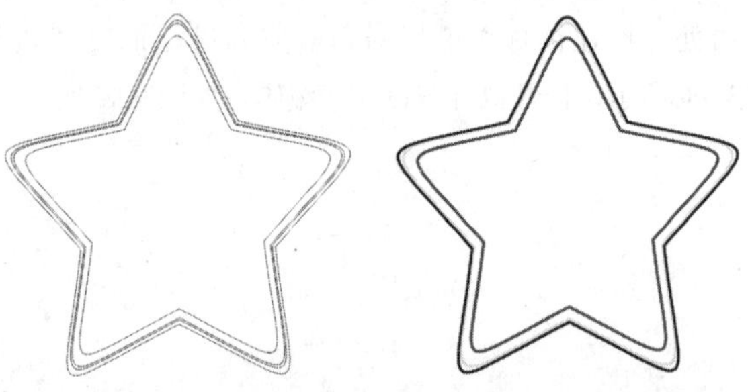

图3-401 图3-402

04 选中最外层的星形复制出一个，然后填充颜色为洋红，再设置"轮廓宽度"为1.5mm，如图3-403所示，接着向内复制一份，填充颜色为黑色、轮廓线颜色为白色，如图3-404所示。

图3-403 图3-404

05 将星形再向内复制一份，然后在“渐变填充”对话框中设置“类型”为“线性”、“角度”为90.8、“边界”为22%、“颜色调和”为“双色”，再设置“从”的颜色为黑色、“到”的颜色为（C:56，M:100，Y:74，K:35），接着单击“确定”按钮完成，如图3-405所示，最后设置“轮廓宽度”为1mm，效果如图3-406所示。

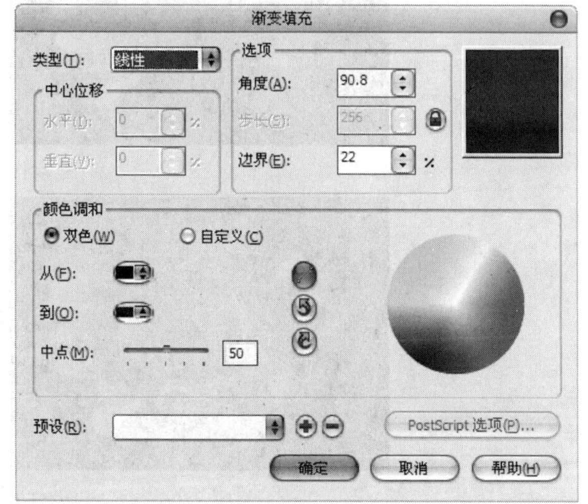

图3-405

图3-406

06 复制出一个星形，先去掉轮廓线，然后填充颜色为洋红，再旋转345°，如图3-407所示，接着复制3份，再分别填充颜色为（C:70，M:19，Y:0，K:0）、（C:62，M:0，Y:100，K:0）、（C:0，M:48，Y:78，K:0），最后单击“确定”按钮完成填充，如图3-408所示。

图3-407

图3-408

07 使用“椭圆形工具”绘制一个圆形，然后填充颜色为洋红，去掉轮廓线，如图3-409所示，复制一份进行缩放，再移动到左边，接着在“渐变填充”对话框中设置“类型”为“线性”、“颜色调和”为“双色”，设置“从”的颜色为洋红、“到”的颜色为白色，最后单击“确定”按钮，如图3-410所示。

图3-409

图3-410

08 复制渐变色的圆形，然后在“渐变填充”对话框中更改“从”的颜色为（C:60，M:60，Y:0，K:0）、“到”的颜色为（C:100，M:20，Y:0，K:0），再单击“确定”按钮完成填充，如图3-411所示，接着复制一份进行缩放，在“渐变填充”对话框中更改“从”的颜色为（C:100，M:20，Y:0，K:0）、“到”的颜色为白色，最后单击“确定”按钮完成填充，如图3-412所示。

图3-411

图3-412

09 双击“矩形工具”创建与页面等大小的矩形，然后填充为（C:100，M:100，Y:100，K:100）的黑色，再去掉轮廓线，如图3-413所示。

图3-413

10 导入“素材文件>CH03>25.cdr”文件，然后解散对象排列在页面右边，注意元素之间的穿插关系，接着将绘制的洋红色圆复制排列在元素间隙，效果如图3-414所示。

图3-414

11 导入“素材文件>CH03>26.cdr”文件，然后排放在页面上，如图3-415所示。

图3-415

12 把前面绘制的蓝色圆形拖曳到页面中进行缩放，然后在页面左下方使用绘制“星形工具”绘制一个正星形，再去掉轮廓线，接着填充颜色为黄色，如图3-416所示，最后在属性栏中设置“点数或边数”为60、“锐度”为93，如图3-417和图3-418所示。

图3-416

图3-417

图3-418

13 将之前绘制的两组星形分别群组，然后旋转角度排放在页面左上方，如图3-419所示，接着把最后一个素材排放在星形下面，可以覆盖在渐变星形上方，效果如图3-420所示。

图3-419

图3-420

14 把前面绘制的洋红色星形缩放排放在渐变星形上方，调整位置，然后用其他颜色的星形缩小排放在左下角，最终效果如图3-421所示。

图3-421

3.14 复杂星形工具

“复杂星形工具”用于绘制有交叉边缘的星形，与星形的绘制方法一样。

3.14.1 绘制复杂星形

单击工具箱中的“复杂星形工具”，然后在页面空白处，按住鼠标左键以对角的方向进行拖曳，松开鼠标左键完成编辑，如图3-422所示。

图3-422

按住Ctrl键可以绘制一个正星形，按住Shift键以中心为起始点绘制一个星形，按住Shift+Ctrl组合键以中心为起始点绘制正星形，如图3-423所示。

图3-423

3.14.2 复杂星形的设置

“复杂星形工具”的属性栏如图3-424所示。

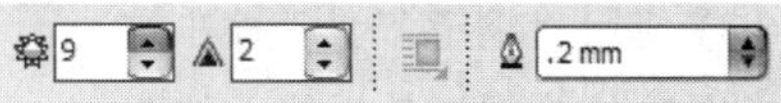

图3-424

复杂星形工具选项介绍

点数或边数：最大数值为500时星形变为圆形，如图3-425所示；最小值为5时星形变为交叉的五角星，如图3-426所示。这两个数值为固定数值，不会变化。

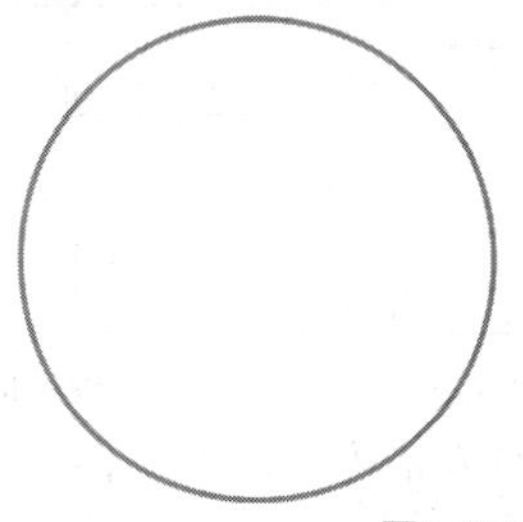

图3-425

图3-426

锐度：最小数值为1（数值没有变化），如图3-427所示，边数越大越偏向为圆。最大数值随着边数递增，如图3-428所示。

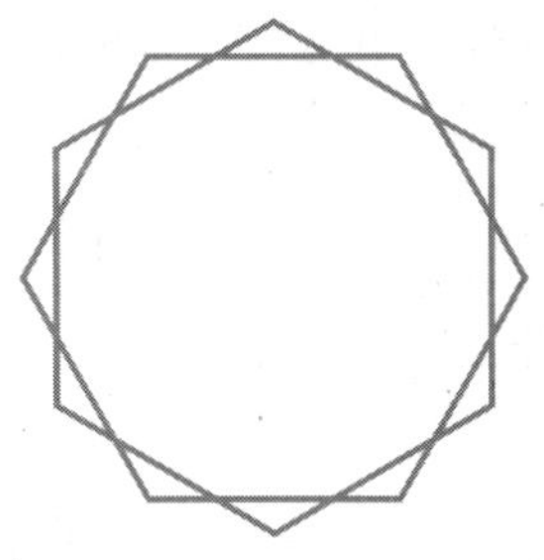

图3-427

图3-428

3.15 图纸工具

“图纸工具”可以绘制一组由矩形组成的网格，格子数值可以设置。

3.15.1 设置参数

在绘制图纸之前我们需要设置网格的行数和列数，以便于我们在绘制时更加精确。设置行数和列数的方法有以下两种。

第1种：双击工具箱中“图纸工具”打开“选项”面板，如图3-429所示，在“图纸工具”选项下“宽度方向单元格数”和“高度方向单元格数”输入数值设置列数和行数，单击“确定”按钮就设置好网格数值。

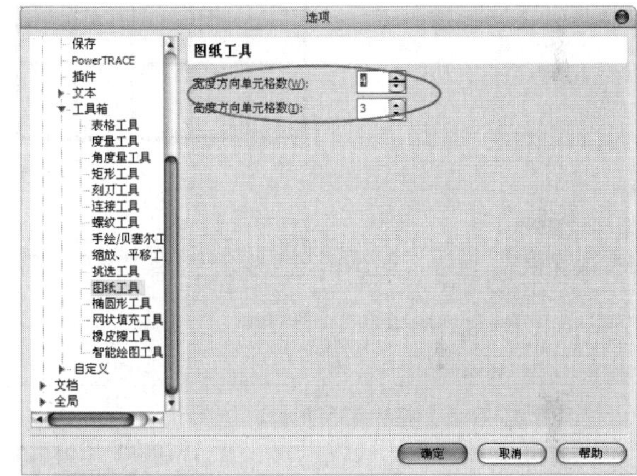

图3-429

第2种：选中工具箱中的“图纸工具”，在属性栏的“列数和行数”上输入数值，如图3-430所示，在“列”输入5，“行”输入4得到的网格图纸，如图3-431所示。

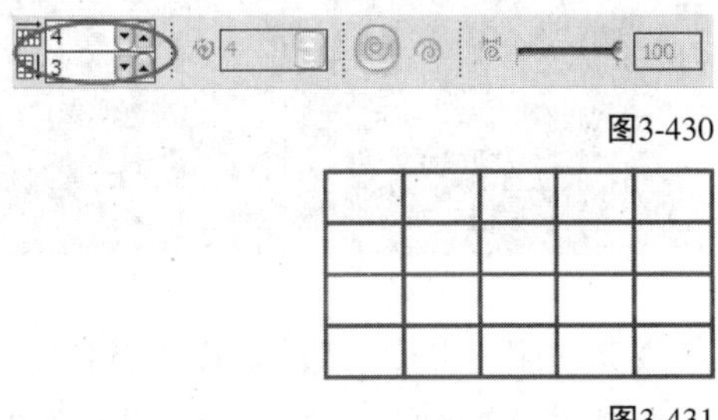

图3-430

图3-431

3.15.2 绘制图纸

单击工具箱中的“图纸工具”，然后设置好

网格的列数与行数，如图3-432所示，接着在页面空白处长按鼠标左键以对角进行拖曳预览，松开鼠标左键完成绘制，如图3-433所示。按住Ctrl键可以绘制一个外框为正方形的图纸，按住Shift键以中心为起始点绘制一个图纸，按住Shift+Ctrl组合键以中心为起始点绘制外框为正方形的图纸，如图3-434所示。

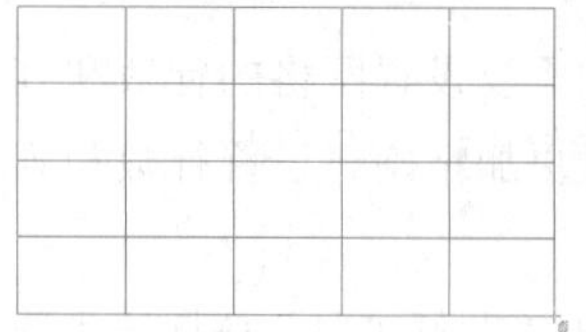

图3-432

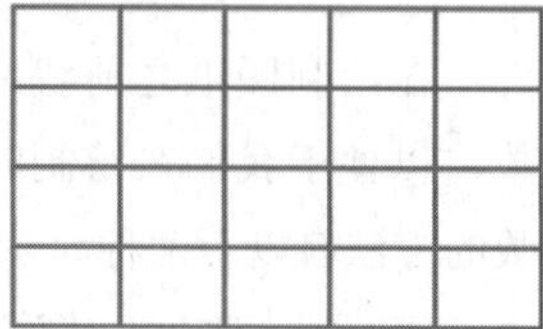

图3-433

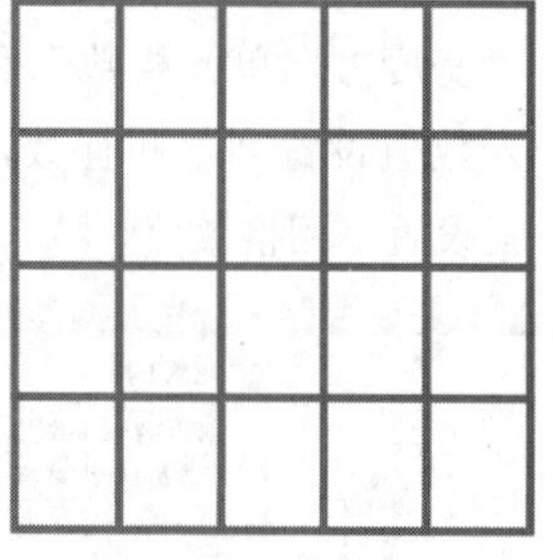

图3-434

课堂案例

绘制象棋盘

案例位置	案例文件>CH03>课堂案例：绘制象棋盘.cdr
视频位置	多媒体教学>CH03>课堂案例：绘制象棋盘.flv
难易指数	★★★☆☆
学习目标	图纸工具的运用方法

象棋盘效果如图3-435所示。

图3-435

01 新建空白文档，然后设置文档名称为“象棋大师”，接着设置页面大小为A4、页面方向为“横向”。

02 首先绘制棋盘。单击“图纸工具”，在属性栏中设置“列数和行数”为4、8，如图3-436所示，然后在页面绘制方格，如图3-437所示，接着使用“2点线工具”在左边中间方格上绘制对角线，如图3-438所示。

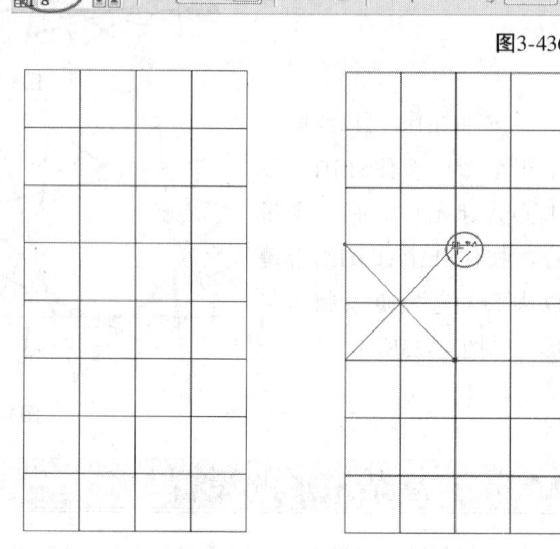

图3-436

图3-437

图3-438

03 使用“钢笔工具”在方格衔接处绘制直角折线，如图3-439所示，然后将折线群组复制在方格相应位置上，如图3-440所示。

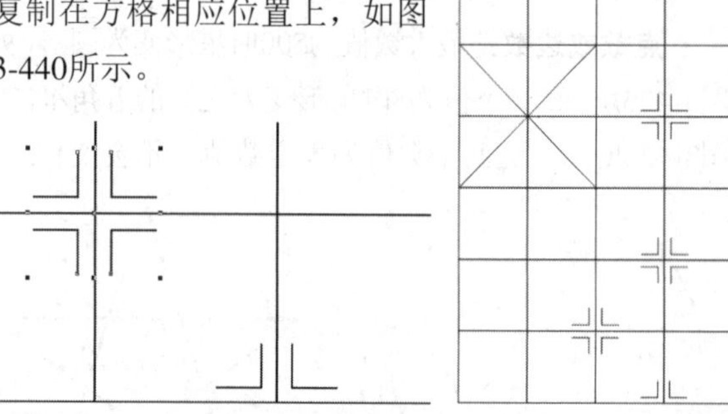

图3-439

图3-440

04 使用“矩形工具”在方格外绘制矩形，如图3-441所示，然后将左边棋盘格全选进行群组，再复制一份水平镜像拖放在右边的棋盘上，如图3-442所示，接着将棋盘全选进行群组。

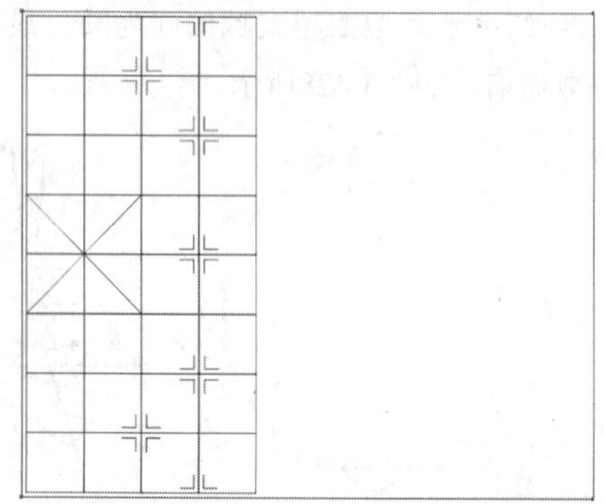

图3-441

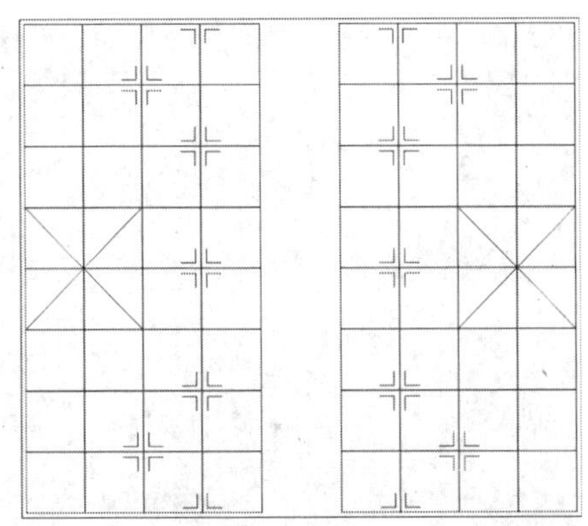

图3-442

05 选中棋盘，单击“填充工具”，然后填充颜色为（C:1，M:7，Y:9，K:0），接着设置“轮廓宽度”为0.5mm、颜色为（C:36，M:94，Y:100，K:4），如图3-443所示。

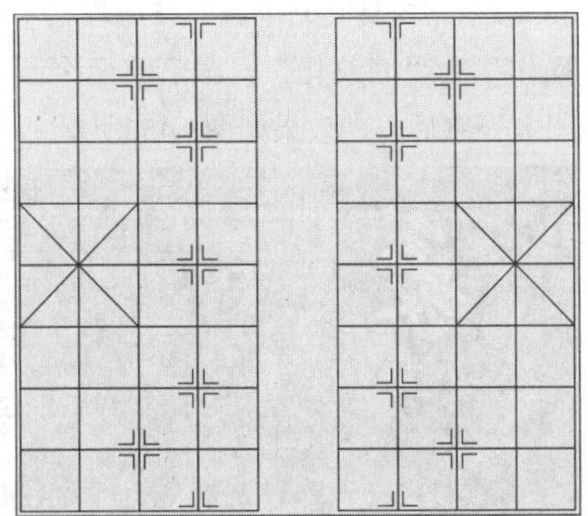

图3-443

06 导入“素材文件>CH03>27.cdr”文件，然后将“楚河汉界”文字拖曳到棋盘中间的空白处，如图3-444所示，接着将对象全选进行群组。

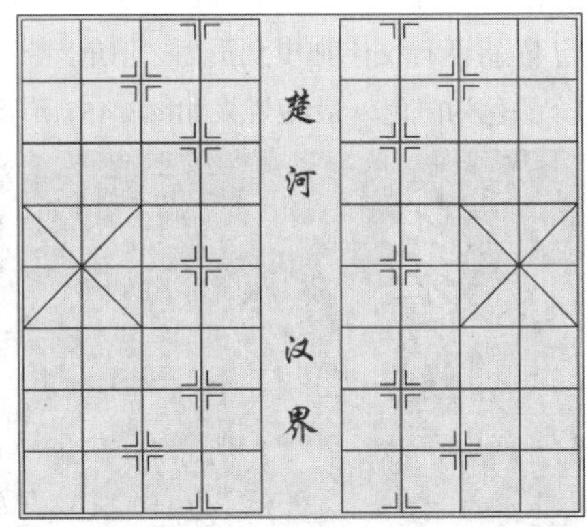

图3-444

07 导入“素材文件>CH03>28.jpg”文件，然后将图片拖曳到页面中进行缩放，如图3-445所示。

图3-445

08 选中前面绘制的棋盘，然后单击“透明度工具”，在属性栏中设置“透明度类型”为“标准”、“透明度操作”为“底纹化”、“开始透明度”为11，如图3-446和图3-447所示，接着将棋盘旋转15.6°，再拖曳到背景图右边墨迹处，如图3-448所示。

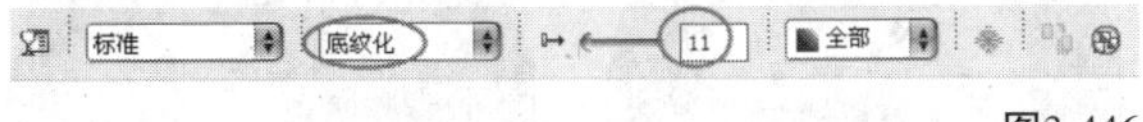

图3-446

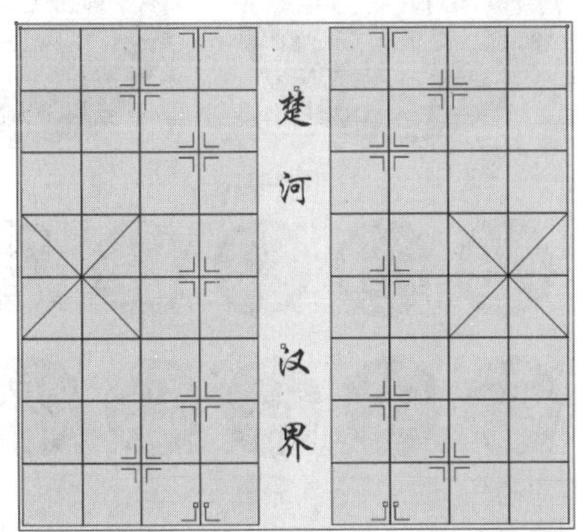

图3-447

图3-448

09 下面绘制象棋子。使用“椭圆形工具”绘制圆形，然后向内复制一个，如图3-449所示，接着填充大圆颜色为（C:69，M:59，Y:100，K:24）、小圆的颜色为（C:19，M:32，Y:56，K:0），最后去掉轮廓线，如图3-450所示。

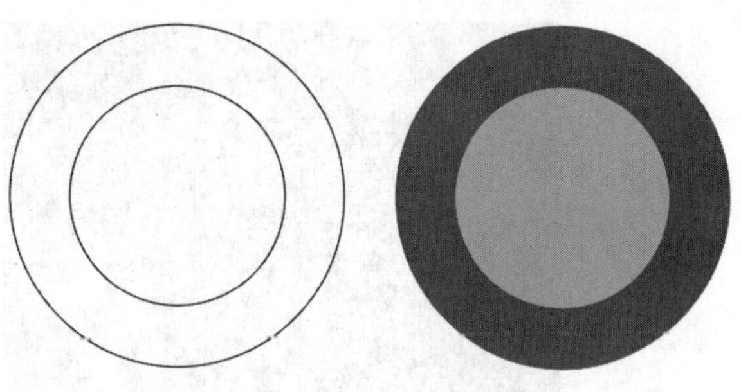

图3-449　　图3-450

⑩ 使用“调和工具”从内向外进行颜色调和，如图3-451和图3-452所示，然后选中进行群组，再复制几个，接着将文字拖放在棋子上，选择红方的棋子将文字填充为红色，如图3-453所示。

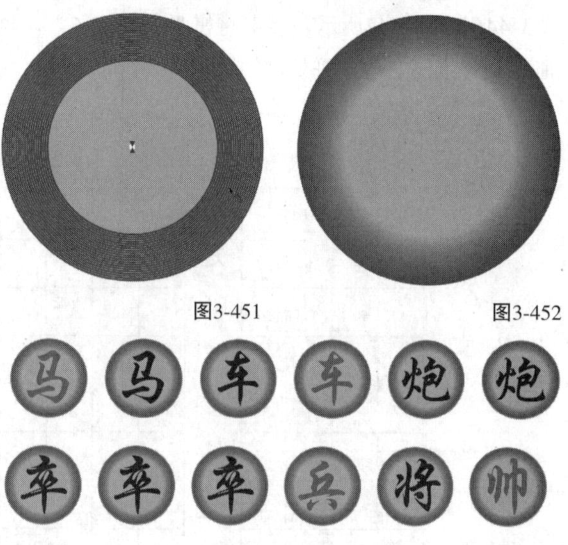

图3-451　　图3-452

图3-453

⑪ 将制作好的棋子拖曳到棋盘上，如图3-454所示，然后将标题拖曳到页面左边，再填充“象”字为白色，如图3-455所示。

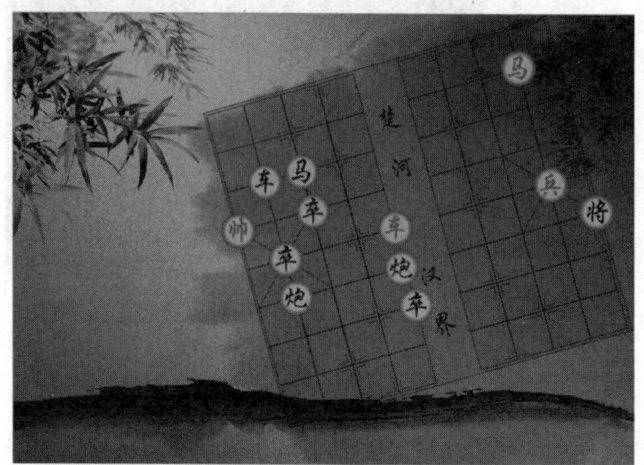

图3-454

图3-455

⑫ 在“象”字位置绘制圆形，先去掉轮廓线然后填充颜色为红色，再单击“透明度工具”，在属性栏中设置“透明度类型”为“标准”、“开始透明度”为33，接着向内复制一个圆，在属性栏中更改“透明度操作”为“底纹化”，最后将两个圆形群组放置于“象”字后面，效果如图3-456所示。

图3-456

⑬ 将两行文字拖曳到页面右下角，错位排列，然后填充颜色为白色，最终效果如图3-457所示。

图3-457

3.16 螺纹工具

“螺纹工具”可以直接绘制特殊的对称式和对数式的螺旋纹图形。

3.16.1 绘制螺纹

单击工具箱中的“螺纹工具”，接着在页面空白处长按鼠标左键以对角进行拖曳预览，松开鼠标左键完成绘制，如图3-458所示。在绘制时按住Ctrl键可以绘制一个圆形螺纹，按住Shift键以中心开始绘制螺纹，按住Shift+Ctrl组合键以中心开始绘制圆形螺纹，如图3-459所示。

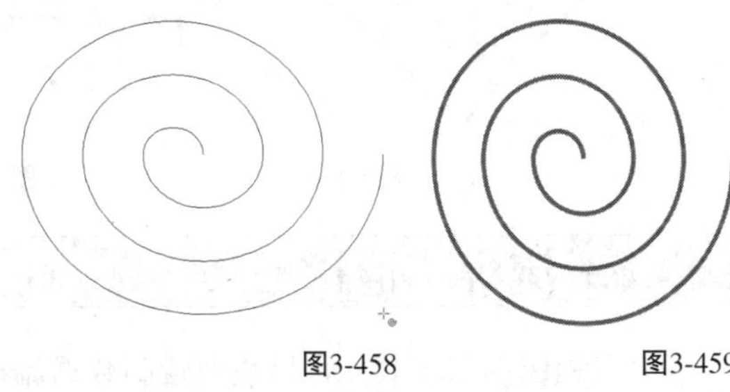

图3-458　　图3-459

3.16.2 螺纹的设置

“螺纹工具”的属性栏如图3-460所示。

图3-460

螺纹工具选项介绍

螺纹回圈：设置螺纹中完整圆形回圈的圈数，范围最小为1；最大为100，如图3-461所示，数值越大圈数越密。

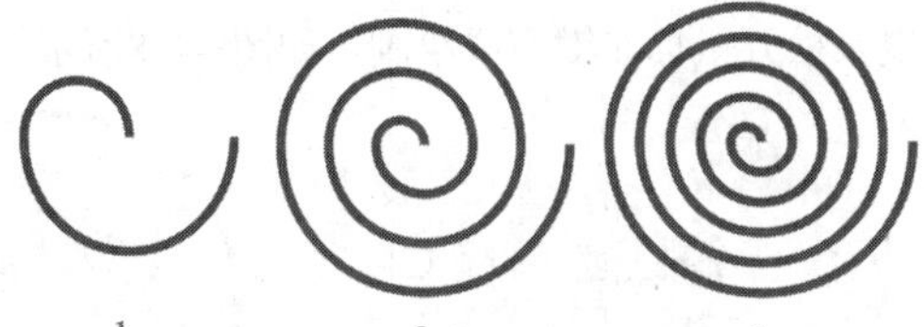

图3-461

对称式螺纹：单击激活后，螺纹的回圈间距是均匀的，如图3-462所示。

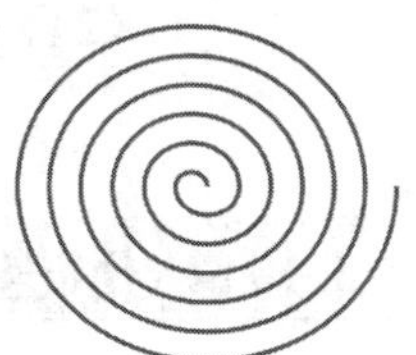

图3-462

对数螺纹：单击激活后，螺纹的回圈间距是由内向外不断增大的，如图3-463所示。

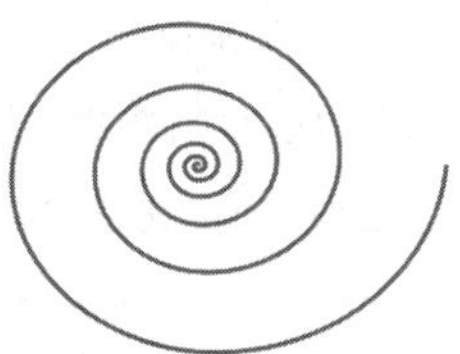

图3-463

螺纹扩展参数：设置对数螺纹激活时，向外扩展的速率，最小为1时内圈间距为均匀显示，如图3-464所示；最大为100时内圈间距最小越往外越大，如图3-465所示。

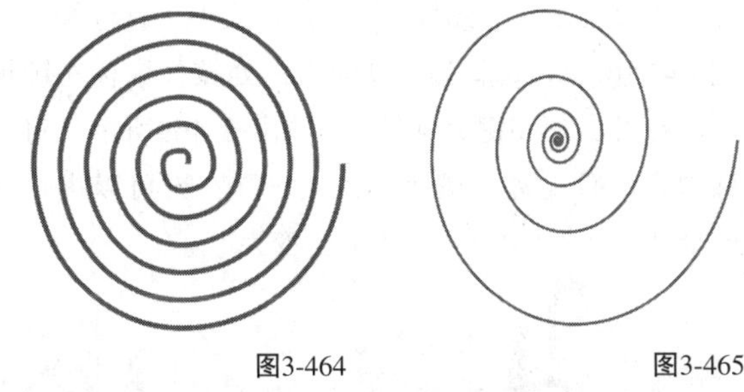

图3-464　　图3-465

3.17 形状工具组

CorelDRAW X6软件为了方便用户，在工具箱中将一些常用的形状进行编组，方便单击直接绘制，长按鼠标左键打开工具箱形状工具组，如图3-466所示，包括“基本形状工具”、“箭头形状工具”、“流程图形状工具”、“标题形状工具”和“标注形状工具”5种形状样式。

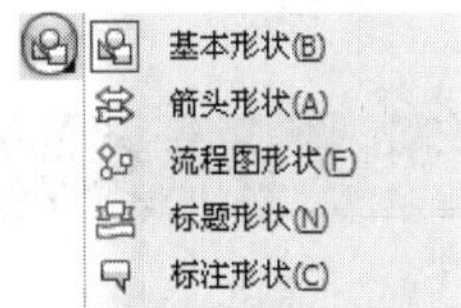

图3-466

本节重要工具介绍

名称	作用	重要程度
基本形状工具	绘制梯形、心形、圆柱体、水滴等基本型	中
箭头形状工具	快速绘制路标、指示牌和方向引导等箭头形状	中
流程图形状工具	快速绘制数据流程图和信息流程图	中
标题形状工具	快速绘制标题栏、旗帜标语和爆炸形状	中
标注形状工具	快速绘制补充说明和对话框形状	中

3.17.1 基本形状工具

“基本形状工具”可以快速绘制梯形、心形、圆柱体和水滴等基本型，如图3-467所示。绘制方法和多边形绘制方法一样，个别形状在绘制时会出现有红色轮廓沟槽，通过轮廓沟槽进行修改造型的形状。

图3-467

单击工具箱中的“基本形状工具”，然后在属性栏“完美形状”图标的下拉样式中进行选择，如图3-468所示，选择在页面空白处按住鼠标左键拖曳，松开鼠标左键完成绘制，如图3-469所示。将光标放在红色轮廓沟槽上，按住鼠标左键可以进行修改形状，图3-470所示为将笑脸变为怒容。

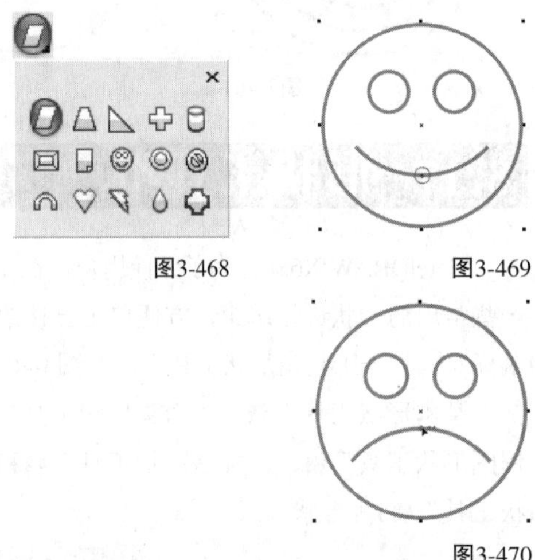

图3-468　图3-469

图3-470

3.17.2 箭头形状工具

“箭头形状工具”可以快速绘制路标、指示牌和方向引导标识，如图3-471所示，移动轮廓沟槽可以修改形状。

图3-471

单击工具箱中的“箭头形状工具”，然后在属性栏“完美形状”图标的下拉样式中进行选择，如图3-472所示，选择在页面空白处按住鼠标左键拖曳，松开鼠标左键完成绘制，如图3-473所示。

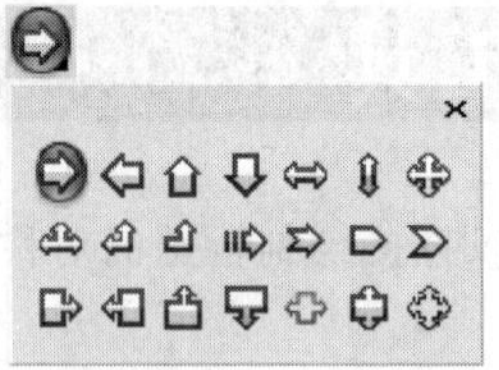

图3-472

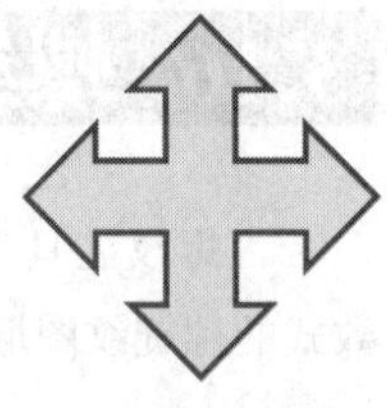

图3-473

由于箭头相对复杂，变量也相对较多，控制点为两个，黄色的轮廓沟槽控制十字干的粗细，如图3-474所示；红色的轮廓沟槽控制箭头的宽度，如图3-475所示。

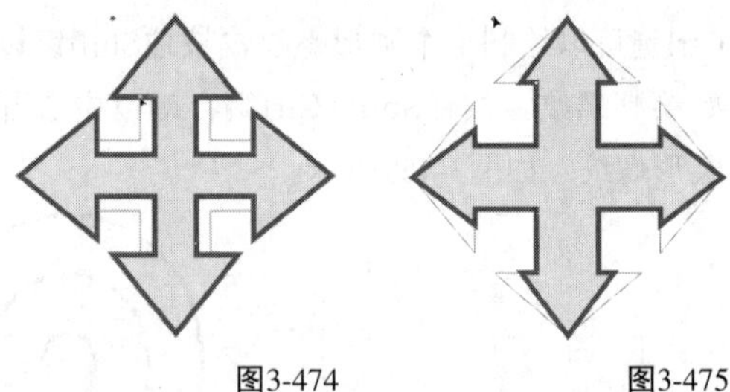

图3-474　图3-475

3.17.3 流程图形状工具

“流程图形状工具”可以快速绘制数据流程图和信息流程图，如图3-476所示，不能通过轮廓沟槽修改形状。

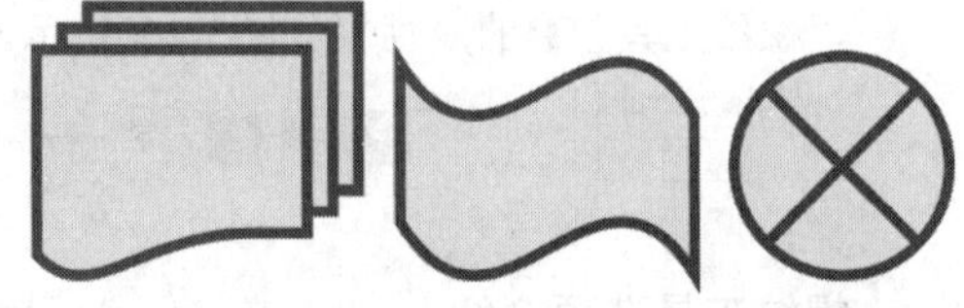

图3-476

单击工具箱中的“流程图形状工具”，然后在属性栏“完美形状”图标的下拉样式中进行选择，如图3-477所示，选择在页面空白处按住鼠标左键拖曳，松开鼠标左键完成绘制，如图3-478所示。

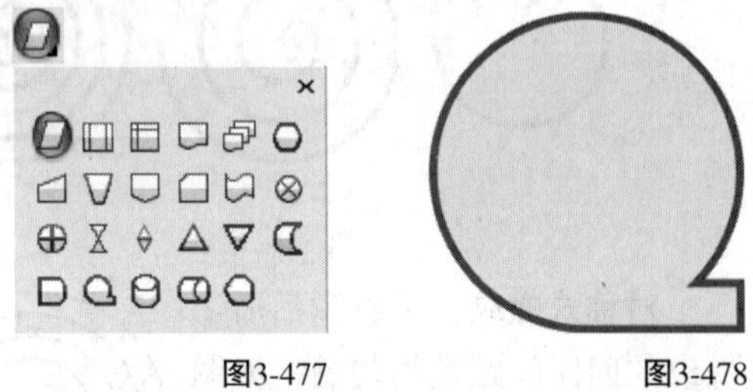

图3-477　图3-478

3.17.4 标题形状工具

“标题形状工具”可以快速绘制标题栏、旗帜标语和爆炸效果，如图3-479所示，可以通过轮廓沟槽修改形状。

图3-479

单击工具箱中的“标题形状工具”，然后在属性栏“完美形状”图标的下拉样式中进行选择，如图3-480所示，选择在页面空白处按住鼠标左键拖曳，松开鼠标左键完成绘制，如图3-481所示。红色的轮廓沟槽控制宽度；黄色的轮廓沟槽控制透视，如图3-482所示。

图3-480

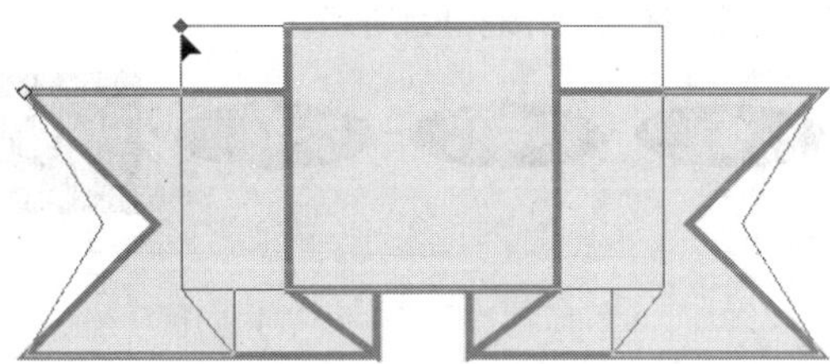

图3-481

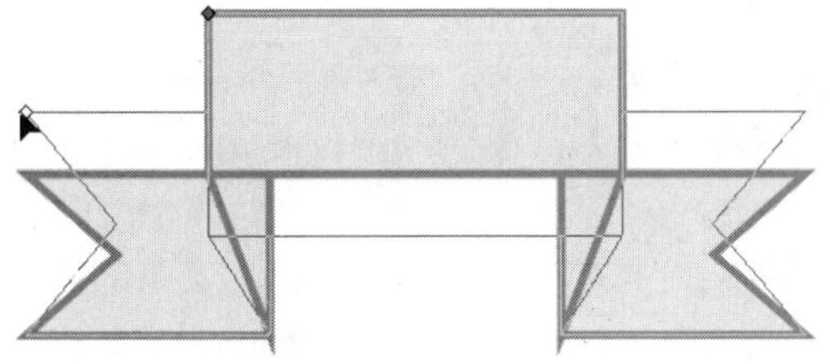

图3-482

3.17.5 标注形状工具

“标注形状工具”可以快速绘制补充说明和对话框，如图3-483所示，可以通过轮廓沟槽修改形状。

图3-483

单击工具箱中的“标注形状工具”，然后在属性栏“完美形状”图标的下拉样式中进行选择，如图3-484所示，选择在页面空白处按住鼠标左键拖曳，松开鼠标左键完成绘制，如图3-485所示。拖曳轮廓沟槽修改标注的角，如图3-486所示。

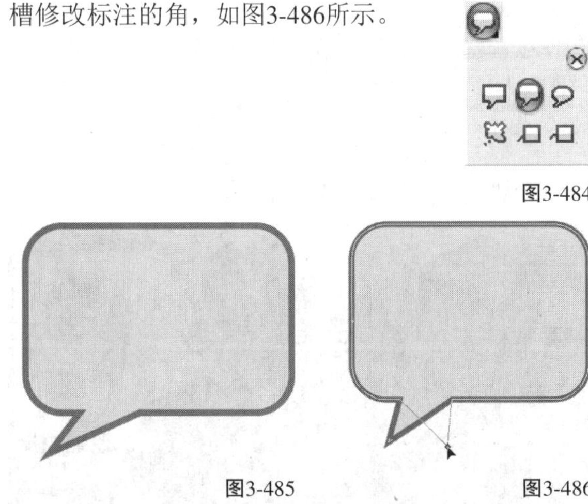

图3-484

图3-485　图3-486

3.18 本章小结

通过对本章知识的学习，读者应该对绘图工具有了一个整体的了解，建立了一个整体的知识体系，对各个工具的具体使用和作用都有了完整的认识。

3.19 课后习题

课后习题

绘制鼠标	
案例位置	案例文件>CH03>课后习题：绘制鼠标.cdr
视频位置	多媒体教学>CH03>课后习题：绘制鼠标.flv
难易指数	★★★★☆
练习目标	贝塞尔工具的运用方法

鼠标广告效果如图3-487所示。

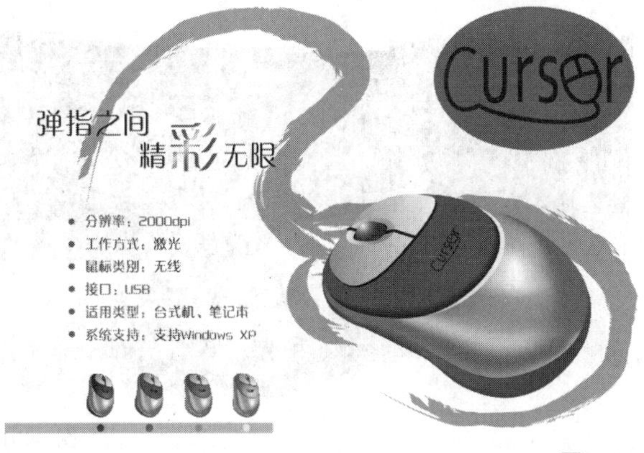

图3-487

步骤分解如图3-488所示。

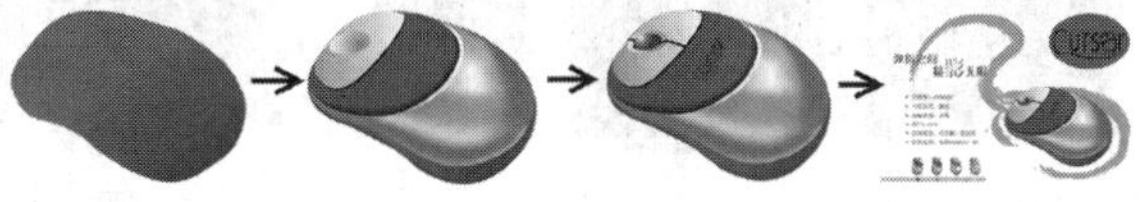

图3-488

课后习题

制作纸模型

案例位置	案例文件>CH03>课后习题：制作纸模型.cdr
视频位置	多媒体教学>CH03>课后习题：制作纸模型.flv
难易指数	★★★★☆
练习目标	线条工具的综合使用方法

龙猫纸模型效果如图3-489所示。

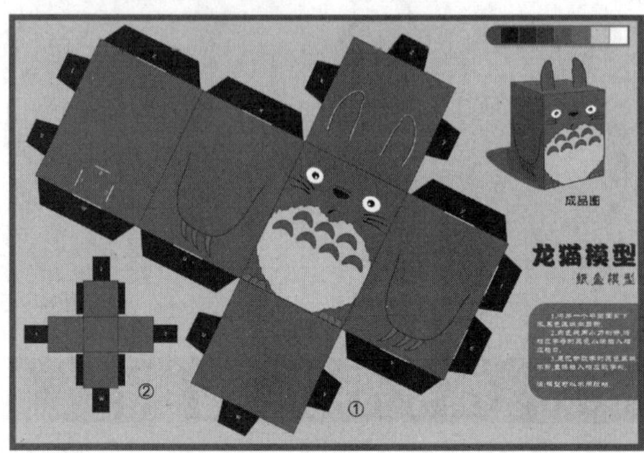

图3-489

步骤分解如图3-490所示。

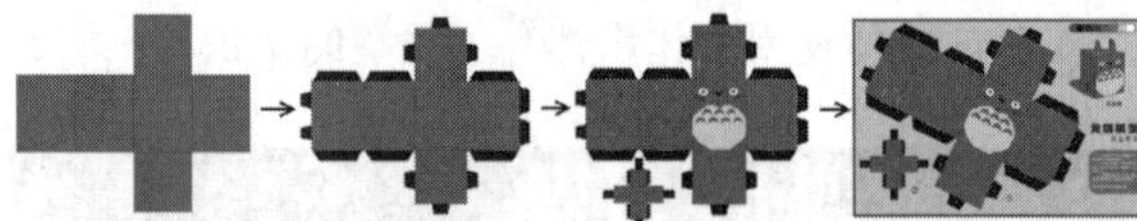

图3-490

课后习题

绘制液晶电视

案例位置	案例文件>CH03>课后习题：绘制液晶电视.cdr
视频位置	多媒体教学>CH03>课后习题：绘制液晶电视.flv
难易指数	★★★★☆
练习目标	旋转的运用方法

液晶电视效果如图3-491所示。

图3-491

步骤分解如图3-492所示。

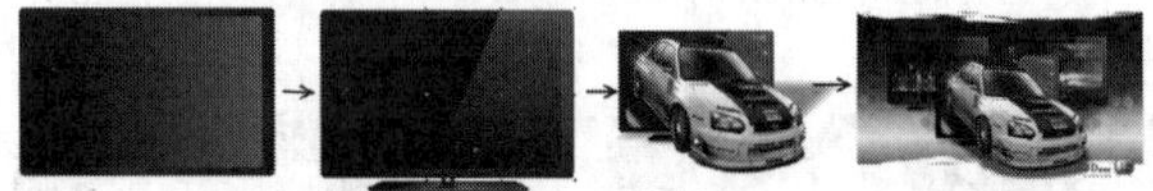

图3-492

课后习题

绘制MP3

案例位置	案例文件>CH03>课后习题：绘制MP3.cdr
视频位置	多媒体教学>CH03>课后习题：绘制MP3.flv
难易指数	★★★☆☆
练习目标	椭圆形工具的运用方法

MP3效果如图3-493所示。

图3-493

步骤分解如图3-494所示。

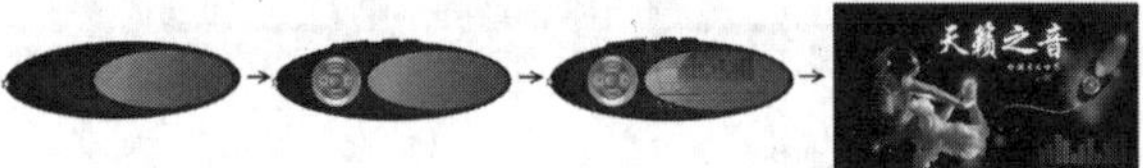

图3-494

第4章 图形与轮廓的编辑

在使用CorelDRAW X6进行图形绘制的过程中，通常通过调整对象的外形，以获得满意的造型效果。在本章的学习中，编者将具体介绍编辑图形形状、修饰图形、设置轮廓线、造形对象和精确裁剪对象等工具的运用以及其操作方法。

课堂学习目标

掌握形状工具组的运用
掌握裁剪工具的运用
掌握刻刀工具的运用
掌握轮廓笔对话框的设置
掌握轮廓线宽度的设置
了解轮廓线颜色填充方法
了解轮廓线样式设置
了解轮廓线转换

4.1 形状工具组

形状工具组中包含“形状工具”、“涂抹笔刷工具”、“粗糙笔刷工具”、“自由变换工具”、“涂抹工具”、“转动工具”、“吸引工具”和“排斥工具”8种。

本节重要工具介绍

名称	作用	重要程度
形状工具	编辑修饰曲线和转曲后的对象	高
涂抹笔刷工具	使对象外轮廓产生凹凸变形	中
粗糙笔刷工具	使对象外轮廓产生尖突变形	中
自由变换工具	用于对象的自由变换对象操作	中
涂抹工具	修改边缘形状	高
转动工具	在单一或群组对象的轮廓边缘产生旋转形状	中
吸引工具	长按鼠标左键使边缘产生收缩涂抹效果	中
排斥工具	长按鼠标左键使边缘产生推挤涂抹效果	中

4.1.1 形状工具

“形状工具”可以直接编辑由“手绘”“贝塞尔”和“钢笔”等曲线工具绘制的对象，对于“椭圆形”“多边形”和“文本”等工具绘制的对象不能进行直接编辑，需要进行转曲才能进行相关操作，通过增加与减少节点，移动控制节点来改变曲线。

“形状工具”的属性栏如图4-1所示。

图4-1

形状工具选项介绍

选取范围模式： 切换选择节点的模式，包括“手绘”和“矩形”两种。

添加节点： 单击增加节点，以增加可编辑线段的数量。

删除节点： 单击删除节点，改变曲线形状，使之更加平滑，或重新修改。

连接两个节点： 链接开放路径的起始和结束节点使之创建闭合路径。

断开曲线： 断开闭合或开放对象的路径。

转换为线条： 使曲线转换为直线。

转换为曲线： 将直线线段转换为曲线，可以调整曲线的形状。

尖突节点： 通过将节点转换为尖突，制作一个锐角。

平滑节点： 将节点转为平滑节点来提高曲线平滑度。

对称节点： 将节点的调整应用到两侧的曲线。

反转方向： 反转起始与结束节点的方向。

延长曲线使之闭合： 以直线连接起始与结束节点来闭合曲线。

提取子路径： 在对象中提取出其子路径，创建两个独立的对象。

闭合曲线： 连接曲线的结束节点，闭合曲线。

延展与缩放节点： 放大或缩小选中节点相应的线段。

旋转与倾斜节点： 旋转或倾斜选中节点相应的线段。

对齐节点： 水平、垂直或以控制柄来对齐节点。

水平反射节点： 激活编辑对象水平镜像的相应节点。

垂直反射节点： 激活编辑对象垂直镜像的相应节点。

弹性模式： 为曲线创建另一种具有弹性的形状。

选择所有节点： 选中对象所有的节点。

减少节点： 自动删减选定对象的节点来提高曲线平滑度。

曲线平滑度： 通过更改节点数量调整平滑度。

边框：激活去掉边框。

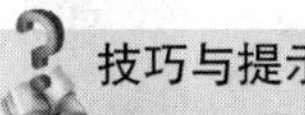

技巧与提示

"形状工具"无法对群组的对象进行修改，只能逐个针对单个对象进行编辑。

4.1.2 涂抹笔刷工具

"涂抹笔刷工具"可以在矢量对象外轮廓上进行拖曳使其变形。

技巧与提示

"涂抹笔刷工具"不能用于群组对象，需要将对象解散后分别针对线和面进行涂抹修饰。

选中要涂抹修改的线条，然后单击"涂抹笔刷工具"，在线条上按住鼠标左键进行拖曳，如图4-2所示，笔刷拖曳的方向决定挤出的方向和长短。注意，在涂抹时重叠的位置会被修剪掉，如图4-3所示。

图4-2

图4-3

选中需要涂抹修改的闭合路径，然后单击"涂抹笔刷工具"，在对象轮廓位置按住鼠标左键进行拖曳，如图4-4所示，笔尖向外拖曳为添加，拖曳的方向和距离决定挤出的方向和长短；如图4-5所示，笔尖向内拖曳为修剪，其方向和距离决定修剪的方向和长短。在涂抹过程中重叠的位置会修剪掉。

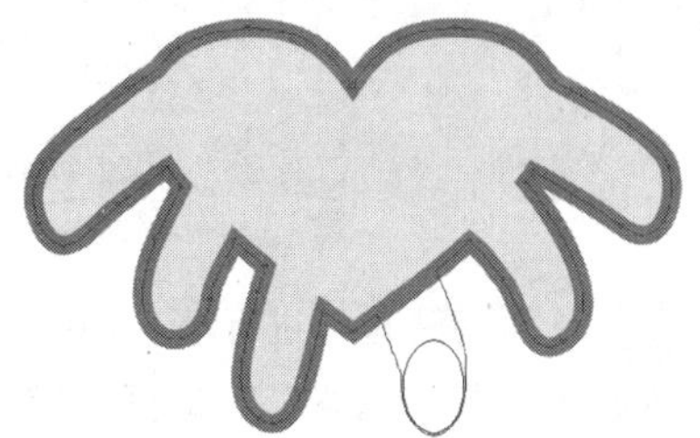

图4-4

图4-5

技巧与提示

在这里要注意，涂抹的修剪不是真正的修剪，如图4-6所示，如果想内涂抹的范围超出对象时，会有轮廓显示，不是修剪成两个独立的对象。

图4-6

课堂案例

绘制鳄鱼

案例位置	案例文件>CH04>课堂案例：绘制鳄鱼.cdr
视频位置	多媒体教学>CH04>课堂案例：绘制鳄鱼.flv
难易指数	★★★☆☆
学习目标	涂抹笔刷的运用方法

鳄鱼厨房效果如图4-7所示。

图4-7

01 新建空白文档，然后设置文档名称为"鳄鱼厨房"，接着设置页面大小的"宽"为275mm、"高"为220mm。

02 使用"钢笔工具"绘制出鳄鱼的大致轮廓，如图4-8所示，尽量使路径的节点少一些，然后使用

“形状工具”进行微调。

图4-8

03 下面刻画鳄鱼背部。单击“涂抹笔刷工具”，然后在属性栏中设置“笔尖大小”为15mm、“水分浓度”为9、“斜移”为50°，如图4-9所示，接着涂抹出鳄鱼的鼻子和眼睛，如图4-10所示，再设置“笔尖大小”为10mm、“水分浓度”为10、“斜移”为45°，如图4-11所示，最后涂抹出鳄鱼的背脊，如图4-12所示。

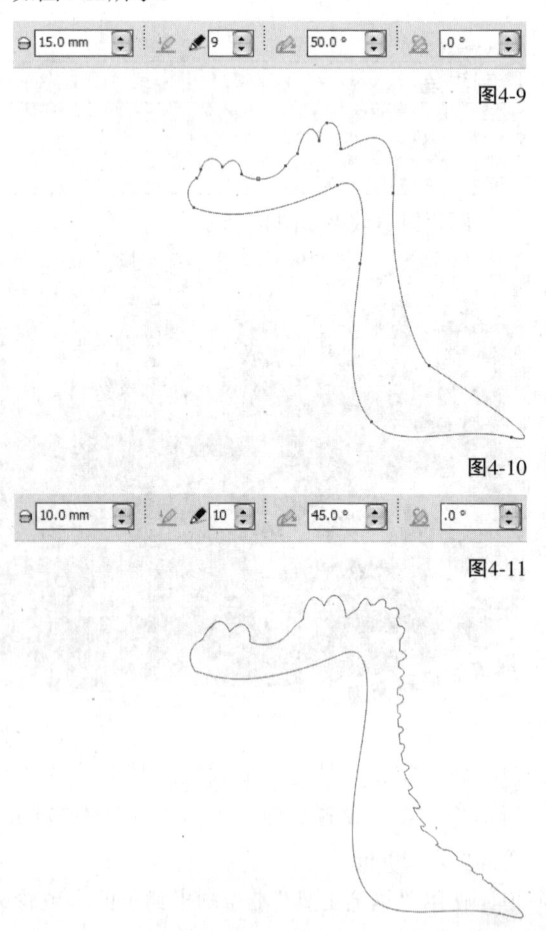

图4-9

图4-10

图4-11

图4-12

04 下面为背部填充渐变色。单击“填充工具”，然后在“渐变填充”对话框中设置“类型”为“辐射”、“颜色调和”为“双色”，再设置“从”的颜色为（C:87，M:57，Y:100，K:34）、“到”的颜色为（C:100，M:0，Y:100，K:0），接着单击“确定”按钮，如图4-13所示，最后删除轮廓线，效果如图4-14所示。

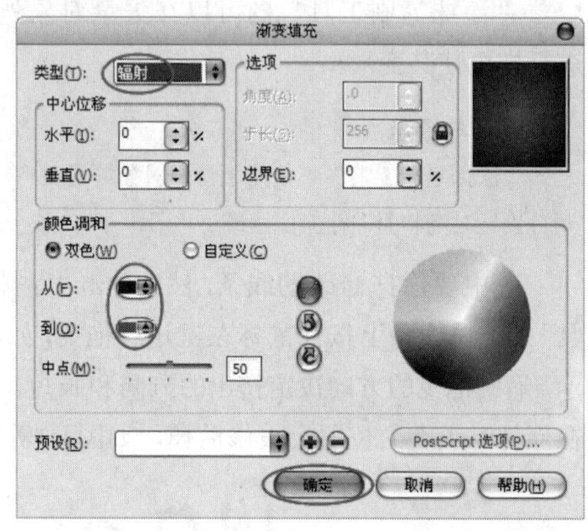

图4-13

图4-14

05 将鳄鱼的嘴拖曳到空白处，单击“涂抹笔刷工具”，然后在属性栏中设置“笔尖大小”为15mm、“水分浓度”为9、“斜移”为45°，接着涂抹出鳄鱼的牙齿，涂抹完成后使用“形状工具”去掉多余的节点，使路径更加平滑，如图4-15所示。

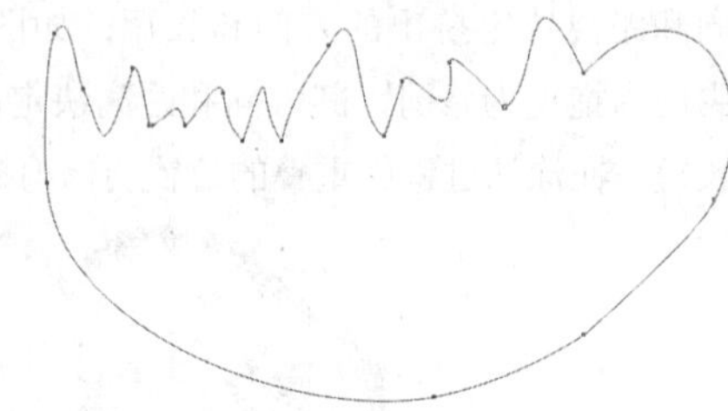

图4-15

06 下面为鳄鱼嘴进行填充。单击“填充工具”，然后在“渐变填充”对话框中设置“类型”为“辐射”、在“中心位移”中设置“水平”为-17%、

“垂直”为36%、“颜色调和”为“双色”，再设置“从”的颜色为（C:47，M:60，Y:85，K:4），“到”的颜色为（C:20，M:4，Y:40，K:0），接着单击“确定”按钮，如图4-16所示，最后去掉外轮廓线，效果如图4-17所示。

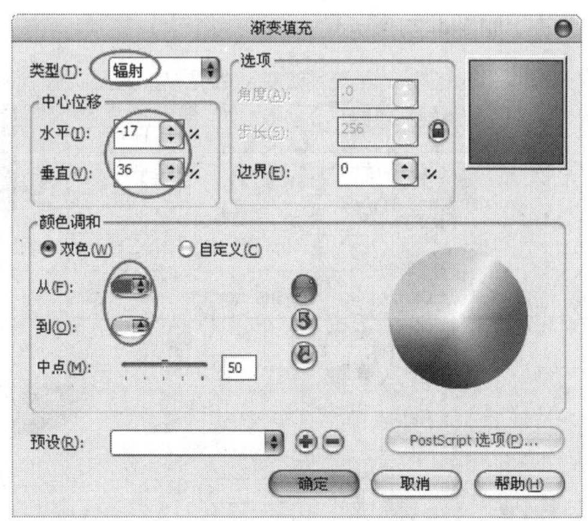

图4-16

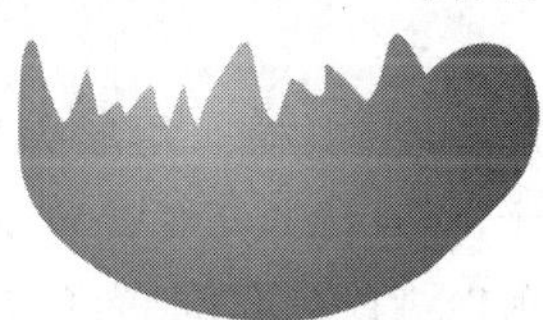

图4-17

07 下面填充鳄鱼肚子。单击“填充工具”，然后在“渐变填充”对话框中设置“类型”为“辐射”、在“中心位移”中设置“水平”为-4%、“垂直”为26%、“颜色调和”为“自定义”、左边颜色为（C:60，M:49，Y:95，K:4）、中间颜色为（C:20，M:0，Y:25，K:0）、右边颜色为（C:47，M:60，Y:85，K:4），接着单击“确定”按钮，如图4-18所示，最后将轮廓线去掉，效果如图4-19所示。

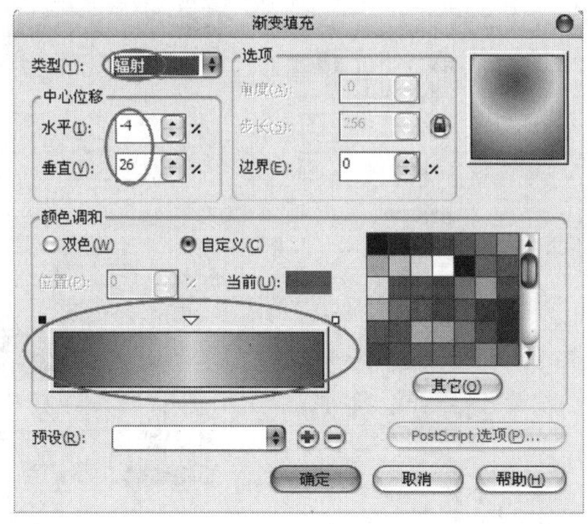

图4-18

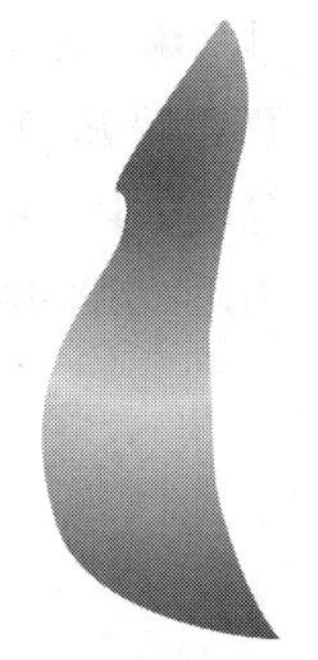

图4-19

08 下面填充鳄鱼其他部分。单击选中鳄鱼的手，然后将光标移动到填充好的鳄鱼的背脊上，再长按鼠标右键拖曳到鳄鱼手上，如图4-20所示，当光标变为瞄准形状时松开鼠标右键弹出菜单列表，如图4-21所示，接着执行“复制所有属性”命令复制鳄鱼背脊的填充属性到手上，最后以同样的方法，将填充属性复制在其他的手和脚对象上，如图4-22所示。

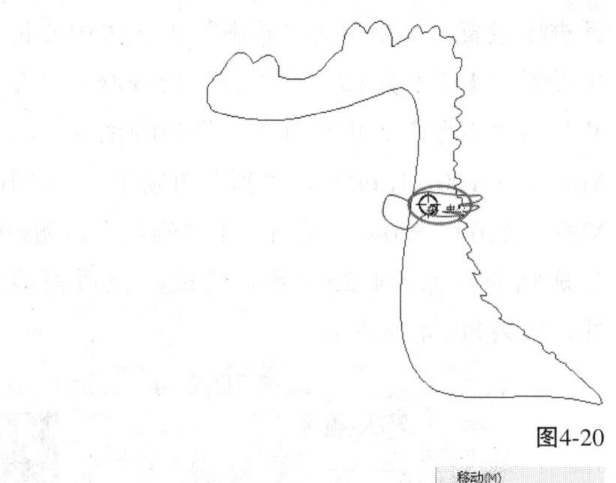

图4-20

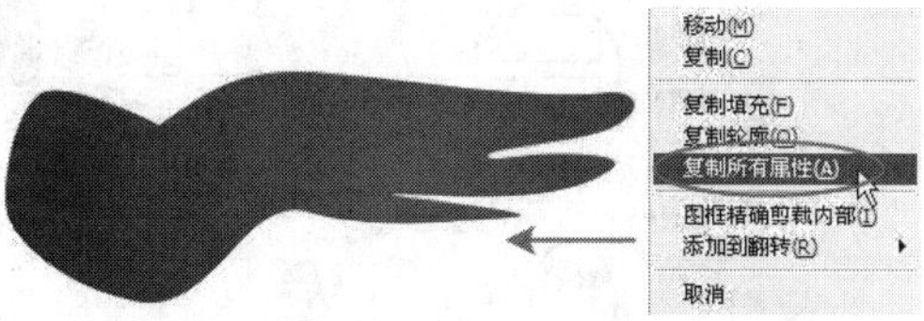

图4-21

图4-22

09 将填充编辑好的各部件拼接起来，然后调整图层排放的位置，如图4-23所示，接着使用“手绘工具”在鼻子处绘制鼻孔，最后单击“涂抹笔刷工具”涂抹出凹陷，如图4-24所示。

图4-23

图4-24

⑩ 单击“填充工具”，然后在“渐变填充”对话框中设置“类型”为“辐射”、在“中心位移”中设置“水平”为6%、“垂直”为-46%、“颜色调和”为“双色”、再设置“从”的颜色为（C:91，M:69，Y:100，K:60）、“到”的颜色为（C:100，M:0，Y:100，K:0），最后单击“确定”按钮完成填充，如图4-25所示，完成填充后去掉轮廓线，效果如图4-26所示。

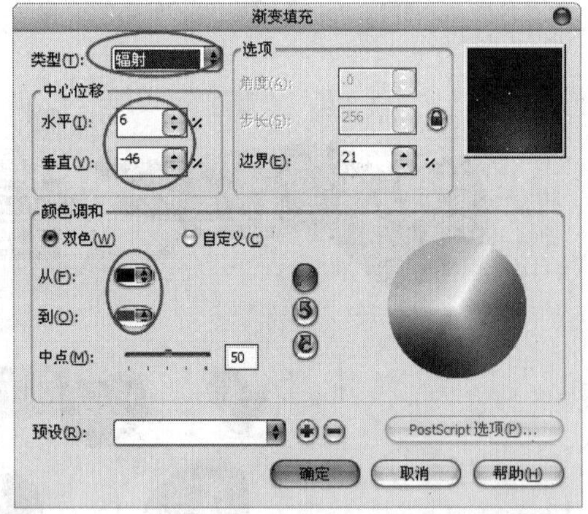

图4-25

图4-26

⑪ 使用“椭圆形工具”绘制眼皮。单击“填充工具”，然后在“渐变填充”对话框中设置“类型”为“辐射”、“颜色调和”为“双色”、再设置“从”的颜色为（C:88，M:65，Y:96，K:51）、“到”的颜色为（C:100，M:0，Y:100，K:0），接着单击“确定”按钮完成填充，如图4-27所示。

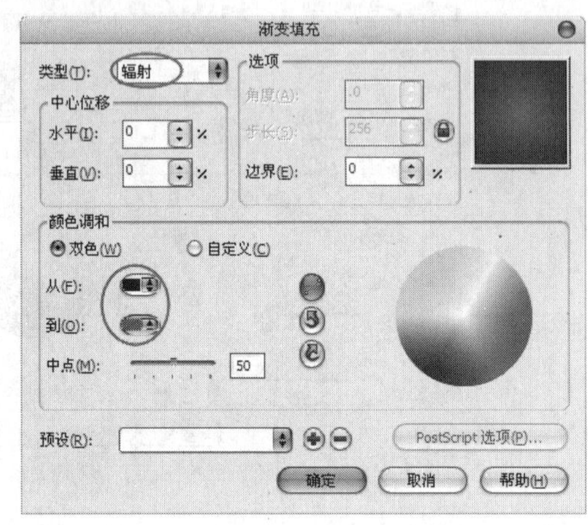

图4-27

⑫ 绘制眼球，用形状工具进行修饰，如图4-28所示，然后在“渐变填充”对话框中设置“类型”为“辐射”、“颜色调和”为“双色”、再设置“从”的颜色为（C:0，M:40，Y:80，K:0），“到”的颜色为白色，最后单击“确定”按钮完成填充，如图4-29所示，接着绘制瞳孔，将对象填充为黑色，然后去掉轮廓线，效果如图4-30所示。

图4-28

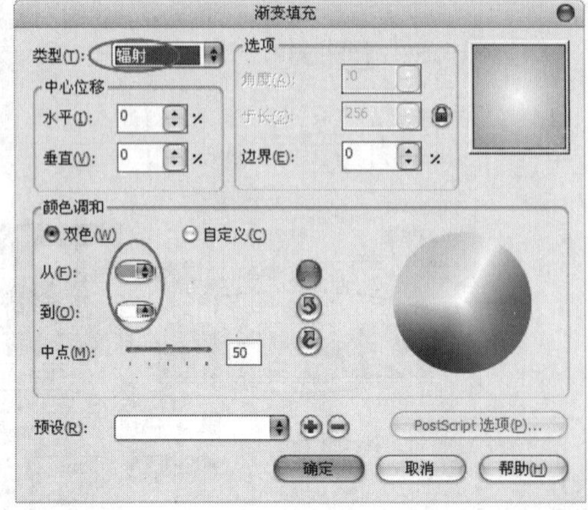

图4-29

图4-30

⑬ 下面对鳄鱼下颚效果进行修饰。使用“钢笔工具”绘制下颚的阴影，然后在“渐变填充”对话框中设置“类型”为“辐射”、在“中心位移”中设置“水平”为-20%、“垂直”为64%、“颜色调和”为“双色”、再设置“从”的颜色为“双色”、再设置“从”的颜色为（C:50，M:64，Y:97，K:9）、“到”的颜色为（C:21，M:6，Y:43，K:0）、接着单击“确定”按钮完成填充，如图4-31所示，最后选中下颚，使用“阴影工具”拖曳一个投影，如图4-32所示。

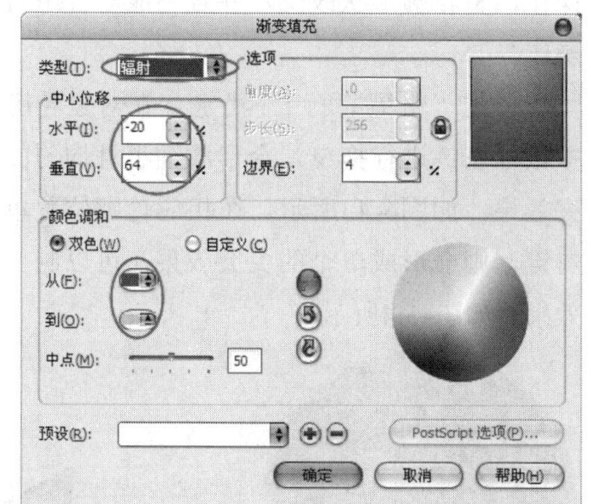

图4-31

图4-32

⑭ 下面绘制脖子的阴影，然后颜色填充为（C:51，M:64，Y:98，K:9），再去掉轮廓线，接着使用“透明度工具”拖曳渐变效果，如图4-33所示，完成效果如图4-34所示。

图4-33

图4-34

⑮ 导入“素材文件>CH04>01.cdr”文件，解散群组后，将锅铲对象拖曳到鳄鱼手上，按Ctrl+End组合键将锅铲置于所有对象的最后面，如图4-35所示，接着将一盘烤肉对象拖曳到鳄鱼另一只手上，如图4-36所示。

图4-35

图4-36

⑯ 导入“素材文件>CH04>02.jpg”文件，拖曳到页面中，等大小缩放到与页面等宽大小，如图4-37所示，接着将绘制好的鳄鱼全选后群组，拖曳到页面右下方，如图4-38所示。

图4-37

图4-38

⑰ 使用“椭圆形工具”绘制投影，单击“填充工具”，然后填充颜色为(C:64，M:69，Y:67，K:21)，然后单击“确定”按钮，完成填充后去掉轮廓线，如图4-39所示，接着单击“透明度工具”，在属性栏上设置透明度“类型”为“标准”、“开始透明度”为50，如图4-40所示，效果如图4-41所示。

图4-39

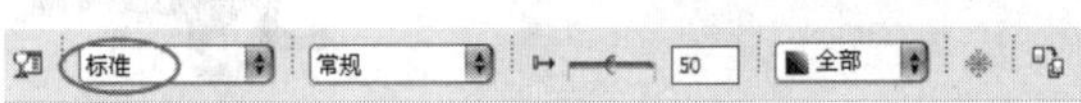

图4-40

图4-41

⑱ 导入“素材文件>CH04>03.cdr”文件，将文字拖曳到页面左下角，等比例缩放到适合的大小，接着进行旋转微调，最终效果如图4-42所示。

图4-42

4.1.3 粗糙笔刷工具

“粗糙笔刷工具”可以沿着对象的轮廓进行操作，将轮廓形状改变，并且不能对群组对象进行操作。

单击“粗糙笔刷工具”，在对象轮廓位置长按鼠标左键进行拖曳，会形成细小且均匀的粗糙尖突效果，如图4-43所示。在相应轮廓位置单击鼠标左键，则会形成单个的尖突效果，可以制作褶皱等效果，如图4-44所示。

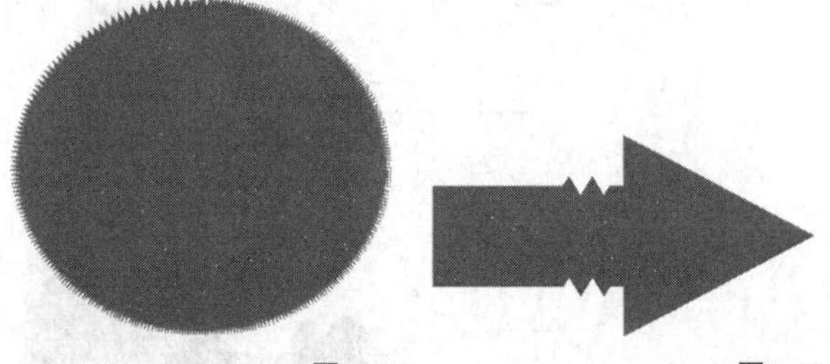

图4-43　　图4-44

技巧与提示

在转曲之后，如果在对象上添加了效果，比如说变形、透视、封套之类的，那么，在使用“粗糙笔刷工具”之前还要再转曲一次，否则无法使用。

课堂案例

制作蛋挞招贴

案例位置	案例文件>CH04>课堂案例：制作蛋挞招贴.cdr
视频位置	多媒体教学>CH04>课堂案例：制作蛋挞招贴.flv
难易指数	★★★☆☆
学习目标	粗糙的运用方法

蛋挞招贴效果如图4-45所示。

图4-45

01 新建空白文档，然后设置文档名称为“蛋挞招贴”，接着设置页面大小的“宽”为230mm、“高”为150mm。

02 使用“椭圆形工具”绘制一个椭圆，如图4-46所示，然后填充颜色为（C:5，M:10，Y:90，K:0），接着设置“轮廓宽度”为“细线”、颜色为（C:20，M:40，Y:100，K:0），如图4-47所示。

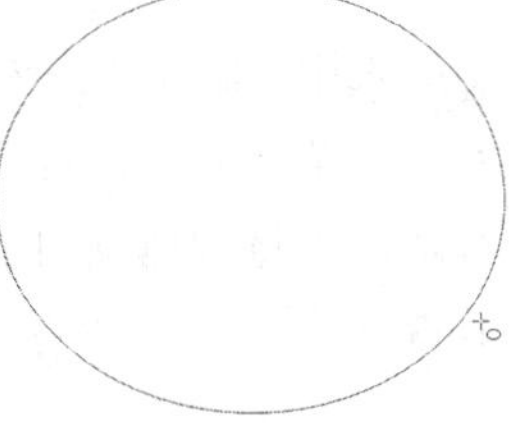

图4-46

图4-47

03 单击“粗糙笔刷工具”，然后在属性栏中设置“笔尖大小”为9mm、“尖突频率”为6、“水分浓度”为2，如图4-48所示，接着在椭圆的轮廓线上长按鼠标左键进行反复涂抹，如图4-49所示，涂抹完成后形成类似绒毛的效果，如图4-50所示。

图4-48

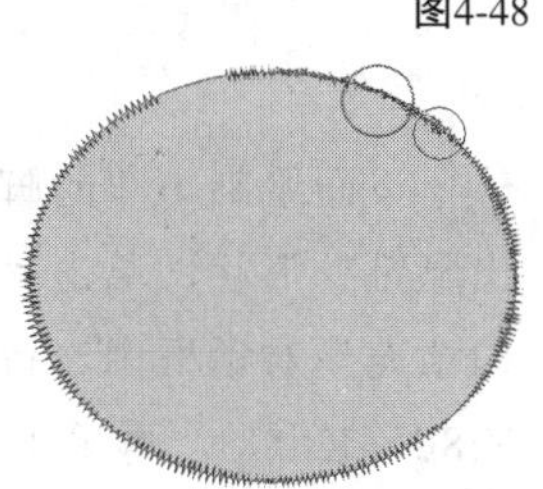

图4-49

图4-50

04 下面绘制眼睛。使用“椭圆形工具”绘制一个椭圆，填充为白色，然后设置“轮廓宽度”为0.5mm、颜色填充为（C:20，M:40，Y:100，K:0），如图4-51所示，接着绘制瞳孔，填充颜色为（C:0，M:0，Y:20，K:80），再去掉轮廓线，如图4-52所示，最后绘制瞳孔反光，填充颜色为白色，去掉边框，如图4-53所示。

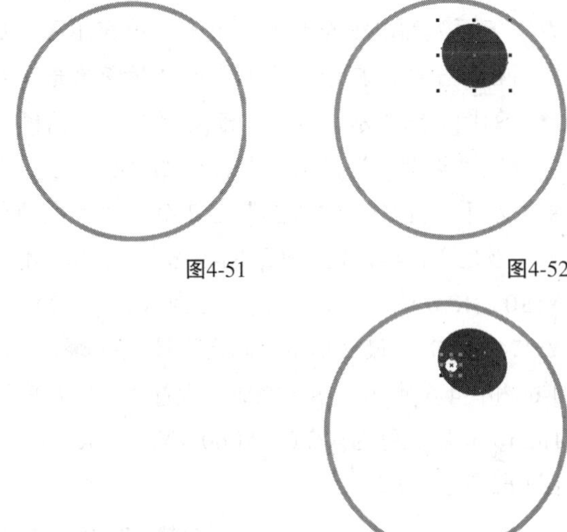

图4-51　图4-52

图4-53

05 将绘制完成的眼睛全选后进行群组，然后复制一份进行旋转，再移动调整到合适的位置，如图4-54所示，接着把眼睛拖曳到小鸡的身体上，调整位置如图4-55所示。

图4-54　图4-55

06 使用“矩形工具”按Ctrl键绘制一个正方形，然后在属性栏中设置“圆角”数值为4mm，如图4-56所示，接着将矩形旋转45°，再向下进行缩放，如图4-57所示，最后使用“贝塞尔工具”绘制一条折线，如图4-58所示。

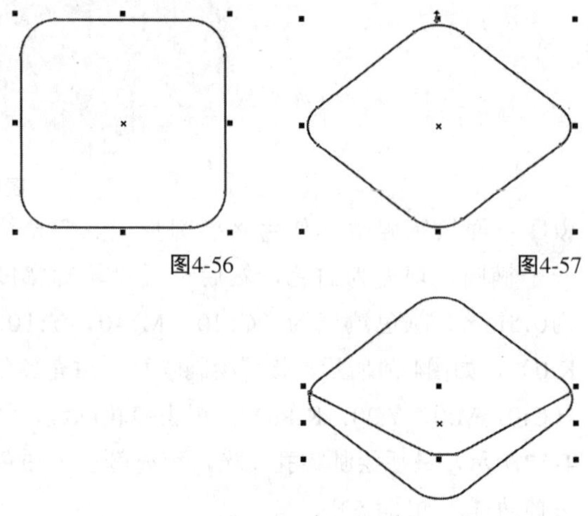

图4-56 图4-57

图4-58

07 下面为嘴巴填充颜色。单击“填充工具”，然后在弹出的工具选项板中选择“渐变填充”方式，如图4-59所示，打开“渐变填充”对话框，接着设置“类型”为“圆锥”、在“中心位移”中设置“水平”为2%、“垂直”为-28%、“颜色调和”为“双色”，再设置“从”的颜色为（C:0，M:60，Y:80，K:0）、“到”的颜色为（C:0，M:30，Y:95，K:0），最后单击“确定”按钮，如图4-60和图4-61所示。填充完成后设置“轮廓宽度”为1mm，轮廓颜色为（C:0，M:60，Y:60，K:40），如图4-62所示。

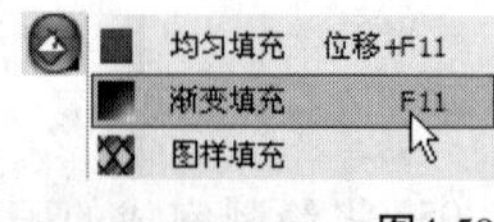

图4-59

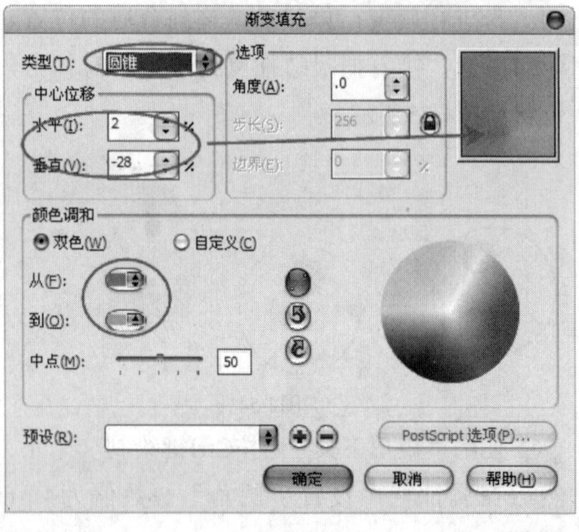

图4-60

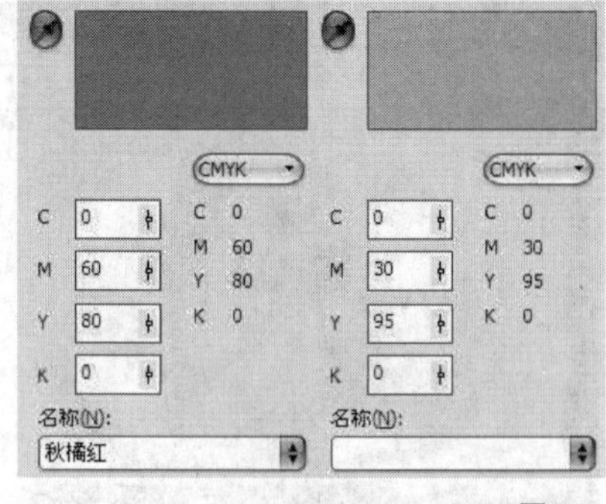

图4-61

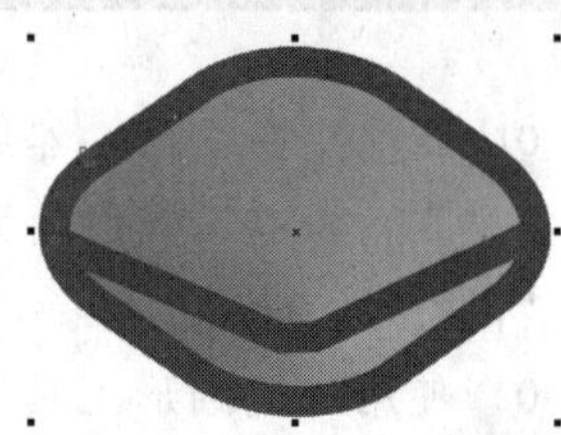

图4-62

08 选中绘制完成的嘴，执行“排列>将轮廓转换为对象”菜单命令，将轮廓转换为图形对象，接着进行群组，将嘴拖曳到小鸡的身体上调整位置，如图4-63所示。

图4-63

09 使用“手绘工具”绘制小鸡的尾巴，然后填充颜色为（C:15，M:40，Y:100，K:0），如图4-64所示。

图4-64

10 下面绘制小鸡的脚。使用“钢笔工具”绘制出脚趾的形状，单击“填充工具”，然后在“均匀填充”对话框中设置填充颜色为（C:0，M:60，Y:80，K:0），再单击“确定”按钮完成填充，接着设置“轮廓宽度”为1mm、颜色为（C:0，

M:60，Y:60，K:40），如图4-65所示，将两个脚趾摆放到适当位置，如图4-66所示，最后选中群组后复制一份，将尾巴和脚拖曳到相应的位置，如图4-67所示。

图4-65

图4-66　图4-67

11 下面绘制翅膀。使用“钢笔工具”绘制出翅膀的轮廓，然后单击“粗糙笔刷工具”，在属性栏中设置“笔尖大小”为10mm、“尖突频率”为7、“水分浓度”为3，将轮廓涂抹出绒毛的效果，接着填充颜色为（C:7，M:25，Y:98，K:0），再设置“轮廓宽度”为0.2mm、颜色为（C:17，M:39，Y:100，K:0），如图4-68所示，最后将翅膀拖曳到相应位置完成第一只小鸡的绘制，如图4-69所示。

图4-68　图4-69

12 下面绘制蛋壳。使用“椭圆工具”绘制一个椭圆，在属性栏上单击“扇形”按钮将椭圆变为扇形、设置“起始和结束角度”为0°和180°，如图4-70所示，接着单击“粗糙笔刷工具”，在属性栏中设置“笔尖大小”为15mm、“尖突频率”为2、“水分浓度”为3，然后在直线上逐个单击形成折线，再单击“形状工具”调整折线尖突的参差大小，如图4-71所示。

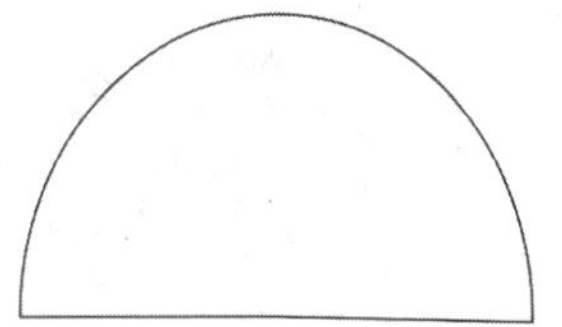

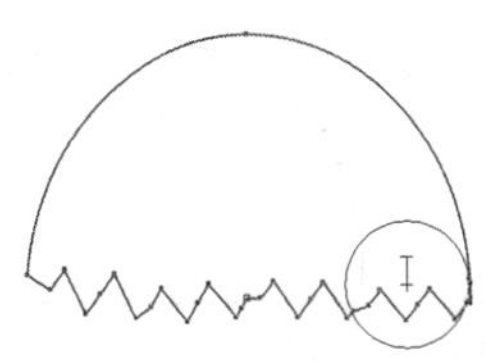

图4-70　图4-71

13 选中蛋壳，然后在“渐变填充”对话框中设置“类型”为“辐射”、在“中心位移”中设置“水平”为-17%、“垂直”为-2%、“颜色调和”为“双色”，再设置“从”的颜色为（C:44，M:44，Y:55，K:0）、“到”的颜色为白色，接着单击“确定”按钮完成填充，如图4-72所示，最后去掉蛋壳的轮廓线，效果如图4-73所示。

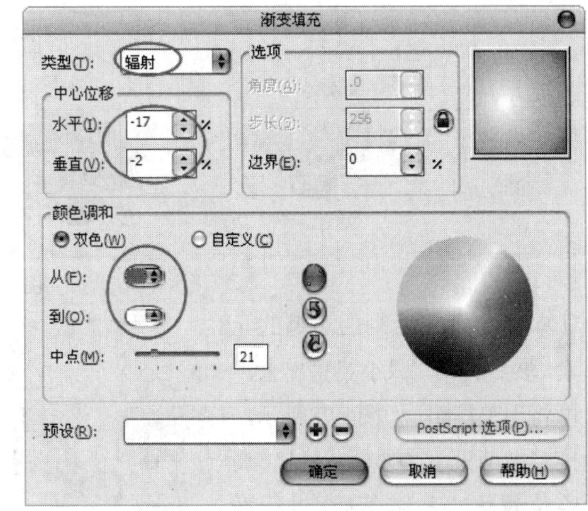

图4-72

图4-73

14 用上述绘制扇形的方法绘制两个扇形，将下方的扇形缩小一些，如图4-74所示，选中上方的扇形，然后填充颜色为（C:7，M:25，Y:98，K:0），接着单击“粗糙笔刷工具”，在属性栏中设置“笔尖大小”为5mm、“尖突频率”为6、“水分浓度”为3，再将扇形轮廓线涂抹成绒毛效果，最后选中两个扇形，设置“轮廓宽度”为0.5mm、颜色为（C:17，M:39，Y:100，K:0），如图4-75所示。

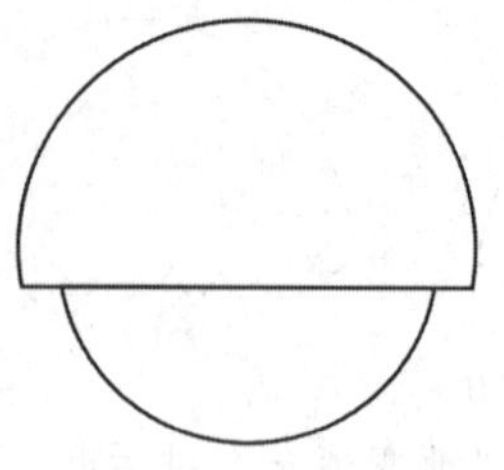

图4-74

图4-75

⑮ 将之前绘制的瞳孔复制移动到扇形下，置于眼皮下方，全选群组后进行轻微的旋转，如图4-76所示，复制一份眼睛，在属性栏上单击“水平镜像”按钮镜像复制的眼睛，如图4-77所示。

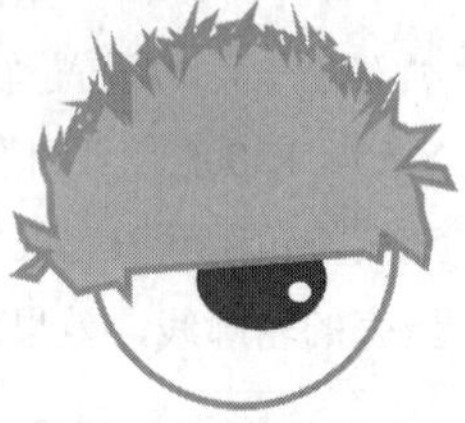

图4-76

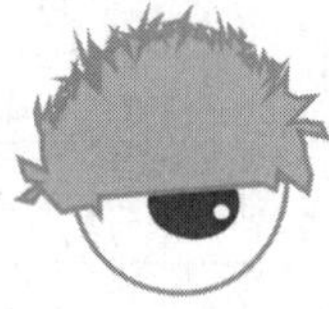

图4-77

⑯ 复制之前绘制的小鸡的元素，然后将第二只小鸡拼出来，再将小鸡群组，如图4-78所示，接着把两只小鸡排放在一起，调整位置大小和错落后，进行群组，效果如图4-79所示。

图4-78

图4-79

⑰ 双击“矩形工具”，在页面创建等大的矩形，然后填充颜色为（C:63，M:87，Y:100，K:56），再去掉轮廓线，如图4-80所示，接着导入“素材文件>CH04>04.jpg”文件，将图片拖入页面中缩放到合适大小，如图4-81所示。

图4-80

图4-81

⑱ 导入“素材文件>CH04>05.cdr”文件，将边框拖曳到图片上方，把图片边框覆盖，如图4-82所示，接着将小鸡拖曳到图片边框右下角，覆盖一点边框后进行缩放，如图4-83所示。

图4-82

图4-83

⑲ 导入“素材文件>CH04>06.cdr”文件。解散群组后将文字拖曳到相应的位置，最终效果如图4-84所示。

图4-84

4.1.4 自由变换工具

“自由变换工具”用于自由变换对象操作，可以针对群组对象进行操作。

选中对象，单击“自由变换工具”，然后利用属性栏进行操作，如图4-85所示。

图4-85

自由变换选项介绍

自由旋转：单击鼠标左键确定轴的位置，拖曳旋转柄旋转对象，如图4-86所示。

图4-86

自由角度反射：单击鼠标左键确定轴的位置，拖曳旋转柄旋转来反射对象，如图4-87所示，松开鼠标左键完成，如图4-88所示。

图4-87

图4-88

自由缩放：单击鼠标左键确定中心的位置，拖曳中心点改变对象大小，如图4-89所示，松开鼠标左键完成。

图4-89

自由倾斜：单击鼠标左键确定倾斜轴的位置，拖曳轴来倾斜对象，如图4-90所示，松开鼠标左键完成，如图4-91所示。

图4-90

图4-91

应用到再制：将变换应用到再制的对象上。

应用于对象：根据对象应用变换，不是根据x轴和y轴。

技巧与提示

我们也可以在属性栏的相应文字框中输入数值进行精确变换。

4.1.5 涂抹工具

“涂抹工具”沿着轮廓拖曳修改边缘形状，可以用于单一对象也可以用于群组对象的涂抹操作。

选中要修饰的对象，单击“涂抹工具”，在边缘上按住鼠标左键拖曳进行微调，松开鼠标左键可以产生扭曲效果。图4-92所示为单一对象的修饰效果；图4-93所示为群组对象的修饰效果。

图4-92

图4-93

技巧与提示

“涂抹工具”可以用于群组对象的涂抹修饰，所以这项工具广泛运用于矢量插画绘制后期的轻微修形处理，将需要修改的对象选中进行修改，未选中的则保持不变。

在绘制一些夸张搞笑的人物矢量插画时，我们可以使用涂抹工具进行夸张变形的效果处理，如图4-94所示，为人物面部原图。

图4-94

单击“涂抹工具”，然后按住鼠标左键拖曳将人物面部向下涂抹，如图4-95所示，人物面部轮廓改变，并且产生了幽默诙谐的效果。或者按住鼠标左键往上面涂抹，如图4-96所示，人物面部变为小孩子。

图4-95　　图4-96

“涂抹工具”的属性栏如图4-97所示。

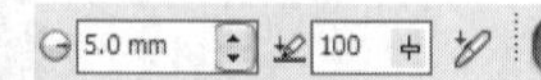

图4-97

涂抹选项介绍

笔尖半径：输入数值可以设置笔尖的半径大小。

压力：输入数值设置涂抹效果的强度，如图4-98所示，值越大拖曳效果越强，值越小拖曳效果越弱，值为1时不显示涂抹，值为100时涂抹效果最强。

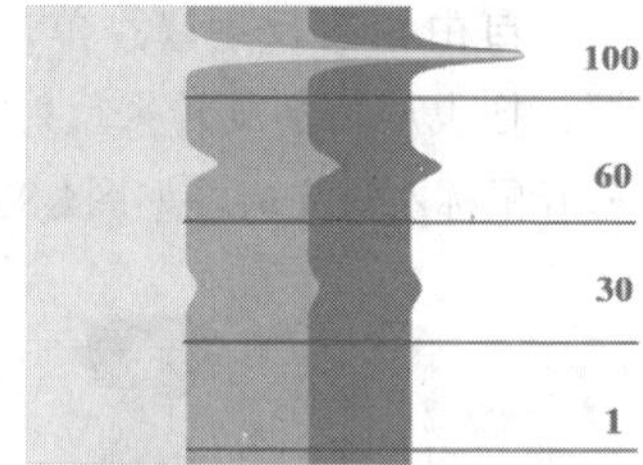

图4-98

笔压：激活可以运用数位板的笔压进行操作。

平滑涂抹：激活可以使用平滑的曲线进行涂抹，如图4-99所示。

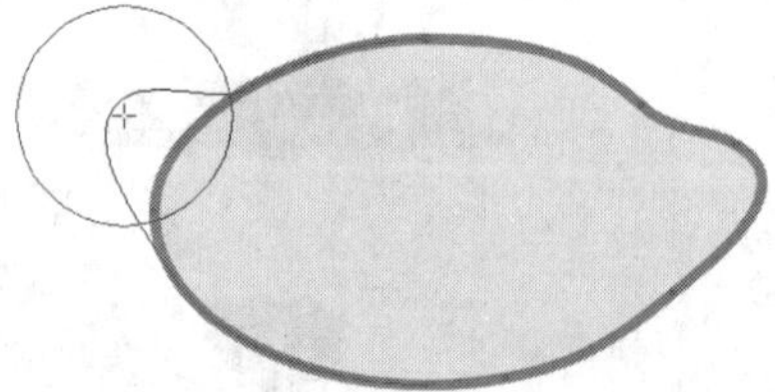

图4-99

尖状涂抹：激活可以使用带有尖角的曲线进行涂抹，如图4-100所示。

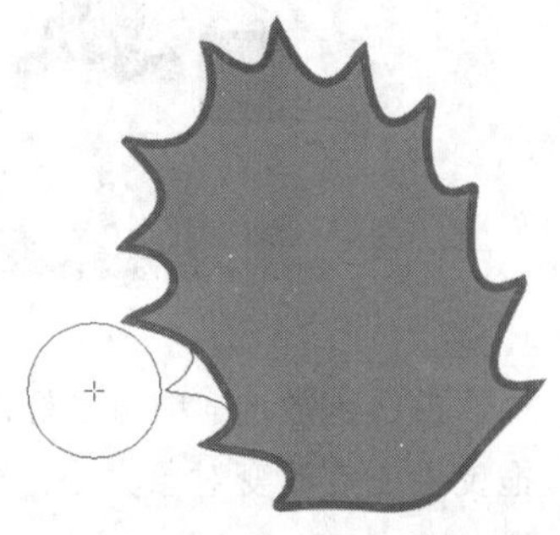

图4-100

4.1.6 转动工具

“转动工具”在轮廓处按住鼠标左键使边缘产生旋转形状，群组对象也可以进行涂抹操作。

1.线段的转动

选中绘制的线段，然后单击“转动工具”，将光标移动到线段上，光标移动的位置会影响旋转的效果，接着根据想要的效果，按住鼠标左键，笔刷范围内出现转动的预览，达到想要的效果就可以松开鼠标左键完成编辑，如图4-101所示。我们可以利用线段转动的效果制作浪花纹样，如图4-102所示。

图4-101

图4-102

技巧与提示

“转动工具”在使用时，会根据按住鼠标左键的时间长短来决定转动的圈数，按住鼠标左键时间越长圈数越多，时间越短圈数越少，如图4-103所示。

图4-103

在使用“转动工具”进行涂抹时，光标所在的位置也会影响旋转的效果，但是不能离开画笔范围。

1.光标中心在线段外，如图4-104所示，涂抹效果为尖角，如图4-105和图4-106所示。

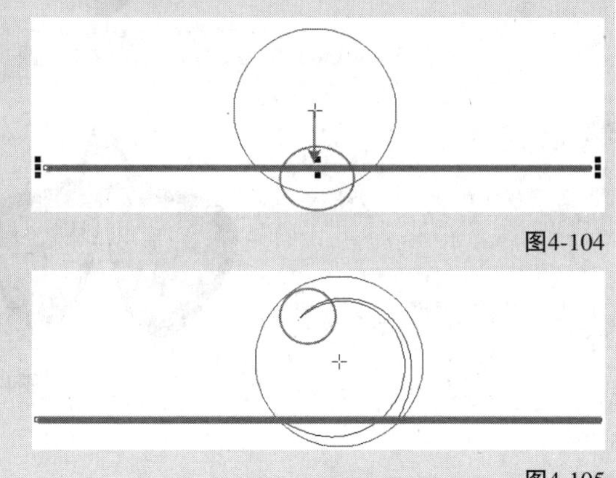

图4-104

图4-105

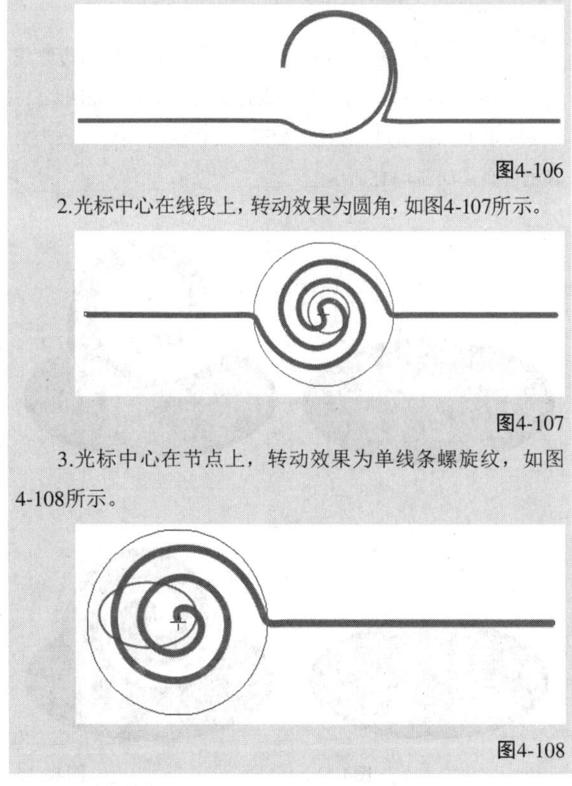

图4-106

2.光标中心在线段上，转动效果为圆角，如图4-107所示。

图4-107

3.光标中心在节点上，转动效果为单线条螺旋纹，如图4-108所示。

图4-108

2.面的转动

选中要涂抹的面，单击“转动工具”，将光标移动到面的边缘上，如图4-109所示，长按鼠标左键进行旋转，如图4-110所示。和线段转动不同，在封闭路径上进行转动可以进行填充编辑，并且也是闭合路径，如图4-111所示。

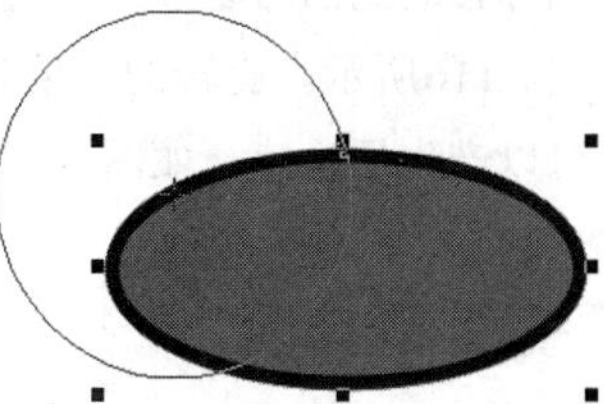

图4-109

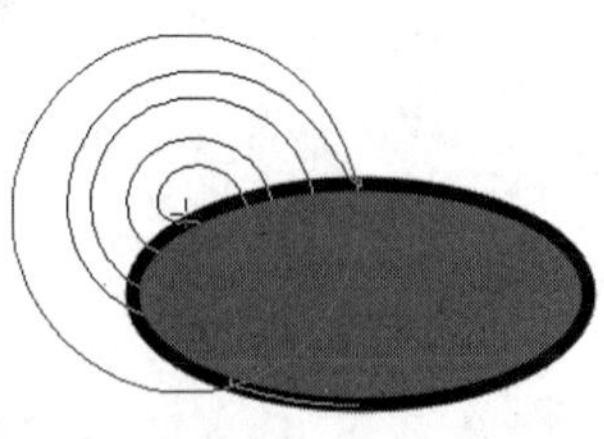

图4-110

图4-111

技巧与提示

在闭合路径中进行转动时，将光标中心移动到边缘线外，如图4-112所示，旋转效果为封闭式的尖角，如图4-113所示。将光标移动到边线上，如图4-114所示，旋转效果为封闭的圆角，如图4-115所示。

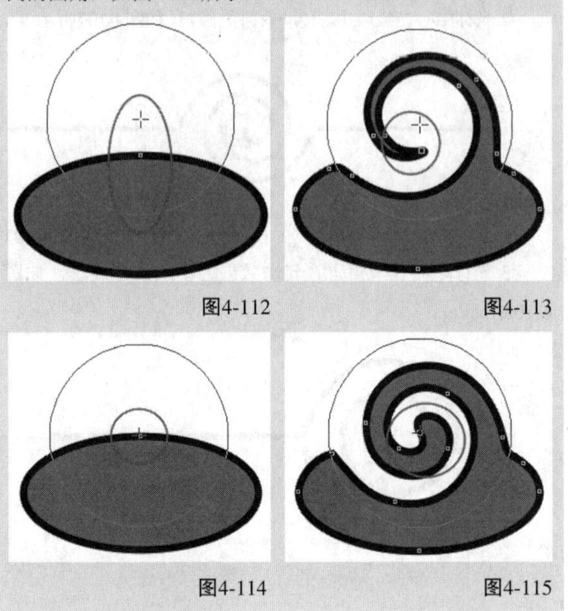

图4-112　图4-113　图4-114　图4-115

3.群组对象的转动

选中一个群组对象，单击单击“转动工具”，将光标移动到面的边缘上，长按鼠标左键进行旋转，如图4-116所示。旋转的效果和单一路径的效果相同，可以产生层次感，如图4-117所示。

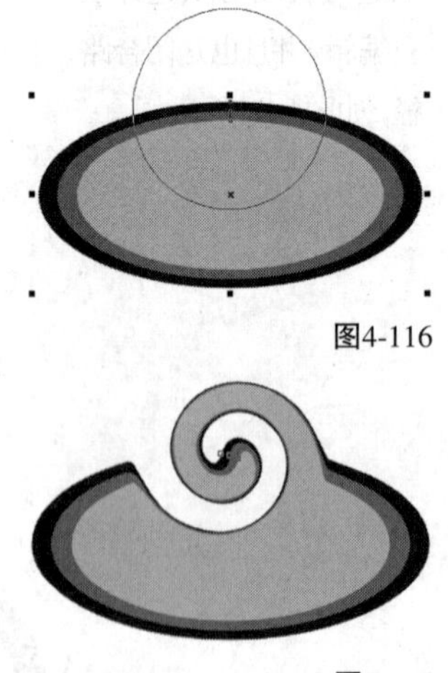

图4-116

图4-117

4.1.7 吸引工具

“吸引工具”在对象内部或外部长按鼠标左键使边缘产生回缩涂抹效果，群组对象也可以进行涂抹操作。

图4-118所示为单一对象的吸引效果；图4-119所示为群组对象的吸引效果。

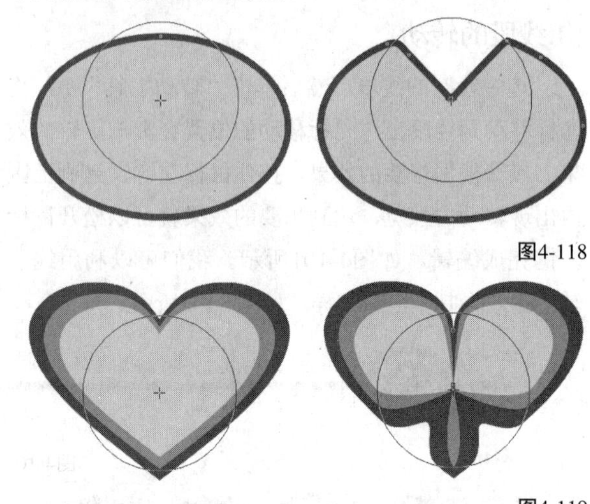

图4-118

图4-119

技巧与提示

在使用“吸引工具”时，对象的轮廓线必须出现在笔触的范围内，才能显示涂抹效果。

在涂抹过程中进行移动，会产生涂抹吸引的效果，如图4-120所示，在心形下面的端点长按鼠标左键向上拖曳，产生涂抹预览如图4-121所示，拖曳到想要的效果后松开鼠标左键完成编辑，如图4-122所示。

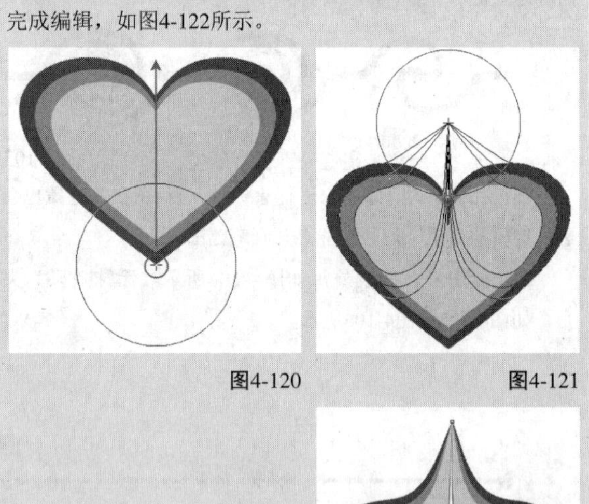

图4-120　图4-121

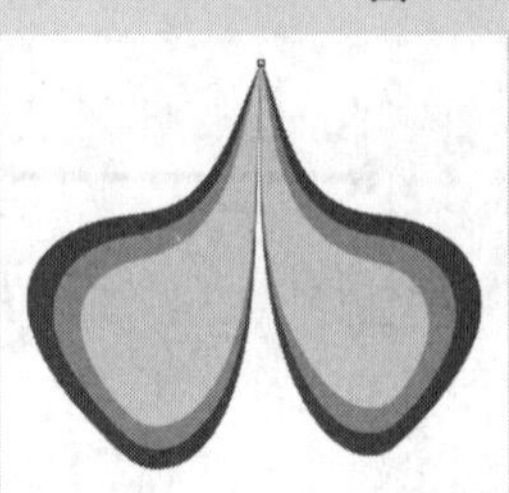

图4-122

4.1.8 排斥工具

“排斥工具”在对象内部或外部长按鼠标左键使边缘产生推挤涂抹效果，群组对象也可以进行涂抹操作。

图4-123所示为单一对象的排斥效果；图4-124所示为群组对象的排斥效果。

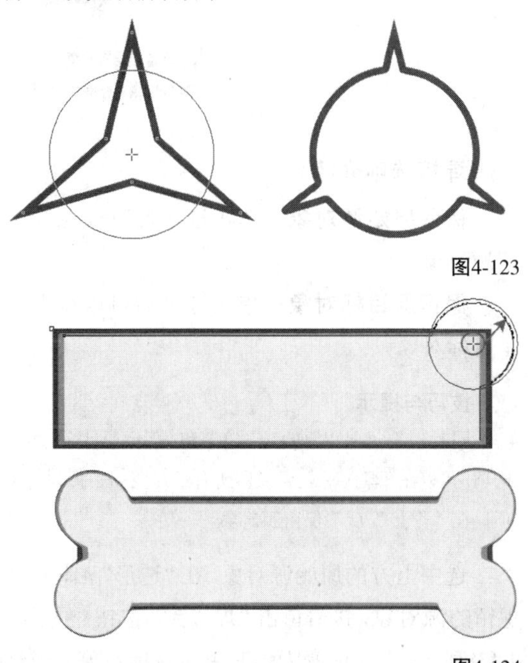

图4-123

图4-124

技巧与提示

排斥工具是从笔刷中心开始向笔刷边缘推挤产生效果，在涂抹时可以产生两种情况。

第1种：笔刷中心在对象内，涂抹效果为向外凸出，如图4-125所示。

图4-125

第2种：笔刷中心在对象外，涂抹效果为向内凹陷，如图4-126所示。

图4-126

4.2 常用造形操作

执行“排列>造形>造形”菜单命令，打开“造形”泊坞窗，如图4-127所示，该泊坞窗可以执行“焊接”“修剪”“相交”“简化”“移除后面对象”“移除前面对象”和“边界”命令对对象进行编辑操作。

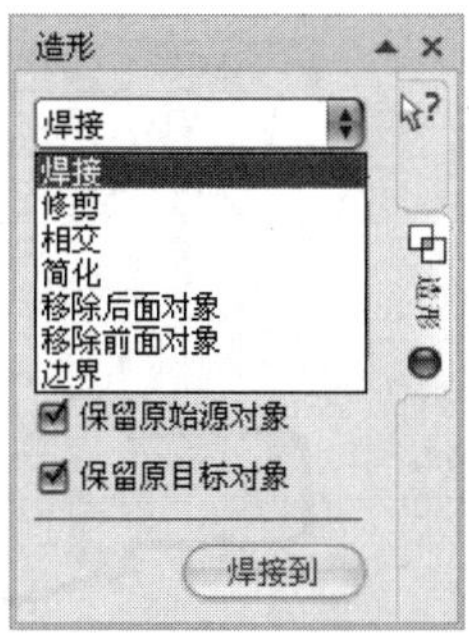

图4-127

分别执行“排列>造形”菜单下的命令也可以进行造形操作，如图4-128所示，菜单栏操作可以将对象一次性进行编辑，下面进行详细介绍。

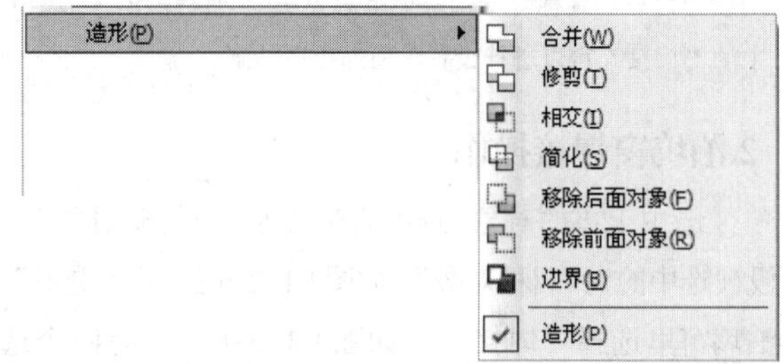

图4-128

本节重要命令介绍

名称	作用	重要程度
焊接	将两个或者多个对象焊接成为一个独立对象	中
修剪	将一个对象用一个或多个对象修剪，去掉多余的部分	高
相交	在两个或多个对象重叠区域上创建新的独立对象	中

4.2.1 焊接

“焊接”命令可以将两个或者多个对象焊接成为一个独立对象。

1.菜单栏焊接操作

将绘制好的需要焊接的对象全选中，如图4-129所示，执行“排列>造形>合并”菜单命令，如图4-130所示。在焊接前选中的对象如果颜色不同，在执行“合并”命令后都以最底层的对象为主，如图4-131所示。

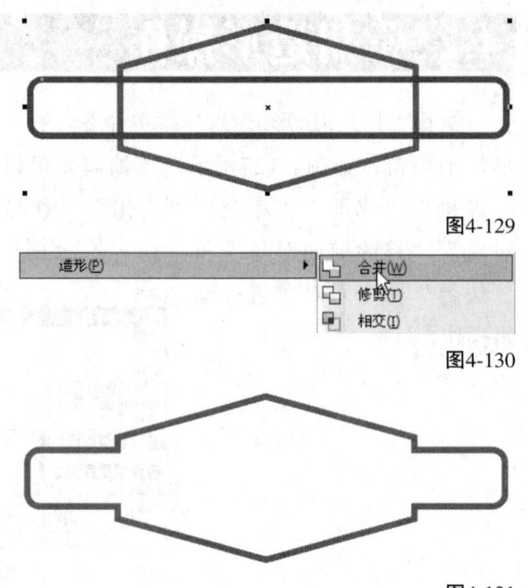

图4-129

图4-130

图4-131

技巧与提示

菜单命令里的“合并”和“造形”泊坞窗的“焊接”是同一个，只是名称有变化，菜单命令在于一键操作，泊坞窗中的“焊接”可以进行设置，使焊接更精确。

2.泊坞窗焊接操作

选中上方的对象，选中的对象为“原始源对象”，没被选中的为“目标对象”，如图4-132所示。在“造形”泊坞窗里选择“焊接”，如图4-133所示，有两个选项可以进行设置，在上方选项预览中可以进行勾选预览，避免出错，如图4-134~图4-137所示。

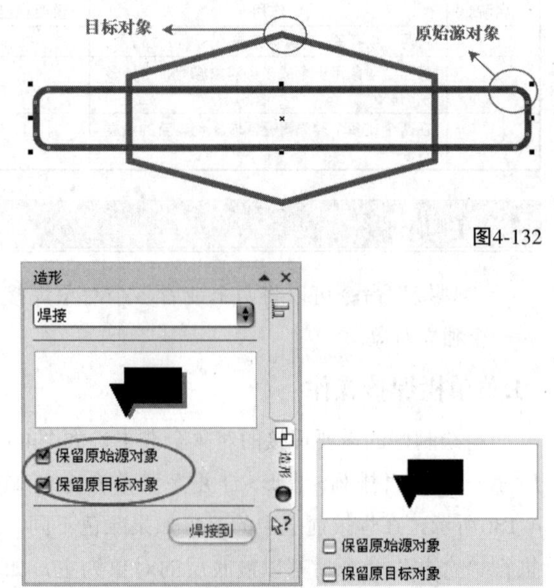

图4-132

图4-133　图4-134

图4-135 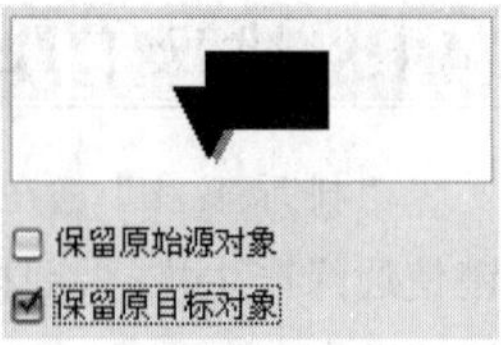　图4-136

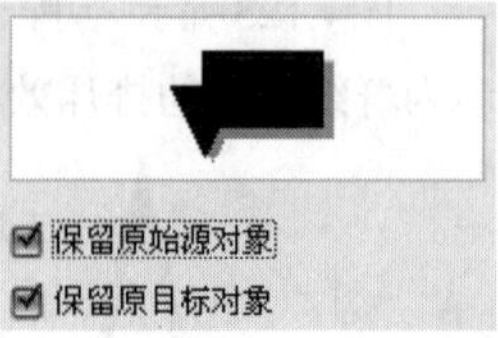

图4-137

焊接选项介绍

保留原始源对象：单击选中后可以在焊接后保留源对象。

保留原目标对象：单击选中后可以在焊接后保留目标对象。

技巧与提示

同时勾选“保留原始源对象”和“保留原目标对象”两个选项，可以在“焊接”之后保留所有源对象，去掉勾选两个选项，在“焊接”后不保留源对象。

选中上方的原始源对象，在“造形”泊坞窗选择要保留的源对象，接着单击“焊接到”按钮，如图4-138所示，当光标变为时单击目标对象完成焊接，如图4-139所示。我们可以利用“焊接”制作很多复杂图形。

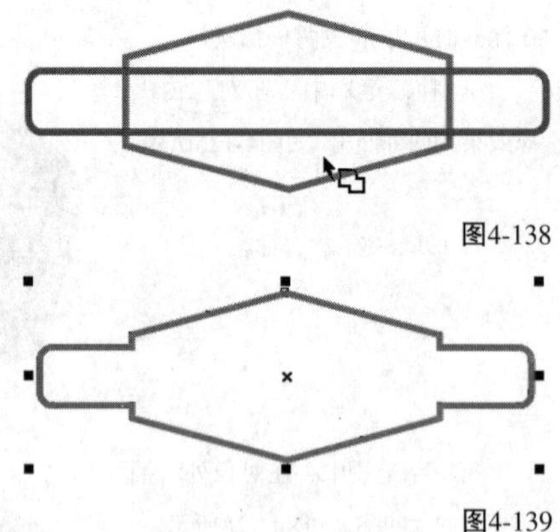
图4-138

图4-139

4.2.2 修剪

“修剪”命令可以将一个对象用一个或多个对象修剪，去掉多余的部分，在修剪时需要确定源对象和目标对象的前后关系。

技巧与提示

“修剪”命令除了不能修剪文本，度量线之外，其余对象均可以进行修剪。文本对象在转曲后也可以进行修剪操作。

1.菜单栏修剪操作

绘制需要修剪的源对象和目标对象，如图4-140所示，然后将绘制好的需要焊接的对象全选，如图4-141所示，再执行“排列>造形>修剪”菜单命令，如图4-142所示，菜单栏修剪会保留源对象，将源对象移开，得到修剪后的图形，如图4-143所示。

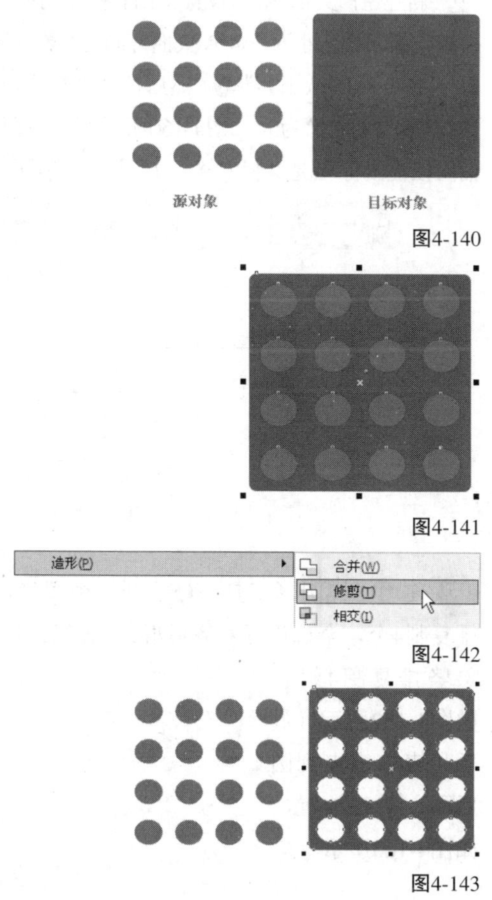

图4-140

图4-141

图4-142

图4-143

技巧与提示

使用菜单修剪可以一次性进行多个对象的修剪，根据对象的排放位置，在全选中的情况下，位于最下方的对象为目标对象，上面的所有对象均是修剪目标对象的源对象。

2.泊坞窗修剪操作

打开“造形”泊坞窗，在下拉选项中将类型切换为“修剪”，面板上呈现修剪的选项，如图4-144所示，在浏览中进行浏览如图4-145~图4-148所示，点选相应的选项可以保留相应的源对象。

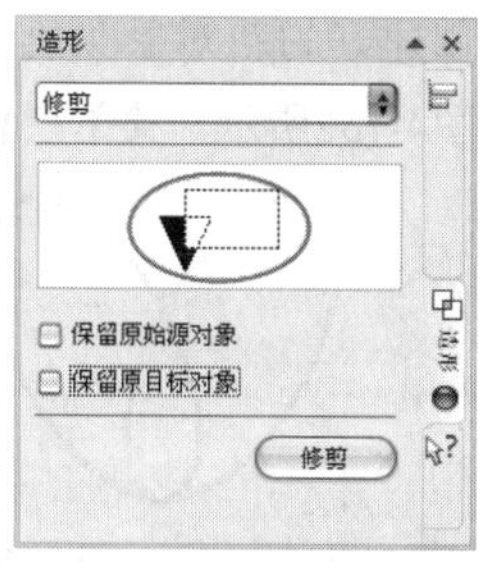

图4-144

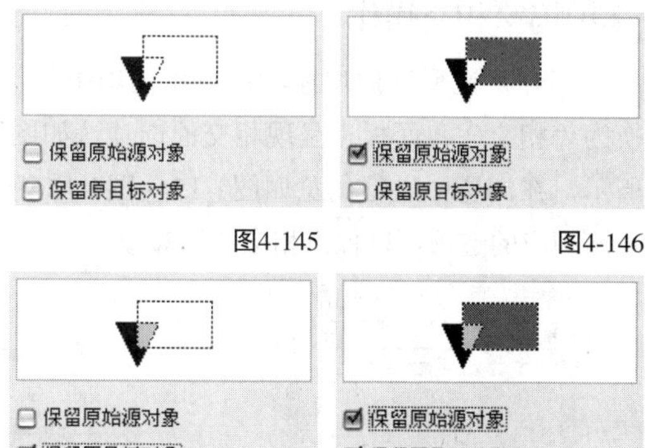

图4-145　图4-146

图4-147　图4-148

选中上方的始源对象，在“造形”泊坞窗中勾选掉保留选择，接着单击“修剪”按钮，如图4-149所示，当光标变为时单击目标对象完成修剪，如图4-150所示。

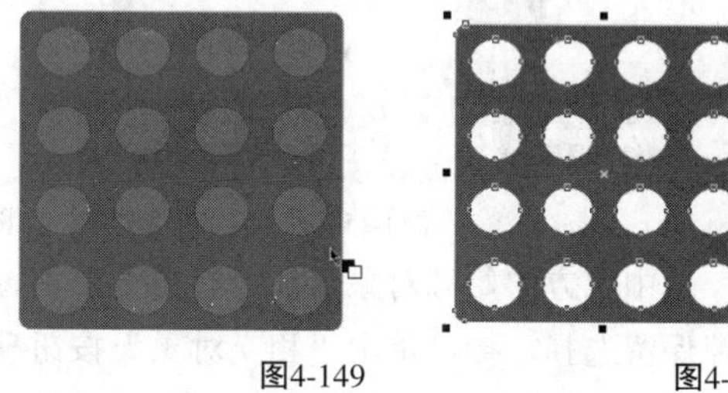

图4-149　图4-150

技巧与提示

在进行泊坞窗修剪时，可以逐个修剪，也可以使用底层对象修剪上层对象，并且可以进行保留源对象的设置，比菜单栏修剪更灵活。

4.2.3 相交

“相交”命令可以在两个或多个对象重叠区域上创建新的独立对象。

1.菜单栏相交操作

将绘制好的需要创建相交区域的对象全选，如图4-151所示，执行“排列>造形>相交”菜单命令，创建好的新对象颜色属性为最底层对象的属性，如图4-152所示，菜单栏相交操作会保留源对象。

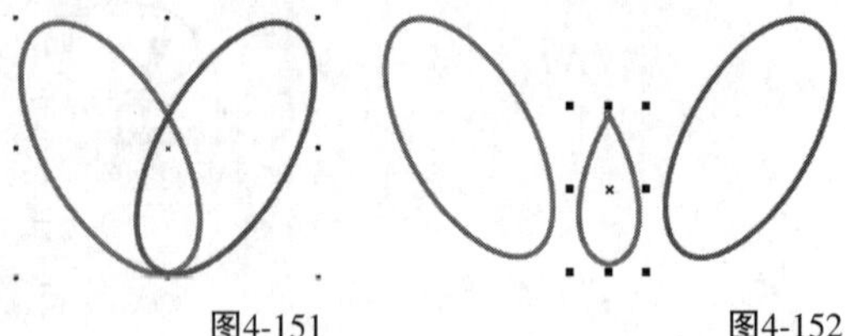

图4-151　　图4-152

2.泊坞窗相交操作

打开“造形”泊坞窗，在下拉选项中将类型切换为“相交”，面板上呈现相交的选项，如图4-153所示，在浏览中进行浏览如图4-154~图4-156所示，点选相应的选项可以保留相应的源对象。

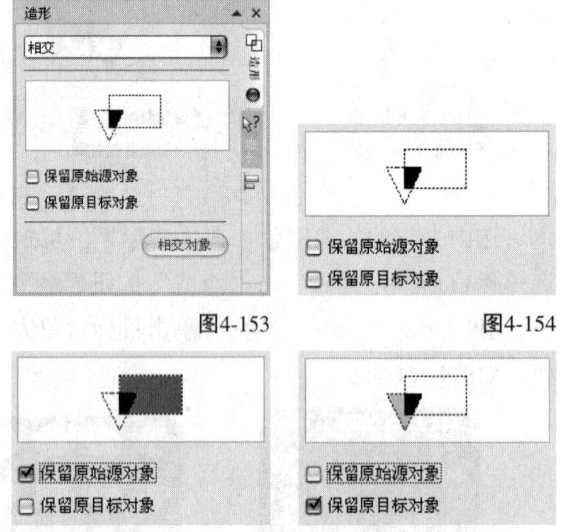

图4-153　　图4-154

图4-155　　图4-156

选中上方的始源对象，在“造形”泊坞窗中勾选掉保留选择，接着单击“相交对象”按钮，如图4-157所示，当光标变为时单击目标对象完成相交，如图4-158所示。

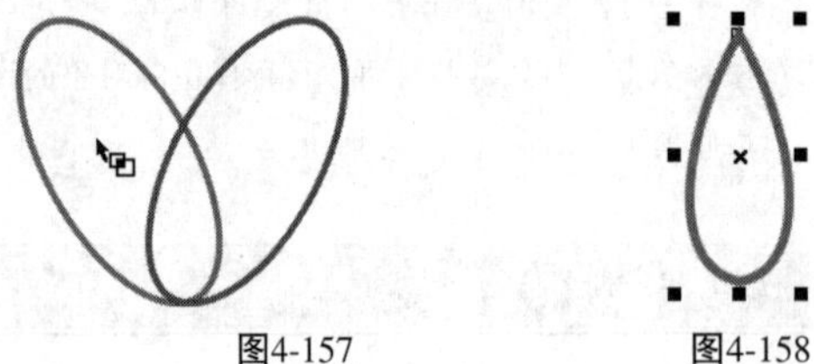

图4-157　　图4-158

课堂案例

制作焊接拼图游戏	
案例位置	案例文件>CH04>课堂案例：制作焊接拼图游戏.cdr
视频位置	多媒体教学>CH04>课堂案例：制作焊接拼图游戏.flv
难易指数	★★★☆☆
学习目标	修剪和焊接功能的运用方法

拼图游戏界面效果如图4-159所示。

图4-159

01 新建空白文档，然后设置文档名称为“拼图游戏”，接着设置页面大小为“A4”、页面方向为“横向”。

02 单击“图纸工具”，然后在属性栏中设置“；列数”为6，“行数”为5，如图4-160所示，将光标移动到页面内按住鼠标左键绘制表格，如图4-161所示。

图4-160

图4-161

03 使用“椭圆形工具”绘制一个圆形，接着横排复制4个，全选进行对齐后群组，然后将群组的对象竖排复制4组，如图4-162所示，最后将表格拖曳到圆后面，对齐放置，如图4-163所示。

图4-162

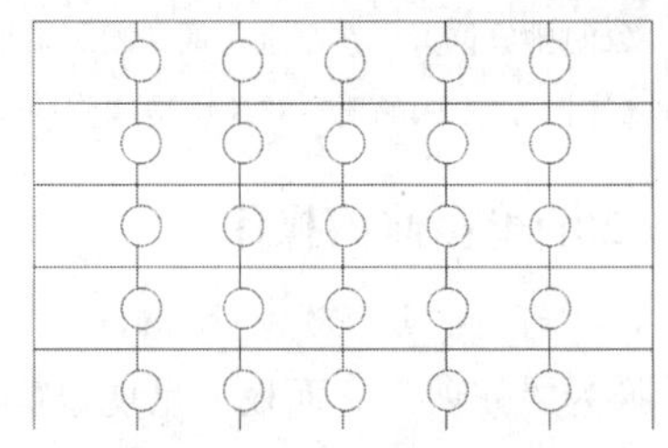

图4-163

04 将圆形全选后单击属性栏中“取消全部群组”按钮将对象组全部解散，方便进行单独操作，接着单击选中第一个圆形，在“修剪”面板上勾选“保留原始源对象”命令，单击“修剪”按钮，然后单击圆右边的矩形，可以在保留源对象同时进行剪切，如图4-164所示，最后按图4-165所示方向，将所有的矩形修剪完毕。

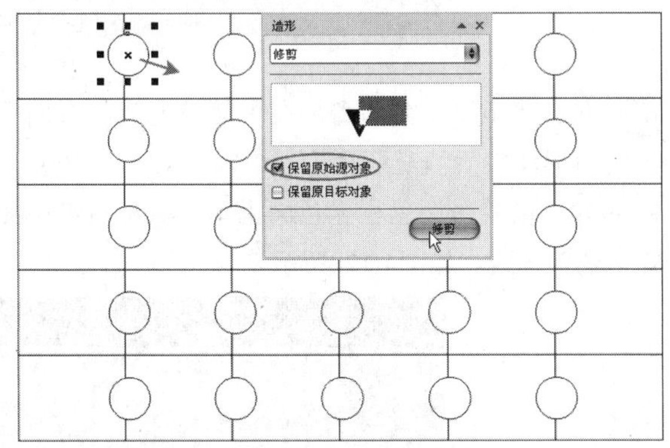

图4-164

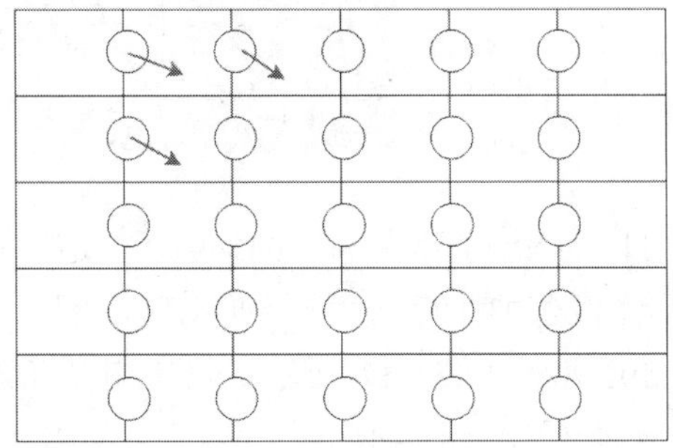
图4-165

05 下面进行焊接操作。单击选中第一个圆形，在“焊接”面板上不勾选任何命令，然后单击“焊接到”按钮，单击左边的矩形完成焊接，如图4-166所示，接着按如图4-167所示的方向，将所有的矩形焊接完毕，如图4-168所示。

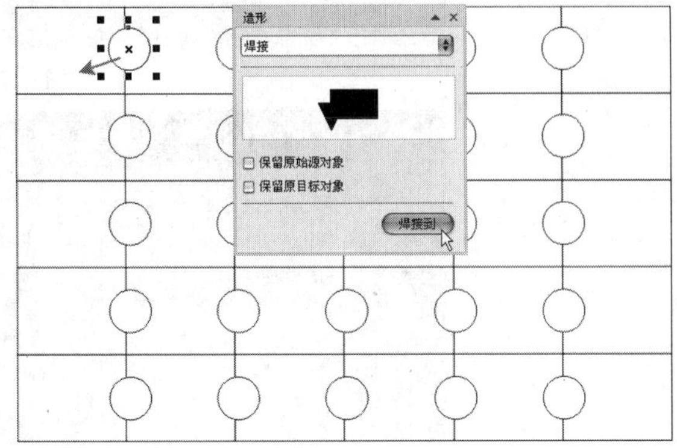

图4-166

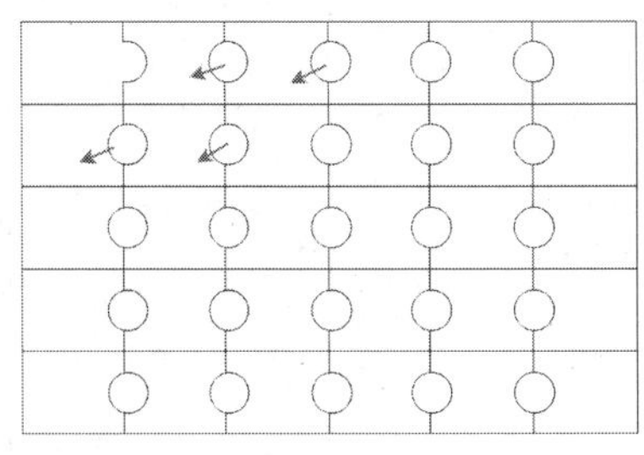
图4-167

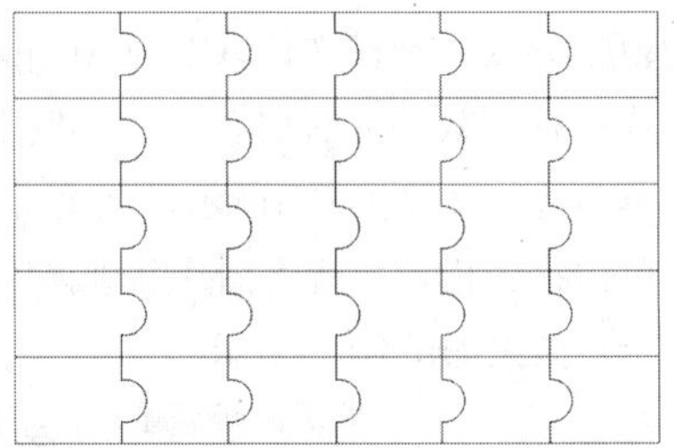
图4-168

06 用之前所述的方法，制作纵向修剪焊接的圆形，如图4-169所示，接着按如图4-170所示的方向修剪、按如图4-171所示的方向焊接，最后得到拼图的轮廓模版，如图4-172所示。选中所有拼图单击“合并”按钮合并对象。

图4-169

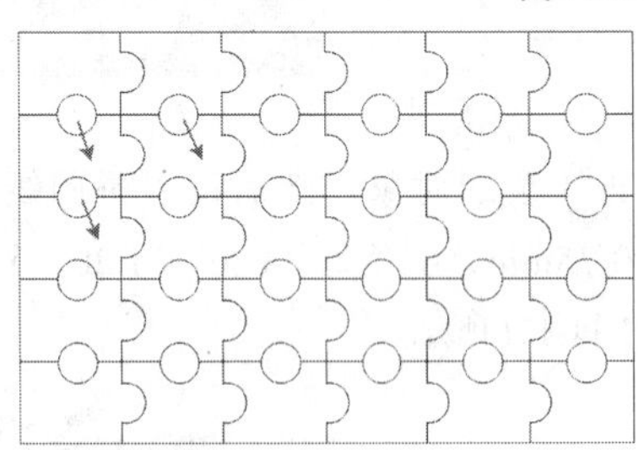
图4-170

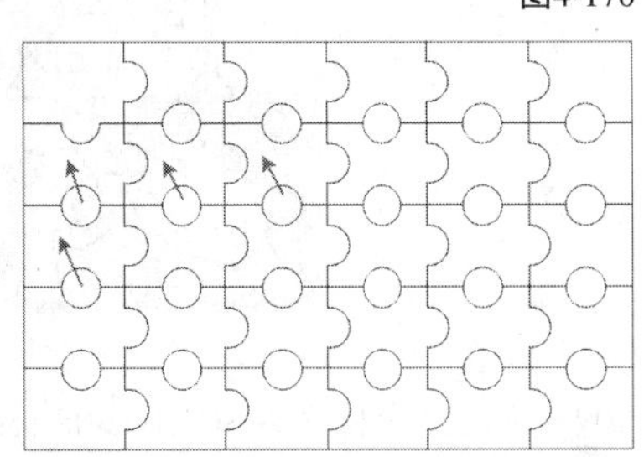
图4-171

图4-172

07 导入“素材文件>CH04>07.jpg”文件，选中图片执行“效果>图框精确剪裁>置于图文框内部”菜单命令，如图4-173所示，当光标变为箭头➡时，单击拼图模板，就将图片贴进模板中，如图4-174所示，效果如图4-175所示。

图4-173

图4-174

图4-175

08 全选对象，然后设置拼图线“轮廓宽度”为0.75mm、颜色为（C:0，M:20，Y:20，K:40），如图4-176所示。

图4-176

09 导入“素材文件>CH04>08.jpg”文件，将图片缩放至与页面等宽大小，接着拖曳到页面中放于页面最下方贴齐，如图4-177所示。

图4-177

10 双击“矩形工具”，在页面内创建与页面等大的矩形，然后填充颜色为（C:74，M:87，Y:97，K:69），接着在调色栏无色☒上单击鼠标右键去掉矩形的轮廓线，如图4-178所示。

图4-178

11 导入“素材文件>CH04>09.cdr”文件，然后取消群组，再选中时间和分数对象拖曳到页面左上角，缩放至合适大小，如图4-179所示，接着将其他元素摆放在相应的位置，如图4-180所示。

图4-179

图4-180

⑫ 将拼图拖入背景内放置在右边，如图4-181所示，然后选中拼图，再单击属性栏中“拆分”按钮，将拼图拆分成独立块，接着将任意一块拼图拖曳到盘子中旋转一下，最终效果如图4-182所示。

图4-181

图4-182

4.3 图形修饰

关于图形的修饰工具有“裁剪工具”“刻刀工具”“橡皮擦工具”以及“虚拟段删除工具”，本节着重讲解前面3种。

本节重要工具介绍

名称	作用	重要程度
裁剪工具	裁剪掉对象或导入位图中不需要的部分	中
刻刀工具	由对象边缘沿直线或曲线绘制拆分为两个独立的对象	高
橡皮擦工具	擦除位图或矢量图中不需要的部分	中

4.3.1 裁剪工具

“裁剪工具”可以裁剪掉对象或导入图像中不需要的部分，并且可以裁切群组的对象和未转曲的对象。

选中需要修整的图像，单击“裁剪工具”，在图像上绘制范围，如图4-183所示，如果裁剪范围不理想可以拖曳节点进行修正，调整到理想的范围后，按Enter键完成裁剪，如图4-184所示。

图4-183

图4-184

技巧与提示

在进行裁剪范围绘制时，单击范围内区域可以进行裁剪范围的旋转，使裁剪更灵活，如图4-185所示，按Enter键完成裁剪，如图4-186所示。

图4-185

图4-186

在绘制裁剪范围时，如果绘制失误，那么单击属性栏中“清除裁剪选取框”可以取消裁剪的范围，如图4-187所示，方便用户重新进行范围绘制。

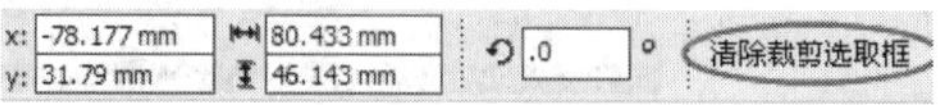

x: -78.177 mm　80.433 mm　.0 °　清除裁剪选取框
y: 31.79 mm　46.143 mm

图4-187

课堂案例

制作照片桌面

案例位置	案例文件>CH04>课堂案例：制作照片桌面.cdr
视频位置	多媒体教学>CH04>课堂案例：制作照片桌面.flv
难易指数	★★☆☆☆
学习目标	裁剪功能的运用方法

照片桌面效果如图4-188所示。

图4-188

01 新建空白文档，然后设置文档名称为“宝宝相片”，接着设置页面大小的“宽”为240mm、“高”为170mm。

02 双击“矩形工具”，在页面内创建与页面等大的矩形，然后设置颜色填充为（C:0，M:0，Y:0，K:100），接着在调色栏无色☒上单击鼠标右键去掉矩形的边框，如图4-189所示。

图4-189

03 导入“素材文件>CH04>10.psd”文件，按P键将图片放置在页面中心，如图4-190所示。

图4-190

04 导入“素材文件>CH04>11.jpg”文件，然后将照片缩放到正好覆盖住第一个相框的黑色区域，如图4-191所示，接着将图片拖到页面外，如图4-192所示。

图4-191

图4-192

05 选中图片单击“裁剪工具”在照片背景上绘制一个范围，如图4-193所示，然后在裁切范围单击鼠标左键可以进行旋转，将范围旋转到与黑色区域重合，如图4-194所示，接着单击裁剪范围将大小缩放至完全重合，如图4-195所示。

图4-193

图4-194

图4-195

06 将绘制好的裁切范围拖曳到宝宝照片上，调整位置，如图4-196所示，然后按Enter键完成裁剪，如图4-197所示，将图片拖到相框上方遮盖黑色区域，如图4-198所示。

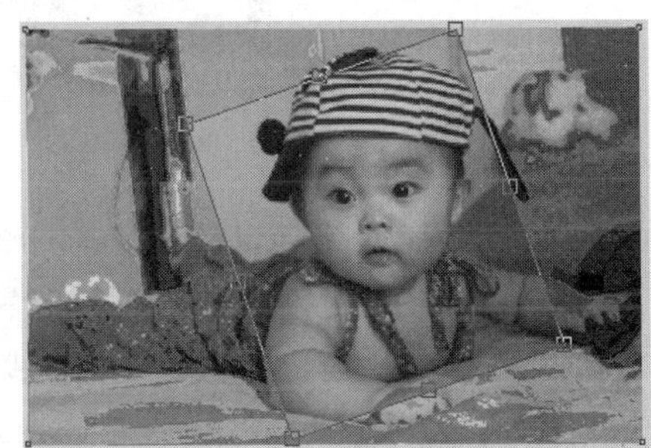

图4-196

图4-197

图4-198

07 导入“素材文件>CH04>12.jpg”文件，然后缩放至覆盖第2张照片的大小，再拖到页面外，接着绘制第2张照片的裁剪范围，如图4-199所示，最后拖曳到宝宝照片上进行裁切，如图4-200和图4-201所示。

图4-199

图4-200

图4-201

08 将裁剪好的宝宝照片拖曳到背景图中与黑色区域重合，如图4-202所示，然后单击鼠标右键执行“顺序>置于此对象后”命令，如图4-203所示，当光标变为➡时单击相片素材图层，如图4-204所示，照片位于该图层下方。最终完成效果如图4-205所示。

图4-202

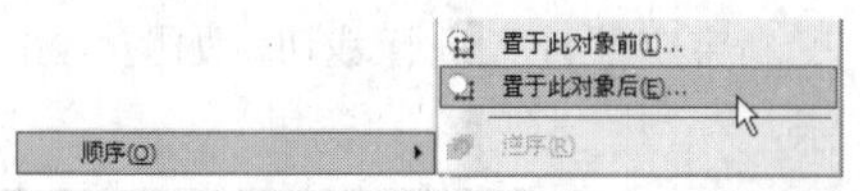

图4-203

图4-204

图4-205

4.3.2 刻刀工具

“刻刀工具”可以将对象边缘沿直线、曲线绘制拆分为两个独立的对象。

1.直线拆分对象

选中对象，单击“刻刀工具”，当光标变为刻刀形状时，移动在对象轮廓线上单击鼠标左键，如图4-206所示，将光标移动到另外一边，如图4-207所示，会有一条实线进行预览。

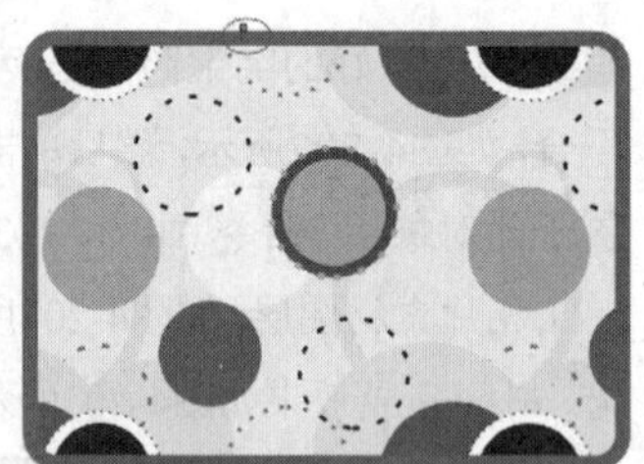

图4-206

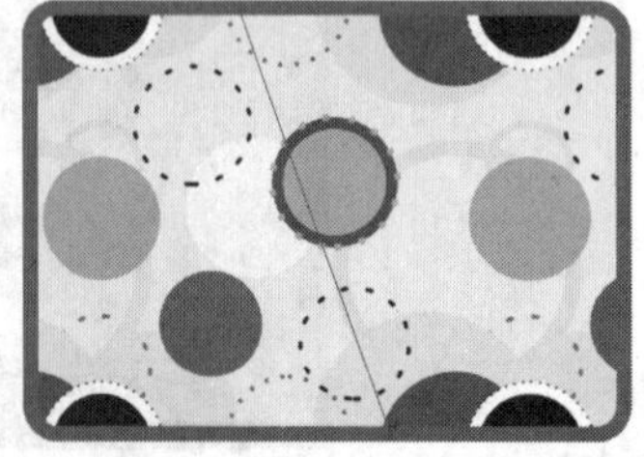

图4-207

单击确认后，绘制的切割线变为轮廓属性，如图4-208所示，拆分为对立对象可以分别移动拆分后的对象，如图4-209所示。

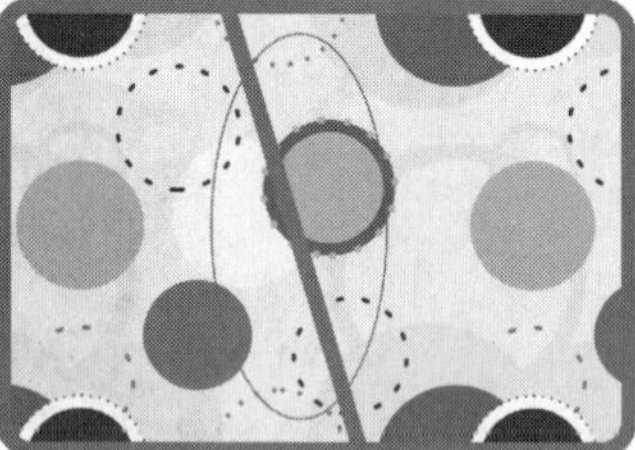

图4-208

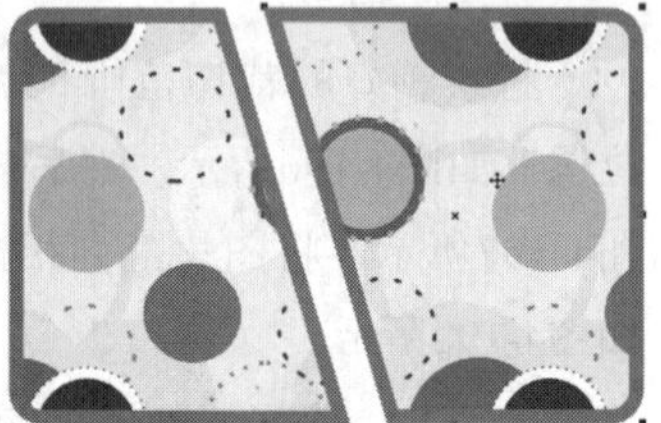

图4-209

2.曲线拆分对象

选中对象，单击“刻刀工具”，当光标变为刻刀形状时，移动在对象轮廓线上按住鼠标左键进行绘制曲线，如图4-210所示，预览绘制的实线进行调节，如图4-211所示，切割失误可以按Ctrl+Z组合键撤销重新绘制。

图4-210

图4-211

曲线绘制到边线后，会吸附连接成轮廓线，如图4-212所示，拆分为对立对象可以分别移动拆分后的对象，如图4-213所示。

图4-212

图4-213

3.拆分位图

“刻刀工具”除了可以拆分矢量图之外还可以拆分位图。导入一张位图，选中后单击“刻刀工具”，然后在位图边框开始绘制直线切割线，如图4-214所示，拆分为对立对象可以分别移动拆分后的对象，如图4-215所示。

图4-214

图4-215

在位图边框开始绘制曲线切割线，如图4-216所示，拆分为对立对象可以分别移动拆分后的对象，如图4-217所示。

图4-216

图4-217

技巧与提示

“切割工具”绘制曲线切割除了长按鼠标左键拖曳绘制外，如图4-218所示，可以在单击定下节点后加按Shift键进行控制点调节，形成平滑曲线。

图4-218

4.刻刀工具设置

“刻刀工具”的属性栏如图4-219所示。

图4-219

刻刀选项介绍

保留为一个对象：将对象拆分为两个子路径，并不是两个独立对象，激活后不能进行分别移动，如图4-220所示，双击可以进行整体编辑节点。

图4-220

切割时自动闭合：激活后在分割时自动闭合路径，关掉该按钮，切割后不会闭合路径，如图4-221和图4-222所示只显示路径，填充效果消失。

图4-221

图4-222

课堂案例

制作明信片

案例位置	案例文件>CH04>课堂案例：制作明信片.cdr
视频位置	多媒体教学>CH04>课堂案例：制作明信片.flv
难易指数	★★★☆☆
学习目标	刻刀功能的运用方法

明信片效果如图4-223和图4-224所示。

图4-223

图4-224

01 新建空白文档，然后设置文档名称为“城市明信片”，接着设置页面大小的“宽”为195mm、“高”为100mm。

02 导入“素材文件>CH04>13.jpg”文件，将图片拖入页面，然后单击“刻刀工具”，在图片上方轮廓处单击鼠标左键，再按Shift键水平移动到另一边单击鼠标左键，绘制一条裁切直线，如图4-225所示，将图片裁切为两个独立对象，效果如图4-226所示。

图4-225

图4-226

03 单击导航器上加页按钮添加一页，如图4-227所示，将星空的图片对象拖进第2页，然后回到第1页，将城市的图片拖放至与页面上方重合，如图4-228所示，页面下方并没有被图片覆盖住。

图4-227

图4-228

04 下面绘制明信片的正面。单击“刻刀工具”，然后长按Shift键在图片右边轮廓处单击鼠标左键，接着在另一边靠下一些按住鼠标左键不放进行拖曳，通过控制点调整曲线弧度，如图4-229所示。最后将多余的部分按Delete键删除掉，如图4-230所示。

图4-229

图4-230

05 双击“矩形工具”，在页面内创建与页面等大的矩形，然后颜色填充为（C:25，M:55，Y:0，K:0），再去掉轮廓线，如图4-231所示，接着单击“刻刀工具”，按上述方法将矩形切开，删除多余的部分，如图4-232所示。

图4-231

图4-232

06 导入“素材文件>CH04>14.cdr”文件，将文字缩放于页面右边空白处，最终效果如图4-233所示。

图4-233

07 下面绘制明信片的背面。在导航器单击第2页，然后将星空拖放在页面最下边，再使用“刻刀工具”将图片切割为只留星云的底图，如图4-234所示，接着使用“矩形工具”绘制矩形，设置颜色填充为白色，去掉轮廓线，设置“圆角”为4mm，如图4-235所示，最后单击“透明度工具”以如图4-236所示的方向拖曳渐变。

图4-234

图4-235

图4-236

08 绘制正方形，然后在水平方向复制5个，全选后群组，再填充轮廓颜色为红色（C:0，M:100，Y:100，K: 0），接着将方块拖曳到页面左上角，如图4-237所示，接着绘制贴放邮票的矩形，边框填充也是红色，如图4-238所示。

图4-237

图4-238

09 单击“贝塞尔工具”绘制一条直线，然后设置线条样式为虚线，颜色为（C:0，M:0，Y:0，K:80），接着垂直复制两条，群组放置在页面中相应位置，如图4-239所示，最后将邮政编码字样拖入渐变白色矩形中，最终效果如图4-240所示。

图4-239

图4-240

4.3.3 橡皮擦工具

“橡皮擦工具”用于擦除位图或矢量图中不需要的部分，文本和有辅助效果的图形需要转曲后进行操作。

单击导入位图，选中后单击“橡皮擦工具”，将光标移动到对象内，单击鼠标左键定下开始点，移动光标会出现一条虚线进行预览，如图4-241所示，单击鼠标左键进行直线擦除，将光标移动到对象外也可以进行擦除，如图4-242所示，长按鼠标左键可以进行曲线擦除，如图4-243所示。

图4-241

图4-242

图4-243

技巧与提示

与“刻刀工具”不同的是，橡皮擦可以在对象内进行擦除。另外，使用“橡皮擦工具”擦除的对象并没有拆分开，如图4-244所示。

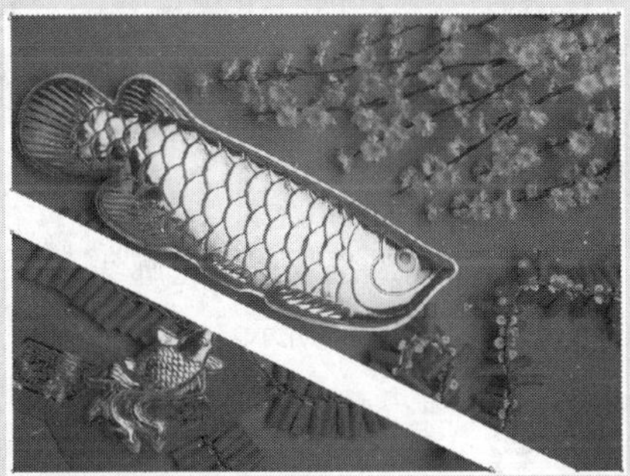

图4-244

需要进行分开编辑时，执行“排列>拆分位图”菜单命令，如图4-245所示，可以将原来对象拆分成两个独立的对象，方便进行分别编辑，如图4-246所示。

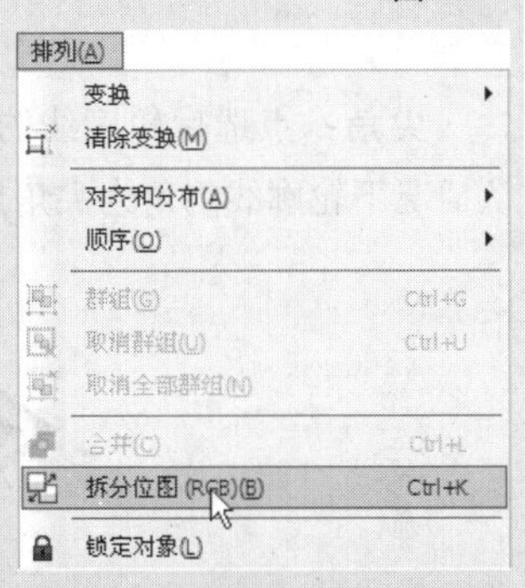

图4-245

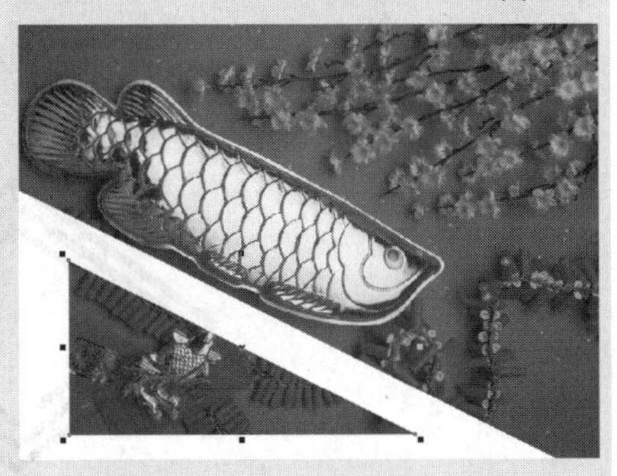

图4-246

4.4 轮廓设置与转换

在图形设计的过程中，通过编辑修改对象轮廓线的样式、颜色、宽度等属性，可以使图形设计更加丰富，更加灵活，从而提高设计的水平。轮廓线的属性在对象与对象之间可以进行复制，并且可以将轮廓转换为对象进行编辑。

在软件默认情况下，系统自动为绘制的图形添加轮廓线，并设置颜色为K:100，宽度为0.2mm，线条样式为直线型，用户可以选中对象进行重置修改。接下来我们将通过CorelDRAW X6提供的工具和命令，学习对图形的轮廓线进行编辑和填充。

4.4.1 轮廓笔对话框

“轮廓笔”用于设置轮廓线的属性，可以设置颜色、宽度、样式和箭头等。

单击“轮廓笔”工具展开下拉工具选项板，如图4-247所示，选中“轮廓笔”，打开“轮廓笔”对话框，可以在里面变更轮廓线的属性，如图4-248所示。

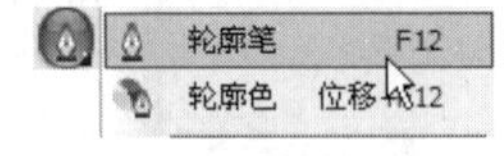

图4-247

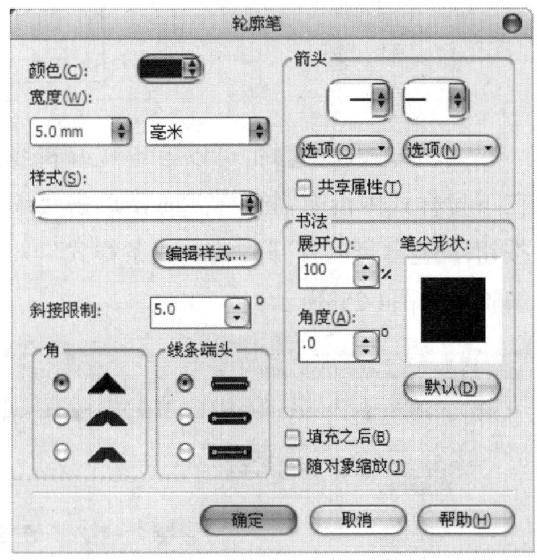

图4-248

轮廓笔选项介绍

颜色：单击后在下拉颜色选项里选择填充的线条颜色，如图4-249所示，可以单击已有的颜色进行填充也可以单击“滴管”按钮吸取图片上的颜色进行填充。

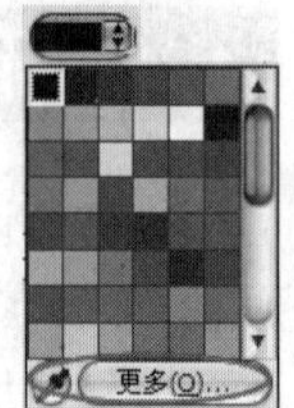

图4-249

宽度：在下面的文字框中输入数值，或者在下拉选项中进行选择，如图4-250所示，可以在后面的文字框的下拉选项中选择单位，如图4-251所示。

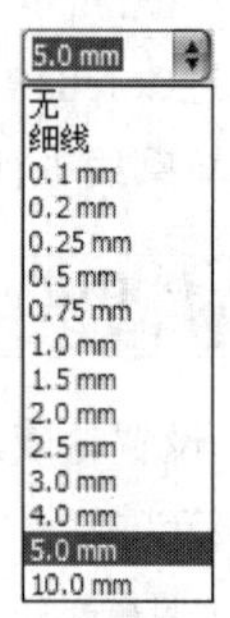

图4-250

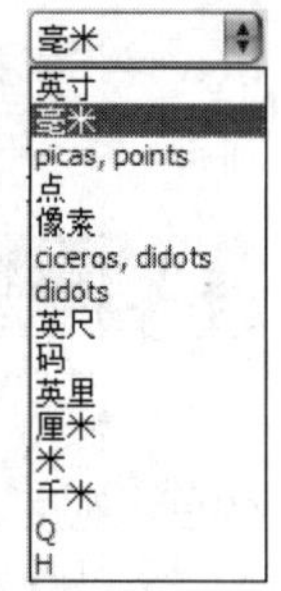

图4-251

样式：单击可以在下拉选项中选择线条样式，如图4-252所示。

图4-252

编辑样式：可以自定义编辑线条样式，在下拉样式中没有需要样式时，单击"编辑样式"按钮可以打开"编辑线条样式"对话框进行编辑，如图4-253所示。

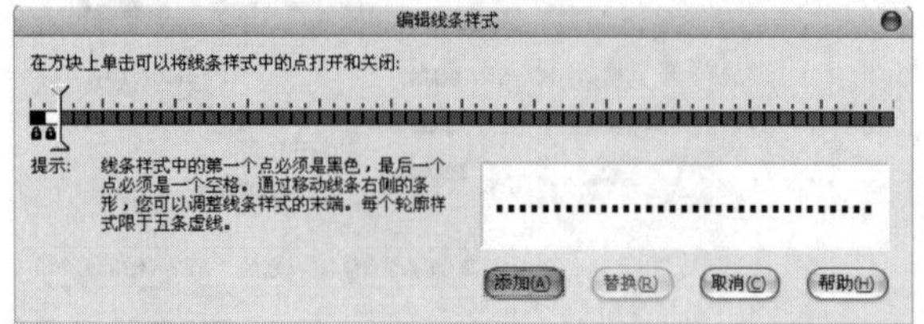

图4-253

斜接限制：用于消除添加轮廓时出现的尖突情况，可以直接在文字框中输入数值进行修改，数值越小越容易出现尖突，正常情况下45°为最佳值，低版本的CorelDRAW中默认的"斜接限制"为45°，而高版本的CorelDRAW默认为5°。

技巧与提示

"斜接限制"一般情况下多用于美工文字的轮廓处理上，一些文字在轮廓线较宽时会出现尖突，如图4-254所示，此时，我们在"斜接限制"中将数值加大，可以平滑掉尖突，如图4-255所示。

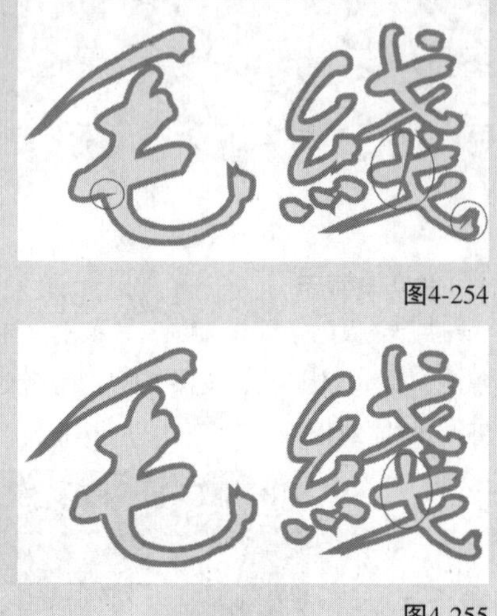

图4-254

图4-255

角："角"选项用于轮廓线夹角的"角"样式的变更，如图4-256所示。

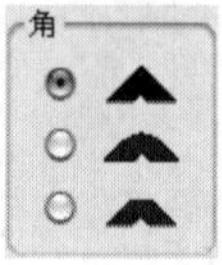

图4-256

尖角：点选后轮廓线的夹角变为尖角显示，默认情况下轮廓线的角为尖角，如图4-257所示。

图4-257

圆角：点选后轮廓线的夹角变圆滑，为圆角显示，如图4-258所示。

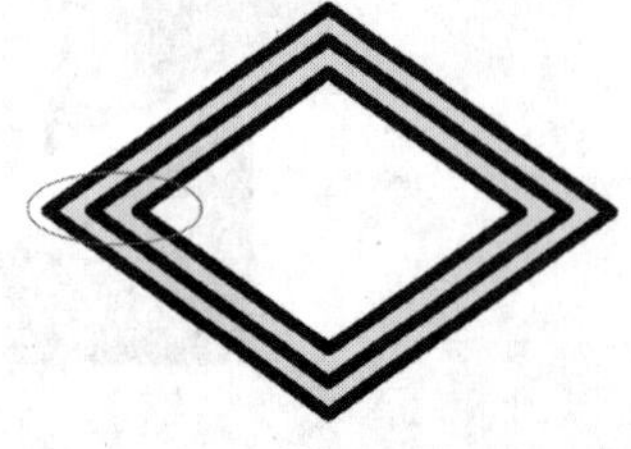

图4-258

平角：点选后轮廓线的夹角变为平角显示，如图4-259所示。

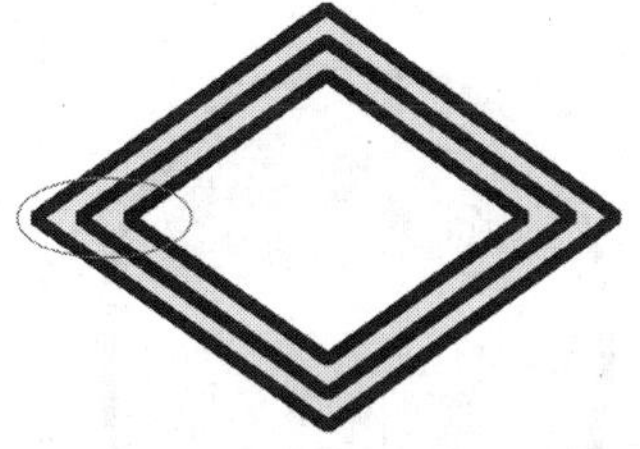

图4-259

线条端头：用于设置单线条或未闭合路径线段顶端的样式，如图4-260所示。

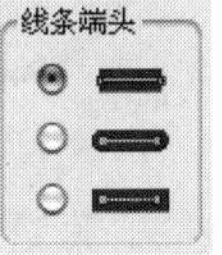

图4-260

：点选后为默认状态，节点在线段边缘，如图4-261所示。

图4-261

：点选后为圆头显示，使端点更平滑，如图4-262所示。

图4-262

：点选后节点被包裹在线段内，如图4-263所示。

图4-263

箭头：在相应方向的下拉样式选项中，可以设置添加左边与右边端点的箭头样式，如图4-264所示。

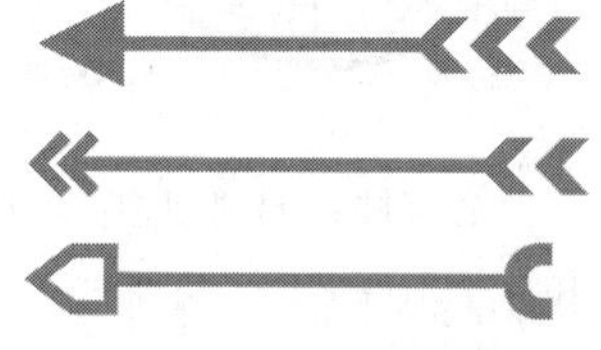

图4-264

选项：单击选项按钮可以在下拉选项中进行快速操作和编辑设置，左右两个"选项"按钮，分别控制相应方向的箭头样式，如图4-265所示。

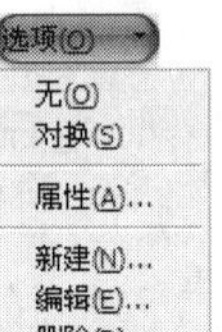

图4-265

书法：设置书法效果可以将单一粗细的线条修饰为书法线条，如图4-266和图4-267所示。

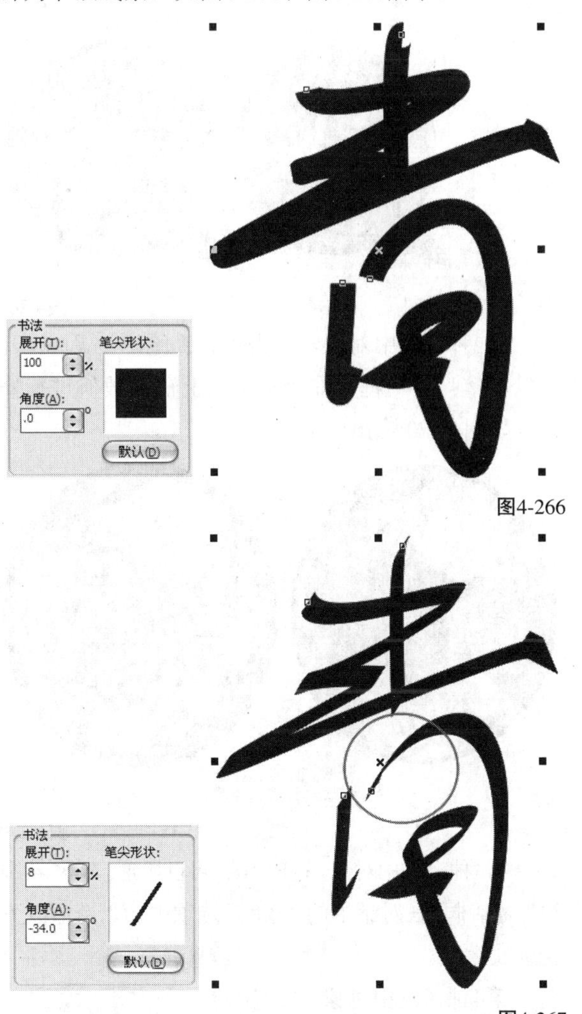

图4-266

图4-267

随对象缩放：勾选该选项后，在放大缩小对象时，轮廓线也会随之进行变化，不勾选轮廓线宽度不变。

4.4.2 轮廓线宽度

变更对象轮廓线的宽度可以使图像效果更丰富，同时起到增强对象醒目程度的作用。

1.设置轮廓线宽

设置轮廓线宽度的方法有4种。

第1种：选中对象，在属性栏上"轮廓宽度"后面的文字框中输入数值进行修改，或在下拉选项中进行修改，如图4-268所示，数值越大轮廓线越宽，如图4-269所示。

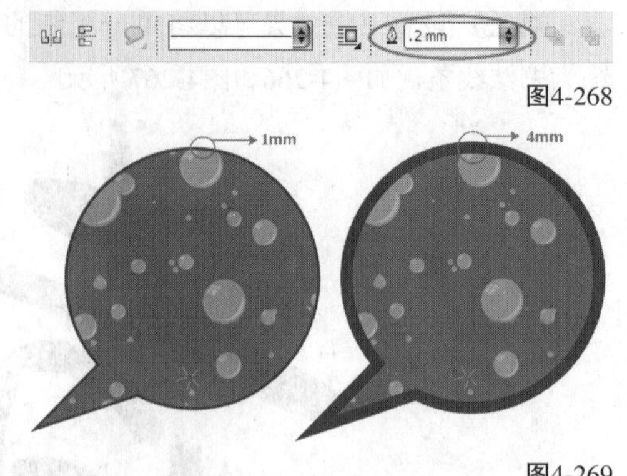

图4-268

图4-269

第2种：选中对象，单击“轮廓笔”工具打开“轮廓笔”对话框，在“宽度”上输入数值进行修改，如图4-270所示。

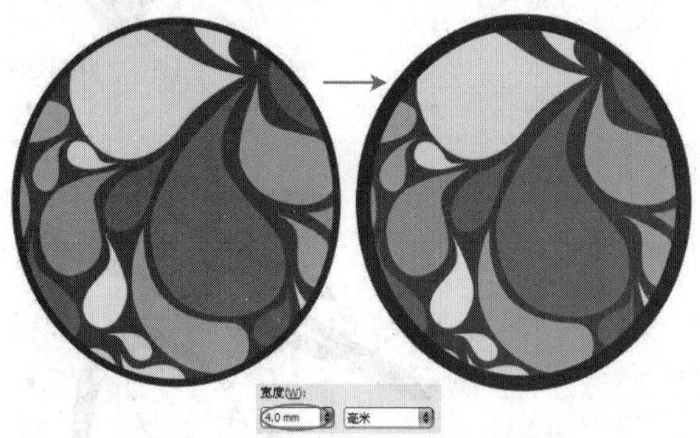

图4-270

第3种：选中对象，按F12键，可以快速打开“轮廓线”对话框，在对话框的“宽度”选项中输入数值改变轮廓线大小。

第4种：选中对象，在“轮廓笔工具”的下拉工具选项中，进行选择，如图4-271所示。

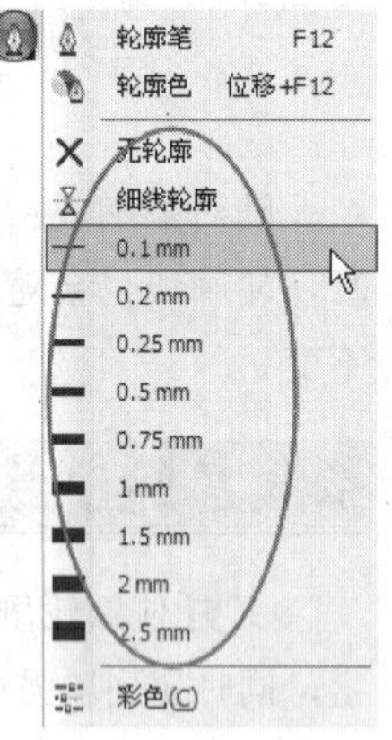

图4-271

2.清除轮廓线

在绘制图形时，默认会出现宽度为0.2mm、颜色为黑色的轮廓线，通过相关操作可以将轮廓线去掉，以达到想要的效果。

去掉轮廓线的方法有4种。

第1种：单击选中对象，在默认调色板中单击“无填充”将轮廓线去掉，如图4-272所示。

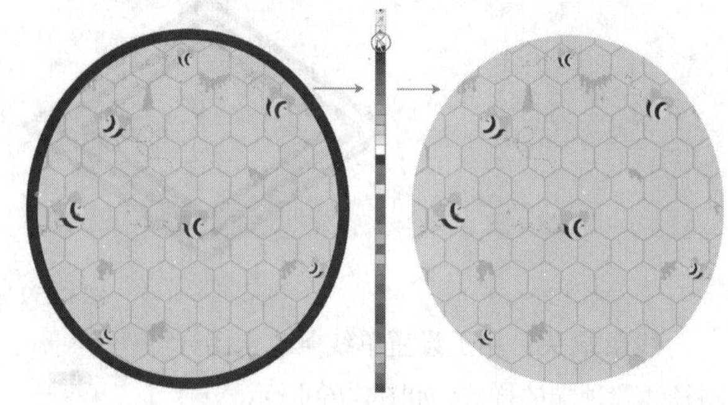

图4-272

第2种：选中对象，单击属性栏“轮廓宽度”的下拉选项，选择“无”将轮廓去掉，如图4-273所示。

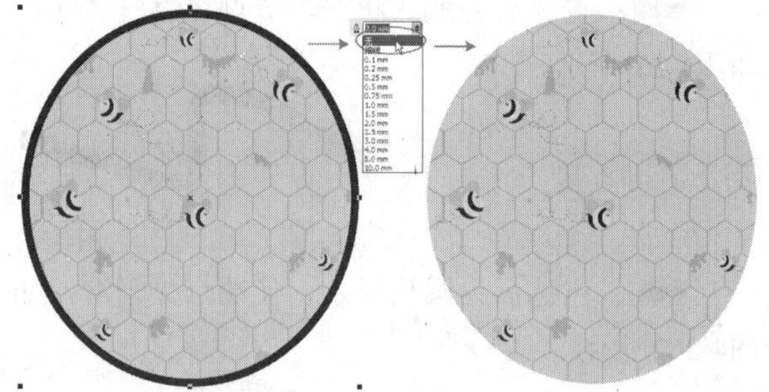

图4-273

第3种：选中对象，在属性栏“线条样式”的下拉选项中选择“无样式”来去掉轮廓线，如图4-274所示。

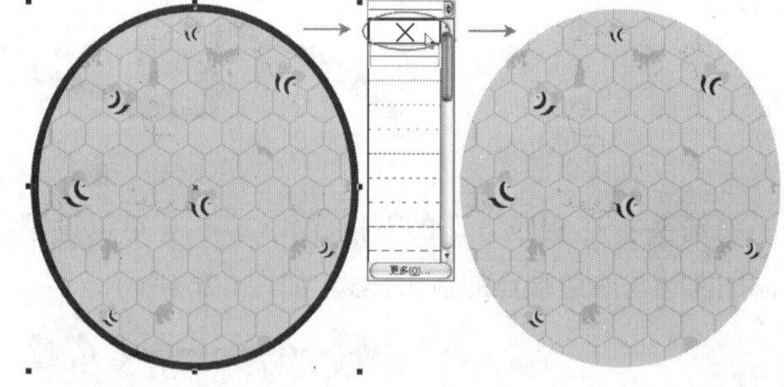

图4-274

第4种：选中对象，在“轮廓笔工具”的下拉工具中打开“轮廓笔”对话框，在对话框中“宽度”的下拉选项中选择“无”去掉轮廓线。

课堂案例

绘制生日贺卡

案例位置	案例文件>CH04>课堂案例：绘制生日贺卡.cdr
视频位置	多媒体教学>CH04>课堂案例：绘制生日贺卡.flv
难易指数	★★☆☆☆
学习目标	轮廓宽度的运用方法

卡通生日贺卡效果如图4-275所示。

图4-275

01 新建空白文档，然后设置文档名称为“卡通生日贺卡”，接着设置页面大小的“宽”为297mm、“高”为182mm。

02 首先绘制蛋糕的底座。使用“矩形工具”绘制矩形，然后在属性栏中设置矩形上边“圆角”为12mm，如图4-276和图4-277所示。

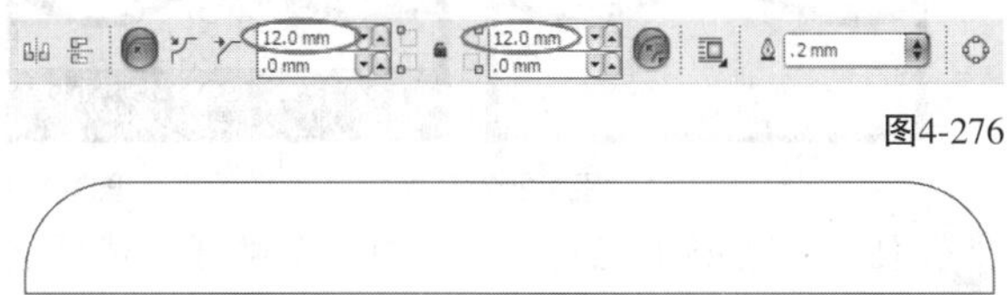

图4-276

图4-277

03 使用“椭圆形工具”绘制一个椭圆，然后拖曳到矩形上，接着在“造形”泊坞窗上勾选“保留原目标对象”选项，再单击“相交对象”按钮，如图4-278所示，最后选择目标对象单击完成相交，如图4-279所示。

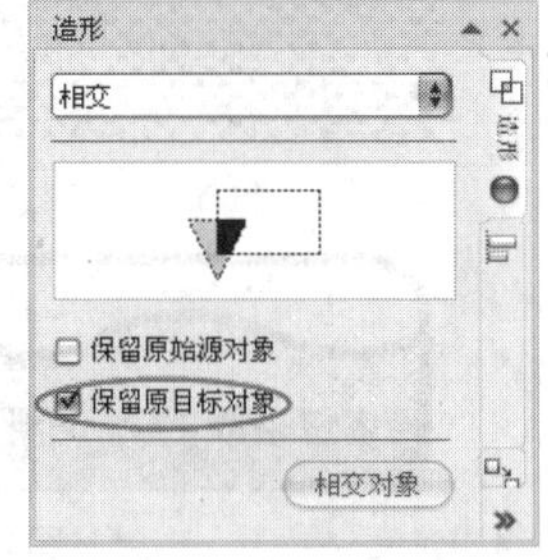

图4-278

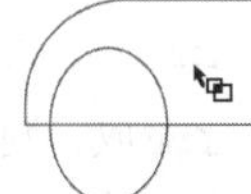

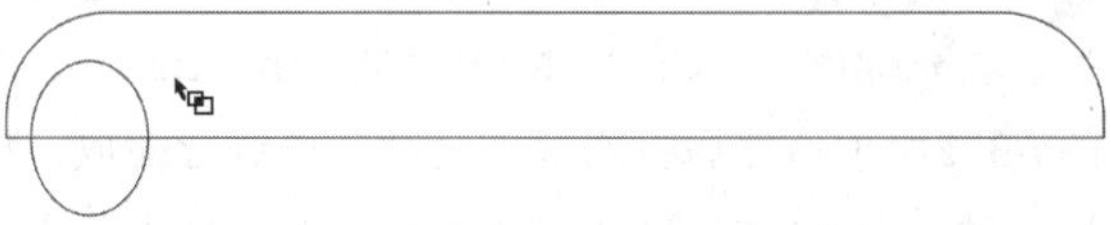

图4-279

04 将相交的半圆进行复制，如图4-280所示。然后选中矩形填充为洋红，再设置“轮廓宽度”为2mm，如图4-281所示，接着将半圆全选群组，填充颜色为（C:0，M:60，Y:60，K:40），最后设置“轮廓宽度”为2mm，如图4-282所示。

图4-280

图4-281

图4-282

05 使用“椭圆形工具”在矩形上边绘制一个椭圆，如图4-283所示，然后填充颜色为（C:0，M:0，Y:60，K:0），再设置“轮廓宽度”为2mm，接着水平复制6个，如图4-284所示。

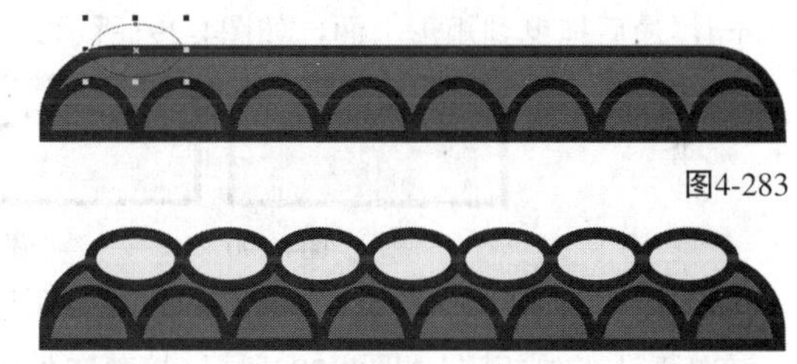

图4-283

图4-284

06 在黄色椭圆上绘制椭圆，填充为白色并去掉轮廓线，如图4-285所示，接着进行复制，拖曳到后面的椭圆形中，如图4-286所示。

图4-285

图4-286

07 下面制作第一层蛋糕。使用“矩形工具”绘制矩形，然后在属性栏中设置矩形上边“圆角”为10mm，复制一份，如图4-287所示。

图4-287

08 下面绘制奶油。使用“钢笔工具”在矩形上半部分绘制曲线，然后用曲线来修剪矩形，如图4-288所示，接着将修剪好的矩形拆分，再删除下半部分，最后使用“形状工具”调整上半部分形状，如图4-289所示。

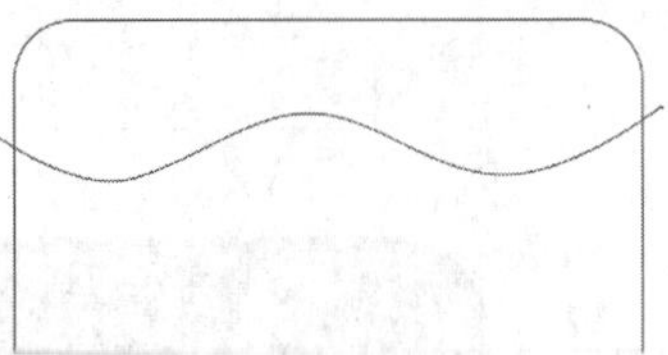

图4-288

图4-289

09 将之前复制的矩形选中，然后填充颜色为（C:0，M:0，Y:60，K:0），再设置“轮廓宽度”为3mm，如图4-290所示，接着填充奶油颜色为（C:0，M:0，Y:20，K:0），设置“轮廓宽度”为3mm，最后拖曳到矩形上面，如图4-291所示。

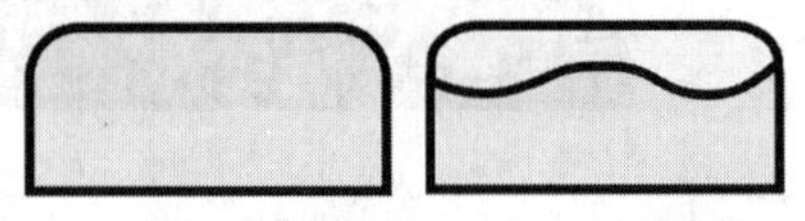

图4-290 图4-291

10 使用“矩形工具”绘制矩形，如图4-292所示，然后在矩形上绘制矩形，如图4-293所示，接着在“步长和重复”泊坞窗上设置“水平设置”类型为“对象之间的间距”、“距离”为0mm、“方向”为“右”、“份数”为45，再单击“应用”按钮进行水平复制，如图4-294所示。

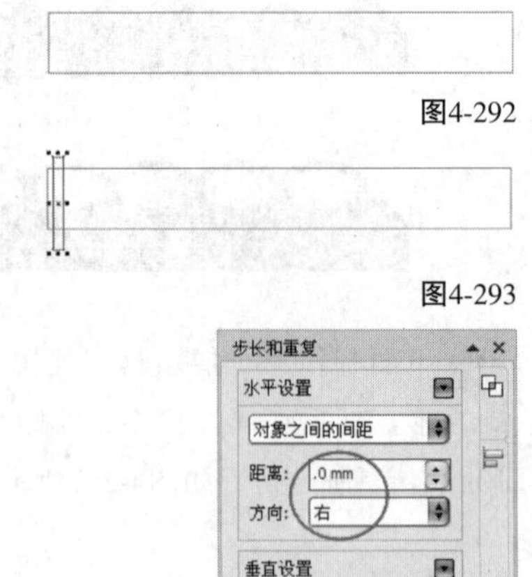

图4-292

图4-293

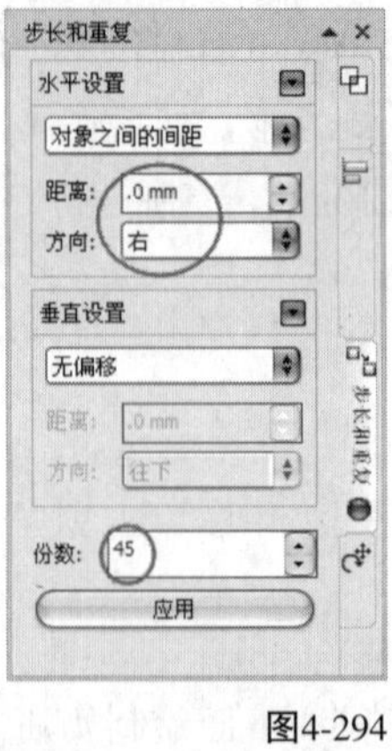

图4-294

11 将复制的矩形群组，如图4-295所示，然后全选对象进行左对齐，再执行“排列>造形>相交”菜单命令，保留相交的区域，接着在对象上面绘制一个矩形，进行居中对齐，如图4-296所示，最后将对象拖放到蛋糕底部，如图4-297所示，填充颜色为（C:0，M:60，Y:60，K:40），设置“轮廓宽度”为1.5mm，如图4-298所示。

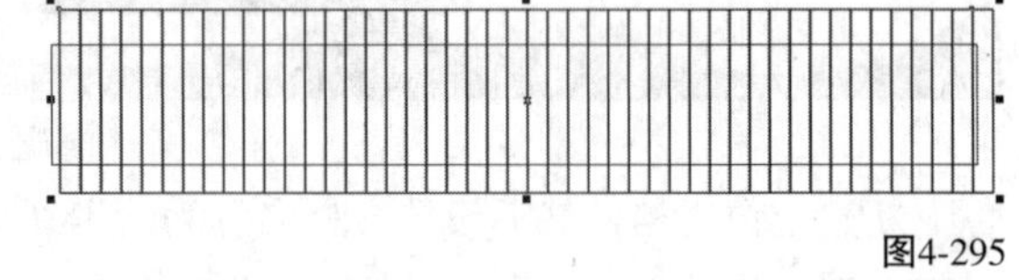

图4-295

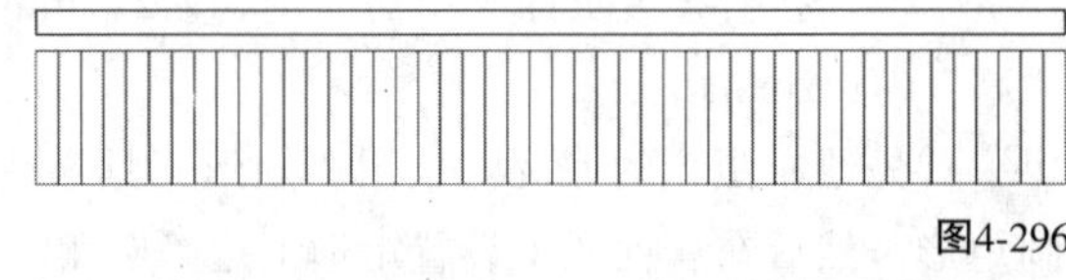

图4-296

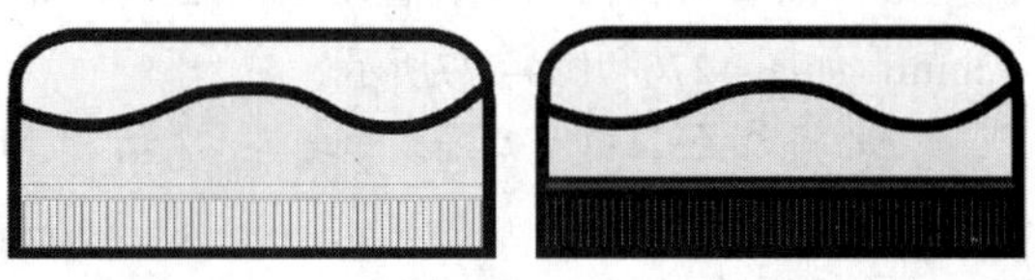

图4-297 图4-298

12 使用“椭圆形工具”绘制一个椭圆，然后进行水平复制，群组后进行垂直复制，接着全选填充颜色为（C:0，M:60，Y:60，K:40），删除轮廓线，如图4-299所示，最后将点状拖曳到蛋糕身上进行缩放，如图4-300所示，群组后拖曳到蛋糕底座后面居中对齐，如图4-301所示。

图4-299

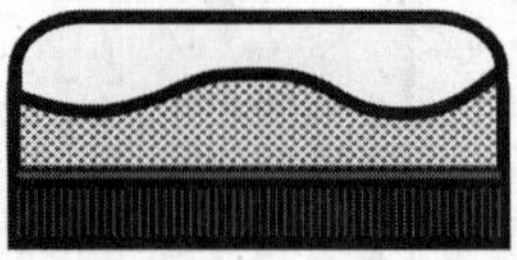

图4-300 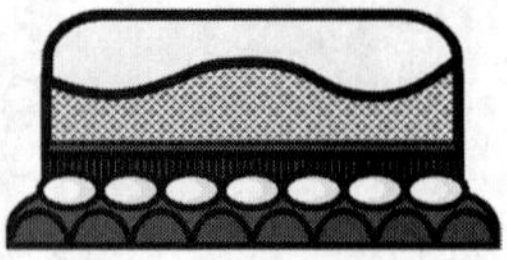 图4-301

13 下面制作第二层蛋糕。将蛋糕身的矩形进行复制，填充颜色为（C:49，M:91，Y:100，K:23），如图4-302所示，然后将奶油也复制一份进行缩放，再填充颜色为（C:0，M:0，Y:60，K:0），拖曳到蛋糕上方，如图4-303所示，接着将第二层蛋糕拖曳到第一层蛋糕后面，居中对齐，效果如图4-304所示。

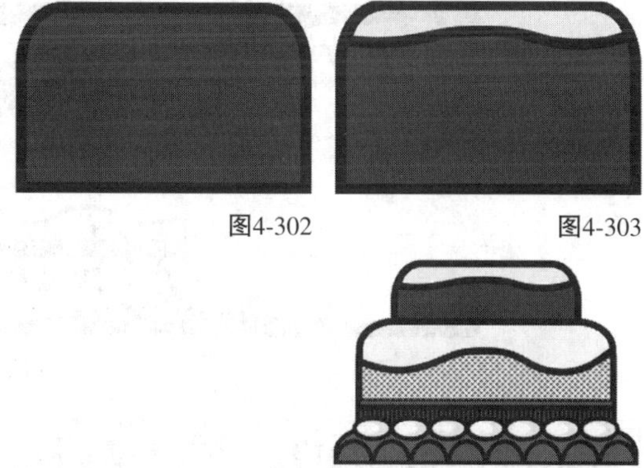
图4-302　图4-303

图4-304

⑭ 下面绘制顶层蛋糕。将第二层蛋糕复制一份，进行缩放，然后填充蛋糕身颜色为（C:0，M:60，Y:60，K:40），再设置奶油对象的颜色为（C:49，M:91，Y:100，K:23），如图4-305和图4-306所示，接着将顶层蛋糕拖曳到第二层蛋糕后面，居中对齐，效果如图4-307所示。

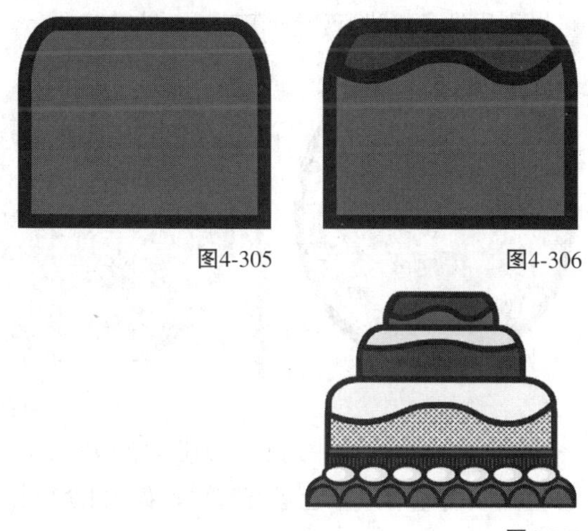
图4-305　图4-306

图4-307

⑮ 下面制作蜡烛。绘制蜡烛的轮廓，如图4-308所示，然后填充蜡烛颜色为红色、设置“轮廓宽度”为2mm，再填充火苗颜色为黄色、设置“轮廓宽度”为2mm，接着填充蜡烛高光颜色为（C:0，M:67，Y:37，K:0），删除轮廓线，效果如图4-309所示，最后将蜡烛群组复制两份进行缩放，如图4-310所示。

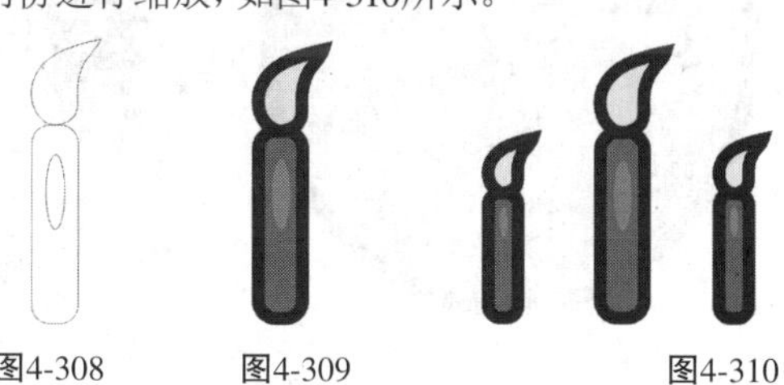
图4-308　图4-309　图4-310

⑯ 把绘制好的蜡烛群组排放在蛋糕后面，如图4-311所示，然后绘制樱桃的轮廓，如图4-312所示，接着填充樱桃颜色为红色，高光颜色为（C:0，M:67，Y:37，K:0），再设置樱桃和梗的“轮廓宽度”为1mm，如图4-313所示，最后将樱桃群组进行复制，如图4-314所示。

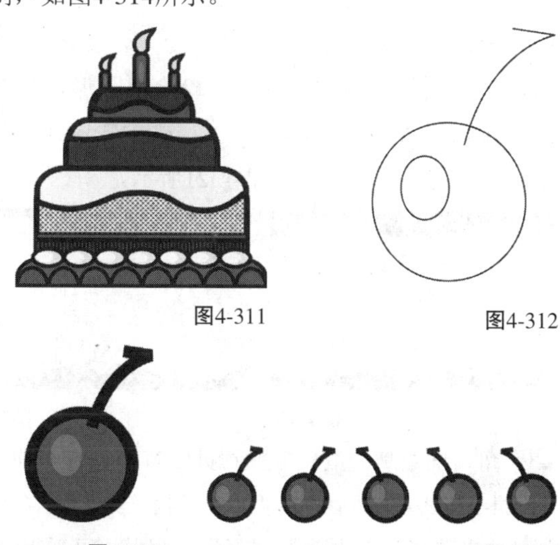
图4-311　图4-312

图4-313　图4-314

⑰ 下面修饰蛋糕。将樱桃拖曳到第一层蛋糕上，然后进行居中对齐，如图4-315所示，接着在烛火中绘制椭圆，再填充颜色为橙色，去掉轮廓线，如图4-316所示，最后将蛋糕群组。

图4-315　图4-316

⑱ 双击“矩形工具”□创建与页面等大小的矩形，然后在属性栏中设置“圆角”为5mm，再填充颜色为黄色并去掉轮廓线，复制一份，如图4-317所示，接着在矩形上方绘制一条曲线来进行修剪，如图4-318所示，删除下面多余的部分，最后填充颜色为（C:49，M:91，Y:100，K:23），如图4-319所示。

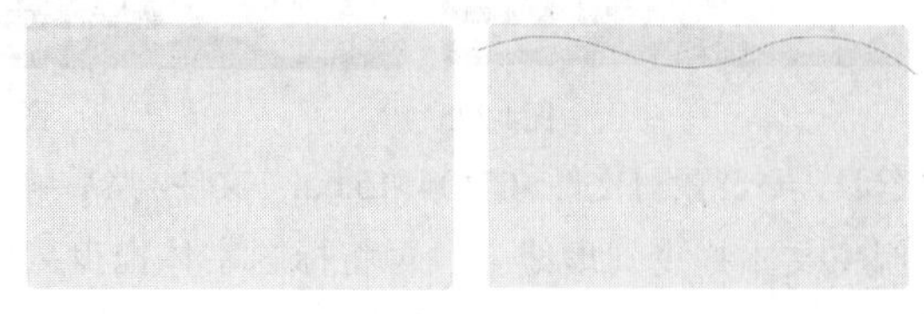
图4-317　图4-318

图4-319

19 将前面绘制的闭合路径复制一份，然后拖放在黄色矩形下方，再进行“水平镜像”，如图4-320所示，接着使用“椭圆形工具”绘制圆形，填充颜色为（C:0，M:0，Y:60，K:0），去掉轮廓线，最后将圆形复制进行排列，如图4-321所示。

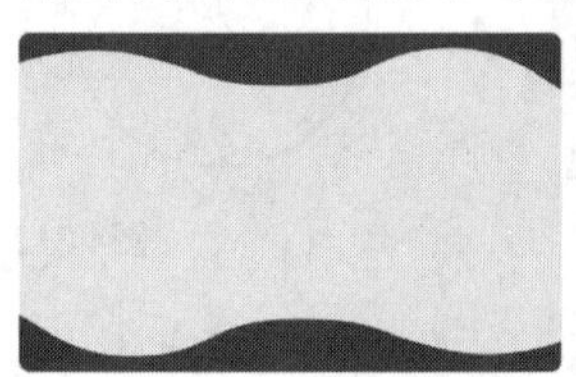

图4-320

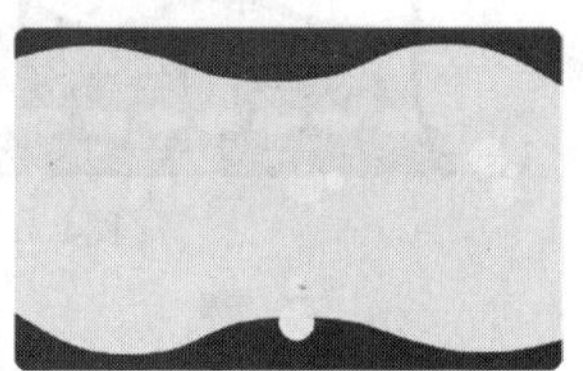

图4-321

20 将前面绘制的蛋糕拖曳到页面右边，置于顶层；如图4-322所示，然后单击“标注形状工具”，在属性栏的“完美形状”中选择圆形标注形状，再拖曳绘制一个标注图形，填充颜色为白色，如图4-323所示。

图4-322

图4-323

21 使用“2点线工具”绘制水平直线型，然后在属性栏中设置“线条样式”为虚线、“轮廓宽度”为0.75mm，如图4-324和图4-325所示，接着选中虚线向下进行复制，如图4-326所示，最后调整线条和标注的位置。

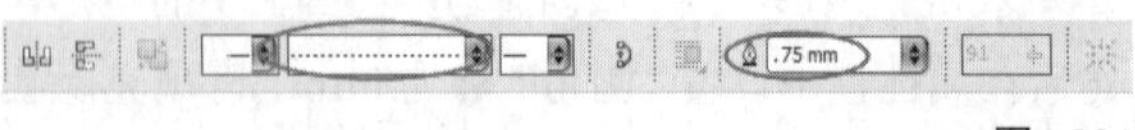

图4-324

图4-325

图4-326

22 导入“素材文件>CH04>15.cdr”文件，然后解散群组将文本拖曳到虚线上，再将标题字体拖曳到蛋糕后面，最终效果如图4-327所示。

图4-327

4.4.3 轮廓线颜色

设置轮廓线的颜色可以将轮廓与对象区分开，也可以使轮廓线效果更丰富。

设置轮廓线颜色的方法有4种。

第1种：单击选中对象，在右边的默认调色板中单击鼠标右键进行修改，默认情况下，单击鼠标左键为填充对象、单击鼠标右键为填充轮廓线，我们可以利用调色板进行快速填充，如图4-328所示。

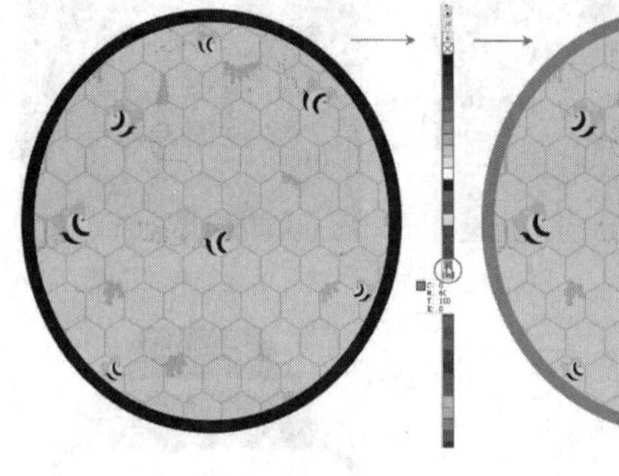

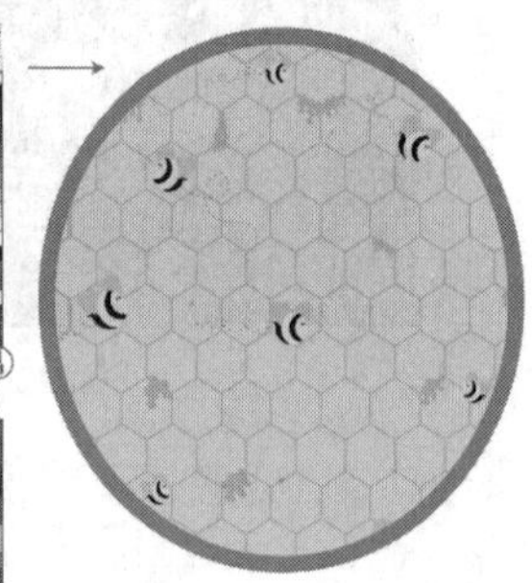

图4-328

第2种：单击选中对象，如图4-329所示，在状态栏上双击轮廓线颜色进行变更，如图4-330所示，在弹出的“轮廓笔”对话框中进行修改。

图4-329

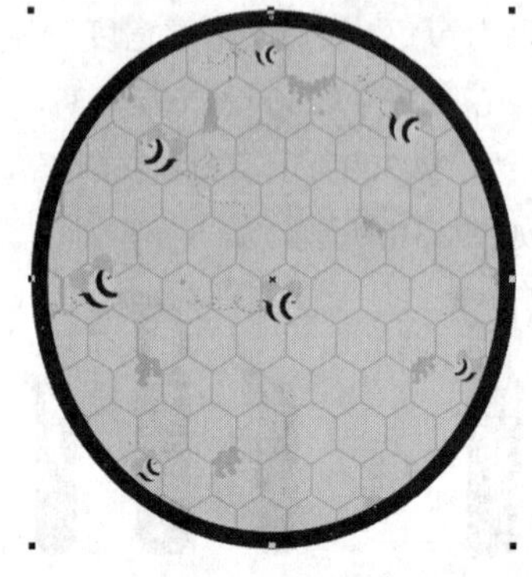

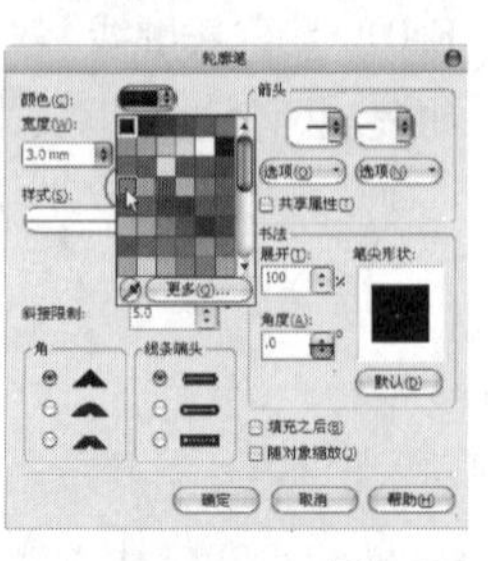

图4-330

第3种：选中对象，在“颜色”泊坞窗中进行修改，单击“轮廓笔工具”，如图4-331所示，在下拉工具选项中单击“彩色”，打开“颜色泊坞窗”面板，单击选取颜色或输入数值，单击“轮廓”按钮进行填充，如图4-332所示。

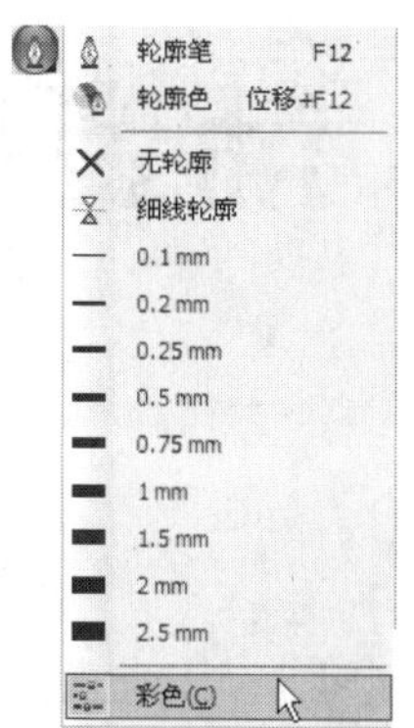

图4-331

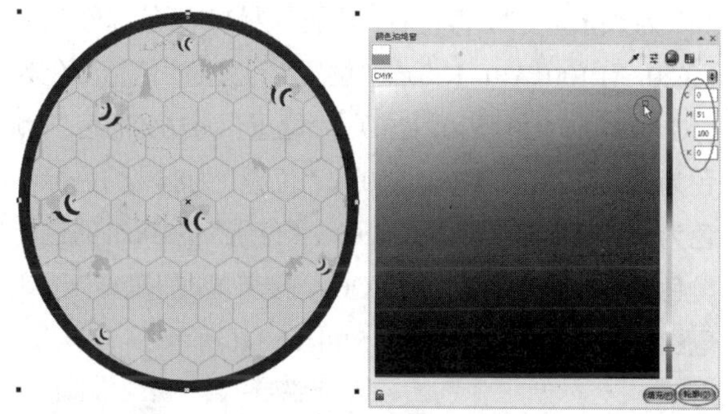

图4-332

第4种：选中对象，单击“轮廓笔工具”，打开“轮廓笔”对话框，在对话框里“颜色”一栏输入数值进行填充。

4.4.4 轮廓线样式

设置轮廓线的样式可以使图形美观度提升，也可以起到醒目和提示作用。

改变轮廓线样式的方法有两种。

第1种：选中对象，在属性栏“线条样式”的下拉选项中选择相应样式进行变更轮廓线样式，如图4-333所示。

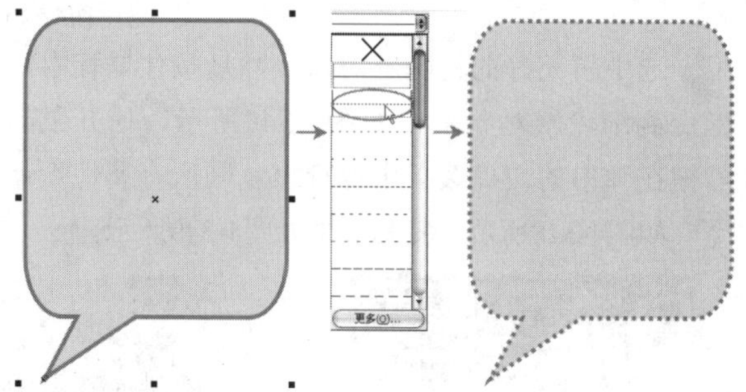

图4-333

第2种：选中对象后，单击“轮廓笔工具”，打开“轮廓笔”对话框，在对话框的“样式”下面选择相应的样式进行修改，如图4-334所示。

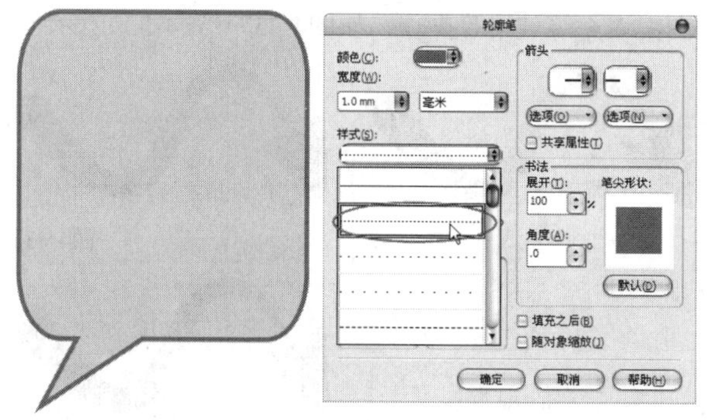

图4-334

在样式选项中如果没有需要的样式，可以在下面单击“编辑样式”按钮，打开“编辑线条样式”对话框进行编辑。

4.4.5 轮廓线转对象

在CorelDRAW X6软件中，针对轮廓线只能进行宽度调整、颜色均匀填充、样式变更等操作，如果在编辑对象过程中需要对轮廓线进行对象操作时，可以将轮廓线转换为对象，然后进行添加渐变色、添加纹样和其他效果。

选中要进行编辑的轮廓，如图4-335所示，执行“排列>将轮廓转换为对象”菜单命令，如图4-336所示，将轮廓线转换为对象进行编辑。

图4-335

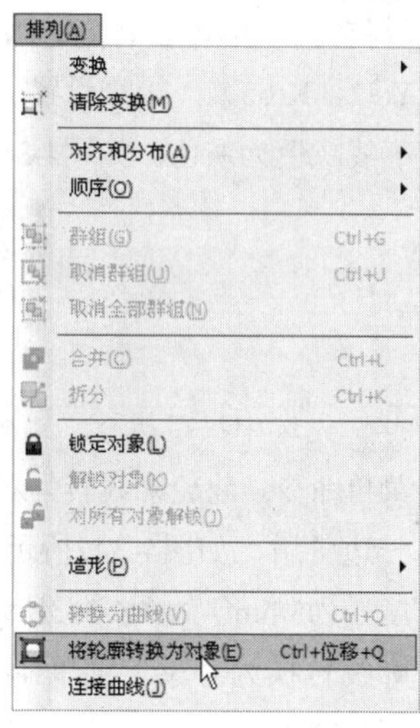

图4-336

转为对象后，可以进行形状修改、渐变填充、图案填充等效果等操作，如图4-337～图4-339所示。

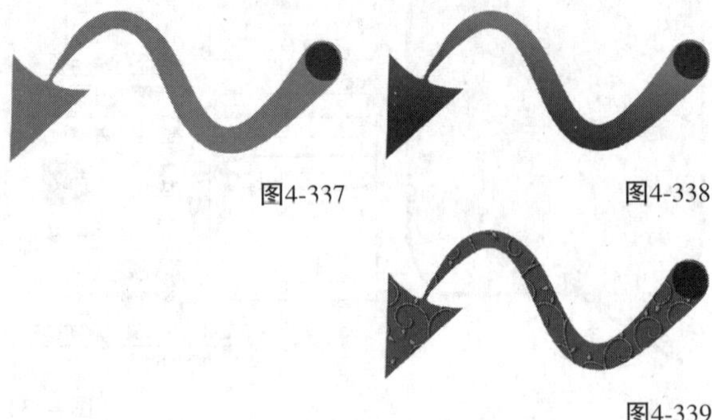

图4-337 图4-338

图4-339

课堂案例

绘制渐变字

案例位置　案例文件>CH04>课堂案例：绘制渐变字.cdr

视频位置　多媒体教学>CH04>课堂案例：绘制渐变字.flv

难易指数　★★★★☆

学习目标　轮廓转换的运用方法

渐变字效果如图4-340所示。

图4-340

01 新建空白文档，然后设置文档名称为“渐变字”，接着设置页面大小为A4、页面方向为“横向”。

02 导入“素材文件>CH04>16.cdr”文件，然后解散群组，再填充中文字颜色为（C:100，M:100，Y:71，K:65），接着设置“轮廓宽度”为1.5mm、轮廓线颜色为灰色，如图4-341所示。

图4-341

03 先选中汉字执行“排列>将轮廓线转换为对象”菜单命令，将轮廓线转为对象，然后将轮廓对象拖到一边备用，如图4-342所示，接着设置汉字“轮廓宽度”为5mm，如图4-343所示，最后执行“排列>将轮廓线转换为对象”菜单命令将轮廓线转为对象，如图4-344所示。

图4-342

图4-343

图4-344

04 选中最粗的汉字轮廓，然后在“渐变填充”对话框中设置“类型”为“线性”、“角度”为197.5、“颜色调和”为“自定义”，再设置“位置”为0%的色标颜色为（C:0，M:100，Y:0，K:0）、“位置”为31%的色标颜色为（C:100，M:100，Y:0，K:0）、“位置”为56%的色标颜色为（C:60，M:0，Y:20，K:0）、“位置”为84%的色标颜色为（C:40，M:0，Y:100，K:0）、“位置”为100%的色标颜色为（C:0，M:0，Y:100，K:0），接着单击“确定”按钮 确定 完成填充，如图4-345和图4-346所示。

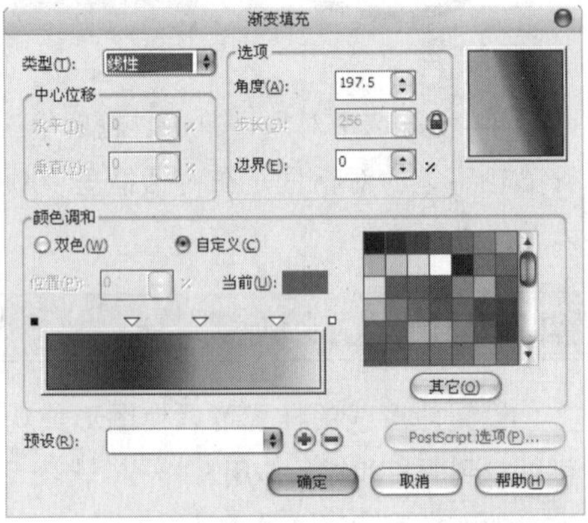

图4-345

图4-346

05 选中填充好的粗轮廓对象，然后按住鼠标右键拖曳到细轮廓对象上，如图4-347所示，松开鼠标右键在弹出的快捷菜单中执行“复制所有属性”命令，如图4-348所示，复制效果如图4-349所示。

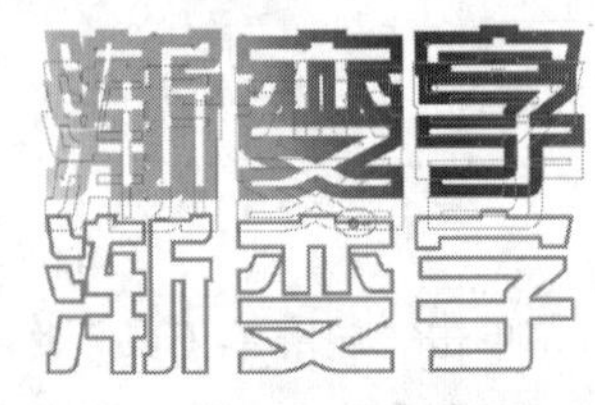

图4-347

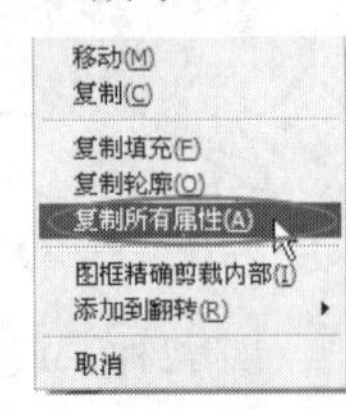

图4-348

图4-349

06 选中粗轮廓汉字对象，然后单击“透明度工具”，在属性栏中设置“透明度类型”为“标准”、“开始透明度”为60，效果如图4-350所示。

图4-350

07 将前面编辑的汉字复制一份拖曳到粗轮廓对象上，居中对齐，如图4-351所示，然后执行“排列>造形>合并”菜单命令，效果如图4-352所示。

图4-351　图4-352

08 选中汉字，然后使用“透明度工具”拖曳透明度效果，如图4-353所示，接着将编辑好的汉字和轮廓全选，再居中对齐，如图4-354所示，注意，细轮廓对象应该放置在顶层。

图4-353　图4-354

09 下面编辑英文对象。选中英文然后设置“轮廓宽度”为1mm，如图4-355所示，接着执行“排列>将轮廓线转换为对象”菜单命令将轮廓线转为对象，再删除英文对象，如图4-356所示。

图4-355　图4-356

10 选中轮廓对象，然后在“渐变填充”对话框中设置“类型”为“线性”、“角度”为270、“边界”为1%、“颜色调和”为“自定义”，再设置“位置”为0%的色标颜色为（C:0，M:24，Y:0，K:0）、“位置”为23%的色标颜色为（C:42，M:29，Y:0，K:0）、“位置”为49%的色标颜色为（C:27，M:0，Y:5，K:0）、“位置”为69%的色标颜色为（C:10，M:0，Y:40，K:0）、“位置”为83%的色标颜色为（C:1，M:0，Y:29，K:0）、“位置”为100%的色标颜色为（C:0，M:38，Y:7，K:0），接着单击“确定”按钮，如图4-357所示，填充效果如图4-358所示。

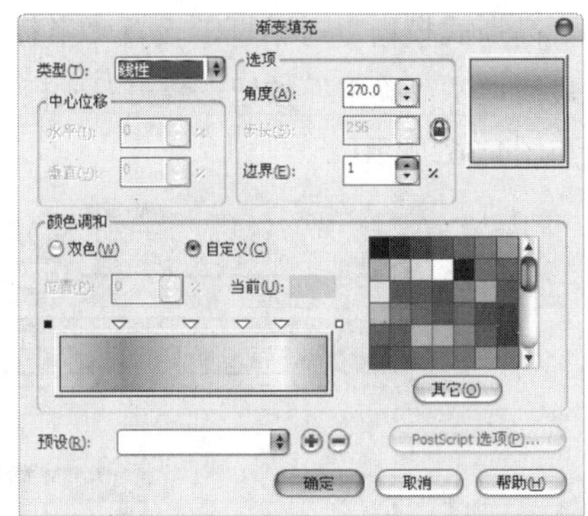

图4-357

图4-358

11 将轮廓复制一份，然后在“渐变填充”对话框中更改“颜色调和”为“自定义”，再设置“位置”为0%的色标颜色为（C:0，M:97，Y:22，K:0）、“位置”为23%的色标颜色为（C:91，M:68，Y:0，K:0）、“位置”为49%的色标颜色为（C:67，M:5，Y:0，K:0）、“位置”为69%的色标颜色为（C:40，M:0，Y:100，K:0）、“位置”为83%的色标颜色为（C:4，M:0，Y:91，K:0）、“位置”为100%的色标颜色为（C:0，M:100，Y:55，K:0），接着单击“确定”按钮，如图4-359所示，填充效果如图4-360所示。

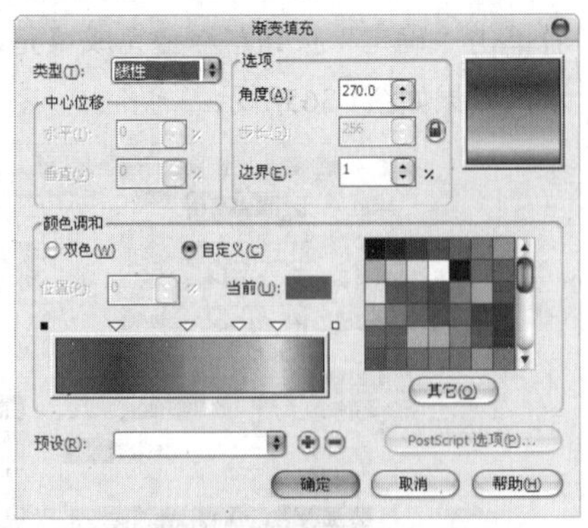

图4-359

图4-360

⑫ 选中鲜艳颜色的轮廓对象，然后执行“位图>转换为位图”菜单命令将对象转换为位图，接着执行“位图>模糊>高斯式模糊”菜单命令，再打开“高斯式模糊”对话框，设置“半径”为10像素，最后单击“确定”按钮完成模糊，如图4-361和图4-362所示。

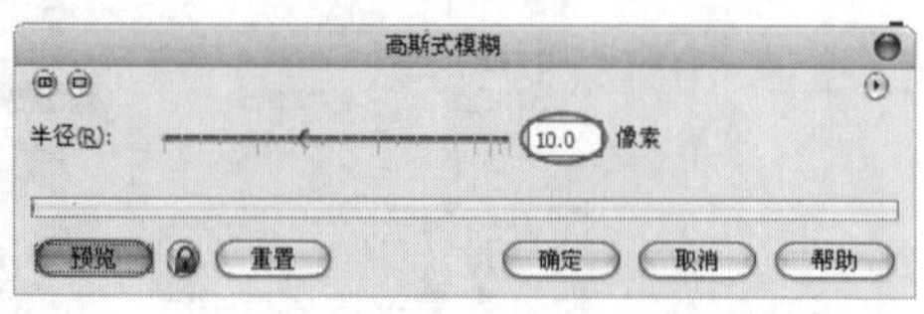

图4-361

图4-362

⑬ 选中轮廓对象和轮廓的位图，然后居中对齐，效果如图4-363所示，接着将制作好的文字分别进行群组，再拖曳到页面外备用。

图4-363

⑭ 双击“矩形工具”创建与页面等大小的矩形，然后在“渐变填充”对话框中设置“类型”为“辐射”、“垂直”为25%、“颜色调和”为“自定义”，再设置“位置”为0%的色标颜色为（C:100，M:100，Y:71，K:65）、“位置”为37%的色标颜色为（C:100，M:100，Y:36，K:33）、“位置”为100%的色标颜色为（C:0，M:100，Y:0，K:0），接着单击“确定”按钮完成填充，如图4-364所示，效果如图4-365所示。

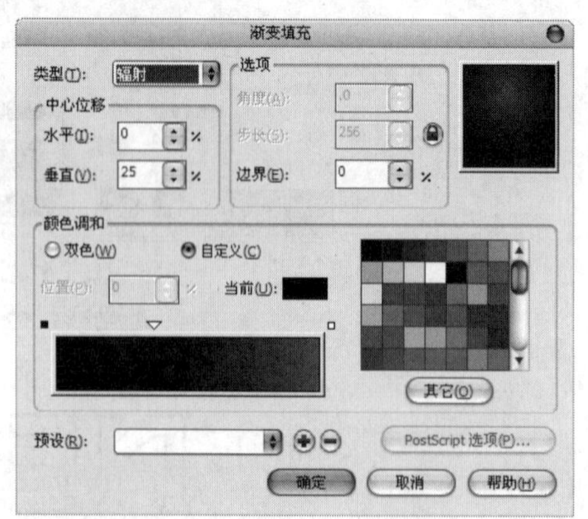

图4-364

图4-365

⑮ 双击“矩形工具”创建与页面等大小的矩形，然后填充颜色为（C:100，M:100，Y:56，K:51），再进行缩放，如图4-366所示，接着使用“透明度工具”拖曳透明度效果，如图4-367所示。

图4-366

图4-367

⑯ 将前面绘制好的文字拖曳到页面中，如图4-368所示，然后使用“椭圆形工具”绘制一个圆形，再设置“轮廓宽度”为1mm，如图4-369所示，接着执行“排列>将轮廓线转换为对象”菜单命令将轮廓线转为对象，最后将圆形删除，如图4-370所示。

图4-368

图4-369

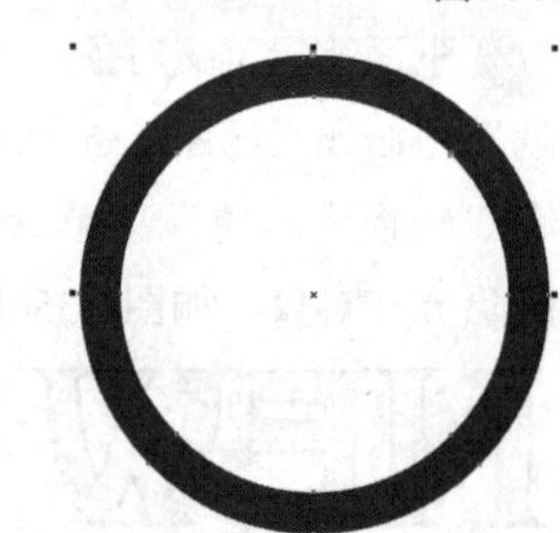
图4-370

⑰ 将圆环进行复制排列，然后调整大小和位置，再进行合并，如图4-371所示，接着在“渐变填充”对话框中设置“类型”为“线性”、“角度”为272.2、“边界”为5%、“颜色调和”为“自定义”，再设置“位置”为0%的色标颜色为（C:0，M:100，Y:0，K:0）、“位置”为16%的色标颜色为（C:100，M:100，Y:0，K:0）、“位置”为34%的色标颜色为（C:100，M:0，Y:0，K:0）、“位置”为53%的色标颜色为（C:40，M:0，Y:100，K:0）、

“位置”为75%的色标颜色为（C:0，M:0，Y:100，K:0）、“位置”为100%的色标颜色为（C:0，M:100，Y:100，K:0），最后单击“确定”按钮 确定 完成，如图4-372所示，效果如4-373所示。

图4-371

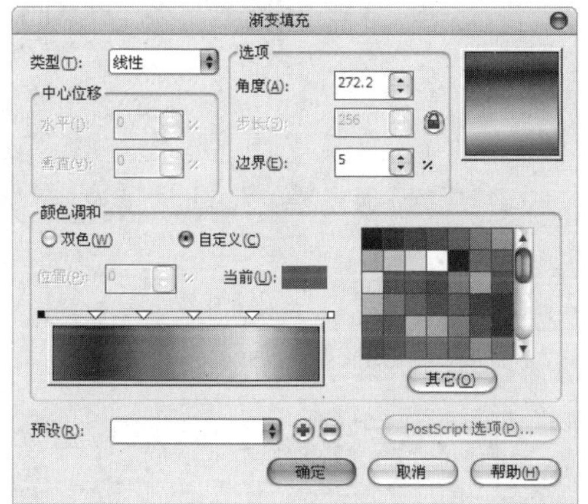

图4-372

图4-373

18 单击“透明度工具”，在属性栏中设置“透明度类型”为“标准”、“开始透明度”为50，效果如图4-374所示，然后将圆环对象复制一份进行缩放，再拖曳到页面文字上，如图4-375所示。

图4-374

图4-375

19 使用“椭圆形工具”绘制一个圆形，然后填充颜色为洋红，再去掉轮廓线，接着执行“位图>转换为位图”菜单命令将对象转换为位图，如图4-376所示，最后执行“位图>模糊>高斯式模糊”菜单命令，打开“高斯式模糊”对话框，设置“半径”为30像素，如图4-377和图4-378所示。

图4-376

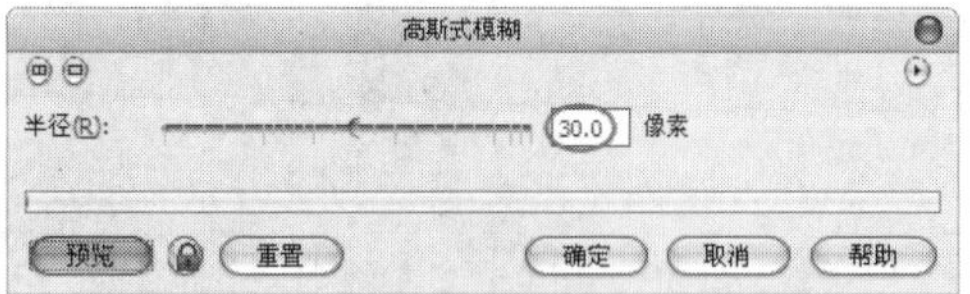

图4-377

图4-378

20 将洋红色对象复制排放在汉字周围，调整位置和大小，最终效果如图4-379所示。

图4-379

4.5 本章小结

通过对本章编辑图形形状、修饰图形、设置轮廓线、造形对象和精确裁剪对象等工具及操作方法的学习，我们对如何修饰图形、如何调整图形的节点和轮廓线等有了深刻的认识。通过对这些方法的学习和掌握，我们可以对图形的外形进行精确且随意的调整，以获得完美的造型，为我们制作出优秀的设计作品提供了更加有力的工具。

4.6 课后习题

课后习题

制作闹钟

案例位置	案例文件>CH04>课后习题：制作闹钟.cdr
视频位置	多媒体教学>CH04>课后习题：制作闹钟.flv
难易指数	★★★★☆
练习目标	焊接功能的运用方法

青蛙闹钟效果如图4-380所示。

图4-380

步骤分解如图4-381所示。

图4-381

课后习题

制作蛇年明信片

案例位置	案例文件>CH04>课后习题：制作蛇年明信片.cdr
视频位置	多媒体教学>CH04>课后习题：制作蛇年明信片.flv
难易指数	★★★☆☆
练习目标	修剪功能的运用方法

蛇年明信片效果如图4-382所示。

图4-382

步骤分解如图4-383所示。

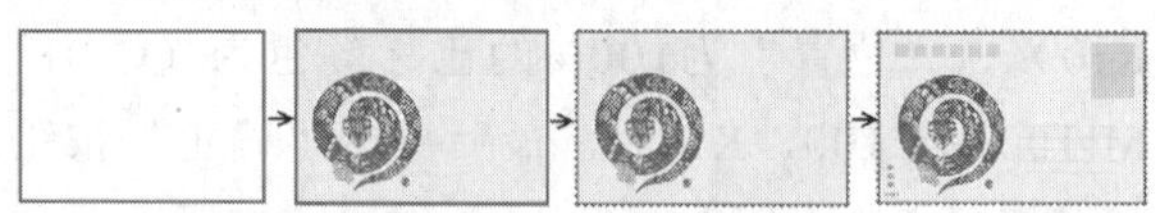

图4-383

课后习题

绘制杯垫

案例位置	案例文件>CH04>课后习题：绘制杯垫.cdr
视频位置	多媒体教学>CH04>课后习题：绘制杯垫.flv
难易指数	★★★☆☆
练习目标	轮廓颜色的运用方法

杯垫效果如图4-384所示。

图4-384

步骤分解如图4-385所示。

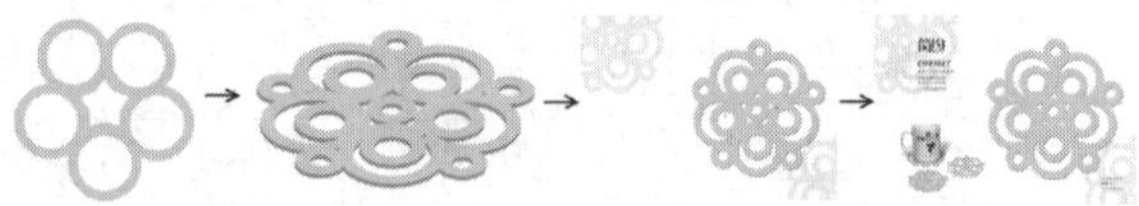

图4-385

课后习题

绘制创意字体

案例位置	案例文件>CH04>课后习题：绘制创意字体.cdr
视频位置	多媒体教学>CH04>课后习题：绘制创意字体.flv
难易指数	★★★☆☆
练习目标	轮廓转换的运用方法

字体效果如图4-386所示。

图4-386

步骤分解如图4-387所示。

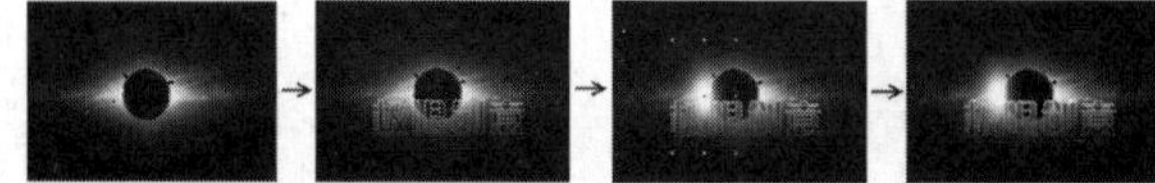

图4-387

第5章

填充与智能操作

对于人的视觉来说，最具冲击力的是色彩。不同的颜色所代表的含义也有所不同，色彩运用是否合理是判断一件作品是否成功的关键所在。本章将带领读者来详细研究CorelDRAW X6中的各种填充工具及使用方法。

课堂学习目标

掌握均匀填充的运用

掌握渐变填充的运用

掌握图样填充的运用

了解底纹填充的运用

了解PostScript填充的运用

掌握颜色滴管工具的运用

掌握属性滴管工具的运用

掌握调色板填充的运用

掌握交互式填充工具的运用

了解网状填充工具的运用

了解智能填充工具的运用

了解智能绘图工具的运用

5.1 基础填充

本节主要介绍在CorelDRAW X6中最常用、最基础的一些填充途径，包括使用填充工具、滴管工具以及使用调色板填充。

本节重要工具/命令介绍

名称	作用	重要程度
均匀填充	为对象填充单一颜色，可通过调色板进行填充	高
渐变填充	为对象添加两种或多种颜色的平滑渐进色彩效果	高
图样填充	为对象填充预设的图样或从外部导入的图样	高
底纹填充	将预设底纹填充应用到对象以创建各种底纹效果	中
PostScript填充	将复杂的PostScript底纹填充到对象	中
颜色滴管工具	对颜色进行取样，并应用到其他对象	高
属性滴管工具	复制对象的属性（如填充、轮廓大小和效果），并将其应用到其他对象	高
调色板填充	通过鼠标单击直接为对象填充颜色，可以进行自定义设置	高

5.1.1 填充工具

使用“填充工具”可以使用多种填充方式进行填充，在该工具的下拉选择面板中有“均匀填充”“渐变填充”“图样填充”“底纹填充”“PostScript填充”“无填充”和“彩色”7种填充方式，如图5-1所示。

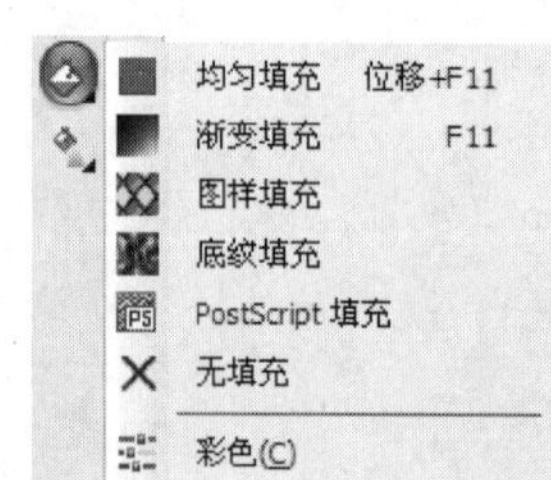

图5-1

1.均匀填充

使用“均匀填充”方式可以为对象填充单一颜色，也可以在调色板中单击颜色进行填充。“均匀填充”包含“调色板”填充、“混和器”填充和“模型”填充3种。

<1>调色板填充

绘制一个图形并将其选中，如图5-2所示，然后单击“填充工具”，在弹出的下拉选择面板中选择“均匀填充”方式，弹出“均匀填充”对话框，接着单击“调色板”选项卡，再单击想要填充的色样，最后单击“确定”按钮，即可为对象填充选定的单一颜色，如图5-3和图5-4所示。

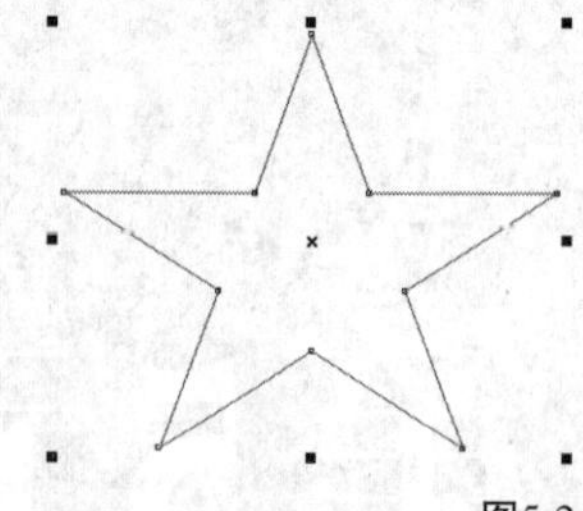

图5-2

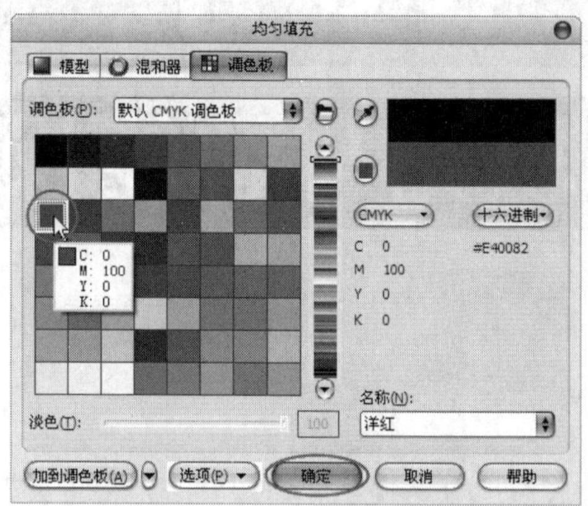

图5-3

图5-4

在“均匀填充”对话框中拖曳纵向颜色条上的矩形滑块可以对其他区域的颜色进行预览，如图5-5所示。

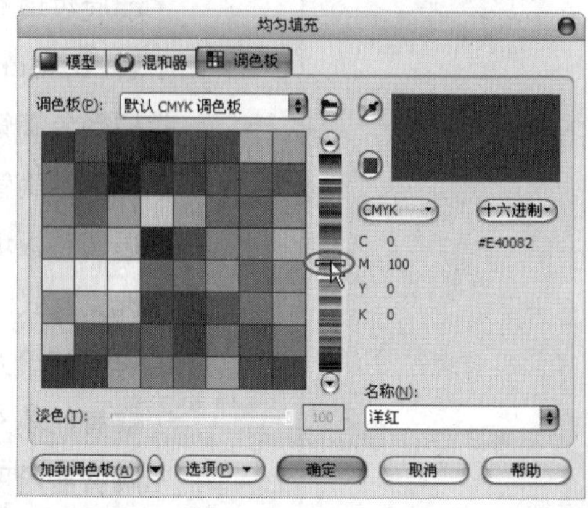

图5-5

调色板选项卡选项介绍

调色板：用于选择调色板，如图5-6所示。

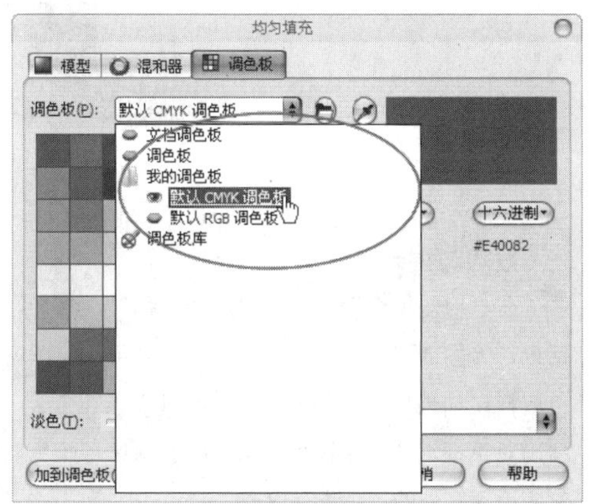

图5-6

打开调色板：用于载入用户自定义的调色板。单击该按钮，打开“打开调色板”对话框，然后选择要载入的调色板，接着单击“打开”按钮即可载入自定义的调色板，如图5-7和图5-8所示。

图5-7

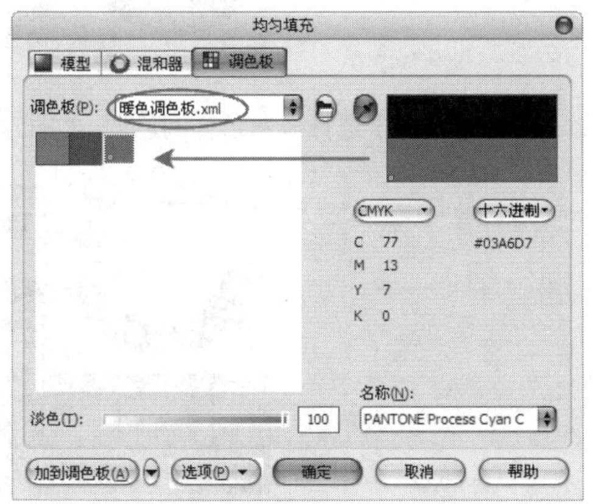

图5-8

滴管：单击该按钮可以在整个文档窗口内进行颜色取样。

颜色预览窗口：显示对象当前的填充颜色和对话框中选择的颜色，上面的色条显示选中对象的填充颜色，下面的色条显示对话框中选择的颜色，如图5-9所示。

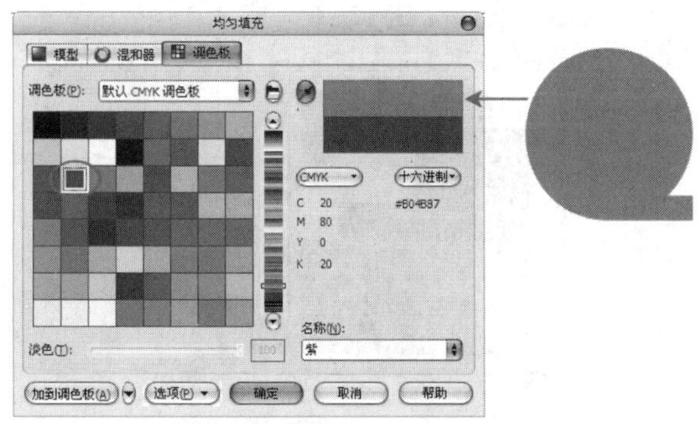

图5-9

名称：显示选中调色板中颜色的名称，同时可以在下拉列表中快速选择颜色，如图5-10所示。

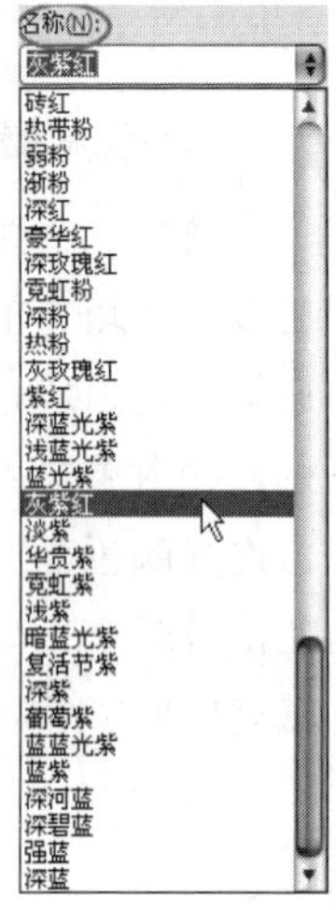

图5-10

加到调色板：将颜色添加到相应的调色板。单击后面的按钮可以选择系统提供的调色板类型，如图5-11所示。

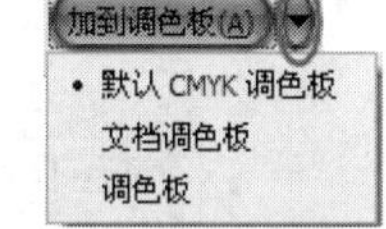

图5-11

选项：用于调整颜色的显示方式，如图5-12所示。

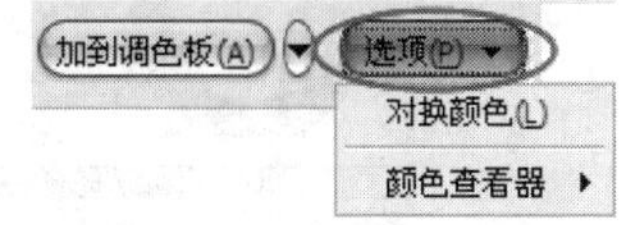

图5-12

技巧与提示

在默认情况下，“淡色”选项处于不可用状态，只有在将“调色板”类型设置为专色调色板类型（例如PANTONE

Rsolid coated调色板）该选项才可用，往右调整淡色滑块，可以减淡颜色，往左调整则可以加深颜色，同时可以在颜色预览窗口中查看淡色效果，如图5-13所示。

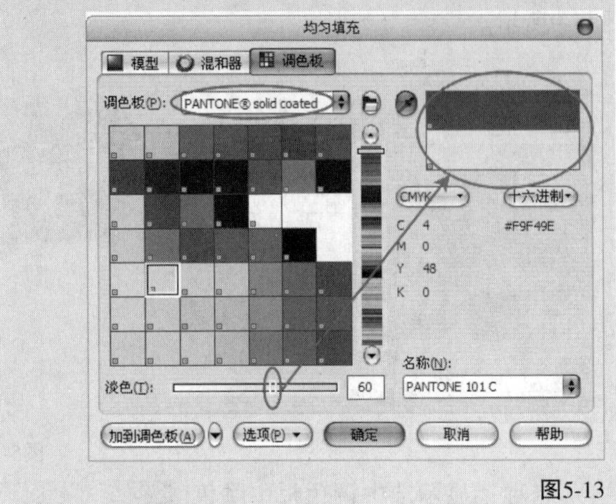

图5-13

<2>混和器填充

绘制一个图形并将其选中，如图5-14所示，然后单击“填充工具”，在弹出的下拉选择面板中选择“均匀填充”方式，打开“均匀填充”对话框，接着单击“混和器”选项卡，在“色环”上单击选择颜色范围，再单击颜色列表中的色样选择颜色，最后单击“确定”按钮，如图5-15所示，填充效果如图5-16所示。

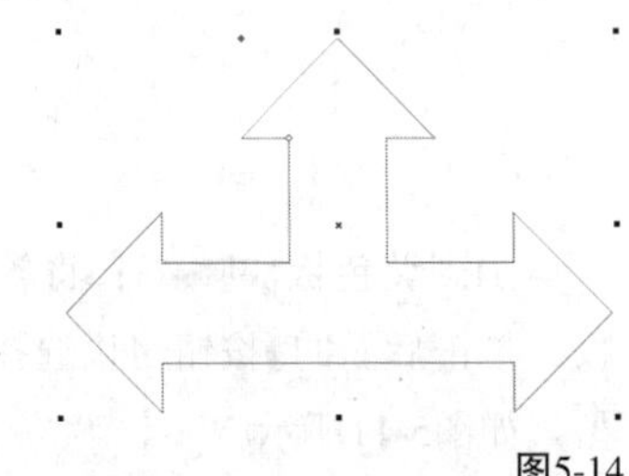

图5-14

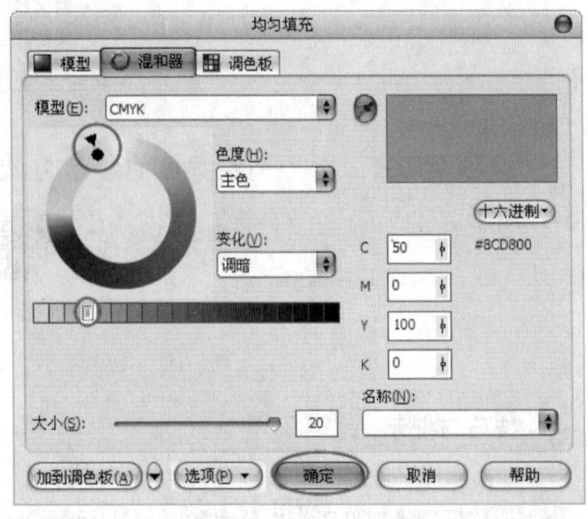

图5-15

图5-16

技巧与提示

在“均匀填充”对话框中选择颜色时，将光标移出该对话框，光标即可变为滴管形状，此时可从绘图窗口进行颜色取样；如果单击对话框中的“滴管”按钮后，再将光标移出对话框，此时不仅可以从文档窗口进行颜色取样，还可对应用程序外的颜色进行取样。

混和器选项卡选项介绍

模型：选择调色板的色彩模式，如图5-17所示。其中CMYK和RGB为常用色彩模式，CMYK用于打印输出，RGB用于显示预览。

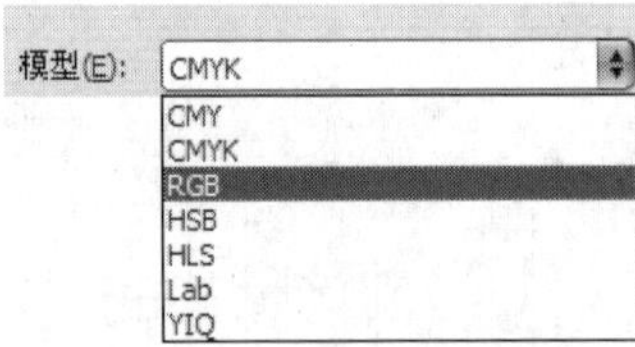

图5-17

色度：用于选择对话框中色样的显示范围和所显示色样之间的关系，如图5-18所示。

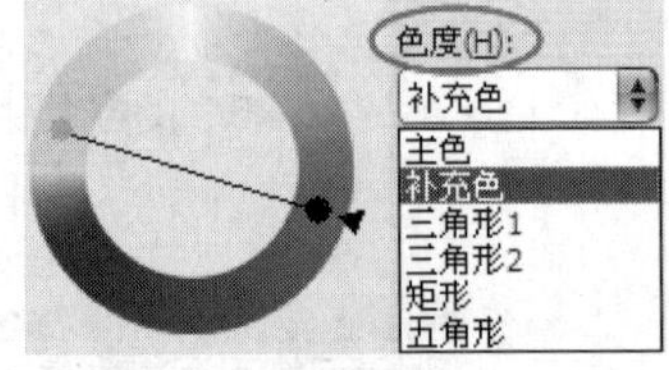

图5-18

变化：用于选择显示色样的色调，如图5-19所示。

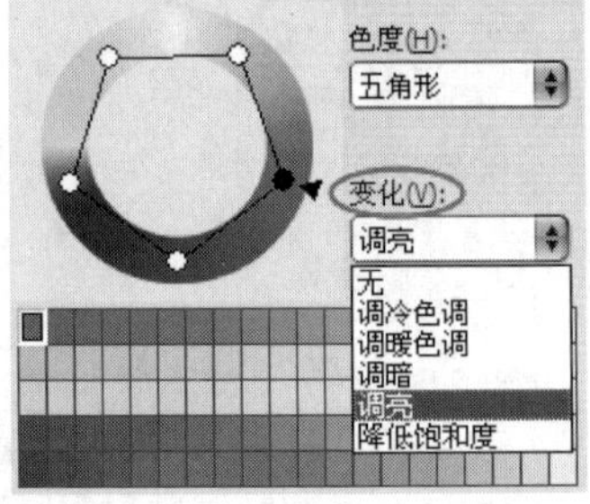

图5-19

大小：控制显示色样的列数，当数值越大时，相邻两列色样间颜色差距越小（当数值为1时只显示色环上颜色滑块对应的颜色），如图5-20所示，当数值越小时，相邻两列色样间颜色差距越大，如图5-21所示。

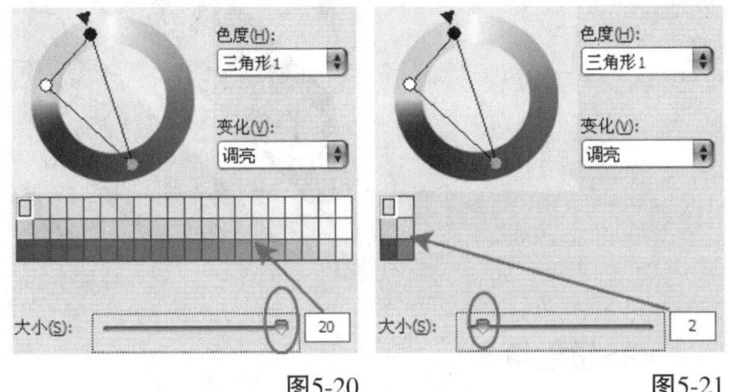

图5-20　　图5-21

选项：单击该按钮，在下拉列表中显示如图5-22所示的选项。

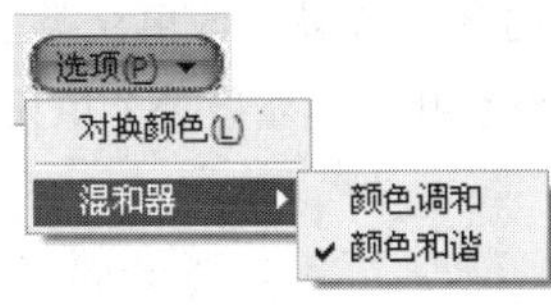

图5-22

技巧与提示

在为对象进行单一颜色填充时，如果对想要填充的颜色色调把握不准确，可以通过“混和器”选项卡，在“变化”选项下拉列表中对颜色色调进行设置，然后进行颜色选择。

<3>模型填充

绘制一个图形并将其选中，如图5-23所示，然后单击“填充工具”，在弹出的下拉选择面板中选择“均匀填充”方式，打开“均匀填充”对话框，接着单击“模型”选项卡，在该选项卡中使用鼠标左键在颜色选择区域单击选择色样，最后单击“确定”按钮，如图5-24所示，填充效果如图5-25所示。

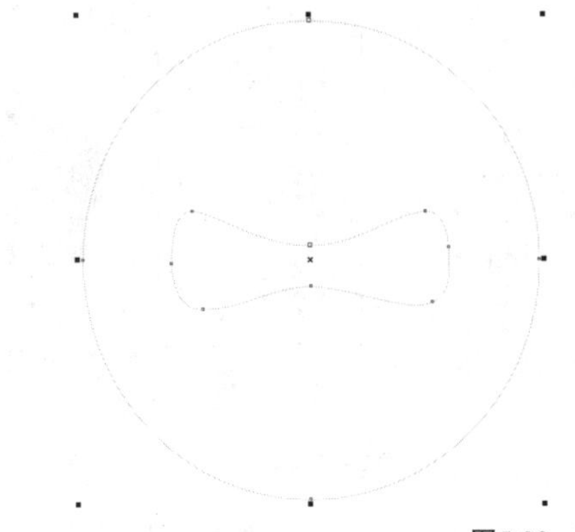

图5-23

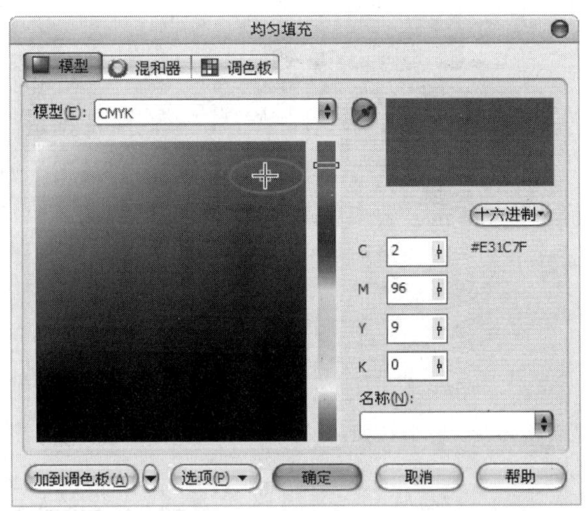

图5-24

图5-25

技巧与提示

在“模型”选项卡中，除了可以在色样上单击为对象选择填充颜色，还可以在“组建”中输入所要填充颜色的数值。

2.渐变填充

使用“渐变填充”方式可以为对象添加两种或多种颜色的平滑渐进色彩效果。“渐变填充”方式包括“线性”“辐射”“圆锥”和“正方形”4种填充类型，应用到设计创作中可表现物体质感，以及在绘图中表现非常丰富的色彩变化。

<1>线性填充

“线性”填充类型可以用于在两个或多个颜色之间产生直线型的颜色渐变。选中要进行填充的对象，然后单击“填充工具”，在弹出的下拉选择面板中选择“渐变填充”方式，打开“渐变填充”对话框，接着设置“类型”为“线性”、“颜色调和”为“双色”、“从”的颜色为黄色、“到”的颜色为红色，最后单击“确定”按钮，如图5-26所示，填充效果如图5-27所示。

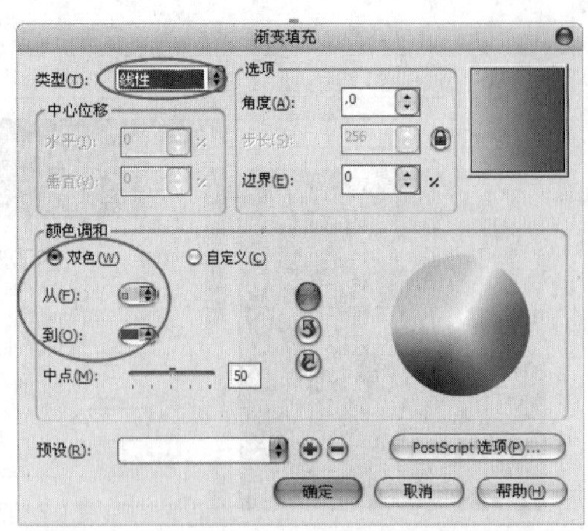

图5-26

图5-27

技巧与提示

在“渐变填充”对话框中可以将自定义的渐变颜色样式进行存储，并且在下一次的填充中可以在“预设”选项的下拉列表中找到该渐变样式。

渐变样式存储，首先要在“渐变填充”对话框中设置好渐变的样式，接着在“预设”选项中输入样式名称，最后单击对话框中的按钮⊕，即可将该样式添加到“预设”列表中；如果要删除该样式可以在预设列表中找到该渐变样式，单击对话框中的按钮⊖，即可删除该渐变样式，如图5-28所示。

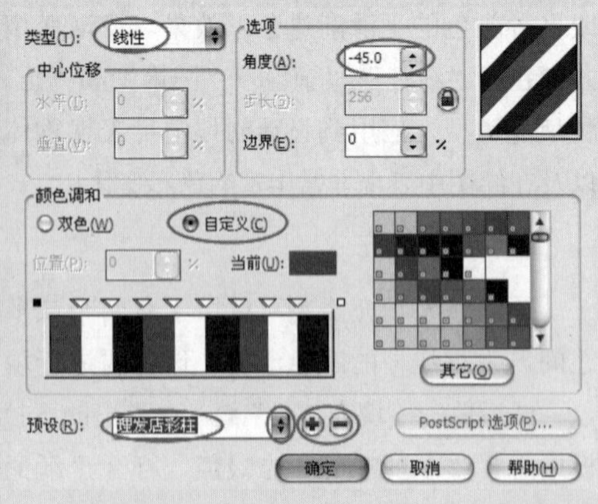

图5-28

若要将存储的渐变样式应用到对象，可以先选中要填充的对象，然后打开“渐变填充”对话框，接着单击“预设”后面的下拉按钮，在下拉列表中根据存储的名称找到该样式，最后单击“确定”按钮，即可将该渐变样式应用到对象，如图5-29所示。

图5-29

<2>辐射填充

“辐射”填充类型可以用于在两个或多个颜色之间产生以同心圆的形式由对象中心向外辐射生成的渐变效果，该填充类型可以很好地体现球体的光线变化和光晕效果。填充效果如图5-30所示。

图5-30

技巧与提示

在“渐变填充”对话框中单击“预设”后面的下拉按钮，可以在下拉列表中选择系统提供的渐变样式，如图5-31所示，并且可以将其应用到对象中，效果如图5-32所示。

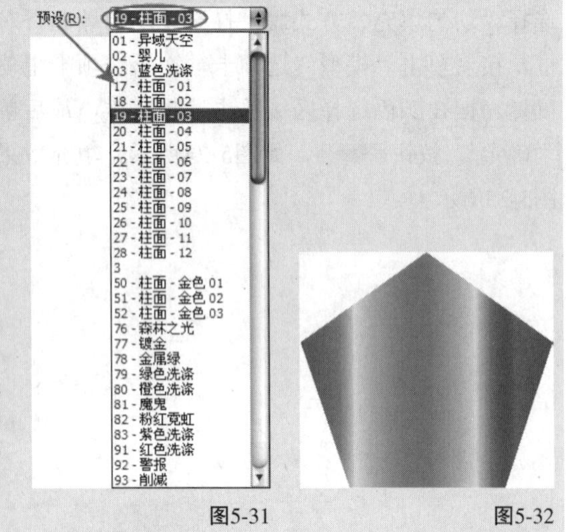

图5-31　图5-32

<3>圆锥填充

“圆锥”填充类型可以用于在两个或多个颜色

之间产生的色彩渐变，模拟光线落在圆锥上的视觉效果，使平面图形表现出空间立体感，填充效果如图5-33所示。

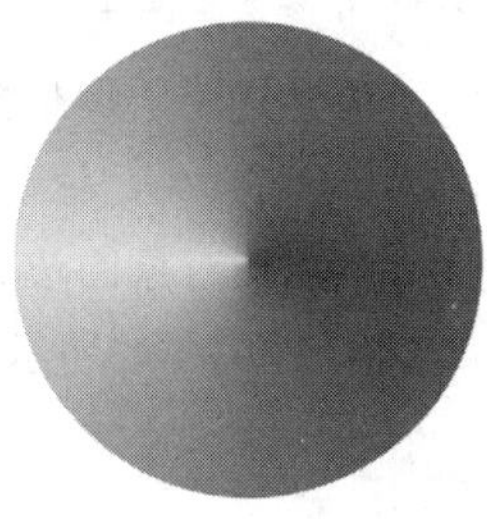

图5-33

<4>正方形填充

“正方形”填充类型用于在两个或多个颜色之间，产生以同心方形的形式从对象中心向外扩散的色彩渐变效果。填充效果如图5-34所示。

图5-34

<5>填充的设置

“渐变填充”对话框选项如图5-35所示。

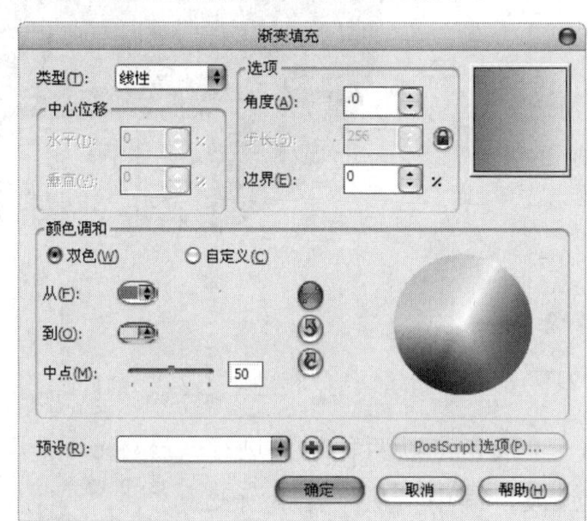

图5-35

渐变填充对话框选项介绍

中心位移： 决定渐变填充的中心在水平和垂直方向上的位移（“线性”类型中不能设置中心位移），对填充对象的“中心位移”进行不同参数设置后，效果如图5-36和图5-37所示。

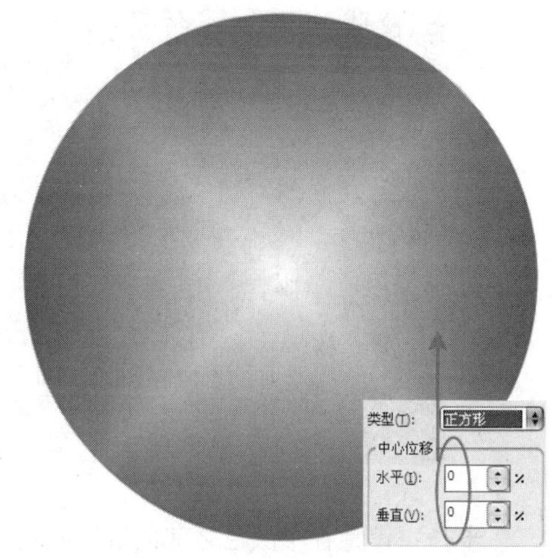

图5-36

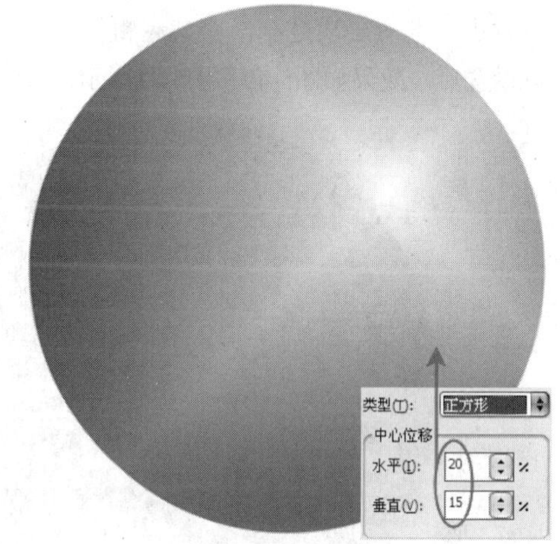

图5-37

角度： 设置渐变颜色的倾斜角度（在“辐射”类型中不能设置“角度”选项），设置该选项可以在数值框中输入数值，也可以在预览窗口中按住鼠标左键拖曳，对填充对象的角度进行不同参数设置后，效果如图5-38和图5-39所示。

图5-38

图5-39

步长：设置各个颜色之间的过渡数量，当数值越大，渐变的层次越多渐变颜色也就越细腻；当数值越小，渐变层次越少渐变就越粗糙，进行不同参数设置后，效果如图5-40和图5-41所示。

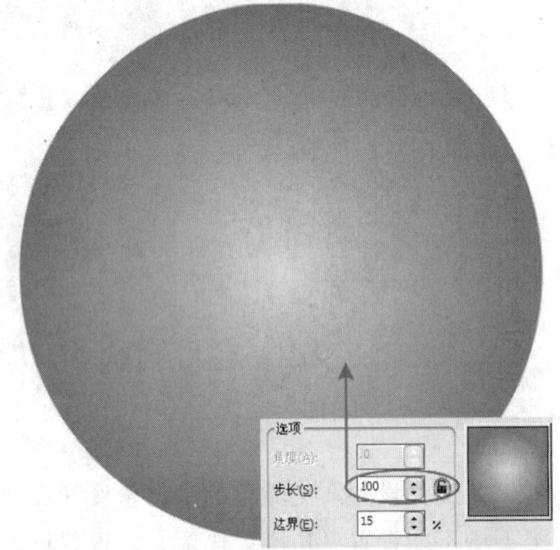

图5-40

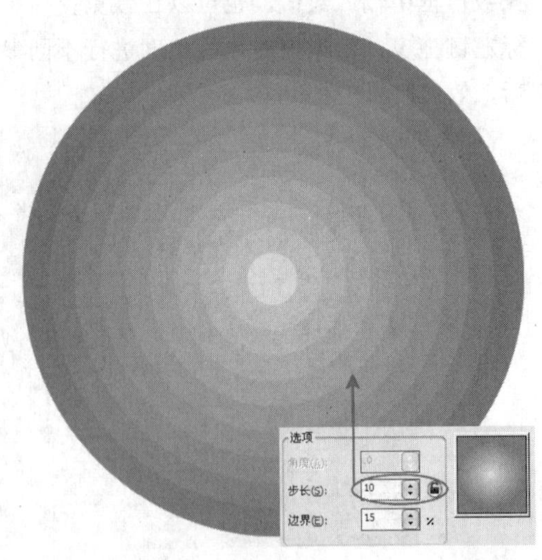

图5-41

技巧与提示

在设置“步长值”时，要先单击该选项后面的按钮进行解锁，然后才能进行步长值的设置。

边界：用于调整颜色渐变过渡的范围，数值范围为0%到49%，值越小范围越大，值越大范围越小，对填充对象的边界进行不同参数设置后，效果如图5-42和图5-43所示。

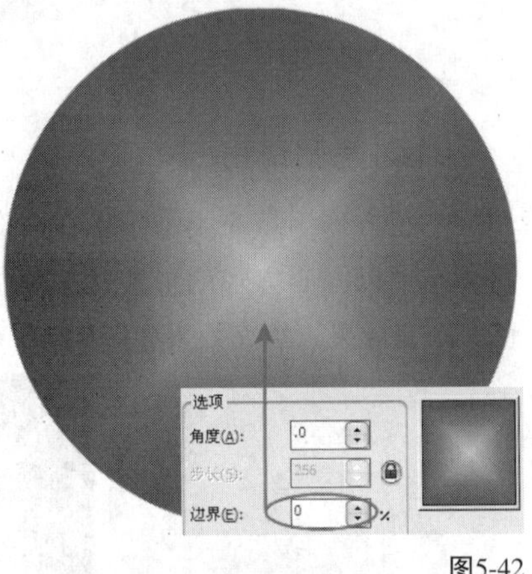

图5-42

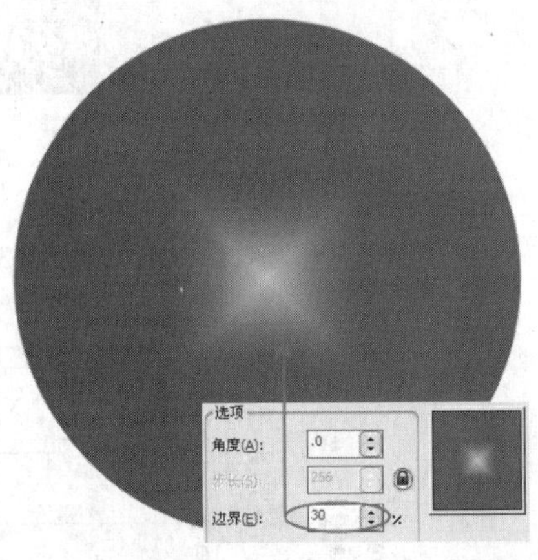

图5-43

技巧与提示

“圆锥”填充类型不能进行“边界”的设置。

双色：以两种颜色进行过渡，其中“从”是指渐变的起始颜色，“到”是指渐变的结束颜色，单击右侧的下拉按钮，可以在弹出颜色挑选器中选择需要的颜色，如图5-44所示。

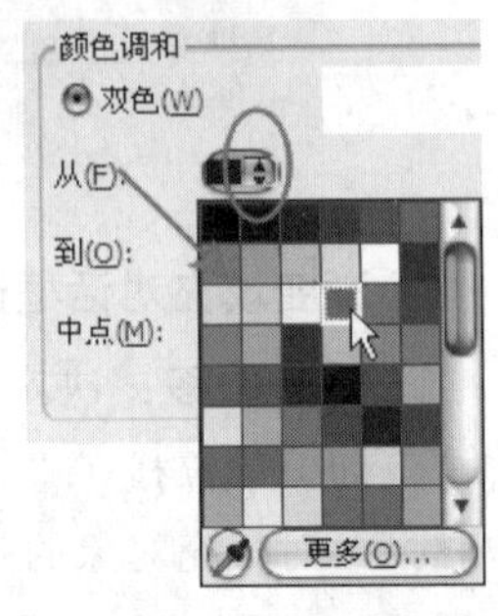

图5-44

自定义：以两种或多种颜色进行渐变设置，当勾选“自定义”选项后在频带上双击可以添加色标，使用鼠标左键单击色标即可在右侧颜色样式中为所选色标选择颜色，如图5-45所示。

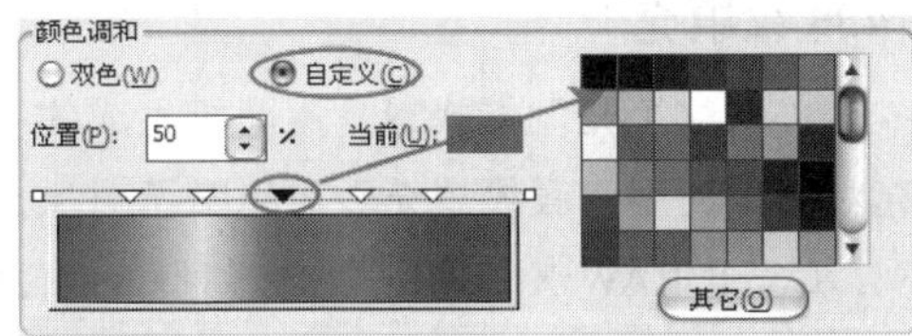

图5-45

其它：单击该按钮，可以打开“选择颜色”对话框，在该对话框中可以通过3个不同的选项卡来选择颜色，如图5-46所示。

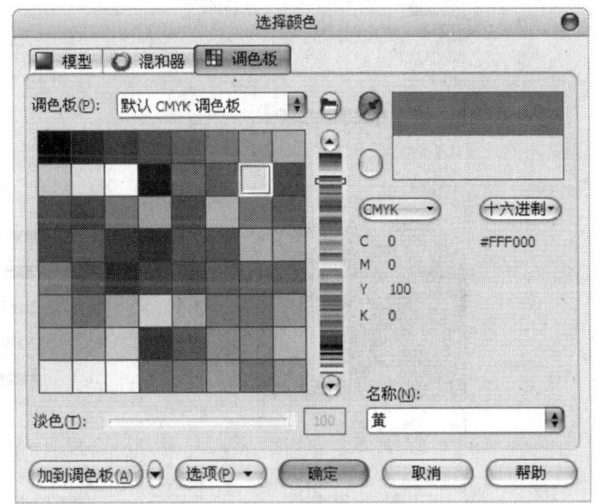

图5-46

3.图样填充

CorelDRAW X6提供了预设的多种图案，包括“双色”填充、“全色”填充以及“位图”填充。使用“图样填充”对话框可以直接为对象填充预设的图案，也可用绘制的对象或导入的图像创建图样进行填充。

<1>双色填充

使用“双色”图样填充，可以为对象填充只有“前部”和“后部”两种颜色的图案样式。

绘制一个圆形并将其选中，然后单击“填充工具”，在弹出的下拉选择面板中选择“图样填充”方式，打开“图样填充”对话框，接着勾选“双色”，并使用鼠标左键单击“图样填充挑选器”右侧的按钮选择一种图样，再分别单击“前部”和“后部”的下拉按钮进行颜色选取（在此案列中选择“红”和“白”），最后单击“确定”按钮，如图5-47所示，填充效果如图5-48所示。

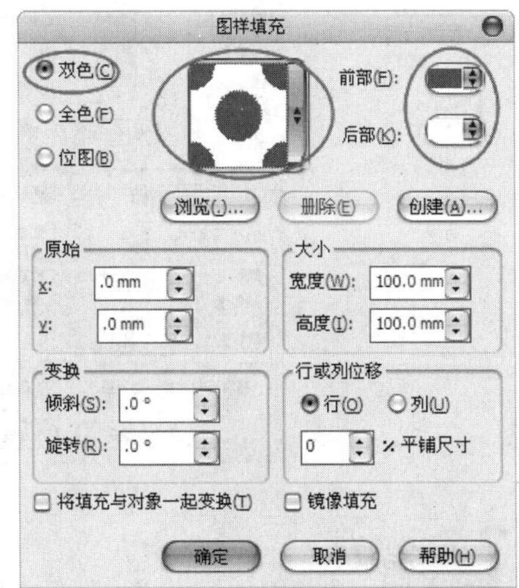

图5-47

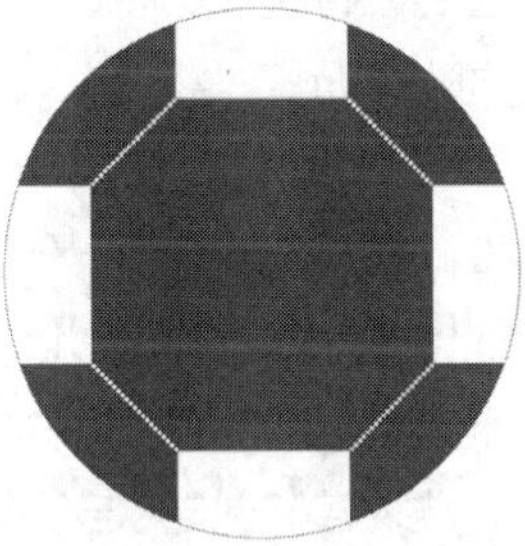

图5-48

在“图样填充”对话框中单击“浏览”按钮，弹出“导入”对话框，然后在该对话框中选择一个图片文件，接着单击“导入”按钮，如图5-49所示，系统会自动将导入的图片转换为双色样式添加到“图样填充挑选器”中，如图5-50所示。

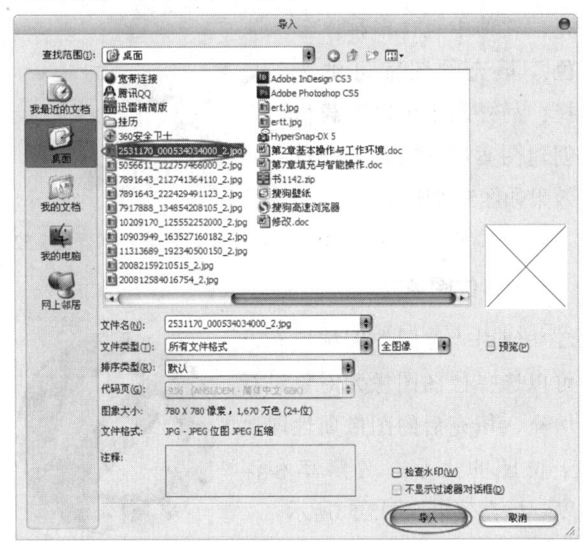

图5-49

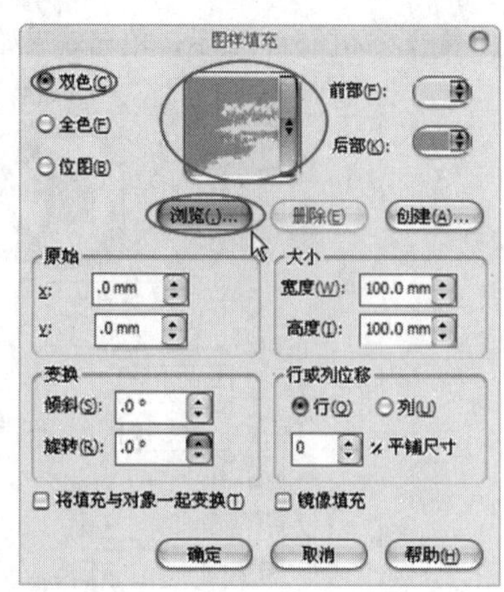

图5-50

技巧与提示

在“图样填充”对话框中，如果选中要填充的对象后勾选“镜像填充”复选框，则可以使填充的内容产生镜像效果如图5-51所示。

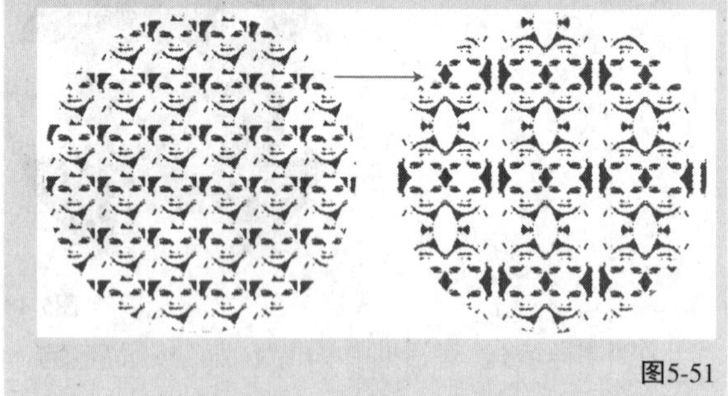

图5-51

<2>全色填充

使用“全色”图样填充，可以把矢量花纹生成为图案样式为对象进行填充，软件中包含多种“全色”填充的图案可供选择；另外，也可以下载和创建图案进行填充。填充效果如图5-52所示。

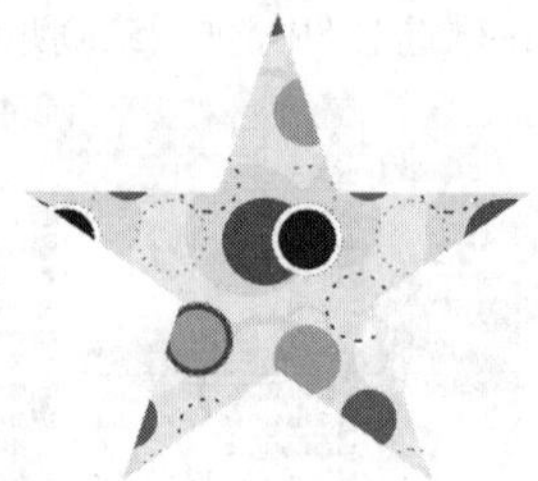

图5-52

<3>位图填充

使用“位图”图样填充，可以选择位图图像为对象进行填充，填充后的图像属性取决于位图的大小、分辨率和深度。填充效果如图5-53所示。

图5-53

技巧与提示

在使用位图进行填充时，复杂的位图会占用较多的内存空间，所以会影响填充速度。

4.底纹填充

“底纹填充”方式是用随机生成的纹理来填充对象，使用“底纹填充”可以赋予对象自然的外观，CorelDRAW X6为用户提供多种底纹样式以便选择，每种底纹都可通过“底纹填充”对话框进行相对应的属性设置，如图5-54所示，另外，还可以通过颜色选择器替换颜色，如图5-55所示。

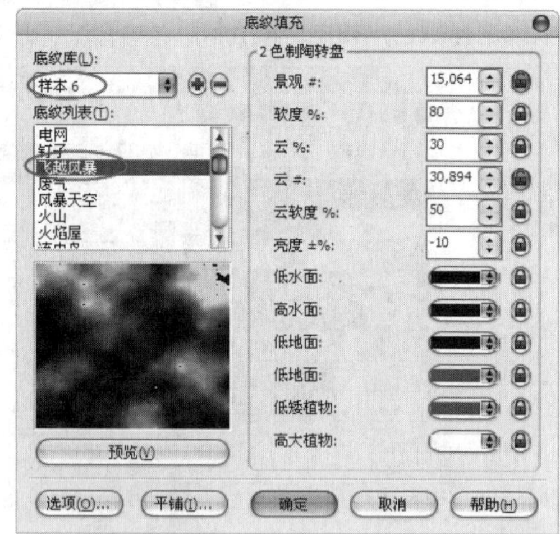

图5-54

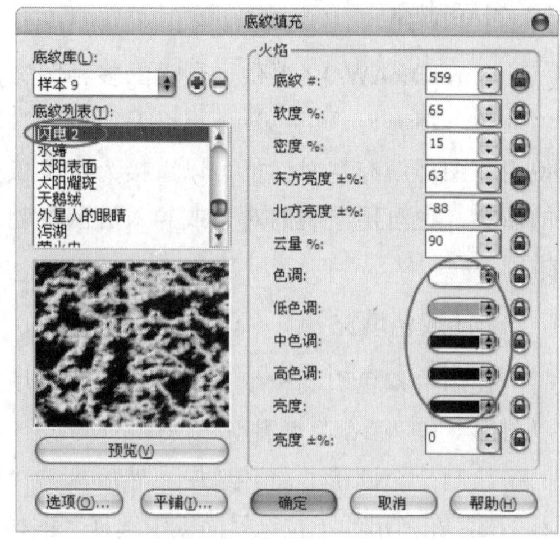

图5-55

技巧与提示

用户可以修改“底纹库”中的底纹，还可将修改的底纹保存到另一个“底纹库”中。

单击“底纹填充”对话框中的按钮，弹出“保存底纹为"对话框，然后在"底纹名称"选项中输入底纹的保存名称，接着在"库名称"的下拉列表中选择保存后的位置，再单击"确定"按钮，即可保存自定义的底纹，如图5-56所示。

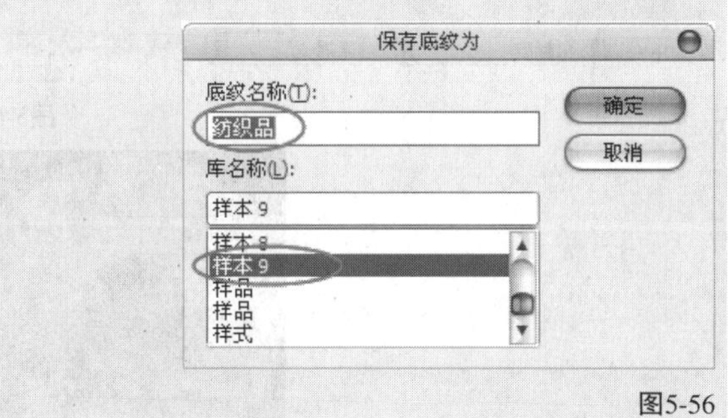

图5-56

5.PostScript填充

"PostScript填充"方式，是使用PostScript设计的特殊纹理进行填充，有些底纹非常复杂，因此打印或屏幕显示包含PostScript底纹填充的对象时，等待时间可能较长，并且一些填充可能不会显示，而只能显示字母ps，这种现象取决于对填充对象所应用的视图方式。填充效果如图5-57所示。

图5-57

技巧与提示

在使用"PostScript填充"工具进行填充时，当视图对象处于"简单线框""线框"模式时，无法进行显示，当视图处于"草稿""正常模式"时，PostScript底纹图案用字母ps表示，只有视图处于"增强""模拟叠印"模式时PostScript底纹图案才可显示出来。

课堂案例

绘制音乐CD

案例位置	案例文件>CH05>课堂案例：绘制音乐CD.cdr
视频位置	多媒体教学>CH05>课堂案例：绘制音乐CD.flv
难易指数	★★★☆☆
学习目标	线性填充的使用方法

音乐CD效果如图5-58所示。

图5-58

01 新建空白文档，然后设置文档名称为"音乐CD"，接着设置页面大小为"A4"、页面方向为"横向"。

02 使用"椭圆工具"在页面内绘制一个圆形，如图5-59所示，然后适当向中心缩小的同时复制一个，接着选中两个椭圆在属性栏上单击"移除前面对象"按钮，效果如图5-60所示。

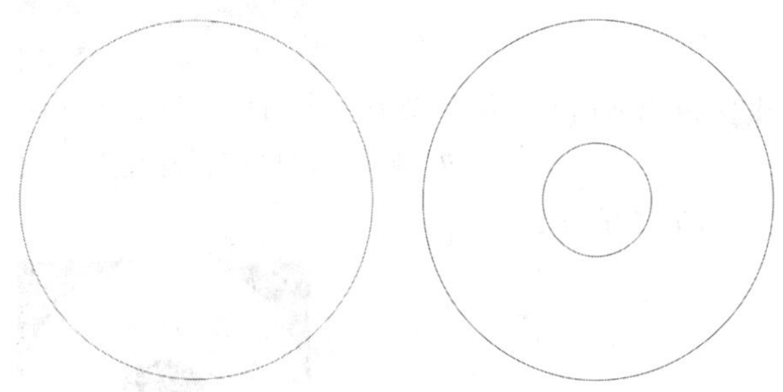

图5-59 图5-60

03 选中前面绘制的圆环，然后单击"填充工具"，在弹出的下拉选择面板中选择"渐变填充"方式，打开"渐变填充"对话框，接着设置"类型"为"线性"、"颜色调和"为"自定义"，再设置"位置"为0%的色标颜色为（C:0，M:0，Y:0，K:0）、"位置"为20%的色标颜色为（C:0，M:0，Y:0，K:20）、"位置"为38%的色标颜色为（C:0，M:0，Y:0，K:0）、"位置"为58%的色标颜色为（C:0，M:0，Y:0，K:0）、"位置"为74%的色标颜色为（C:0，M:0，Y:0，K:20）、"位置"为88%的色标颜色为（C:0，M:0，Y:0，K:0）、"位置"为100%的色标颜色为（C:20，M:15，Y:14，K:0），最后单击"确定"按钮，如图5-61所示，填充完毕后去除轮廓，效果如图5-62所示。

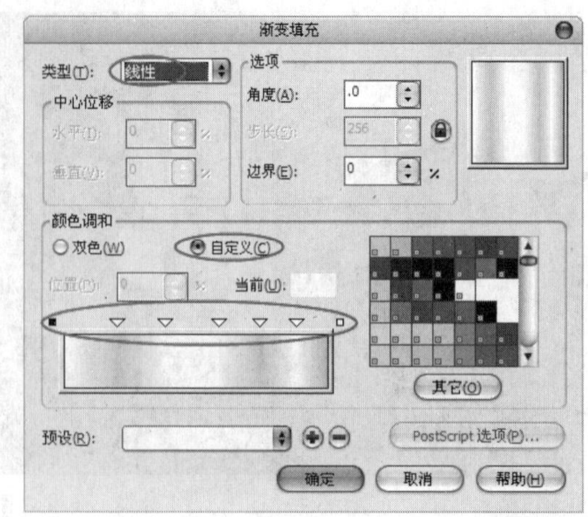

图5-61

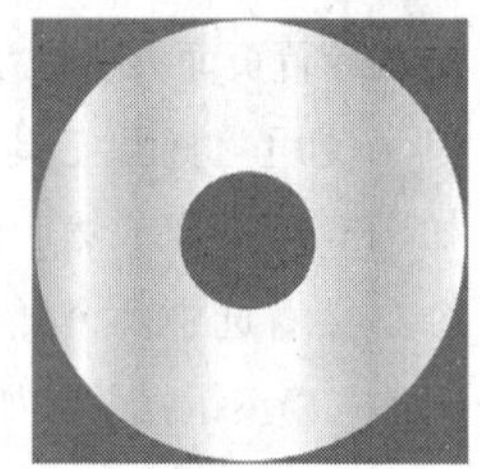

图5-62

04 按照前面的方法绘制另一个圆环，然后填充颜色为（C:10，M:6，Y:7，K:0），接着去除轮廓，效果如图5-63所示。

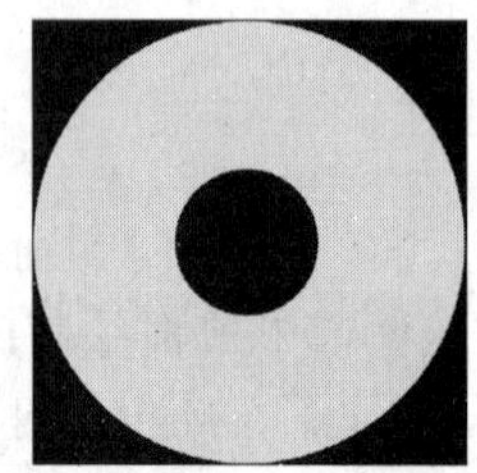

图5-63

技巧与提示

绘制的第2个圆环大小要与前一个圆环内移除掉的圆环的大小相同，如图5-64所示。

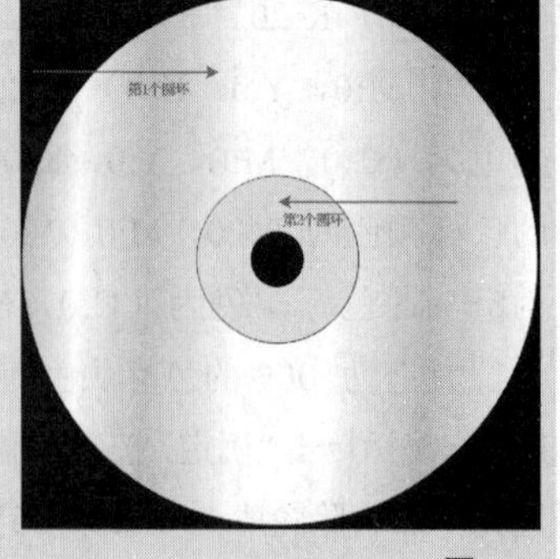

图5-64

05 选中第2个圆环，然后单击“透明度工具”，接着在属性栏上设置“透明度类型”为“标准”、“透明度操作”为“常规”、“开始透明度”为30，如图5-65所示，效果如图5-66所示。

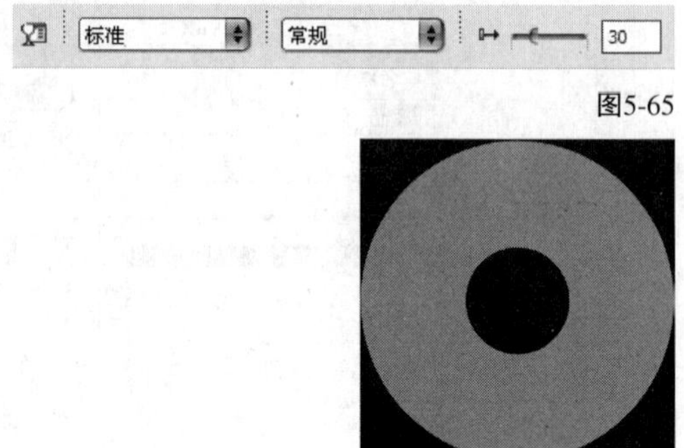

图5-65

图5-66

06 将前面绘制的第2个圆环移动到第1个圆环中间，然后适当调整位置，使两个圆环中心对齐，接着稍微旋转第1个圆环，效果如图5-67所示。

图5-67

07 单击“阴影工具”，然后按住鼠标左键在第1个圆环上拖曳，接着在属性栏上设置“阴影角度”为90、“阴影的不透明度”为65、“阴影羽化”为2，如图5-68所示，效果如图5-69所示。

图5-68

图5-69

08 选中第1个圆环，然后复制两个，接着将复制的第2个圆环适当向中心缩小，再稍微旋转，最后放置在复制的第1个圆环中间，使两个圆环中心对齐，效果如图5-70所示。

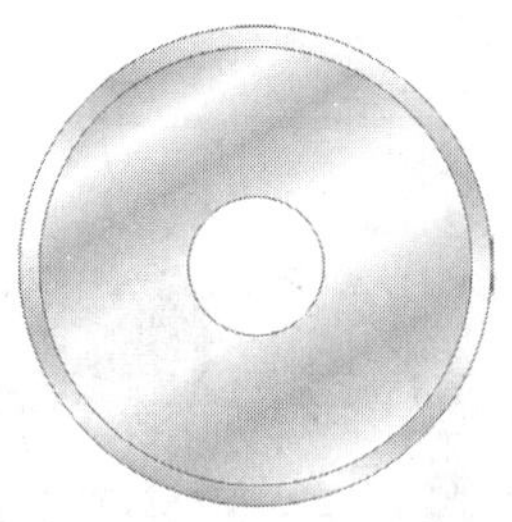

图5-70

09 选中前面复制的两个圆环，然后在属性栏上单击“移除前面对象”按钮，得到第3个圆环，接着去除轮廓，效果如图5-71所示。

图5-71

10 单击“阴影工具”，然后按住鼠标左键在第3个圆环上拖曳，接着在属性栏上设置“阴影偏移”为（x:0.284，y:-0.118）、“阴影的不透明度”为22、“阴影羽化”为2，如图5-72所示，效果如图5-73所示。

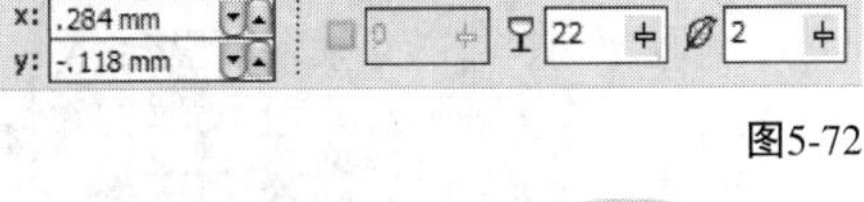

图5-72

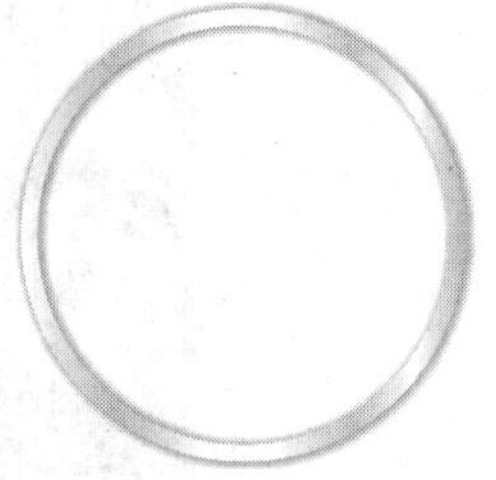

图5-73

11 选中第3个圆环，然后移动到第1个圆环的中间，接着适当缩小，如图5-74所示。

图5-74

12 导入“素材文件>CH05>01.cdr”文件，然后放置在第2个圆环上面，接着适当调整位置，效果如图5-75所示。

图5-75

13 按照前面的方法，绘制出第4个圆环，然后设置“轮廓宽度”为0.2mm，如图5-76所示，接着移动到第1个圆环上面，再适当调整位置，使第1个圆环与该圆环中心对齐，效果如图5-77所示。

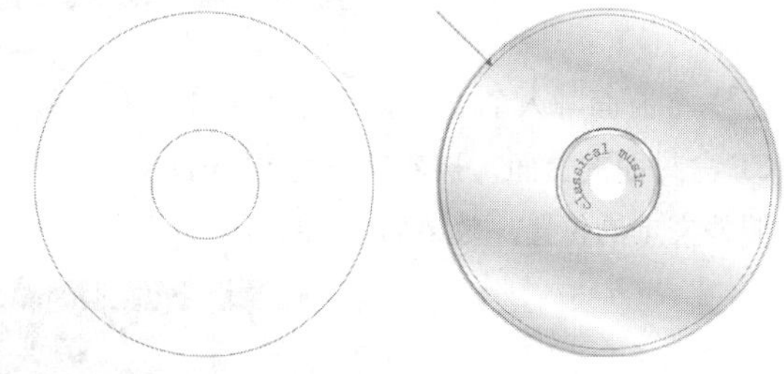

图5-76 图5-77

技巧与提示

绘制的第4个圆环比第1个圆环要稍微小一点，但是两个圆环内修剪掉的圆环大小相同。

14 导入“素材文件>CH05>02.jpg”文件，然后复制一份，接着适当调整大小，再执行“效果>图框精确剪裁>置于图文框内部”菜单命令，将图片嵌入到第4个圆环内，效果如图5-78所示。

图5-78

15 导入“素材文件>CH05>03.cdr”文件，然后放置在第4个圆环上面，接着适当调整位置，效果如图5-79所示。

图5-79

16 将前面导入的图片素材作为CD盒的封面，然后单击“阴影工具”按住鼠标左键在图片上拖曳，接着在属性栏上设置“阴影角度”为90、“阴影羽化”为2，如图5-80所示，效果如图5-81所示。

图5-80

图5-81

17 将前面导入的文本素材复制一份，然后移动到CD盒封面的上面，接着填充文字DVD为白色，最后调整文本的位置，效果如图5-82所示。

图5-82

18 分别选中页面内的两组对象，然后按Ctrl+G组合键进行群组，接着适当调整位置，效果如图5-83所示。

图5-83

19 导入“素材文件>CH05>04.jpg”文件，然后移动到页面内，接着调整位置，使其与页面重合，再多次按Ctrl+PageDown组合键放置在页面后面，最终效果如图5-84所示。

图5-84

课堂案例

绘制音乐海报

案例位置	案例文件>CH05>课堂案例：绘制音乐海报.cdr
视频位置	多媒体教学>CH05>课堂案例：绘制音乐海报.flv
难易指数	★★★★☆
学习目标	渐变填充的使用方法

音乐海报效果如图5-85所示。

图5-85

01 新建空白文档，然后设置文档名称为“音乐海报”，接着设置页面大小为“A4”、页面方向为“纵向”。

02 双击“矩形工具”创建一个与页面重合的矩形，然后单击“填充工具”，接着在弹出的下拉选择面板中选择“均匀填充”方式■，打开“均匀填充”对话框，再设置填充颜色为（C:24，M:28，Y:77，K:0），最后单击“确定”按钮，如图5-86所示，填充完毕后去除轮廓，效果如图5-87所示。

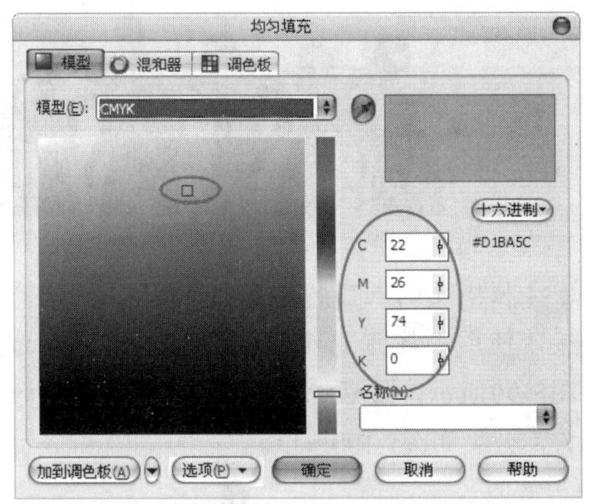

图5-86

图5-87

03 绘制光束。使用“矩形工具”绘制一个矩形，如图5-88所示，然后按Ctrl+Q组合键转曲，接着使用“形状工具”调整外形，调整后如图5-89所示。

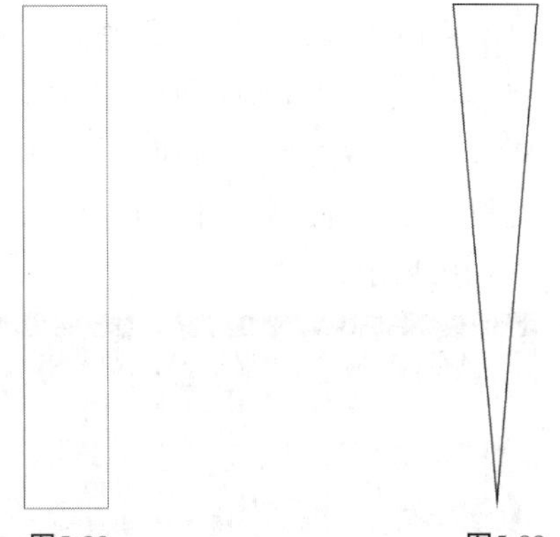

图5-88 图5-89

04 使用“选择工具”选中调整后的矩形，然后再使用鼠标左键单击该对象，接着移动该对象的圆心至对象下方，如图5-90所示，再打开“变换”泊坞窗，最后在该泊坞窗中设置“旋转角度”为30、“副本”为16，如图5-91所示，效果如图5-92所示。

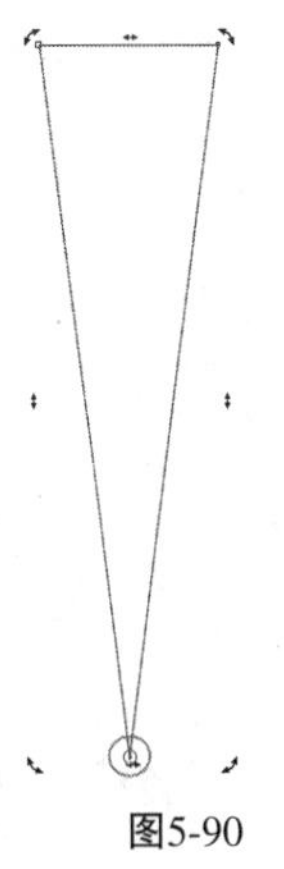

图5-90

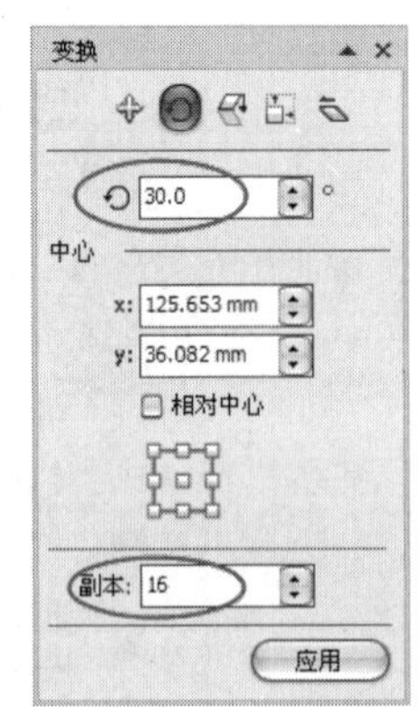

图5-91

图5-92

05 选中前面变换后的所有对象，然后移动到页面上方，如图5-93所示，接着使用“形状工具”逐个调整，调整后如图5-94所示，最后全部选中并在属性栏上单击“合并”按钮。

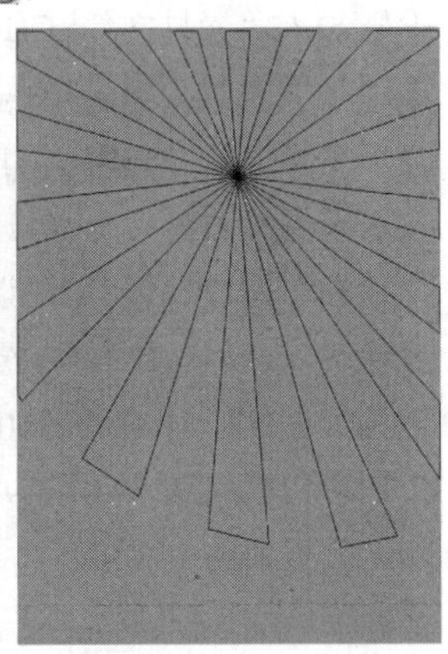

图5-93 图5-94

06 选中绘制好的光束图形，然后单击“填充工具”，在弹出的下拉选择面板中选择“渐变填充”方式，打开“渐变填充”对话框，接着设置“类型”为“辐射”、“水平”为1%、“垂直”为20%、“边界”为22%、“颜色调和”为“双色”，再设置“从”的颜色为（C:24，M:28，Y:77，K:0），“到”颜色为（C:3，M:0，Y:40，K:0），最后单击“确定”按钮，如图5-95所示，设置完毕后去除轮廓，效果如图5-96所示。

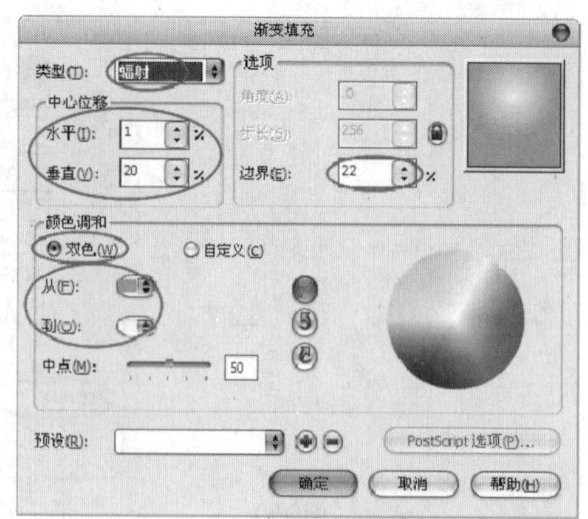

图5-95

图5-96

07 导入“素材文件>CH05>05.cdr”文件，然后单击“填充工具”，在弹出的下拉选择面板中选择“渐变填充”方式，打开“渐变填充”对话框，接着设置“类型”为“线性”、“角度”为296.4、“边界”为17%、“颜色调和”为“双色”，“从”颜色为（C:81，M:80，Y:78，K:62）、“到”的颜色为（C:20，M:42，Y:100，K:0），最后单击“确定”按钮，如图5-97所示，填充完毕后去除轮廓，效果如图5-98所示。

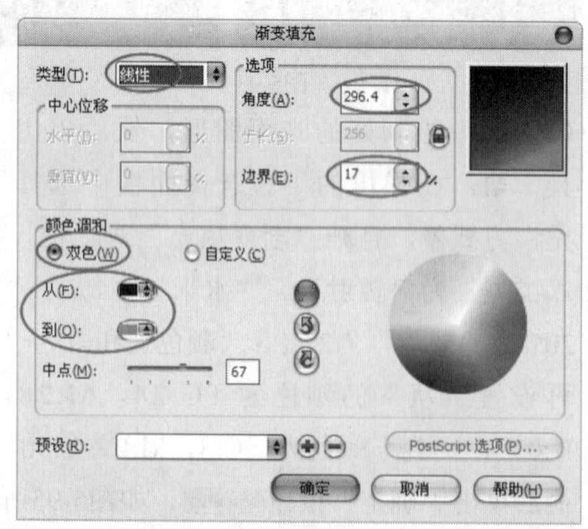

图5-97

图5-98

08 将填充的人物剪影复制一份，然后水平翻转，接着使用“裁剪工具”裁切掉一部分，裁切后如图5-99所示，最后选中两份人物剪影移动到页面下方，效果如图5-100所示。

图5-99

图5-100

09 使用“矩形工具”绘制一个与页面同宽的矩形，然后填充颜色为（C:47，M:99，Y:97，K:21），接着放置在页面上方，如图5-101所示，再复制一份适当拉宽，最后放置在页面下方，效果如图5-102所示。

图5-101

图5-102

10 使用“矩形工具”绘制一个与页面同宽的矩形，然后单击“填充工具”，在弹出的下拉选择面板中选择“渐变填充”方式，打开“渐变填充”对话框，接着设置“类型”为“线性”，“颜色调和”为“自定义”，再设置“位置”为0%的色标颜色为（C:0，M:0，Y:35，K:0）、“位置”为30%的色标颜色为（C:40，M:40，Y:74，K:0）、“位置”为70%的色标颜色为（C:18，M:13，Y:49，K:0）、“位置”为100%的色标颜色为（C:42，M:48，Y:78，K:0），最后单击“确定”按钮，如图5-103所示，填充完毕后去除轮廓，效果如图5-104所示。

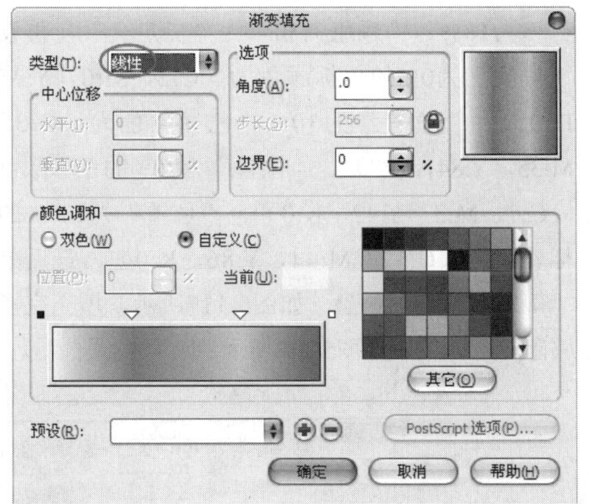

图5-103

图5-104

11 选中前面绘制的渐变矩形，然后移动到页面上方，如图5-105所示，接着导入“素材文件>CH05>06.cdr”文件，再适当调整大小，最后放置在人物剪影后面，效果如图5-106所示。

图5-105

图5-106

12 使用“椭圆工具”在页面下方绘制圆形图案，如图5-107所示，然后在“调色板”中为圆圈填充相应颜色，接着去除轮廓，效果如图5-108所示，最后将其全部选中按Ctrl+G组合键进行群组。

图5-107

图5-108

13 导入“素材文件>CH05>07.cdr”文件，然后适当调整大小，接着放置在页面上方的红色矩形后面，效果如图5-109所示。

图5-109

14 导入“素材文件>CH05>08.cdr”文件，然后使用“属性滴管工具”在渐变色条上进行属性取样，接着在属性栏上单击“属性”按钮，在打开的列表中勾选“填充”，再单击“确定”按钮，如图5-110所示，最后将复制的“填充”属性应用到导入的文字，效果如图5-111所示。

图5-110

music style

图5-111

15 选中导入的文字，然后为文字轮廓填充深红色（C:47，M:100，Y:87，K:19），接着移动到页面下方，最后适当旋转，效果如图5-112所示。

图5-112

⑯ 使用“椭圆工具”绘制一个圆形，然后单击“填充工具”，在弹出的下拉选择面板中选择“渐变填充”方式，打开“渐变填充”对话框，接着设置“类型”为“辐射”、“边界”为14%、“颜色调和”为“自定义”，再设置“位置”为0%的色标颜色为（C:24，M:28，Y:77，K:0）、“位置”为100%的色标颜色为（C:3，M:0，Y:40，K:0），最后单击“确定”按钮，如图5-113所示，填充完毕后去除轮廓，效果如图5-114所示。

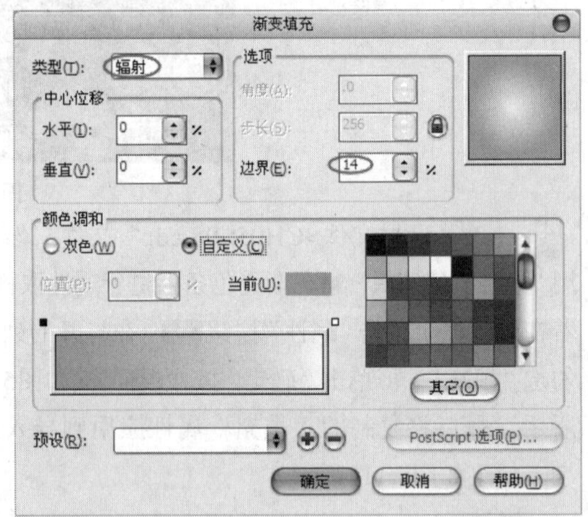

图5-113

图5-114

⑰ 使用“星形工具”绘制一个星形，如图5-115所示，然后按Ctrl+Q组合键转曲，接着使用“形状工具”适当调整外形，调整后如图5-116所示。

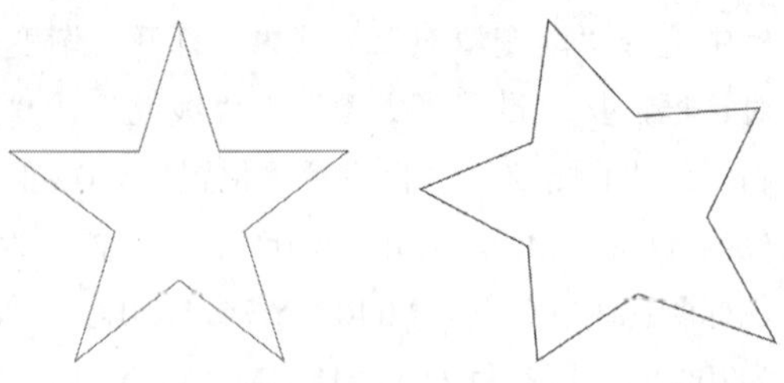

图5-115　　图5-116

⑱ 选中前面绘制的星形对象，然后单击“填充工具”在弹出的下拉选择面板中选择“渐变填充”方式，打开“渐变填充”对话框，接着设置“类型”为“线性”、“角度”为260.6、“边界”为18%、“颜色调和”为“自定义”，再设置“位置”为0%的色标颜色为（C:2，M:0，Y:35，K:0）、“位置”为30%的色标颜色为（C:35，M:35，Y:84，K:0）、“位置”为70%的色标颜色为（C:7，M:3，Y:42，K:0）、“位置”为100%的色标颜色为（C:32，M:44，Y:86，K:0），最后单击“确定”按钮，如图5-117所示，填充完毕后去除轮廓，效果如图5-118所示。

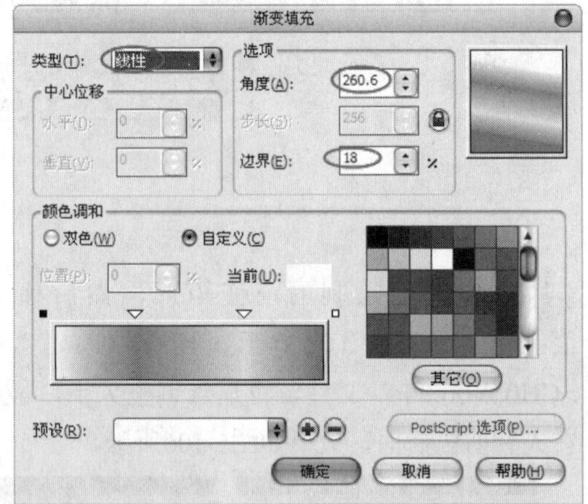

图5-117

图5-118

⑲ 复制一个星形对象，然后单击“填充工具”，在弹出的下拉选择面板中选择“渐变填充”方式，

打开“渐变填充”对话框，接着设置“类型”为“线性”、“角度”为130.9、“边界”为2%、“颜色调和”为“自定义”，再设置“位置”为0%的色标颜色为（C:2，M:0，Y:35，K:0）、“位置”为30%的色标颜色为（C:35，M:35，Y:84，K:0）、“位置”为70%的色标颜色为（C:7，M:3，Y:42，K:0）、“位置”为100%的色标颜色为（C:32，M:44，Y:86，K:0），最后单击“确定”按钮，如图5-119所示，填充完毕后去除轮廓，效果如图5-120所示。

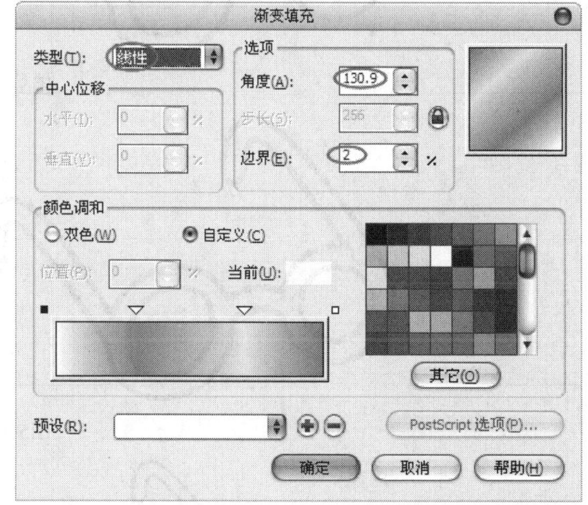

图5-119

图5-120

20 绘制星形边框。选中前面绘制的星形，然后复制两个，接着将复制的第2个星形适当缩小，再移动到复制的第1个对象在中间，如图5-121所示，最后选中两个星形对象并在属性栏上单击“移除前面对象”按钮，修剪后如图5-122所示。

图5-121　图5-122

21 选中前面制得的星形边框，然后填充颜色为（C:36，M:48，Y:89，K:0），如图5-123所示。

图5-123

22 按照以上的方法，再制作一个稍小一些的星形边框，然后填充颜色为（C:15，M:24，Y:48，K:0），如图5-124所示。

图5-124

23 移动两个星形边框至第2个星形对象上面，然后适当调整位置，如图5-125所示，接着移动第1个星形对象至页面前面，再适当调整大小使其在第2个星形边框内部，最后将组合后的图形进行群组，效果如图5-126所示。

图5-125

图5-126

24 绘制复杂星形。使用“星形工具”绘制一个星形，然后在属性栏上设置该对象的“点数或边数”为6、“锐度”为75，如图5-127所示，接着填充白色，再按Ctrl+Q组合键转曲，最后使用“形状工具”调整形状，调整后去除轮廓，效果如图5-128所示。

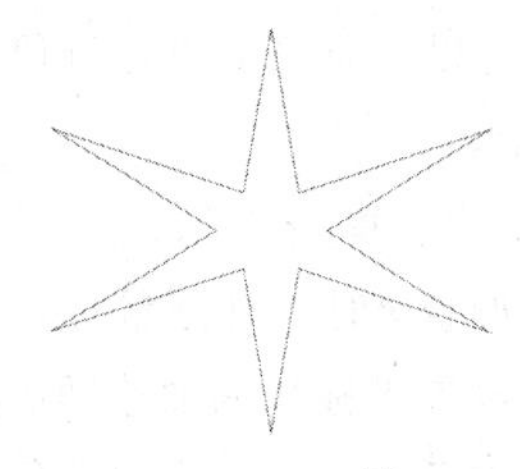

图5-127

图5-128

25 使用“椭圆工具”绘制一个圆形，然后填充白色，接着去除轮廓，如图5-129所示，再将前面绘制的渐变椭圆、星形、复杂星形和白色圆形进行组合，最后复制多个，适当调整大小后散布在页面中，效果如图5-130所示。

图5-129

图5-130

26 导入“素材文件>CH05>09.cdr”文件，然后移动到页面下方，接着适当调整大小，最终效果如图5-131所示。

图5-131

5.1.2 滴管工具

滴管工具包括“颜色滴管工具”和“属性滴管工具”，滴管工具可以复制对象颜色样式和属性样式，并且可以将吸取的颜色或属性应用到其他对象上。

1.颜色滴管工具

“颜色滴管工具”可以在对象上进行颜色取样，然后应用到其他对象上。

任意绘制一个图形，然后单击“颜色滴管工具”，待光标变为滴管形状时，使用鼠标左键单击想要取样的对象，接着当光标变为油漆桶形状时，再悬停在需要填充的对象上，直到出现纯色色块，如图5-132所示，此时单击鼠标左键即可为对象填充，若要填充对象轮廓颜色，则悬停在对象轮廓上，待轮廓色样显示后如图5-133所示，单击鼠标左键即可为对象轮廓填充颜色，填充效果如图5-134所示。

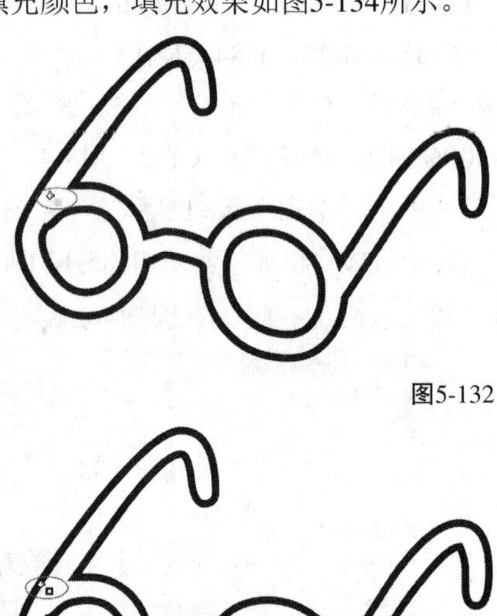

图5-132

图5-133

图5-134

“颜色滴管工具”属性栏选项如图5-135所示。

从桌面选择 所选颜色 添加到调色板

图5-135

颜色滴管工具选项介绍

选择颜色：单击该按钮可以在文档窗口中进行颜色取样。

应用颜色：单击该按钮后可以将取样的颜色应用到其他对象。

从桌面选择：单击该按钮后，“颜色滴管工具”不仅可以在文档窗口内进行颜色取样；还可在对应用程序外进行颜色取样（该按钮必须在“选择颜色”模式下才可用）。

1×1：单击该按钮后，“颜色滴管工具”可以对1像素×1像素区域内的平均颜色值进行取样。

2×2：单击该按钮后，“颜色滴管工具”

可以对2像素×2像素区域内的平均颜色值进行取样。

5×5：单击该按钮后，“颜色滴管工具”可以对5像素×5像素区域内的平均颜色值进行取样。

所选颜色：对取样的颜色进行查看。

添加到调色板：单击该按钮，可将取样的颜色添加到“文档调色板”或“默认CMYK调色板”中，单击该选项右侧的按钮可显示调色板类型，如图5-136所示。

图5-136

2.属性滴管工具

使用“属性滴管工具”，可以复制对象的属性，并将复制的属性应用到其他对象上。通过以下的练习，可以熟练“属性滴管工具”的基本使用方法，以及属性应用。

<1>基本使用方法

单击“属性滴管工具”，然后在属性栏上分别单击“属性”按钮、“变换”按钮和“效果”按钮，打开相应的选项，勾选想要复制的属性复选框，接着单击“确定”按钮添加相应属性，如图5-137～图5-139所示，待光标变为滴管形状时，即可在文档窗口内进行属性取样，取样结束后，光标变为油漆桶形状，此时单击想要应用的对象，即可进行属性应用。

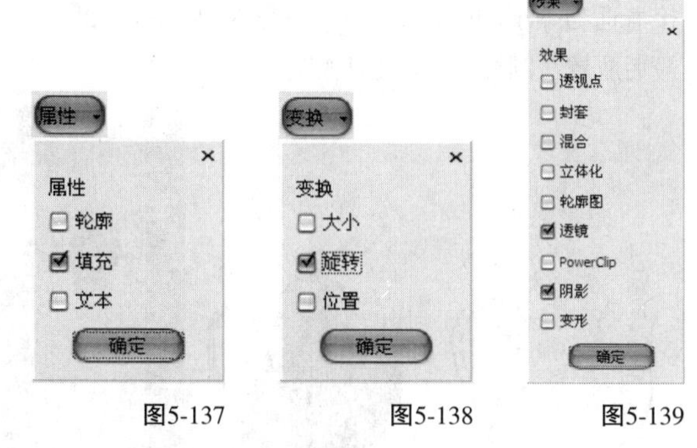

图5-137　　图5-138　　图5-139

<2>属性应用

单击“椭圆形工具”，然后在属性栏上单击“饼图”按钮，接着在页面内绘制出对象并适当旋转，再为对象填充“圆锥”渐变，最后设置轮廓颜色为淡蓝色（C:40，M:0，Y:0，K:0）、“轮廓宽度”为4mm，效果如图5-140所示。

图5-140

使用“基本形状工具”在饼图对象的右侧绘制一个心形，然后为心形填充图样，接着在属性栏上设置轮廓的“线条样式”为虚线、“轮廓宽度”为0.2mm，如图5-141所示，设置效果如图5-142所示。

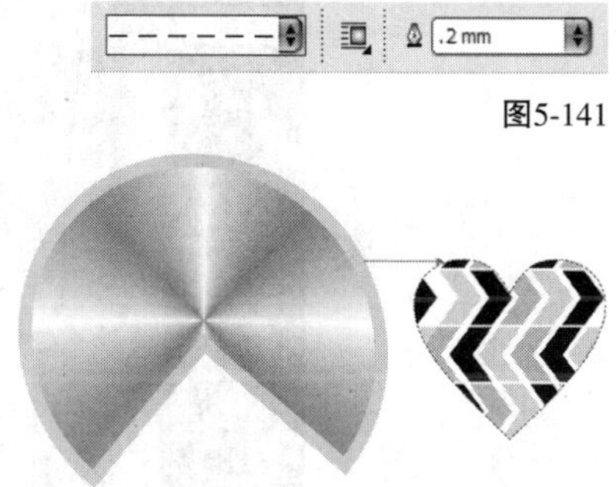

图5-141

图5-142

单击“属性滴管工具”，然后在“属性”列表中勾选“轮廓”和“填充”的复选框，“变换”列表中勾选“大小”和“旋转”的复选框，如图5-143和图5-144所示，接着分别单击“确定”按钮添加所选属性，再将光标移动到饼图对象单击鼠标左键进行属性取样，当光标切换至“应用对象属性”时，单击心形对象，应用属性后的效果如图5-145所示。

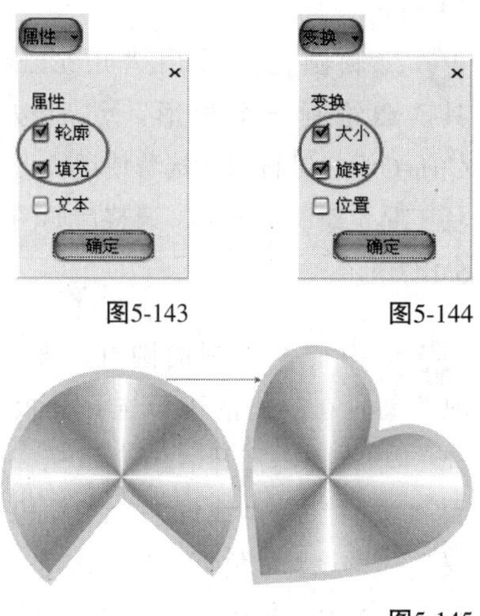

图5-143　　图5-144

图5-145

技巧与提示

在属性栏上分别单击“效果”按钮、“变换”按钮和“属性”按钮，打开相应的选项列表，在列表中被勾选的选项表示“颜色滴管工具”所能吸取的信息范围；反之，未被勾选的选项对应的信息将不能被吸取。

课堂案例

绘制茶叶包装

案例位置	案例文件>CH05>课堂案例：绘制茶叶包装.cdr
视频位置	多媒体教学>CH05>课堂案例：绘制茶叶包装.flv
难易指数	★★★★☆
学习目标	属性滴管工具和渐变填充的使用方法

茶叶包装效果如图5-146所示。

图5-146

01 新建空白文档，然后设置文档名称为“茶叶包装”，接着设置“宽度”为210mm、“高度”为290mm。

02 绘制圆柱。使用“矩形工具”绘制一个矩形，然后按Ctrl+Q组合键转曲，接着使用“形状工具”调整矩形，调整后如图5-147所示。

图5-147

03 选中前面绘制的圆柱，然后单击“填充工具”，在弹出的下拉选择面板中选择“渐变填充”方式，打开“渐变填充”对话框，接着设置“类型”为“线性”、“颜色调和”为“自定义”，再设置“位置”为0%的色标颜色为（C:18，M:13，Y:13，K:0）、“位置”为30%的色标颜色为（C:10，M:6，Y:7，K:0）、“位置”为54%的色标颜色为（C:12，M:7，Y:9，K:0）、“位置”为76%的色标颜色为（C:31，M:25，Y:24，K:0）、“位置”为100%的色标颜色为（C:33，M:24，Y:24，K:0），最后单击“确定”按钮，如图5-148所示，填充完毕后去除轮廓，效果如图5-149所示。

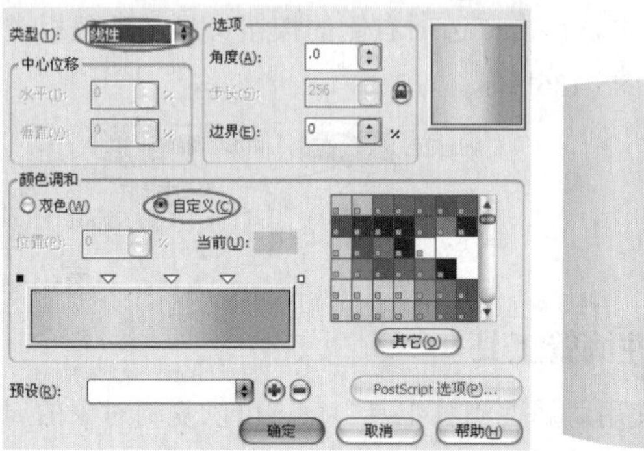

图5-148

图5-149

04 导入“素材文件>CH05>10.jpg”文件，然后适当调整大小，接着复制两份，再将复制的两份百合素材嵌入到圆柱内，效果如图5-150所示。

图5-150

05 使用“钢笔工具”在页面内绘制一个茶壶的外轮廓，如图5-151所示，然后选中前面导入的百合素材，接着适当缩小，再嵌入到茶壶图形内，如图5-152所示，最后放置在圆柱上方，效果如图5-153所示。

图5-151　图5-152

图5-153

06 使用“矩形工具”绘制一个矩形，然后填充黑色（C:0，M:0，Y:0，K:100），接着去除轮廓，如图

5-154所示，再复制一个矩形填充灰色（C:0，M:0，Y:0，K:40），最后适当拉长高度，效果如图5-155所示。

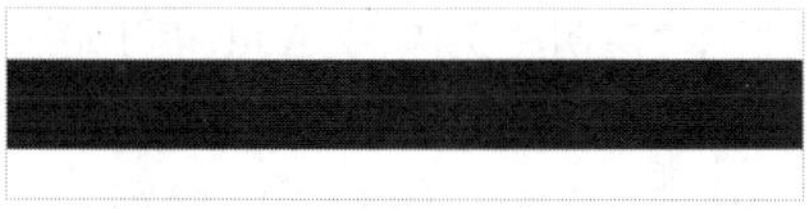

图5-154

图5-155

07 移动前面绘制的灰色矩形到黑色矩形上面，然后适当调整位置，效果如图5-156所示，接着再复制两个灰色矩形，放置在前两个矩形的前面，使其完全遮挡住前面的两个矩形，效果如图5-157所示。

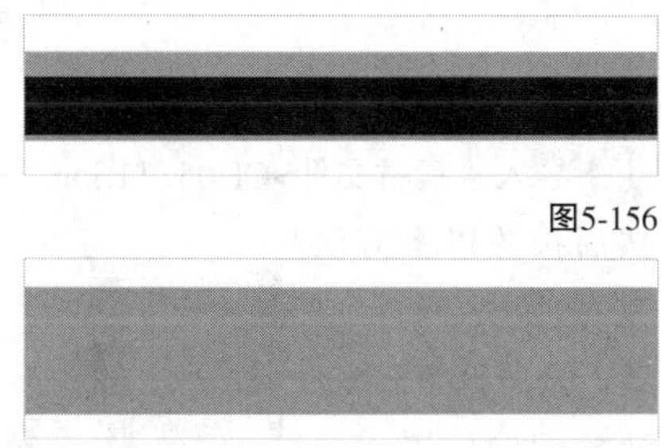

图5-156

图5-157

08 选中前面绘制的 4 个矩形，然后按Ctrl+G组合键进行群组，接着单击“透明度工具”在属性栏上设置“透明度类型”为“标准”、“透明度操作”为“如果更暗”、“开始透明度”为80，如图5-158所示，效果如图5-159所示。

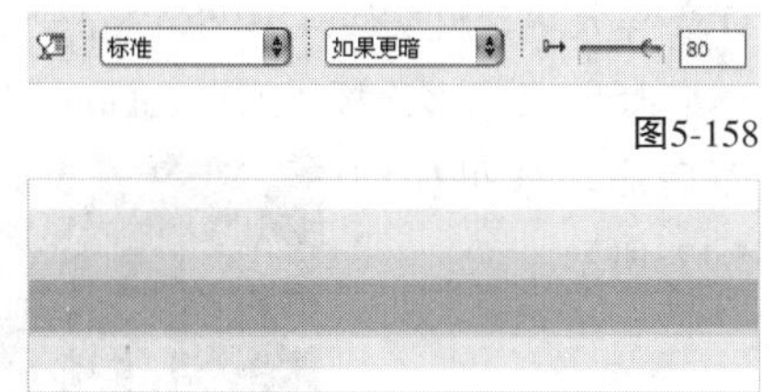

图5-158

图5-159

09 选中前面群组的矩形，然后在原位置复制一份，接着单击“透明度工具”在属性栏上更改“透明度操作”为“叠加”（其余选项不作改动），效果如图5-160所示。

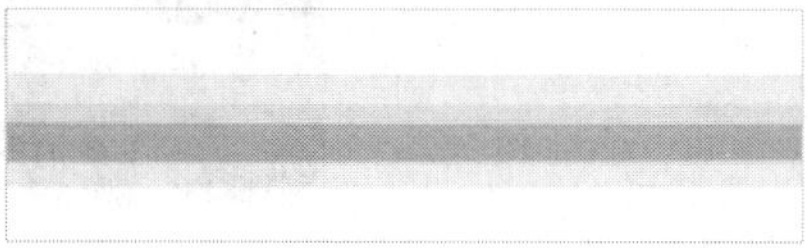

图5-160

10 选中前面绘制的两组矩形对象，然后按Ctrl+G组合键进行群组，接着在水平方向上适当拉长，再放置于如图5-161所示位置。

图5-161

11 绘制包装盒底部的阴影。使用“椭圆工具”绘制一个椭圆，如图5-162所示，然后单击“透明度工具”，接着在属性栏上设置“透明度类型”为“标准”、“透明度操作”为“常规”、“开始透明度”为51，如图5-163所示，再去除轮廓放置在圆柱底部，最后多次按Ctrl+PageDown组合键放置在圆柱后面，效果如图5-164所示。

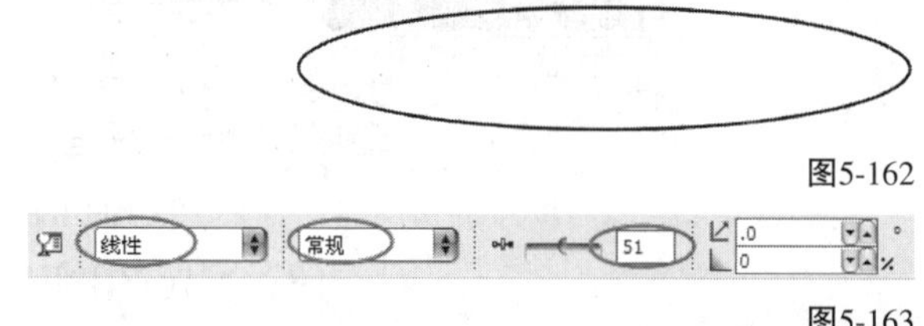

图5-162

图5-163

图5-164

12 使用“文本工具”输入文本，然后在属性栏上设置第一行字体为TypoUpright BT、字号为14pt，第三行字体为“Adobe仿宋Std R”、字号为8pt，接着设置整个文本的“文本对齐”为“居中”，效果如图5-165所示。

BESTOWN

Chian

[中式百合花茶]

图5-165

13 选中前面输入的文本，然后单击“填充工具”，在弹出的下拉选择面板中选择“渐变填充”方式，打开“渐变填充”对话框，接着设置“类型”为“线性”、“颜色调和”为“自定义”，再设置“位置”为0%的色标颜色为（C:53，M:100，Y:100，K:41）、“位置”为36%的色标颜色为（C:22，M:48，Y:46，K:0）、“位置”为59%的色标颜色为（C:39，M:95，Y:100，K:7）、“位置”为79%的色标颜色为（C:49，M:100，Y:100，K:32）、“位置”为100%的色标颜色为（C:80，M:92，Y:91，K:75），最后单击“确定”按钮，如图5-166所示，效果如图5-167所示。

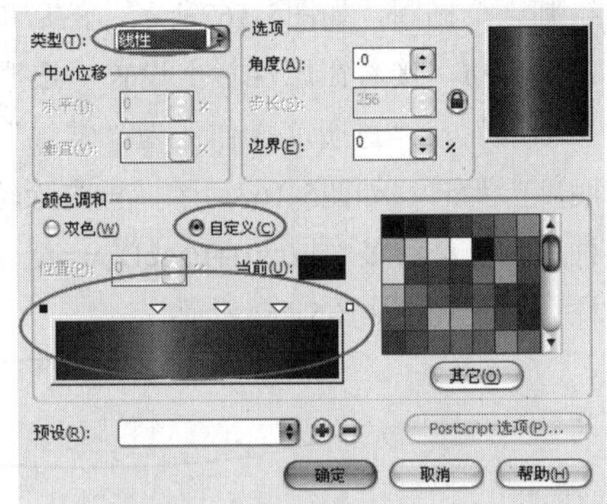

图5-166

BESTOWN
Chian
[中式百合花茶]

图5-167

14 选中前面填充渐变色的文本，然后移动到圆柱下方，使其相对于圆柱水平居中，效果如图5-168所示。

15 使用“矩形工具”绘制一个矩形，然后放置在圆柱左侧的边缘，接着按Ctrl+Q组合键转曲，再使用“形状工具”调整矩形轮廓，使其右侧轮廓与包装盒右侧轮廓重合，效果如图5-169所示。

图5-168

图5-169

16 选中前面调整后的矩形，然后单击“透明度工具”，接着在属性栏上设置“透明度类型”为“线性”、“透明度操作”为Add、“开始透明度”为100，如图5-170所示，最后去除轮廓，效果如图5-171所示。

图5-170

图5-171

17 导入“素材文件>CH05>11.jpg、12.jpg”文件，然后按照以上方法完成另外两个包装，接着调整3个包装盒间的位置，效果如图5-172所示。

图5-172

18 导入“素材文件>CH05>13.jpg”文件，然后适当调整大小，接着多次按Ctrl+PageDown组合键放置在页面后面，效果如图5-173所示。

图5-173

19 导入“素材文件>CH05>14.cdr”文件，然后放置在茶叶包装前面，接着适当调整位置，最终效果如图5-174所示。

图5-174

5.1.3 调色板填充

“调色板填充”是填充图形中最常用的填充方式之一，具有方便快捷以及操作简单的特点，在软件绘制过程中省去许多繁复的操作步骤，起到提高操作效率的作用。

1.打开和关闭调色板

通过菜单命令可以直接打开相应的调色板，也可以打开“调色板管理器”泊坞窗，在该泊坞窗中打开相应的调色板。下面分别进行具体介绍。

第1种：执行“窗口>调色板”菜单命令，将显示“调色板”菜单命令包含的所有内容，如图5-175所示。勾选“文档调色板”“调色板”以及如图5-176所示的调色板类型，即可在软件界面的右侧以色样列表的方式显示，勾选多个调色板类型时可同时显示，如图5-177所示。

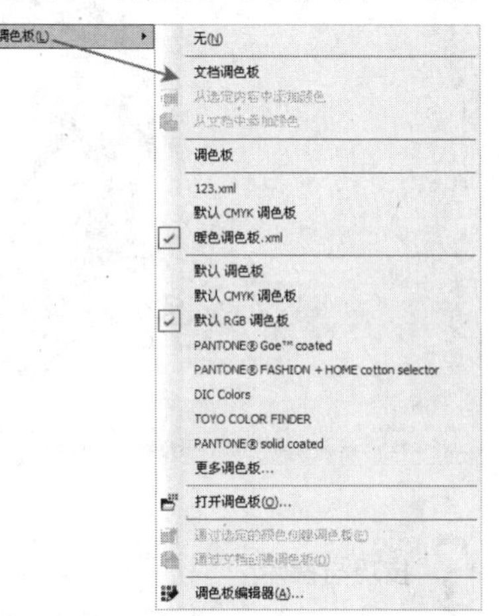

图5-175

图5-176

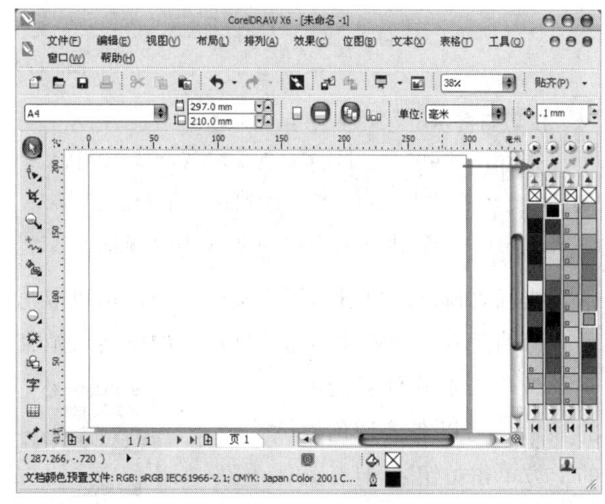

图5-177

第2种：执行“窗口>调色板>更多调色板”菜单命令，将打开“调色板管理器”泊坞窗，在该泊坞窗中显示系统预设的所有调色板类型和自定义的调色板类型，在该泊坞窗中使用鼠标左键双击任意一个调色板（或是单击该调色板前面的图标，使其呈图形），即可在软件界面右侧显示该调色板，若要关闭该调色板，可以再次使用鼠标左键双击该调色板（或是单击该调色板前面的图标，使其呈图形），即可取消该调色板在软件界面中的显示，如图5-178所示。

图5-178

在该泊坞窗中可以删除自定义的调色板，首先使用鼠标左键双击“我的调色板”文件夹，打开自定义的调色板列表，然后选中任意一个自定义的调色板，接着在泊坞窗右下方单击“删除所选的项目”按钮，如图5-179所示，即可删除所选调色板。

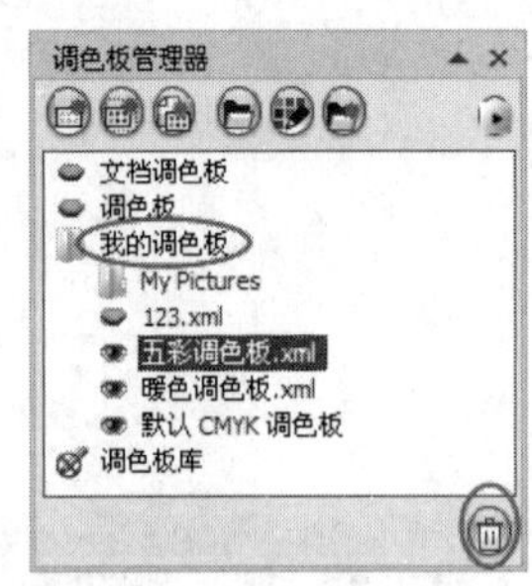

图5-179

技巧与提示

在该泊坞窗中只有自定义的调色板类型和“默认CMYK”调色板类型可以使用“删除所选的项目”按钮进行删除，其余系统预设的调色板类型无法使用该按钮进行删除。

执行“窗口>调色板>无”菜单命令，可以取消所有“调色板”在软件界面的显示，如果要取消某一个调色板在软件界面中的显示，可以在该调色板的上方单击按钮，打开菜单面板，然后依次单击“调色板”“关闭”，如图5-180所示，即可取消该调色板在软件界面中的显示。

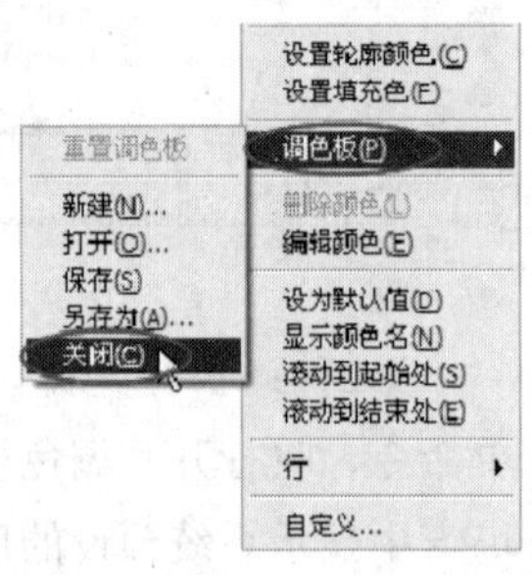

图5-180

2.添加颜色到调色板

添加颜色到调色板的方法有以下3种。

第1种：从选定内容添加。选中一个已填充的对象，然后在想要添加颜色的“调色板”上方单击按钮，打开菜单面板，接着单击“从选定内容添加”，即可将对象的填充颜色添加到该调色板列表中，如图5-181所示。

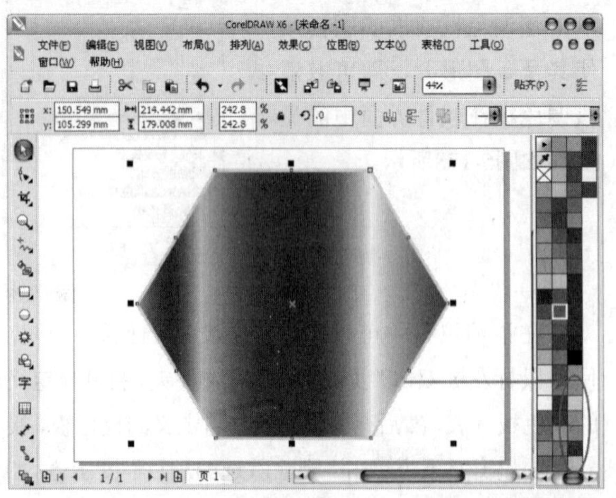

图5-181

第2种：从文档添加。如果要从整个文档窗口中添加颜色到指定调色板中，可以在想要添加颜色的“调色板”上方单击按钮，打开菜单面板，然后单击“从文档添加”，即可将文档窗口中的所有颜色添加到该调色板列表中，如图5-182所示。

图5-182

第3种：滴管添加。在任意一个打开的调色板上方单击“滴管”按钮，待光标变为滴管形状时，使用鼠标左键在文档窗口内的任意的对象上单击，即可将该处的颜色添加到相应的调色板中，如果单击该按钮后同时按住Ctrl键，待光标变为形状时，即可使用鼠标左键在文档窗口内多次单击将取样的多种颜色添到相应调色板中，如图5-183所示。

图5-183

技巧与提示

从选定对象添加颜色到所选调色板时，如果该调色板中已经包含该对象中的颜色，则在该调色板列表中不会增加该对象的颜色色块。

3.创建自定义调色板

创建自定义调色板的方法有以下两种。

第1种：通过对象创建。使用“矩形工具”绘制一个矩形，然后为该矩形填充渐变色，如图5-184所示，接着执行“窗口>调色板>通过选定的颜色创建调色板”菜单命令，打开“另存为”对话框，再输入“文件名”为“五彩调色板”，最后单击“保存”按钮，如图5-185所示，即可由选定对象的填充颜色创建一个自定义的调色板，保存后的调色板会自动在软件界面右侧显示，如图5-186所示。

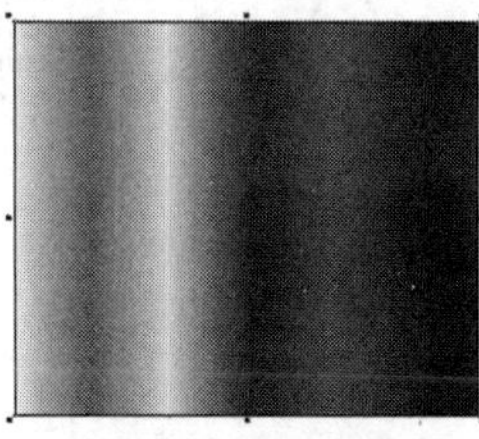

图5-184

图5-185

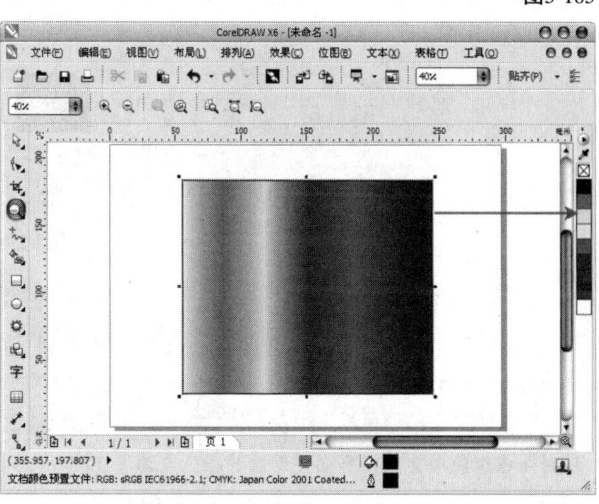

图5-186

第2种：通过文档创建。执行“窗口>调色板>通过文档创建调色板”菜单命令，打开“另存为”对话框，然后输入“文件名”为“冷色调色板”，接着单击“保存”按钮，如图5-187所示，即可由文档窗口中的所有对象的填充颜色创建一个自定义的调色板，保存后的调色板会自动在软件界面右侧显示，如图5-188所示。

图5-187

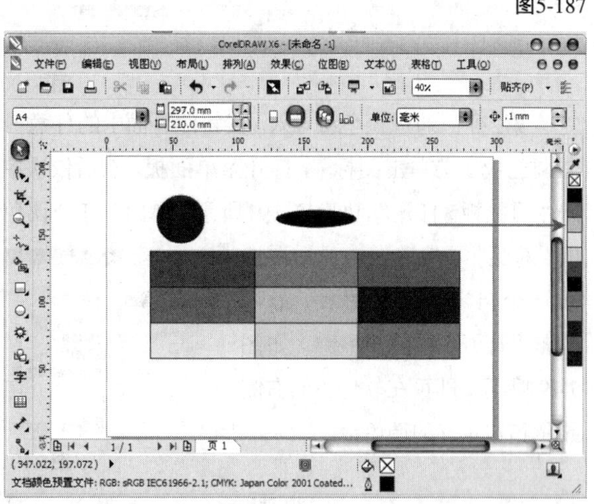

图5-188

4.导入自定义调色板

导入自定义调色板有以下两种方法。

第1种：使用菜单命令导入。执行“窗口>调色板>打开调色板”菜单命令，将弹出“打开调色板”对话框，在该对话框中选择好自定义的调色板后，单击“打开”按钮，如图5-189所示，即可在软件界面右侧显示该调色板，如图5-190所示。

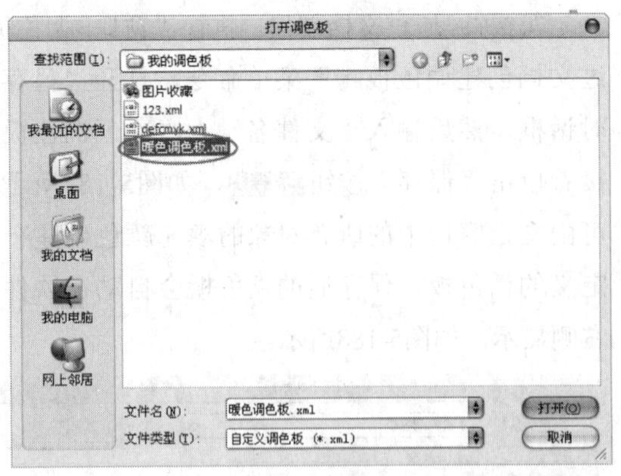

图5-189

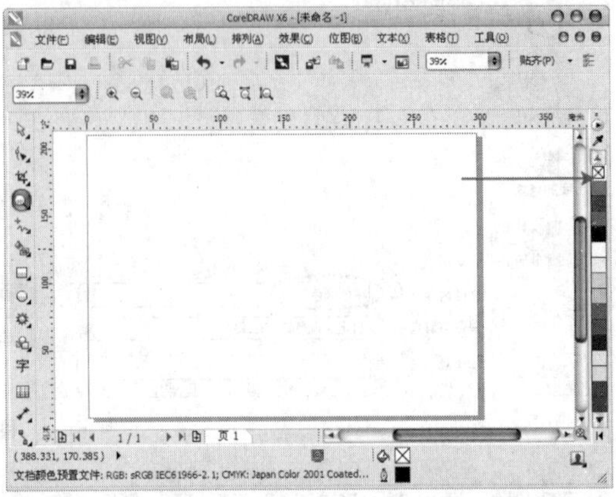

图5-190

第2种：通过调色板导入。在软件界面中的任意一个调色板上方单击图标，打开菜单面板，然后依次单击“调色板>打开”，如图5-191所示，弹出“打开调色板”对话框，接着在该对话框选择一个自定义的调色板，最后单击“打开”按钮，如图5-192所示，即可在软件界面右侧显示该自定义的调色板。

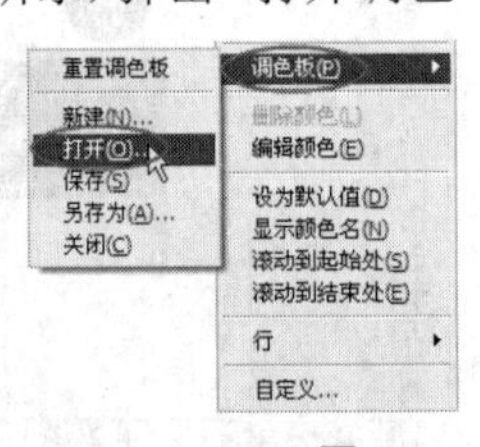

图5-191

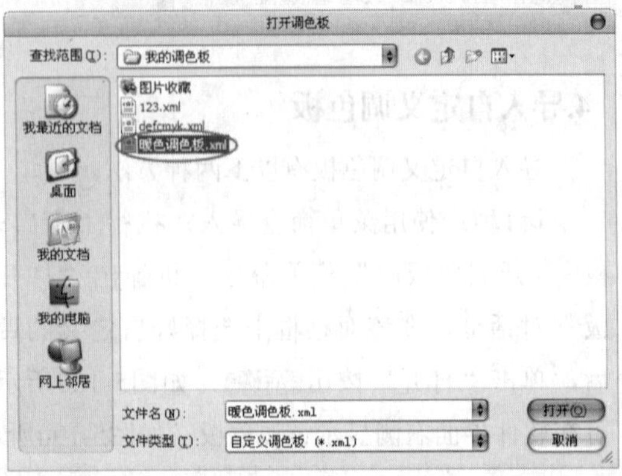

图5-192

5.调色板编辑器

执行“窗口>调色板>调色板编辑器”菜单命令，将弹出“调色板编辑器”对话框，在该对话框中可以对“文档调色板”“调色板”“默认RGB调色板”“默认CMYK调色板”和自定义的调色板进行编辑，如图5-193和图5-194所示。

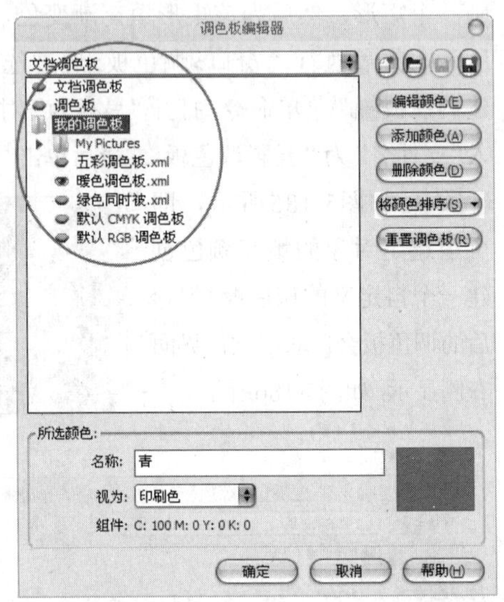

图5-193

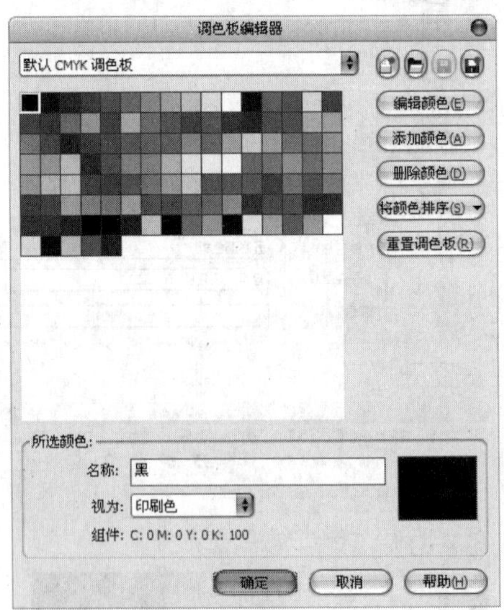

图5-194

技巧与提示

执行“窗口>调色板>文档调色板”菜单命令，将在软件界面的右侧显示该调色板。

默认的“文档调色板”中没有提供颜色，当启用该调色板时，该调色板会将在页面使用过的颜色自动添加到色样列表中，也可单击该调色板上滴管按钮进行颜色添加。

选中要填充的对象，如图5-195所示，然后使用鼠标左键单击调色板中的色样，即可为对象内部填充颜色；如果使用鼠标右键单击，即可为对象轮廓填充颜色，填充效果如图5-196所示。

图5-195

图5-196

在为对象填充颜色时，除了可以使用调色板上显示的色样为对象填充外，还可以使用鼠标左键长按调色板中的任意一个色样，打开该色样的渐变色样列表，如图5-197所示，然后在该列表中选择颜色为对象填充。

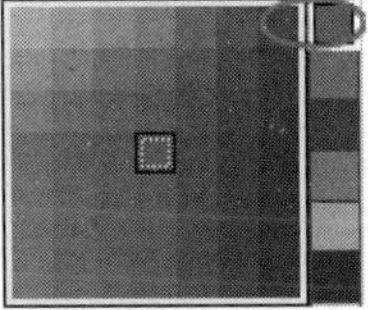

图5-197

使用鼠标左键单击调色板下方的按钮，可以显示该调色板列表中的所有颜色，如图5-198所示，移动光标至调色板顶部呈十字箭头形状时，按住鼠标左键拖曳，即可展开该调色板，并且可以移动调色板位置，如图5-199所示。

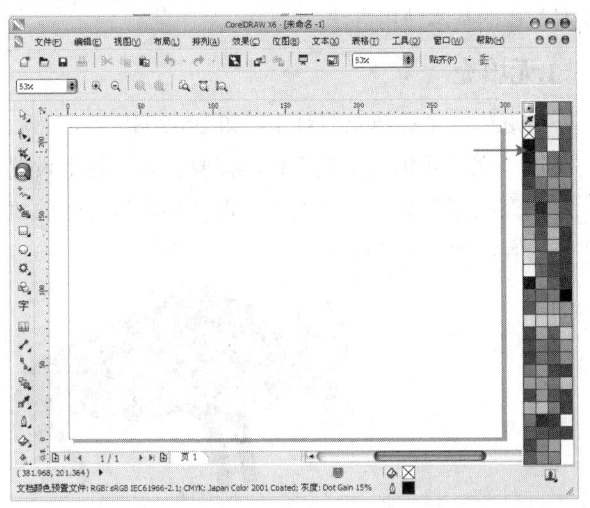

图5-198

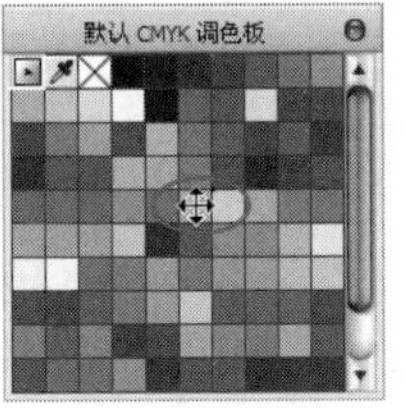

图5-199

技巧与提示

可以为已填充的对象添加少量的其他颜色。首先选中某一填充对象，然后按住Ctrl键的同时，使用鼠标左键在调色板中单击想要添加的颜色，即可为已填充的对象添加少量的其他颜色。

5.2 复杂填充

本节主要介绍在CorelDRAW X6中较复杂的一些填充途径，包括交互式填充工具和网状填充工具的运用。

本节重要工具介绍

名称	作用	重要程度
交互式填充工具	包含填充工具组中所有填充工具的功能，可以为图形设置各种填充效果	中
网状填充工具	设置不同的网格数量和调节点位置为对象填充不同颜色的混合效果	中

5.2.1 交互式填充工具

“交互式填充工具”包含填充工具组中所有填充工具的功能，利用该工具可以为图形设置各种填充效果，其属性栏选项会根据设置的填充类型的不同而有所变化。

“交互式填充工具”属性栏如图5-200所示。

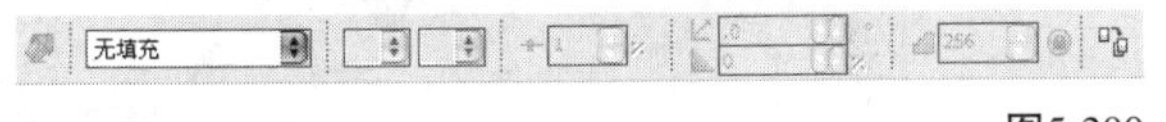

图5-200

交互式填充工具选项介绍

编辑填充：更改对象当前的填充属性（当选中某一矢量对象时，该按钮才可用），单击该按钮，可以打开相应的填充对话框，在相应的对话框中可以设置新的填充内容为对象进行填充。

填充类型：提供“填充工具”中包含的所有填充类型，如图5-201所示。

填充挑选器：设置对象中相应节点的填充颜色，如图5-202所示。

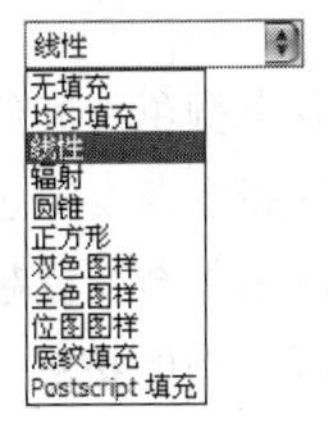

图5-201

图5-202

填充中心点：调整两种颜色间的中心点，修改两种颜色间的渐变比例，设置该选项可以单击后面的按钮或按住鼠标左键拖曳，还可以直接拖曳填充对象上的矩形滑块，如图5-203所示。

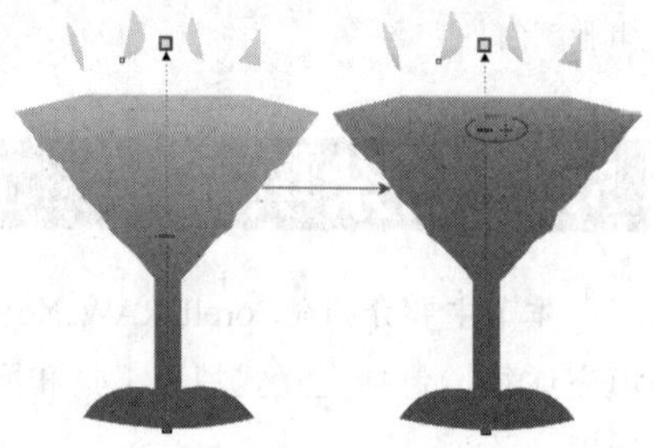

图5-203

角度：设置渐变填充的方向，设置该选项可以单击该选项后面的按钮，也可以移动光标到填充对象的两端节点上，待光标变为十字形状+时，按住鼠标左键拖曳，如图5-204所示。

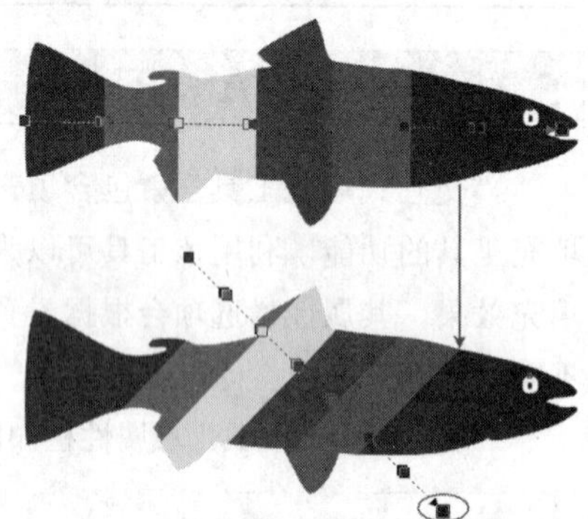

图5-204

边界：调整颜色渐变过渡的范围，数值范围为0%到49%（值越小范围越大，值越大范围越小）。设置该选项可以单击后面的按钮，也可以移动光标至填充对象的两端节点，待光标变为十字形状+时，按住鼠标左键拖曳，调整节点间的距离，如图5-205所示。

图5-205

渐变步长：设置各个颜色之间的过渡数量，当数值越大，渐变的层次越多渐变颜色也就越细腻，当数值越小，渐变层次越少渐变就越粗糙。设置该选项必须要单击该选项后面的按钮，该选项才可用，设置不同的渐变步长值后效果如图5-206所示。

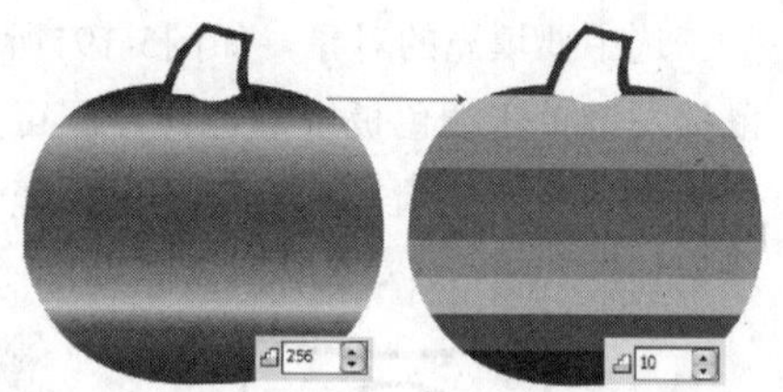

图5-206

复制属性：将文档中另一对象的填充的属性应用到所选对象中，复制对象的填充属性，首先要选中需要复制属性的对象，然后单击该按钮，待光标变为箭头形状➡时，单击想要取样其填充属性的对象，即可将该对象的填充属性应用到选中对象，如图5-207所示。

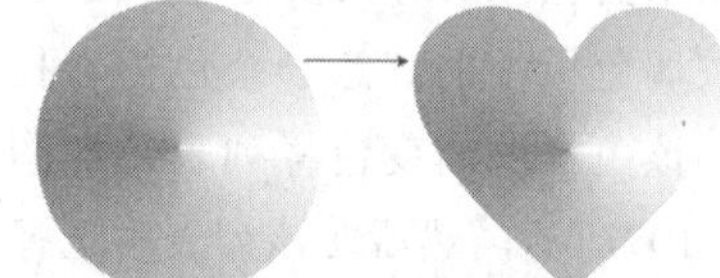

图5-207

技巧与提示

在“填充类型”下拉列表中，当选择“填充类型”为“无填充”时，属性栏中其余选项不可用。

通过对“交互式填充工具”的各种填充类型进行填充操作，可以熟练掌握“交互式填充工具”的基本使用方法。

1.无填充

选中一个已填充的对象，如图5-208所示，然后单击“交互式填充工具”，接着在属性栏上设置“填充类型”为“无填充”，即可移除该对象的填充内容，如图5-209所示。

图5-208

图5-209

2.均匀填充

选中要填充的对象，然后单击“交互式填充工具”，接着在属性栏上设置“填充类型”为“均匀填充”、“均匀填充类型”为“调色板”、“均匀填充调色板”为“默认CMYK调色板”、“均匀填充调色板颜色”为“洋红”，如图5-210所示，填充效果如图5-211所示。

图5-210

图5-211

技巧与提示

“交互式填充工具”无法移除对象的轮廓颜色，也无法填充对象的轮廓颜色。“均匀填充”最快捷的方法就是通过调色板进行填充。

3.线性填充

选中要填充的对象，然后单击“交互式填充工具”，接着在属性栏上设置“填充类型”为“线性”、“角度”为90.076、“边界”为7%、两端节点的填充颜色均为（C:0，M:88，Y:0，K:0），再使用鼠标左键双击对象上的虚线添加一个节点，最后设置该节点颜色为白色、“节点位置”为50%，如图5-212所示，填充效果如图5-213所示。

图5-212

图5-213

技巧与提示

在使用“交互式填充工具”时，若要删除添加的节点，可以将光标移动到该节点，待光标变为十字形状时，使用鼠标左键双击，即可删除该节点和该节点填充的颜色（两端的节点无法进行删除）。

再接下来的操作中，填充对象两端的颜色挑选器和添加的节点统称为节点。

4.辐射填充

选中要填充的对象，然后单击“交互式填充工具”，接着在属性栏上设置“填充类型”为“辐射”、两个节点颜色为（C:34，M:47，Y:97，K:0）和白色、“填充中心点”为41%、“边界”为9%，如图5-214所示。填充效果如图5-215所示。

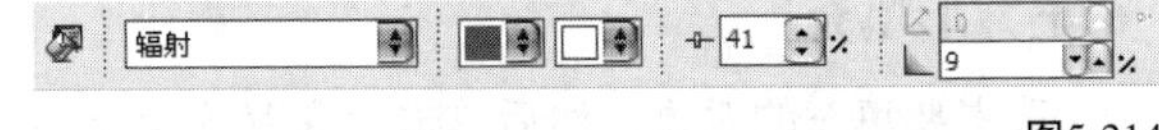

图5-214

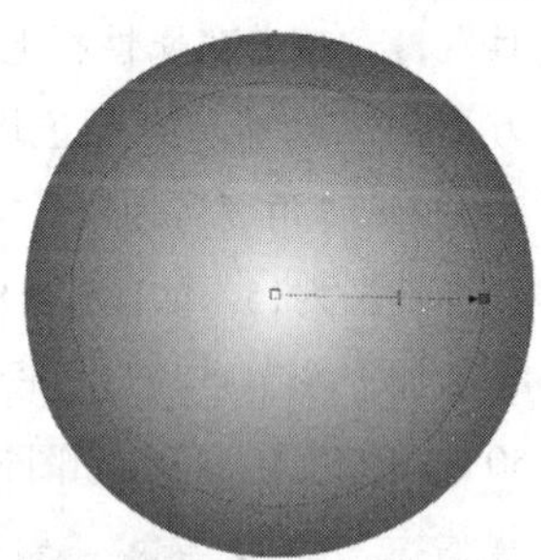

图5-215

技巧与提示

为对象上的节点填充颜色除了可以通过属性栏进行设置外，还可以直接在对象上单击该节点，然后在调色板中单击色样为该节点填充。

5.圆锥填充

选中要填充的对象，然后单击“交互式填充工具”，接着在属性栏上设置“填充类型”为“圆锥”、两端节点颜色均为（C:0，M:88，Y:0，K:0）、“角度”为315.349，如图5-216所示。再双击对象上的虚线添加3个节点，最后由左到右依次设置填充颜色为白色、“节点位置”为25%的节点填充颜色为（C:20，M:80，Y:0，K:20）、“节点位置”为50%填充颜色为白色、“节点位置”为75%的节点填充颜色为白色，如图5-217所示。

图5-216

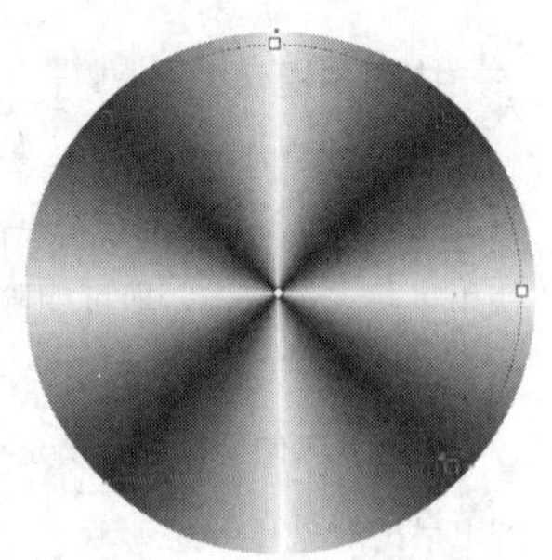

图5-217

技巧与提示

在渐变填充类型中，所添加节点的“节点位置”除了可以通过属性栏上进行设置外，还可以在填充对象上单击该节点，待光标变为十字形状+时，按住鼠标左键拖曳，即可更改该节点的位置。

6.正方形填充

选中要填充的对象，然后单击“交互式填充工具”，接着在属性栏上设置“填充类型”为“正方形”、两端节点颜色均为（C:0，M:88，Y:0，K:0）、“角度”为315.545、“边界”为8%、“渐变步长”为15，如图5-218所示，再双击对象上的虚线添加一个节点，最后设置该节点“节点位置”为50%、颜色为白色，如图5-219所示。

图5-218

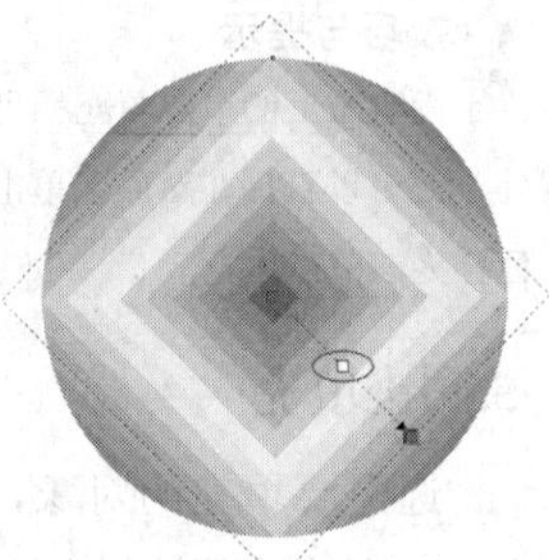

图5-219

当填充类型为“线性”“圆锥”和“正方形”时，设置填充对象的“角度”，可以单击填充对象上虚线两端的节点，然后按住鼠标左键旋转拖曳，即可更改填充对象的“角度”，如图5-220所示，当填充类型为“正方形”时，拖曳虚线框外侧的节点，即可更改填充对象的“角度”，如图5-221所示。

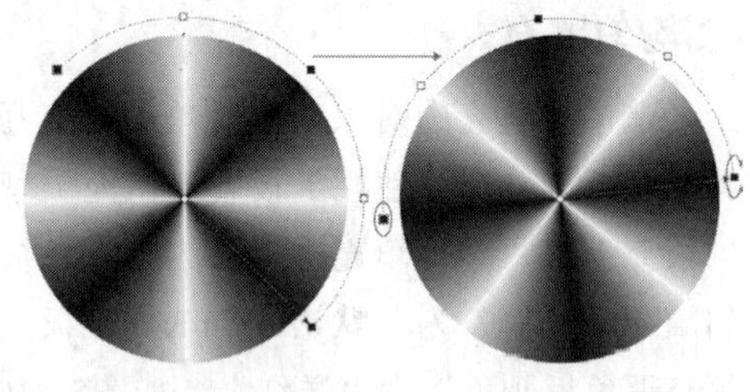

图5-220

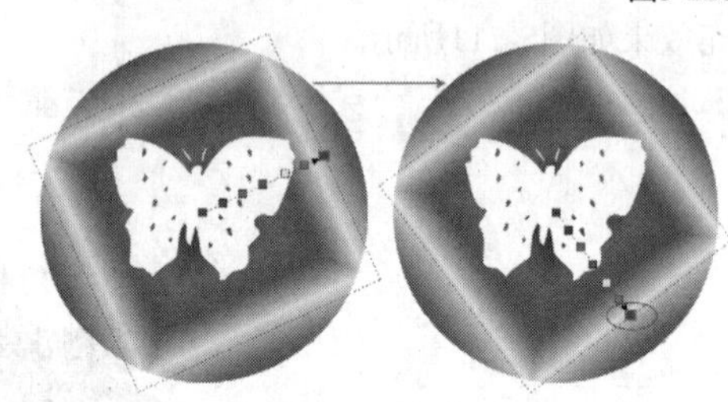

图5-221

当填充类型为“线性”“辐射”“圆锥”和“正方形”时，如果要更改填充对象的“边界”，可以使用鼠标左键单击虚线两端的节点，调整两个节点间的距离，即可更改填充对象的“边界”，如图5-222所示。

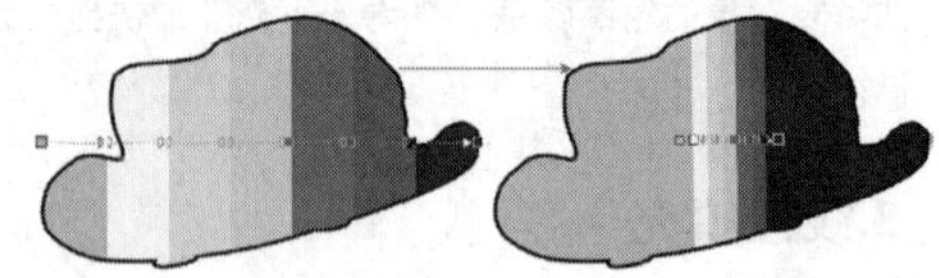

图5-222

技巧与提示

当填充类型为“线性”“辐射”“圆锥”和“正方形”时，移动光标到填充对象的虚线上，待光标变为十字箭头形状✥时，按住鼠标左键移动，即可更改填充对象的“中心位移”，如图5-223所示。

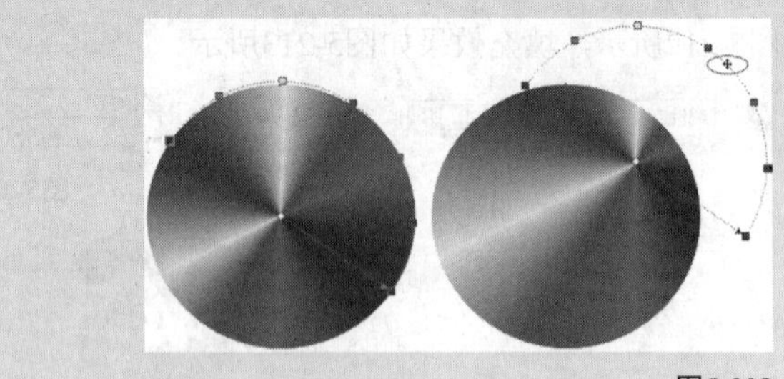

图5-223

7.双色图样填充

选中要填充的对象，然后单击“交互式填充工具”，接着在属性栏上设置“填充类型”为“双色图样”、“填充图样”为、“前景色”为（C:48，M:100，Y:3，K:0）、“背景色”为（C:9，M:0，

Y:62，K:0）、“宽度”为10.034、“高度”为9.22，如图5-224所示，填充效果如图5-225所示。

图5-224

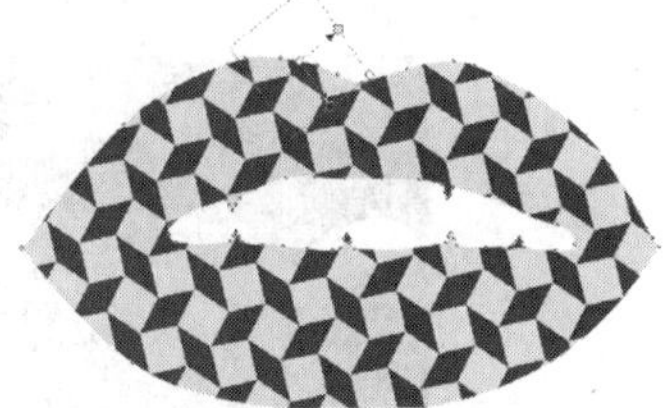

图5-225

8.全色图样填充

选中要填充的对象，然后单击“交互式填充工具”，接着在属性栏上设置“填充类型”为“全色图样”、“填充图样”为、“宽度”为6.308、“高度”为4.182，如图5-226所示，填充效果如图5-227所示。

图5-226

图5-227

9.位图图样填充

选中要填充的对象，然后单击“交互式填充工具”，接着在属性栏上设置“填充类型”为“位图图样”、“填充图样”为、“宽度”为4.692、“高度”为4.692，如图5-228所示，填充效果如图5-229所示。

图5-228

图5-229

当选择“填充类型”为“双色图样”“全色图样”“位图图样”时，除了通过属性栏对填充进行设置外，还可以直接在对象上进行编辑。为对象填充图样后，单击虚线上的白色圆点，然后按住鼠标左键拖曳，可以等比例地更改填充对象的“高度”和“宽度”，如图5-230所示，当光标变为十字形状时，单击虚线上的节点，接着按住鼠标左键拖曳可以改变填充对象“高度”或“宽度”，使填充图样产生扭曲现象，如图5-231所示。

图5-230

图5-231

10.底纹填充

选中要填充的对象，然后单击“交互式填充工具”，接着在属性栏上设置“填充类型”为“底纹图样”、“填充图样”为，接着单击“生成填充图块镜像”按钮（排列图块，使替换图块可以相互反射），如图5-232所示，填充效果如图5-233所示。

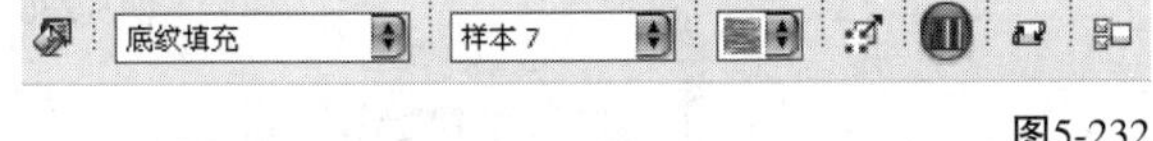

图5-232

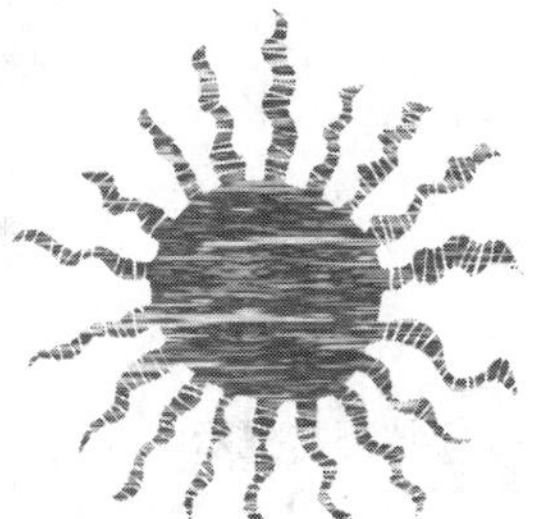

图5-233

当选择“填充类型”为“底纹填充”时，可以直接单击填充对象上的白色圆点，然后按住鼠标左键拖曳，即可更改单元图案的大小和角度，如图5-234所示，如果使用鼠标左键单击填充对象上的节点，按住鼠标左键拖曳，即可使填充底纹产生扭曲现象，如图5-235所示。

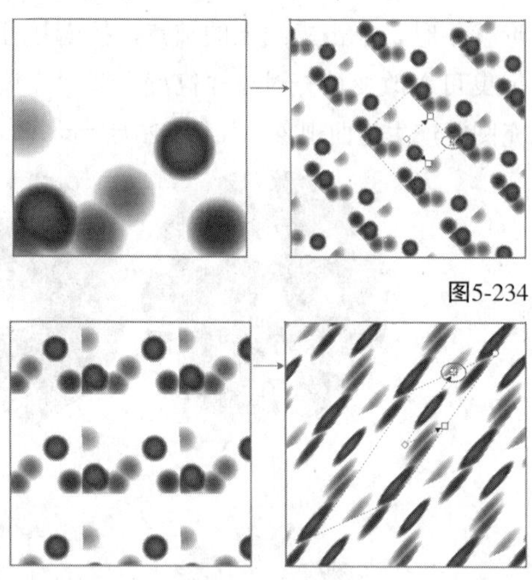

图5-234

图5-235

技巧与提示

单击属性栏中的"重新生成底纹"按钮可以更改所填充底纹的部分属性使填充底纹产生细微变化，该按钮的作用相当于"底纹填充"对话框中"预览"按钮。

11. PostScript填充

选中要填充的对象，然后单击"交互式填充工具"，接着在属性栏上设置"填充类型"为"PostScript填充"、"PostScript填充底纹"为"爬虫"，如图5-236所示，填充效果如图5-237所示。

Postscript 填充 | 爬虫

图5-236

图5-237

技巧与提示

当选择"填充类型"为"无填充""均匀填充""PostScript填充"时无法在填充对象上直接对填充样式进行编辑。

课堂案例

绘制卡通画

案例位置	案例文件>CH05>课堂案例：绘制卡通画.cdr
视频位置	多媒体教学>CH05>课堂案例：绘制卡通画.flv
难易指数	★★★★☆
学习目标	交互式填充工具、线性渐变的方法

卡通画效果如图5-238所示。

图5-238

01 新建空白文档，然后设置文档名称为"卡通画"，接着设置大小为"A4"、页面方向为"横向"。

02 双击"矩形工具"创建一个与页面重合的矩形，然后单击"交互式填充工具"，接着在属性栏上设置"填充类型"为"线性"、两个节点填充颜色为（C:82，M:63，Y:8，K:0）和（C:40，M:0，Y:0，K:0）、"角度"为270.299、"边界"为19%，如图5-239所示，效果如图5-240所示。

图5-239

图5-240

03 绘制第1个山丘。使用"钢笔工具"绘制出山丘的外轮廓，然后单击"交互式填充工具"，接着在属性栏上设置"填充类型"为"线性"、两个节点填充颜色为（C:100，M:0，Y:100，K:0）和（C:25，M:0，Y:86，K:0）、"角度"为77.26、"边界"为23%，如图5-241所示，填充完毕后去除轮廓，效果如图5-242所示。

图5-241

图5-242

04 绘制第2个山丘。使用“钢笔工具”绘制出第2个山丘的外轮廓，然后单击“交互式填充工具”，接着在属性栏上设置“填充类型”为“线性”、两个节点填充颜色为（C:39，M:0，Y:82，K:0）和（C:76，M:7，Y:100，K:0）、“角度”为298.258、“边界”为37%，如图5-243所示，填充完毕后去除轮廓，再按Ctrl+PageDown组合键移动到第1个山丘后面，效果如图5-244所示。

图5-243

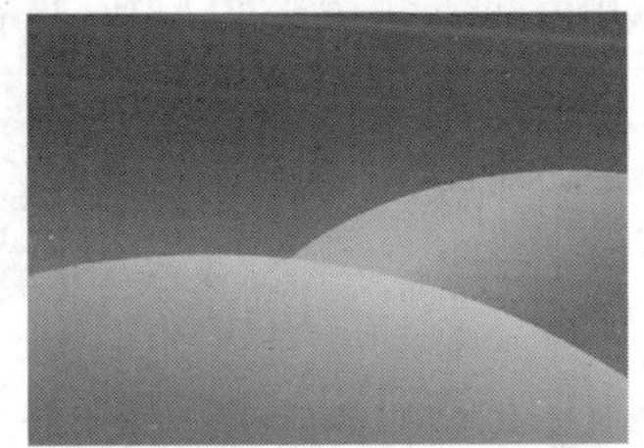

图5-244

05 绘制第3个山丘。使用“钢笔工具”绘制出第3个山丘的外轮廓，然后单击“交互式填充工具”，接着在属性栏上设置“填充类型”为“线性”、两个节点填充颜色为（C:78，M:23，Y:100，K:0）和（C:44，M:0，Y:96，K:0）、“角度”为79.524、“边界”为26%，如图5-245所示。填充完毕后去除轮廓，再按两次Ctrl+PageDown组合键移动到前两个山丘后面，效果如图5-246所示。

图5-245

图5-246

06 绘制山丘上的道路。使用“钢笔工具”绘制出第1个山丘上道路的外轮廓，然后单击“交互式填充工具”，接着在属性栏上设置“填充类型”为“线性”、两个节点的填充颜色为（C:0，M:60，Y:100，K:0）和（C:11，M:9，Y:88，K:0）、“角度”为70.666、“边界”为18%，如图5-247所示，填充完毕后去除轮廓，效果如图5-248所示。

图5-247

图5-248

07 绘制第2个山丘上的道路。使用“钢笔工具”绘制出第2个山丘上道路的外轮廓，然后单击“交互式填充工具”，接着在属性栏上设置“填充类型”为“线性”、两个节点填充颜色为（C:18，M:13，Y:89，K:0）和（C:9，M:38，Y:100，K:0）、“角度”为321.626、“边界”为28%，如图5-249所示，填充完毕后去除轮廓，效果如图5-250所示。

图5-249

图5-250

08 绘制第3个山丘上的道路。使用“钢笔工具”绘制出第3个山丘上道路的外轮廓，然后单击“交互式填充工具”，接着在属性栏上设置“填充类型”为“线性”、两个节点填充颜色为（C:16，M:18，Y: 96，K:0）和（C:17，M:44，Y:100，K:0）、“角度”为265.614、“边界”为23%，如图5-251所示，填充完毕后去除轮廓，效果如图5-252所示。

图5-251

图5-252

09 绘制出树干的上部分。使用“钢笔工具”绘制树干上部分的外轮廓，然后单击“交互式填充工具”，接着在属性栏上设置“填充类型”为“辐射”、两个节点填充颜色为（C:40，M:0，Y:100，K:0）和（C:100，M:0，Y: 100，K:0），再双击鼠标左键添加一个节点，设置该节点填充颜色为（C:62，M:8，Y:100，K:0）、“节点位置”为35%，如图5-253所示，最后向下移动该对象的“中心位移”，如图5-254所示，填充完毕后去除轮廓，效果如图5-255所示。

辐射 节点位置: 35

图5-253

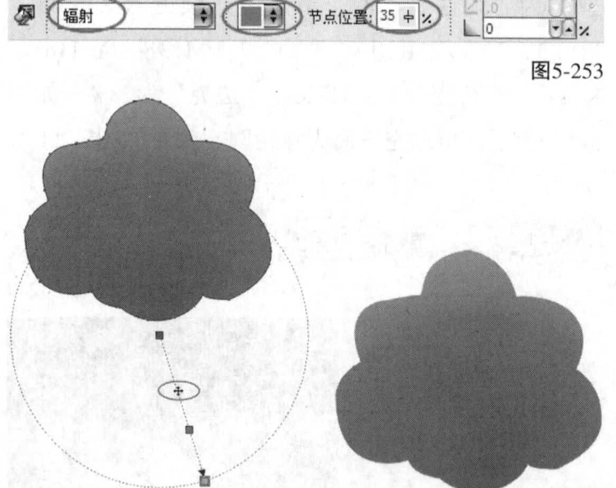

图5-254 图5-255

10 绘制树干。使用“钢笔工具”绘制出树干部分的外轮廓，然后单击“交互式填充工具”，接着在属性栏上设置“填充类型”为“线性”、“角度”为274.875、“边界”为15%、两个节点颜色均为（C:45，M:73，Y:97，K:9），再双击鼠标左键添加一个节点，设置该节点填充颜色为（C:24，M:70，Y:97，K:0）、“节点位置”为48%，如图5-256所示，填充完毕后去除轮廓，效果如图5-257所示。

图5-256

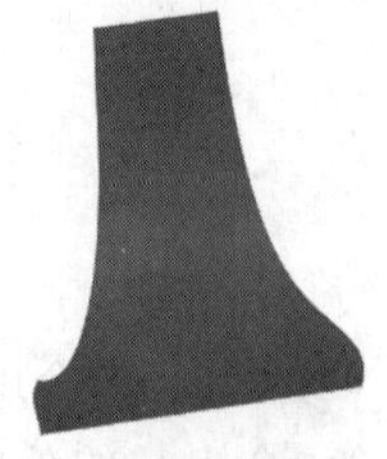

图5-257

11 选中树干上部分，然后复制多个，接着调整为不同的大小、位置和倾斜角度，最后一起放置在树干上方，效果如图5-258所示。

图5-258

12 选中绘制好的树，然后按Ctrl+G组合键进行群组，接着放置在第1个山丘的左上方，最后适当调整位置，效果如图5-259所示。

图5-259

13 绘制树的阴影。使用“钢笔工具”绘制出树的阴影轮廓，然后单击“交互式填充工具”，接着在属性栏上设置“填充类型”为“线性”、两个节点填充颜色为（C:72，M:38，Y:100，K:0）和（C:66，M:16，Y:100，K:0）、“角度”为225.148、“边界”为26%，如图5-260所示，填充完毕后去除轮廓，效果如图5-261所示。

图5-260

图5-261

14 选中树和阴影，然后按Ctrl+G组合键进行群组，接着复制一个，再水平翻转，放置在第2个山丘右上方，最后适当调整位置，效果如图5-262所示。

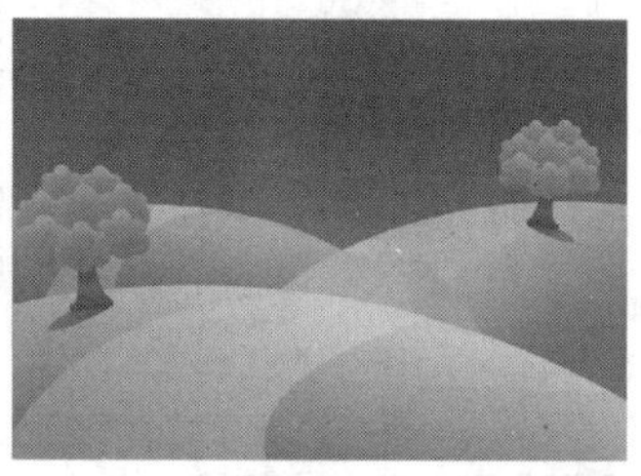

图5-262

15 绘制云彩。使用“钢笔工具”在页面上方绘制出云彩的外轮廓，然后单击“交互式填充工具”，接着在属性栏上设置“填充类型”为“线性”、两个节点填充颜色为（C:0，M:60，Y:100，K:0）和白色、“角度”为88.685、“边界”为24%，如图5-263所示，填充完毕后去除轮廓，效果如图5-264所示。

图5-263

图5-264

16 选中前面绘制的云彩，然后多次按Ctrl+PageDown组合键放置在第3个山丘后面，接着适当调整位置，效果如图5-265所示。

图5-265

17 使用“矩形工具”绘制出城市的轮廓，然后按Ctrl+Q组合键转曲，接着使用“形状工具”适当调整外形，再由左到右依次填充颜色为（C:100，M:0，Y:0，K:0）、（C:14，M:69，Y:0，K:0）、（C:68，M:94，Y:0，K:0）、（C:14，M:69，Y:0，K:0），最后放置在第3个山丘后面，效果如图5-266所示。

图5-266

18 单击“涂抹工具”，然后在属性栏上设置“笔尖半径”为10mm，接着使用单击“城市”对象上的线条按住左键拖曳进行涂抹，最后将涂抹后的“城市”对象群组，效果如图5-267所示。

图5-267

19 导入“素材文件>CH05>15.cdr”文件，然后适当调整大小，接着放置在云彩后面，最终效果如图5-268所示。

图5-268

5.2.2 网状填充工具

使用“网状填充工具”可以设置不同的网格数量和调节点位置给对象填充不同颜色的混合效果，通过“网状填充”属性栏的设置和基本使用方法的学习，可以掌握“网状填充工具”的基本使用方法。

在页面空白处，绘制如图5-269所示的图形，然后单击“网状填充工具”，接着在属性栏上设置“行数”为2、“列数”为2，再单击对象下方的节点，填充较之前更深的颜色，最后按住鼠标左键移动该节点位置，效果如图5-270所示。

图5-269

图5-270

按照以上的方法，分别为图形中的其余对象填充阴影或高光，使整个图案都更具有立体效果，效果如图5-271所示。

图5-271

课堂案例

绘制请柬

案例位置	案例文件>CH05>课堂案例：绘制请柬.cdr
视频位置	多媒体教学>CH05>课堂案例：绘制请柬.flv
难易指数	★★★★☆
学习目标	网状填充工具的使用方法

请柬效果如图5-272所示。

图5-272

01 新建空白文档，然后设置文档名称为“请柬”，接着设置“宽度”为210mm、“高度”为250mm。

02 使用“矩形工具”在页面上方绘制一个矩形，然后单击“填充工具”，在弹出的下拉选择面板中选择“图样填充”方式，打开“图样填充”对话框，接着勾选“双色”选择好要填充的图样，再设置“前部”颜色为（C:45，M:85，Y:100，K:15）、“后部”颜色为（C:53，M:91，Y:100，K:33）、“宽度”为20.0mm、“高度”为20.0mm、最后单击“确定”按钮，如图5-273所示，填充完毕后去除轮廓，效果如图5-274所示。

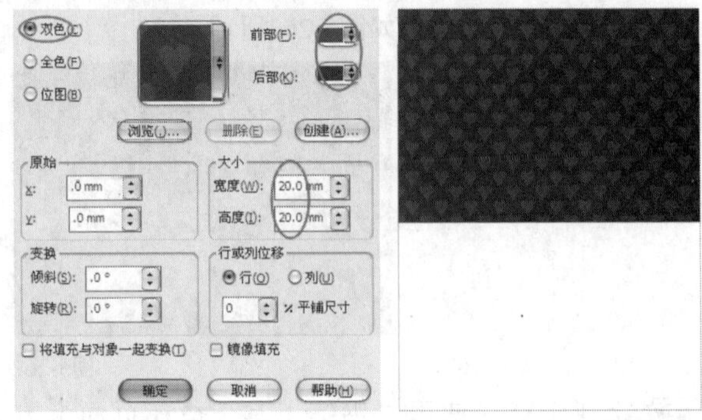

图5-273 图5-274

03 使用“矩形工具”在页面下方绘制一个矩形，如图5-275所示，然后单击“网状填充工具”，接着将矩形的4个直角上的节点填充颜色为（C:17，M:26，Y:38，K:0）、位于中垂线上方的节点填充颜色为白色、位于中垂线下方的节点填充颜色为（C:9，M:47，Y:23，K:0），最后将位于中垂线左右两侧的节点填充颜色为（C:3，M:3，Y:13，K:0），填充完毕后去除轮廓，效果如图5-276所示。

图5-275

图5-276

04 导入“素材文件>CH05>16.cdr”文件，然后适当调整大小，接着放置在页面下方的矩形上面，再适当调整位置使其相对于页面水平居中，效果如图5-277所示。

图5-277

05 导入“素材文件>CH05>17.cdr”文件，然后适当调整大小，接着放置在页面上方，效果如图5-278所示。

图5-278

06 绘制蝴蝶结的左侧部分。使用“钢笔工具”绘制出蝴蝶结左侧的部分，然后单击“网状填充工具”，接着设置序号为1的节点填充颜色为（C:22，M:20，Y:30，K:0）、序号为2的节点填充颜色为（C:0，M:0，Y:0，K:0）、其余边缘节点均填充颜色为（C:9，M:16，Y:22，K:0），效果如图5-279所示。

图5-279

07 选中蝴蝶结的左侧部分，然后复制一份，作为蝴蝶结右侧的部分，接着水平翻转，再单击“网状填充工具”，更改序号为1的节点填充颜色为（C:28，M:25，Y:31，K:0）、序号为2的节点填充颜色为（C:0，M:7，Y:16，K:0），效果如图5-280所示。

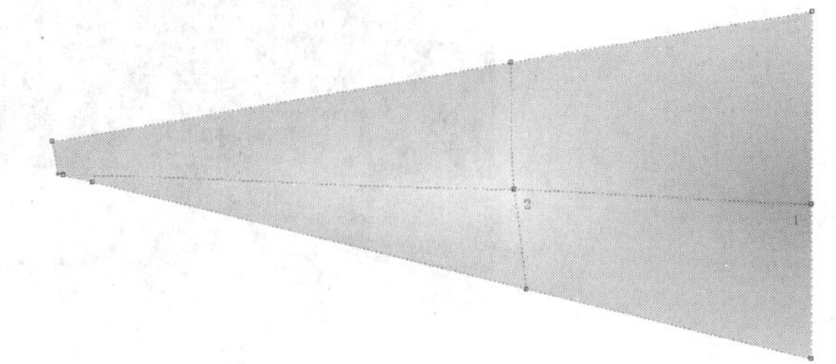

图5-280

08 选中前面绘制的蝴蝶结左侧部分和右侧部分，然后按T键使其顶端对齐，接着适当调整位置，使两个对象间没有空隙，再移动到页面中两个矩形的交接处，效果如图5-281所示。

图5-281

09 使用“矩形工具”绘制一矩形，然后单击“填充工具”，在弹出的下拉选择面板中选择“渐变填充”方式，打开“渐变填充”对话框，接着设置“类型”为“线性”、“颜色调和”为“自定义”，再设置“位置”为0%的色标颜色为（C:87，M:87，Y:91，K:78）、“位置”为7%的色标颜色为（C:11，M:17，Y:38，K:0）、“位置”为8%的色标颜色为（C:16，M:22，Y:43，K:0）、“位置”为14%的色标颜色为（C:21，M:27，Y:49，K:0）、“位置”为20%的色标颜色为（C:76，M:84，Y:97，K:69）、“位置”为26%的色标颜色为（C:4，M:38，Y:52，K:0）、“位置”为33%的色标颜色为（C:34，M:47，Y:79，K:0）、“位置”为50%的色标颜色为（C:16，M:25，Y:44，K:0）、“位置”为58%的色标颜色为（C:0，M:28，Y:64，K:0）、“位置”为63%的色标颜色为（C:55，M:75，Y:100，K:27）、“位置”为70%的色标颜色为（C:72，M:83，Y:100，K:65）、“位置”为72%的色标颜色为（C:91，M:88，Y:89，K:79）、“位置”为78%的色标颜色为（C:4，M:13，Y:22，K:0）、“位置”为81%的色标颜色为（C:7，M:2，Y:75，K:0）、“位置”为88%的色标颜色为（C:13，M:20，Y:41，K:0）、“位置”为95%的色标颜色为（C:56，M:60，Y:93，K:13）、“位置”为100%的色标颜色为（C:73，M:84，Y:99，K:97），最后单击“确定”按钮，如图5-282所示，填充完毕后去除轮廓，效果如图5-283所示。

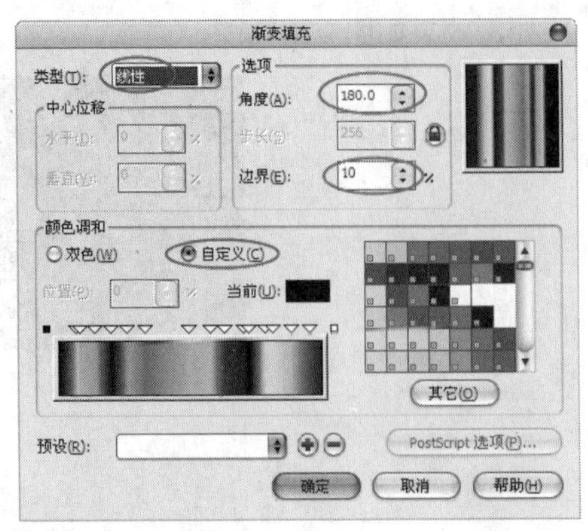

图5-282

图5-283

10 选中前面填充的矩形，然后复制多个，接着分别放置在蝴蝶结的上下两侧边缘，再根据蝴蝶结该处边缘的倾斜角度来调整矩形的倾斜角度，效果如图5-284所示。

图5-284

11 绘制阴影。使用“椭圆工具”绘制一个椭圆，然后单击“填充工具”，在弹出的下拉选择面板中选择“渐变填充”方式，打开“渐变填充”对话框，接着设置“类型”为“辐射”、“颜色调和”为“自定义”，再设置“位置”为0%的色标颜色为（C:0，M:0，Y:0，K:0）、“位置”为100%的色标颜色为（C:71，M:62，Y:60，K:12），最后单击“确定”按钮，如图5-285所示，填充完毕后去除轮廓，效果如图5-286所示。

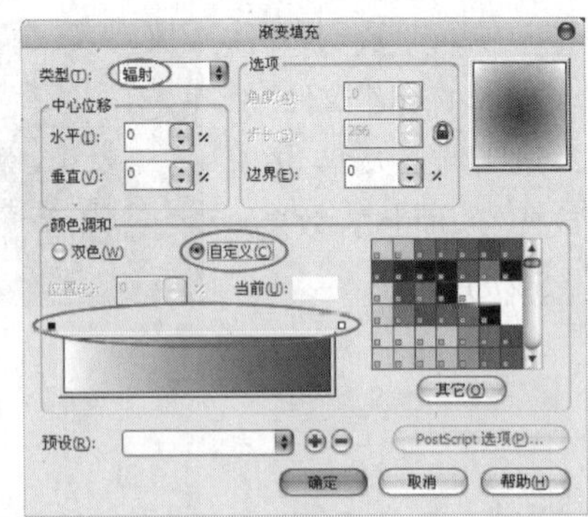

图5-285

图5-286

12 选中前面绘制的阴影，然后复制多个，接着放置在蝴蝶结的上下两侧边缘，再根据蝴蝶结该处边缘的倾斜角度适当旋转整个阴影，最后多次按Ctrl+PageDown组合键放置在蝴蝶结下方，效果如图5-287所示。

图5-287

13 导入“素材文件>CH05>18.cdr”文件，然后放置在前面绘制的蝴蝶上面，如图5-288所示。

图5-288

14 选中任意一个阴影对象，然后复制多个，接着放置在导入的蝴蝶结下面，再根据该处对象边缘的倾斜角度适当旋转阴影，最终效果如图5-289所示。

图5-289

5.3 智能操作

作为专业的平面图形绘制软件，CorelDRAW X6具有丰富的图形绘制和编辑能力。通过智能与填充操作，可以利用多种方式为对象填充颜色。智能与填充操作通过多样化的编辑方式与操作技巧赋予了对象更多的变化，使对象表现出更丰富的视觉效果。

本节重要命令介绍

名称	作用	重要程度
智能填充工具	填充多个图形的交叉区域，并使填充区域形成独立的图形	低
智能绘图工具	快速绘制图形并将手绘笔触转换为近似形状或平滑的曲线	低

5.3.1 智能填充工具

使用“智能填充工具”既可以对单一图形填充颜色，也可以对多个图形填充颜色，还可以对图形的交叉区域填充颜色。另外，还可以通过属性栏设置新对象的填充颜色和轮廓颜色。

1.单一对象填充

选中要填充的对象，如图5-290所示，然后使用“智能填充工具”在对象内单击，即可为对象填充颜色，如图5-291所示。

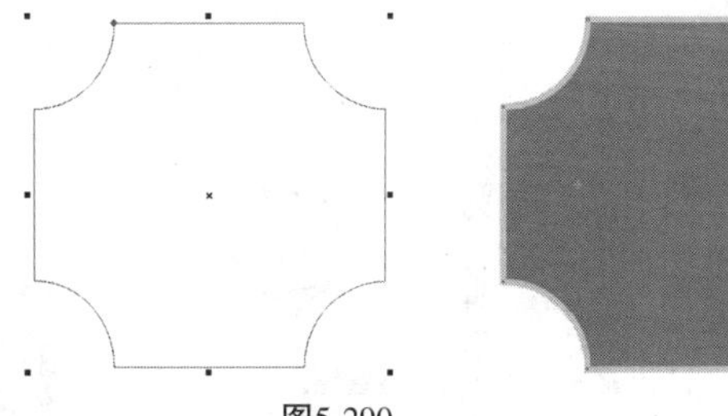
图5-290 图5-291

技巧与提示

当页面内只有一个对象时，在页面空白处单击，即可为该对象填充颜色；如果页面内有多个对象时，则必须在需要填充的对象内单击，才可以为该对象填充颜色。

2.多个对象合并填充

使用“智能填充工具”可以将多个重叠对象合并填充为一个路径。使用“矩形工具”在页面上任意绘制多个重叠的矩形，如图5-292所示，然后使用“智能填充工具”在页面空白处单击，就可以将重叠的矩形填充为一个独立对象，如图5-293所示。

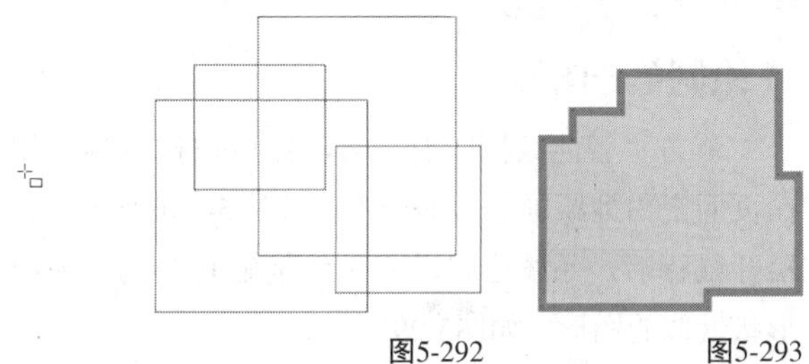
图5-292 图5-293

技巧与提示

在多个对象合并填充时，填充后的对象为一个独立对象。当使用“选择工具”移动填充形成的图形时，可以观察到原始对象不会进行任何改变，如图5-294所示。

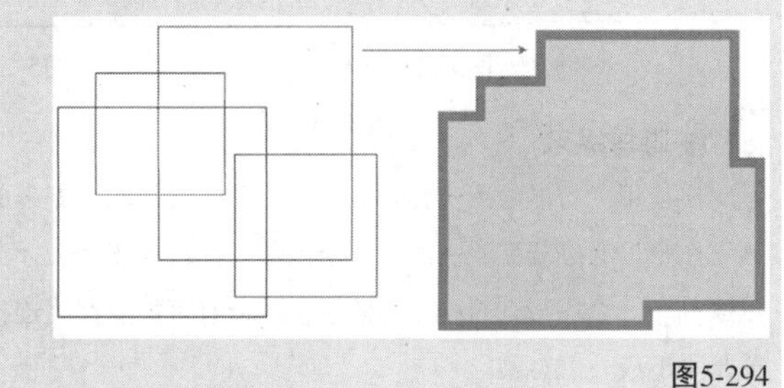
图5-294

3.交叉区域填充

使用“智能填充工具”可以将多个重叠对象形成的交叉区域填充为一个独立对象。使用“智能填充工具”在多个图形的交叉区域内部单击，即可为该区域填充颜色，如图5-295所示。

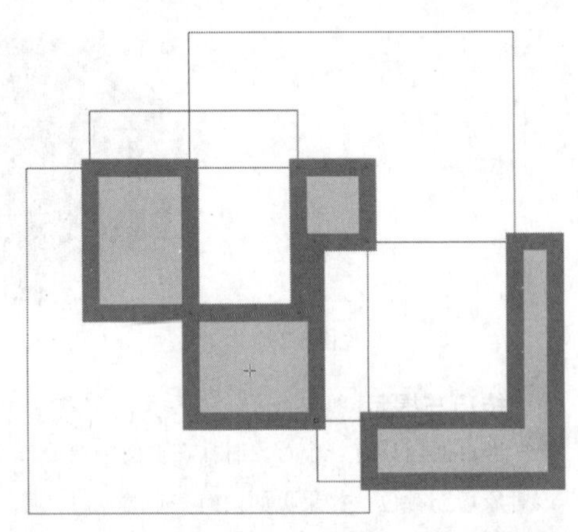
图5-295

5.3.2 智能绘图工具

使用“智能绘图工具”既可以绘制单一的图形，也可以绘制多个图形。在绘制图形时，可以将手绘笔触转换成近似的基本形状或平滑的曲线。另外，还可以通过属性栏的选项来改变识别等级和所绘制图形的轮廓宽度。

1.绘制单一图形

单击“智能绘图工具”，然后按住鼠标左键在页面空白处绘制想要的图形，如图5-296所示，待松开鼠标后，系统会自动将手绘笔触转换为与所绘形状近似的图形，如图5-297所示。

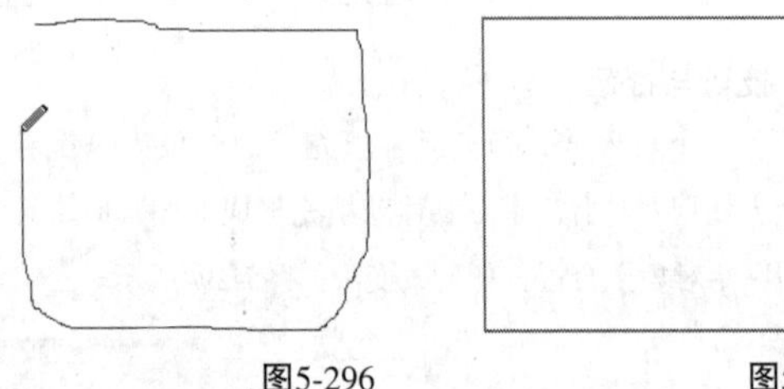
图5-296　图5-297

技巧与提示

在使用“智能绘图工具”时，如果要绘制两个相邻的独立图形，必须要在绘制的前一个图形已经自动平滑后才可以绘制下一个图形，否则相邻的两个图形有可能会产生连接或是平滑成一个对象。

2.绘制多个图形

在绘制过程中，当绘制的前一个图形未自动平滑前，可以继续绘制下一个图形，如图5-298所示，松开鼠标左键以后，图形将自动平滑，并且绘制的图形会形成同一组编辑对象，如图5-299所示。

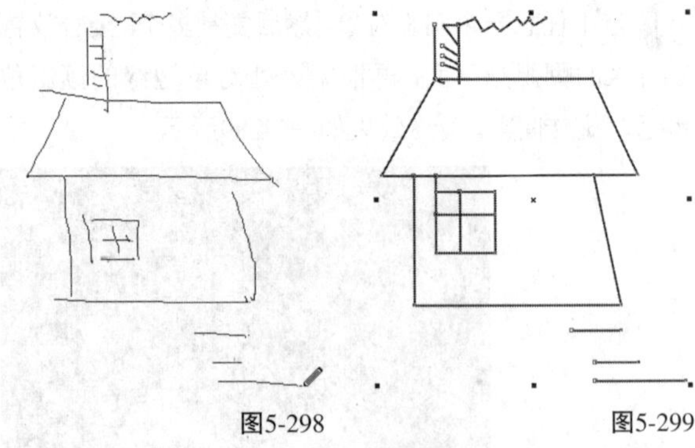
图5-298　图5-299

当光标呈双向箭头形状时，拖曳绘制的图形可以改变图形的大小，如图5-300所示；当光标呈十字箭头形状时，可以移动图形的位置，在移动的同时单击鼠标右键还可以对其进行复制。

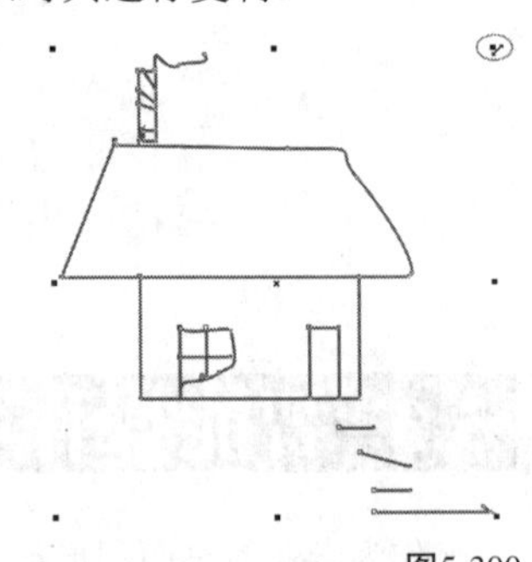
图5-300

技巧与提示

在使用“智能绘图工具”绘图的过程中，如果对绘制的形状不满意，还可以对其进行擦除。擦除方法是按住Shift键反向拖动鼠标。

课堂案例

绘制电视标板

案例位置	案例文件>CH05>课堂案例：绘制电视标板.cdr
视频位置	多媒体教学>CH05>课堂案例：绘制电视标板.flv
难易指数	★★★☆☆
学习目标	智能填充工具的使用方法

电视标板效果如图5-301所示。

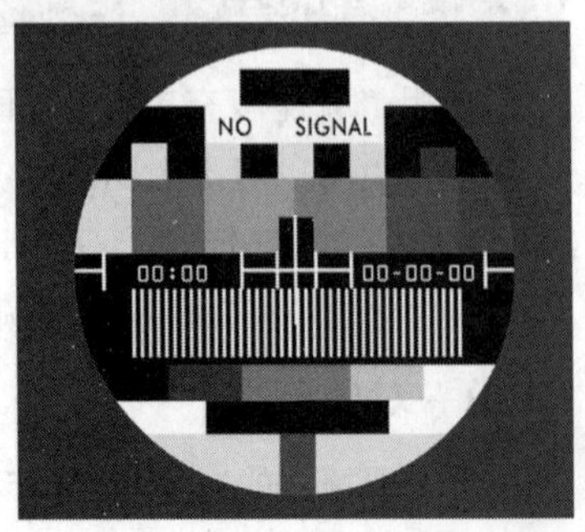

图5-301

01 新建空白文档，然后设置文档名称为“电视标板”，接着设置“宽度”为240mm、“高度”为210mm。

02 双击“矩形工具”创建一个与页面重合的矩形，然后填充颜色为（C:0，M:0，Y:0，K:80），接着去除轮廓，如图5-302所示。

图5-302

03 使用“椭圆工具”在页面中间绘制一个圆形，然后填充白色，接着去除轮廓，效果如图5-303所示。

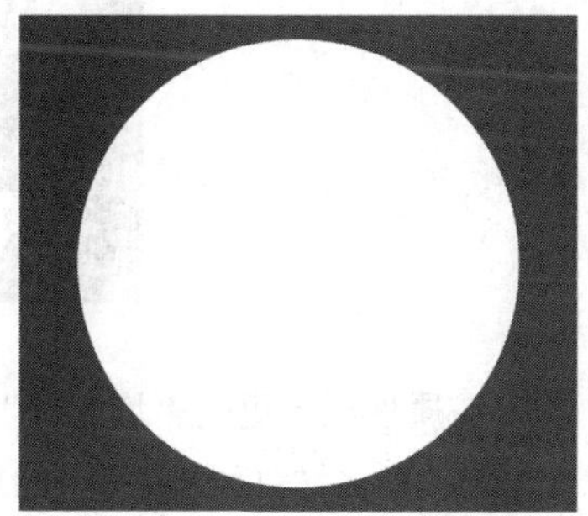

图5-303

04 使用“矩形工具”图形上绘制出方块轮廓，然后设置“轮廓宽度”为0.2mm、轮廓颜色为（C:0，M:100，Y:100，K:0），接着按Ctrl+Q组合键转曲，效果如图5-304所示。

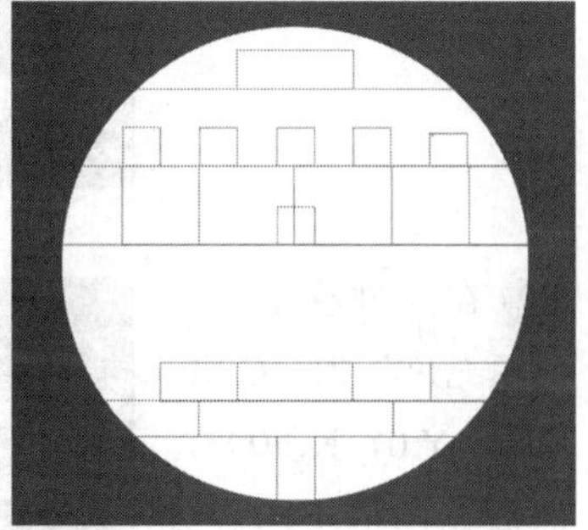

图5-304

05 使用“形状工具”调整好方块轮廓，完成后的效果如图5-305所示，然后选中所有的方块轮廓，接着按Ctrl+G组合键进行群组。

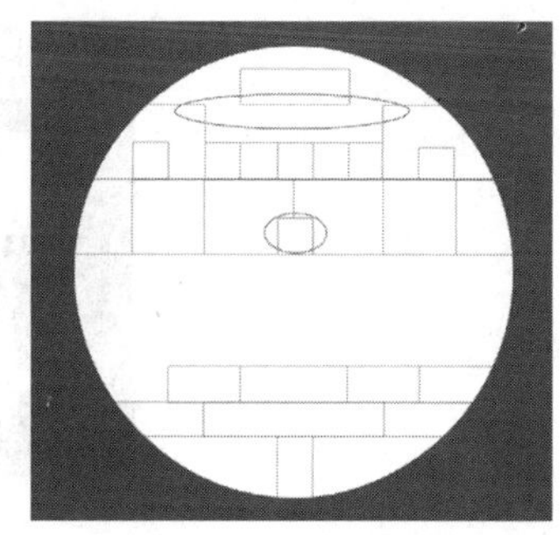

图5-305

06 单击“智能填充工具”，然后在属性栏上设置“填充选项”为“指定”、“填充色”为（C:100，M:100，Y:100，K:100）、“轮廓选项”为“无轮廓”，如图5-306所示，接着在图形中的部分区域内单击，进行智能填充，效果如图5-307所示。

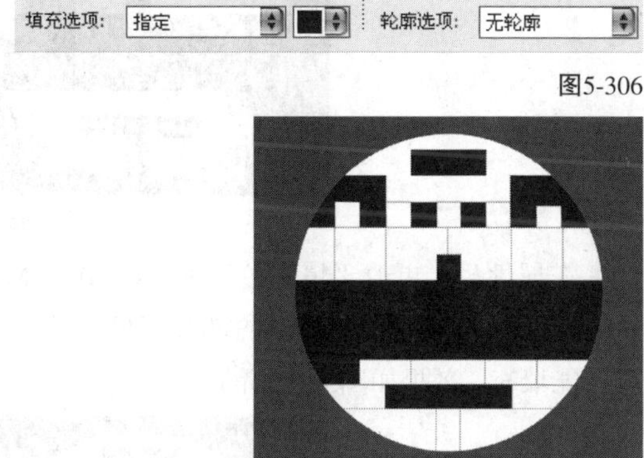

图5-306

图5-307

07 在属性栏上更改“填充色”为（C:0，M:0，Y:100，K:0），如图5-308所示，然后在图形中的部分区域内单击，进行智能填充，效果如图5-309所示。

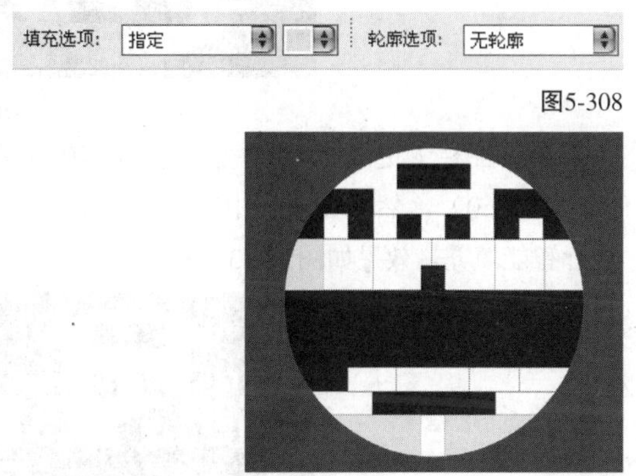

图5-308

图5-309

08 在属性栏上更改“填充色”为（C:0，M:100，Y:100，K:0），然后在图形中的部分区域内单击，进行智能填充，效果如图5-310所示。

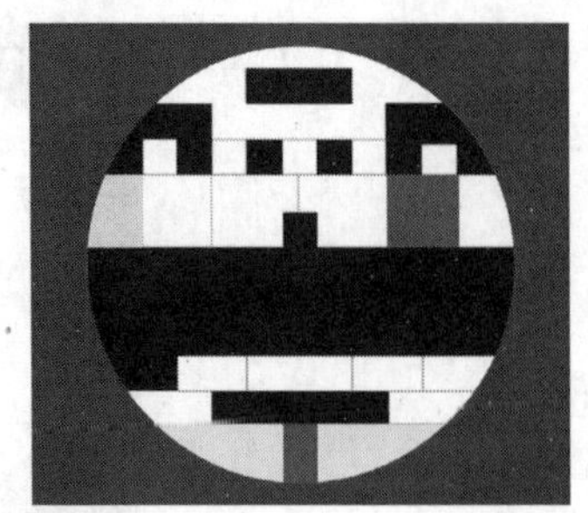

图5-310

09 在属性栏上更改“填充色”为（C:0，M:0，Y:0，K:10），然后在图形中的部分区域内单击，进行智能填充，效果如图5-311所示。

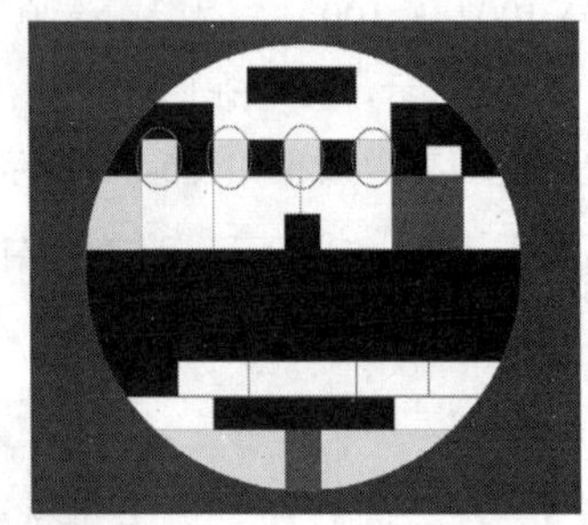

图5-311

10 在属性栏上更改“填充色”为（C:100，M:0，Y:0，K:0），然后在图形中的部分区域内单击，进行智能填充，效果如图5-312所示。

图5-312

11 在属性栏上更改“填充色”为（C:40，M:0，Y:100，K:0），然后在图形中的部分区域内单击，进行智能填充，效果如图5-313所示。

图5-313

12 在属性栏上更改“填充色”为（C:0，M:60，Y:0，K:0），然后在图形中的部分区域内单击，进行智能填充，效果如图5-314所示。

图5-314

13 在属性栏上更改“填充色”为（C:0，M:0，Y:0，K:80），然后在图形中的部分区域内单击，进行智能填充，效果如图5-315所示。

图5-315

14 在属性栏上更改“填充色”为（C:100，M:50，Y:0，K:0），然后在图形中的部分区域内单击，进行智能填充，效果如图5-316所示。

图5-316

15 在属性栏上更改“填充色”为（C:0，M:0，Y:0，K:50），然后在图形中的部分区域内单击，进行智能填充，效果如图5-317所示。

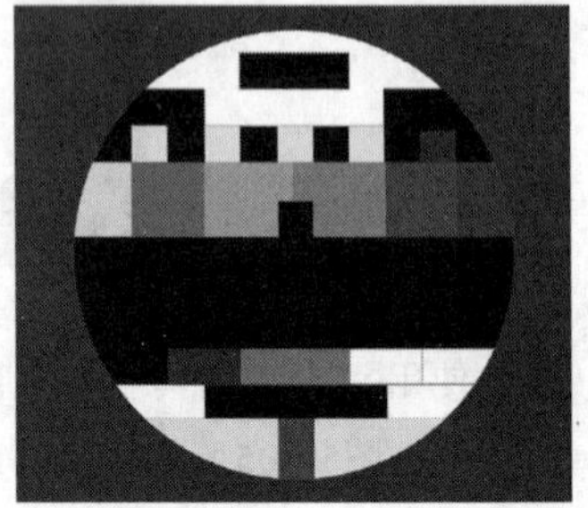

图5-317

⑯ 在属性栏上更改“填充色”为（C:0，M:0，Y:0，K:20），然后在图形中的部分区域内单击，进行智能填充，效果如图5-318所示。

图5-318

⑰ 选中前面群组后的方块轮廓，然后按Delete键将其删除，效果如图5-319所示。

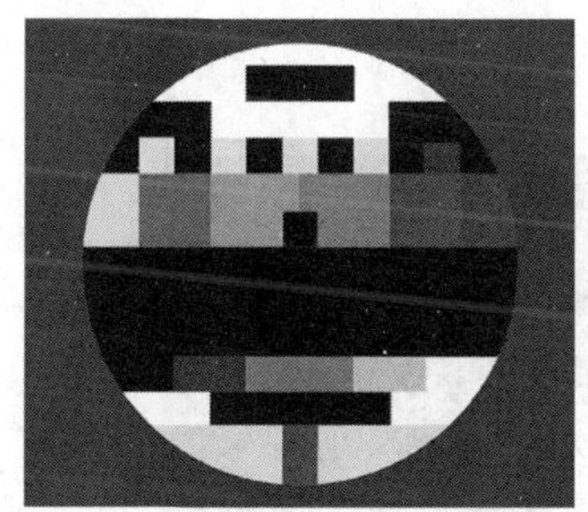
图5-319

⑱ 使用“矩形工具”在中下部的黑色区域绘制一个矩形长条，然后填充白色，并去除轮廓，接着复制出多个白色长条，如图5-320所示。

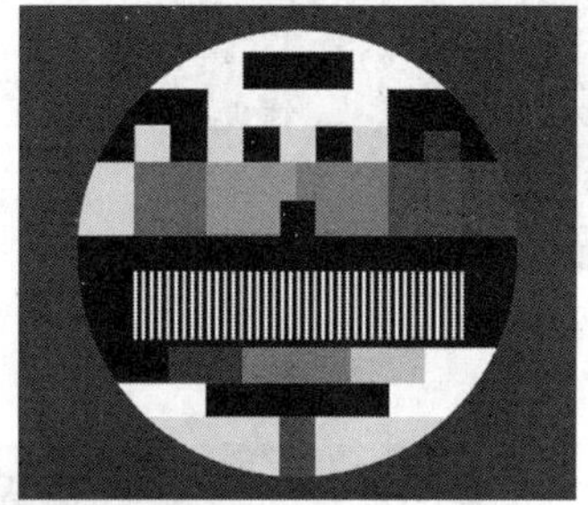
图5-320

⑲ 继续复制一些白色长条（根据实际情况进行缩放）到其他位置，完成后的效果如图5-321所示，然后选择所有的白色矩形，接着按Ctrl+G组合键进行群组。

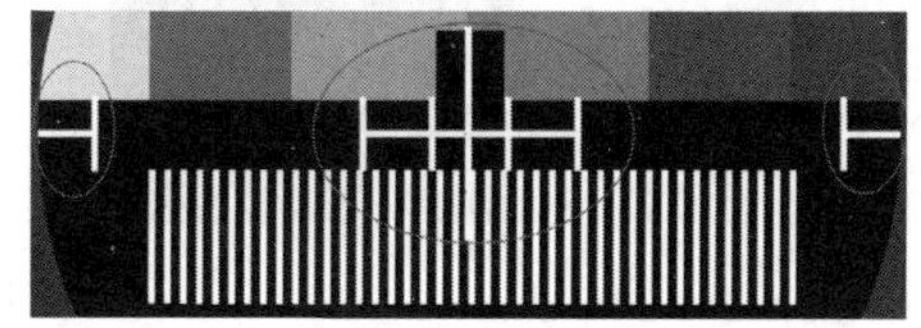
图5-321

⑳ 导入“素材文件>CH05>19.cdr”文件，然后调整好其大小与位置，最终效果如图5-322所示。

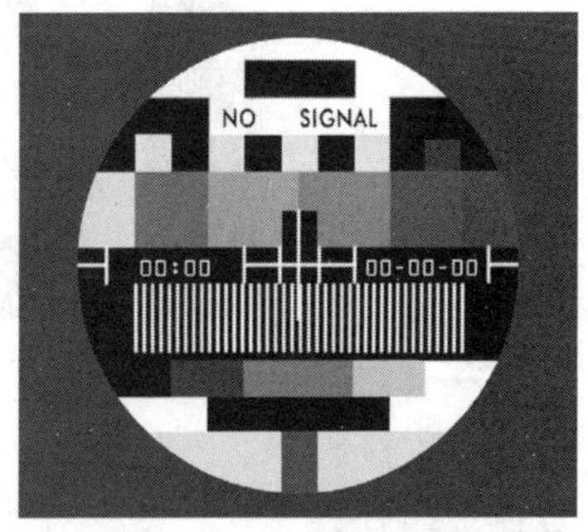

图5-322

5.4 本章小结

本章主要讲解了CorelDRAW X6中的各种填充工具及使用方法，其中基础填充中主要包含均匀填充、渐变填充、图样填充、滴管填充、调色板填充等工具；复杂填充包括交互式填充、网状填充等工具；智能操作包括智能填充、智能绘图等工具。

5.5 课后习题

课后习题

绘制红酒瓶

案例位置	案例文件>CH05>课后习题：绘制红酒瓶.cdr
视频位置	多媒体教学>CH05>课后习题：绘制红酒瓶.flv
难易指数	★★★★☆
练习目标	渐变填充的使用方法

红酒瓶效果如图5-323所示。

图5-323

步骤分解如图5-324所示。

图5-324

课后习题

绘制玻璃瓶

案例位置	案例文件>CH05>课后习题：绘制玻璃瓶.cdr
视频位置	多媒体教学>CH05>课后习题：绘制玻璃瓶.flv
难易指数	★★★★☆
练习目标	交互式填充工具的使用方法

玻璃瓶效果如图5-325所示。

图5-325

步骤分解如图5-326所示。

图5-326

第6章

度量标示和连接工具

在产品设计、VI设计、景观设计等领域中，会出现一些度量符号来标示对象的参数。CorelDRAW X6为用户提供了丰富的度量工具，方便进行快速、便捷、精确的测量，同时提供了用于对象之间的连接工具，本章将进行详细讲解。

课堂学习目标

掌握平行度量工具的运用

掌握水平或垂直度量工具的运用

掌握角度量工具的运用

了解3点标注工具的运用

了解直线连接器工具的运用

了解直角连接器工具的运用

了解直角圆形连接器工具的运用

了解编辑锚点工具的运用

6.1 度量工具

CorelDRAW X6为用户提供了丰富的度量工具，方便进行快速、便捷、精确的测量，包括“平行度量工具”“水平或垂直度量工具”“角度量工具”“线段度量工具”和“3点标注工具”。

使用度量工具可以快速测量出对象水平方向、垂直方向的距离，也可以测量倾斜的角度，下面进行详细讲解。

本节重要工具介绍

名称	作用	重要程度
平行度量工具	测量任意角度上两个节点间的实际距离	高
水平或垂直度量工具	测量水平或垂直角度上两个节点间的实际距离	中
角度量工具	准确地测量对象的角度	高
线段度量工具	自动捕捉测量两个节点间线段的距离	低
3点标注工具	快速为对象添加折线标注文字	高

6.1.1 平行度量工具

“平行度量工具”用于为对象测量任意角度上两个节点间的实际距离，并添加标注。

在工具箱中单击“平行度量工具”，然后将光标移动到需要测量的对象的节点上，当光标旁出现“节点”字样时，再按住鼠标左键向下拖曳，接着拖曳到下面节点上松开鼠标确定测量距离，最后向空白位置移动光标，确定好添加测量文本的位置单击鼠标左键添加文本，如图6-1所示。

图6-1

双击“平行度量工具”可以打开“选项”对话框，在“度量工具”面板中可以进行“样式”“精度”“单位”“前缀”和“后缀”设置，如图6-2所示。

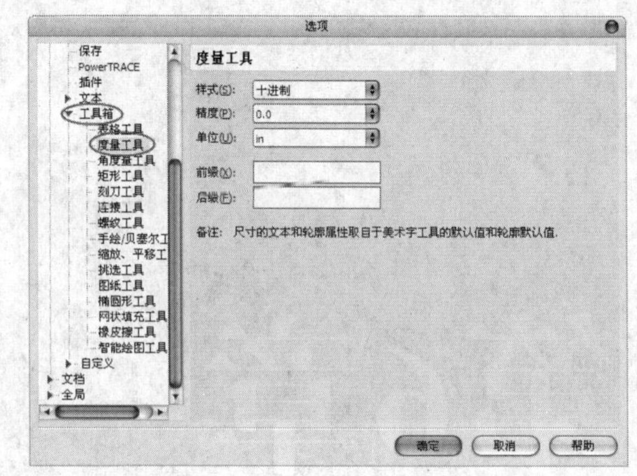

图6-2

技巧与提示

在使用“平行度量工具”确定测量距离时，除了单击选择节点间的距离外，也可以选择对象边缘之间的距离。“平行度量工具”可以测量任何角度方向的节点间的距离，如图6-3所示。

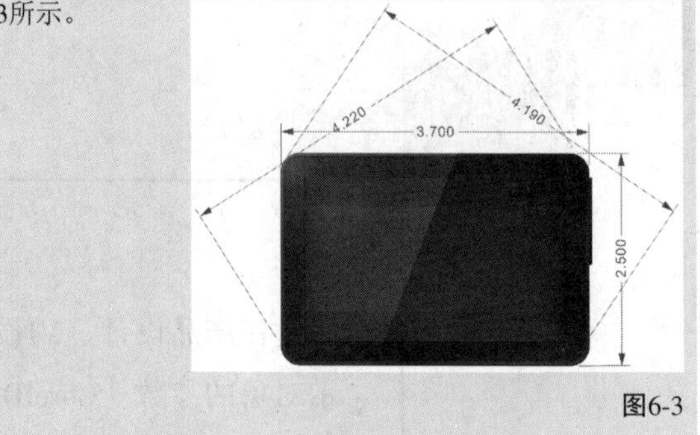

图6-3

6.1.2 水平或垂直度量工具

“水平或垂直度量工具”用于为对象测量水平或垂直角度上两个节点间的实际距离，并添加标注。

在工具箱中单中击“水平或垂直度量工具”，然后将光标移动到需要测量的对象的节点上，当光标旁出现“节点”字样时，再按住鼠标左键向下或左右拖曳会得到水平或垂直的测量线，如图6-4和图6-5所示，接着拖曳到相应的位置松开鼠标左键完成度量。

图6-4

图6-5

技巧与提示

"水平或垂直度量工具"可以在拖曳测量距离的时候，同时拖曳文本距离。

因为"水平或垂直度量工具"只能绘制水平和垂直的度量线，所以在确定第一节点后若斜线被拖曳，会出现长度不一的延伸线，不会出现倾斜的度量线，如图6-6所示。

图6-6

课堂案例

绘制产品设计图

案例位置	案例文件>CH06>课堂案例：绘制产品设计图.cdr
视频位置	多媒体教学>CH06>课堂案例：绘制产品设计图.flv
难易指数	★★★☆☆
学习目标	水平或垂直度量工具的运用方法

产品设计图效果如图6-7所示。

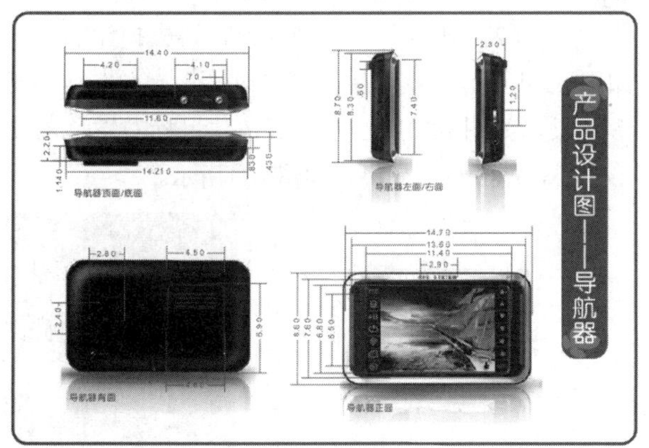

图6-7

01 新建空白文档，然后设置文档名称为"产品设计图"，接着设置页面的大小"宽"为220mm、"高"为150mm。

02 导入"素材文件>CH06>01.psd"文件，然后解散群组，接着使用"透明度工具"分别为产品正面、背面、侧面拖曳渐变效果，如图6-8~图6-10所示。

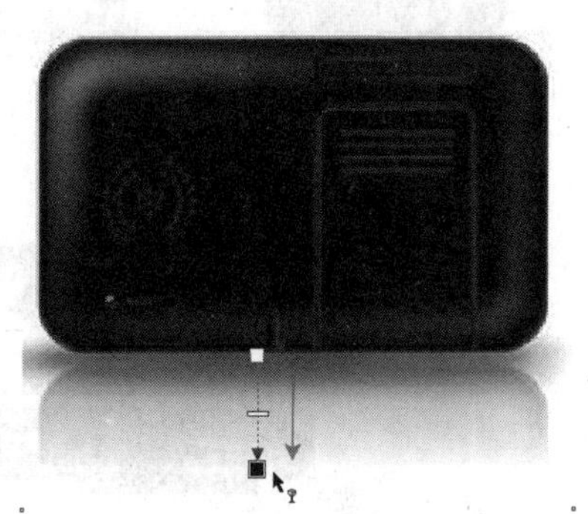

图6-8

图6-9

图6-10

03 将产品拖曳到页面中，如图6-11所示，然后使用"水平或垂直度量工具"绘制度量线，如图6-12所示。

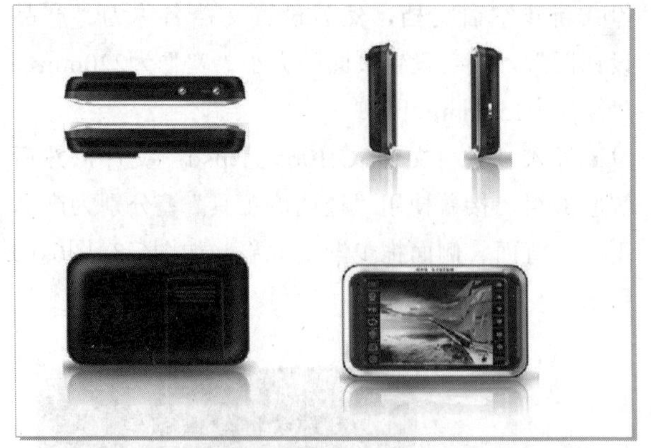

图6-11

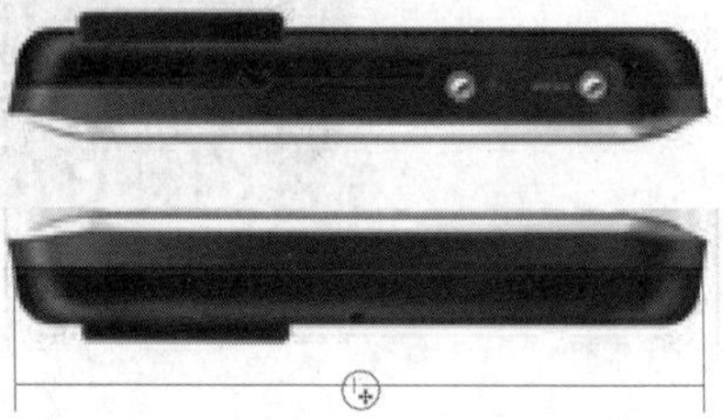

图6-12

04 选中度量线，在属性栏中设置“文本位置”为“尺度线中的文本”和“将延伸线间的文本居中”“双箭头”为“无箭头”，如图6-13所示，接着选中文本，在属性栏中设置“字体”为Arial、“字体大小”为8pt，如图6-14所示，效果如图6-15所示。

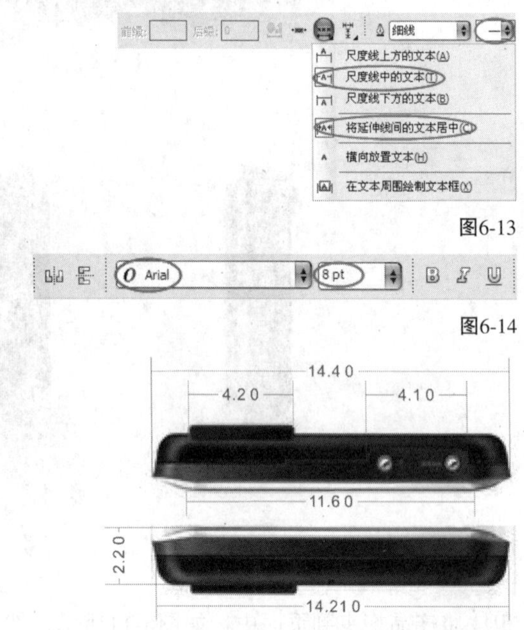

图6-13

图6-14

图6-15

05 在绘制短距离的度量线时，文本无法放置在延伸线内，因此，在属性栏“文本位置”下只勾选“尺度线中的文本”选项，如图6-16所示，接着进行绘制，如图6-17所示，最后用同样的方法绘制所有的度量线，如图6-18所示。

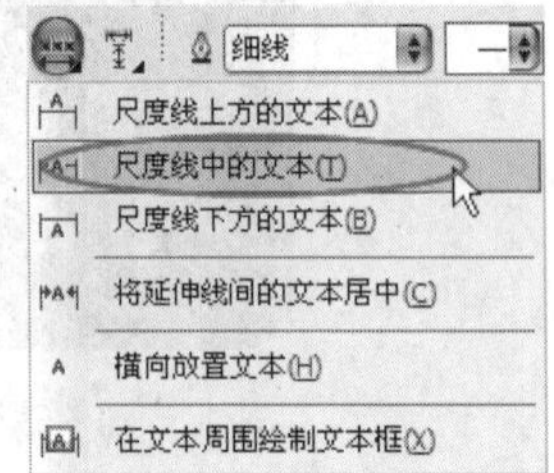

图6-16

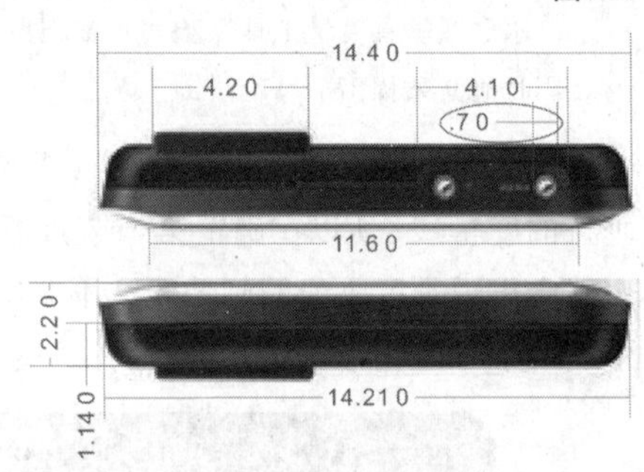

图6-17

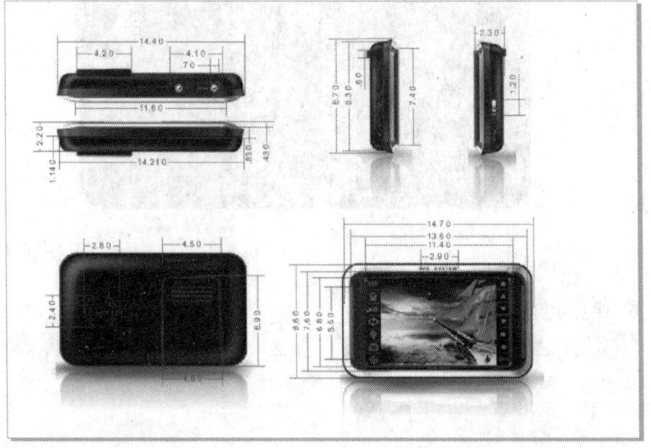

图6-18

06 使用“矩形工具”绘制正方形，然后填充颜色为（C:62，M:24，Y:4，K:0），再去掉轮廓线，如图6-19所示，接着使用“变形工具”向左拖曳变形效果，如图6-20所示，最后按住鼠标左键移动变形中心，产生透视效果，如图6-21所示。

图6-19

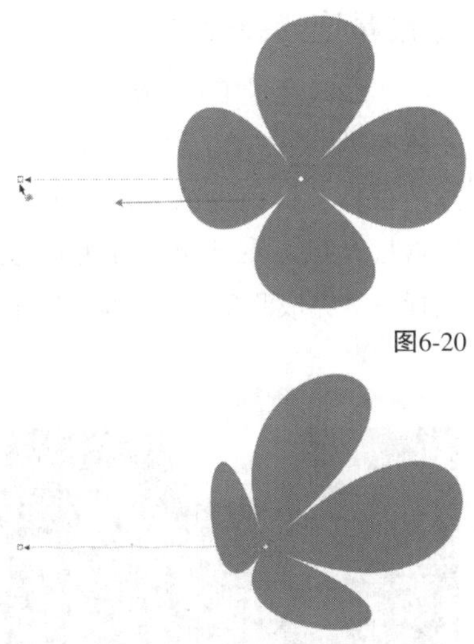

图6-20

图6-21

07 使用“矩形工具”绘制矩形，然后在属性栏中设置“圆角”为5mm，接着填充颜色为（C:80，M:40，Y:0，K:20），再去掉轮廓线，如图6-22所示，最后将前面绘制的花纹复制一份，镜像后拖曳到矩形上，效果如图6-23所示。

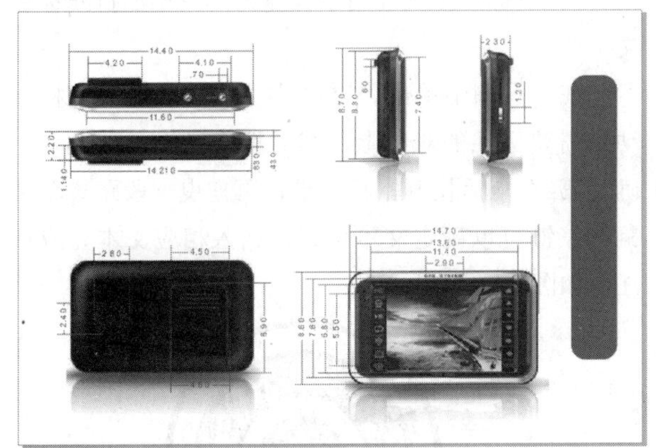

图6-22

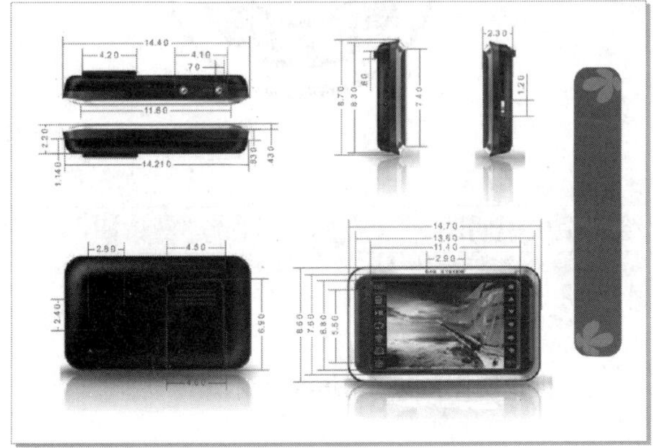

图6-23

08 导入“素材文件>CH06>02.cdr”文件，然后解散群组将标题拖曳到矩形中，再填充颜色为白色，如图6-24所示，接着将产品说明文字拖曳到相应产品的下面，最后填充字体颜色为（C:80，M:40，Y:0，K:20），效果如图6-25所示。

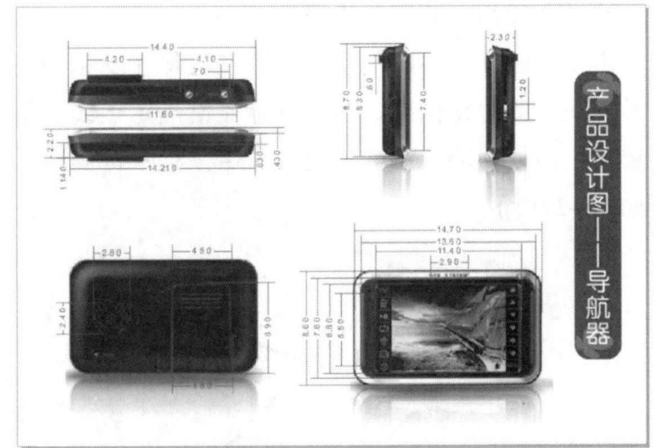

图6-24

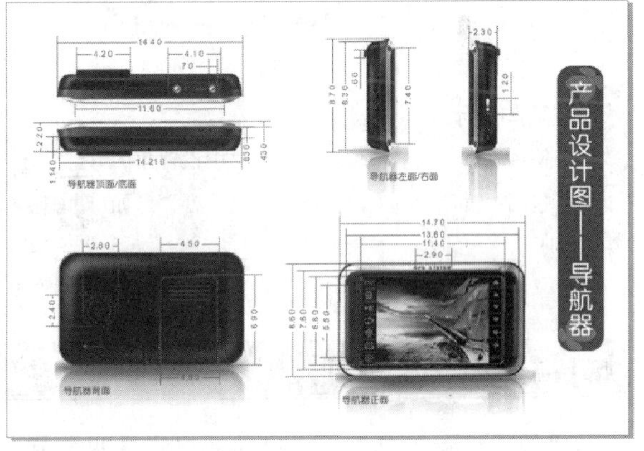

图6-25

09 双击“矩形工具”创建与页面等大的矩形，然后在属性栏中设置“圆角”为5mm，接着设置“轮廓宽度”为1mm、颜色为（C:80，M:40，Y:0，K:20），最终效果如图6-26所示。

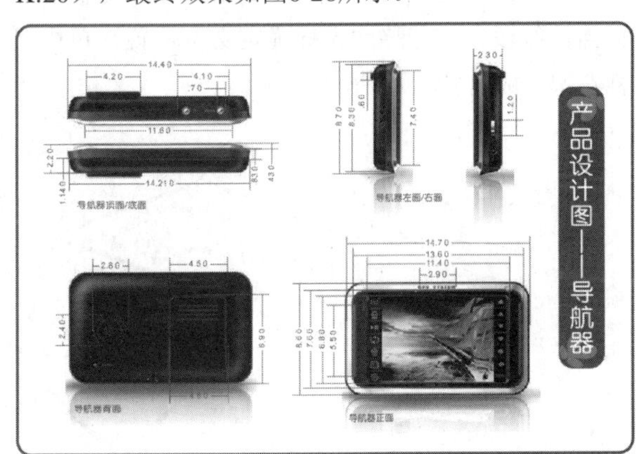

图6-26

6.1.3 角度量工具

“角度量工具”用于准确地测量对象的角度。

在工具箱中单击“角度量工具”，然后将光标移动到要测量角度的相交处，确定角的定点，接着确定角的一条边，再松开鼠标左键将光变移动到另一条角的边线位置，单击鼠标左键确定边线，最后向空白处移动文本的位置，单击鼠标左键确定，如图6-27所示。

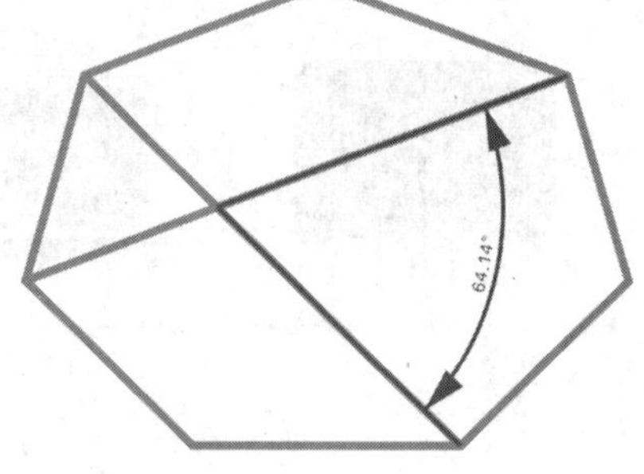

图6-27

技巧与提示

在使用度量工具前，可以在属性栏中设置角的单位，包括“度”、°、“弧度”和“粒度”，如图6-28所示。

图6-28

6.1.4 线段度量工具

“线段度量工具”用于自动捕捉测量两个节点间线段的距离。

1.度量单一线段

在工具箱中单击“线段度量工具”，然后将光标移动到要测量的线段上，单击鼠标左键自动捕捉当前线段，接着移动光标确定文本位置，单击鼠标左键完成度量，如图6-29所示。

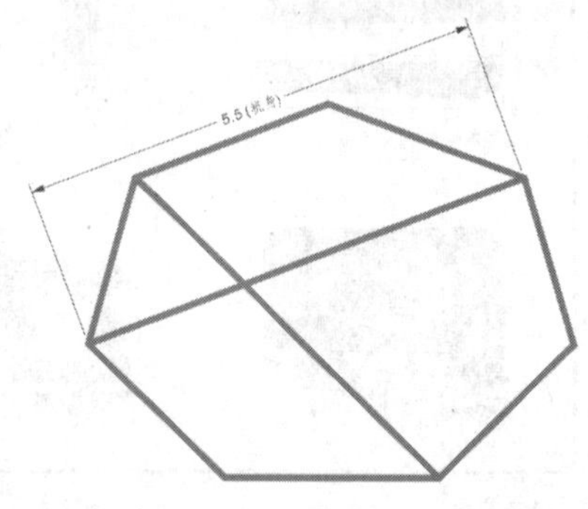

图6-29

2.度量连续线段

“线段度量工具”还可以进行连续测量操作，在属性栏中单击激活“自动连续度量”图标，然后按住鼠标左键拖曳范围将要连续测量的节点选中，接着松开鼠标左键向空白处拖曳文本的位置，单击鼠标左键完成测量，如图6-30所示。

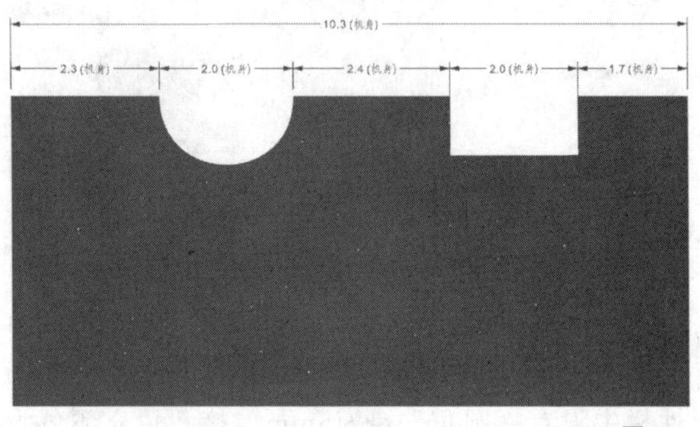

图6-30

6.1.5 3点标注工具

“3点标注工具”用于快速为对象添加折线标注文字。

在工具箱中单击“3点标注工具”，将光标移动到需要标注的对象上，然后按住鼠标左键拖曳，确定第2个点后松开鼠标左键，再拖曳一段距离单击鼠标左键可以确定文本位置，输入相应文本完成标注，如图6-31所示。

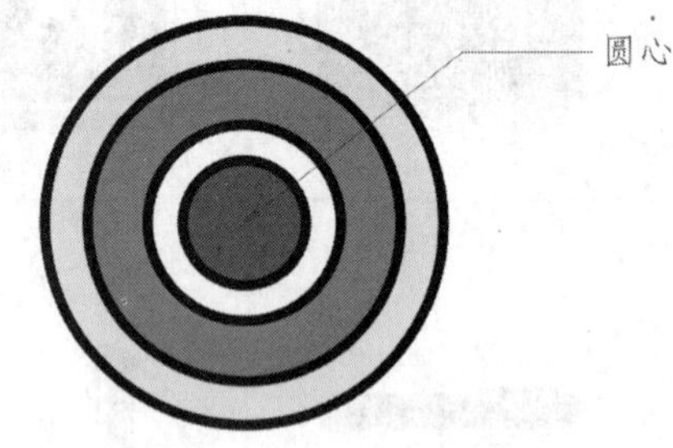

图6-31

课堂案例

绘制相机说明图

案例位置	案例文件>CH06>课堂案例：绘制相机说明图.cdr
视频位置	多媒体教学>CH06>课堂案例：绘制相机说明图.flv
难易指数	★★★☆☆
学习目标	3点标注的运用方法

相机说明图效果如图6-32所示。

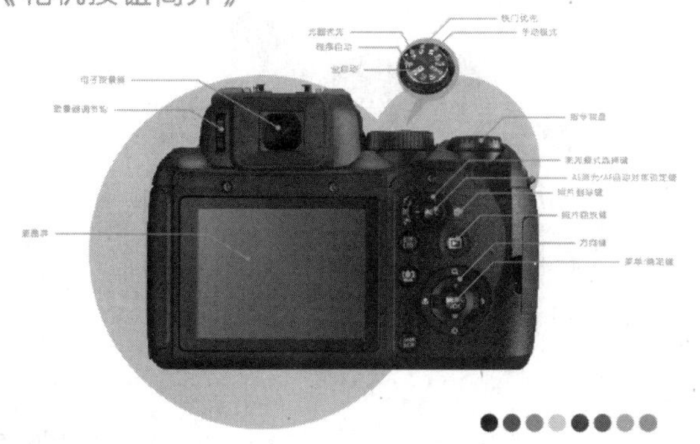

图6-32

01 新建空白文档，然后设置文档名称为“相机说明图”，接着设置页面大小为A4、页面方向为“横向”。

02 导入“素材文件>CH06>03.psd”文件，然后把相机缩放至页面中，如图6-33所示。

图6-33

03 单击“3点标注工具”，然后在属性栏中设置“轮廓宽度”为0.5mm、“起始箭头”为圆点型，如图6-34所示，接着在文本属性栏中设置“字体大小”为10pt，可以选择圆滑一些的字体做标注文本，如图6-35所示。

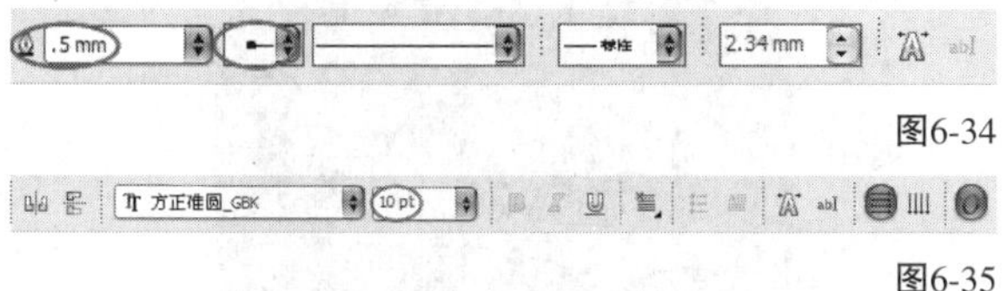

图6-34

图6-35

04 在设置完成后绘制标注，输入说明文字，然后填充文本和度量线的颜色为（C:64，M:0，Y:24，K:0），如图6-36所示，以同样的方法绘制标注说明，如图6-37所示。

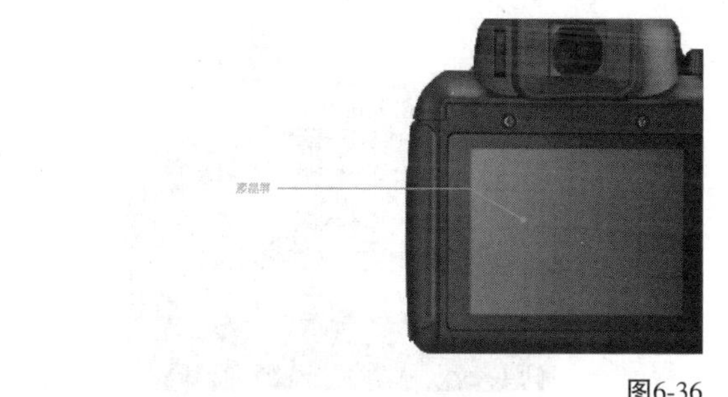

图6-36

图6-37

05 单击“标注形状工具”，然后在属性栏“完美形状”的下拉选项中选择圆形标注形状，再绘制标注形状，接着填充形状颜色为（C:53，M:0，Y:7，K:0），去掉轮廓线，如图6-38所示，最后将标注形状拖曳到相机上，如图6-39所示。

图6-38

图6-39

06 导入“素材文件>CH06>04.psd”文件，然后将按钮素材拖曳到标注形状上，调整大小，如图6-40所示，接着使用“3点标注工具”绘制按钮上的标注，如图6-41所示。

图6-40

图6-41

07 使用“椭圆形工具”绘制椭圆，复制一份进行排列缩放，如图6-42所示。然后选中两个椭圆执行“排列>造形>合并”菜单命令将对象融合为独立对象，接着填充颜色为（C:64，M:0，Y:24，K:0），再删除轮廓线，效果如图6-43所示。

图6-42　　图6-43

08 单击“透明度工具”，然后在属性栏中设置“透明度类型”为“标准”、“开始透明度”为50，效果如图6-44所示，接着将对象放置在相机后面，调整位置与大小，如图6-45所示。

图6-44

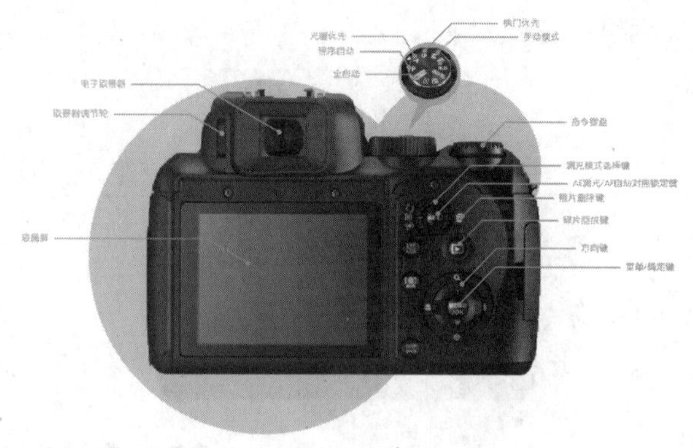

图6-45

09 使用“椭圆形工具”绘制圆形，然后水平复制7个，再进行排列间距，如图6-46所示，接着从左到右依次填充颜色为（C:84，M:80，Y:79，K:65）、（C:66，M:57，Y:53，K:3）、（C:42，M:35，Y:28，K:0）、（C:16，M:14，Y:11，K:0）、（C:75，M:84，Y:0，K:0）、（C:57，M:58，Y:0，K:0）、（C:52，M:0，Y:3，K:0）、（C:64，M:0，Y:24，K:0），最后去掉轮廓线，效果如图6-47所示。

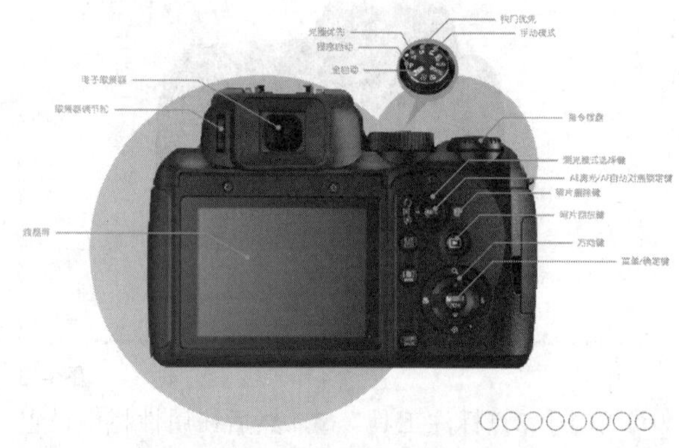

图6-46

图6-47

10 导入“素材文件>CH06>05.cdr”文件，然后将标题拖曳到左上方，最终效果如图6-48所示。

图6-48

6.2 连接工具

连接工具可以将对象之间进行串联，并且在移动对象时保持连接状态。连接线广泛应用于技术绘图和工程制图，比如图表、流程图和电路图等，也被称为“流程线”。

CorelDRAW X6为用户提供了丰富的连接工具，方便我们快速、便捷地连接对象，包括“直线连接器工具”“直角连接器工具”“直角圆形连接器工具”和“编辑锚点工具”，下面进行详细介绍。

本节重要工具介绍

名称	作用	重要程度
直线连接器工具	以任意角度创建对象间的直线连接线	中
直角连接器工具	创建水平和垂直的直角线段连线	中
直角圆形连接器工具	创建水平和垂直的圆直角线段连线	低
编辑锚点工具	修饰连接线，变更连接线节点	中

6.2.1 直线连接器工具

“直线连接器工具”用于以任意角度创建对象间的直线连接线。

在工具箱中单击“直线连接器工具”，将光标移动到需要进行连接的节点上，然后按住鼠标左键移动到对应的链接节点上，松开鼠标左键完成连接，如图6-49和图6-50所示。

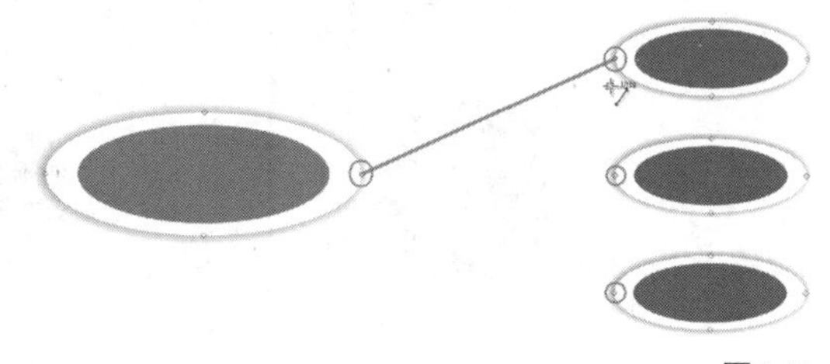

图6-49

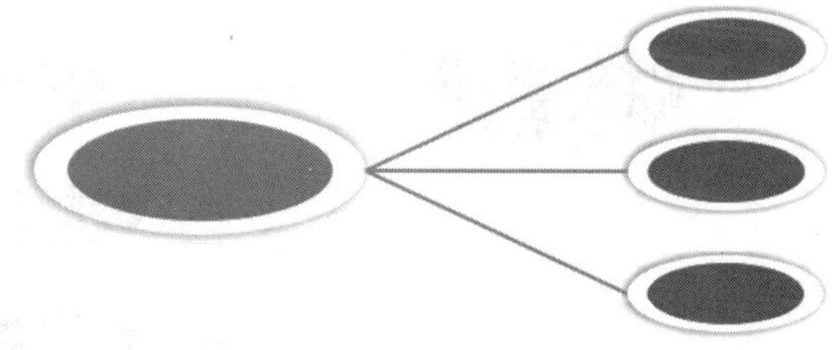

图6-50

技巧与提示

在出现多个链接线连接到同一个位置时，起始连接节点需要从没有选中连接线的节点上开始，如果在已经连接的节点上单击拖曳，则会拖曳当前连接线的节点，如图6-51所示。

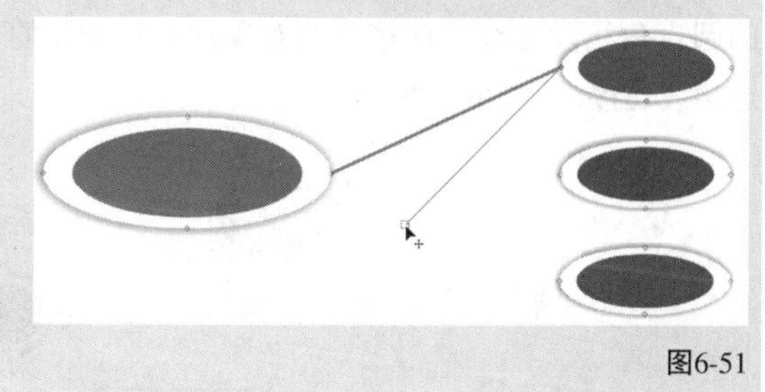

图6-51

连接后的对象，在移动时连接线依旧依附存在，方向随着移动进行变化，如图6-52所示。

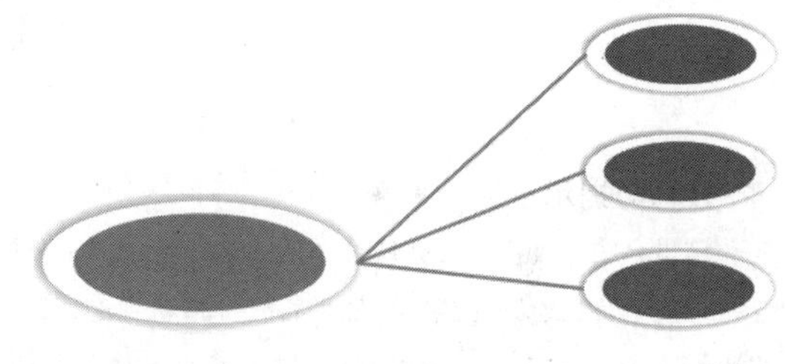

图6-52

6.2.2 直角连接器工具

“直角连接器工具”用于创建水平和垂直的直角线段连线。

在绘制平行位置的直角连接线时，拖曳的连接线为直线，连接后效果如图6-53所示。连接后的对象，在移动时连接形状随着移动变化，如图6-54所示。

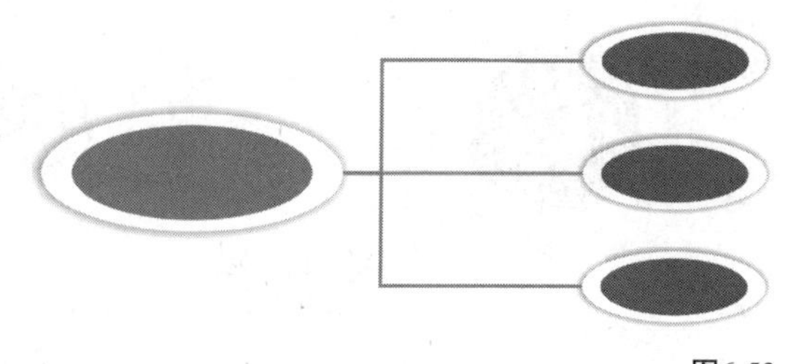

图6-53

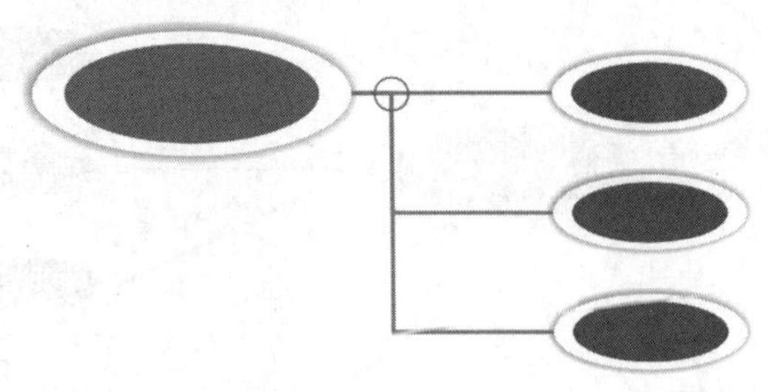

图6-54

6.2.3 直角圆形连接器工具

“直角圆形连接器工具”用于创建水平和垂直的圆直角线段连线。连接好的对象均是以圆形直角连接线连接，如图6-55所示。

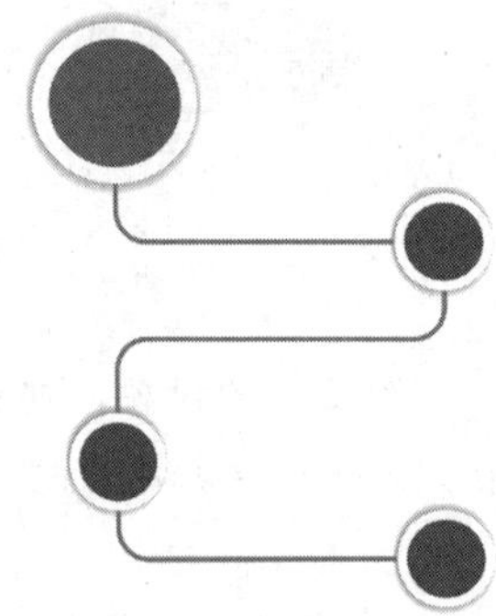

图6-55

技巧与提示

这里介绍一下添加连接线文本的方法。使用“直角圆形连接器工具”绘制连接线，然后将光标移动到连接线上，当光标变为双向箭头时双击鼠标左键，添加文本，如图6-56和图6-57所示。

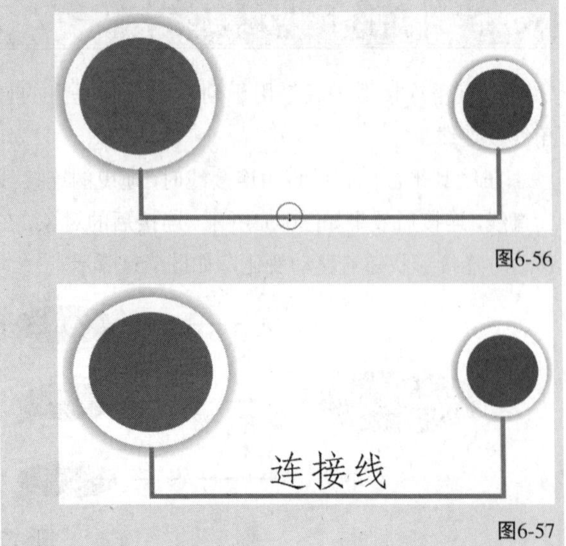

图6-56

图6-57

6.2.4 编辑锚点工具

“编辑锚点工具”用于修饰连接线，变更连接线节点等操作。

1.编辑锚点设置

“编辑锚点工具”的属性栏如图6-58所示。

图6-58

编辑锚点选项介绍

调整锚点方向：激活该按钮可以按指定度数调整锚点方向。

锚点方向：在文本框内输入数值可以变更锚点方向，单击“调整锚点方向”图标激活文本框，输入数值为直角度数“0°”“90°”“180°”“270°”，只能变更直角连接线的方向。

自动锚点：激活该按钮可允许锚点成为连接线的贴齐点。

删除锚点：单击该图标可以删除对象中的锚点。

2.变更连接线方向

在工具箱中选择“编辑锚点工具”，然后单击对象选中需要变更方向的连接线锚点，如图6-59所示，接着在属性栏中单击“调整锚点方向”图标激活文本框，如图6-60所示，最后在文本框内输入90°并按回车键完成，如图6-61所示。

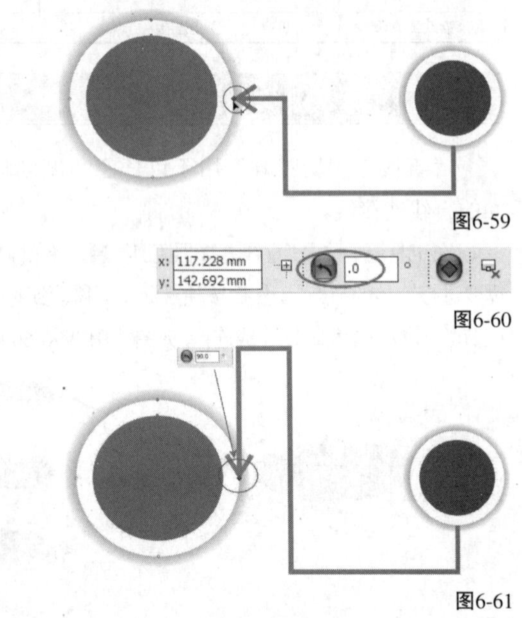

图6-59

图6-60

图6-61

3.增加对象锚点

在工具箱中选择“编辑锚点工具”，然后在要添加锚点的对象上双击鼠标左键进行添加锚点，如图6-62所示，新增加的锚点会以蓝色空心圆标示，如图6-63所示。添加连接线后，在蓝色圆形上的连接线分别接在独立锚点上，如图6-64所示。

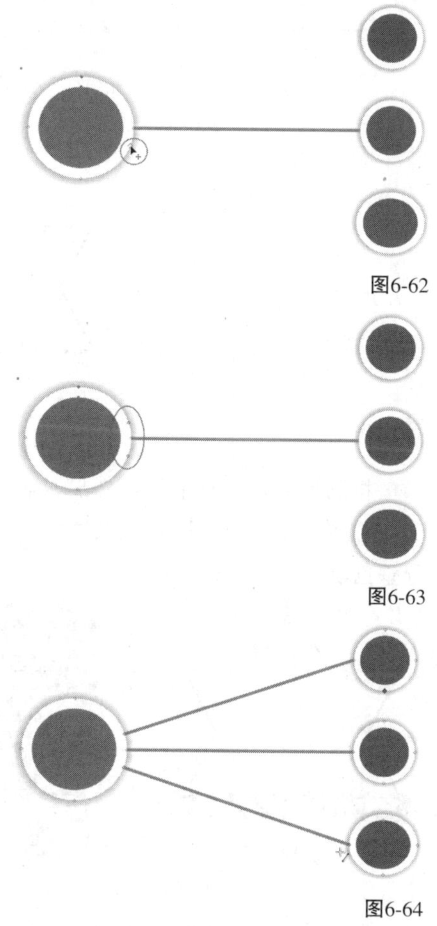

图6-62

图6-63

图6-64

4.移动锚点

在工具箱中单击“编辑锚点工具”，单击选中连接线上需要移动的锚点，然后按住移动到对象上的其他锚点上，如图6-65和图6-66所示。锚点可以移动到其他锚点上，也可以移动到中心和任意地方上，可以根据用户需要进行拖曳。

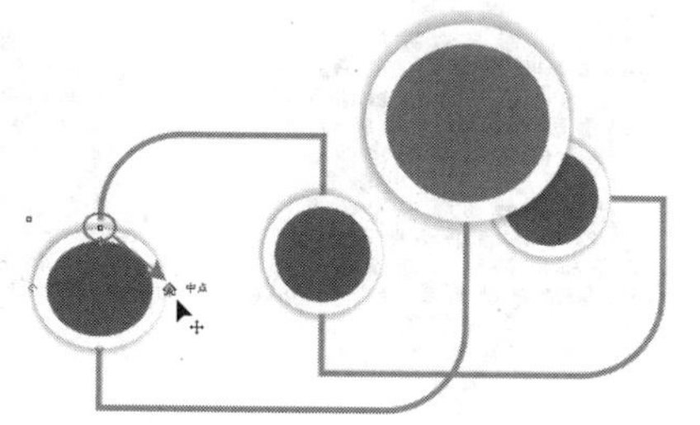

图6-65

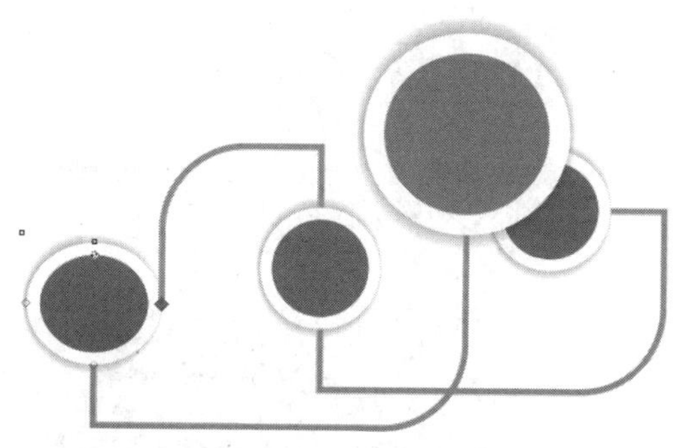

图6-66

5.删除锚点

在工具箱中单击“编辑锚点工具”，单击选中对象上需要删除的锚点，然后在属性栏上单击“删除锚点”图标删除该锚点，如图6-67所示，双击选中的锚点也可以进行删除。

图6-67

删除锚点的时候除了单个删除，也可以拖曳范围进行多选如图6-68和图6-69所示。

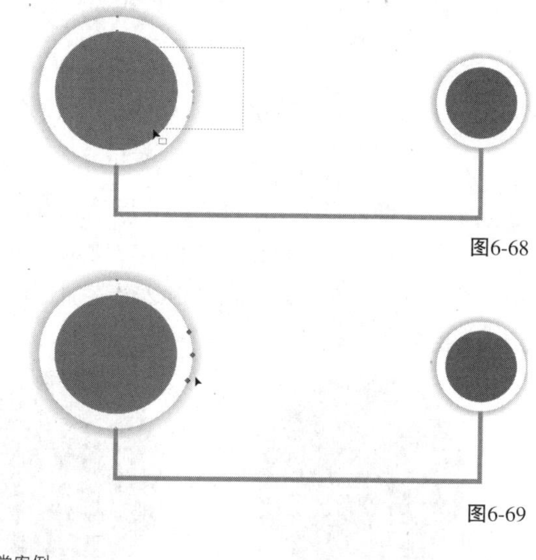

图6-68

图6-69

课堂案例

绘制跳棋盘

案例位置	案例文件>CH06>课堂案例：绘制跳棋盘.cdr
视频位置	多媒体教学>CH06>课堂案例：绘制跳棋盘.flv
难易指数	★★★☆☆
学习目标	直线连接器的运用方法

跳棋盘效果如图6-70所示。

图6-70

01 新建空白文档，然后设置文档名称为“跳棋盘”，接着设置页面大小为“A4”、页面方向为“横向”。

02 单击“星形工具”，然后在属性栏中设置“点数或边数”为6、“锐度”为30、“轮廓宽度”为2mm，如图6-71所示，接着在页面内绘制星形，如图6-72所示。

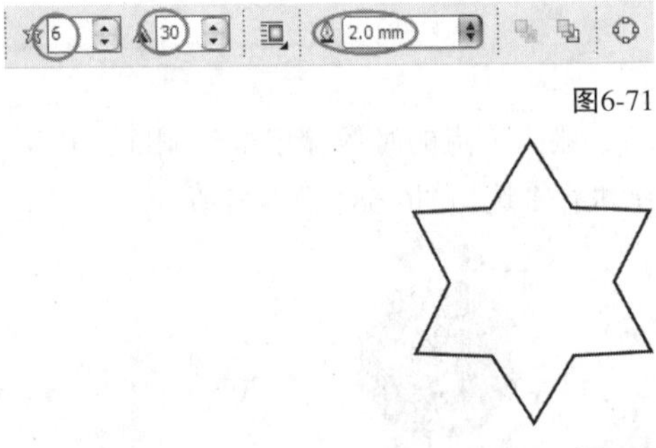

图6-71

图6-72

03 使用“椭圆形工具”绘制圆形，然后填充颜色为红色，再去掉轮廓线，如图6-73所示，接着使用“编辑锚点工具”，在圆形边缘添加连接线锚点，如图6-74所示。

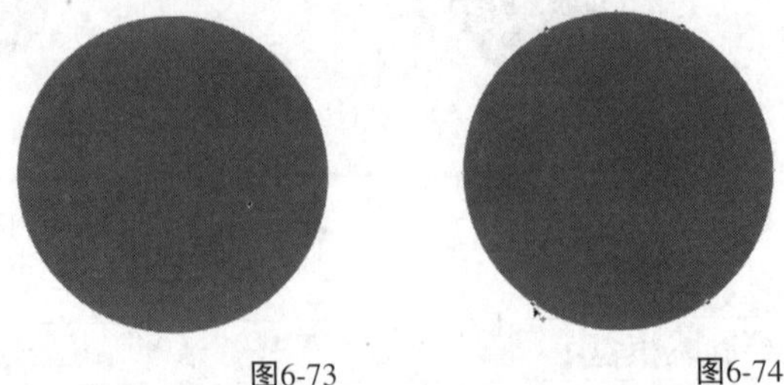

图6-73　图6-74

04 以星形下方的角为基础拖曳辅助线，如图6-75所示，然后把前面绘制的圆形拖曳到辅助线交接位置，再拖曳复制一份，如图6-76所示，接着按Ctrl+D组合键进行重复复制，最后全选进行对齐分布，如图6-77所示。

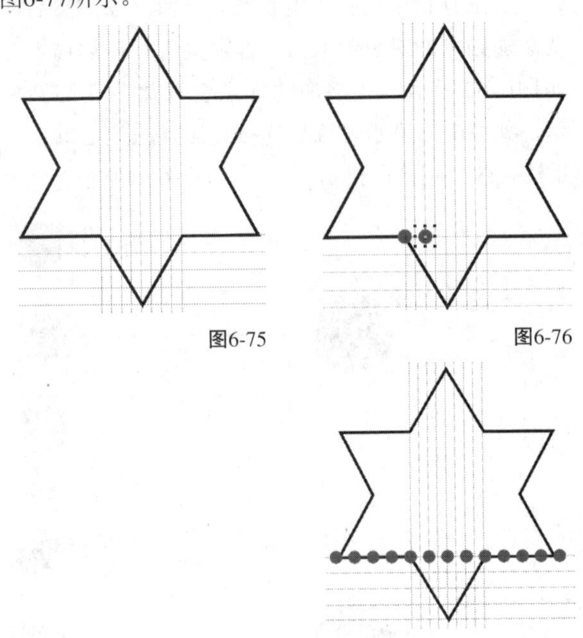

图6-75　图6-76

图6-77

05 将圆形全选进行群组，然后复制到下面辅助线交界位置，如图6-78所示，接着将两行圆形群组进行垂直复制，如图6-79所示。

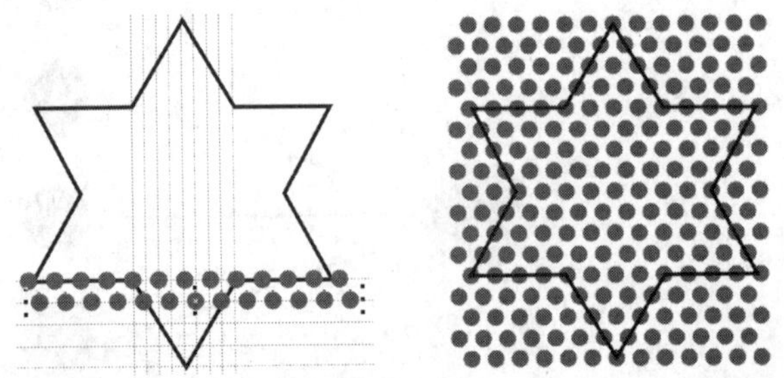

图6-78　图6-79

06 将圆形对象全选然后解散全部群组，再删除与星形重合以外的圆形，接着将星形置于圆形下方，如图6-80所示，最后将星形钝角处的圆形选中填充颜色为黑色，如图6-81所示。

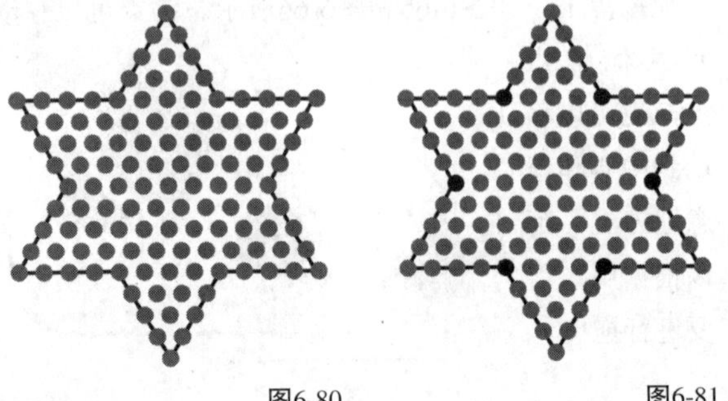

图6-80　图6-81

07 选中星形上边尖角内的圆形进行群组，然后填充颜色为(C:40，M:0，Y:100，K:0)，接着选中对相应角内的圆形，填充相同的颜色，效果如图6-82所示。

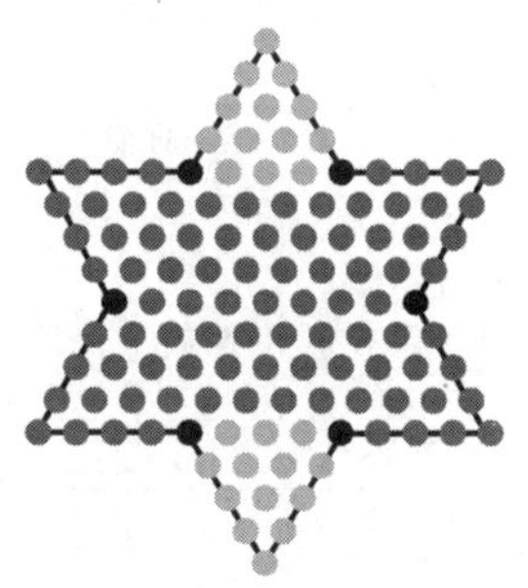

图6-82

08 选中绿色角旁边的角内的圆形，然后填充颜色为黄色，再填充对应角内的圆形，如图6-83所示，接着将星形尖角内的圆形全选进行群组。

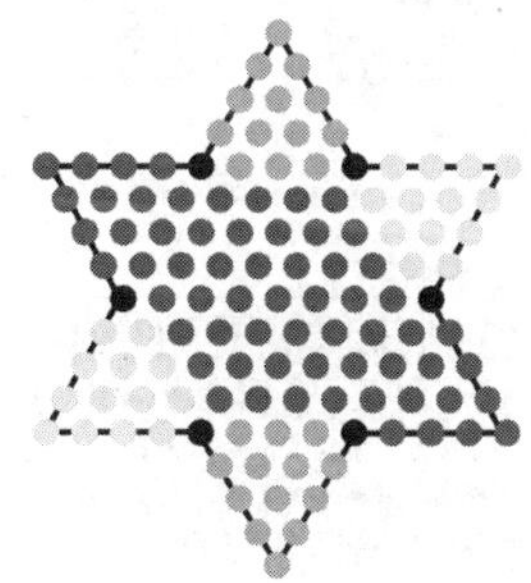

图6-83

09 选中星形中间的圆形，然后去掉填充颜色，再设置轮廓线“宽度”为0.75mm、颜色为黑色，如图6-84所示，接着将星形6个顶端的圆形向内复制，最后填充深色为深红色（C:40，M:100，Y:100，K:8）、深绿色（C:100，M:0，Y:100，K:0）、深黄色（C:0，M:60，Y:100，K:0），效果如图6-85所示。

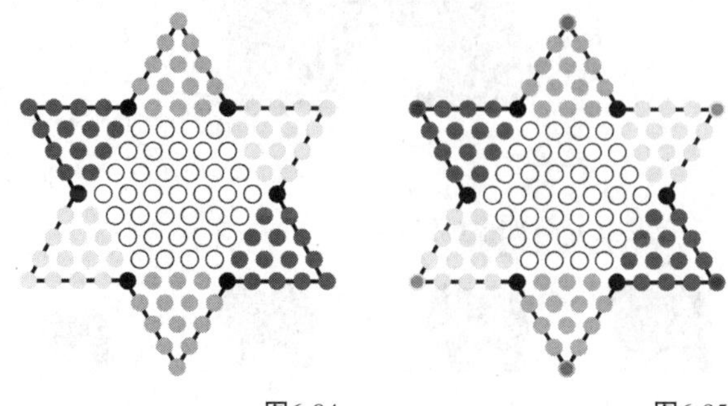

图6-84　　图6-85

10 单击“直线连接器工具”，将光标移动到需要进行连接的节点上，单击绘制连接线，如图6-86所示。

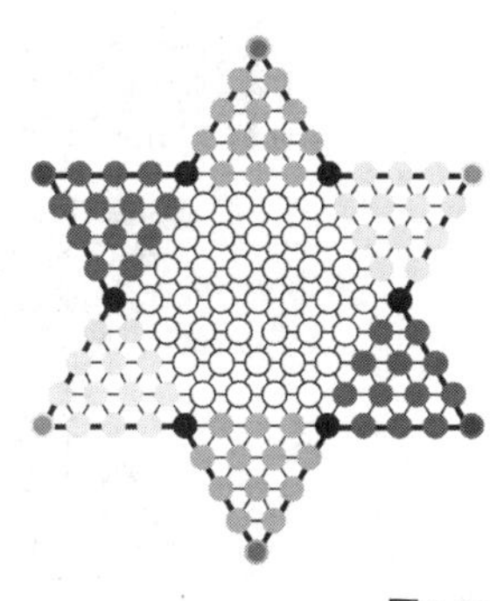

图6-86

11 导入“素材文件>CH06>06.cdr”文件，如图6-87所示，然后解散群组，再复制一份黄色棋子，接着将4枚棋子进行旋转排列，如图6-88所示。

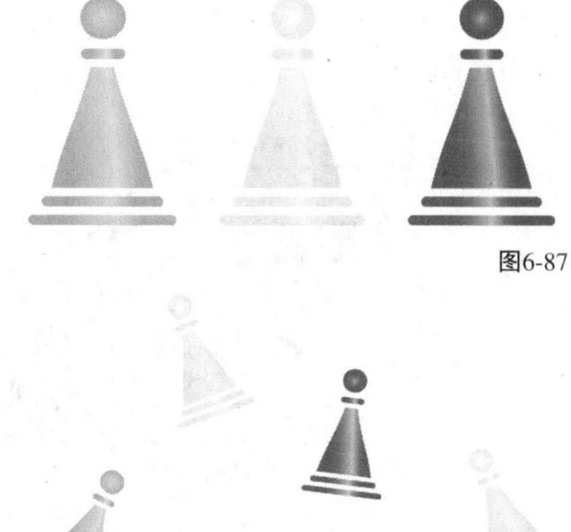

图6-87

图6-88

12 把棋子全选进行群组，然后复制一份垂直镜像，再拖曳到页面对角位置，如图6-89所示。

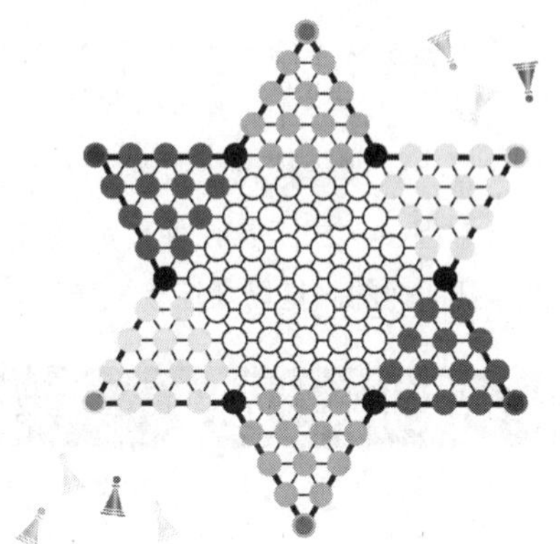

图6-89

13 导入“素材文件>CH06>07.cdr”文件，将标志缩放，然后拖曳到页面左上角，如图6-90所示。

图6-90

14 导入“素材文件>CH06>08.cdr”文件，然后将说明拖曳到页面右下方空白处进行缩放，最终效果如图6-91所示。

图6-91

6.3 本章小结

本章主要讲解了CorelDRAW X6中的度量工具和连接工具。包括“平行度量工具”“水平或垂直度量工具”“直线连接器工具”和“直角连接器工具”等，掌握了这些工具，便能够更方便地对对象进行快速且便捷的测量以及连接操作。

6.4 课后习题

课后习题

绘制Logo制作图

案例位置	案例文件>CH06>课后习题：绘制Logo制作图.cdr
视频位置	多媒体教学>CH06>课后习题：绘制Logo制作图.flv
难易指数	★★★☆☆
练习目标	平行或垂直度量工具的运用方法

Logo制作图效果如图6-92所示。

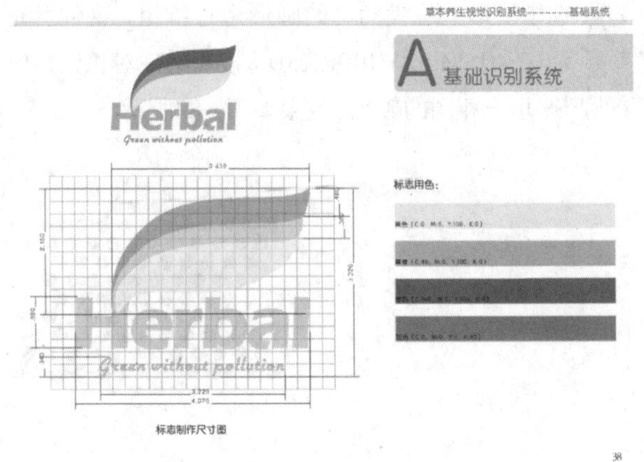

图6-92

步骤分解如图6-93所示。

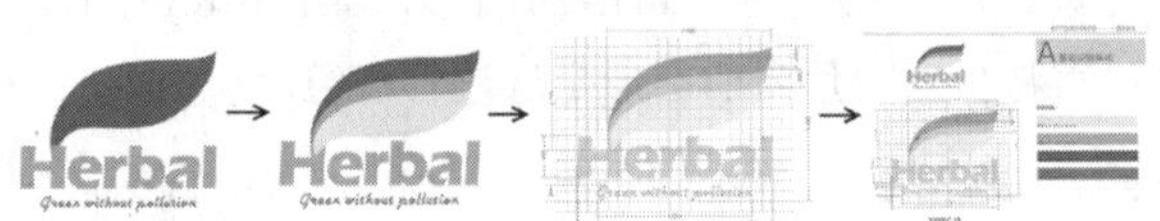

图6-93

课后习题

绘制藏獒概要图

案例位置	案例文件>CH06>课后习题：绘制藏獒概要图.cdr
视频位置	多媒体教学>CH06>课后习题：绘制藏獒概要图.flv
难易指数	★★★☆☆
练习目标	3点标注的运用方法

藏獒概要图效果如图6-94所示。

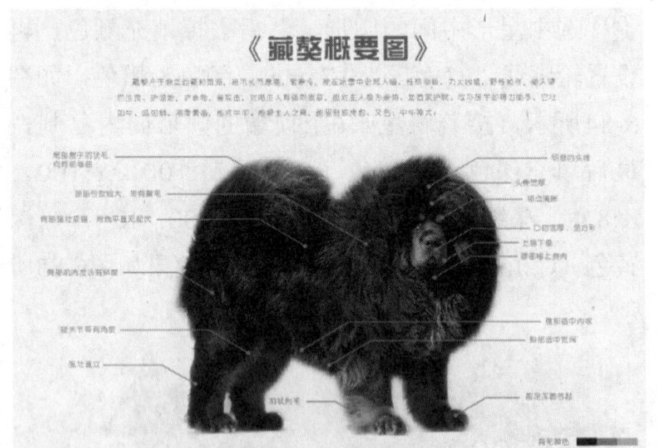

图6-94

步骤分解如图6-95所示。

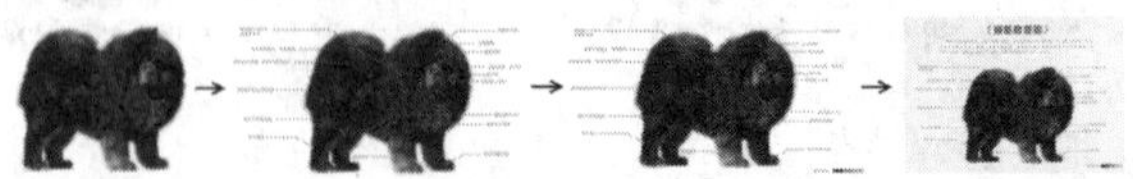

图6-95

第7章 图像效果

CorelDRAW拥有丰富的图形编辑功能，除了前面介绍的使用形状工具和造形功能对图形进行各种形状编辑外，交互式调和工具的应用更能使图形产生锦上添花的效果。交互式调和工具可以为对象直接应用调和效果、轮廓图效果、扭曲效果、阴影效果、封套效果、立体化效果和透明效果。关于各种效果的应用方法，将在本章进行详细讲解。

课堂学习目标

掌握调和效果的操作方法
掌握轮廓图效果的操作方法
掌握阴影效果的操作方法
掌握立体化效果的操作方法
掌握透明效果的操作方法
了解图框精确剪裁的方法

7.1 调和效果

调和效果是CorelDRAW X6中用途最广泛、性能最强大的工具之一。用于创建任意两个或多个对象之间的颜色和形状过渡，包括直线调和、曲线路径调和以及复合调和等多种方式。

调和可以用来增强图形和艺术文字的效果，也可以创建颜色渐变、高光、阴影、透视等特殊效果，在设计中运用频繁，CorelDRAW X6为用户提供了丰富的调和设置，使调和更加丰富。

7.1.1 调和操作

1.创建调和效果

“调和工具”通过创建中间的一系列对象，以颜色序列来调和两个源对象，原对象的位置、形状、颜色会直接影响调和效果。

<1>直线调和

单击“调和工具”，将光标移动到起始对象，按住鼠标左键不放向终止对象进行拖曳，会出现一列对象的虚框进行预览，如图7-1~图7-2所示。确定无误后松开鼠标左键完成调和，效果如图7-3所示。

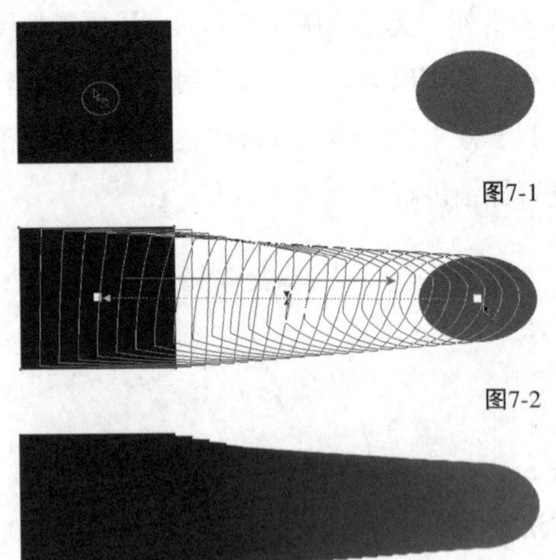

图7-1

图7-2

图7-3

在调和时两个对象的位置大小会影响中间系列对象的形状变化，两个对象的颜色决定中间系列对象的颜色渐变的范围。

<2>曲线调和

单击“调和工具”，将光标移动到起始对象，先按住Alt键不放，然后按住鼠标左键向终止对象拖曳出曲线路径，出现一列对象的虚框进行预览，如图7-4~图7-5所示。松开鼠标左键完成调和，效果如图7-6所示。

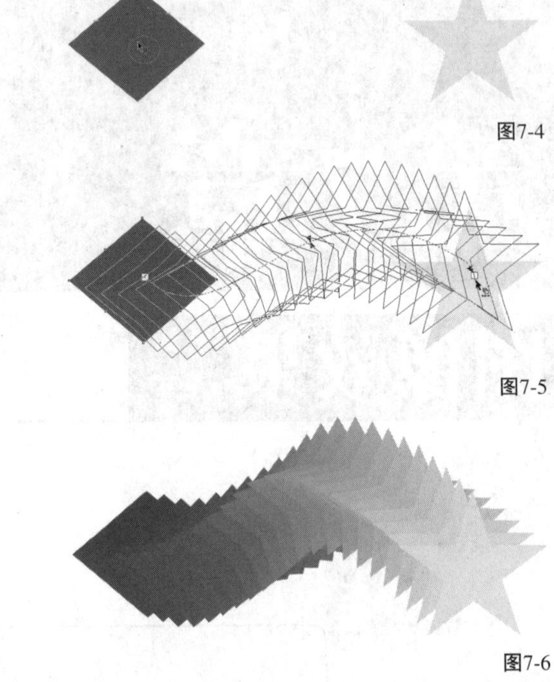

图7-4

图7-5

图7-6

在曲线调和中绘制的曲线弧度与长短会影响到中间系列对象的形状、颜色变化。

技巧与提示

在创建曲线调和选取起始对象时，必须先按住Alt键再进行选取绘制路径，否则无法创建曲线调和。

<3>复合调和

创建3个几何对象，填充不同颜色，如图7-7所示，然后单击“调和工具”，将光标移动到蓝色起始对象，按住鼠标左键不放向洋红对象拖曳直线调和，如图7-8所示。

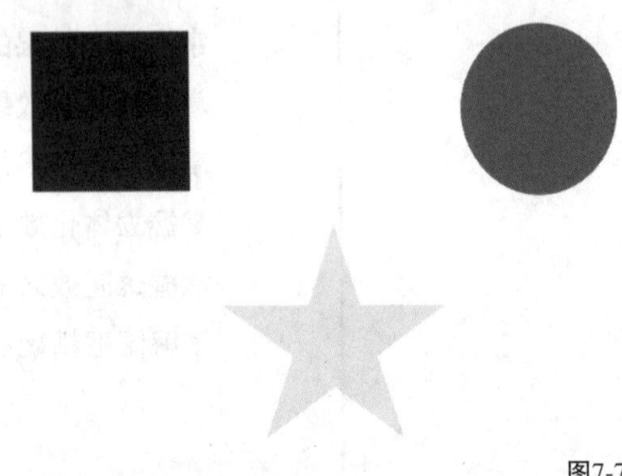

图7-7

图7-8

在空白处单击取消直线路径的选择，然后再选择圆形按住鼠标左键向星形对象拖曳直线调和，如图7-9所示。如果需要创建曲线调和，可以按住Alt键选中圆形向星形创建曲线调和，如图7-10所示。

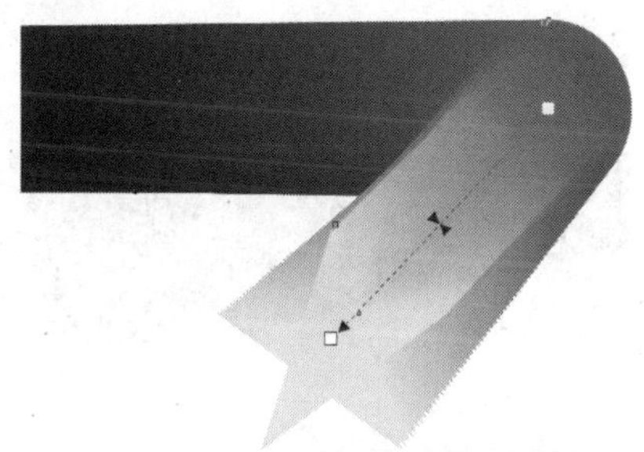

图7-9

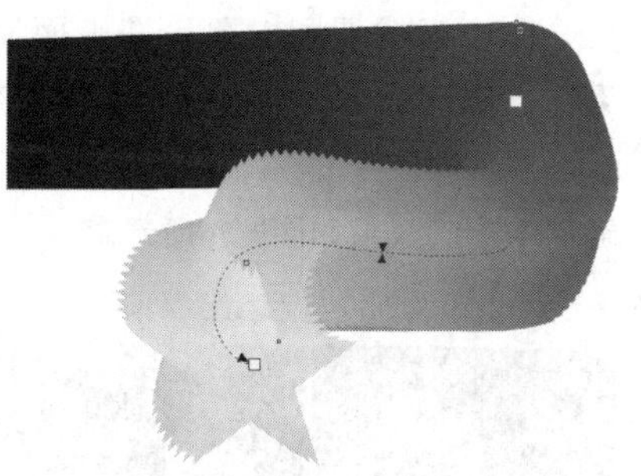

图7-10

技巧与提示

选中调和对象，如图7-11所示，然后在属性栏“调和步长”的文本框里输入数值，数值越大调和效果越细腻越自然，如图7-12所示，按回车键应用后，调和效果如图7-13所示。

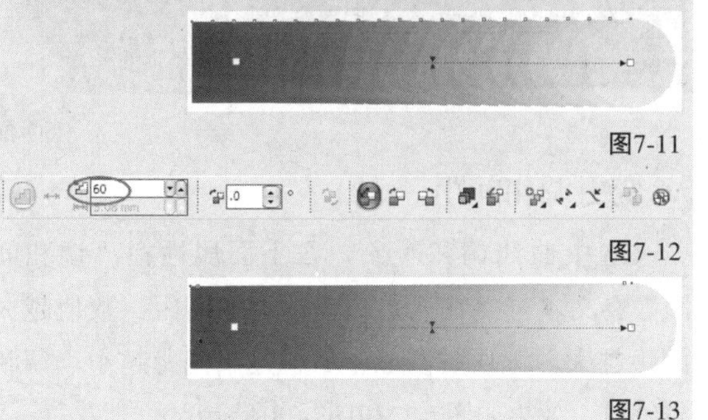

图7-11

图7-12

图7-13

2.变更调和顺序

使用“调和工具”，在方形到圆形中间添加调和，如图7-14所示。然后选中调和对象执行“排列>顺序>逆序”菜单命令，此时前后顺序进行了颠倒，如图7-15所示。

图7-14

图7-15

3.变更起始和终止对象

在终止对象下面绘制另一个图形，然后单击“调和工具”，再选中调和的对象，接着单击泊坞窗“末端对象”图标的下拉选项中“新终点”选项，当光标变为箭头时单击新图形，如图7-16所示。此时调和的终止对象变为下面的图形，如图7-17所示。

图7-16

图7-17

在起始对象下面绘制另一个图形，接着选中调和的对象，再单击泊坞窗“始端对象”图标的下拉选项中“新起点”选项，当光标变为箭头时单击新图形，如图7-18所示。此时调和的起始对象变为下面的图形，如图7-19所示。

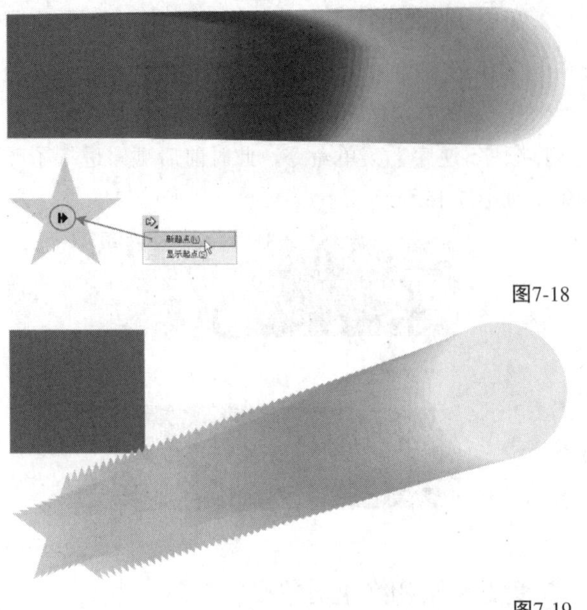

图7-18

图7-19

技巧与提示

如果要同时将两个起始对象进行调和，首先将两个起始对象群组为一个对象，如图7-20所示，然后使用“调和工具”进行拖动调和，此时调和的起始节点在两个起始对象中间，如图7-21所示，调和后效果，如图7-22所示。

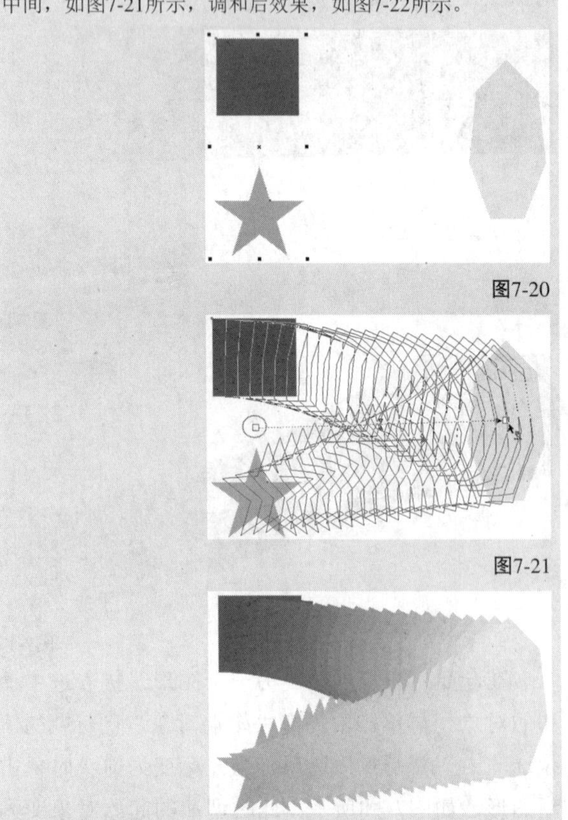

图7-20

图7-21

图7-22

4.修改调和路径

选中调和对象，如图7-23所示。然后单击“形状工具”选中调和路径进行调整，如图7-24所示。

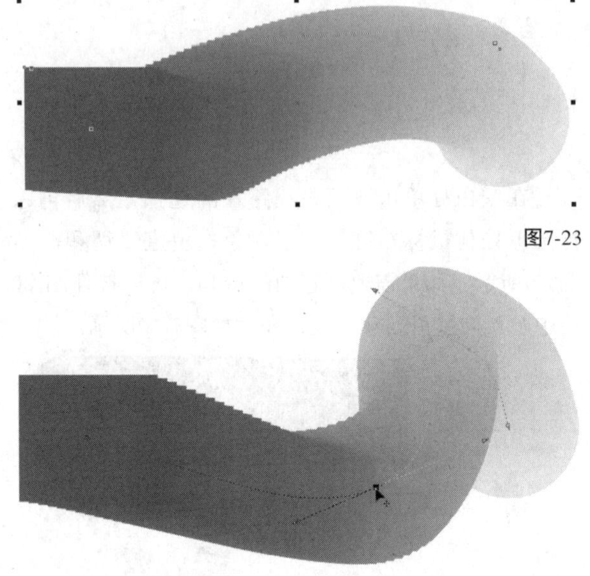

图7-23

图7-24

5.变更调和步长

选中直线调和对象，在上面属性栏“调和对象”文本框上出现当前调和的步长数，如图7-25所示，然后在文本框中输入需要的步长数，按回车键确定步数，效果如图7-26所示。

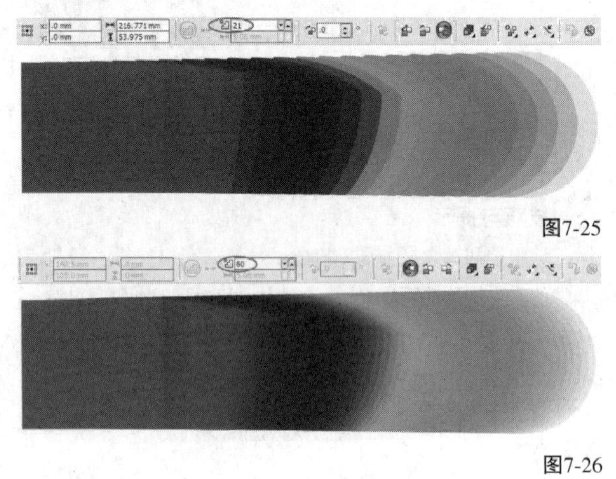

图7-25

图7-26

6.变更调和间距

选中曲线调和对象，在上面属性栏“调和间距”文本框上输入数值更改调和间距。数值越大间距越大，分层越明显；数值越小间距越小，调和越细腻，效果如图7-27和图7-28所示。

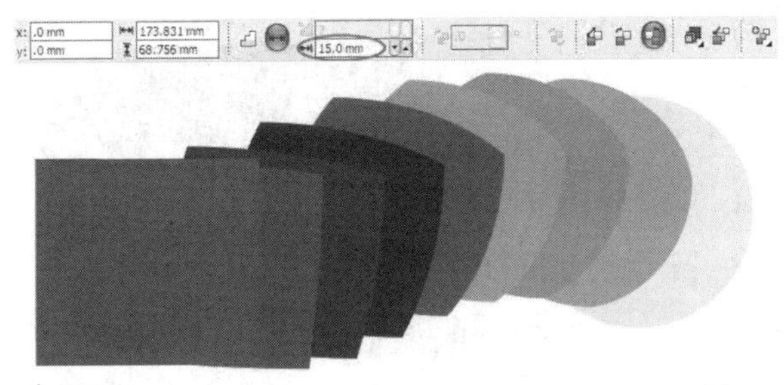

图7-27

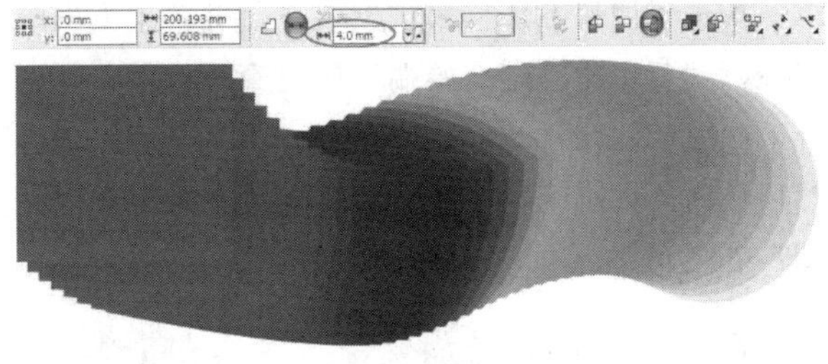

图7-28

7.调整对象颜色的加速

选中调和对象，然后在激活“锁头”图标时移动滑轨，可以同时调整对象加速和颜色加速，效果如图7-29和图7-30所示。

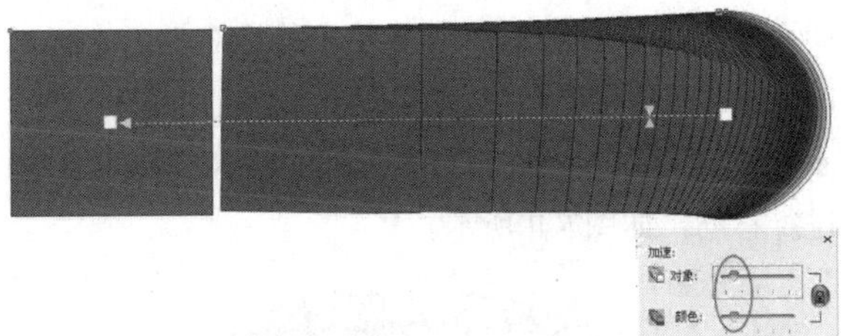

图7-29

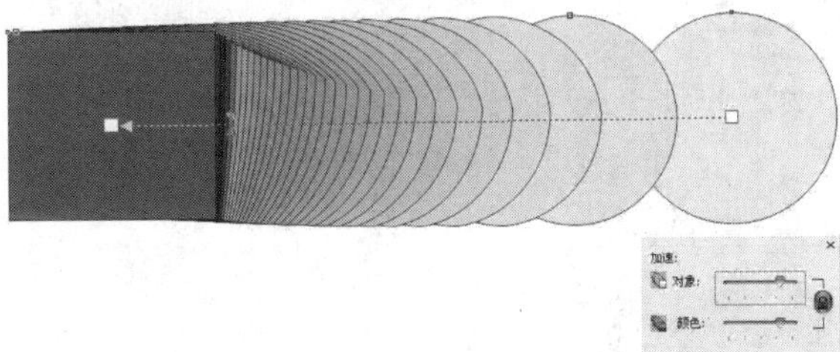

图7-30

解锁后可以分别移动两种滑轨。移动对象滑轨，颜色不变，对象间距进行改变；移动颜色滑轨，对象间距不变，颜色进行改变，效果如图7-31和图7-32所示。

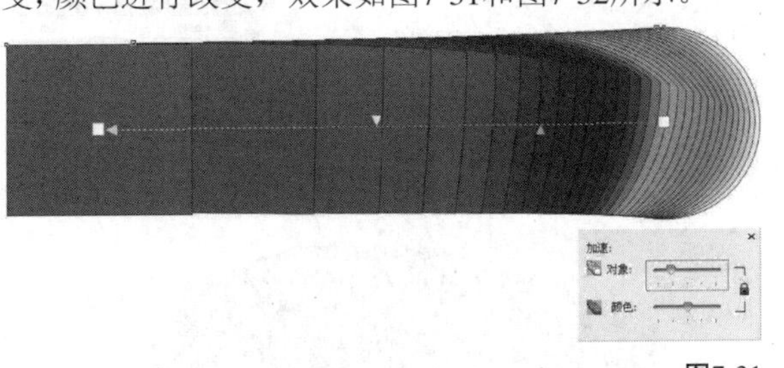

图7-31

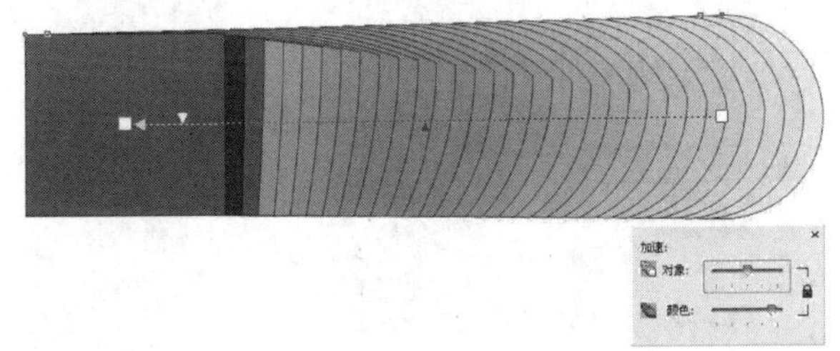

图7-32

8.调和的拆分与熔合

使用“调和工具”选中调和对象，然后单击“拆分”按钮，当光标变为弯曲箭头时单击中间任意形状，完成拆分，如图7-33所示。

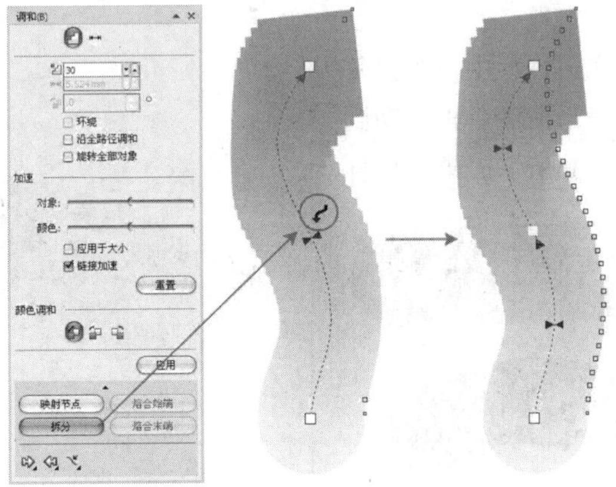

图7-33

单击“调和工具”，按住Ctrl键并单击上半段路径，然后单击“熔合始端”按钮完成熔合，如图7-34所示。按住Ctrl键并单击下半段路径，然后单击“熔合末端”按钮完成熔合，如图7-35所示。

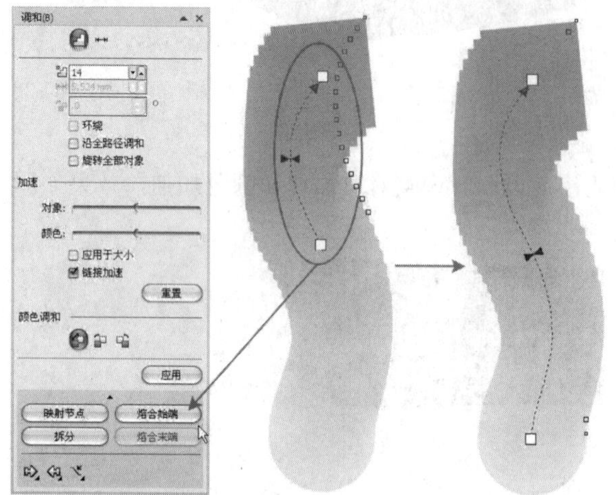

图7-34

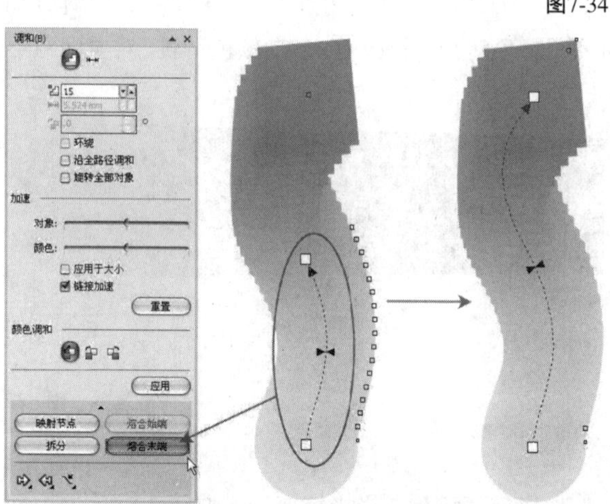

图7-35

9.复制调和效果

选中直线调和对象，然后在属性栏中单击“复制调和属性”图标，当光标变为箭头后再移动到需要复制的调和对象上，如图7-36所示，单击鼠标左键完成复制属性，效果如图7-37所示。

图7-36

图7-37

10.拆分调和对象

选中曲线调和对象，然后单击鼠标右键，在弹出的下拉菜单中执行“拆分路径群组上的混合”命令，如图7-38所示，接着单击鼠标右键，在弹出的下拉菜单中执行“取消群组”命令，如图7-39所示。解散群组后中间进行调和的渐变对象可以分别进行移动，如图7-40所示。

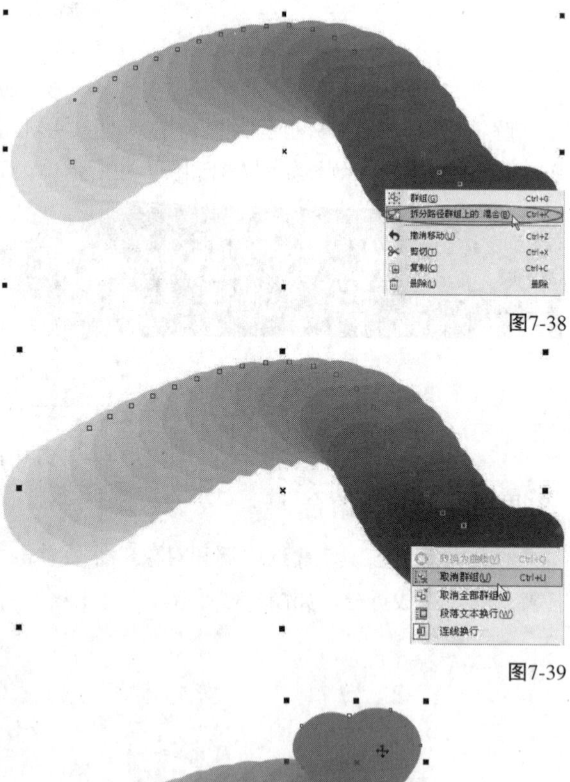

图7-38

图7-39

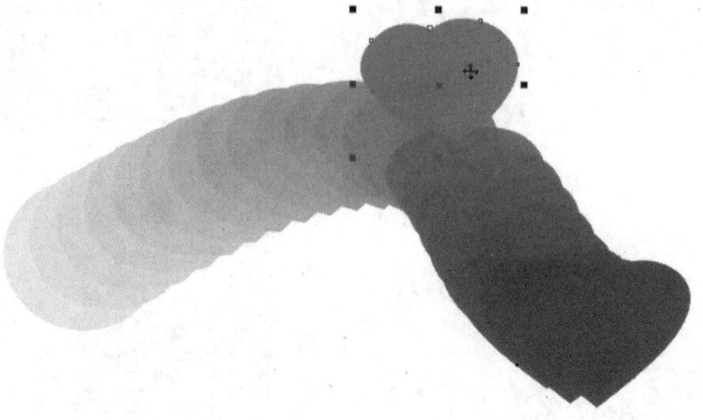

图7-40

11.清除调和效果

使用“调和工具”选中调和对象，然后在属性栏中单击“清除调和”图标清除选中对象的调和效果，如图7-41所示。

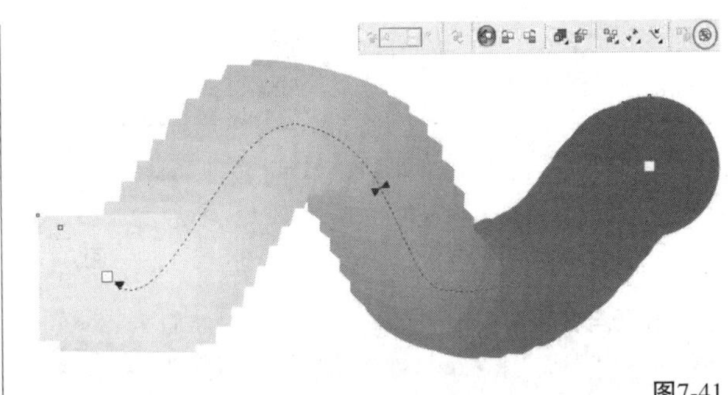

图7-41

7.1.2 调和参数设置

在调和后，我们可以在属性栏中进行调和参数设置，也可以执行“效果>调和”菜单命令，在打开的“调和”泊坞窗进行参数设置。

“调和工具”的属性栏设置如图7-42所示。

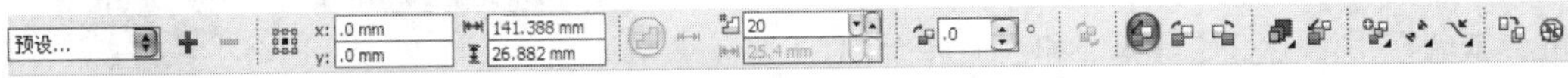

图7-42

调和选项介绍

预设列表：系统提供的预设调和样式，可以在下拉列表选择预设选项，如图7-43所示。

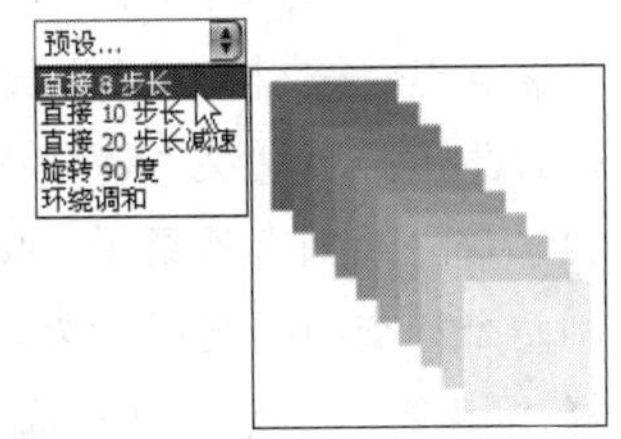

图7-43

添加预设：单击该图标可以将当前选中的调和对象另存为预设。

删除预设：单击该图标可以将当前选中的调和样式删除。

调和步长：用于设置调和效果中的调和步长数和形状之间的偏移距离。激活该图标，可以在后面“调和对象”文本框中输入相应的步长数。

调和间距：用于设置路径中调和步长对象之间的距离。激活该图标，可以在后面“调和对象”文本框中输入相应的步长数。

技巧与提示

切换“调和步长”图标与“调和间距”图标必须在曲线调和的状态下进行。在直线调和状态下可以直接调整步长数，“调和间距”只运用于曲线路径。

调和方向：在后面的文本框中输入数值可以设置已调和对象的旋转角度。

环绕调和：激活该图标可将环绕效果添加应用到调和中。

直接调和：激活该图标设置颜色调和序列为直接颜色渐变，如图7-44所示。

图7-44

顺时针调和：激活该图标设置颜色调和序列为按色谱顺时针方向颜色渐变，如图7-45所示。

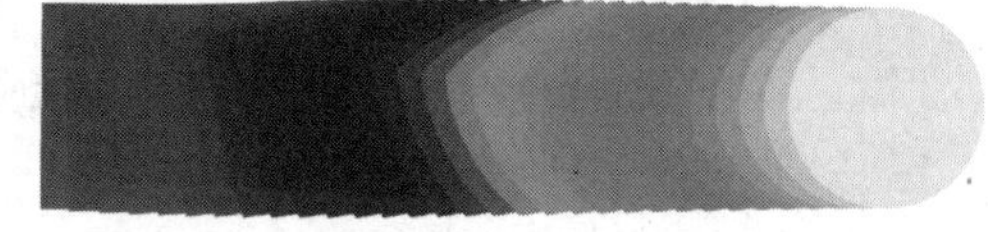

图7-45

逆时针调和：激活该图标设置颜色调和序列为按色谱逆时针方向颜色渐变，如图7-46所示。

图7-46

对象和颜色加速：单击该按钮，在弹出的对话框中通过拖曳“对象”、“颜色”后面的滑块，可以调整形状和颜色的加速效果，如图7-47所示。

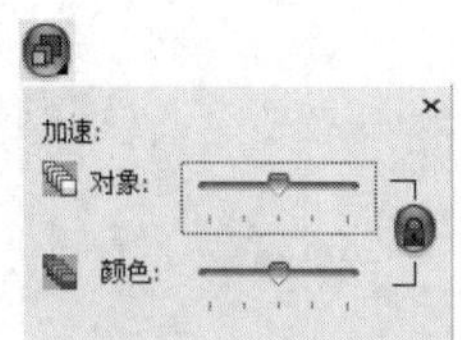

图7-47

技巧与提示

激活“锁头”图标后可以同时调整“对象”、“颜色”后面的滑块；解锁后可以分别调整“对象”、“颜色”后面的滑块。

调整加速大小：激活该对象可以调整调和对象的大小更改速率。

更多调和选项：单击该图标，在弹出的下拉选项中进行“映射节点”“拆分”“熔合始端”“熔合末端”“沿全路径调和”和“旋转全部对象”操作，如图7-48所示。

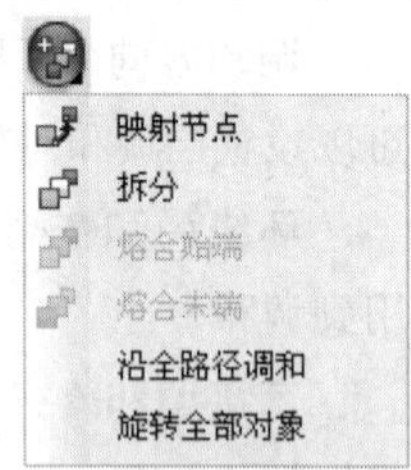

图7-48

起始和结束属性：用于重置调和效果的起始点和终止点。单击该图标，在弹出的下拉选项中进行显示和重置操作，如图7-49所示。

图7-49

路径属性：用于将调和好的对象添加到新路径、显示路径和分离出路径等操作，如图7-50所示。

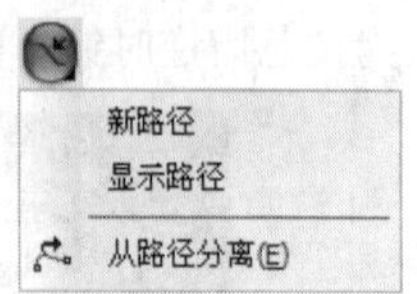

图7-50

技巧与提示

“显示路径”和“从路径分离”两个选项在曲线调和状态下才会激活进行操作，直线调和则无法使用。

复制调和属性：单击该按钮可以将其他调和属性应用到所选调和中。

清除调和：单击该按钮可以清除所选对象的调和效果。

课堂案例

绘制国画

案例位置	案例文件>CH07>课堂案例：绘制国画.cdr
视频位置	多媒体教学>CH07>课堂案例：绘制国画.flv
难易指数	★★★☆☆
学习目标	调和的运用方法

花鸟国画效果如图7-51所示。

图7-51

01 新建空白文档，然后设置文档名称为“花鸟国画”，接着设置页面大小为“A4”、页面方向为“横向”。

02 首先绘制青色果子。使用“椭圆形工具”绘制两个相交的椭圆形，然后在“造形”泊坞窗中选择“相交”类型，再勾选“保留原目标对象”选项，接着单击“相交对象”按钮完成相交操作，如图7-52和图7-53所示。

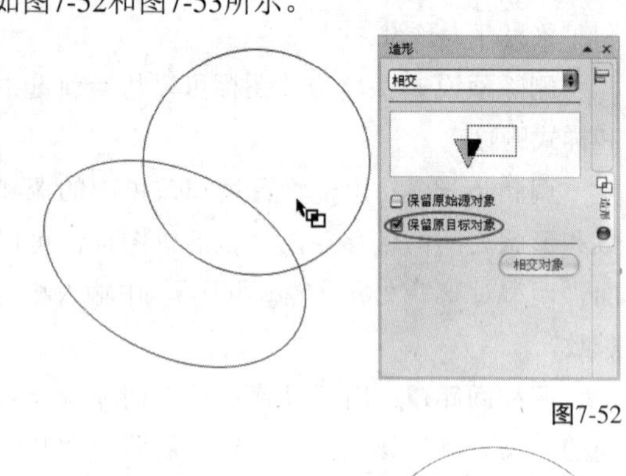

图7-52

图7-53

03 选中椭圆填充颜色为（C:16，M:6，Y:53，K:0），然后选中相交对象填充颜色为（C:22，M:59，Y:49，K:0），再全选对象去掉轮廓线，如图7-54所示，接着使用“调和工具”拖曳调和效果，在属性栏中设置“调和对象”为20，如图7-55所示。

图7-54

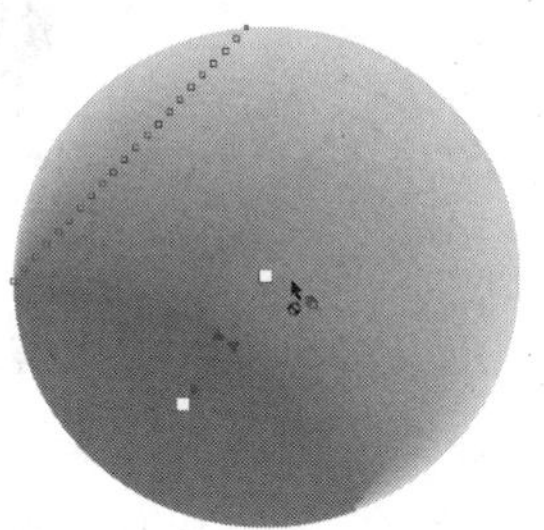

图7-55

04 使用“椭圆形工具”在调和对象上方绘制一个椭圆，然后填充颜色为黑色，如图7-56所示，接着将黑色椭圆置于调和对象后面，再调整位置，效果如图7-57所示。

图7-56

图7-57

05 下面绘制水果上的斑点。使用“椭圆形工具”绘制椭圆，然后由深到浅依次填充颜色为（C:38，M:29，Y:63，K:0）、（C:32，M:24，Y:58，K:0）、（C:23，M:18，Y:55，K:0），如图7-58所示，接着绘制小点的斑点，填充颜色为黑色，最后全选果子进行群组，效果如图7-59所示。

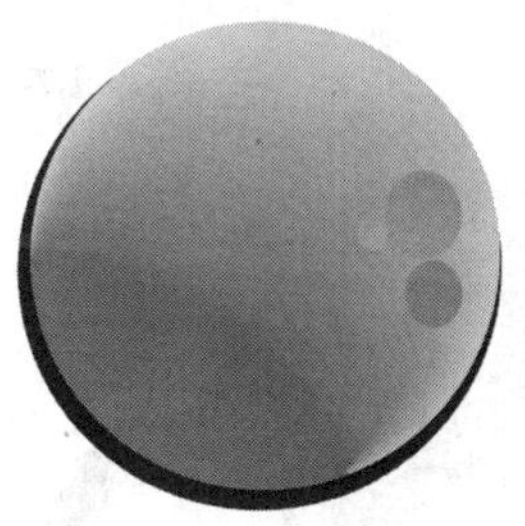

图7-58

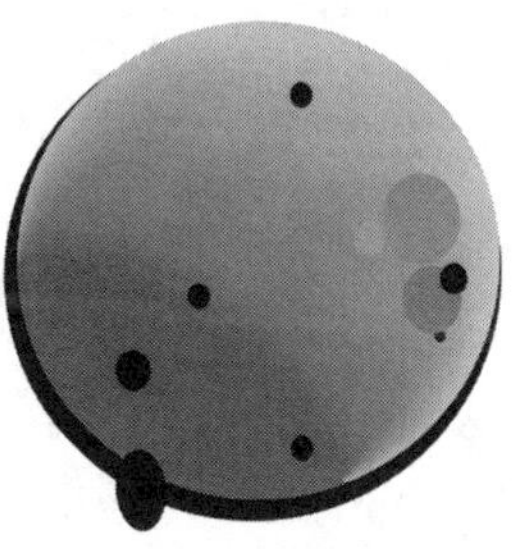

图7-59

06 下面绘制熟透的果子。使用“椭圆形工具”绘制果子的外形，然后选中椭圆形填充颜色为（C:0，M:54，Y:82，K:0），再选中相交区域填充颜色为（C:22，M:100，Y:100，K:0），接着全选删除轮廓线，如图7-60所示，最后使用“调和工具”拖曳调和效果，效果如图7-61所示。

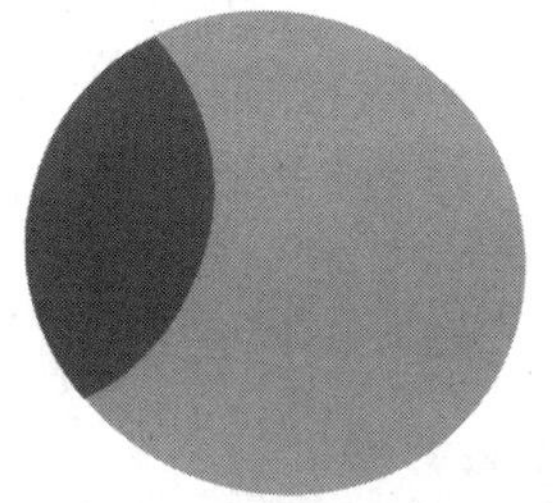

图7-60

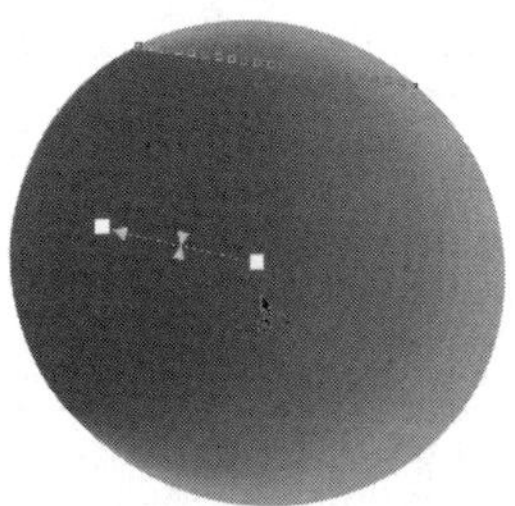

图7-61

07 绘制一个黑色椭圆置于调和对象下面，调整位置，如图7-62所示，然后在果身上绘制斑点，填充颜色为（C:16，M:67，Y:100，K:0），接着使用“透明度工具”拖曳渐变透明效果，如图7-63所示。

图7-62

图7-63

08 使用“椭圆形工具”绘制小斑点，然后填充颜色为黑色，如图7-64所示，接着使用相同的方法绘制3颗果子，最后重叠排列在一起进行群组，如图7-65所示。

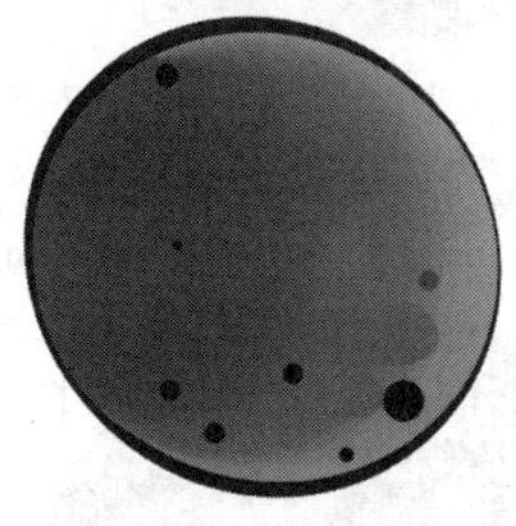

图7-64

图7-65

09 下面绘制叶子。使用“钢笔工具”绘制叶子的轮廓线，然后复制一份在上面绘制剪切范围，再修剪掉多余的部分，如图7-66所示，接着选中叶片填充颜色为（C:31，M:20，Y:58，K:0），填充修剪区域颜色为（C:28，M:72，Y:65，K:0），最后删除轮廓线，如图7-67所示。

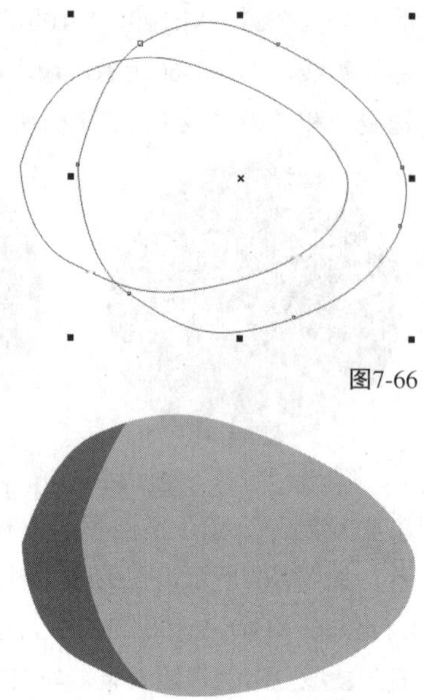

图7-66

图7-67

⑩ 使用“调和工具”拖曳调和效果，如图7-68所示，然后单击“艺术笔工具”，在属性栏中设置“笔触宽度”为1.073mm、“类别”为“书法”，再选取合适的“笔刷笔触”，如图7-69所示，接着在叶片上绘制叶脉，效果如图7-70所示。

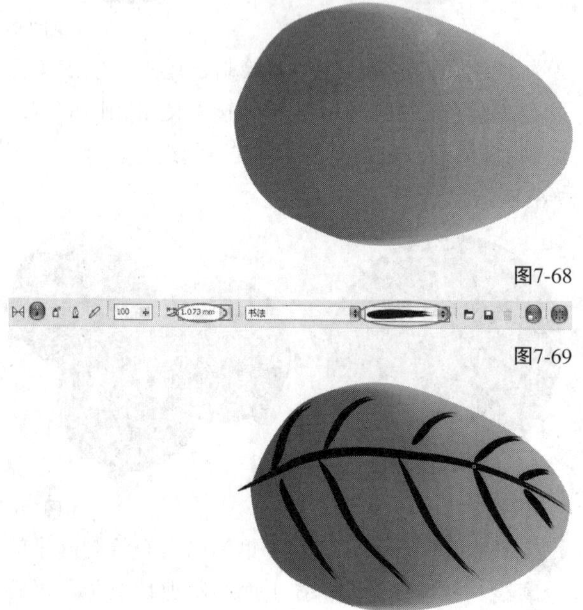

图7-68

图7-69

图7-70

⑪ 使用同样方法绘制绿色叶片，然后选中叶片填充颜色为（C:31，M:20，Y:58，K:0），填充修剪区域颜色为（C:77，M:58，Y:100，K:28），如图7-71所示，接着使用“调和工具”拖曳调和效果，如图7-72所示，最后使用“艺术笔工具”绘制叶脉，效果如图7-73所示。

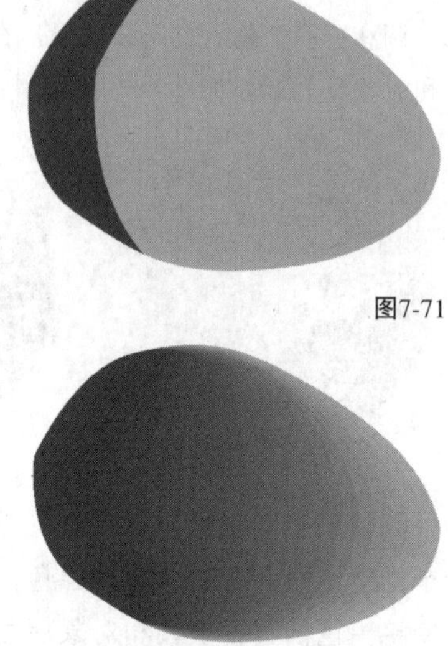

图7-71

图7-72

图7-73

⑫ 使用“艺术笔工具”绘制枝干，然后在属性栏中调整“笔触宽度”数值，效果如图7-74所示，接着将果子和树叶拖曳到枝干上，如图7-75所示。

图7-74

图7-75

13 将伸出的枝丫绘制完毕，然后将果子复制拖曳到枝丫上，如图7-76所示，接着导入“素材文件>CH07>01.cdr”文件，将麻雀拖曳到枝丫上，最后全选对象进行群组，效果如图7-77所示。

图7-76

图7-77

14 下面绘制背景。双击“矩形工具”创建与页面等大小的矩形，然后在“渐变填充”对话框中设置“类型”为“辐射”、“颜色调和”为双色，再设置“从”的颜色为（C,24，M:25，Y:37，K:0）、“到”的颜色为白色、“中点”为19，接着单击“确定”按钮完成填充，如图7-78所示，最后去掉轮廓线，效果如图7-79所示。

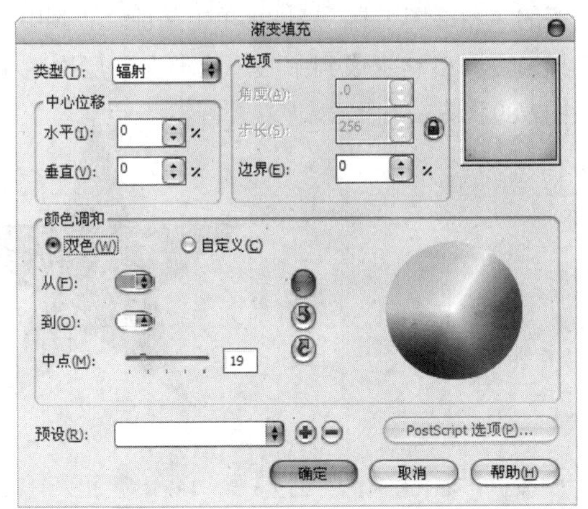

图7-78

图7-79

15 使用“椭圆形工具”绘制圆形光斑，如图7-80所示，然后填充颜色为黑色，再去掉轮廓线，接着单击“透明度工具”，在属性栏中设置“透明度类型”为“标准”、“开始透明度”为90，如图7-81所示，效果如图7-82所示。

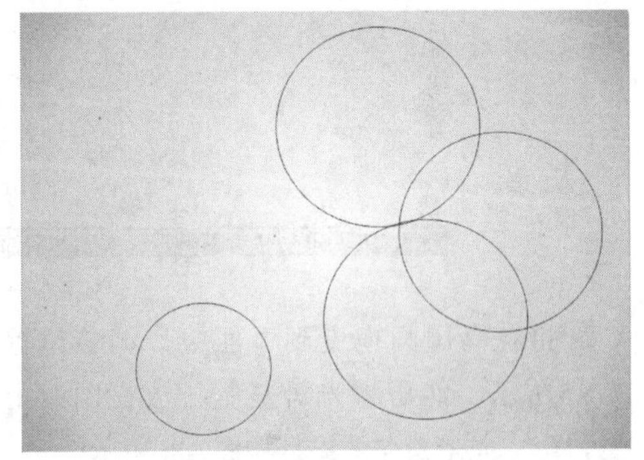

图7-80

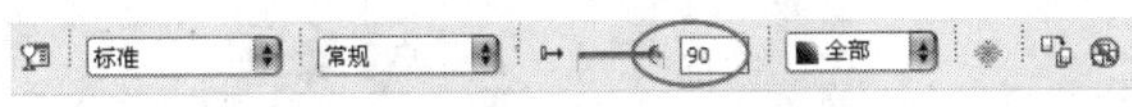

图7-81

图7-82

16 使用“矩形工具”在页面下方绘制两个矩形，然后填充颜色为（C:76，M:58，Y:100，K:28），再去掉轮廓线，接着单击“透明度工具”，在属性栏中设置“透明度类型”为“标准”、“开始透明度”为27，效果如图7-83所示。

图7-83

⑰ 导入“素材文件>CH07>02.cdr”文件，然后将光斑复制排放在页面中，调整大小和位置，效果如图7-84所示。

图7-84

⑱ 将花鸟国画拖曳到页面中，调整位置，如图7-85所示。然后将光斑复制排放在国画上相应位置，形成光晕覆盖效果，如图7-86所示。

图7-85

图7-86

⑲ 将文字拖曳到页面右上角，最终效果如图7-87所示。

图7-87

7.2 轮廓图效果

轮廓图效果是指通过拖曳为对象创建一系列渐进到对象内部或外部的同心线。轮廓图效果广泛运用于创建图形和文字的三维立体效果、剪切雕刻制品输出，以及特殊效果的制作。创建轮廓图效果可以在属性栏进行设置，使轮廓图效果更加精确美观。

创建轮廓图的对象可以是封闭路径也可以是开放路径，还可以是美工文本对象。

7.2.1 轮廓图操作

1.创建轮廓图

在CorelDRAW X6中提供的轮廓图效果主要为3种，分别是“到中心”“内部轮廓”和“外部轮廓”。

<1>创建中心轮廓图

绘制一个星形，如图7-88所示。然后单击工具箱的“轮廓图工具”，再单击属性栏“到中心”图标，则自动生成到中心一次渐变的层次效果，如图7-89和图7-90所示。

图7-88

图7-89

图7-90

在创建“到中心”轮廓线效果时，可以在属性栏设置数量和距离。

<2>创建内部轮廓图

创建内部轮廓图的方法有两种。

第1种：选中星形，然后使用“轮廓图工具”在星形轮廓处按住鼠标左键向内拖曳，如图7-91所示。松开鼠标左键完成创建。

图7-91

第2种：选中星形，然后单击“轮廓图工具”，再单击属性栏中“内部轮廓”图标，则自动生成内部轮廓图效果，如图7-92和图7-93所示。

图7-92

图7-93

<3>创建外部轮廓图

创建外部轮廓图的方法有两种。

第1种：选中星形，然后使用“轮廓图工具”在星形轮廓处按住鼠标左键向外拖曳，如图7-94所示。松开鼠标左键完成创建。

图7-94

第2种：选中星形，然后单击“轮廓图工具”，再单击属性栏中“外部轮廓”图标，则自动生成外部轮廓图效果，如图7-95和图7-96所示。

图7-95

图7-96

技巧与提示

轮廓图效果除了手动拖曳创建、在属性栏中单击创建之外，我们还可以在“轮廓图”泊坞窗中进行单击创建，如图7-97所示。

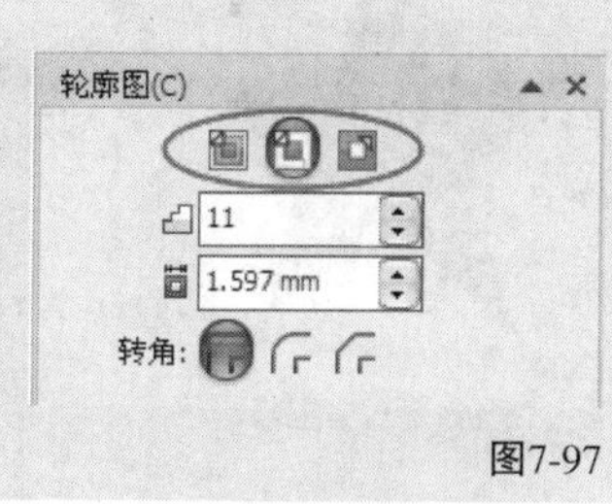

图7-97

2.调整轮廓步长

选中创建好的中心轮廓图，然后在属性栏“轮廓图偏移”框中输入数值，按回车键自动生成步数，效果如图7-98所示。

图7-98

选中创建好的内部轮廓图，然后在属性栏“轮廓图步长”框中输入不同数值“轮廓图偏移”框中输入数值不变，按回车键生成步数，效果如图7-99所示。在轮廓图偏移不变的情况下步长越大越向中心靠拢。

图7-99

选中创建好的外部轮廓图，然后在属性栏“轮廓图步长”框中输入不同数值“轮廓图偏移”框中输入数值不变，按回车键生成步数，效果如图7-100所示。在轮廓图偏移不变的情况下步长越大越向外扩散，产生的视觉效果越向下延伸。

图7-100

3.轮廓图颜色

填充轮廓图颜色分为填充颜色和轮廓线颜色，两者都可以在属性栏或泊坞窗直接选择进行填充。选中创建好的轮廓图，然后在属性栏“填充色”图标后面选择需要的颜色，轮廓图就向选取的颜色进行渐变，如图7-101所示。在去掉轮廓线“宽度”的时候“轮廓色”不显示。

图7-101

将对象的填充去掉，设置轮廓线“宽度”为1mm，如图7-102所示。此时“轮廓色”显示出来，“填充色”不显示。然后选中对象，在属性栏“轮廓色”图标后面选择需要的颜色，轮廓图的轮廓线以选取的颜色进行渐变，如图7-103所示。

.0 °	☆5	▲53	1.0 mm

图7-102

图7-103

在没有去掉填充效果和轮廓线“宽度”时，轮廓图会同时显示“轮廓色”和“填充色”，并以设置的颜色进行渐变，如图7-104所示。

图7-104

技巧与提示

在编辑轮廓图颜色时，可以选中轮廓图，然后在调色板单击鼠标左键去色或单击鼠标右键去轮廓线。

4.拆分轮廓图

在设计中会出现一些特殊的效果，如形状相同的错位图形、在轮廓上添加渐变效果等，这些都可以用轮廓图快速创建。

选中轮廓图，然后单击鼠标右键，在弹出的下拉菜单中执行“拆分轮廓图群组”命令，如图7-105所示。注意，拆分后的对象只是将生成的轮廓图和源对象进形分离，还不能分别移动。

图7-105

选中轮廓图单击鼠标右键，在弹出的下拉菜单中执行“取消群组”命令，如图7-106所示。此时可以将对象分别移动进行编辑，如图7-107所示。

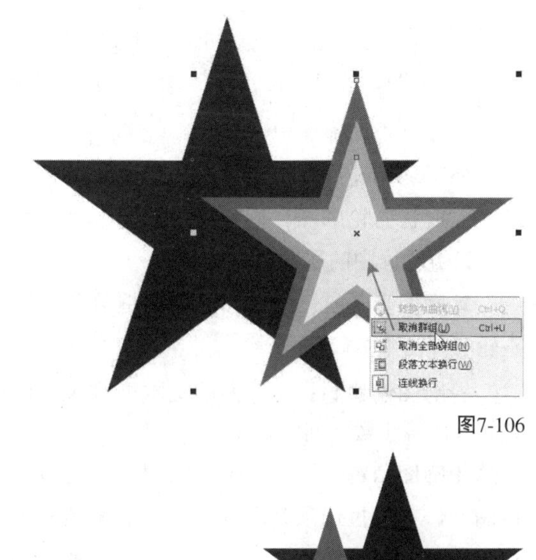

图7-106

图7-107

7.2.2 轮廓图参数设置

在创建轮廓图后，我们可以在属性栏进行调和参数设置，也可以执行“效果>轮廓图”菜单命令，在打开的“调和”泊坞窗进行参数设置。

“轮廓图工具”的属性栏设置如图7-108所示。

图7-108

轮廓图选项介绍

预设列表：系统提供的预设轮廓图样式，可以在下拉列表中选择预设选项，如图7-109所示。

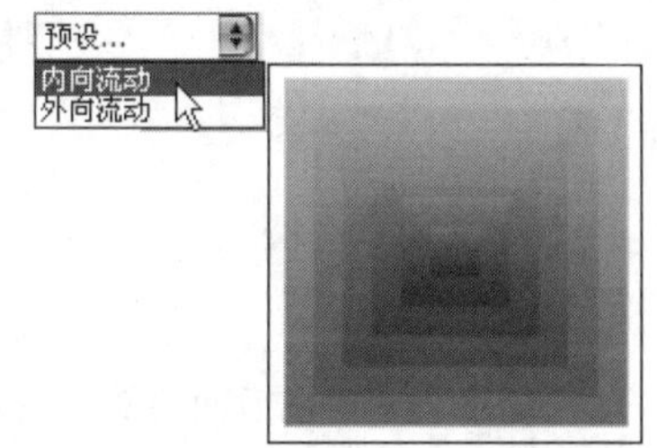

图7-109

到中心：单击该按钮，创建从对象边缘向中心放射状的轮廓图。创建后无法通过“轮廓图步长”进行设置，可以利用“轮廓图偏移”进行自动调节，偏移越大层次越少，偏移越小层次越多。

内部轮廓：单击该按钮，创建从对象边缘向内部放射状的轮廓图。创建后可以通过“轮廓图步长”设置轮廓图的层次数。

技巧与提示

“到中心”和“内部轮廓”的区别主要有两点。

第1点：在轮廓图层次少的时候，“到中心”轮廓图的最内层还是位于中心位置，而“内部轮廓”则是更贴近对象边缘，如图7-110所示。

图7-110

第2点：“到中心”只能使用“轮廓图偏移”进行调节，而“内部轮廓”则是使用“轮廓图步长”和“轮廓图偏移”进行调节。

外部轮廓：单击该按钮，创建从对象边缘向外部放射状的轮廓图。创建后可以通过“轮廓图步长”设置轮廓图的层次数。

轮廓图步长：在后面的文本框输入数值来调整轮廓图的数量。

轮廓图偏移：在后面的文本框输入数值来调整轮廓图各步数之间的距离。

轮廓图角：用于设置轮廓图的角类型。单击该图标，在下拉选项列表选择相应的角类型进行应用，如图7-111所示。

图7-111

斜接角：在创建的轮廓图中使用尖角渐变，如图7-112所示。

图7-112

圆角：在创建的轮廓图中使用倒圆角渐变，如图7-113所示。

图7-113

斜切角：在创建的轮廓图中使用倒角渐变，如图7-114所示。

图7-114

：用于设置轮廓图的轮廓色渐变序列。单击该图标，在下拉选项列表选择相应的颜色渐变序列类型进行应用，如图7-115所示。

图7-115

线性轮廓色：单击该选项，设置轮廓色为直接渐变序列，如图7-116所示。

图7-116

顺时针轮廓色：单击该选项，设置轮廓色为按色谱顺时针方向逐步调和的渐变序列，如图7-117所示。

图7-117

逆时针轮廓色：单击该选项，设置轮廓色为按色谱逆时针方向逐步调和的渐变序列，如图7-118所示。

图7-118

轮廓色：在后面的颜色选项中设置轮廓图的轮廓线颜色。当去掉轮廓线“宽度”后，轮廓色不显示。

填充色：在后面的颜色选项中设置轮廓图的填充颜色。

对象和颜色加速：调整轮廓图中对象大小和颜色变化的速率，如图7-119所示。

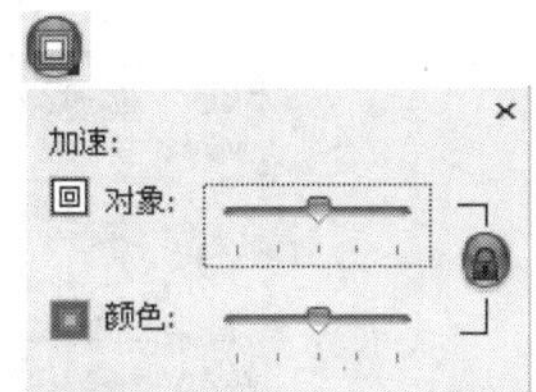

图7-119

复制轮廓图属性：单击该按钮可以将其他轮廓图属性应用到所选轮廓中。

清除轮廓：单击该按钮可以清除所选对象的轮廓。

课堂案例

绘制电影字体

案例位置	案例文件>CH07>课堂案例：绘制电影字体.cdr
视频位置	多媒体教学>CH07>课堂案例：绘制电影字体.flv
难易指数	★★★☆☆
学习目标	轮廓图的运用方法

电影字体效果如图7-120所示。

图7-120

01 新建空白文档，然后设置文档名称为“电影海报”，接着设置页面的大小“宽”为250mm、“高”为195mm。

02 导入“素材文件>CH07>03.cdr”文件，然后将标题文字拖曳到页面中，然后填充颜色为（C:84，M:56，Y:100，K:27），如图7-121所示。

图7-121

03 使用“钢笔工具”绘制文字上的两个耳朵，如图7-122所示，然后全选对象执行“排列>造形>合并”菜单命令将耳朵合并到文字上，如图7-123所示，接着选中文字进行拆分，最后选中字母分别进行合并，如图7-124所示。

图7-122

图7-123

图7-124

04 选中字母，然后在“渐变填充”对话框中设置“类型”为“线性”、“角度”为-82.6、“边界”为3%、“颜色调和”为双色，再设置“从”的颜色为（C:66，M:18，Y:100，K:0）、“到”的颜色为（C:84，M:64，Y:100，K:46），接着单击“确定”按钮完成填充，如图7-125所示，效果如图7-126所示。

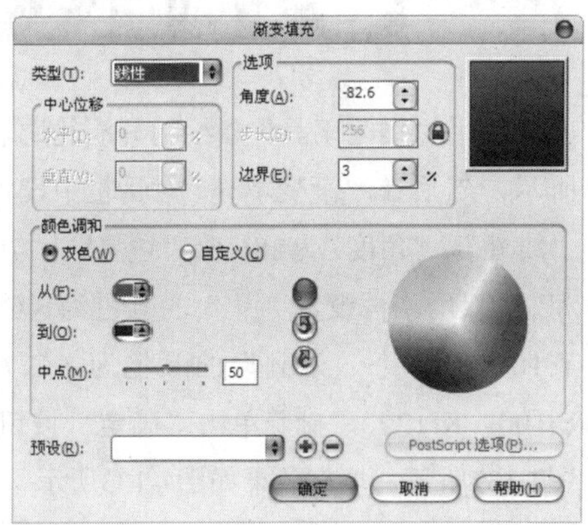

图7-125

图7-126

05 使用“属性滴管工具”吸取字母上的渐变填充颜色，如图7-127所示，然后填充到后面的字母中，如图7-128所示。

图7-127

图7-128

06 单击“轮廓图工具”，然后在属性栏选择“到中心”，设置“轮廓图偏移”为0.025mm、“填充色”为黄色、“最后一个填充挑选器”颜色为（C:76，M:44，Y:100，K:5），如图7-129所示，接着选中对象单击“到中心”按钮，将轮廓图效果应用到对象，效果如图7-130所示。

图7-129

图7-130

07 使用“钢笔工具”绘制耳洞轮廓，如图7-131所示，然后在“渐变填充”对话框中设置“类型”为“线性”、“角度”为286.6、“边界”为17%、“颜色调和”为双色，再设置“从”的颜色为（C:12，M:3，Y:100，K:0）、“到”的颜色为（C:78，M:47，Y:100，K:12），接着单击“确定”按钮，如图7-132所示，填充效果如图7-133所示。

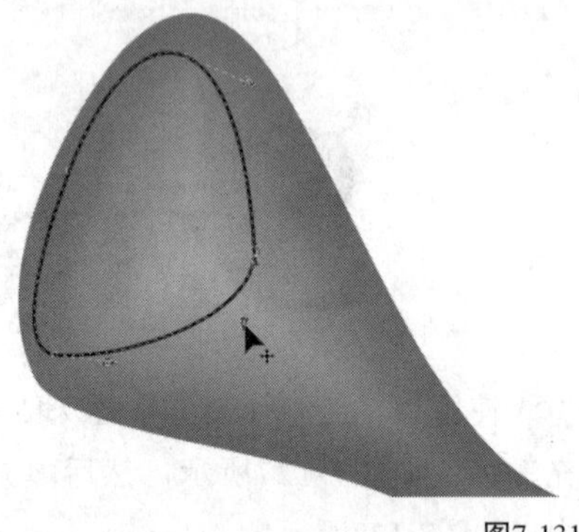

图7-131

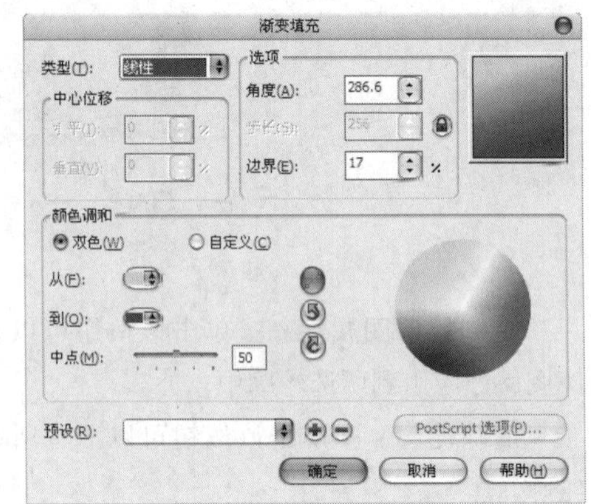

图7-132

图7-133

08 使用“钢笔工具”绘制耳洞深处区域，如图7-134所示，然后在“渐变填充”对话框中设置“类型”为“线性”、“角度”为284、“边界”为13%、“颜色调和”为双色，再设置“从”的颜色为（C:63，M:17，Y:100，K:0）、“到”的颜色为（C:83，M:62，Y:100，K:44），接着单击“确定”按钮，如图7-135所示。

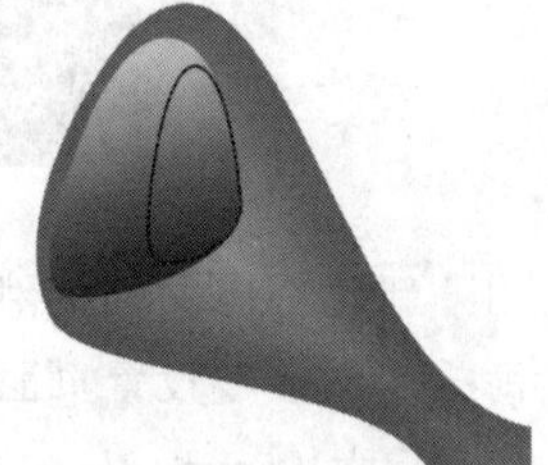

图7-134

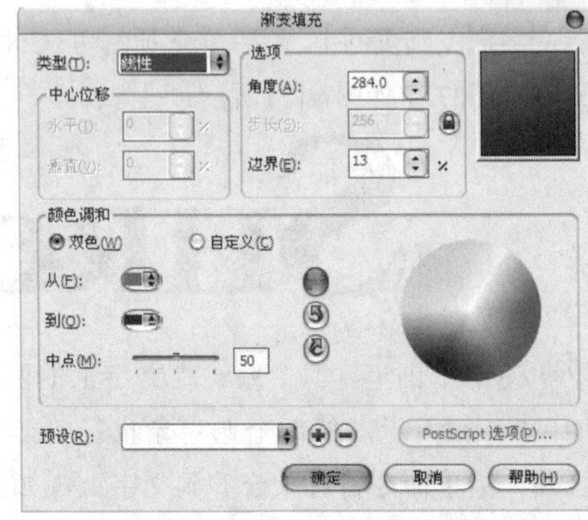

图7-135

09 使用“调和工具”拖曳耳洞的调和效果，如图7-136所示，然后将调和好的耳洞群组，再复制一份进行水平镜像，接着拖曳到另一边的耳朵上，如图7-137所示，最后将文字拖曳到绿色文字上方，如图7-138所示。

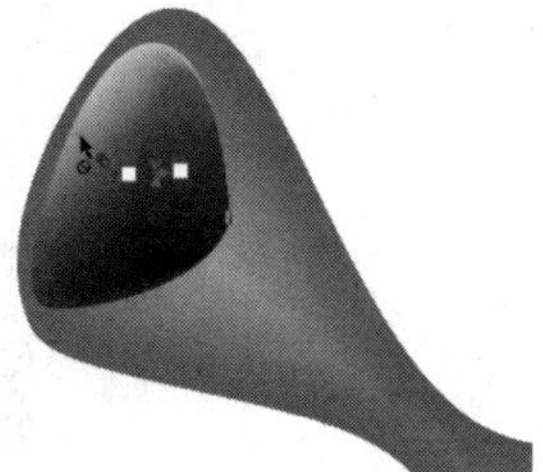

图7-136

图7-137

图7-138

10 下面绘制背景。双击“矩形工具”创建与页面等大的矩形，然后填充颜色为（C:0，M:0，Y:60，K:0），再去掉轮廓线，如图7-139所示，接着使用“钢笔工具”绘制藤蔓，如图7-140所示。

图7-139

图7-140

11 在“渐变填充”对话框中设置“类型”为“线性”、“角度”为76.5、“边界”为18%、“颜色调和”为双色，再设置“从”的颜色为（C:0，M:0，Y:40，K:0）、“到”的颜色为（C:45，M:6，Y:100，K:0），接着单击“确定”按钮完成填充，如图7-141所示，最后去掉轮廓线，效果如图7-142所示。

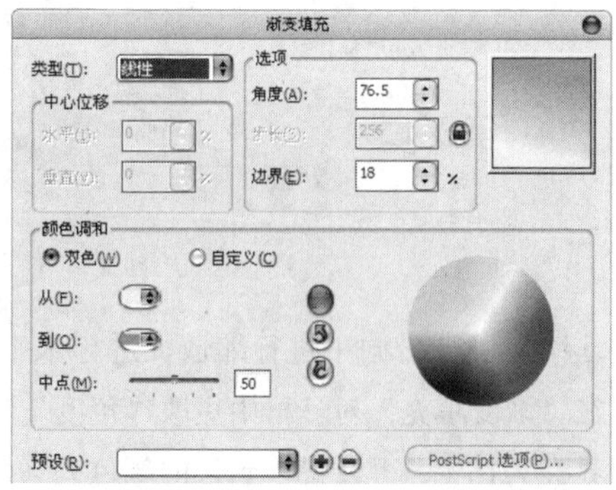

图7-141

图7-142

12 复制一份水平镜像，然后在“渐变填充”对话框中设置“类型”为“线性”、“角度”为90.6、“边界”为13%、“颜色调和”为双色，再设置“从”的颜色为（C:0，M:0，Y:60，K:0）、“到”的颜色为（C:44，M:18，Y:98，K:0），接着单击“确定”按钮完成填充，如图7-143所示，效果如图7-144所示。

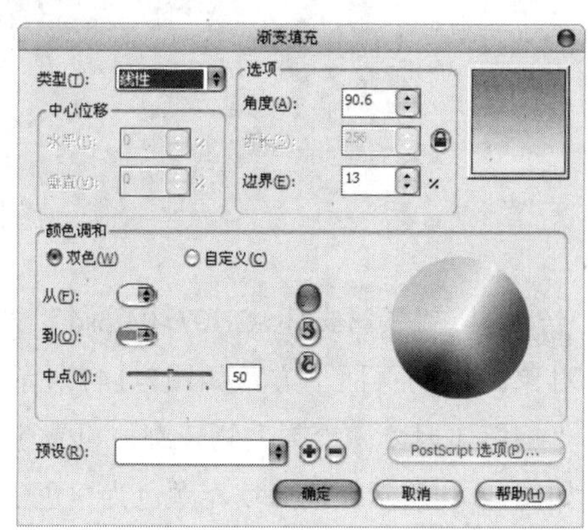

图7-143

图7-144

13 复制一份向下进行缩放，进行水平翻转，然后在“渐变填充”对话框中更改“角度”为88.8、“边界”为15%、再设置“到”的颜色为（C:40，M:0，Y:100，K:0），接着单击“确定”按钮 确定 完成填充，如图7-145所示，最后将前面绘制的标题字拖曳到页面上方，如图7-146所示。

图7-145

图7-146

14 导入“素材文件>CH07>04.psd”文件，然后将对象拖曳到页面下方，如图7-147所示，接着使用“钢笔工具”绘制人物轮廓，再置于图像后面，如图7-148所示，最后填充颜色为白色去掉轮廓线，如图7-149所示。

图7-147

图7-148

图7-149

15 单击“螺纹工具”，然后在属性栏中设置“螺纹回圈”为2，再绘制螺纹，如图7-150所示，接着复制排列在背景上，最终效果如图7-151所示。

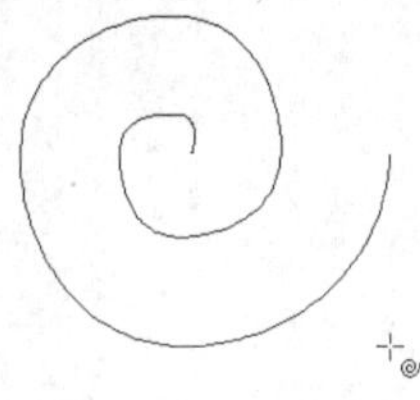

图7-150

图7-151

7.3 变形效果

“变形工具”可以将图形通过拖曳进行不同效果的变形，CorelDRAW X6为用户提供了“推拉变形”“拉链变形”和“扭曲变形”3种变形方法丰富变形效果。

7.3.1 推拉变形

“推拉变形”效果可以通过手动拖曳的方式，将对象边缘进行推进或拉出操作。

绘制一个正星形，在属性栏中设置“点数或边数”为7。然后单击“变形工具”，再单击属性栏的“推拉变形”按钮将变形样式转换为推拉变形。接着将光标移动到星形中间位置，按住鼠标左键进行水平方向拖曳，最后松开鼠标左键完成变形。

在进行拖曳变形时，向左边拖曳可以使轮廓边缘向内推进，如图7-152所示，向右边拖曳可以使轮廓边缘从中心向外拉出，如图7-153所示。

图7-152

图7-153

在水平方向移动的距离决定推进和拉出的距离和程度，在属性栏中也可以进行设置。

7.3.2 拉链变形

“拉链变形”效果可以通过手动拖曳的方式，将对象边缘调整为尖锐锯齿效果操作，可以通过移动拖曳线上的滑块来增加锯齿的个数。

绘制一个圆形，然后单击“变形工具”，再单击属性栏的“拉链变形”按钮将变形样式转换为拉链变形。接着将光标移动到圆形中间位置，按住鼠标左键向外进行拖曳，出现蓝色实线进行预览变形效果，最后松开鼠标左键完成变形，如图7-154所示。

图7-154

变形后移动调节线中间的滑块可以添加尖角锯齿的数量，如图7-155所示。可以在不同的位置创建变形，如图7-156所示，也可以增加拉链变形的调节线，如图7-157所示。

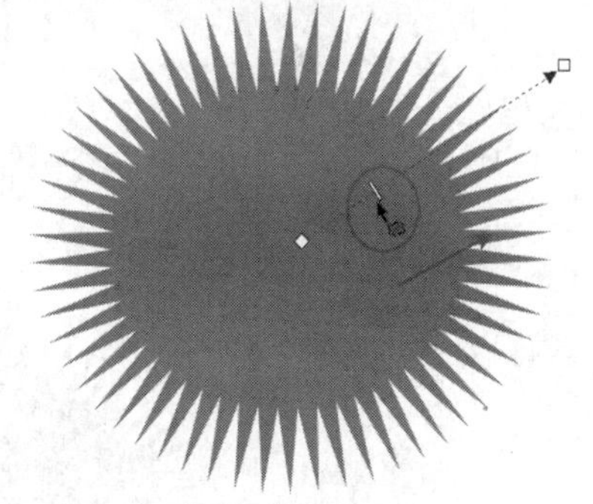

图7-155

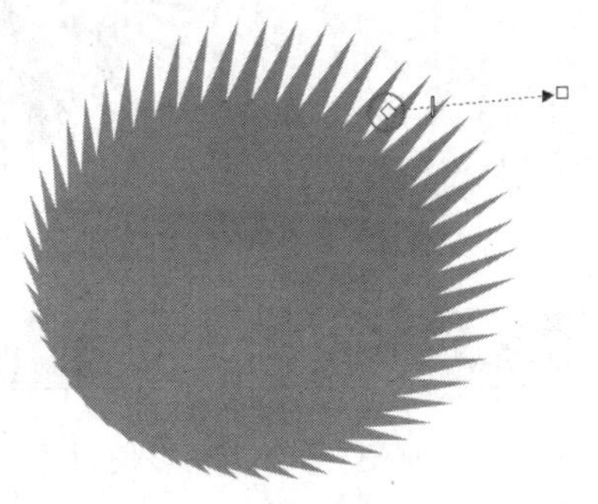

图7-156

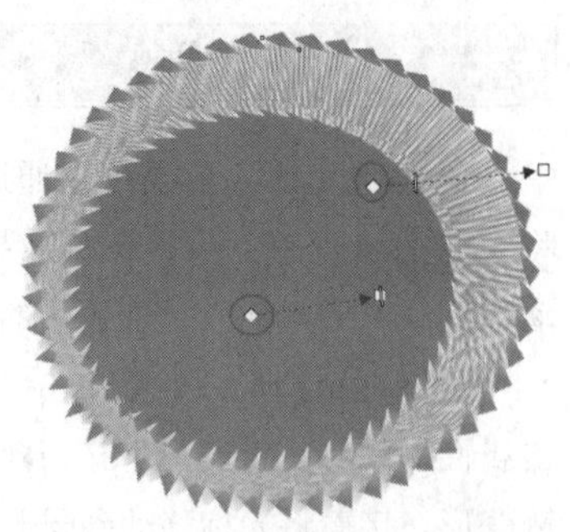

图7-157

技巧与提示

这里介绍拉链效果的混用。

“随机变形”、“平滑变形”和“局限变形”效果可以同时激活使用，也可以分别搭配使用，我们可以利用这些特殊效果制作自然的墨迹滴溅效果。

绘制一个圆形，然后创建拉链变形，如图7-158所示。接着在属性栏中设置“拉链频率”为28，激活“随机变形”图标和“平滑变形”图标改变拉链效果，如图7-159和图7-160所示。

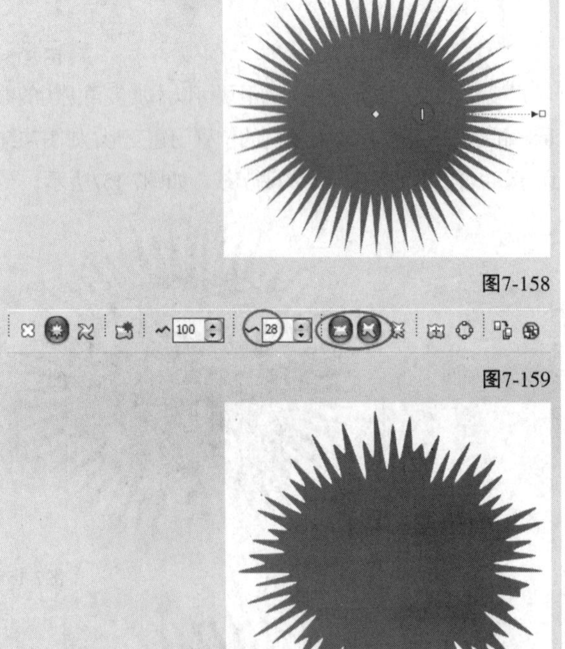

图7-158

图7-159

图7-160

7.3.3 扭曲变形

“扭曲变形”效果可以使对象绕变形中心进行旋转，产生螺旋状的效果，可以用来制作墨迹效果。

绘制一个正星形，然后单击“变形工具”，再单击属性栏的“扭曲变形”按钮将变形样式转换为扭曲变形。

将光标移动到星形中间位置，按住鼠标左键向外进行拖曳确定旋转角度的固定边，如图7-161所示。然后不放开鼠标左键直接拖曳旋转角度，再根据蓝色预览线确定扭曲的形状，接着松开鼠标左键完成扭曲，如图7-162所示。在扭曲变形后还可以添加扭曲变形，使扭曲效果更加丰富，可以利用这种方法绘制旋转的墨迹，如图7-163所示。

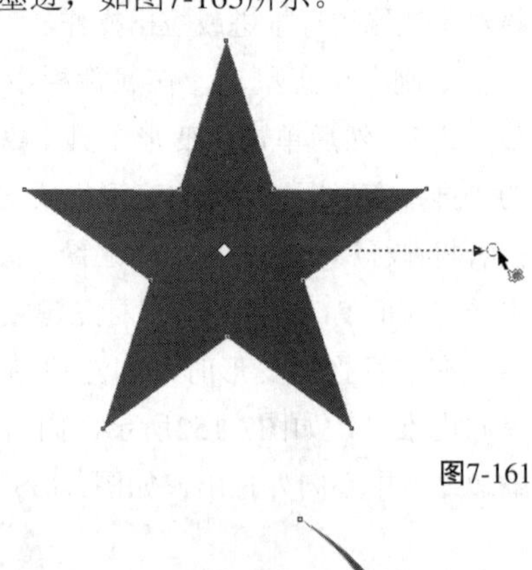

图7-161

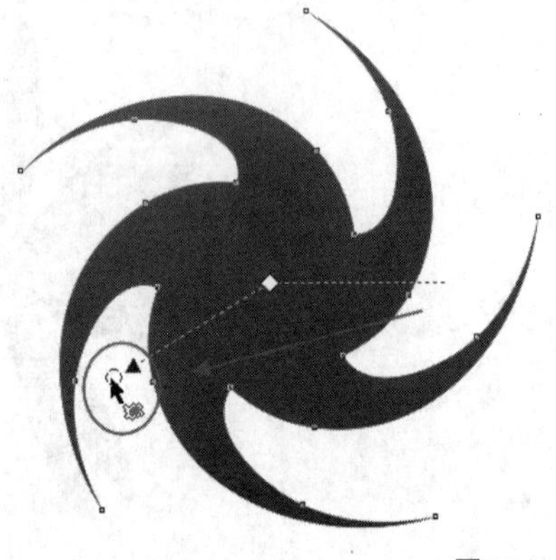

图7-162

图7-163

7.4 阴影效果

阴影效果是绘制图形中不可缺少的，使用阴影效果可以使对象产生光线照射、立体的视觉感受。

CorelDRAW X6为用户提供方便的创建阴影的工具，可以模拟各种光线的照射效果，也可以对多种对象添加阴影，包括位图、矢量图、美工文字和段落文本等，如图7-164~图7-167所示。

图7-164

图7-165

图7-166

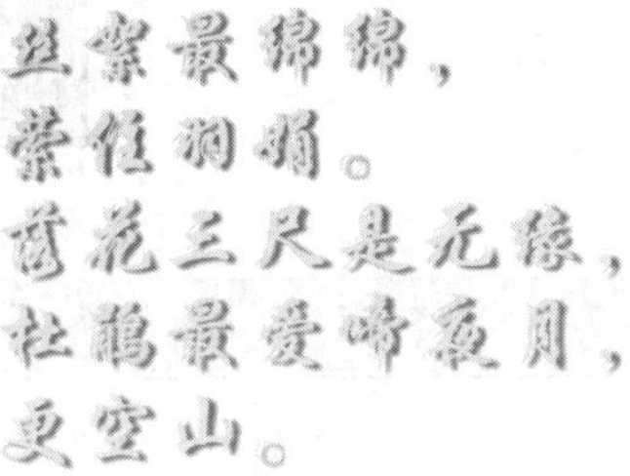

图7-167

7.4.1 阴影操作

1.创建阴影效果

“阴影工具”用于为平面对象创建不同角度的阴影效果，如中心、底端、顶端、左边、右边，如图7-168~图7-172所示。通过属性栏上的参数设置可以使效果更自然。

图7-168

图7-169

图7-170

图7-171

图7-172

> **技巧与提示**
>
> 顶端阴影给人以对象斜靠在墙上的视觉感受，在设计中用于组合式字体创意比较多。

2.添加真实投影

选中美工文字，然后使用“阴影工具”拖曳底端阴影，如图7-173所示。接着在属性栏中设置“阴影角度”为40、“阴影的不透明度”为60、“阴影羽化”为5、“阴影淡出”为70、“阴影延展”为50、“透明度操作”为“颜色加深”、“阴影颜色”为（C:100，M:100，Y:0，K:0），如图7-174所示。调整后的效果如图7-175所示。

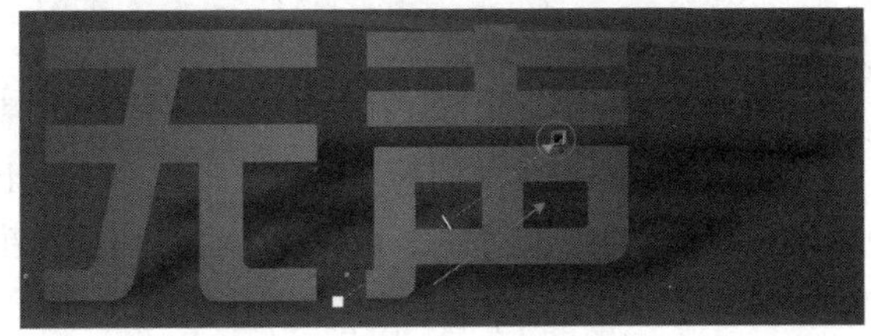

图7-173

图7-174

图7-175

技巧与提示

在创建阴影效果时，为了达到自然真实的效果，可以将阴影颜色设置为与底色相近的深色，然后更改阴影与对象的混合模式。

3.复制阴影效果

选中未添加阴影效果的美工文字，然后在属性栏中单击“复制阴影效果属性”图标，如图7-176所示，当光标变为黑色箭头时，单击目标对象的阴影，复制该阴影属性到所选对象，如图7-177和图7-178所示。

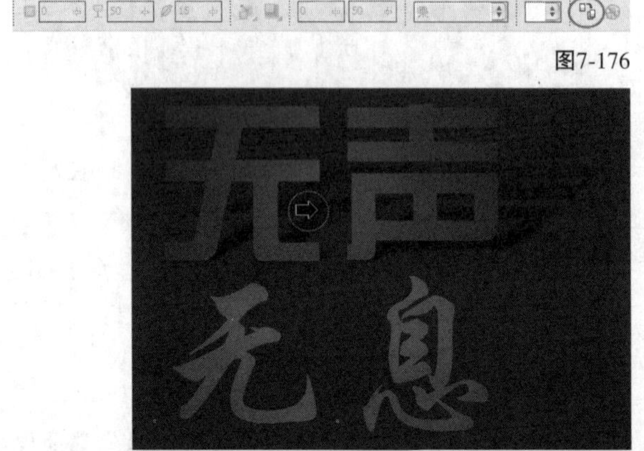

图7-176

图7-177

图7-178

技巧与提示

在阴影取样时箭头如果单击在对象上，会弹出出错的对话框，如图7-179所示，标示无法从对象上复制阴影，因此，要将箭头移动到目标对象的阴影上，才可以单击进行复制。

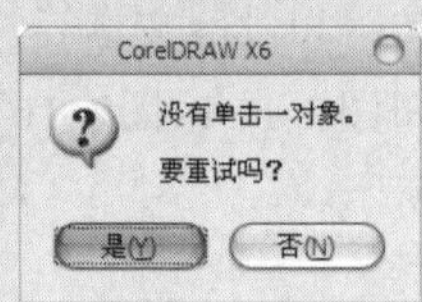

图7-179

4.拆分阴影效果

选中对象的阴影，然后单击鼠标右键，在弹出的快捷菜单中执行“拆分阴影群组”命令，如图7-180所示。接着将阴影选中可以进行移动和编辑，如图7-181所示。

图7-180

图7-181

7.4.2 阴影参数设置

“阴影工具”的属性栏设置如图7-182所示。

图7-182

阴影选项介绍

阴影偏移：在x轴和y轴后面的文本框输入数值，设置阴影与对象之间的偏移距离，正数为向上向右偏移，负数为向左向下偏移。“阴影偏移”在创建无角度阴影时才会激活，如图7-183所示。

图7-183

阴影角度：在后面的文本框输入数值，设置阴影与对象之间的角度。该设置只在创建呈角度透视阴影时激活，如图7-184所示。

图7-184

阴影的不透明度：在后面的文本框输入数值，设置阴影的不透明度。值越大颜色越深，如图7-185所示；值越小颜色越浅，如图7-186所示。

图7-185

图7-186

阴影羽化：在后面的文本框输入数值，设置阴影的羽化程度。

羽化方向：单击该按钮在弹出的选项中，选择羽化的方向。包括“向内”“中间”“向外”和“平均”4种方式，如图7-187所示。

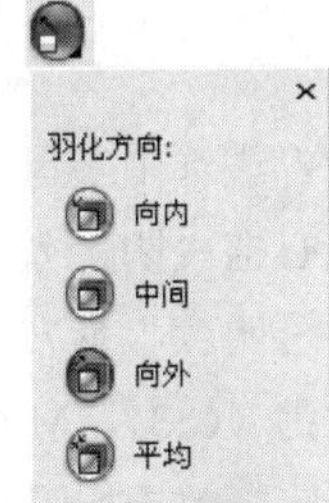

图7-187

羽化边缘：单击该按钮在弹出的选项中，选择羽化的边缘类型。包括“线性”“方形的”“反白方形”和“平面”4种方式，如图7-188所示。

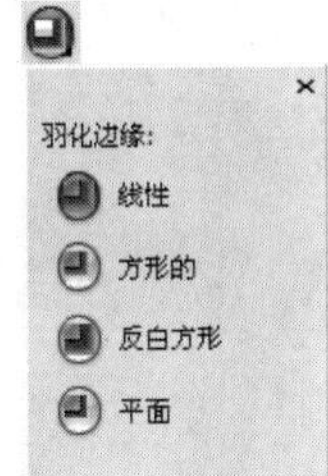

图7-188

阴影淡出：用于设置阴影边缘向外淡出的程度。在后面的文本框输入数值，最大值为100，最小值为0，值越大向外淡出的效果越明显，如图7-189和图7-190所示。

图7-189

图7-190

阴影延展：用于设置阴影的长度。在后面的文本框输入数值，数值越大阴影的延伸越长，如图7-191所示。

图7-191

透明度操作：用于设置阴影和覆盖对象的颜色混合模式。可在下拉选项中选择进行设置，如图7-192所示。

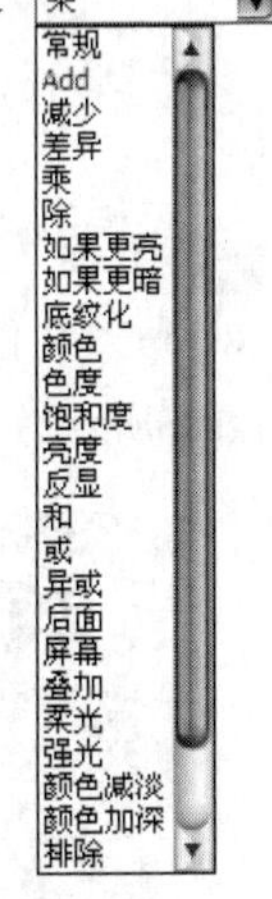

图7-192

阴影颜色：用于设置阴影的颜色，在后面的下拉选项中选取颜色进行填充。填充的颜色会在阴影方向线的终端显示，如图7-193所示。

图7-193

课堂案例

绘制甜品宣传海报

案例位置	案例文件>CH07>课堂案例：绘制甜品宣传海报.cdr
视频位置	多媒体教学>CH07>课堂案例：绘制甜品宣传海报.flv
难易指数	★★★☆☆
学习目标	阴影的运用方法

甜品宣传海报效果如图7-194所示。

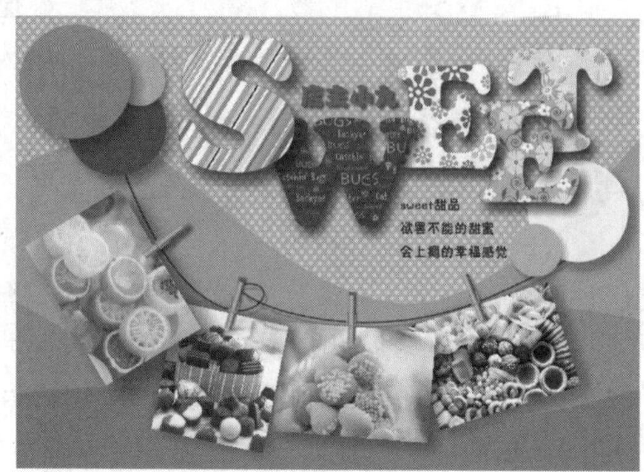

图7-194

01 新建空白文档，然后设置文档名称为“甜品海报”，接着设置页面大小为“A4”、页面方向为“横向”。

02 导入“素材文件>CH07>05.cdr”文件，然后将标题字拖曳到页面中进行拆分，接着将字母S缩放到合适大小，如图7-195所示。

图7-195

03 导入“素材文件>CH07>06.psd、07.jpg、08.jpg”文件，然后解散群组拖曳到页面中，如图7-196所示。

图7-196

04 将条纹纹样拖曳到字母S的后面，然后旋转角度，再执行“效果>图框精确剪裁>置于图文框内部”菜单命令，把纹样放置在字母中，如图7-197和图7-198所示。

图7-197

图7-198

05 使用上述方法将纹样置入相应的字母中，效果如图7-199所示，接着将字母参差排放，调整间距，如图7-200所示。

图7-199

图7-200

06 选中字母S，然后使用“阴影工具”在字母中心拖曳阴影效果，接着在属性栏中设置“阴影的不透明度”为78、“阴影羽化”为15、“阴影颜色”为（C:31，M:68，Y:61，K:26），如图7-201所示，阴影效果如图7-202所示。

图7-201

图7-202

07 以同样的数值为字母W添加阴影，更改“阴影颜色”为（C:75，M:80，Y:100，K:67），如图7-203所示，然后为字母E添加阴影，更改“阴影颜色”为（C:69，M:97，Y:97，K:67），如图7-204

所示，接着为字母E添加阴影，更改“阴影颜色”为（C:84，M:71，Y:100，K:61），如图7-205所示，最后为字母T添加阴影，更改“阴影颜色”为（C:65，M:100，Y:73，K:55），如图7-206所示。

图7-203

图7-204

图7-205

图7-206

08 将店主名称拖曳到字母W上方，然后填充颜色为洋红，如图7-207所示，接着使用“阴影工具”拖曳中心阴影效果，数值不变，更改“阴影颜色”为（C:60，M:80，Y:0，K:20），如图7-208所示，最后调整英文和中文的位置关系，效果如图7-209所示。

图7-207

图7-208

图7-209

09 双击“矩形工具”创建与页面等大的矩形，然后填充颜色为（C:0，M:40，Y:40，K:0），再去掉轮廓线，如图7-210所示，接着复制一份矩形，使用“钢笔工具”绘制一条曲线，如图7-211所示，最后全选对象执行“排列>造形>修剪”菜单命令进行修剪。

图7-210

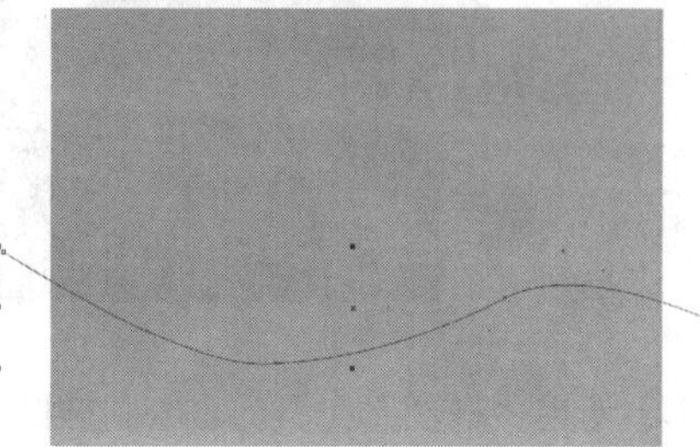
图7-211

10 选中矩形进行拆分，然后删掉曲线和上半部分，如图7-212所示，再将修剪对象拖曳到页面中更改颜色为（C:0，M:60，Y:60，K:0），如图7-213所示。

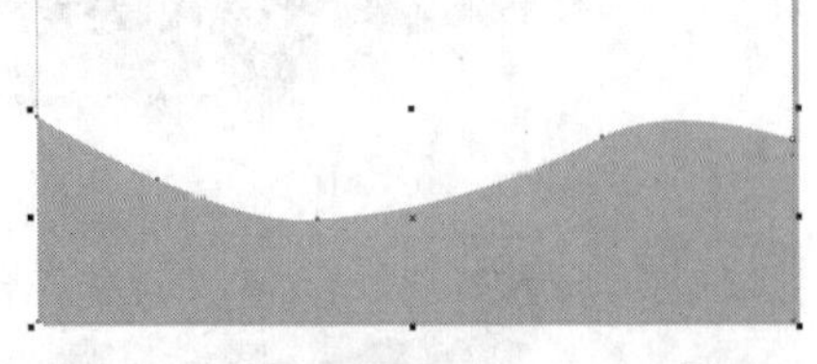

图7-212

图7-213

11 将对象复制一份进行水平镜像，然后置于修剪对象后面进行向上拉伸，再填充颜色为（C:0，M:50，Y:50，K:0），如图7-214所示，接着向下复制一份，更改颜色为（C:0，M:70，Y:70，K:0），如图7-215所示。

图7-214

图7-215

12 使用"椭圆形工具"绘制椭圆，然后填充颜色为（C:0，M:20，Y:20，K:0），再删除轮廓线，如图7-216所示，接着复制为点状背景纹理，如图7-217所示，最后将点全选群组置入背景矩形中，如图7-218所示。

图7-216

图7-217

图7-218

13 使用"椭圆形工具"在页面左上角绘制圆形，然后重叠排列，再分别依次填充颜色为（C:0，M:60，Y:60，K:0）、（C:0，M:40，Y:20，K:0）、（C:31，M:68，Y:61，K:26），如图7-219所示，接着在右边绘制圆形，最后分别填充颜色为（C:0，M:40，Y:20，K:0）、（C:0，M:0，Y:40，K:0），如图7-220所示。

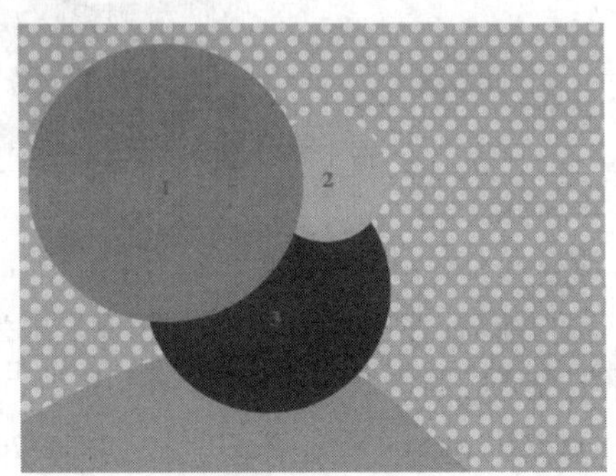

图7-219

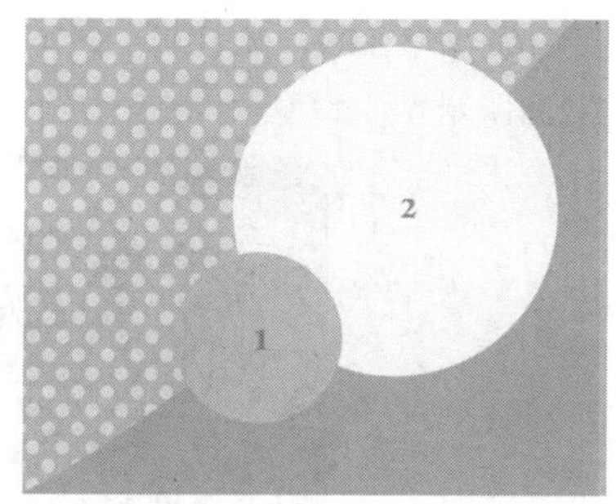

图7-220

⑭ 选中圆形，然后使用“阴影工具”拖曳中心阴影效果，接着在属性栏中设置“阴影的不透明度”为50、“阴影羽化”为15、“阴影颜色”为（C:31，M:68，Y:61，K:26），如图7-221所示，最后以同样的参数为所有圆形添加阴影，效果如图7-222所示。

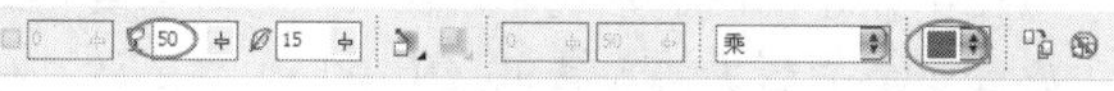
图7-221

图7-222

⑮ 将前面绘制的标题拖曳到页面中，如图7-223所示，然后使用“钢笔工具”绘制一条曲线，接着设置线条“轮廓宽度”为0.75、轮廓线颜色为（C:62，M:75，Y:100，K:40），如图7-224所示。

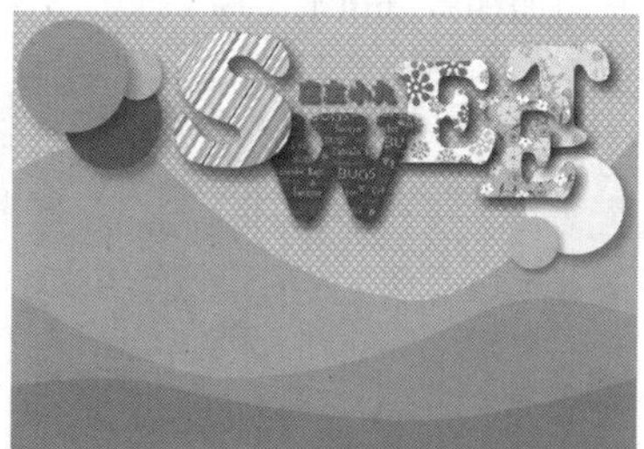
图7-223

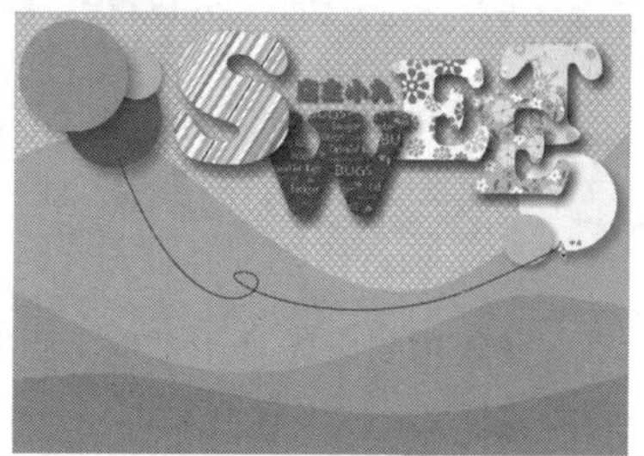
图7-224

⑯ 选中曲线，使用“阴影工具”拖曳中心阴影效果，然后在属性栏中设置“阴影的不透明度”为31、“阴影羽化”为1、“阴影颜色”为（C:31，M:68，Y:61，K:26），如图7-225所示，阴影效果如图7-226所示，接着将线条对象置于圆形对象后面，使线头被覆盖住，如图7-227所示。

图7-225

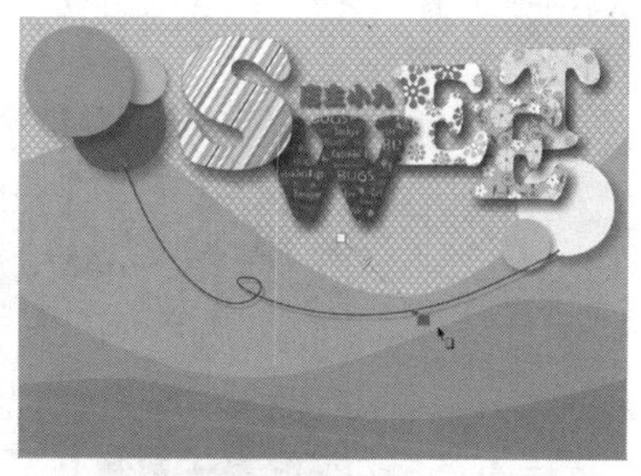
图7-226

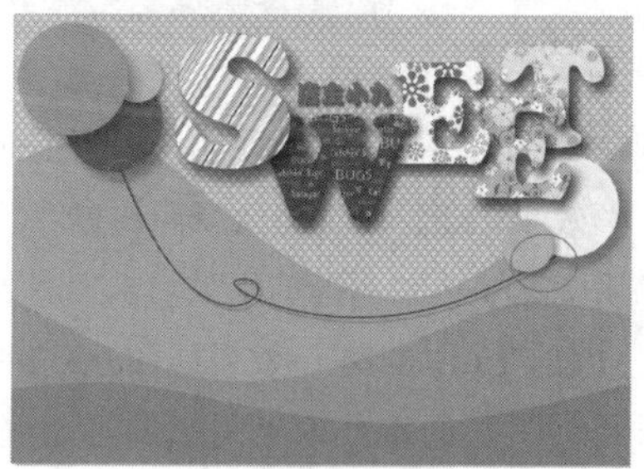
图7-227

⑰ 导入“素材文件>CH07>09.jpg~12.jpg”文件，然后旋转缩放后放在曲线下方，如图7-228所示。

图7-228

⑱ 选中图片，然后使用“阴影工具”拖曳中心阴影效果，接着在属性栏中设置“阴影的不透明度”为82、“阴影羽化”为15、“阴影颜色”为（C:31，M:68，Y:61，K:26），如图7-229所示，阴影效果如图7-230所示。

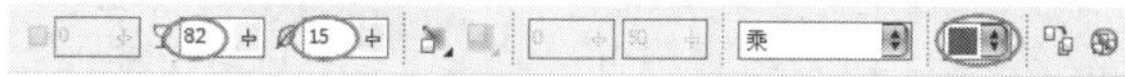
图7-229

图7-230

19 导入“素材文件>CH07>13.cdr”文件，然后将夹子旋转复制在糖果图片上方，如图7-231所示。

图7-231

20 选中夹子，然后使用“阴影工具”拖曳中心阴影效果，接着设置前两个阴影的参数为“阴影的不透明度”为82、“阴影羽化”为15、“阴影颜色”为（C:31，M:68，Y:61，K:26），效果如图7-232所示，最后设置后两个阴影的参数为“阴影的不透明度”为59、“阴影羽化”为15、“阴影颜色”为（C:31，M:68，Y:61，K:26），效果如图7-233所示。

图7-232

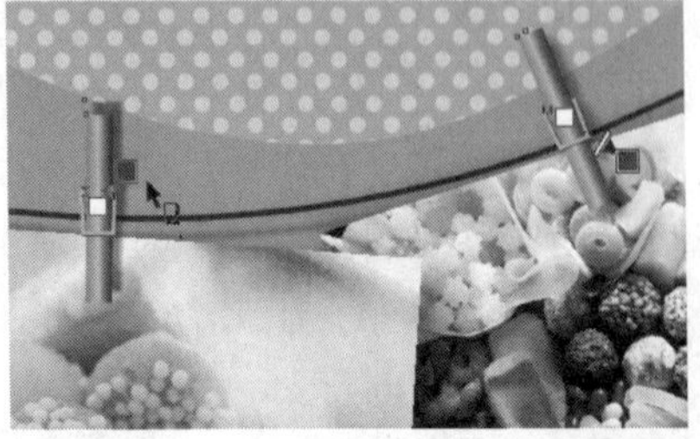

图7-233

21 将宣传语拖曳到字母E下面，然后填充颜色为（C:61，M:100，Y:100，K:56），最终效果如图7-234所示。

图7-234

7.5 封套效果

在字体、产品、景观等设计中，有时需要将编辑好的对象调整为透视效果，来增加视觉美感。使用“形状工具”修改形状会比较麻烦，而利用封套可以快速创建逼真的透视效果，使用户在转换三维效果的创作中更加灵活。

7.5.1 创建封套

“封套工具”用于创建不同样式的封套来改变对象的形状。

使用“封套工具”单击对象，在对象外面自动生成一个蓝色虚线框，如图7-235所示，然后用鼠标左键拖曳虚线上的封套控制节点来改变对象形状，如图7-236所示。

图7-235

图7-236

在使用封套改变形状时，可以根据需要选择相应的封套模式，CorelDRAW X6为用户提供了“直线模式”、“单弧模式”和“双弧模式”3种封套类型。

7.5.2 封套参数设置

单击“封套工具”，我们可以在属性栏中进行设置，也可以在“封套”泊坞窗中进行设置。

“封套工具”的属性栏设置如图7-237所示。

图7-237

封套选项介绍

选取范围模式： 用于切换选取框的类型。在下拉选项列表中包括“矩形”和“手绘”两种选取框。

直线模式： 激活该图标，可应用由直线组成的封套改变对象形状，为对象添加透视点，如图7-238所示。

图7-238

单弧模式： 激活该图标，可应用单边弧线组成的封套改变对象形状，使对象边线形成弧度，如图7-239所示。

图7-239

双弧模式： 激活该图标，可用S形封套改变对象形状，使对象边线形成S形弧度，如图7-240所示。

图7-240

非强制模式： 激活该图标，将封套模式变为允许更改节点的自由模式，同时激活前面的节点编辑图标，如图7-241所示。选中封套节点可以进行自由编辑。

图7-241

添加新封套： 在使用封套变形后，单击该图标可以为其添加新的封套，如图7-242所示。

图7-242

映射模式： 选择封套中对象的变形方式。在后面的下拉选项中进行选择，如图7-243所示。

图7-243

保留线条： 激活该图标，在应用封套变形时直线不会变为曲线，如图7-244所示。

图7-244

创建封套自： 单击该图标，当光标变为箭头时在图形上单击，可以将图形形状应用到封套中，如图7-245所示。

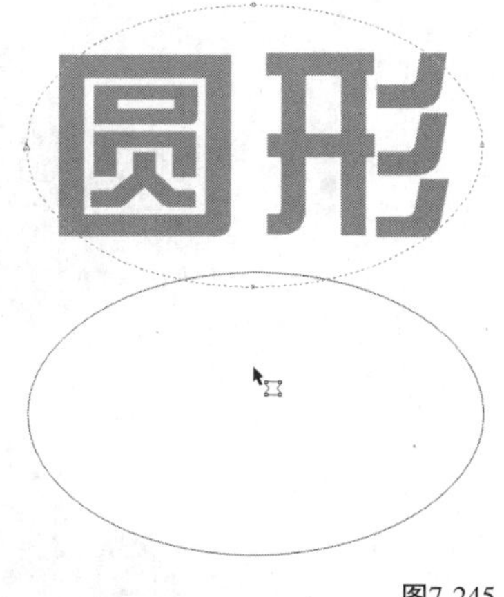

图7-245

7.6 立体化效果

三维立体效果在Logo设计、包装设计、景观设计、插画设计等领域中运用相当频繁，为了方便用户在制作过程中快速达到三维立体效果，CorelDRAW X6提供了强大的立体化效果工具，通过设置可以得到满意的立体化效果。

“立体化工具”可以为线条、图形、文字等对象添加立体化效果。

7.6.1 立体化操作

1.创建立体效果

“立体化工具”用于将立体三维效果快速运用到对象上。

选中“立体化工具”，然后将光标放在对象中心，按住鼠标左键进行拖曳，出现矩形透视线预览效果，如图7-246所示。接着松开鼠标左键出现立体效果，可以移动方向改变立体化效果，如图7-247所示，效果如图7-248所示。

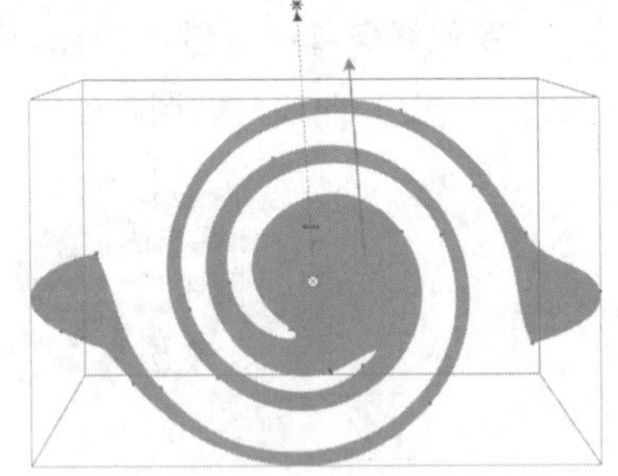

图7-246

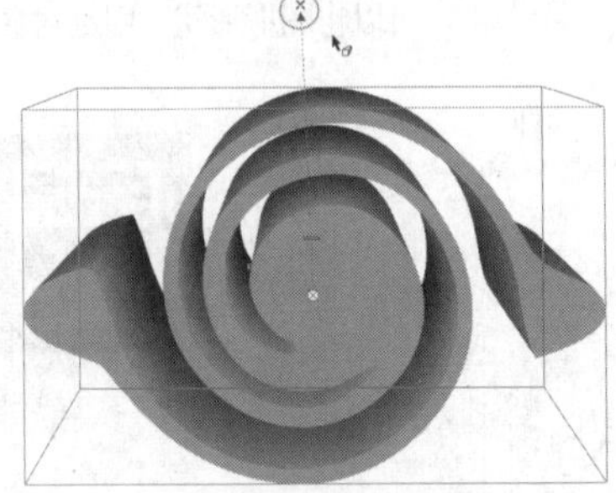

图7-247

图7-248

2.更改灭点位置和深度

更改灭点和进深的方法有两种。

第1种：选中立体化对象，如图7-249所示，然后在泊坞窗中单击“立体化相机”按钮激活面板选项，再单击“编辑”按钮出现立体化对象的虚线预览图，如图7-250所示，接着在面板上输入数值进行设置，虚线会以设置的数值显示，如图7-251所示，最后单击“应用”按钮应用设置。

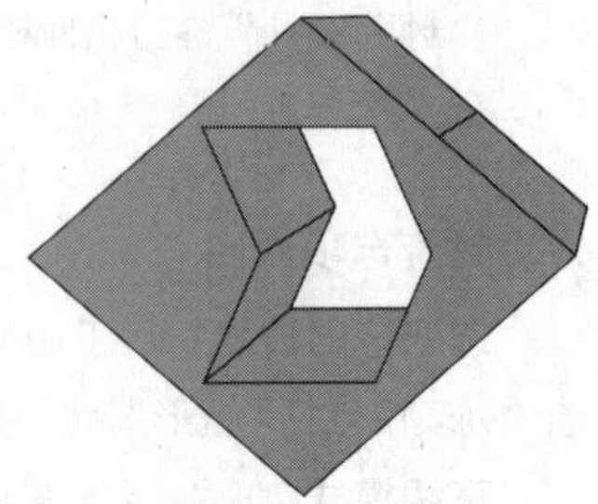

图7-249

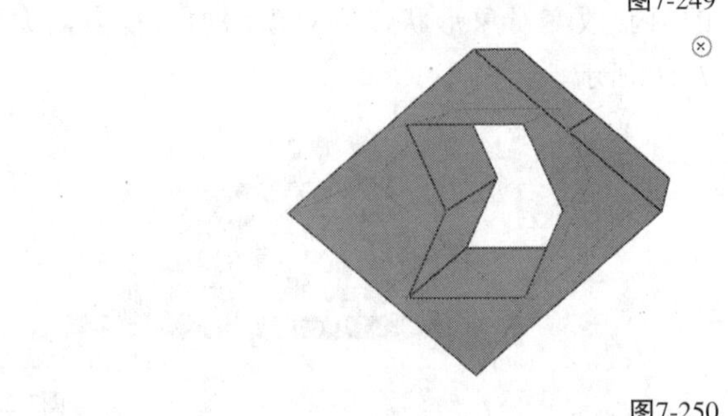

图7-250

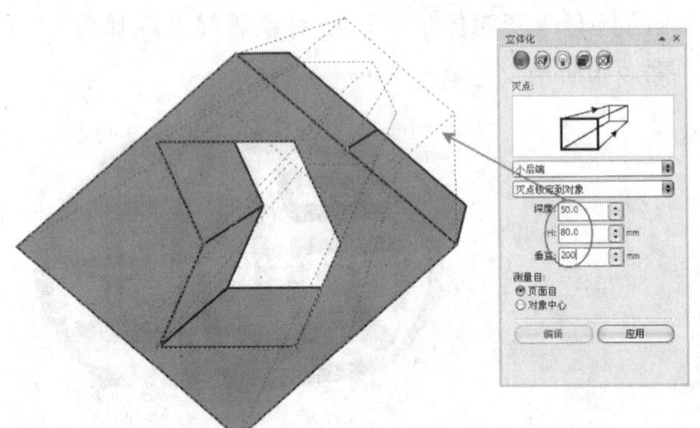

图7-251

第2种：选中立体化对象，然后在属性栏上“深度”后面的文本框中更改进深数值，在“灭点坐标”后相应的x轴y轴上输入数值可以更改立体化对象的灭点位置，如图7-252所示。

图7-252

在属性栏更改灭点和进深不会出现虚线预览，可以直接在对象上进行修改。

3.旋转立体化效果

选中立体化对象，然后在“立体化”泊坞窗上单击“立体化旋转”，激活旋转面板，然后使用鼠标左键拖曳立体化效果，出现虚线预览图，如图7-253所示。再单击“应用”按钮应用应用设置。在旋转后如果效果不合心意，需要重新旋转时，可以单击按钮去掉旋转效果，如图7-254所示。

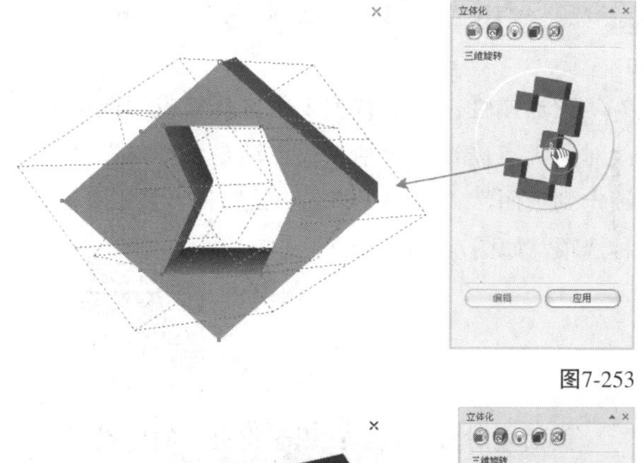

图7-253

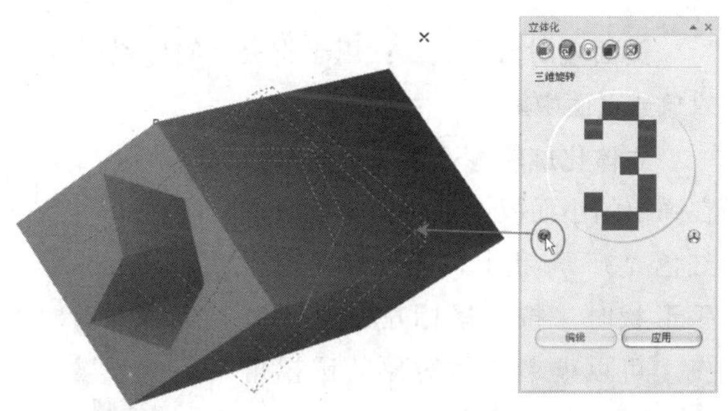

图7-254

4.设置斜边

选中立体化对象，然后在“立体化”泊坞窗上单击“立体化倾斜”，激活倾斜面板，再使用鼠标左键拖曳斜角效果，接着单击“应用”按钮应用应用设置，如图7-255所示。

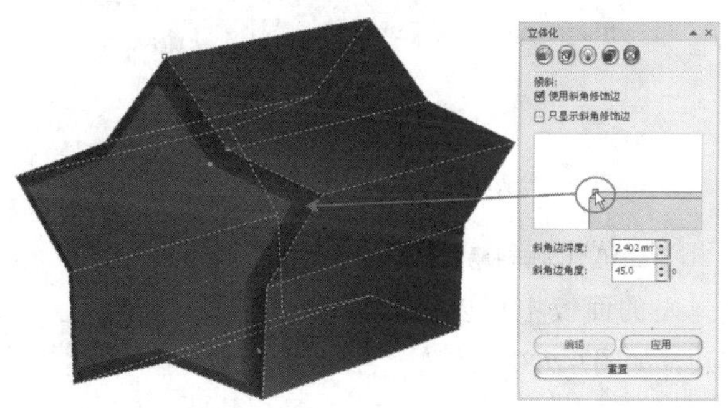

图7-255

在创建斜角后勾选“只显示斜角修饰边”选项可以隐藏立体化进深效果，保留斜角和对象，如图7-256所示，利用这种方法可以制作镶嵌或浮雕的效果，如图7-257所示。

图7-256

图7-257

5.添加光源

选中立体化对象，然后在“立体化”泊坞窗上单击“立体化倾斜”，激活倾斜面板，再单击添加光源，在下面调整光源的强度，如图7-258所示。单击“应用”按钮应用应用设置，如图7-259所示。

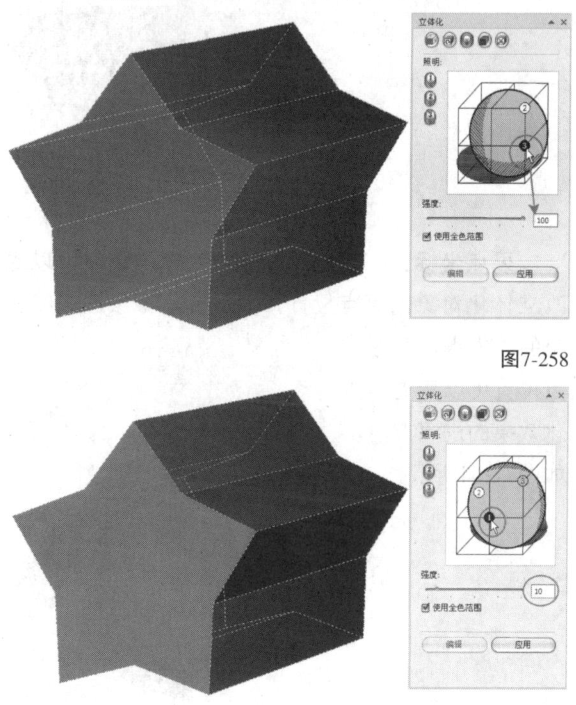

图7-258

图7-259

7.6.2 立体参数设置

在创建立体效果后，我们可以在属性栏中进行参数设置，也可以执行“效果>立体化”菜单命令，在打开的“立体化”泊坞窗进行参数设置。

“立体化工具”的属性栏设置如图7-260所示。

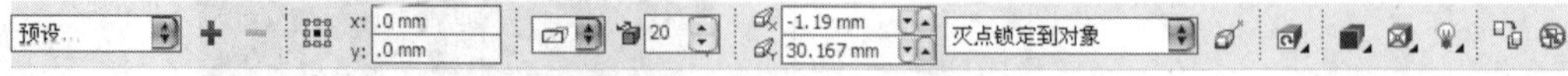

图7-260

立体化选项介绍

立体化类型：在下拉选项中选择相应的立体化类型应用到当前对象上，如图7-261所示。

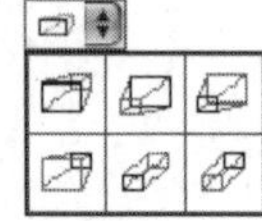

图7-261

深度：在后面的文本框中输入数值调整立体化效果的进深程度。数值范围最大为99、最小为1，数值越大进深越深，当数值为10时，效果如图7-262所示，当数值为60时，效果如图7-263所示。

图7-262

图7-263

灭点坐标：在相应的x轴y轴上输入数值可以更改立体化对象的灭点位置，灭点就是对象透视线相交的消失点，变更灭点位置可以变更立体化效果的进深方向，如图7-264所示。

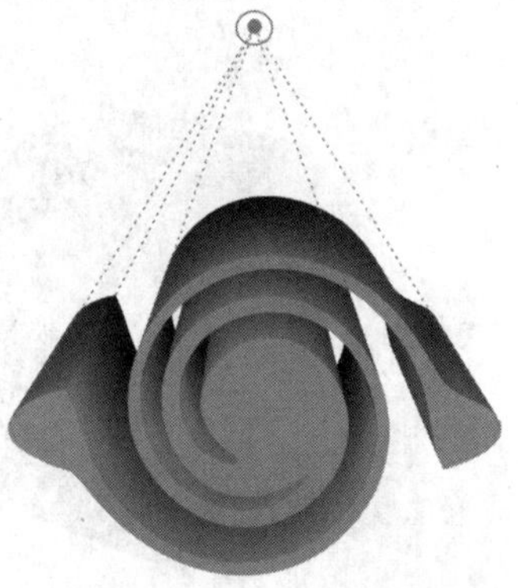

图7-264

灭点属性：在下拉列表中选择相应的选项来更改对象灭点属性，包括“灭点锁定到对象”“灭点锁定到页面”“复制灭点，自...”和“共享灭点”4种选项，如图7-265所示。

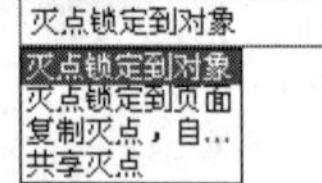

图7-265

页面或对象灭点：用于将灭点的位置锁定到对象或页面中。

立体化旋转：单击该按钮，在弹出的小面板中，将光标移动到红色“3”形状上，当光标变为抓手形状时，按住鼠标左键进行拖曳，可以调节立体对象的透视角度，如图7-266所示。

图7-266

立体化颜色：在下拉面板中选择立体化效果的颜色模式，如图7-267所示。

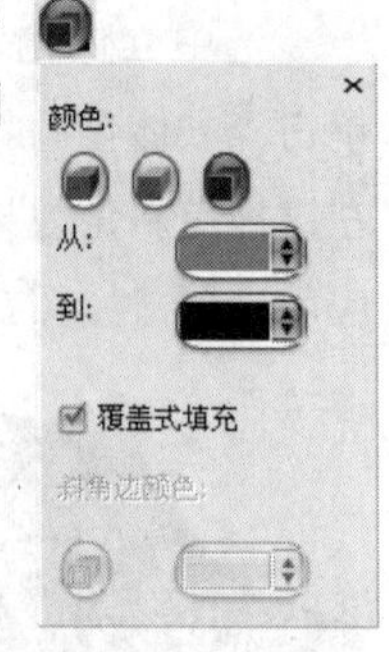

图7-267

立体化倾斜：单击该按钮在弹出的面板中可以为对象添加斜边，如图7-268所示。

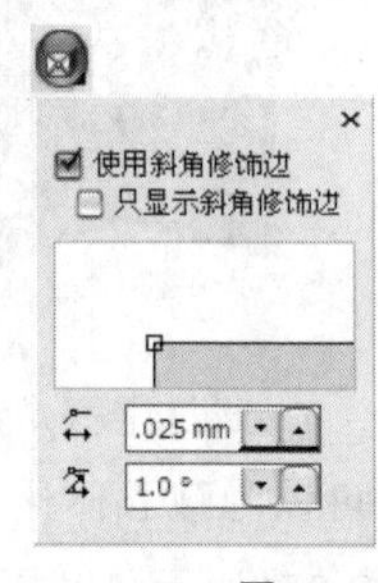

图7-268

立体化照明：单击该按钮，在弹出面板中可以为立体对象添加光照效果，可以使立体化效果更强烈，如图7-269所示。

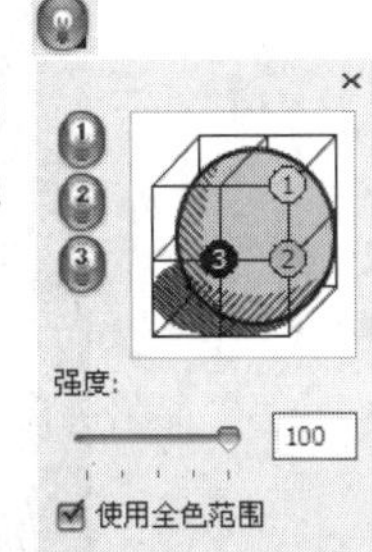

图7-269

课堂案例

绘制立体字

案例位置	案例文件>CH07>课堂案例：绘制立体字.cdr
视频位置	多媒体教学>CH07>课堂案例：绘制立体字.flv
难易指数	★★★☆☆
学习目标	立体化的运用方法

立体字效果如图7-270所示。

图7-270

01 新建空白文档，然后设置文档名称为“立体字”，接着设置页面大小为“A4”、页面方向为“横向”。

02 导入“素材文件>CH07>14.cdr”文件，然后将年份拖曳到页面中，再填充颜色为黄色，如图7-271所示，接着使用“立体化工具”拖曳立体效果，如图7-272所示。

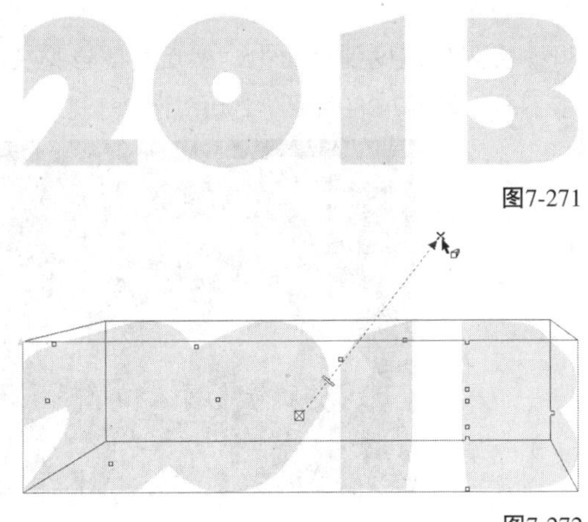

图7-271

图7-272

03 选中立体对象，然后在属性栏中选择“立体化类型”，再设置“立体化颜色”为“使用递减的颜色”，接着设置“从”的颜色为（C:0，M:20，Y:100，K:0）、“到”的颜色为（C:66，M:71，Y:100，K:42），如图7-273和图7-274所示，最后调整立体化效果，如图7-275所示。

图7-273

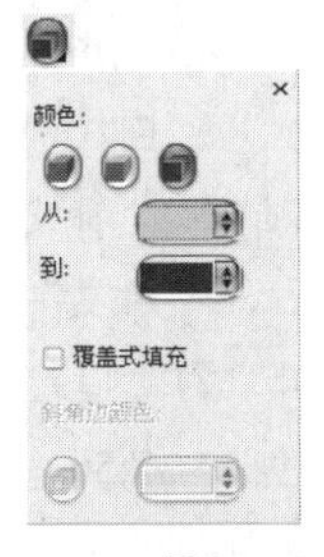

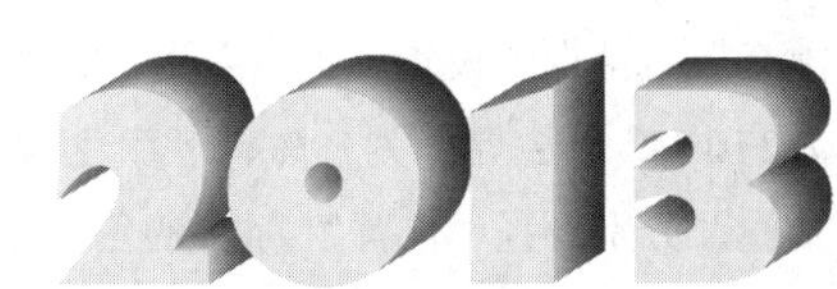

图7-274　图7-275

04 将英文拖曳到页面内，然后填充颜色为（C:0，M:0，Y:20，K:80），如图7-276所示，再使用“立体化工具”拖曳立体效果，如图7-277所示，接着设置“立体化颜色”为“使用递减的颜色”，接着设置“从”的颜色为（C:0，M: 0，Y: 0，K:90）、“到”的颜色为黑色，如图7-278所示，最后调整立体化效果，如图7-279所示。

weather

图7-276

图7-277

图7-278　图7-279

05 将英文拖曳到页面内，然后填充颜色为（C:0，M:0，Y:60，K:0），如图7-280所示，再使用“立体化工具”拖曳立体效果，如图7-281所示，接着设置“立体化颜色”为“使用递减的颜色”，接着设置“从”的颜色为（C:20，M:15，Y:76，K:0）、“到”的颜色为（C:63，M:66，Y:100，K:29），最后调整立体化效果，如图7-282所示。

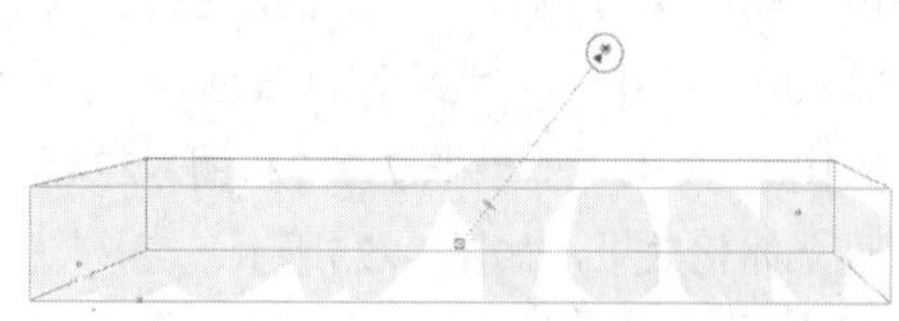

图7-280

图7-281

New Year

图7-282

06 使用“矩形工具”创建矩形，然后在“渐变填充”对话框中设置“类型”为“线性”、“角度”为270.1、“边界”为19%、“颜色调和”为“自定义”，分别设置“位置”为0%的色标颜色为（C:56，M:16，Y:0，K:0）、“位置”为62%的色标颜色为（C:68，M:31，Y:4，K:0）、“位置”为100%的色标颜色为（C:90，M:62，Y:24，K:0），接着单击“确定”按钮完成填充，如图7-283所示，填充效果如图7-284所示。

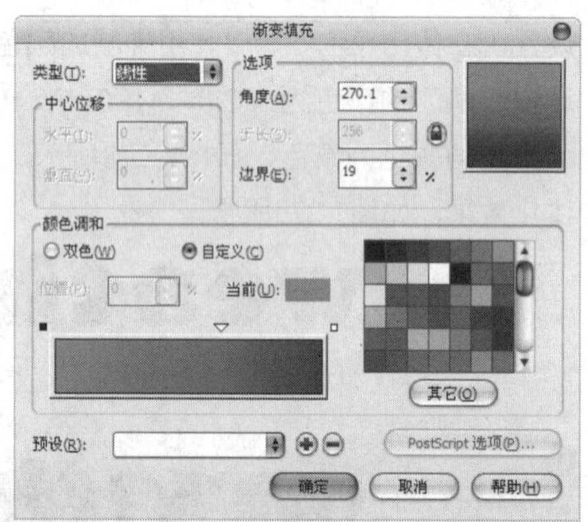

图7-283

图7-284

07 双击“矩形工具”创建与页面等大的矩形，然后填充颜色为黑色，如图7-285所示，接着将前面编辑好的立体字拖曳到页面中，如图7-286所示。

图7-285

图7-286

08 将年份复制一份，然后使用“阴影工具”拖曳阴影效果，如图7-287所示，接着单击鼠标右键，在弹出的下拉菜单中执行“拆分阴影群组”命令，再删除文字，如图7-288所示。

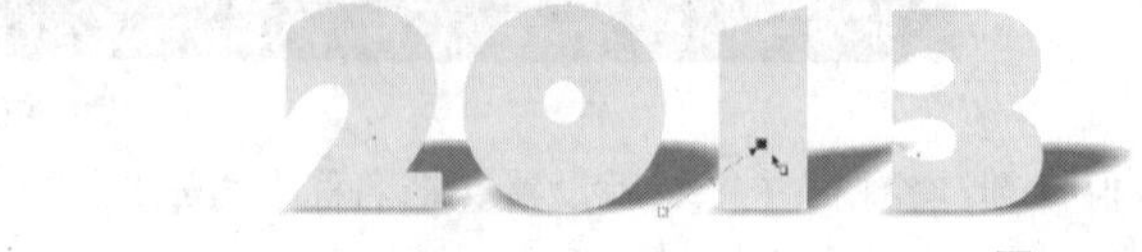

图7-287

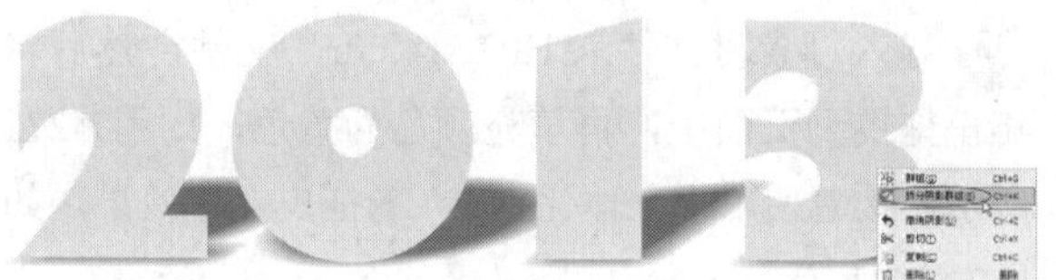

图7-288

09 将阴影拖曳到页面中，然后将阴影拖曳到立体字下面，如图7-289和图7-290所示。

图7-289

图7-290

⑩ 单击“艺术笔工具”，选取合适的笔刷在蓝色矩形边缘绘制曲线，如图7-291所示，然后选中上方的笔触填充颜色为（C:56，M:16，Y:0，K:0），再选中下方的笔触填充颜色为（C:90，M:62，Y:24，K:0），效果如图7-292所示。

图7-291

图7-292

⑪ 导入“素材文件>CH07>15.psd”文件，然后将蜜蜂复制一份进行水平镜像，再缩放在页面内，如图7-293所示。

图7-293

⑫ 依次选中蜜蜂，然后使用“阴影工具”拖曳阴影效果，如图7-294和图7-295所示，接着将文字拖曳到页面中，最终效果如图7-296所示。

图7-294

图7-295

图7-296

7.7 透明效果

透明效果经常运用于书籍装帧、排版、海报设计、广告设计和产品设计等领域中。使用CorelDRAW X6提供的“透明度工具”可以将对象转换为半透明效果，也可以拖曳为渐变透明效果，通过设置可以得到丰富的透明效果，方便用户进行绘制。

7.7.1 创建透明效果

“透明度工具”用于改变对象填充色的透明程度来添加效果。通过添加多种透明度样式来丰富画面效果。

1.创建渐变透明度

单击“透明度工具”，光标后面会出现一个高脚杯形状，然后将光标移动到绘制的矩形上光标所在的位置为渐变透明度的起始点，透明度为0，如图7-297所示。接着按住鼠标左键向左边进行拖曳渐变范围，黑色方块是渐变透明度的结束点，该点的透明度为100，如图7-298所示。

图7-297

图7-298

松开鼠标左键，对象会显示渐变效果，然后拖曳中间的“透明度中心点”滑块可以调整渐变效果，如图7-299所示。调整完成后效果如图7-300所示。

图7-299

图7-300

技巧与提示

在添加渐变透明度时，透明度范围线的方向决定透明度效果的方向，如图7-301所示。如果需要添加水平或垂直的透明效果，需要按住Shift键水平或垂直拖曳，如图7-302所示。

图7-301

图7-302

创建渐变透明度可以灵活运用在产品设计、海报设计、Logo设计等领域，可以达到添加光感的作用。

渐变的类型包括“线性”“辐射”“圆锥”和“正方形”4种，用户可以在属性栏“透明度类型”

的下拉选项中进行切换，绘制方式相同。

2.创建均匀透明度

选中添加透明度的对象，如图7-303所示。然后单击“透明度工具”，在属性栏“透明度类型”的下拉选项中选择“标准”再通过调整“开始透明度”来设置透明度大小，如图7-304所示。调整后效果如图7-305所示。

图7-303

图7-304

图7-305

创建均匀透明度效果常运用在杂志书籍设计中，可以为文本添加透明底色、丰富图片效果和添加创意。用户可以在属性栏中进行相关设计，使添加的效果更加丰富。

技巧与提示

创建均匀透明度不需要拖曳透明度范围线，直接在属性栏中进行调节即可。

3.创建图样透明度

选中添加透明度的对象，如图7-306所示。然后单击“透明度工具”，在属性栏“透明度类型”的下拉选项中选择“全色图样”，再选取合适的图样，接着通过调整“开始透明度”和“结束透明度”来设置透明度大小，如图7-307所示。调整后效果如图7-308所示。

图7-306

图7-307

图7-308

调整图样透明度矩形范围线上的白色圆点，可以调整添加的图样大小，矩形范围线越小图样越小，如图7-309所示；范围越大图样越大，如图7-310所示。调整图样透明度矩形范围线上的控制柄，可以编辑图样的倾斜旋转效果，如图7-311所示。

图7-309

图7-310

图7-311

创建图样透明度，可以进行美化图片或为文本添加特殊样式的底图等操作，利用属性栏的设置达到丰富的效果。图样透明度包括“双色图样”“全色图样”和“位图图样”3种方式，在属性栏“透明度类型”的下拉选项中进行切换，绘制方式相同。

图7-312

4.创建底纹透明度

选中添加透明度的对象，如图7-312所示。然后单击“透明度工具”，在属性栏“透明度类型”的下拉选项中选择“底纹”，再选取合适的图样，接着通过调整“开始透明度”和“结束透明度”来设置透明度大小，如图7-313所示。调整后效果如图7-314所示。

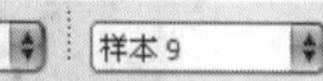

图7-313

图7-314

底纹透明度与图样透明度相似，可以为图像添加特殊的效果。

7.7.2 透明参数设置

“透明度工具”的属性栏设置如图7-315所示。

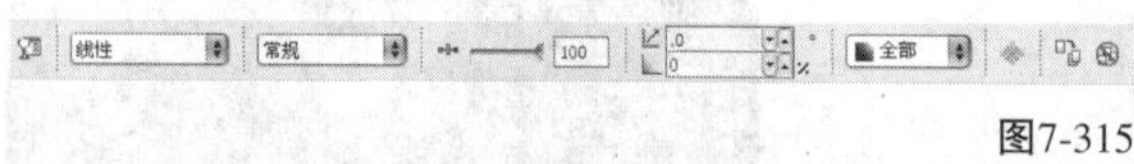

图7-315

透明度通用选项介绍

编辑透明度：以颜色模式来编辑透明度的属性。单击该按钮，在打开的“渐变透明度”对话框中设置“类型”可以变更渐变透明度的类型；“选项”可以设置渐变的偏移、旋转和位置；“颜色调和”可以设置渐变的透明度，颜色越浅透明度越低，颜色越深透明度越高；“中点”可以调节透明渐变的中心，如图7-316所示。

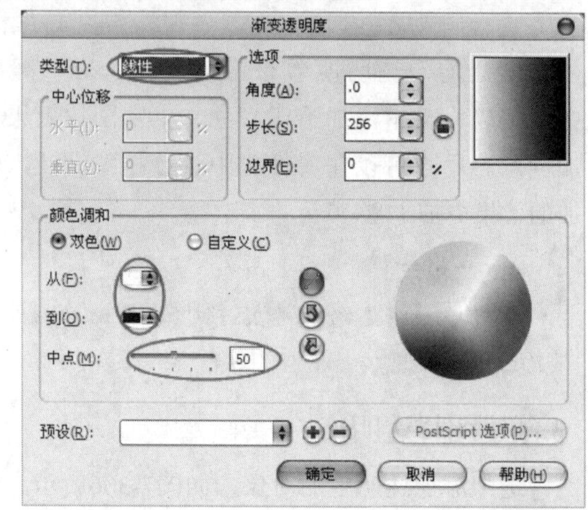

图7-316

透明度类型：在下拉选项中选择透明图样进行应用。包括“无”“标准”“线性”“辐射”“圆锥”“正方形”“双色图样”“全色图样”“位图图样”和“底纹”，如图7-317所示。

图7-317

技巧与提示

在“透明度类型”选择“无”时无法在属性栏中进行透明度的相关设置，选取其他的透明度类型后可以进行激活。

透明度操作：在下拉选项中选择透明颜色与下层对象颜色的调和方式，如图7-318所示。

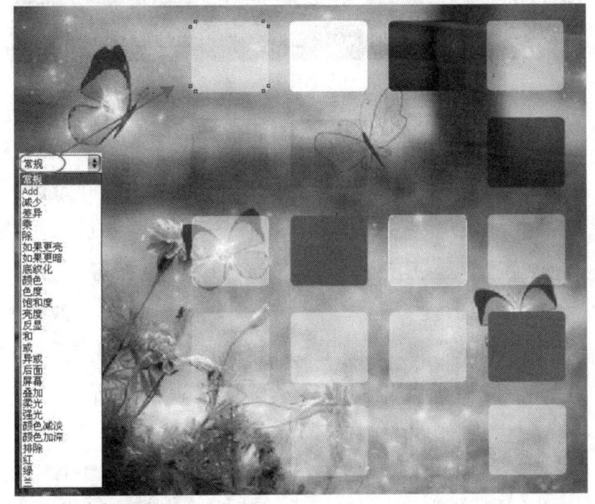

图7-318

透明度目标：在下拉选项中选择透明度的应用范围。包括“全部”“轮廓”和“填充”3种范围，如图7-319所示。

图7-319

冻结透明度：激活该按钮，可以冻结当前对象的透明度叠加效果，在移动对象时透明度叠加效果不变，如图7-320所示。

图7-320

复制透明度属性：单击该图标可以将文档中目标对象的透明度属性应用到所选对象上。

清除透明度：单击该图标可以将所选对象上的透明度效果删除。

下面根据创建透明度的类型，进行分别讲解。

1.标准

在“透明度类型”的下拉选项中选择“标准”切换到均匀透明度的属性栏，如图7-321所示。

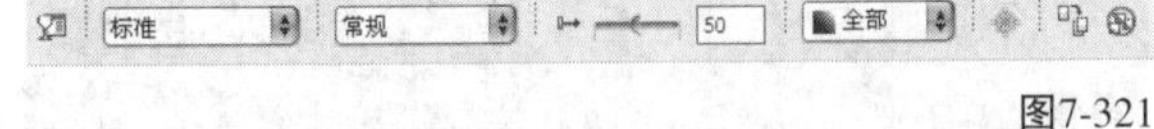

图7-321

标准透明度选项介绍

开始透明度：在后面的文字框内输入数值可以改变透明度的程度。数值越大对象透明度越强，反之越弱，如图7-322所示。

图7-322

2.线性

在“透明度类型”的下拉选项中选择“线性”切换到渐变透明度的属性栏，如图7-323所示。

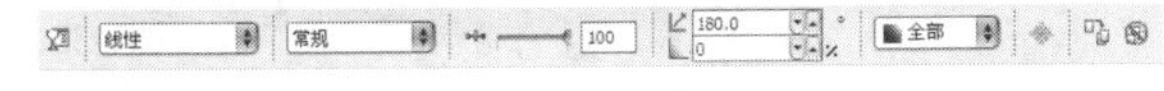

图7-323

渐变透明度选项介绍

透明中心点：在后面的文本框中输入数值可以移动透明效果的中心点。最小值为0、最大值为100，如图7-324所示。

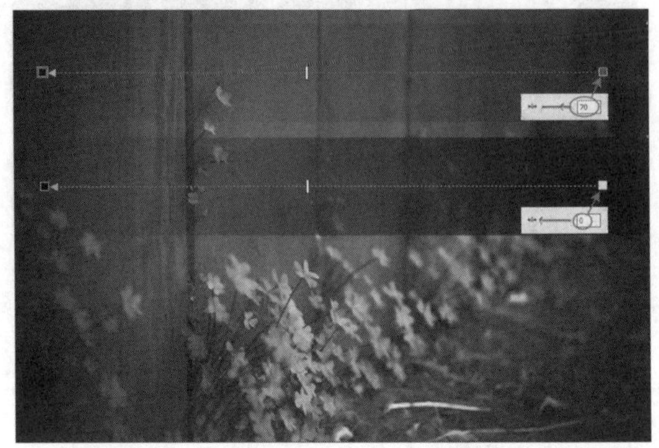

图7-324

角度和边界：在角度后面的文本框内输入数值可以旋转渐变透明效果，如图7-325所示。在边界后面的文本框内输入数值可以改变渐变透明效果的范围，如图7-326所示。

图7-325

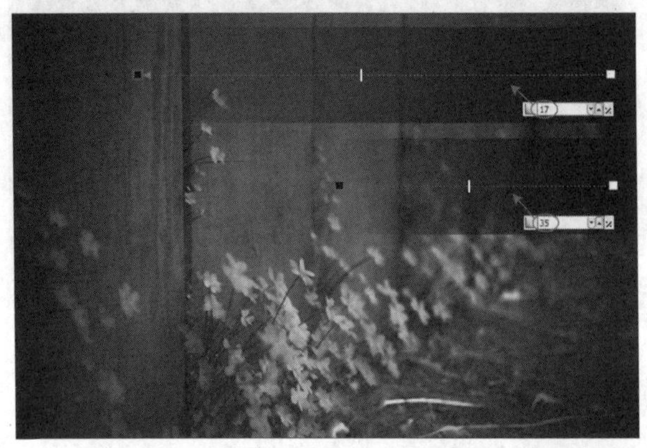

图7-326

3.辐射

在“透明度类型”的下拉选项中选择“辐射”切换到渐变透明度的属性栏，如图7-327所示。

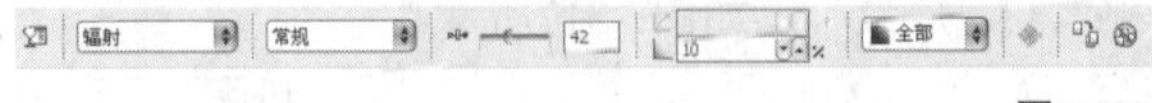

图7-327

“辐射”渐变透明类型和“线性”渐变透明类型的属性栏设置相同，只是无法设置“角度”的数值，效果如图7-328所示。

图7-328

4.圆锥

在“透明度类型”的下拉选项中选择“圆锥”切换到渐变透明度的属性栏，如图7-329所示。

图7-329

“圆锥”渐变透明类型和“线性”渐变透明类型的属性栏设置相同，只是无法设置“边界”的数值，效果如图7-330所示。

图7-330

5.全色图样

在“透明度类型”的下拉选项中选择“全色图样”切换到图样透明度的属性栏，如图7-331所示。

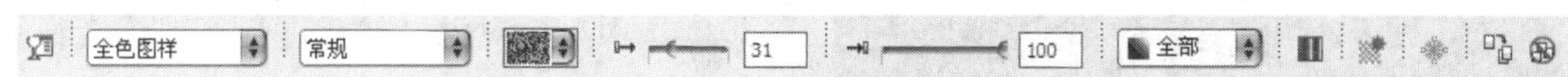

图7-331

图样透明度选项介绍

透明度图样：可以在下拉选项中选取填充的图样类型，如图7-332所示。

图7-332

开始透明度：在后面的文字框内输入数值可以改变填充图案浅色部分的透明度。数值越大对象透明度越强，反之越弱，如图7-333所示。

图7-333

结束透明度：在后面的文字框内输入数值可以改变填充图案深色部分的透明度。数值越大对象透明度越强，反之越弱，如图7-334所示。

图7-334

镜像透明度图块：单击该图标，可以将所选的排列图块相互镜像，以达成反射对称效果，如图7-335所示。

图7-335

创建图案：在编辑的文档中截取一个区域创建双色或全色图案进行填充。在弹出的“创建图案”对话框中选取创建图样的“类型”和“分辨率”，如图7-336所示。

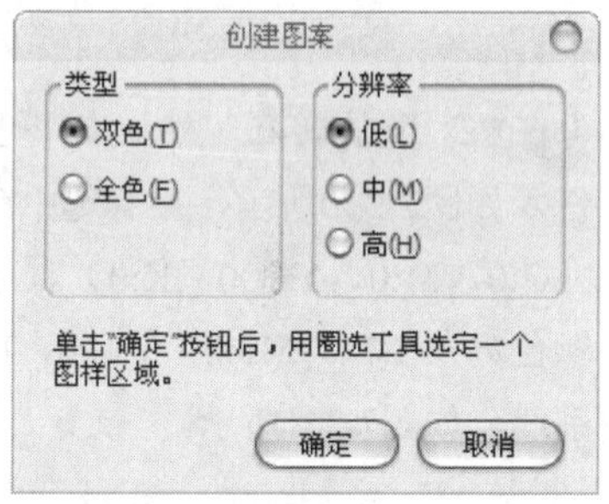

图7-336

6.底纹

在“透明度类型”的下拉选项中选择“底纹”切换到底纹透明度的属性栏，如图7-337所示。

图7-337

课堂案例

绘制壁纸

案例位置	案例文件>CH07>课堂案例：绘制壁纸.cdr
视频位置	多媒体教学>CH07>课堂案例：绘制壁纸.flv
难易指数	★★★☆☆
学习目标	透明度的运用方法

壁纸效果如图7-338所示。

图7-338

01 新建空白文档，然后设置文档名称为“壁纸”，接着设置页面大小为“A4”、页面方向为“横向”。

02 使用“矩形工具”绘制正方形，然后在属性栏设置“圆角”为4mm，再向内复制一份，如图7-339所示，接着全选后按“合并”按钮进行合并。

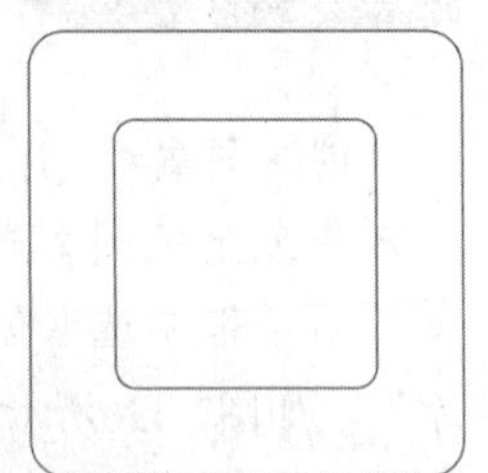

图7-339

03 将对象旋转45°然后向上进行缩放，再复制一份，如图7-340所示，接着选中前面对象填充颜色为（C:0，M:0，Y:100，K:0）、选中后面的对象填充颜色为（C:71，M:68，Y:100，K:44），最后去掉轮廓线，如图7-341所示。

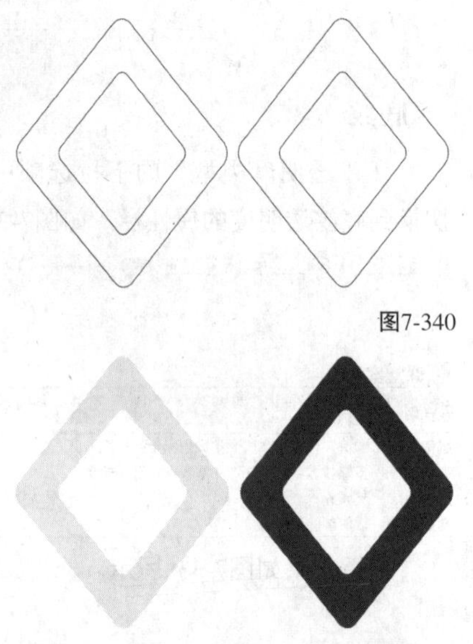

图7-340

图7-341

04 选中深色对象，然后进行复制，接着单击“透明度工具”，选中前面对象在属性栏中设置“透明度类型”为“标准”、“开始透明度”为60，再选中后面对象，设置“开始透明度”为80，效果如图7-342所示。

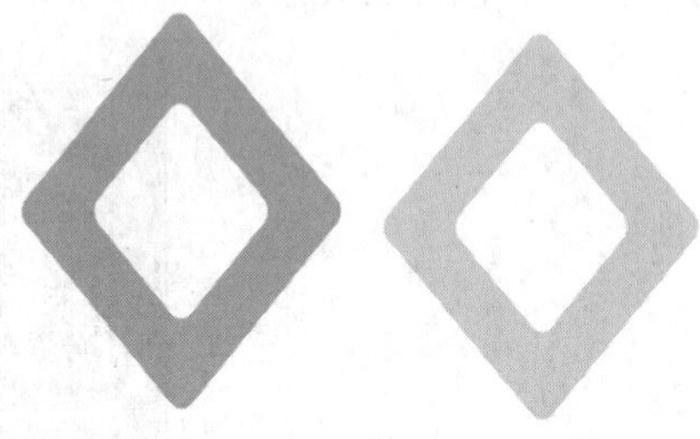

图7-342

05 将黄色对象复制3份，然后单击“透明度工具”，选中复制对象在属性栏中设置“透明度类型”为“标准”，再依次设置“开始透明度”为40、60、80，效果如图7-343所示。

图7-343

06 双击“矩形工具”创建与页面等大的矩形，然后在“渐变填充”对话框中设置“类型”为“辐射”、“边界”为10%、“颜色调和”为“自定义”，再分别设置“位置”为0%的色标颜色为（C:77，M:72，Y:100，K:56）、“位置”为42%的色标颜色为（C:67，M:64，Y:100，K:30）、“位置”为100%的色标颜色为（C:45，M:40，Y:100，K:0），接着单击“确定”按钮完成填充，如图7-344所示，效果如图7-345所示。

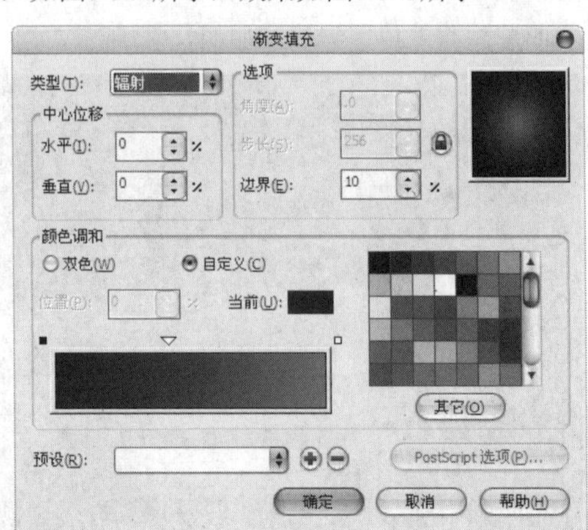

图7-344

图7-345

07 选中“开始透明度”为80的深色对象，然后拖曳到页面中进行复制排放，再调整对象大小和位置，如图7-346所示，接着选中“开始透明度”为60的深色对象，拖曳到页面中进行复制排放，如图7-347所示。

图7-346

图7-347

08 选中“开始透明度”为80的黄色对象，然后拖曳到页面中进行复制排放，如图7-348所示，接着选中“开始透明度”为60的黄色对象，拖曳到页面中进行排放，如图7-349所示。

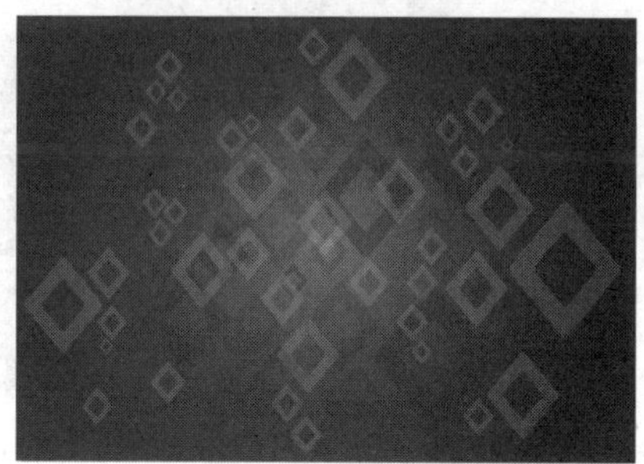
图7-348

图7-349

09 选中“开始透明度”为40的黄色对象，然后拖曳到页面中进行复制排放，如图7-350所示，接着双击“矩形工具”创建与页面等大的矩形，再按Ctrl+Home组合键将矩形置于顶层，如图7-351所示。

图7-350

图7-351

10 选中褐色矩形，然后单击“透明度工具”，在属性栏中设置“透明度类型”为“底纹”、“底纹库”为“样本9”，再选择“透明度图样”，如图7-352所示，接着在矩形上进行调整，如图7-353所示，最后将黄色菱形对象拖曳到页面中进行复制排放，如图7-354所示。

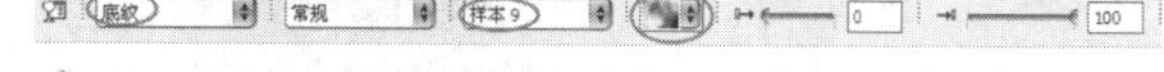

图7-352

图7-353

图7-354

11 导入“素材文件>CH07>16.cdr”文件，然后将文字拖曳到页面中，然后变更标题字体和第2层文字的颜色为白色，最终效果如图7-355所示。

图7-355

7.8 斜角效果

斜角效果广泛运用在产品设计、网页按钮设计、字体设计等领域中，可以丰富设计对象的效果。在CorelDRAW X6中用户可以使用“斜角效果”修改对象边缘，使对象产生三维效果。

技巧与提示

斜角效果只能运用在矢量对象和文本对象上，不能对位图对象进行操作。

执行“效果>斜角”菜单命令打开“斜角”泊坞窗，然后在泊坞窗中设置数值添加斜角效果，如图7-356所示。在“样式”选项中可以选择为对象添加“柔和边缘”效果或“浮雕”效果。

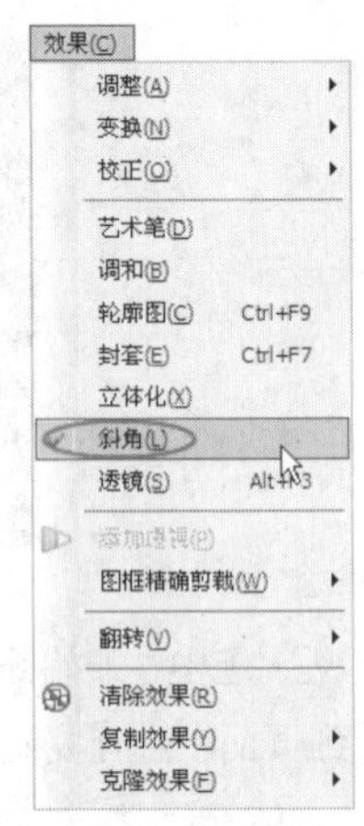

图7-356

7.8.1 创建斜角

CorelDRAW X6为我们提供了两种创建“柔和边缘”的效果，包括“到中心”和“距离”。

1.创建中心柔和

选中要添加斜角的对象，如图7-357所示。然后在“斜角”泊坞窗内设置“样式”为“柔和边缘”、“斜角偏移”为“到中心”、阴影颜色为（C:70，M:95，Y:0，K:0）、“光源颜色”为白色、“强度”为100、“方向”为118、“高度”为27，接着单击“应用”按钮完成添加斜角，如图7-358所示。

图7-357

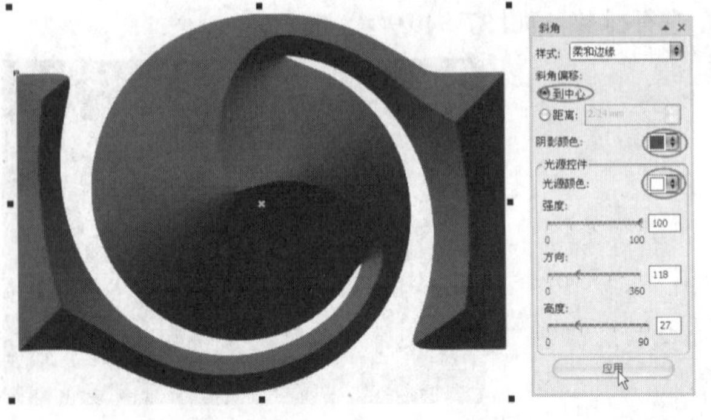

图7-358

2.创建边缘柔和

选中对象，然后在“斜角”泊坞窗内设置“样式”为“柔和边缘”、“斜角偏移”为“距离”，其值为2.24mm、阴影颜色为（C:70，M:95，Y:0，K:0）、“光源颜色”为白色、“强度”为100、“方向”为118、“高度”为27，接着单击“应用”按钮 应用 完成添加斜角，如图7-359所示。

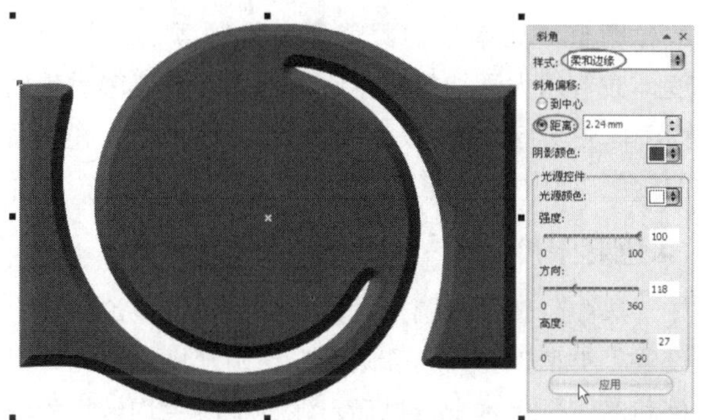

图7-359

3.删除效果

选中添加斜角效果的对象，然后执行“效果>清除效果”菜单命令，将添加的效果删除。“清除效果”也可以清除其他的添加效果。

7.8.2 斜角设置

执行“效果>斜角”菜单命令可以打开“斜角”泊坞窗，如图7-360所示。

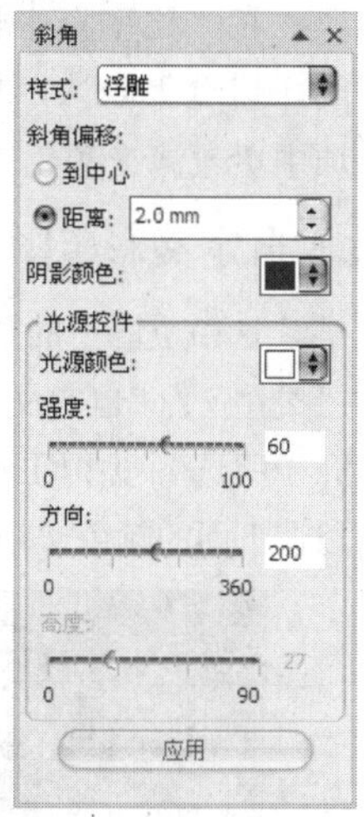

图7-360

斜角参数介绍

样式：在下拉选项中选中斜角的应用样式，包括“柔和边缘”和“浮雕”。

到中心：勾选该选项可以从对象中心开始创建斜角。

距离：勾选该选项可以创建从边缘开始的斜角，在后面的文本框中输入数值可以设定斜面的宽度。

阴影颜色：在后面的下拉颜色列表中可以选取阴影斜面的颜色。

光源颜色：在后面的下拉颜色列表中可以选取聚光灯的颜色。聚光灯的颜色会影响对象和斜面的颜色。

强度：在后面的文本框内输入数值可以更改光源的强度，范围为0～100。

方向：在后面的文本框内输入数值可以更改光源的方向，范围为0～360。

高度：在后面的文本框内输入数值可以更改光源的高度，范围为0～90。

7.9 透镜效果

透镜效果可以运用在图片显示效果中，可以将对象颜色、形状进行调整到需要的效果，广泛运用在海报设计、书籍设计和杂志设计中，接下来学习一些特殊效果。

7.9.1 添加透镜效果

通过改变观察区域下对象的显示和形状来添加透镜效果。

执行“效果>透镜”菜单命令可以打开“透镜”泊坞窗，在“类型”下拉列表中选取透镜的应用效果，包括“无透镜效果”“变亮”“颜色添加”“色彩限度”“自定义彩色图”“鱼眼”“热图”“反显”“放大”“灰度浓淡”“透明度”和“线框”，如图7-361所示。

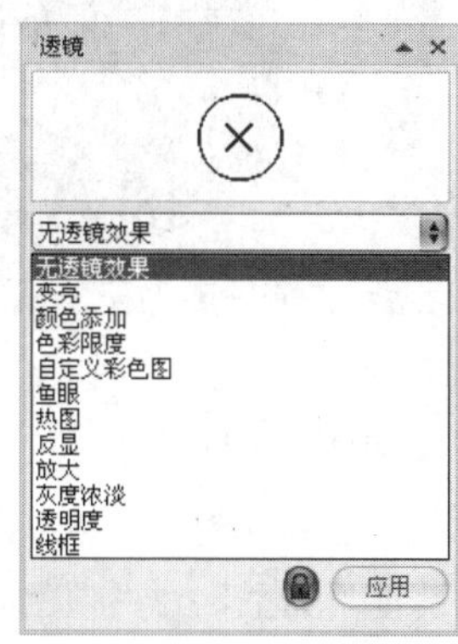

图7-361

1.无透镜效果

选中位图上的圆形，然后在“透镜”泊坞窗中设置“类型”为“无透明效果”，圆形没有任何透镜效果，如图7-362所示。“无透明效果”用于清除添加的透镜效果。

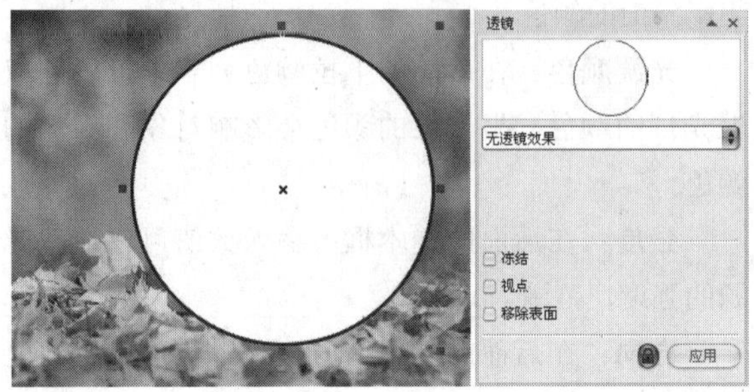

图7-362

2.变亮

选中位图上的圆形，然后在“透镜”泊坞窗中设置“类型”为“变亮”，圆形内部重叠部分颜色变亮。调整“比率”的数值可以更改变亮的程度，数值为正数时对象变亮，数值为负数时对象变暗，如图7-363和图7-364所示。

图7-363

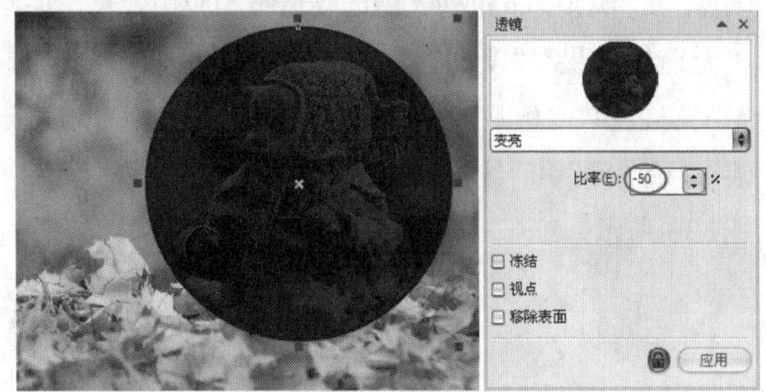

图7-364

3.颜色添加

选中位图上的圆形，然后在“透镜”泊坞窗中设置“类型”为“颜色添加”，圆形内部重叠部分颜色和所选颜色进行混合显示，如图7-365所示。

图7-365

调整“比率”的数值可以控制颜色添加的程度，数值越大添加的颜色比例越大，数值越小越偏向于原图颜色，数值为0时不显示添加颜色。在下面的颜色选项中更改滤镜颜色。

4.色彩限度

选中位图上的圆形，然后在“透镜”泊坞窗中设置“类型”为“色彩限度”，圆形内部只允许黑色和滤镜颜色本身透过显示，其他颜色均转换为滤镜相近颜色显示，如图7-366所示。

图7-366

在“比率”中输入数值可以调整透镜的颜色浓度，值越大越浓，反之越浅，可以在下面的颜色选项中更改滤镜颜色。

5.自定义彩色图

选中位图上的圆形，然后在“透镜”泊坞窗中设置“类型”为“自定义彩色图”，圆形内部所有颜色改为介于所选颜色中间的一种颜色显示，如图7-367所示。可以在下面的颜色选项中更改起始颜色和结束颜色。

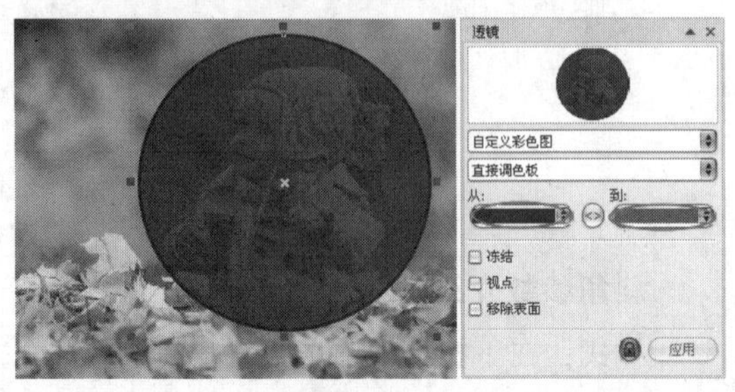

图7-367

在“颜色范围选项”的下拉列表中可以选择范围，包括“直接调色板”“向前的彩虹”和“反转的彩虹”，后两种效果如图7-368和图7-369所示。

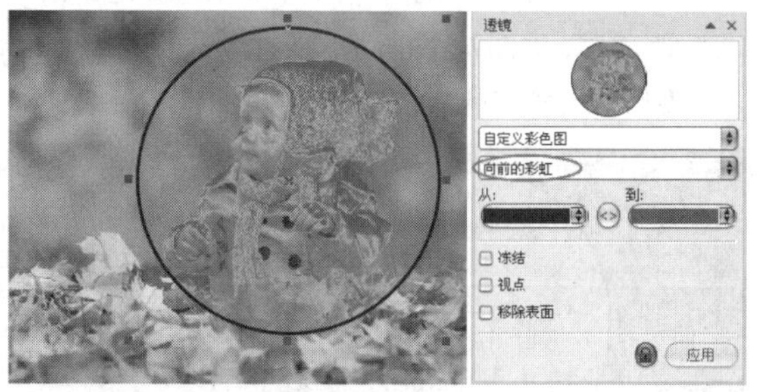

透镜
自定义彩色图
向前的彩虹
从:
到:
冻结
视点
移除表面
应用

图7-368

透镜
自定义彩色图
反转的彩虹
从:
到:
冻结
视点
移除表面
应用

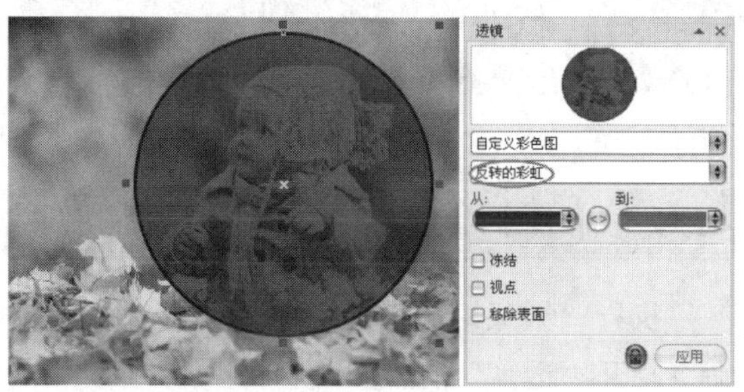

图7-369

6.鱼眼

选中位图上的圆形，然后在“透镜”泊坞窗中设置“类型”为“鱼眼”，圆形内部以设定的比例进行放大或缩小扭曲显示，如图7-370和图7-371所示。可以在“比率”后的文本框中输入需要的比例值。

透镜
鱼眼
比率(E): 100 %
冻结
视点
移除表面
应用

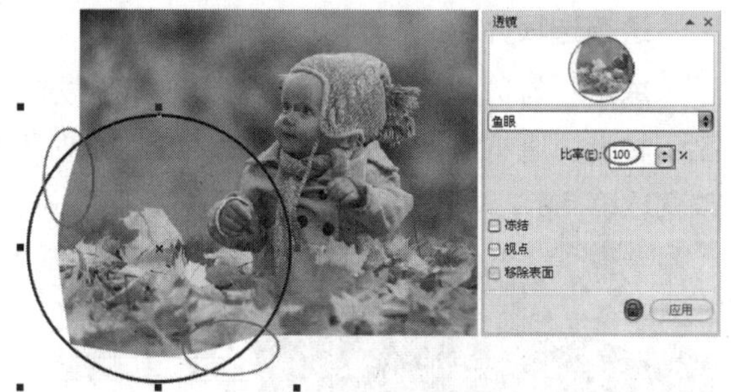

图7-370

透镜
鱼眼
比率(E): -100 %
冻结
视点
移除表面
应用

图7-371

比例为正数时为向外推挤扭曲，比例为负数时为向内收缩扭曲。

7.热图

选中位图上的圆形，然后在“透镜”泊坞窗中设置“类型”为“热图”，圆形内部模仿红外图像效果显示冷暖等级。在“调色板旋转”中设置数值为0%或者100%时显示同样的冷暖效果，如图7-372所示；数值为50%时暖色和冷色颠倒，如图7-373所示。

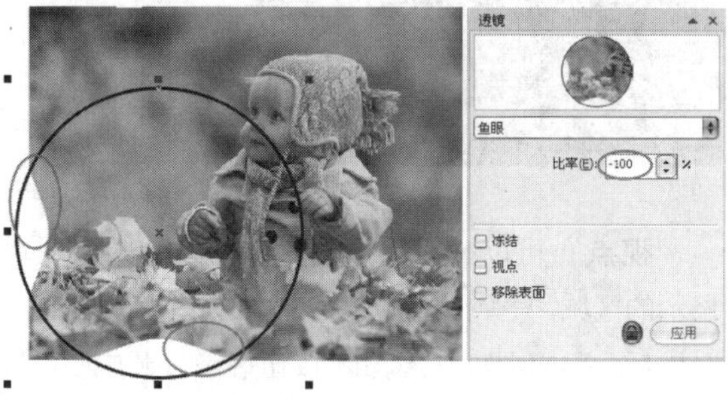

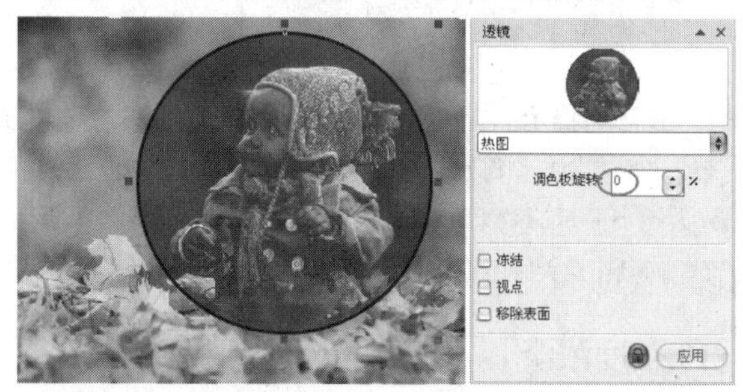

透镜
热图
调色板旋转: 0 %
冻结
视点
移除表面
应用

图7-372

透镜
热图
调色板旋转: 50 %
冻结
视点
移除表面
应用

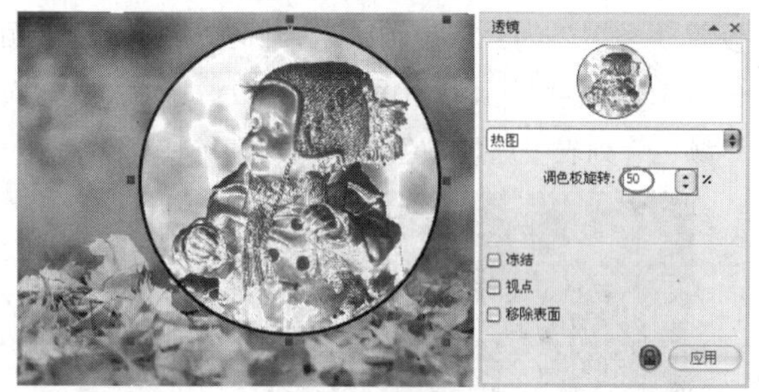

图7-373

8.反显

选中位图上的圆形，然后在“透镜”泊坞窗中设置“类型”为“反显”，圆形内部颜色变为色轮对应的互补色，形成独特的底片效果，如图7-374所示。

透镜
反显
冻结
视点
移除表面
应用

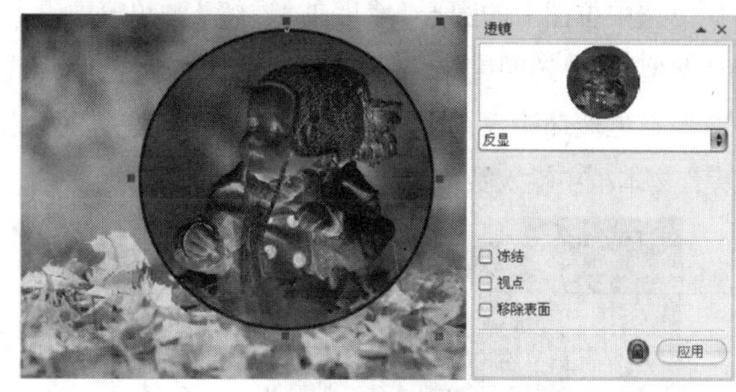

图7-374

9.放大

选中位图上的圆形，然后在“透镜”泊坞窗中设置“类型”为“放大”，圆形内部以设置的量放大或缩小对象上的某个区域，如图7-375所示。在“数量”输入数值决定放大或缩小的倍数，值为1时不改变大小。

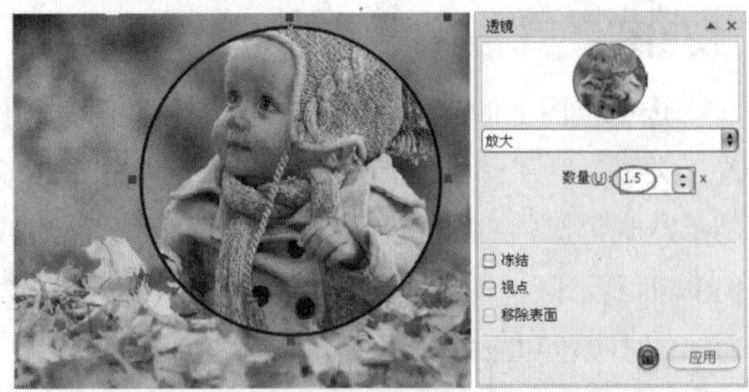

图7-375

技巧与提示

“放大”和“鱼眼”的区别是“放大”和“鱼眼”都有放大缩小显示的效果，区别在于“放大”的缩放效果更明显，而且在放大时不会进行扭曲。

10.灰度浓淡

选中位图上的圆形，然后在“透镜”泊坞窗中设置“类型”为“灰度浓淡”，圆形内部以设定颜色等值的灰度显示，如图7-376所示。可以在下面“颜色”列表中选取颜色。

图7-376

11.透明度

选中位图上的圆形，然后在“透镜”泊坞窗中设置“类型”为“透明度”，圆形内部变为类似着色胶片或覆盖彩色玻璃的效果，如图7-377所示。可以在下面“比率”文本框中输入数值，数值越大透镜效果越透明。

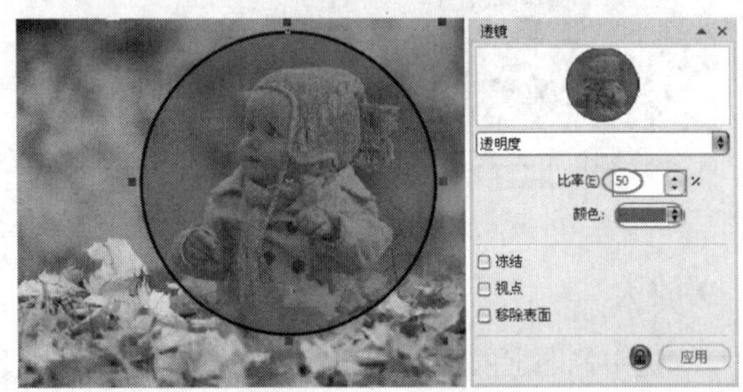

图7-377

12.线框

选中位图上的圆形，然后在“透镜”泊坞窗中设置“类型”为“线框”，圆形内部允许所选填充颜色和轮廓颜色通过，如图7-378所示。通过勾选“轮廓”或“填充”来指定透镜区域下轮廓和填充的颜色。

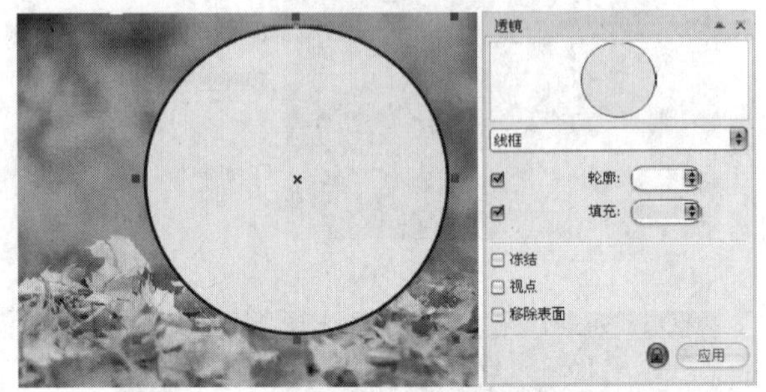

图7-378

7.9.2 透镜编辑

执行“效果>透镜”菜单命令打开“透镜”泊坞窗，如图7-379所示。

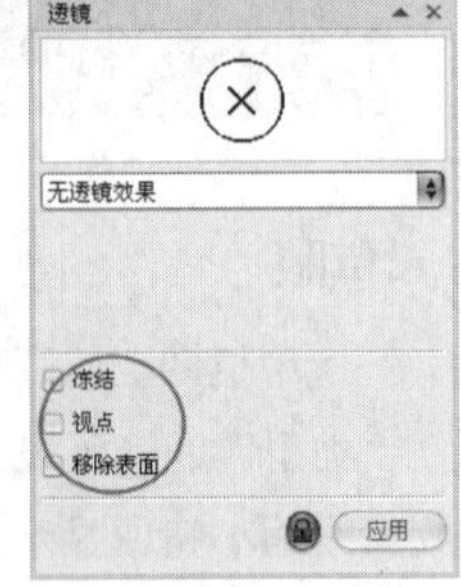

图7-379

透镜选项介绍

冻结：勾选该复选框后，可以将透镜下方对象显示转变为透镜的一部分，在移动透镜区域时不会改变透镜显示，如图7-380所示。

图7-380

视点：可以在对象不进行移动的时候改变透镜显示的区域，只弹出透镜下面对象的一部分。勾选该复选框后，单击后面的“编辑”按钮（编辑）打开中心设置面板，如图7-381所示。然后在x轴和y轴上输入数值，改变图中中心点的位置，再单击“结束”按钮(结束)完成设置，如图7-382所示。效果如图7-383所示。

图7-381

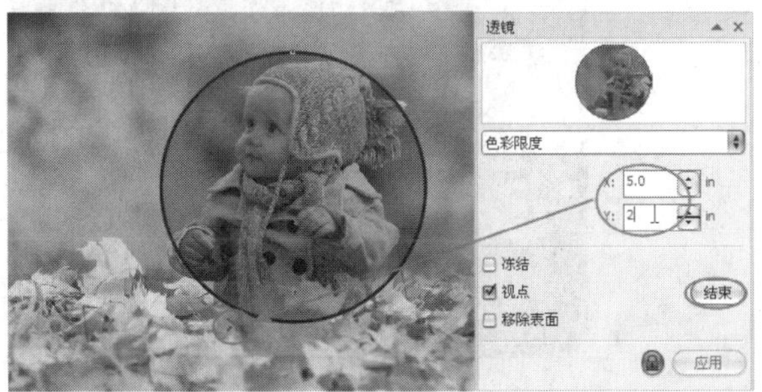

图7-382

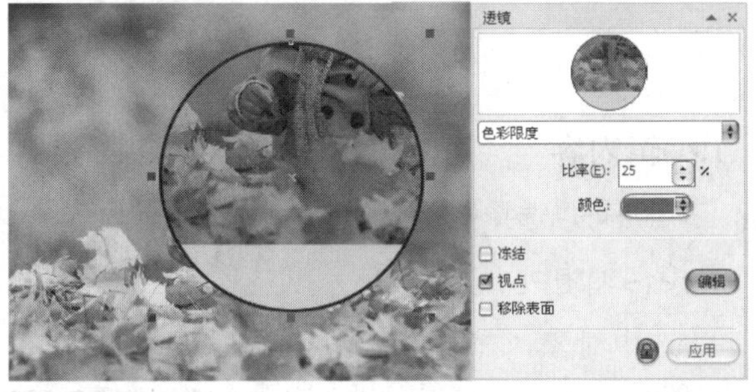

图7-383

移除表面：可以使透镜覆盖对象的位置显示透镜，在空白处不显示透镜。在没有勾选该复选框时，空白处页显示透镜效果，如图7-384所示。勾选后空白处不显示透镜，如图7-385所示。

图7-384

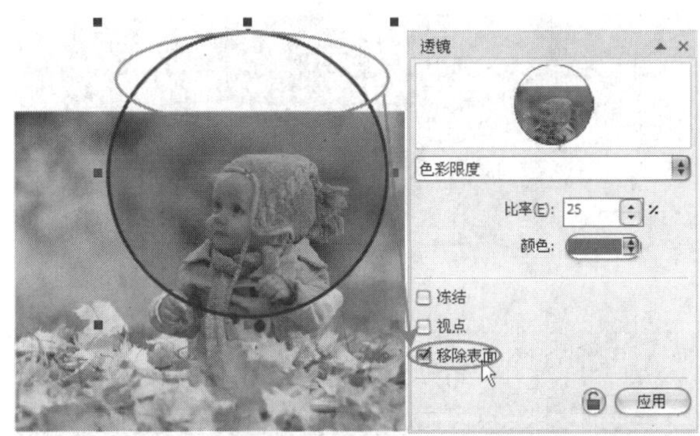

图7-385

7.10 图框精确剪裁

在CorelDRAW X6中，用户可以将所选对象置入目标容器中，形成纹理或者裁剪图像效果。所选对象可以是矢量对象也可以是位图对象，置入的目标可以是任何对象，如文字或图形等。

7.10.1 置入对象

导入一张位图，然后在位图上方绘制一个矩形，矩形内重合的区域为置入后显示的区域，如图7-386所示。接着执行“效果>图框精确剪裁>置于图文框内部”菜单命令，如图7-387所示，当光标显示箭头形状时单击矩形将图片置入，如图7-388所示，效果如图7-389所示。

图7-386

图7-387

图7-388

图7-389

在置入时，绘制的目标对象可以不在位图上，如图7-390所示，置入后的位图居中显示。

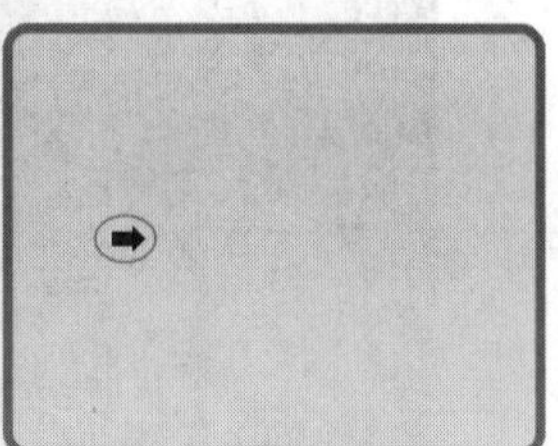

图7-390

7.10.2 编辑操作

在置入对象后可以在“效果>图框精确剪裁”菜单命令的子菜单上进行选择操作，如图7-391所示。也可以在对象下方的悬浮图标上进行选择操作，如图7-392所示。

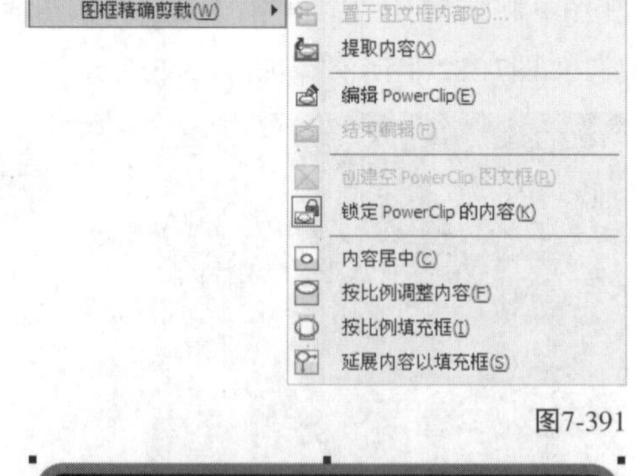

图7-391

图7-392

1.编辑内容

用户可以选择相应的编辑方式编辑置入内容。

<1>编辑PowerClip

选中对象，在下方出现悬浮图标，然后单击“编辑PowerClip”图标进入容器内部，如图7-393所示。接着调整位图的位置或大小，如图7-394所示。最后单击“停止编辑内容”图标完成编辑，如图7-395所示。

图7-393

图7-394

图7-395

<2>选择PowerClip内容

选中对象，在下方出现悬浮图标，然后单击“选择PowerClip内容”图标选中置入的位图，如图7-396所示。

图7-396

“选择PowerClip内容”进行编辑内容是不需要进入容器内部的，可以直接选中对象，以圆点标注出来，然后直接进行编辑，单击任意位置完成编辑，如图7-397所示。

图7-397

2.调整内容

单击下悬浮图标后面的展开箭头，在展开的下拉菜单上可以选择相应的调整选项来调整置入的对象。

<1>内容居中

当置入的对象位置有偏移时，选中矩形，在悬浮图标的下拉菜单上执行“内容居中”命令，将置入的对象居中排放在容器内，如图7-398所示。

图7-398

<2>按比例调整内容

当置入的对象大小与容器不符时，选中矩形，在悬浮图标的下拉菜单上执行“按比例调整内容”命令，将置入的对象按图像原比例缩放在容器内，如图7-399所示。如果容器形状与置入的对象形状不符合时，会留空白位置。

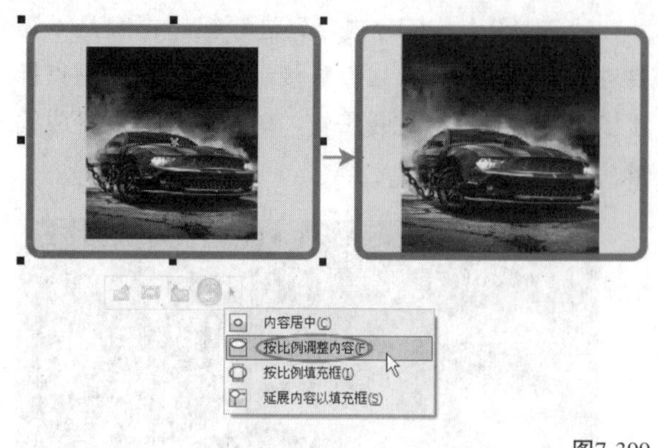

图7-399

<3>按比例填充框

当置入的对象大小与容器不符时选中矩形，在悬浮图标的下拉菜单上执行“按比例填充框”命令，将置入的对象按图像原比例填充在容器内，如图7-400所示，图像不会产生变化。

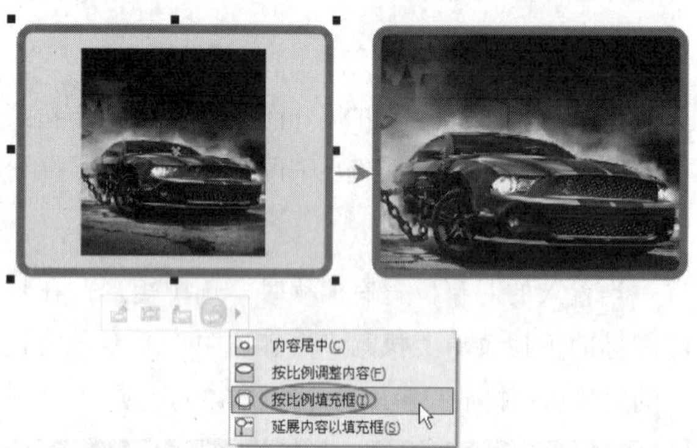

图7-400

<4>延展内容以填充框

当置入对象的比例大小与容器形状不符时，选中矩形，在悬浮图标的下拉菜单上执行“延展内容以填充框”命令，将置入的对象按容器比例进行填充，如图7-401所示，图像会产生变形。

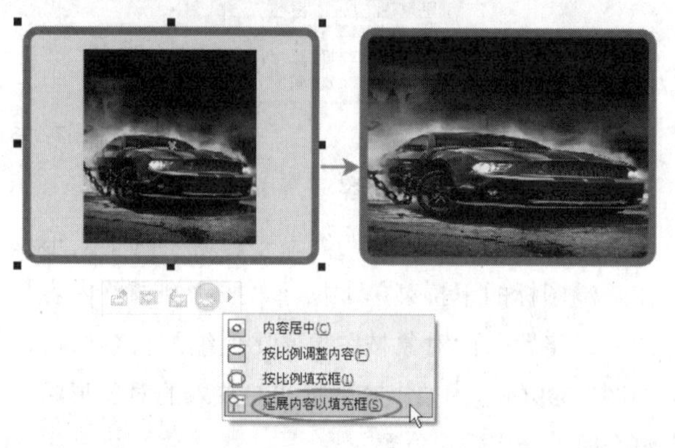

图7-401

3.锁定内容

在对象置入后，在下方悬浮图标单击“锁定PowerClip内容”图标解锁，然后移动矩形容器，置入的对象不会随着移动而移动，如图7-402所示。单击“锁定PowerClip内容”图标激活上锁后，移动矩形容器会连带置入对象一起移动，如图7-403所示。

图7-402

图7-403

4.提取内容

选中置入对象的容器，然后在下方出现的悬浮图标中单击“提取内容”图标将置入对象提取出来，如图7-404所示。

图7-404

提取对象后，容器对象中间会出现×线，表示该对象为“空PowerClip图文框”显示。此时拖入图片或提取出的对象可以快速置入。

图7-405

选中“空PowerClip图文框”，然后单击鼠标右键，在弹出的快捷菜单中执行“框类型>无”命令可以将空PowerClip图文框转换为图形对象。

图7-406

7.11　本章小结

通过本章的学习，读者应该对CorelDRAW X6效果工具的使用有一个完整的概念，尤其是对每一种效果工具的具体操作方法做到心中有数，这样才能制作出优秀的设计作品。通过课堂案例的实战操作，不仅加深了我们对每一种工具理论知识的理解，而且强化了我们的动手能力和对设计的认知能力。

7.12　课后习题

课后习题

绘制海报字

案例位置	案例文件>CH07>课后习题：绘制海报字.cdr
视频位置	多媒体教学>CH07>课后习题：绘制海报字.flv
难易指数	★★★☆☆
练习目标	立体工具的运用方法

海报字效果如图7-407所示。

图7-407

分解步骤如图7-408所示。

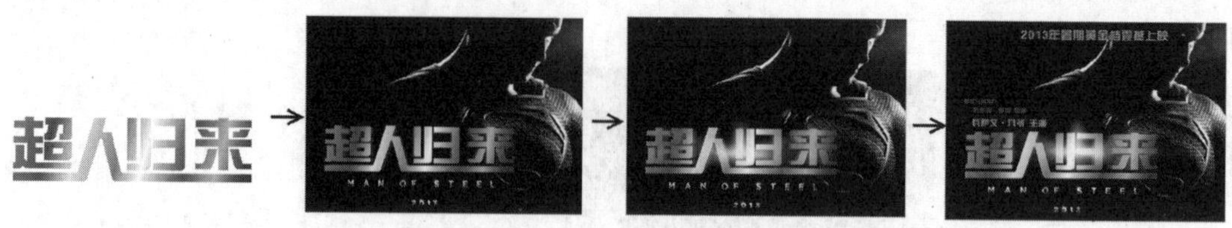

图7-408

课后习题

绘制油漆广告

案例位置	案例文件>CH07>课后习题：绘制油漆广告.cdr
视频位置	多媒体教学>CH07>课后习题：绘制油漆广告.flv
难易指数	★★★☆☆
练习目标	透明度的运用方法

油漆广告效果如图7-409所示。

图7-409

分解步骤如图7-410所示。

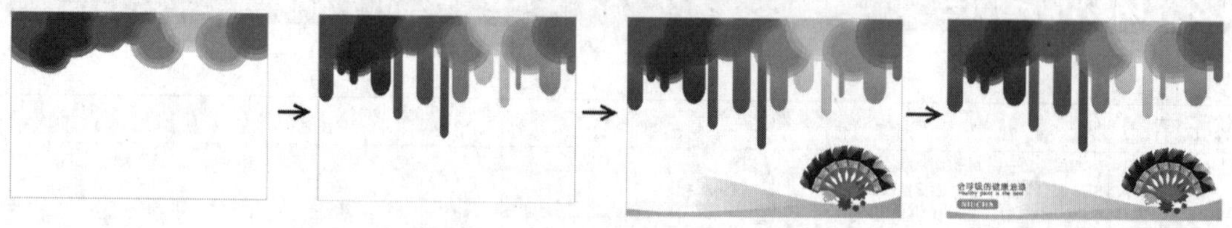

图7-410

第8章

位图操作

CorelDRAW X6的位图编辑是其区别于其他图形绘制软件的最大特色。用户可以在当前文件中导入位图，进行位图与矢量图形的转换，变换位图并对位图应用颜色遮罩效果。另外，还可以改变位图的色彩模式，调整位图的色彩以及对位图进行校正操等作。

课堂学习目标

掌握矢量图与位图的转换

掌握位图的编辑

了解位图颜色调整

了解位图的滤镜效果添加

8.1 位图和矢量图转换

CorelDRAW X6软件允许矢量图和位图进行互相转换。通过将位图转换为矢量图，可以对其进行填充、变形等操作；通过将矢量图转换为位图，可以进行位图的相关效果添加，也可以降低对象的复杂程度。

在设计中我们会运用矢量图转换为位图来添加一些特殊效，常用于产品设计和效果图制作中，丰富制作效果。

8.1.1 矢量图转位图

在设计制作中，我们需要将矢量对象转换为位图来方便添加颜色调和、滤镜等一些位图编辑效果，来丰富设计效果，如绘制光斑、贴图等。

选中要转换为位图的对象，然后执行“位图>转换为位图”菜单命令，打开“转换为位图”对话框，如图8-1所示，接着在“转换为位图”对话框中选择相应的设置模式，如图8-2所示，最后单击“确定”按钮完成转换，效果如图8-3所示。

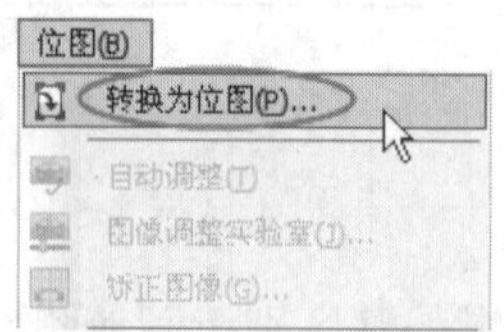

图8-1

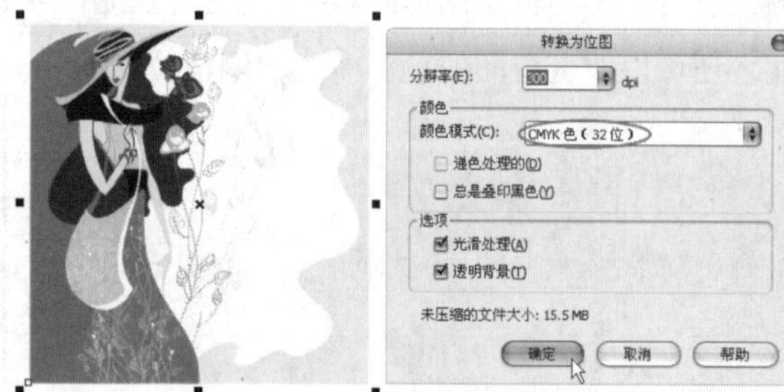

图8-2

图8-3

对象转换为位图后可以进行位图的相应操作，而无法进行矢量编辑，需要编辑时可以使用描摹来转换回矢量图。

“转换为位图”对话框的参数设置如图8-4所示。

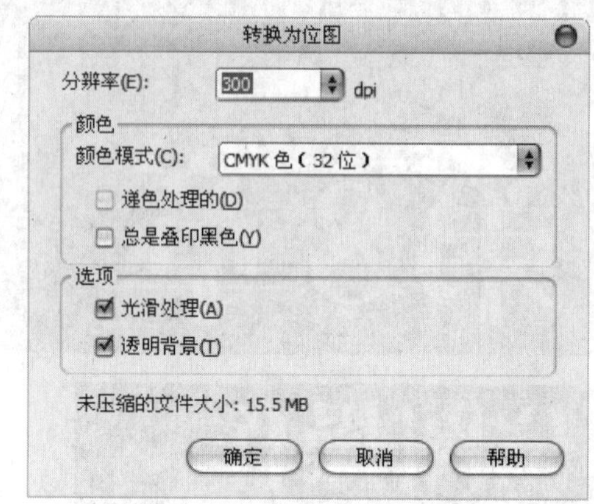

图8-4

转换为位图选项介绍

分辨率： 用于设置对象转换为位图后的清晰程度，可以在后面的下拉选项中选择相应的分辨率，也可以直接输入需要的数值。数值越大图像越清晰，数值越小图像越模糊，会出现马赛克边缘，如图8-5所示。

图8-5

颜色模式： 用于设置位图的颜色显示模式，包括“黑白（1位）”“16色（4位）”“灰度（8位）”“调色板色（8位）”“RGB色（24位）”和“CMYK色（32位）”，如图8-6所示。颜色位数越少，颜色丰富程度越低，如图8-7所示。

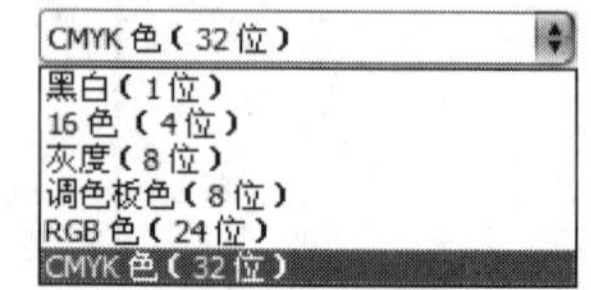

图8-6

图8-7

递色处理的：以模拟的颜色块数目来显示更多的颜色，该选项在可使用颜色位数少时激活，如256色或更少。勾选该选项后转换的位图以颜色块来丰富颜色效果，如图8-8所示。该选项未勾选时，转换的位图以选择的颜色模式显示，如图8-9所示。

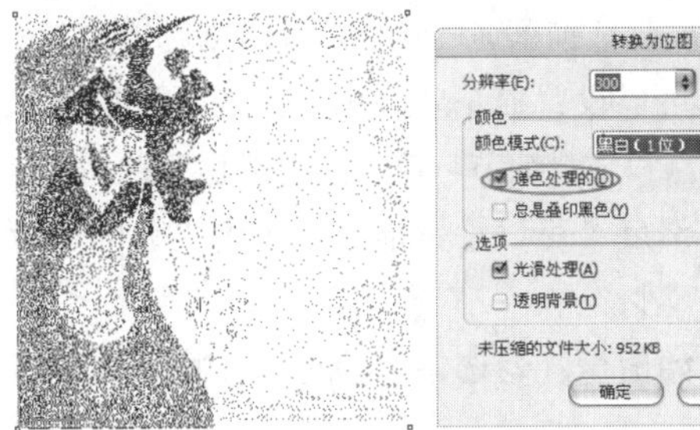

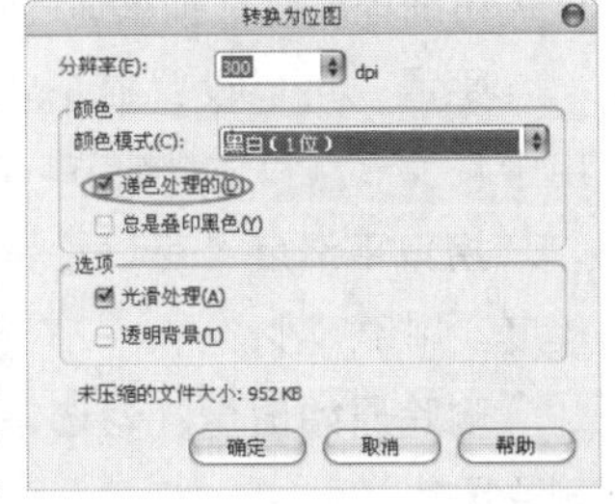

图8-8

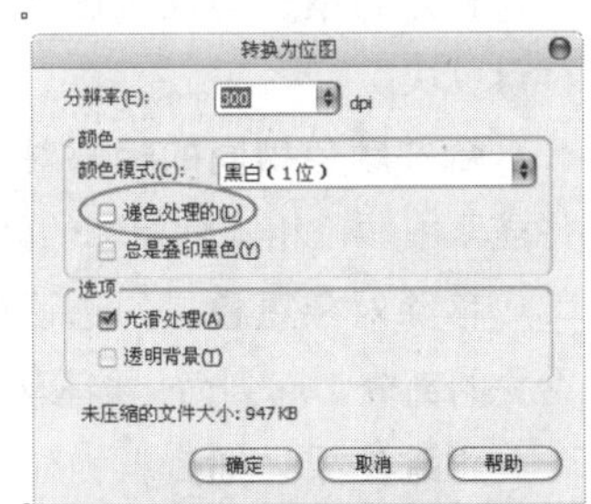

图8-9

总是叠印黑色：勾选该选项可以在印刷时避免套版不准和露白现象，在“RGB色”和“CMYK色”模式下激活。

光滑处理：使转换的位图边缘平滑，去除边缘锯齿，如图8-10所示。

图8-10

透明背景：勾选该选项可以使转换对象背景透明，不勾选时显示白色背景，如图8-11所示。

图8-11

8.1.2 描摹位图

描摹位图可以把位图转换为矢量图形，进行编辑填充等操作。用户可以在“位图”菜单栏下进行选择操作，也可以在属性栏上单击“描摹位图”在弹出的下拉菜单上进行选择操作。描摹位图的方式包括“快速描摹”“中心线描摹”和“轮廓描摹”。

使用描摹可以便捷地将照片或图片中的元素描摹出来运用在设计制作中，快速制作素材。下面主要详细讲解轮廓描摹。

1.轮廓描摹

轮廓描摹也可以称之为填充描摹或轮廓描摹，使用无轮廓的闭合路径描摹对象。适用于描摹相片、剪贴画等。轮廓描摹包括“线条图”“徽标”“详细徽标”“剪贴画”“低品质图像”和“高质量图像”。

选中需要转换为矢量图的位图对象，然后执行“位图>轮廓描摹>高质量描摹”菜单命令，打开PowerTRACE对话框。也可以单击属性栏上“描摹位图”下拉菜单中“轮廓描摹>高质量图像”命令，如图8-12所示，这是常用的描摹位图命令。

图8-12

在PowerTRACE对话框中设置“细节”“平滑”和“拐角平滑度”的数值，调整描摹的精细程度，然后在预览视图上查看调整效果，如图8-13所示，接着单击“确定”按钮完成描摹。

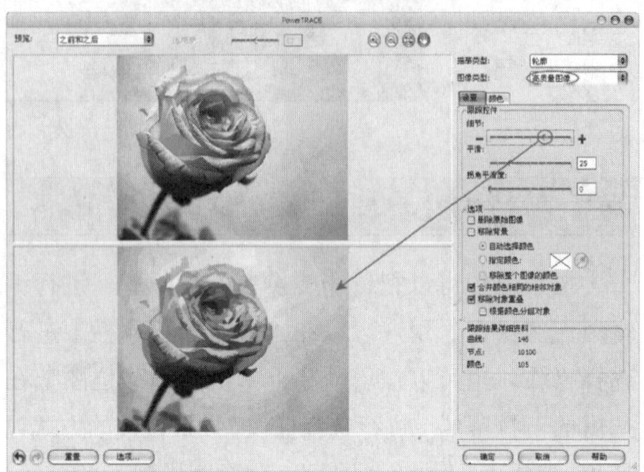

图8-13

2.参数设置

PowerTRACE的“设置”选项卡参数如图8-14所示。

图8-14

PowerTRACE选项介绍

预览：在下拉选项可以选择描摹的预览模式。包括“之前和之后”“较大预览”和“线框叠加”，如图8-15所示。

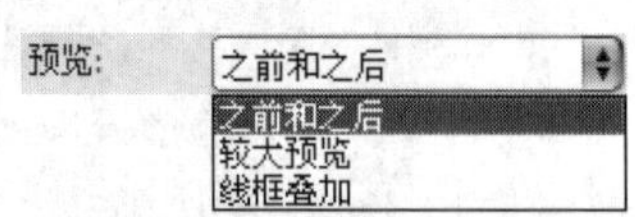

图8-15

透明度：在选择“线框叠加”预览模式时激活，用于调节底层图片的透明程度，数值越大透明度越高。

放大：激活该按钮可以放大预览视图，方便查看细节。

缩小：激活该按钮可以缩小预览视图，方便查看整体效果。

按窗口大小显示：单击该图标可以将预览视图按预览窗口大小显示。

平移：在预览视图放大后，激活该按钮可以平移视图。

描摹类型：在后面的选项列表中可以切换“中心线描摹”和“轮廓描摹”类型，如图8-16所示。

图8-16

图像类型：选择“描摹类型”后，可以在“图像类型”的下拉选项中选择描摹的图像类型。

细节：拖曳中间滑块可以设置描摹的精细程度，精细程度越低描摹速度越快，反之则越慢。

平滑：可以设置描摹效果中线条的平滑程度，用于减少节点和平滑细节。值越大平滑程度越高。

拐角平滑度：可以设置描摹效果中尖角的平滑程度，用于减少节点。

删除原始图像：勾选该选项可以在描摹对象后删除图片。

移除背景：勾选该选项可以在描摹效果中删除背景色块。

合并颜色相同的相邻对象：勾选该选项可以合并描摹中颜色相同且相邻的区域。

移除对象重叠：勾选该选项可以删除对象之间重叠的部分，起到简化描摹对象的作用。

跟踪结果详细资料：显示描摹对象的信息，包括“曲线”“节点”和“颜色”的数目，如图8-17所示。

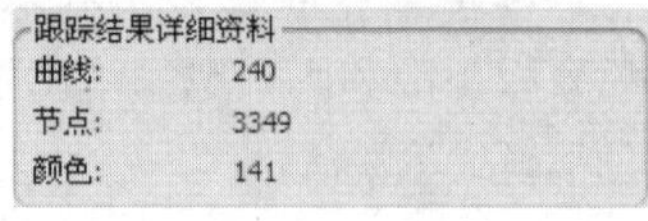

图8-17

撤销：单击该按钮可以撤销当前操作，回到上一步。

重做：单击该按钮可以重做撤销的步骤。

重置：单击该按钮可以删除所有设置，回到设置前的状态。

选项选项...：单击该按钮可以打开“选项”对话框，在PowerTRACE选项卡上设置相关参数，如图8-18所示。

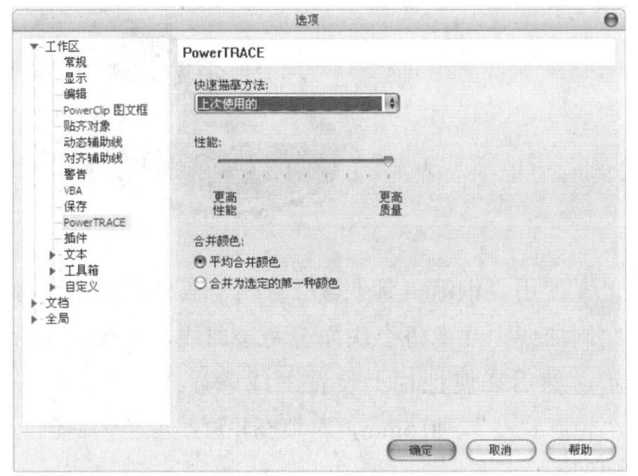

图8-18

PowerTRACE的“颜色”选项卡参数如图8-19所示。

图8-19

PowerTRACE选项介绍

颜色模式：在下拉选项中可以选择描摹的颜色模式。

颜色数：显示描摹对象的颜色数量。在默认情况下为该对象所包含的颜色数量，可以在文本框输入需要的颜色数量进行描摹，最大数值为图像本身包含的颜色数量。

颜色排序依据：可以在下拉选项中选择颜色显示的排序方式。

打开调色板：单击该按钮可以打开保存的其他调色板。

保存调色板：单击该按钮可以将描摹对象的颜色保存为调色板。

合并(M)：选中两个或多个颜色可以激活该按钮，单击该按钮将选中的颜色合并为一个颜色。

编辑(E)...：单击该按钮可以编辑选中颜色，更改或修改所选颜色。

选择颜色：单击该图标可以从描摹对象上吸取选择颜色。

删除颜色：选中颜色单击该按钮可以进行删除。

课堂案例

绘制鞋子

案例位置	案例文件>CH08>课堂案例：绘制鞋子.cdr
视频位置	多媒体教学>CH08>课堂案例：绘制鞋子.flv
难易指数	★★★★☆
学习目标	轮廓描摹的运用方法

运动鞋效果如图8-20所示。

图8-20

01 新建空白文档，然后设置文档名称为“运动鞋”，接着设置页面的大小，“宽”为230mm、“高”为190mm。

02 首先绘制鞋子。导入“素材文件>CH08>01.jpg”文件，然后将鞋子缩放在页面内，如图8-21所示。

图8-21

03 选中鞋子，然后执行“位图>轮廓描摹>高质量图像”菜单命令，如图8-22所示，打开PowerTRACE对话框，在“设置”中调节“细节”滑块，在下方预览图上进行预览，接着单击“确定”按钮确定完成描摹，如图8-23所示，最后删除鞋子位图，留下矢量描摹图进行编辑，如图8-24所示。

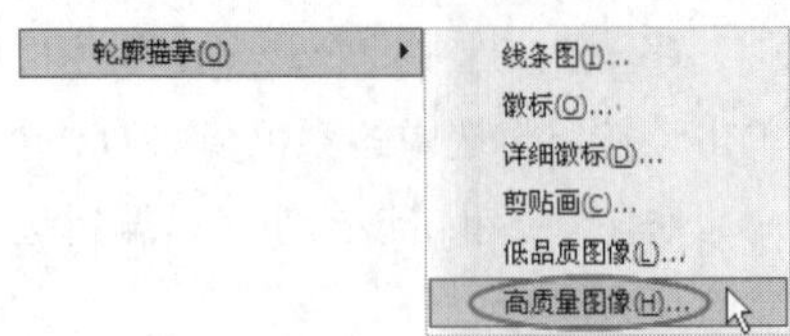

图8-22

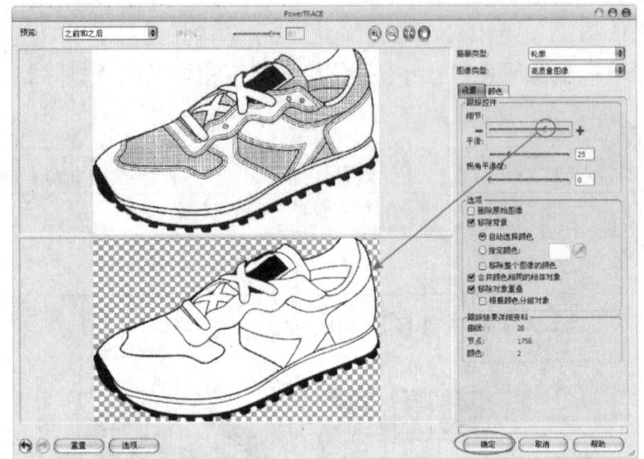

图8-23

图8-24

04 将鞋子解散群组，然后选中鞋子后跟位置的面，再填充颜色为（C:100，M:20，Y:0，K:0），接着使用"颜色滴管工具"吸取填充的蓝色，最后依次单击填充鞋子相应的块面，如图8-25所示。

图8-25

05 选中鞋子正上面的块面，然后填充为（C:0，M:0，Y:100，K:0），再使用"颜色滴管工具"吸取填充的黄色，接着依次单击填充鞋子相应的块面，如图8-26所示。

图8-26

06 选中鞋子内侧的块面，然后填充颜色为（C:0，M:0，Y:0，K:70），接着选中上面的块面填充颜色为（C:0，M:0，Y:0，K:50），如图8-27所示。

图8-27

07 使用"钢笔工具"沿着鞋子蓝色块面的边缘绘制曲线，注意每个块面有两层曲线，如图8-28所示，然后在属性栏上设置"线条样式"为虚线、"轮廓宽度"为0.5mm，再填充轮廓线颜色为白色，如图8-29所示。

图8-28

图8-29

08 使用"钢笔工具"沿着鞋子内色蓝色和黑色块面边缘绘制曲线，如图8-30所示，然后在属性栏上设置"线条样式"为虚线、"轮廓宽度"为0.25mm，再填充轮廓线颜色为白色，如图8-31所示。

图8-30

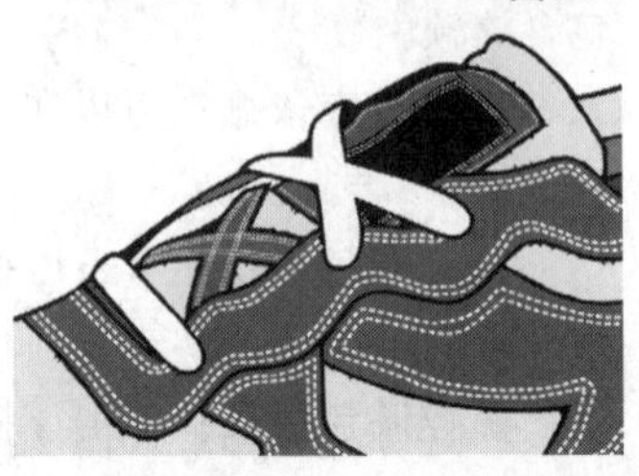

图8-31

09 使用“钢笔工具”沿着鞋带内侧绘制装饰轮廓，如图8-32所示，然后填充颜色为（C:0，M:0，Y:0，K:50），再去掉轮廓线，效果如图8-33所示。

图8-32

图8-33

10 下面绘制纱网圆孔。使用“椭圆形工具”绘制一个圆形，然后填充颜色为（C:23，M:29，Y:99，K:0），再去掉轮廓线，如图8-34所示，接着水平复制圆形，群组后复制一份进行错位排放，如图8-35所示，最后将对象群组向下垂直复制，如图8-36所示。

图8-34

图8-35

图8-36

11 将纱网复制几份，然后执行“效果>图框精确剪裁>置于图文框内部”菜单命令，把纱网分别置入鞋子黄色块面中，效果如图8-37所示。

图8-37

12 导入“素材文件>CH08>02.cdr”文件，然后解散群组把标志复制一份，再分别拖曳到鞋子上进行旋转，接着将位于黑色块面的标志填充为白色，效果如图8-38所示。

图8-38

13 使用“钢笔工具”沿着鞋底与侧面的交界处绘制曲线，然后在属性栏上设置“线条样式”为虚线、“轮廓宽度”为1mm，再填充轮廓线颜色为黑色，如图8-39所示，接着将绘制好的鞋子全选进行群组，最后单击“轮廓笔”工具打开“轮廓笔”对话框，勾选“随对象缩放”选项，单击“确定”按钮完成设置。

图8-39

14 下面绘制背景素材。使用“椭圆形工具”绘制一个圆形，然后向内复制5份，再单击属性栏上的“合并”按钮进行合并，如图8-40所示，接着填充对象颜色为（C:100，M:20，Y:0，K:0），如图8-41所示，最后复制一份填充颜色为（C: 0，M:60，Y:100，K:0），如图8-42所示。

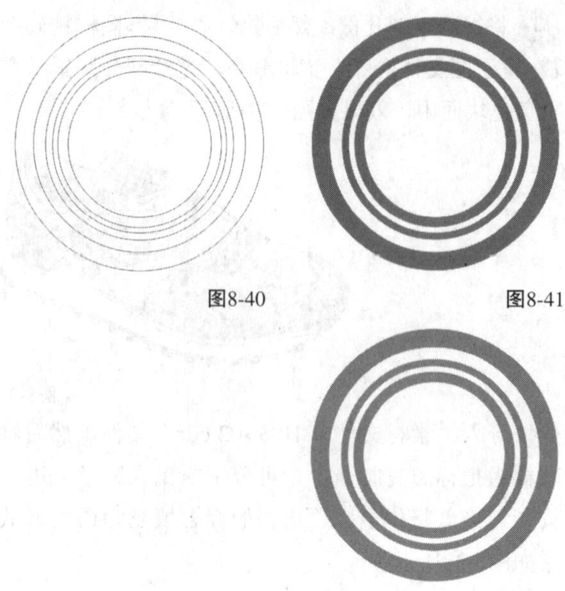

图8-40　图8-41

图8-42

⑮ 使用“椭圆形工具”绘制一个圆形，然后向内复制3份，再单击属性栏上的“合并”按钮进行合并，如图8-43所示，接着填充对象颜色为黑色，如图8-44所示。

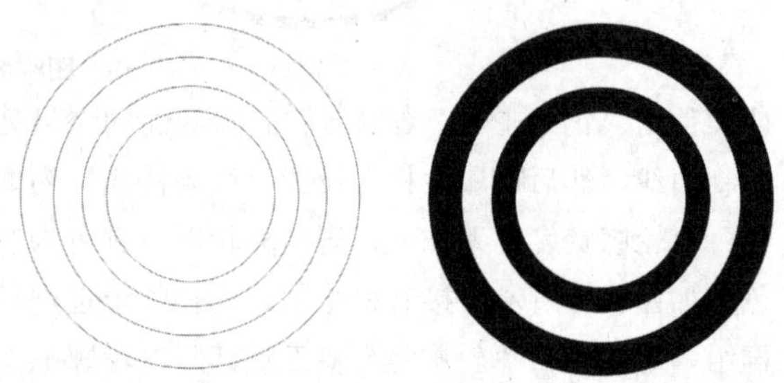

图8-43　图8-44

⑯ 使用“椭圆形工具”绘制一个圆形，然后在“渐变填充”对话框中设置“类型”为“辐射”、“颜色调和”为双色，再设置“从”的颜色为（C:0，M:0，Y:100，K:0）、“到”的颜色为白色，接着单击“确定”按钮完成填充，最后去掉轮廓线，如图8-45所示。

图8-45

⑰ 将绘制的黄色圆形拖曳到页面靠右边的位置，然后导入“素材文件>CH08>03.cdr”文件，再将花式复制3份，接着分别填充颜色为（C: 0，M:60，Y:100，K:0）、（C:40，M:0，Y:100，K:0）、（C:23，M:29，Y:99，K:0），注意调整对象颜色和对象轮廓线颜色，最后将花式排放到页面中旋转角度，如图8-46所示。

图8-46

⑱ 把前面绘制的圆环复制几份拖曳到页面中，然后调整位置排列再缩放至合适大小，如图8-47所示，接着将绘制的运动鞋拖曳到页面中按Ctrl+Home组合键置于顶层，如图8-48所示。

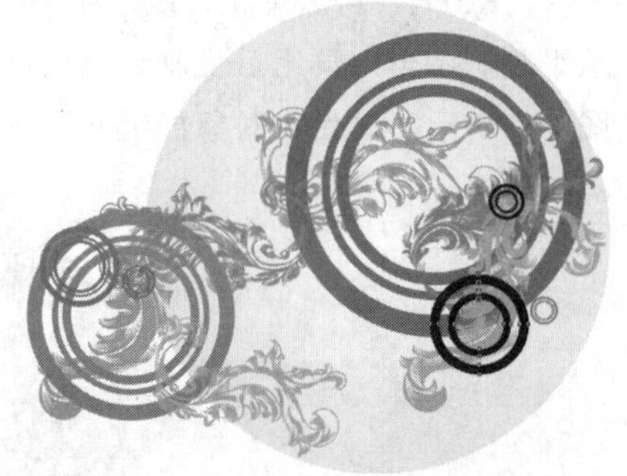

图8-47

图8-48

⑲ 调整运动鞋和底图的位置，然后将文字拖曳到页面左上角，最终效果如图8-49所示。

图8-49

8.2 位图的编辑

位图在导入CorelDRAW X6后，并不都是符合用户需求的，通过菜单栏上的位图操作可以进行矫正位图的编辑。

8.2.1 矫正位图

当导入的位图倾斜或有白边时，用户可以使用“矫正图像”命令进行修改。

选中导入的位图，如图8-50所示，然后执行“位图>矫正图像”菜单命令，打开“矫正图像”对话框，接着移动“旋转图像”下的滑块进行大概的纠正，再通过查看裁切边缘和网格的间距，在后面的文字框内进行微调，如图8-51所示。

图8-50

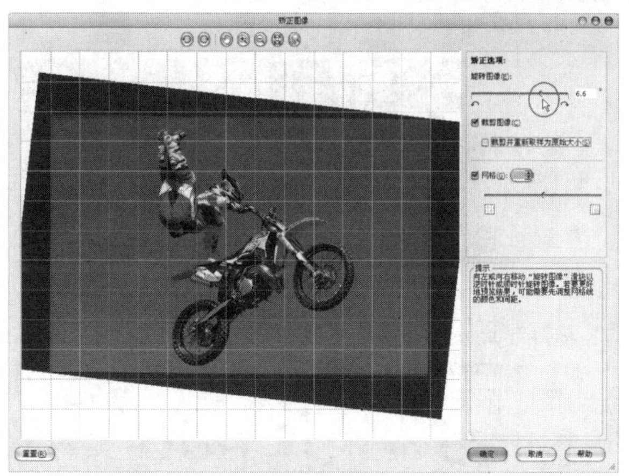

图8-51

调整好角度后勾选“裁剪并重新取样为原始大小”选项，将预览改为修剪效果进行查看，如图8-52所示。接着单击“确定”按钮完成矫正，效果如图8-53所示。

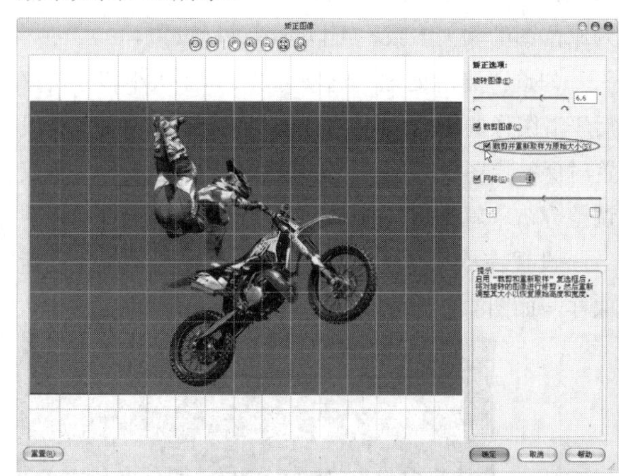

图8-52

图8-53

8.2.2 重新取样

在位图导入之后，用户还可以调整位图的尺寸和分辨率。根据分辨率的高低决定文档输出的模式，分辨率越高文件越大。

选中位图对象，然后执行“位图>重新取样”菜单命令，打开“重新取样”对话框，如图8-54所示。

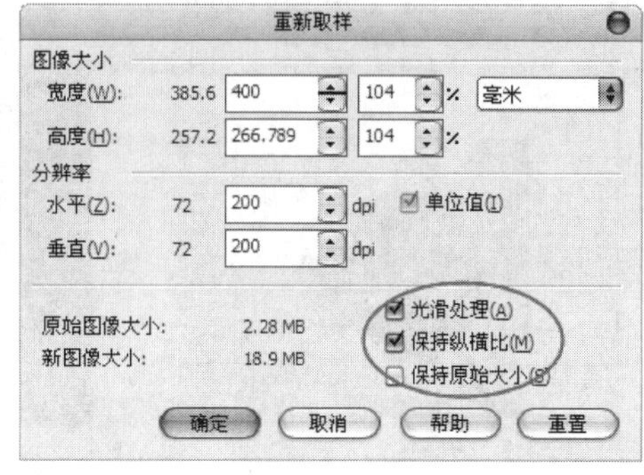

图8-54

在“图像大小”下的“宽度”和“高度”后面的文本框中输入数值可以改变位图的大小；在“分辨率”下的“水平”和“垂直”后面的文本框中输入数值可以改变位图的分辨率。文本框前面的数值为原位图的相关参数，可以参考进行设置。

勾选“光滑处理”选项可以在调整大小和分辨率后平滑图像的锯齿；勾选“保持纵横比”选项可以在设置时保持原图像的比例，保证调整后不变形。如果仅调整分辨率就不用勾选“保持原始大小”选项。

设置完成后单击“确定”按钮（确定）完成重新取样，如图8-55所示。

图8-55

8.2.3 位图编辑

选中导入的位图，然后执行“位图>编辑位图”菜单命令，如图8-56所示，将位图转到CorelPHOTO-PAINT X6软件中进行辅助编辑，编辑完成后可转回CorelDRAW X6中进行使用，如图8-57所示。

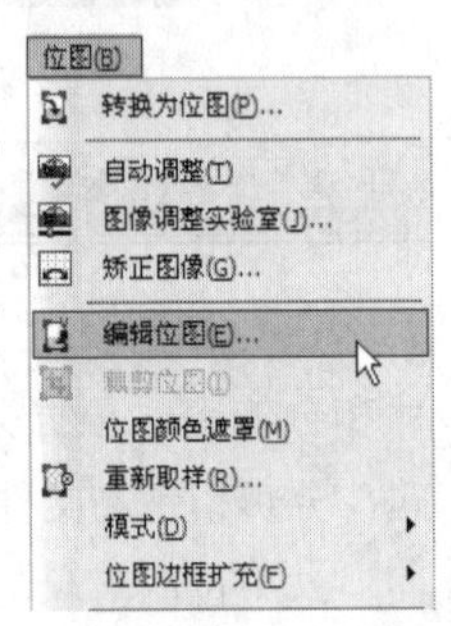

图8-56

图8-57

技巧与提示

CorelPHOTO-PAINT X6软件的使用方法可以参照该软件的提示进行学习。

8.2.4 位图模式转换

CorelDRAW X6为用户提供了丰富的位图颜色模式，包括“黑白（1位）”“灰度（8位）”“双色（8位）”“调色板色（8位）”“RGB颜色（24位）”“Lab色（24位）”“CMYK色（32位）”，如图8-58所示。改变颜色模式后，位图的颜色结构也会随之变化。

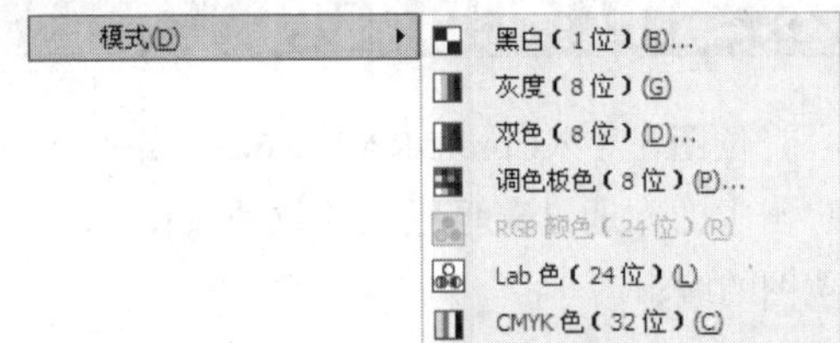

图8-58

技巧与提示

每将位图颜色模式转换一次，位图的颜色信息就会减少一些，效果也和之前不同，所以在改变模式前可以先将位图备份。

1.转换黑白图像

黑白模式的图像每个像素只有1位深度，显示颜色只有黑白颜色，任何位图都可以转换成黑白模式。

选中导入的位图，然后执行“位图>模式>黑白（1位）”菜单命令，打开“转换为1位”对话框，在对话框中进行设置后单击“预览”按钮（预览）在右边视图查看效果，接着单击“确定”按钮（确定）完成转换，如图8-59所示，效果如图8-60所示。

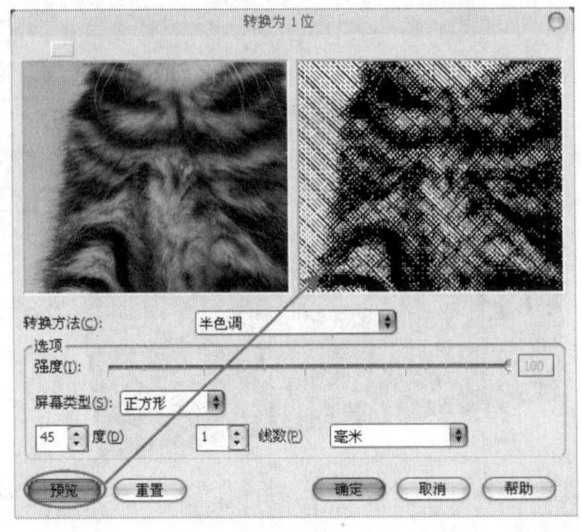

图8-59

图8-60

2.转换灰度图像

在CorelDRAW X6中，用户可以快速将位图转换为包含灰色区域的黑白图像，使用灰度模式可以产生黑白照片的效果。选中要转换的位图，然后执行“位图>模式>灰度（8位）”菜单命令，就可以将灰度模式应用到位图上，如图8-61所示。

图8-61

3.转换双色图像

双色模式可以将位图以选择的一种或多种颜色混合显示。

<1>单色调效果

选中要转换的位图，然后执行“位图>模式>双色（8位）”菜单命令，打开“双色调”对话框，选择“类型”为“单色调”，再双击下面颜色变更颜色，接着在右边曲线上调整效果，最后单击“确定”按钮确定完成双色模式转换，如图8-62所示。

通过曲线调整可以使默认的双色效果更丰富，在调整不满意时，单击“空”按钮可以将曲线上的调节点删除，方便重新调整，调整后效果如图8-63所示。

图8-62

图8-63

<2>多色调效果

多色调类型包括“双色调”“三色调”和“四色调”，可以为双色模式添加丰富的颜色。选中位图，然后执行“位图>模式>双色（8位）”菜单命令，打开“双色调”对话框，选择“类型”为“四色调”，接着选中黑色，右边的曲线显示的是当前选中颜色的曲线，调整曲线即可调整颜色，如图8-64所示。

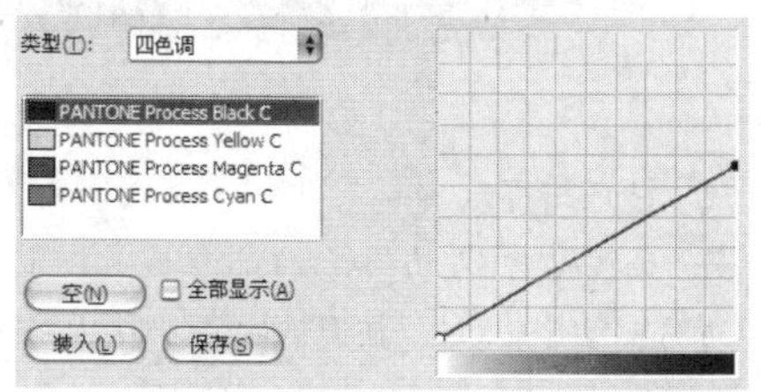

图8-64

选中黄色，右边的曲线显示的是黄色的曲线，调整曲线即可调整颜色，如图8-65所示，接着将洋红和蓝色的曲线进行调节，如图8-66和图8-67所示。

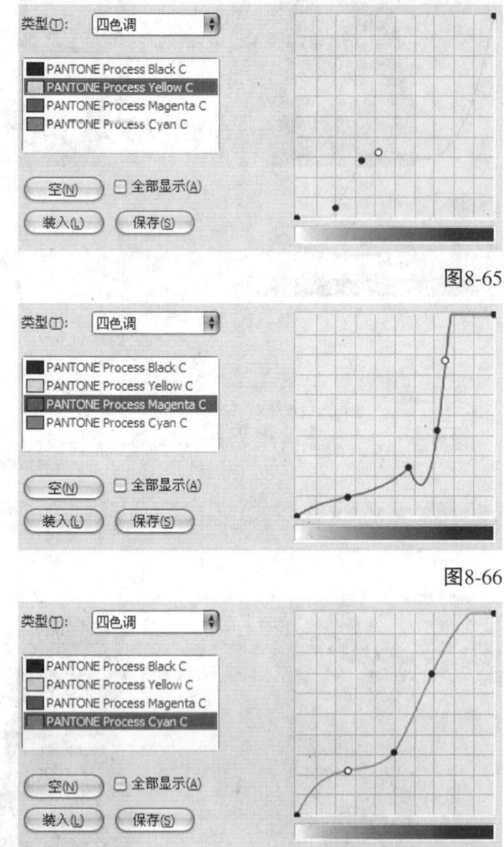

图8-65

图8-66

图8-67

调整完成后单击“确定”按钮完成模式转换，效果如图8-68所示。“双色调”和“三色调”的调整方法和“四色调”一样。

图8-68

技巧与提示

曲线调整中左边的点为高光区域，中间为灰度区域，右边的点为暗部区域。在调整时注意调节点在3个区域的颜色比例和深浅度，在预览视图中查看调整效果。

4.转换调色板色图像

选中要转换的位图，然后执行“位图>模式>调色板色（8位）”菜单命令，打开“转换至调色板色”对话框，选择“调色板”为“标准色”，再选择“递色处理”为Floyd-Steinberg，接着在“递色强度”调节Floyd-Steinberg的扩散程度，最后单击“确定”按钮完成模式转换，完成转换后位图出现磨砂的感觉,如图8-69所示。

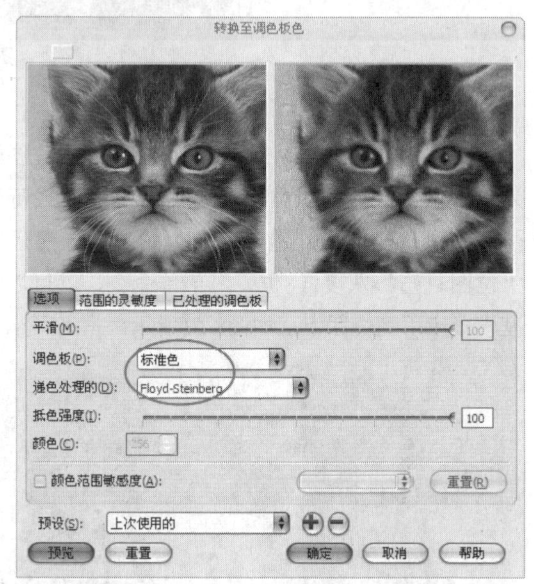

图8-69

5.转换RGB图像

RGB模式的图像用于屏幕显示，是运用最为广泛的模式之一。RGB模式通过红、绿、蓝3种颜色叠加呈现更多的颜色，3种颜色的数值大小决定位图颜色的深浅和明度。导入的位图在默认情况下为RGB模式。

RGB模式的图像通常情况下比CMYK模式的图像颜色鲜亮，CMYK模式要偏暗一些，如图8-70所示。

图8-70

6.转换Lab图像

Lab模式是国际色彩标准模式，由“透明度”“色相”和“饱和度”3个通道组成。

Lab模式下的图像比CMYK模式的图像处理速度快，而且该模式转换为CMYK模式时颜色信息不会替换或丢失。用户转换颜色模式时可以先将对象转换成Lab模式，再转换为CMYK模式，输出颜色偏差会小很多。

7.转换CMYK图像

CMYK是一种便于输出印刷的模式，颜色为印刷常用油墨色，包括黄色、洋红色、蓝色和黑色，通过这4种颜色的混合叠加呈现多种颜色。

CMYK模式的颜色范围比RGB模式要小，所以直接进行转换会丢失一部分颜色信息。

8.3 颜色调整

导入位图后，用户可以在“效果>调整”菜单命令的子菜单中选择相应的命令对其进行颜色调整，使位图表现得更丰富，如图8-71所示。

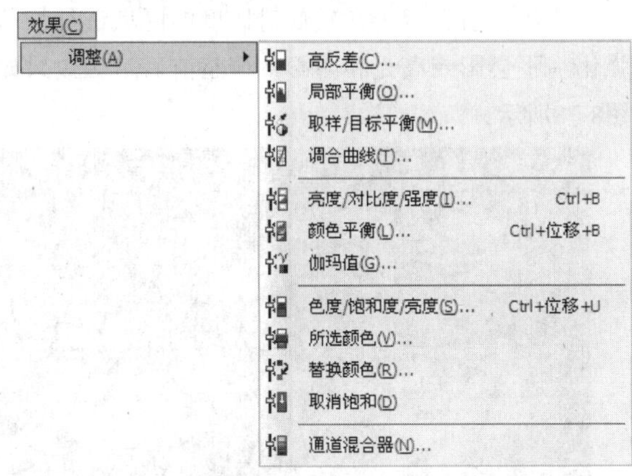

图8-71

本节重要命令介绍

名称	作用	重要程度
高反差	通过重新划分从最暗区到最亮区颜色的浓淡，来调整位图阴影区、中间区域和高光区域	中
局部平衡	通过提高边缘附近的对比度来显示亮部和暗部区域的细节	中
取样/目标平衡	从图中吸取色样来参照调整位图颜色值	中
调和曲线	通过改变图像中的单个像素值来精确校正位图颜色	高
亮度/对比度/强度	调整位图的亮度和深色区域和浅色区域的差异	高
颜色平衡	将青色、红色、品红、绿色、黄色、蓝色添加到位图中来添加颜色偏向	中
伽马值	在较低对比度的区域进行细节强化，不会影响高光和阴影	低
色度/饱和度/亮度	调整位图中的色频通道，并改变色谱中颜色的位置	高
所选颜色	通过改变位图中的“红”“黄”“绿”“青”“蓝”“品红”色谱的CMYK数值来改变颜色	低
替换颜色	使用另一种颜色替换位图中所选的颜色	中
取消饱和	将位图中每种颜色的饱和度都减为零，转化为相应的灰度，形成灰度图像	低
通道混合器	改变不同颜色通道的数值来改变图像的色调	中
去交错	从扫描或隔行显示的图像中移除线条	低
反显	反显图像的颜色	低
极色化	减少位图中色调值的数量，减少颜色层次产生大面积缺乏层次感的颜色	低

8.3.1 高反差

“高反差”通过重新划分从最暗区到最亮区颜色的浓淡，来调整位图阴影区、中间区域和高光区域。保证在调整对象亮度、对比度和强度时高光区域和阴影区域的细节不丢失，调整前后效果如图8-72所示。

图8-72

8.3.2 局部平衡

“局部平衡”可以通过提高边缘附近的对比度来显示亮部和暗部区域的细节，调整前后效果对比如图8-73所示。

图8-73

技巧与提示

调整“宽度”和“高度”时，可以统一进行调整，也可以单击解开后面的锁头进行分别调整。

8.3.3 取样/目标平衡

“取样/目标平衡”用于从图中吸取色样来参照调整位图颜色值，支持分别吸取暗色调、中间调和浅色调的色样，再将调整的目标颜色应用到每个色样区域中，如图8-74所示。

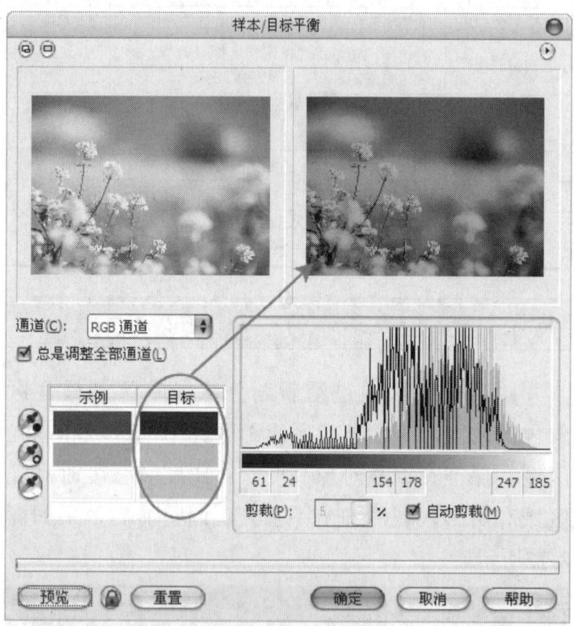

图8-74

8.3.4 调和曲线

“调和曲线”通过改变图像中的单个像素值来精确校正位图颜色。通过分别改变阴影、中间色和高光部分，精确地修改图像局部的颜色，调整前后对比效果如图8-75所示。

图8-75

8.3.5 亮度/对比度/强度

“亮度/对比度/强度”用于调整位图的亮度和深色区域和浅色区域的差异，调整前后对比效果如图8-76所示。

图8-76

8.3.6 颜色平衡

“颜色平衡”用于将青色、红色、品红、绿色、黄色、蓝色添加到位图中，来添加颜色偏向，调整前后对比效果如图8-77所示。

图8-77

8.3.7 伽马值

“伽马值”用于在较低对比度的区域进行细节强化，不会影响高光和阴影，调整前后对比效果如图8-78所示。

图8-78

8.3.8 色度/饱和度/亮度

“色度/饱和度/亮度”用于调整位图中的色频通道，并改变色谱中颜色的位置，这种效果可以改变位图的颜色、浓度和白色所占的比例，调整前后对比效果如图8-79所示。

图8-79

8.3.9 所选颜色

“所选颜色”通过改变位图中的“红”“黄”“绿”“青”“蓝”“品红”色谱的CMYK数值来改变颜色，调整前后对比效果如图8-80所示。

图8-80

8.3.10 替换颜色

“替换颜色”可以使用另一种颜色替换位图中所选的颜色，调整前后对比效果如图8-81所示。

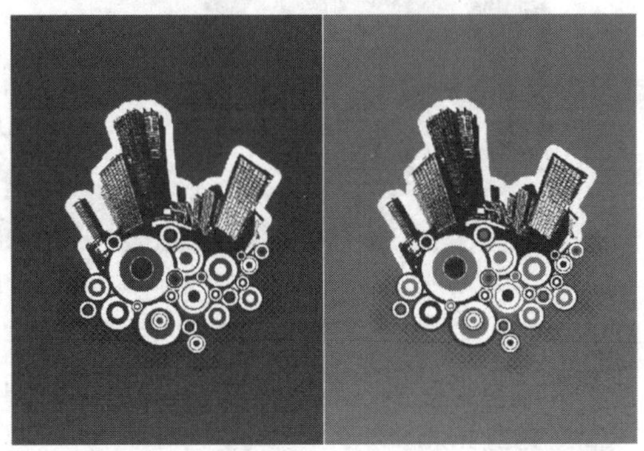

图8-81

技巧与提示

在使用“替换颜色”进行编辑位图时，选择的位图必须是颜色区分明确的，如果选取的位图颜色区域有歧义，在替换颜色后会出现错误的颜色替换，如图8-82所示。

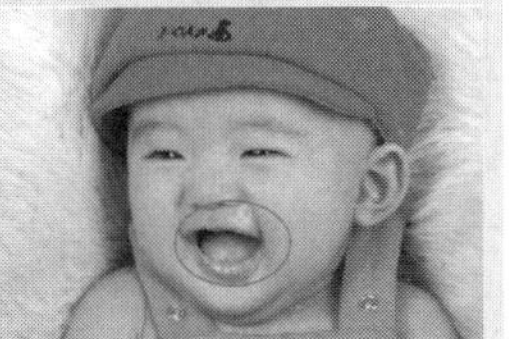

图8-82

8.3.11 取消饱和

“取消饱和”用于将位图中每种颜色饱和度都减为零，转化为相应的灰度，形成灰度图像，调整前后对比效果如图8-83所示。

图8-83

8.3.12 通道混合器

“通道混合器”通过改变不同颜色通道的数值来改变图像的色调。选中位图，然后执行“效果>调整>通道混合器”菜单命令，打开“通道混合器”对话框，在色彩模式中选择颜色模式，接着选择相应的颜色通道进行分别设置，最后单击“确定”按钮 完成调整，如图8-84所示。

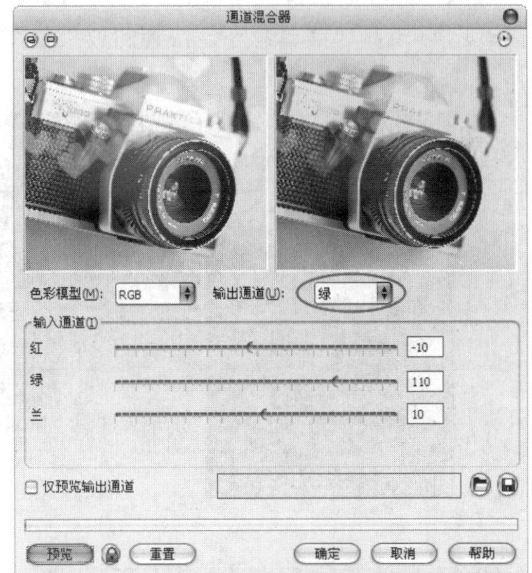

图8-84

8.3.13 去交错

在“效果>变换”菜单命令下，我们可以选择“去交错”“反显”和“极色化”操作来对位图的色调和颜色添加特殊效果。

“去交错”用于从扫描或隔行显示的图像中移除线条。选中位图，然后执行“效果>变换>去交错”菜单命令，打开“去交错”对话框，在“扫描线”中选择样式“偶数行”“奇数行”，再选择相应的“替换方法”，在预览图中查看效果，接着单击“确定”按钮完成调整，如图8-85所示。

图8-85

8.3.14 反显

“反显”可以反显图像的颜色。反显图像会形成摄影负片的外观。选中位图，然后执行“效果>变换>反显”菜单命令，得到的效果如图8-86所示。

图8-86

8.3.15 极色化

“极色化”用于减少位图中色调值的数量，减少颜色层次会产生大面积缺乏层次感的颜色。选中位图，然后执行“效果>变换>极色化”菜单命令，打开“极色化”对话框，在“层次”后设置调整的颜色层次，在预览图中查看效果，接着单击“确定”按钮完成调整，如图8-87所示。

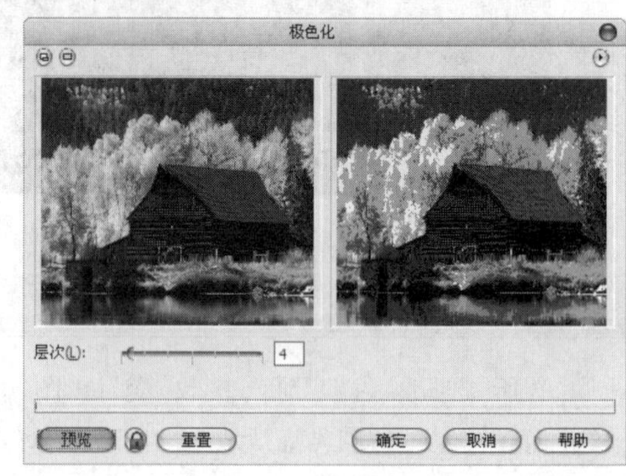

图8-87

课堂案例

制作牛仔衬衫

案例位置	案例文件>CH08>综合实例：制作牛仔衬衫.cdr
视频位置	多媒体教学>CH08>综合实例：制作牛仔衬衫.flv
难易指数	★★★★☆
学习目标	牛仔衬衫的制作方法

牛仔衬衫效果如图8-88所示。

图8-88

01 新建空白文档，然后设置文档名称为“牛仔衬衫”，接着设置页面的大小，“宽”为279mm、“高”为213mm。

02 导入“素材文件>CH08>04.cdr”文件，然后将其中的男性体型轮廓拖曳到页面中，接着使用“钢笔工具”绘制右半边的衣身，调整形状，如图8-89所示。

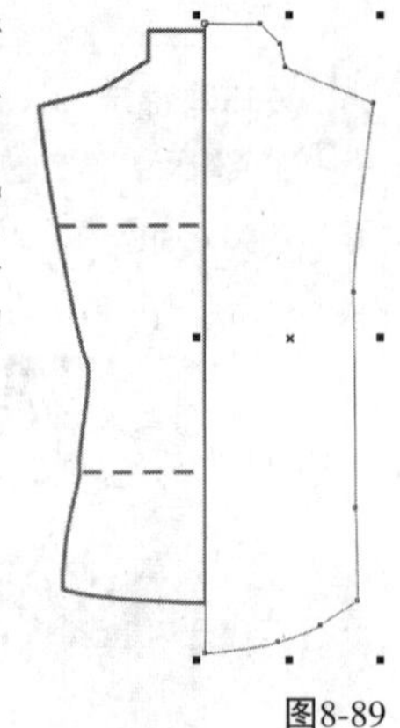

图8-89

03 选中绘制的半边衣身，然后原位置复制一份，再将镜像轴定到左边，接着进行水平镜像，调整位置，如图8-90所示。

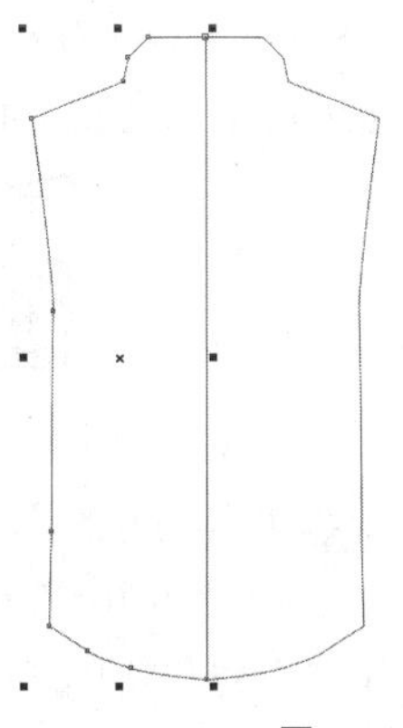
图8-90

04 选中左右两边的衣身，然后执行“排列>造形>合并”菜单命令，将衣身合并为一个对象，接着删除多余的节点，如图8-91所示。

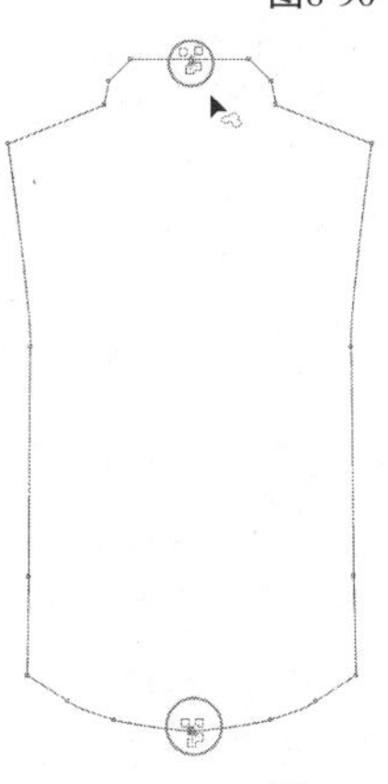
图8-91

05 接下来绘制衣袖，使用“钢笔工具”绘制衣袖，然后调整衣袖与衣身的位置，如图8-92所示，接着将衣袖复制一份，再水平镜像到另一边，调整位置，如图8-93所示。

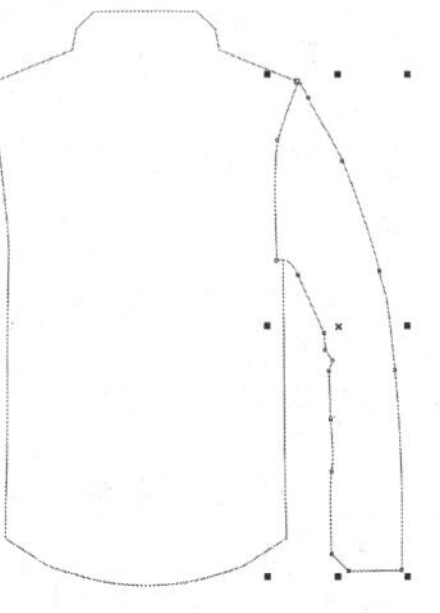
图8-92

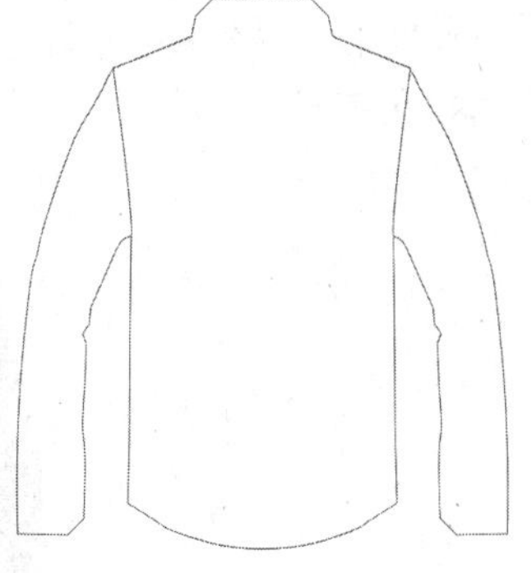
图8-93

06 使用“钢笔工具”绘制衬衫领口，然后使用“形状工具”调整形状，如图8-94所示。

图8-94

07 导入“素材文件>CH08>05.jpg”文件，然后选中布料执行“效果>调整>色度/饱和度/亮度”菜单命令，打开“色度/饱和度/亮度”对话框，再选中“主对象”，设置“饱和度”为43、“亮度”为-1，接着单击“确定”按钮完成设置，如图8-95所示。

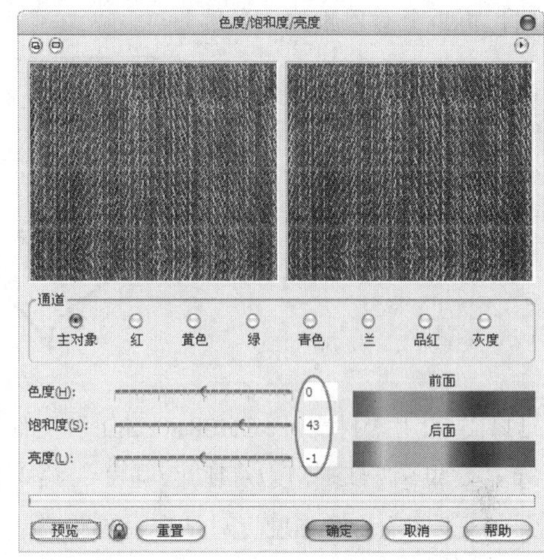

图8-95

08 选中布料，然后执行“效果>调整>亮度/对比度/强度”菜单命令，打开“亮度/对比度/强度”对话框，再设置“亮度”为-37、“强度”为45，接着单击“确定”按钮完成设置，如图8-96所示。

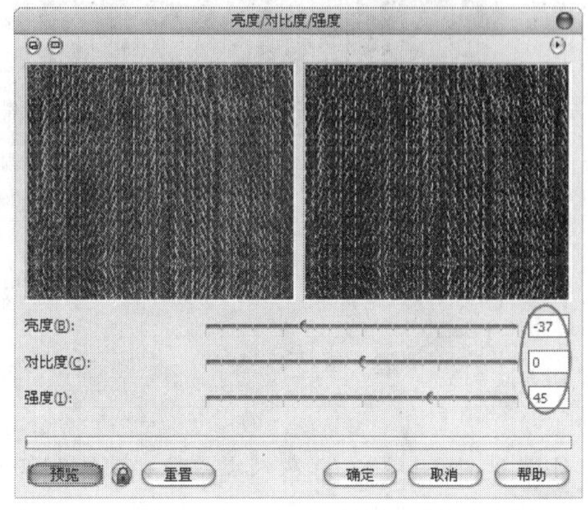

图8-96

09 选中调整好的布料复制两份，然后进行旋转，接着执行“效果>图框精确剪裁>置于图文框内部”菜单命令，把布料放置在衣身中，如图8-97所示。

图8-97

10 将领口复制一份，然后使用“钢笔工具”绘制两条曲线，如图8-98所示，接着使用曲线修剪领口，再拆分对象删除上半部分。

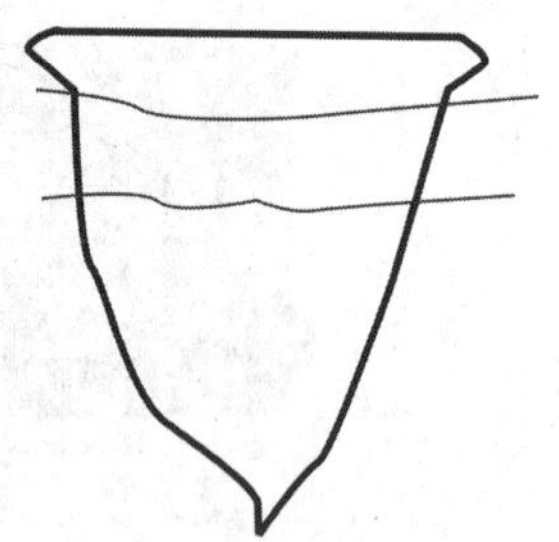

图8-98

11 导入“素材文件>CH08>06.jpg”文件，然后执行“效果>调整>亮度/对比度/强度”菜单命令，打开“亮度/对比度/强度”对话框，再设置“亮度”为17、“强度”为45，接着单击“确定”按钮完成设置，如图8-99所示。

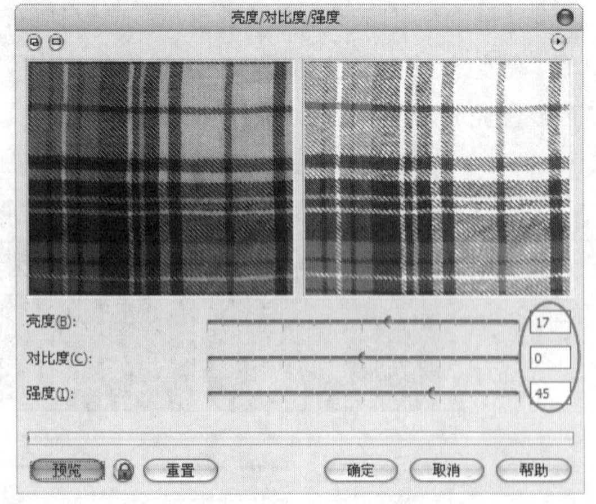

图8-99

12 选中调整好的布料复制一份备用，然后执行“效果>图框精确剪裁>置于图文框内部”菜单命令，把布料放置在领口中，再设置“轮廓宽度”为0.25mm，如图8-100所示。

图8-100

13 将编辑好的领口拖曳到衣身内，然后将领口的填充去掉，如图8-101所示，接着使用“钢笔工具”绘制衬衫的门襟和敞开的下摆，如图8-102所示。

图8-101

图8-102

14 导入“素材文件>CH08>07.jpg”文件，然后进行复制，再执行“效果>图框精确剪裁>置于图文框内部”菜单命令，把布料放置在衣领和下摆中，如图8-103所示。

图8-103

⑮ 下面绘制衣身褪色效果。使用“椭圆形工具”绘制一个椭圆，然后填充颜色为白色，再去掉轮廓线，如图8-104所示，接着选中椭圆执行“位图>转换为位图”菜单命令将椭圆转换为位图。

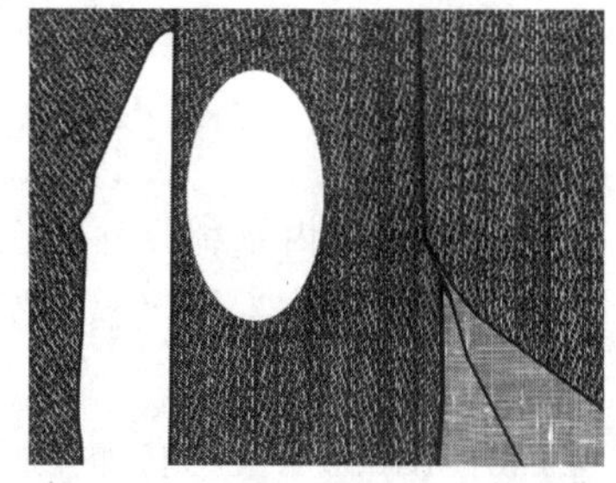

图8-104

⑯ 选中转换的位图执行“位图>模糊>高斯式模糊”菜单命令打开“高斯式模糊”对话框，然后设置“半径”为70像素，再单击“确定”按钮完成模糊，如图8-105所示。

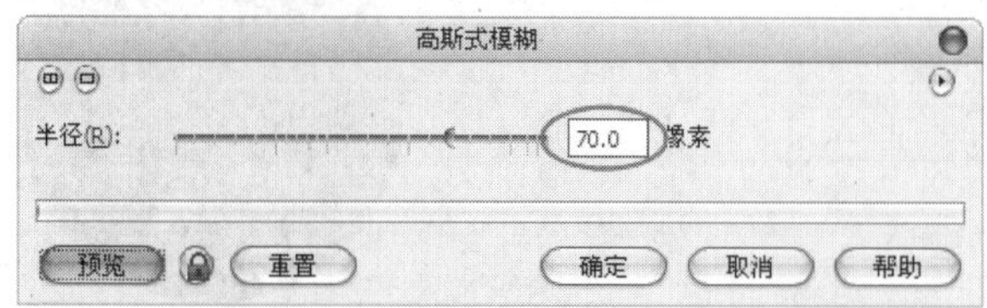

图8-105

⑰ 将编辑好的模糊效果复制排放在衣身的相应褪色区域，如图8-106所示，接着选中褪色区域单击“透明度工具”，在属性栏中设置“透明度类型”为“标准”、“开始透明度”为30，效果如图8-107所示。

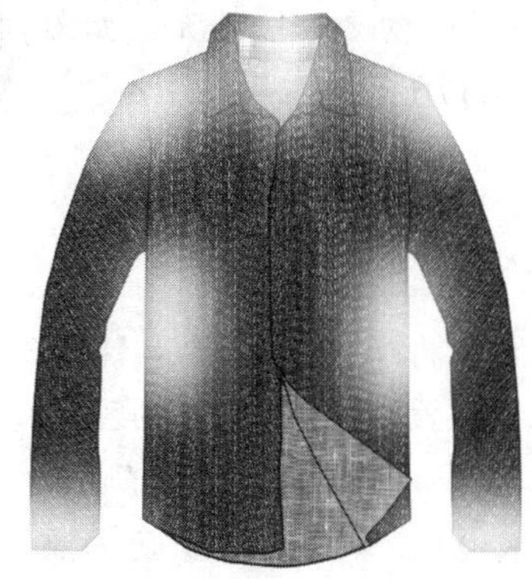

图8-106

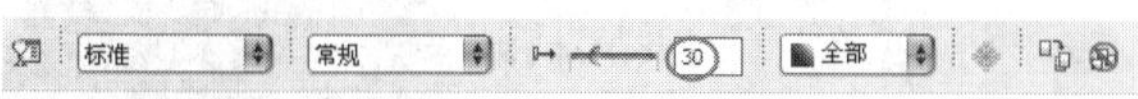

图8-107

⑱ 选中褪色区域，执行“效果>图框精确剪裁>置于图文框内部”菜单命令，把褪色区域分别放置在衣身中，如图8-108所示。

图8-108

⑲ 使用“钢笔工具”绘制领口敞开处，然后将布料置入，如图8-109所示，接着使用“矩形工具”绘制矩形，填充颜色为（C:25，M:18，Y:22，K:0），并设置轮廓线颜色为（C:20，M:0，Y:0，K:80），再将矩形向内复制一个，更改填充为（C:2，M:0，Y:7，K:0），最后更改“线条样式”为“虚线”，效果如图8-110所示。

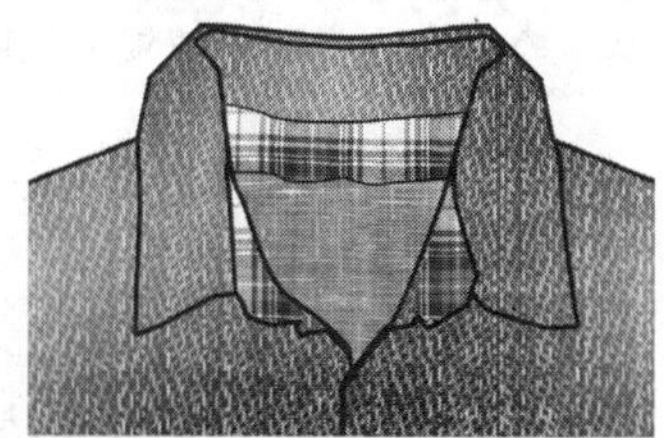

图8-109

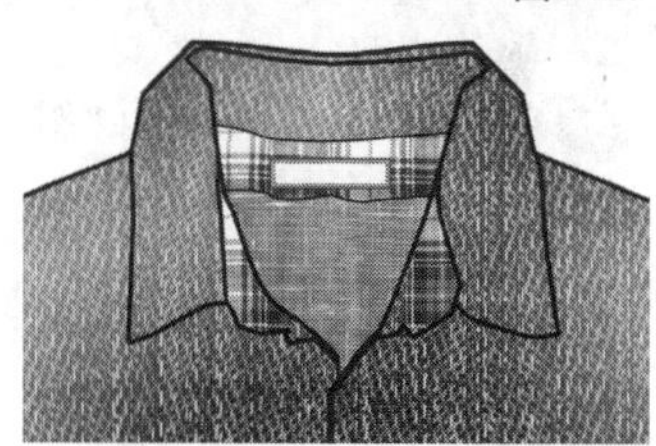

图8-110

⑳ 使用“钢笔工具”绘制尺码标，然后填充颜色为黑色，再复制一份进行移位，更改下方对象的颜色为（C:0，M:0，Y:20，K:80），接着去掉轮廓线，最后使用“文本工具”输入文本，如图8-111所示。

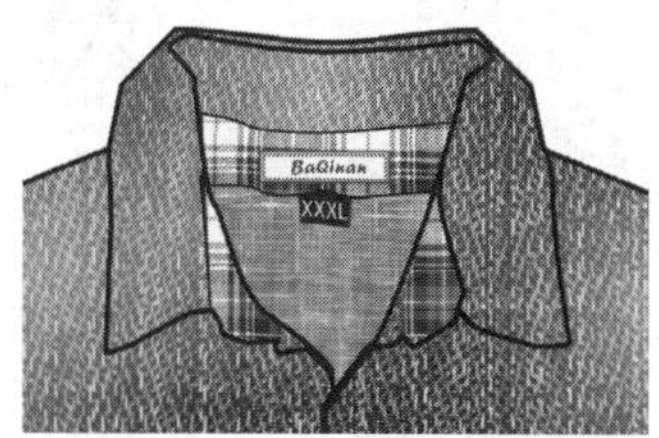

图8-111

21 下面丰富衣身。使用“钢笔工具”绘制缝纫线和分割线，然后设置“轮廓宽度”为0.5mm、轮廓线颜色为（C:100，M:96，Y:58，K:19），接着选中缝纫线设置“线条样式”为“虚线”，如图8-112所示。

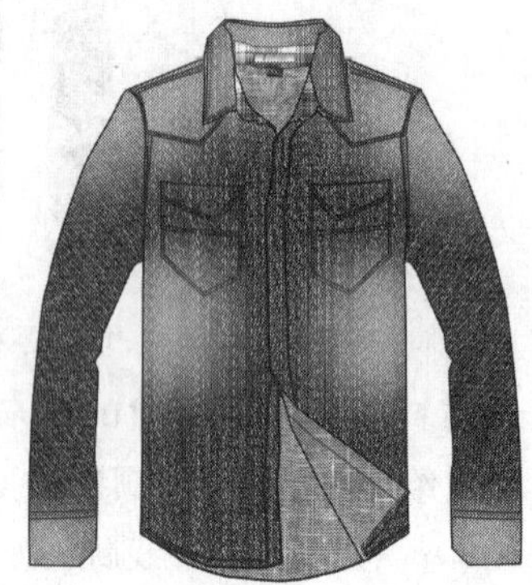

图8-112

22 使用“钢笔工具”绘制领口阴影，然后填充颜色为(C:100，M:97，Y:68，K:62)，接着使用“透明度工具”拖曳透明渐变效果，如图8-113所示。

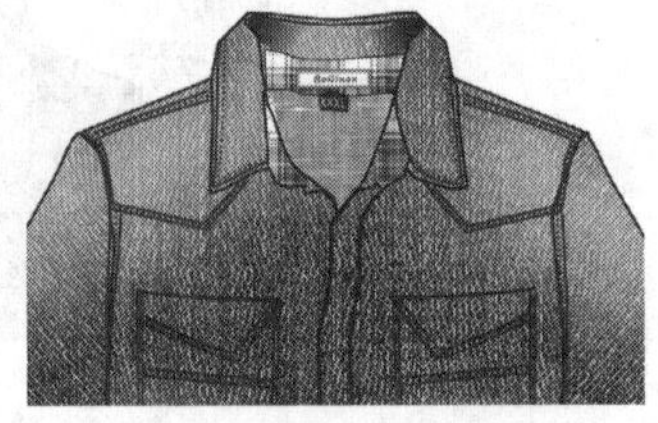

图8-113

23 下面制作袖口，使用“钢笔工具”绘制袖口，然后执行“效果>图框精确剪裁>置于图文框内部”菜单命令，把布料放置在袖口中，如图8-114所示。

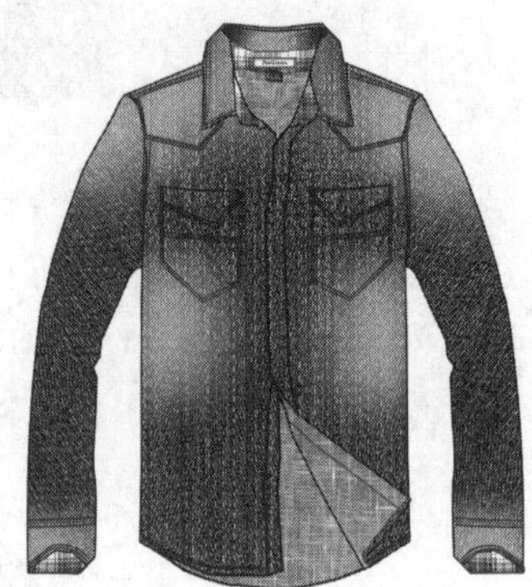

图8-114

24 下面绘制扣子，使用“椭圆形工具”绘制一个圆形，然后填充颜色为（C:0，M:20，Y:20，K:60），再设置轮廓线颜色为（C:100，M:97，Y:68，K:62），如图8-115所示。

图8-115

25 将圆形向内复制，然后在“渐变填充”对话框中设置“类型”为“辐射”、“颜色调和”为“双色”，再设置“从”的颜色为（C:71，M:82，Y:100，K:63）、“到”的颜色为（C:0，M:60，Y:100，K:0），接着单击“确定”按钮完成填充，最后更改轮廓线颜色为（C:71，M:82，Y:100，K:63），如图8-116所示。

图8-116

26 将前面绘制的扣子复制一份，然后选中中间的圆形，在“渐变填充”对话框中更改“到”的颜色为（C:0，M:0，Y:60，K:0），接着单击“确定”按钮完成填充，如图8-117所示。

图8-117

27 将圆形向内缩放，然后在“渐变填充”对话框中设置“类型”为“辐射”、“颜色调和”为“双色”，再设置“从”的颜色为（C:0，M:60，Y:80，K:0）、“到”的颜色为黑色，接着单击“确定”按钮完成填充，如图8-118所示。

图8-118

28 把前面绘制的扣子复制排放在衬衫上，如图8-119所示，然后使用“钢笔工具”绘制衬衫阴影，再填充颜色为（C:100，M:97，Y:68，K:62），如图8-120所示。

图8-119

图8-120

29 使用“钢笔工具”绘制衣摆阴影，然后填充颜色为（C:20，M:0，Y:0，K:80），如图8-121所示，接着使用“透明度工具”为阴影拖曳透明渐变效果，如图8-122所示。

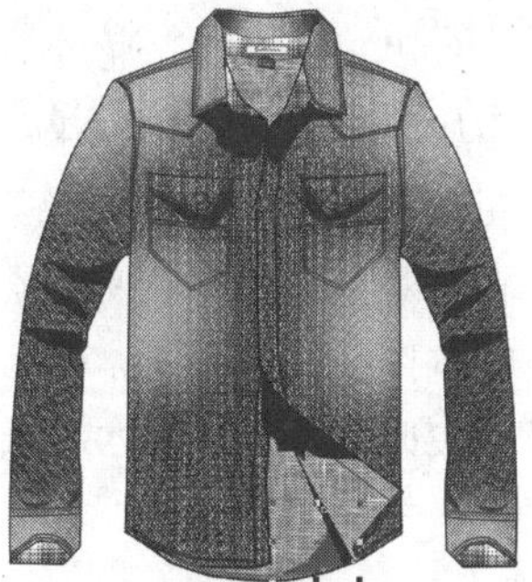
图8-121

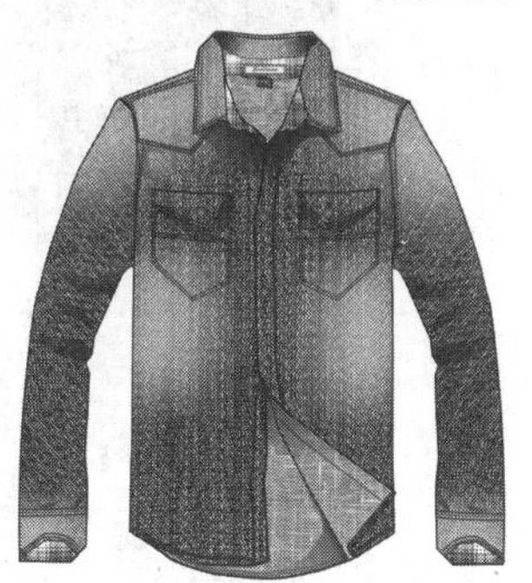
图8-122

30 用同样的方法将衣褶绘制完毕，效果如图8-123所示，然后导入“素材文件>CH08>08.jpg”文件，再执行“效果>调整>替换颜色”菜单命令，打开“替换颜色”对话框，接着吸取“原颜色”为黑色、设置“新建颜色”为（C:91，M:81，Y:53，K:20）、“色度”为-158、“饱和度”为44、“亮度”为6，最后单击“确定”按钮完成替换，如图8-124所示。

图8-123

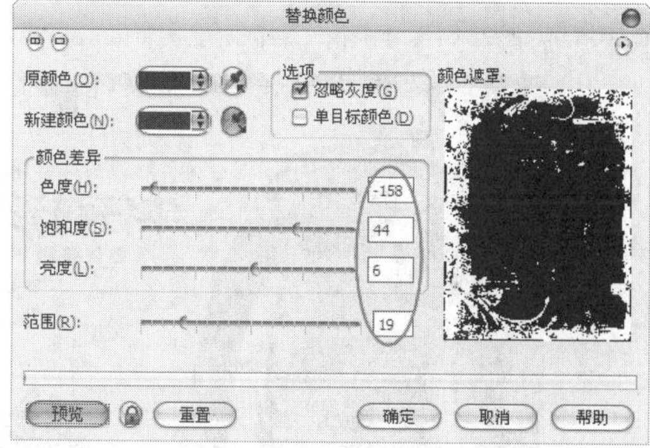

图8-124

31 将背景拖曳到页面中，然后将衬衫拖曳到页面左边，再进行旋转，如图8-125所示，接着使用“椭圆形工具”绘制圆形，最后缩放复制4个。

图8-125

32 选中圆形，然后从左到右依次填充颜色为（C:23，M:2，Y:2，K:0）、（C:96，M:69，Y:16，K:0）、（C:0，M:0，Y:0，K:52）、（C:2，M:61，Y:100，K:2）、（C:0，M:84，Y:77，K:0），接着去掉轮廓线，如图8-126所示。

图8-126

33 使用"文本工具"输入美工文字"牛仔衬衫"，然后填充颜色为（C:100，M:96，Y:58，K:19），最终效果如图8-127所示。

图8-127

8.4 位图效果添加

在CorelDRAW X6中为位图的制作提供了很多滤镜效果，包括三维效果、艺术笔触、模糊、相机、颜色转换、轮廓图等10个滤镜组。

本节重要命令介绍

名称	作用	重要程度
三维效果	对位图添加三维特殊效果，使位图具有空间和深度效果	高
艺术笔触	将位图以手工绘画方法进行转换，创造不同的绘画风格	高
模糊	为对象添加模糊效果	高
相机	为图像添加相机产生的光感效果，为图像去除存在的杂点	低
颜色转换	将位图分为3个颜色平面进行显示，也可以为图像添加彩色网版效果，还可以转换色彩效果	中
轮廓图	处理位图的边缘和轮廓，可以突出显示图像边缘	中
创造性	为用户提供了丰富的底纹和形状	低
扭曲	使位图产生变形扭曲效果	低
杂点	为图像添加颗粒，并调整添加颗粒的程度	中
鲜明化	突出强化图像边缘，修复图像中缺损的细节，使模糊的图像变得更清晰	低

8.4.1 三维效果

三维效果滤镜组可以对位图添加三维特殊效果，使位图具有空间和深度效果，三维效果的操作命令包括"三维旋转""柱面""浮雕""卷页""透视""挤远/挤近"和"球面"，如图8-128所示。

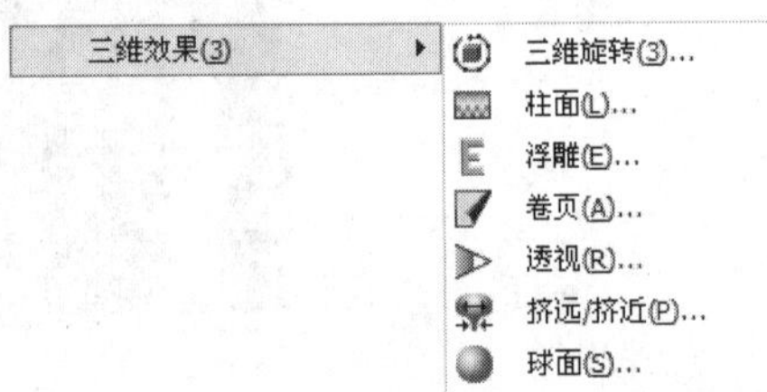

图8-128

1.三维旋转

"三维旋转"通过手动拖曳三维模型效果，来添加图像的旋转3D效果。选中位图，然后执行"位图>三维效果>三维旋转"菜单命令，打开"三维旋转"对话框，接着使用鼠标左键拖曳三维效果，在预览图中查看效果，最后单击"确定"按钮完成调整，如图8-129所示。

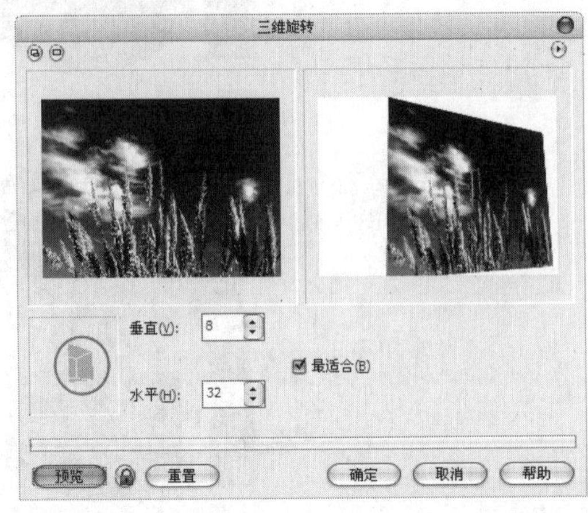

图8-129

2.柱面

“柱面”以圆柱体表面贴图为基础，为图像添加三维效果。选中位图，然后执行“位图>三维效果>柱面”菜单命令，打开“柱面”对话框，接着选择“柱面模式”，再调整拉伸的百分比，最后单击“确定”按钮完成调整，如图8-130所示。

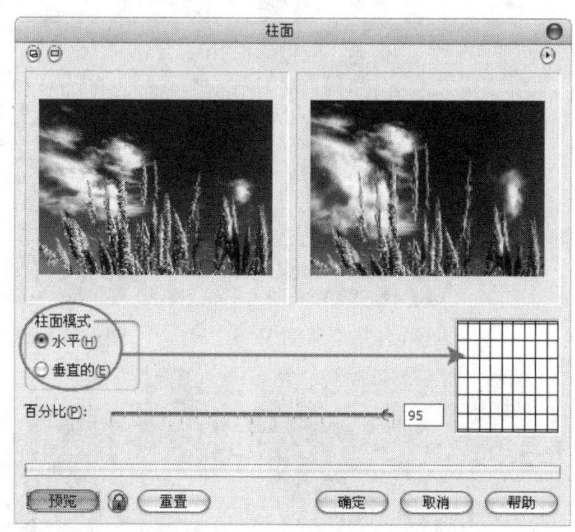

图8-130

3.浮雕

“浮雕”可以为图像添加凹凸效果，形成浮雕图案。选中位图，然后执行“位图>三维效果>浮雕”菜单命令，打开“浮雕”对话框，接着调整“深度”“层次”和“方向”，再选择浮雕的颜色，最后单击“确定”按钮完成调整，如图8-131所示。

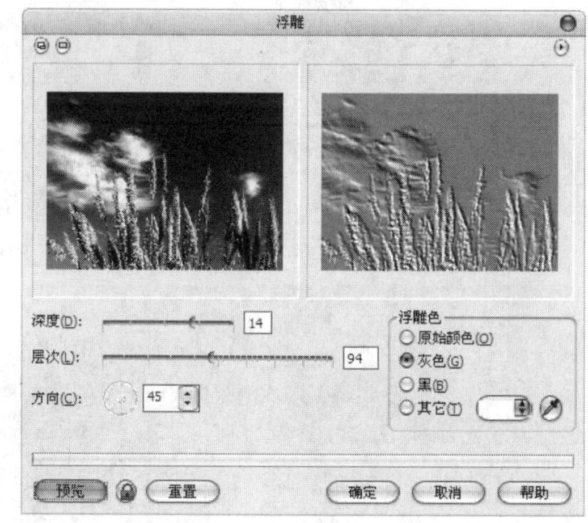

图8-131

4.卷页

“卷页”可以卷起位图的一角，形成翻卷效果。选中位图，然后执行“位图>三维效果>卷页”菜单命令，打开“卷页”对话框，接着选择卷页的方向、“定向”“纸张”和“颜色”，再调整卷页的“宽度”和“高度”，最后单击“确定”按钮完成调整，如图8-132所示。

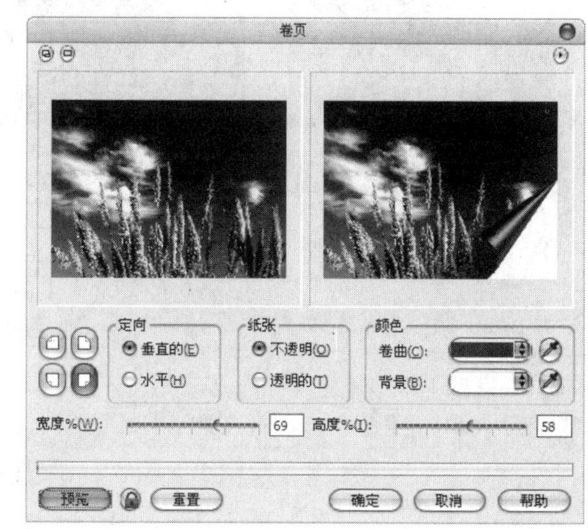

图8-132

5.透视

“透视”可以通过手动移动为位图添加透视深度。选中位图，然后执行“位图>三维效果>透视”菜单命令，打开“透视”对话框，接着选择透视的“类型”，再使用鼠标左键拖曳透视效果，最后单击“确定”按钮完成调整，如图8-133所示。

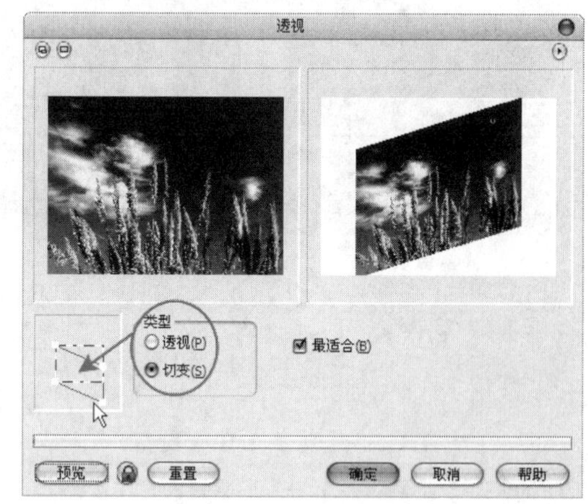

图8-133

6.挤远/挤近

“挤远/挤近”以球面透视为基础为位图添加向内或向外的挤压效果。选中位图，然后执行“位图>三维效果>挤远/挤近”菜单命令，打开“挤远/挤近”对话框，接着调整挤压的数值，最后单击“确定”按钮完成调整，如图8-134所示。

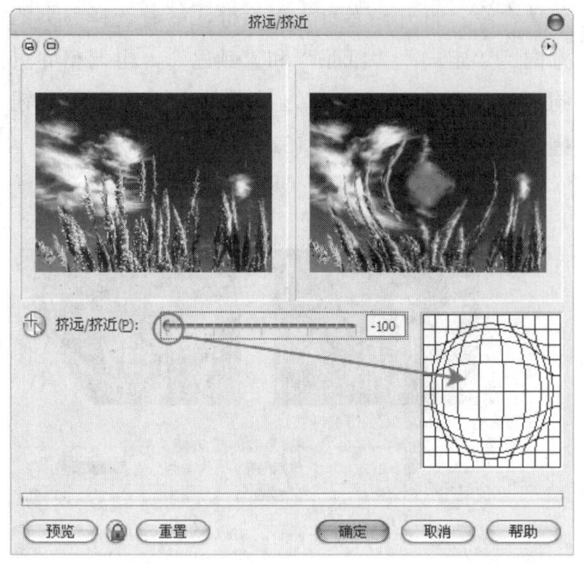

图8-134

7.球面

“球面”可以为图像添加球面透视效果。选中位图，然后执行“位图>三维效果>球面”菜单命令，打开“球面”对话框，接着选择“优化”类型，再调整球面效果的百分比，最后单击“确定”按钮确定完成调整，如图8-135所示。

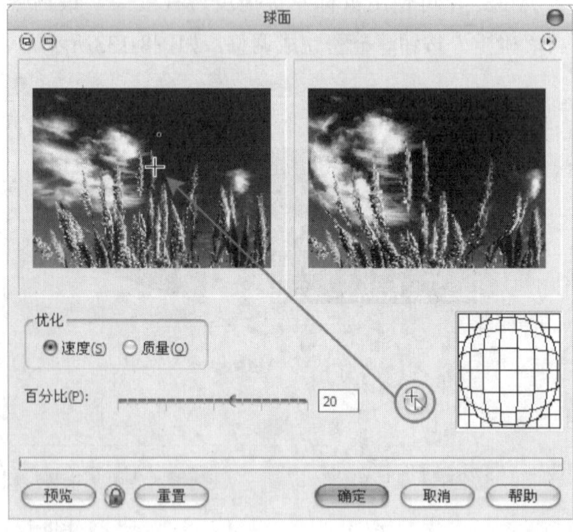

图8-135

8.4.2 艺术笔触

“艺术笔触”用于将位图以手工绘画方法进行转换，创造不同的绘画风格，包括“炭笔画”“单色蜡笔画”“蜡笔画”“立体派”“印象派”“调色刀”“彩色蜡笔画”“钢笔画”“点彩派”“木版画”“素描”“水彩画”“水印画”和“波纹纸画”14种，效果如图8-136~图8-150所示，用户可以选择相应的笔触打开对话框进行详细设置。

图8-136（原图）

图8-137（炭笔画）

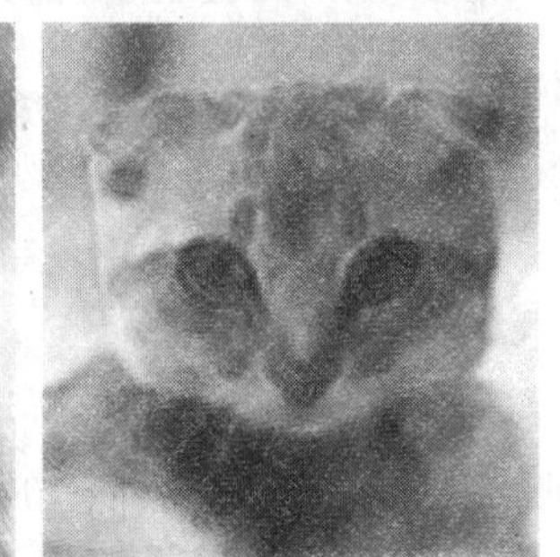

图8-138（单色蜡笔画）

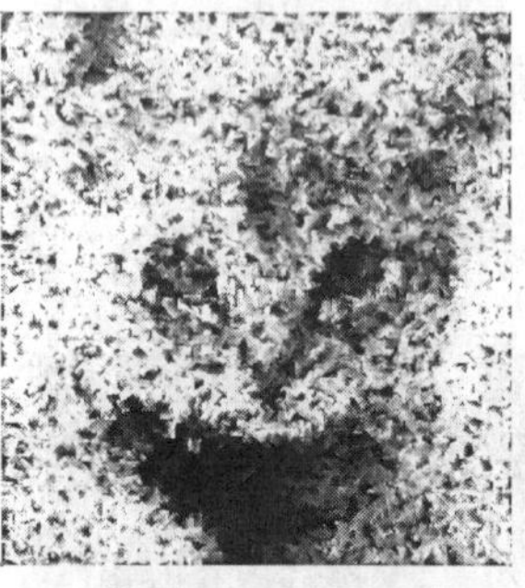

图8-139（蜡笔画）

图8-140（立体派）

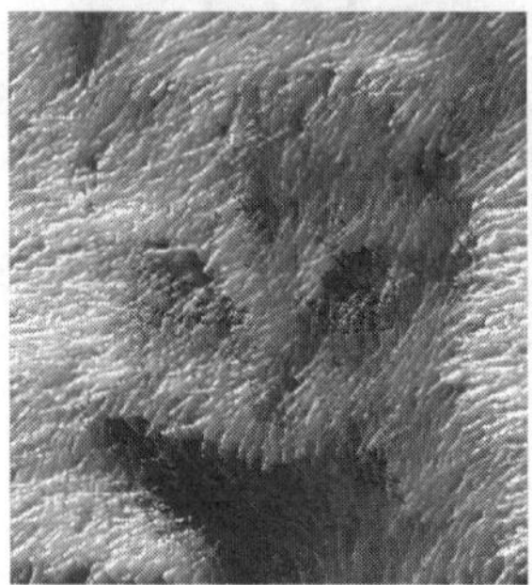

图8-141（印象派）

图8-142（调色刀）

图8-143（彩色蜡笔画）

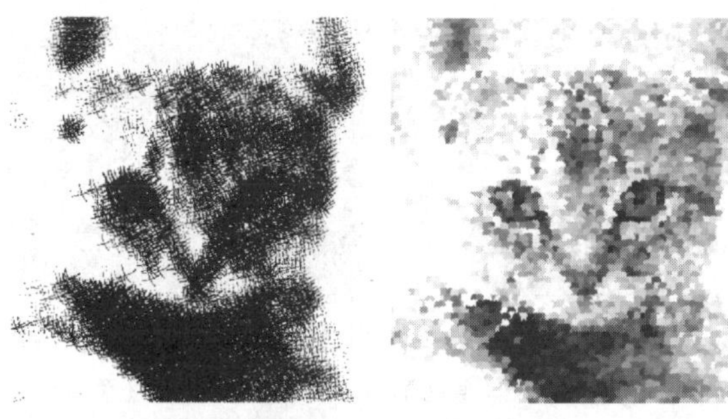

图8-144（钢笔画）　图8-145（点彩派）

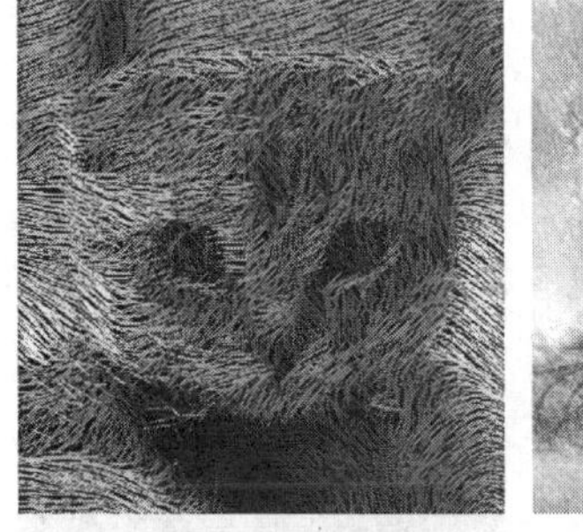

图8-146（木版画）

图8-147（素描）

图8-148（水彩画）

图8-149（水印画）

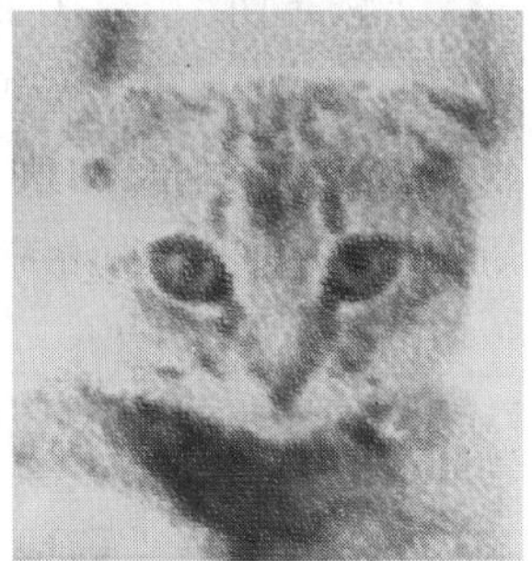

图8-150（波纹纸画）

8.4.3 模糊

模糊是绘图中最为常用的效果，方便用户添加特殊光照效果。在“位图”菜单下可以选择相应的模糊类型为对象添加模糊效果，包括“定向平滑”“高斯式模糊”“锯齿状模糊”“低通滤波器”“动态模糊”“放射式模糊”“平滑”“柔和”和“缩放”9种，效果如图8-151~图8-160所示，用户可以选择相应的模糊效果打开对话框进行数值调节。

图8-151（原图）

图8-152（定向平滑）

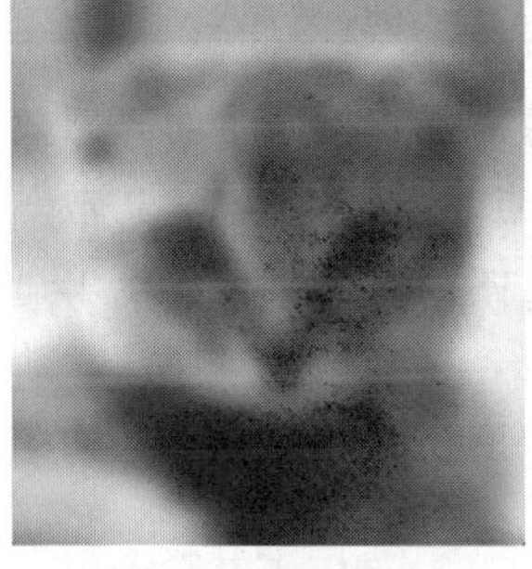

图8-153（高斯式模糊）

图8-154（锯齿状模糊）

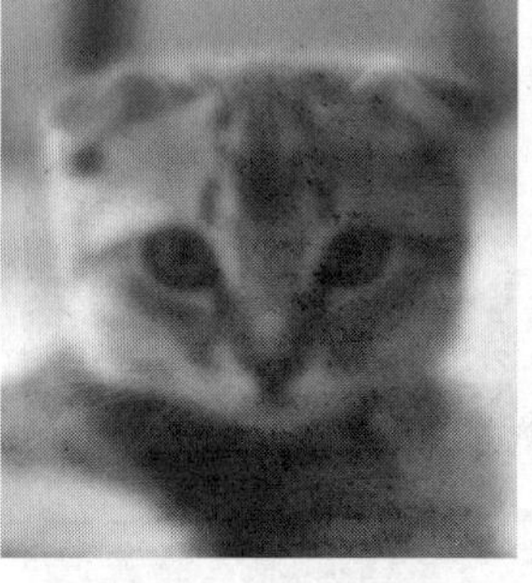

图8-155（低通滤波器）

图8-156（动态模糊）

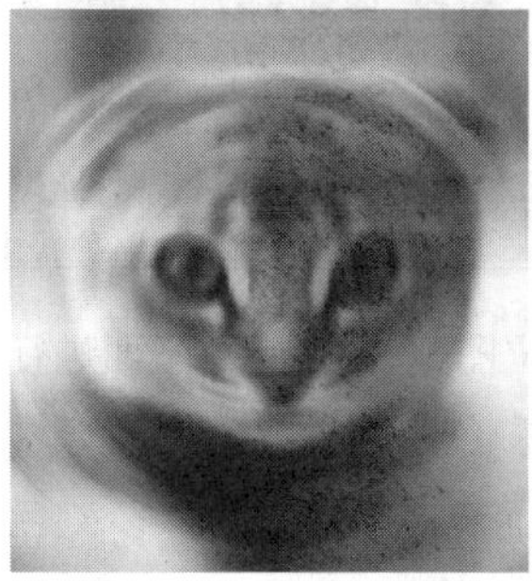

图8-157（放射式模糊）

图8-158（平滑）

图8-159（柔和）

图8-160（缩放）

技巧与提示

模糊滤镜中最为常用的是“高斯式模糊”和“动态模糊”这两种，可以制作光晕效果和速度效果。

8.4.4 相机

“相机”可以为图像添加相机产生的光感效果，为图像去除存在的杂点，该滤镜只有“扩散”一种效果，然后执行“位图>相机>扩散”菜单命令，打开“扩散”对话框，接着调整“层次”数值，最后单击“确定”按钮完成调整，如图8-161所示。

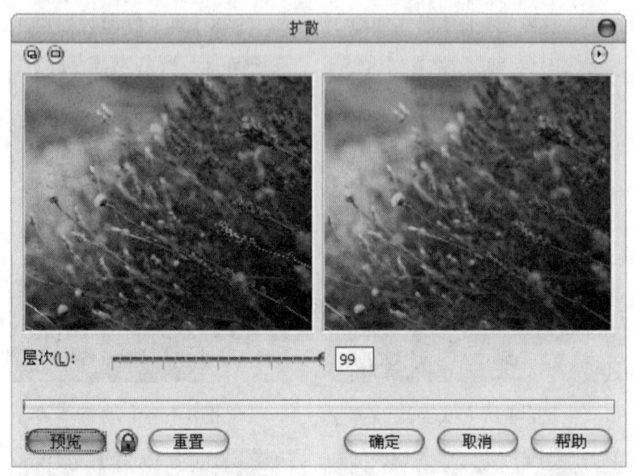

图8-161

8.4.5 颜色转换

“颜色转换”可以将位图分为3个颜色平面进行显示，也可以为图像添加彩色网版效果，还可以转换色彩效果，包括“位平面”“半色调”“梦幻色调”和“曝光”4种，效果如图8-162~图8-166所示，用户可以选择相应的颜色转换类型打开对话框进行数值调节。

图8-162（原图）

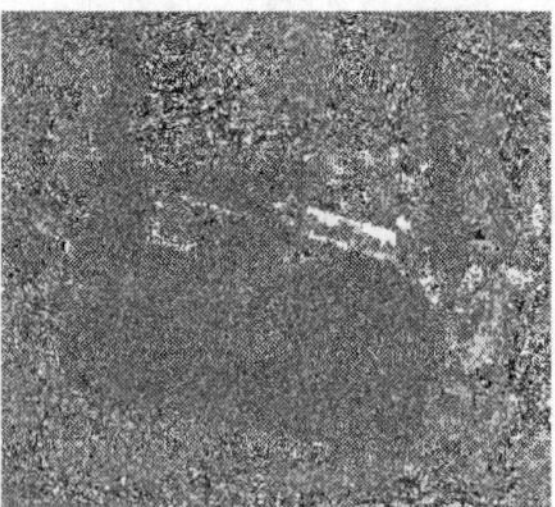

图8-163（位平面）

图8-164（半色调）

图8-165（梦幻色调）

图8-166（曝光）

8.4.6 轮廓图

“轮廓图”用于处理位图的边缘和轮廓，可以突出显示图像边缘。包括“边缘检测”“查找边缘”和“描摹轮廓”3种，效果如图8-167~图8-170所示，用户可以选择相应的类型打开对话框进行数值调节。

图8-167（原图）

图8-168（边缘检测）

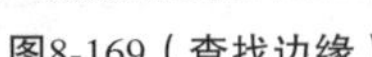

图8-169（查找边缘）

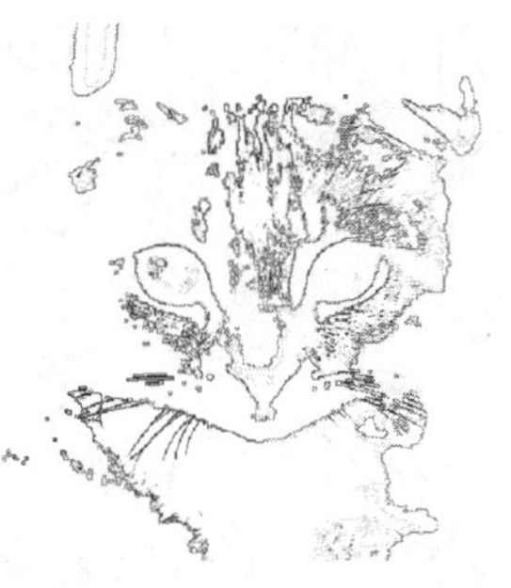

图8-170（描摹轮廓）

8.4.7 创造性

“创造性”为用户提供了丰富的底纹和形状，包括“工艺”“晶体化”“织物”“框架”“玻璃砖”“儿童游戏”“马赛克”“粒子”“散开”“茶色玻璃”“彩色玻璃”“虚光”“漩涡”和“天气”14种，效果如图8-171~图8-185所示，用户可以选择相应的类型打开对话框进行选择和调节，使效果更丰富更完美。

图8-171（原图）

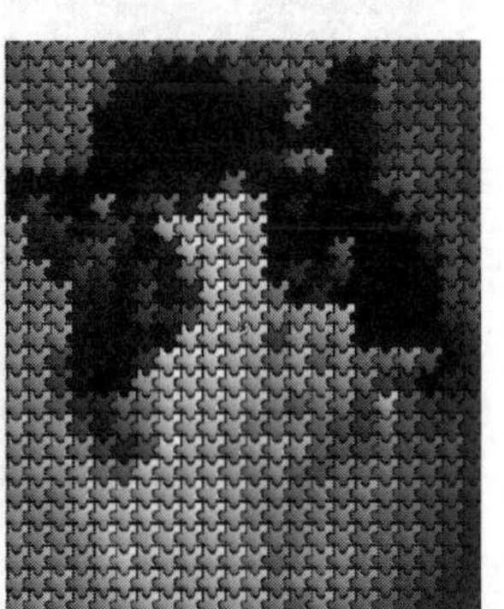

图8-172（工艺）

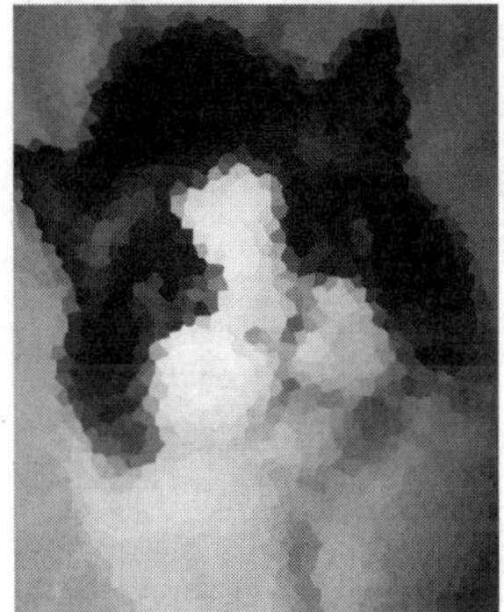

图8-173（晶体化）

图8-174（织物）

图8-175（框架）

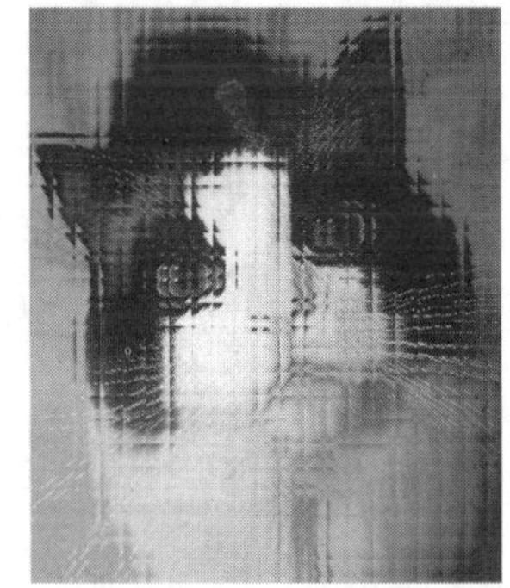

图8-176（玻璃砖）

图8-177（儿童游戏）

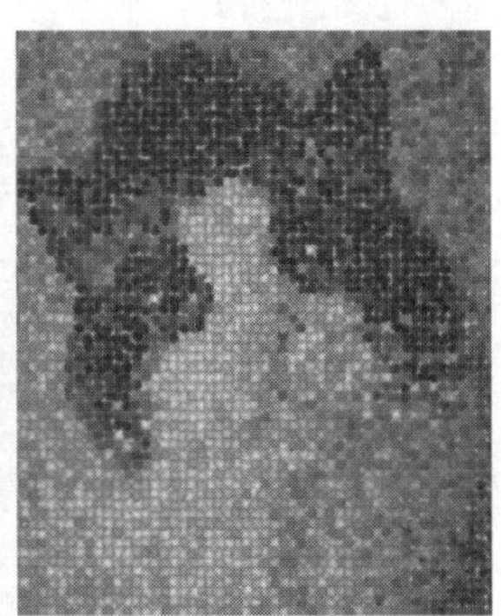

图8-178（马赛克）

图8-179（粒子）

图8-180（散开）

图8-181（茶色玻璃）

图8-182（彩色玻璃）

图8-183（虚光）

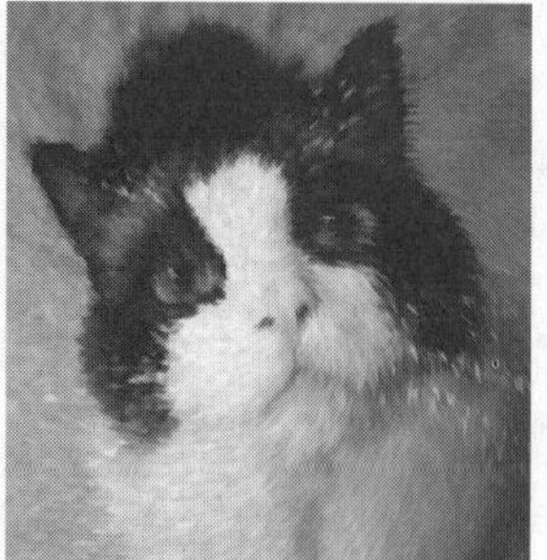
图8-184（旋涡）

图8-185（天气）

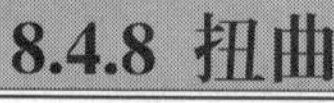

8.4.8 扭曲

“扭曲”可以使位图产生变形扭曲效果，包括“块状”“置换”“偏移”“像素”“龟纹”“旋涡”“平铺”“湿笔画”“涡流”和“风吹效果”10种，效果如图8-186~图8-196所示，用户可以选择相应的类型打开对话框进行选择和调节，使效果更丰富、更完美。

图8-186（原图）

图8-187（块状）

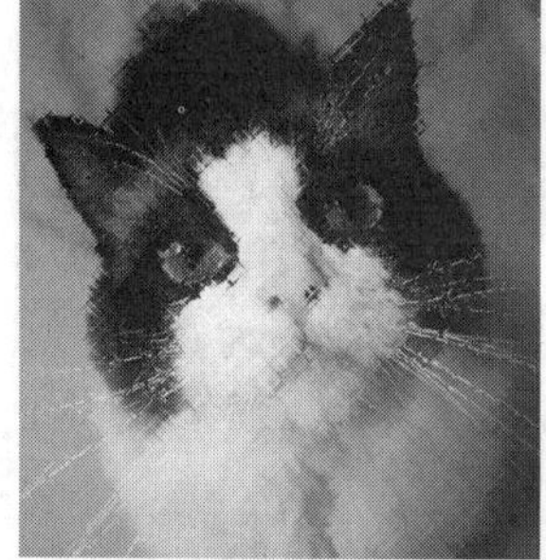
图8-188（置换）

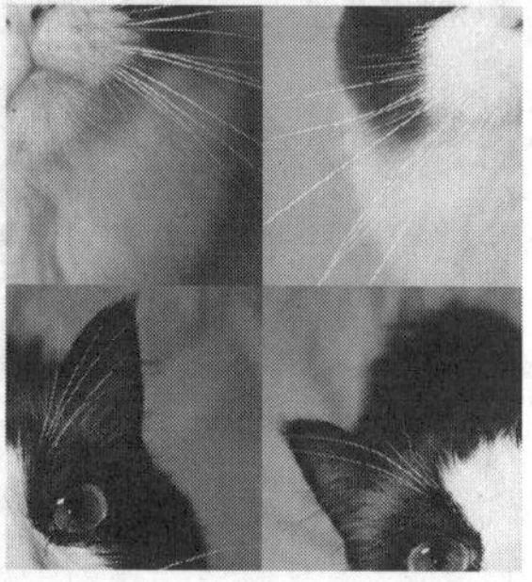
图8-189（偏移）

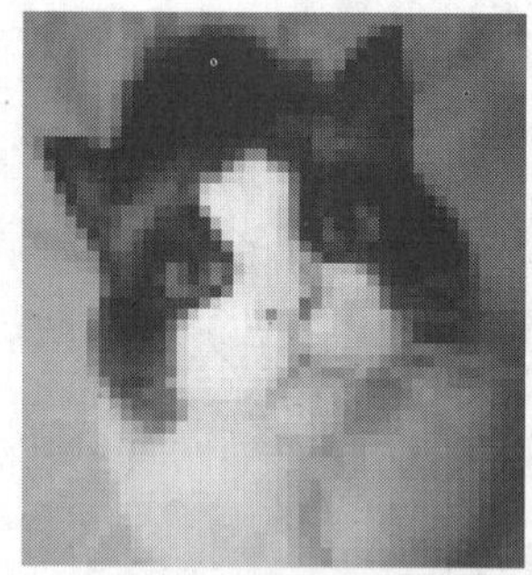
图8-190（像素）

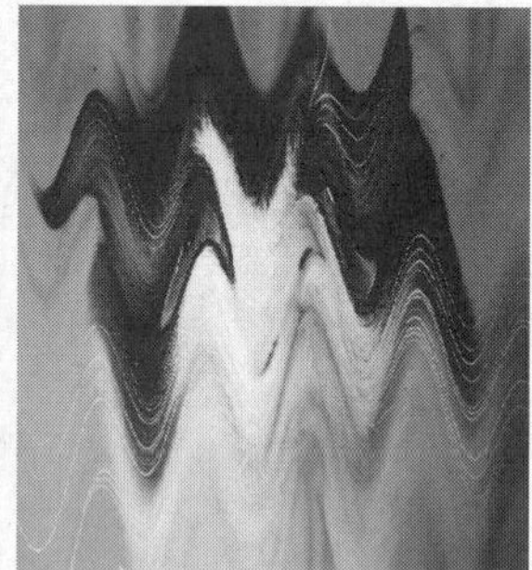
图8-191（龟纹）

图8-192（旋涡）

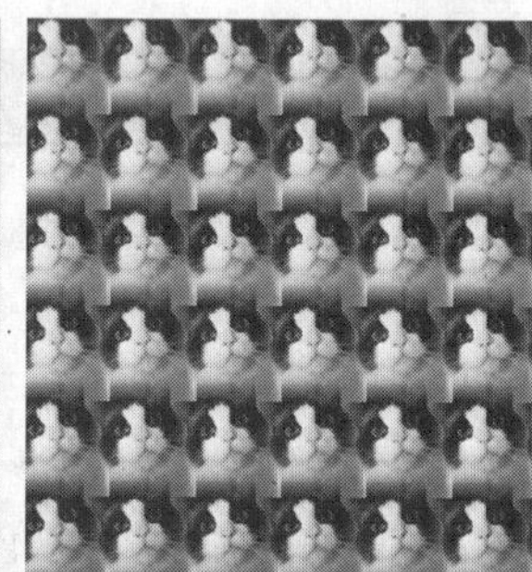
图8-193（平铺）

图8-194（湿笔画）

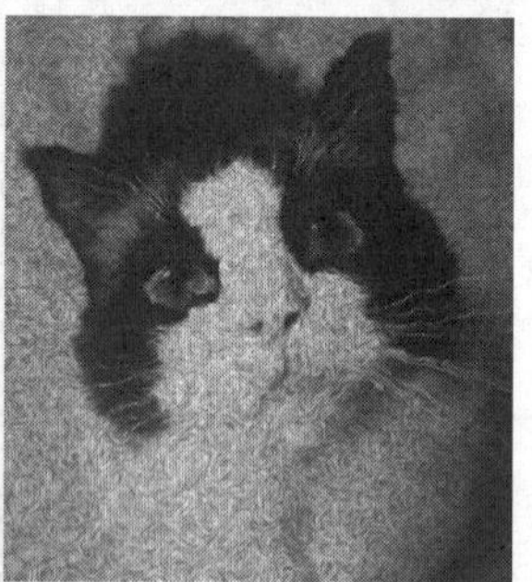
图8-195（涡流）

图8-196（风吹效果）

8.4.9 杂点

“杂点”可以为图像添加颗粒，并调整添加颗粒的程度，包括“添加杂点”“最大值”“中值”“最小”“去除龟纹”和“去除杂点”6种，效果如图8-197~图8-203所示，用户可以选择相应的类型打开对话框进行选择和调节，利用杂点可以创建背景也可以添加刮痕效果。

图8-197（原图）

图8-198（添加杂点）

图8-199（最大值）

图8-200（中值）

图8-201（最小）

图8-202（去除龟纹）

图8-203（去除杂点）

8.4.10 鲜明化

“鲜明化”可以突出强化图像边缘，修复图像中缺损的细节，使模糊的图像变得更清晰，包括“适应非鲜明化”“定向柔化”“高通滤波器”“鲜明化”和“非鲜明化遮罩”5种，效果如图8-204~图8-209所示，用户可以选择相应的类型打开对话框进行选择和调节，利用“鲜明化”效果可以提升图像显示的效果。

图8-204（原图）

图8-205（适应非鲜明化）

图8-206（定向柔化）

图8-207（高通滤波器）

图8-208（鲜明化）

图8-209（非鲜明化遮罩）

课堂案例

绘制梦幻壁纸

案例位置	案例文件>CH08>课堂案例：绘制梦幻壁纸.cdr
视频位置	多媒体教学>CH08>课堂案例：绘制梦幻壁纸.flv
难易指数	★★★☆☆
学习目标	高斯模糊效果的运用

梦幻壁纸效果如图8-210所示。

图8-210

01 新建空白文档，然后设置文档名称为“梦幻壁纸”，接着设置页面的大小“宽”为350、“高”为60。

02 双击“矩形工具”创建与页面等大的矩形，然后在“渐变填充”对话框中设置“类型”为“线性”、“角度”为314.6、“边界”为15%、“颜色调和”为“自定义”，再设置“位置”为0%的色标颜色为（C:100，M:100，Y:0，K:0）、“位置”为47%的色标颜色为（C:40，M:100，Y:0，K:0）、“位置”为100%的色标颜色为（C:100，M:100，Y:0，K:0），接着单击“确定”按钮完成，如图8-211所示，最后删除轮廓线，效果如图8-212所示。

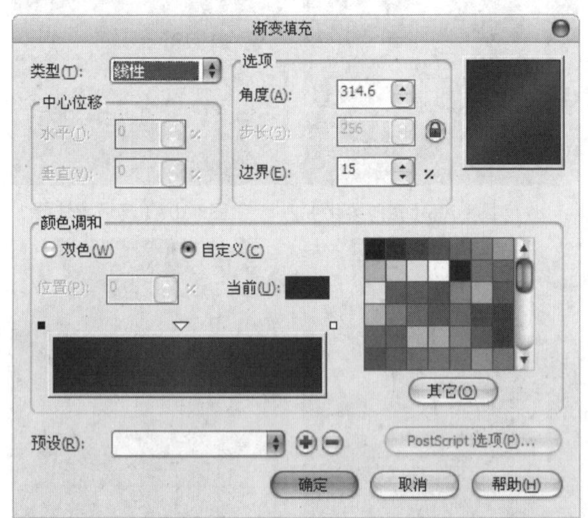

图8-211

图8-212

03 在渐变矩形左边绘制矩形，填充颜色为黑色，然后使用“透明度工具”拖曳渐变效果，如图8-213所示，接着复制一份到右边改变渐变方向，如图8-214所示，最后全选进行群组。

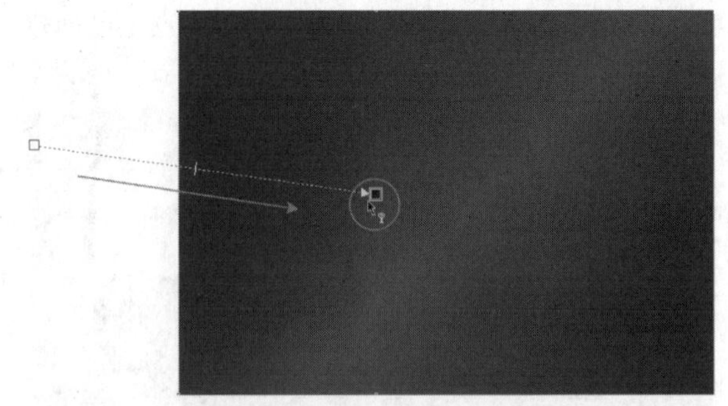

图8-213

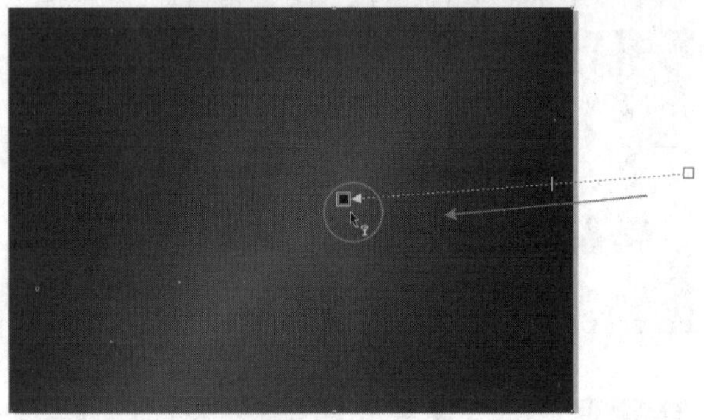

图8-214

04 使用“椭圆形工具”绘制一个椭圆，然后填充颜色为白色，再去掉轮廓线，接着执行“位图>转换为位图”菜单命令将椭圆转换为位图，最后执行“位图>模糊>高斯式模糊”菜单命令，弹出“高斯式模糊”对话框，设置“半径”为60像素，单击“确定”按钮完成模糊，如图8-215~图8-217所示。

图8-215

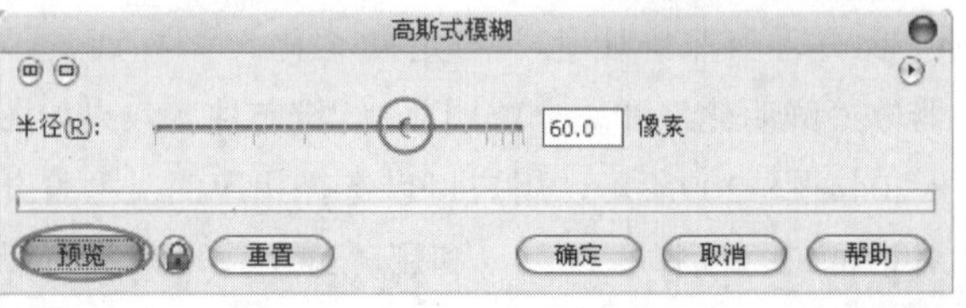

图8-216

图8-217

05 使用“椭圆形工具”在渐变矩形下面绘制一个椭圆，然后修剪掉超出页面的多余部分，如图8-218所示，接着执行“位图>转换为位图”菜单命令将椭圆转换为位图，最后执行“位图>模糊>高斯式模糊”菜单命令，弹出“高斯式模糊”对话框，设置“半径”为60像素，单击“确定”按钮完成模糊，效果如图8-219所示。

图8-218

图8-219

06 导入“素材文件>CH08>09.cdr”文件，然后将圆形素材缩放拖曳到页面中，置于渐变矩形上面，如图8-220所示，接着把矩形素材复制一份排放在页面上，如图8-221所示。

图8-220

图8-221

07 单击“基本形状工具”，然后在属性栏“完美形状”的下拉样式中进行选择心形，在页面绘制两个心形，如图8-222所示，接着把里面的心形转曲，将两个节点拖曳到与大心形节点重合，如图8-223所示，最后使用“形状工具”调整形状，如图8-224所示。

图8-222

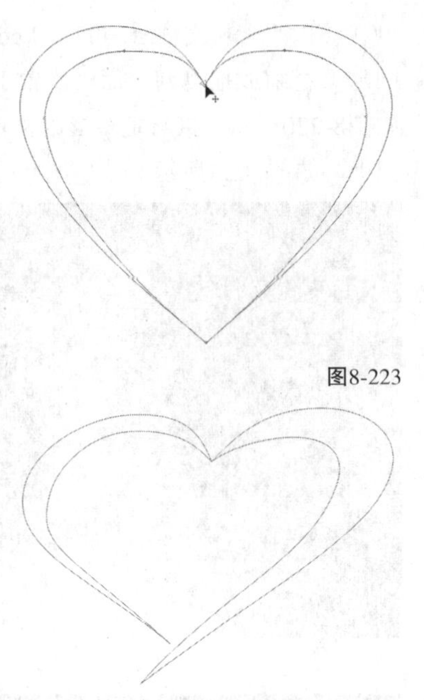

图8-223

图8-224

08 将心形拖曳到页面中，然后填充颜色为白色，再去掉轮廓线，接着复制两份，将中间的心形填充为（C:40，M:100，Y:0，K:0），如图8-225所示。

图8-225

09 分别选中后面的两个星形，执行“位图>转换为位图”菜单命令将椭圆转换为位图，最后执行“位图>模糊>高斯式模糊”菜单命令，弹出“高斯式模糊”对话框，设置“半径”为15像素，单击“确定”按钮完成模糊，如图8-226和图8-227所示。

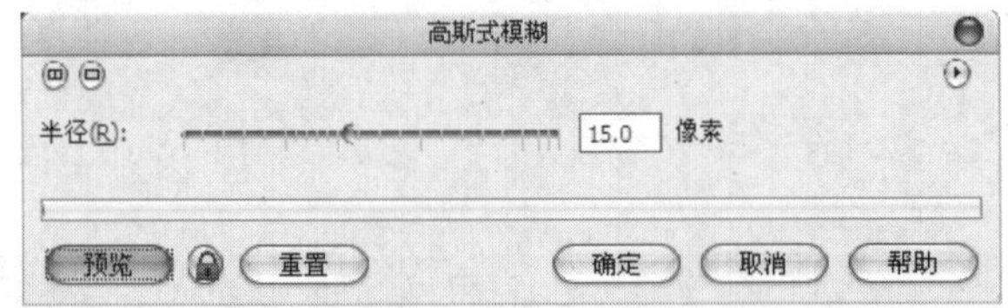

图8-226

图8-227

10 选中白色模糊心形，然后使用“透明度工具”拖曳渐变效果，如图8-228所示，接着选中紫色模糊心形，再使用“透明度工具”拖曳渐变效果，如图8-229所示，最后选中白色心形拖曳渐变，如图8-230所示。

图8-228

图8-229

图8-230

⑪ 使用“椭圆形工具”绘制一个圆形，然后执行“位图>转换为位图”菜单命转换为位图，再执行“位图>模糊>高斯式模糊”菜单命令，弹出“高斯式模糊”对话框，设置“半径”为40像素，接着单击“确定”按钮完成模糊，最后复制排放在页面中，如图8-231所示。

图8-231

⑫ 导入“素材文件>CH08>10.cdr”文件，然后填充颜色为白色，再复制一份按上述方法进行模糊，如图8-232所示，接着将白色文字放在模糊文字上面，最终效果如图8-233所示。

图8-232

图8-233

8.5 本章小结

本章首先讲解了位图的导入以及位图的简单调整方法，然后深入讲解了位图的编辑，包括位图颜色和色调的调整、位图色彩效果的调整、校正位图色斑效果、位图的颜色遮罩、位图颜色模式的更改以及描摹位图，最后重点讲解滤镜的基础知识以及各种滤镜组中滤镜的效果。

通过本章的学习，应该熟悉位图的导入以及位图的调整方法，重点掌握位图的编辑和各种滤镜的使用方法。

8.6 课后习题

课后习题

制作欧式家具标志

案例位置	案例文件>CH08>课后习题：制作欧式家具标志.cdr
视频位置	多媒体教学>CH08>课后习题：制作欧式家具标志.flv
难易指数	★★★☆☆
练习目标	欧式家具标志的制作方法

欧式家具标志效果如图8-234所示。

图8-234

步骤分解如图8-235所示。

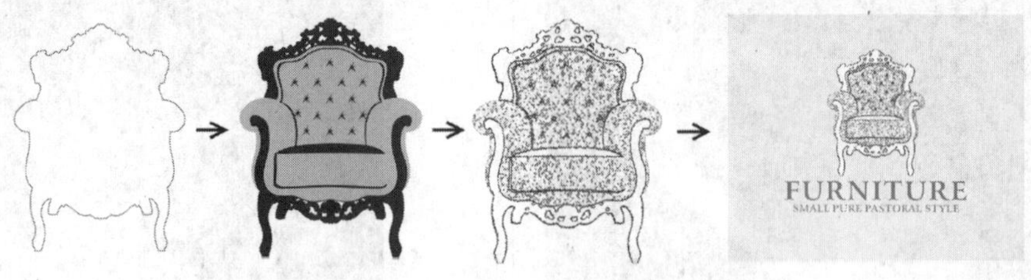

图8-235

课后习题

制作封面文字

案例位置	案例文件>CH08>课后习题：制作封面文字.cdr
视频位置	多媒体教学>CH08>课后习题：制作封面文字.flv
难易指数	★★★☆☆
练习目标	书籍封面文字的设计方法

书籍封面文字效果如图8-236所示。

图8-236

步骤分解如图8-237所示。

图8-237

第9章

文本与表格

本章主要介绍文本工具和表格工具的使用方法。在CorelDRAW X6中，文本主要分为美术文本和段落文本。美术文本适合于文字应用较少或需要制作特殊效果的文件；段落文本适合于在某一个区域内应用文字较多的文件。另外，表格工具主要是用来绘制和编辑表格的。

课堂学习目标

掌握文本的输入

掌握文本的设置与编辑

掌握文本编排

了解文本的转曲操作

掌握表格的创建

了解文本表格互转

了解表格设置

了解表格操作

9.1 文本的输入

文本在平面设计作品中起到解释说明的作用，它在CorelDRAW X6中主要以美术字和段落文本这两种形式存在，美术字具有矢量图形的属性，可用于添加断行的文本。段落文本可以用于对格式要求更高的、篇幅较大的文本，也可以将文字当做图形来进行设计，使平面设计的内容更广泛。

9.1.1 创建文本

1.创建美术字

在CorelDRAW X6中，系统把美术字作为一个单独的对象来进行编辑，并且可以使用各种处理图形的方法对其进行编辑。单击“文本工具”，然后在页面内使用鼠标左键单击建立一个文本插入点，如图9-1所示，即可输入文本，所输入的文本即为美术字，如图9-2所示。

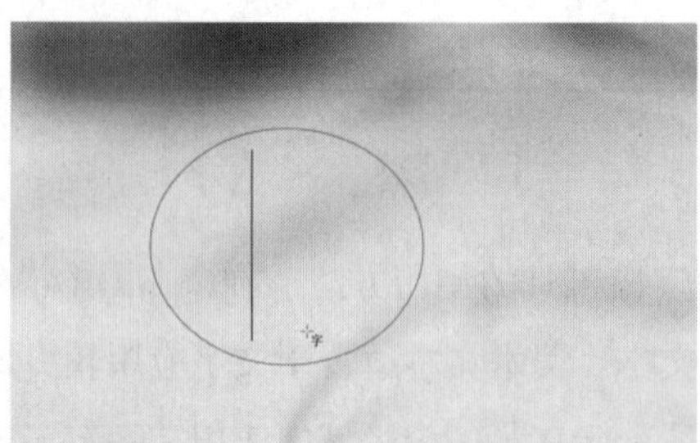

图9-1

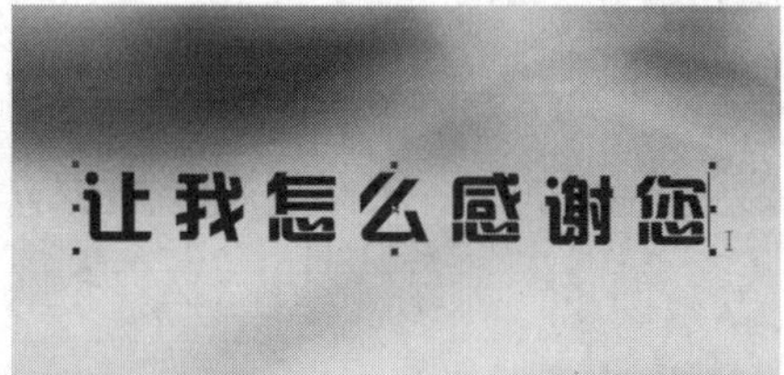

图9-2

> **技巧与提示**
> 在使用“文本工具”输入文本时，所输入的文字颜色默认为黑色（C:0，M:0，Y:0，K:100）。

2.创建段落文本

当作品中需要编排很多文字时，利用段落文本可以方便快捷地输入和编排；另外，段落文本在多页面文件中可以从一个页面流动到另一个页面，编排起来非常方便。

单击“文本工具”，然后在页面内按住鼠标左键拖曳，待松开鼠标后生成文本框，如图9-3所示，此时输入的文本即为段落文本，在段落文本框内输入文本，排满一行后将自动换行，如图9-4所示。

图9-3

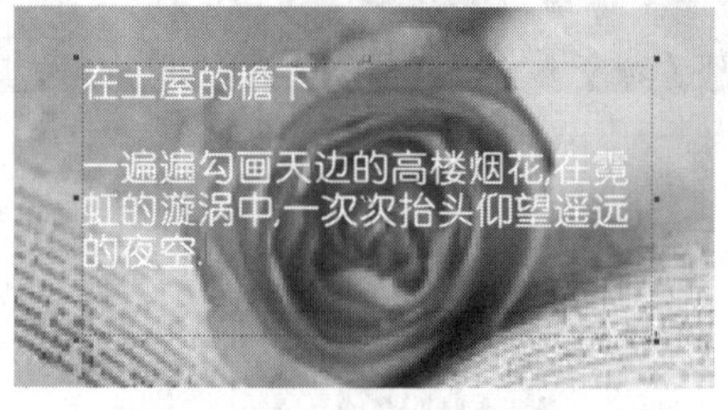

图9-4

段落文本只能在文本框内显示，若超出文本框的范围，文本框下方的控制点内会出现一个黑色三角箭头，向下拖曳该箭头，使文本框扩大，可以显示被隐藏的文本，如图9-5和图9-6所示，也可以按住鼠标左键拖曳文本框中任意的一个控制点，调整文本框的大小，使隐藏的文本完全显示。

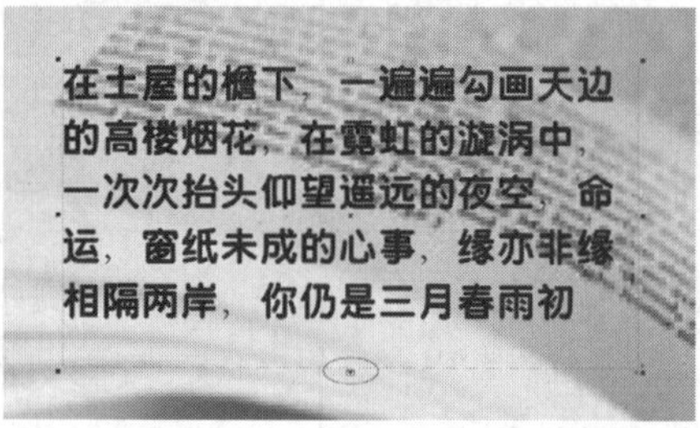

图9-5

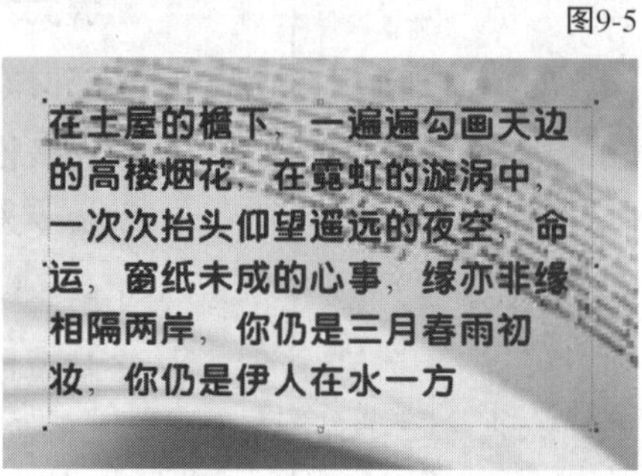

图9-6

技巧与提示

段落文本可以转换为美术文本。首先选中段落文本，然后单击鼠标右键，接着在弹出的面板中使用鼠标左键单击“转换为美术字”，如图9-7所示；也可以执行“文本>转换为美术字”菜单命令，还可以直接按Ctrl+F8组合键。

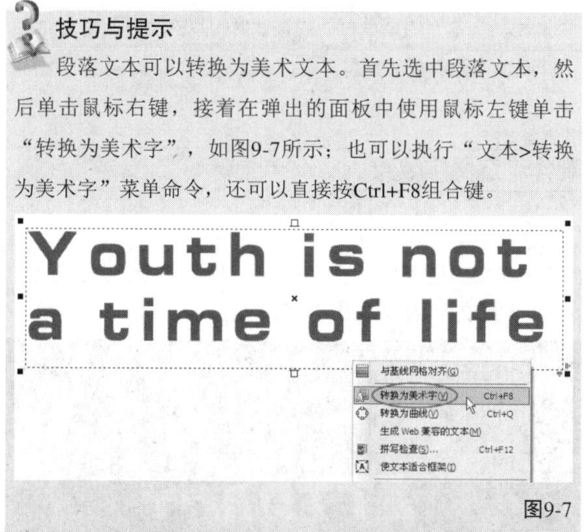

图9-7

采用类似方法，也可以将美术文本转换为段落文本。

9.1.2 导入/粘贴文本

无论是输入美术文本还是段落文本，利用“导入/粘贴文本”的方法都可以节省输入文本的时间。

执行“文件>导入”菜单命令或按Ctrl+I组合键，在弹出的“导入”对话框中选取需要的文本文件，然后单击“导入”按钮，弹出“导入/粘贴文本”对话框，如图9-8所示，此时单击“确定”按钮，即可导入文本。

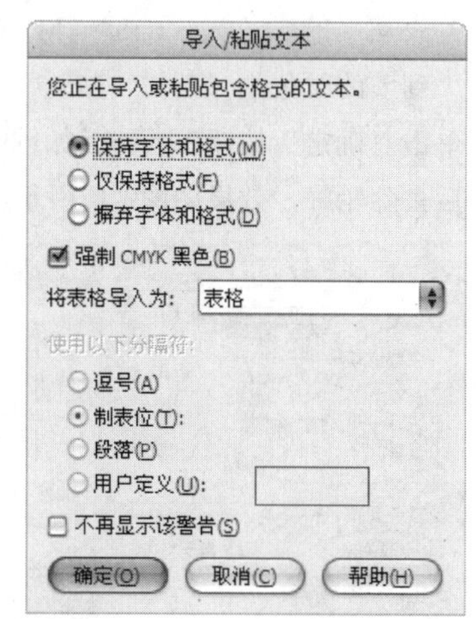

图9-8

导入/粘贴文本参数介绍

保持字体和格式： 勾选该选项后，文本将以原系统的设置样式进行导入。

仅保持格式： 勾选该选项后，文本将以原系统的文字字号，当前系统的设置样式进行导入。

摒弃格式和样式： 勾选该选项后，文本将以当前系统的设置样式进行导入。

强制CMYK黑色： 勾选该选项的复选框，可以使导入的文本统一为CMYK色彩模式的黑色。

技巧与提示

如果是在网页中复制的文本，可以直接按Ctrl+V组合键粘贴到软件的页面中间，并且会以软件中的设置样式显示。

9.1.3 段落文本链接

如果在当前工作页面中输入了大量文本，可以将其分为不同的部分进行显示，还可以对其添加文本链接效果。

1.链接段落文本框

使用鼠标左键单击文本框下方的黑色三角箭头，当光标变为时，如图9-9所示，在文本框以外的空白处使用鼠标左键单击将会产生另一个文本框，新的文本框内显示前一个文本框中被隐藏的文字，如图9-10所示。

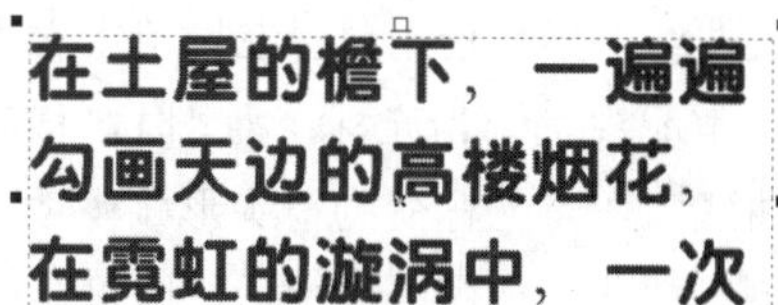

图9-9

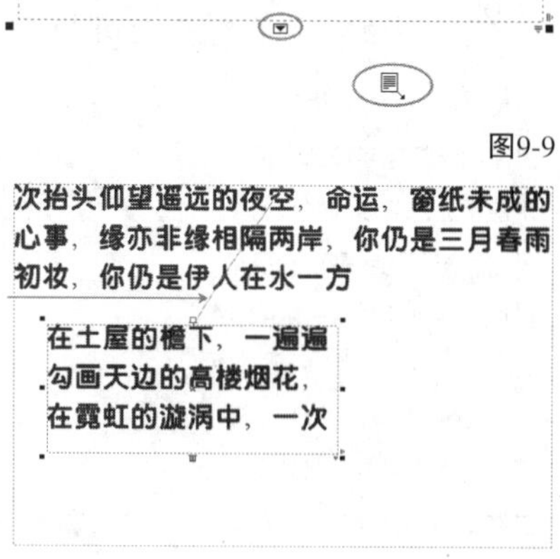

图9-10

2.与闭合路径链接

使用鼠标左键单击文本框下方的黑色三角箭头，当光标变为时，移动到想要链接的对象上，待光标变为箭头形状➡时，使用鼠标左键单击链接对象，如图9-11所示，即可在对象内显示前一个文本框中被隐藏的文字，如图9-12所示。

图9-11

图9-12

3.与开放路径链接

使用“钢笔工具”或是其他线型工具绘制一条曲线，然后使用鼠标左键单击文本框下方的黑色三角箭头，当光标变为时，移动到将要链接的曲线上，待光标变为箭头形状➡时，使用鼠标左键单击曲线，如图9-13所示，即可在曲线上显示前一个文本框中被隐藏的文字，如图9-14所示。

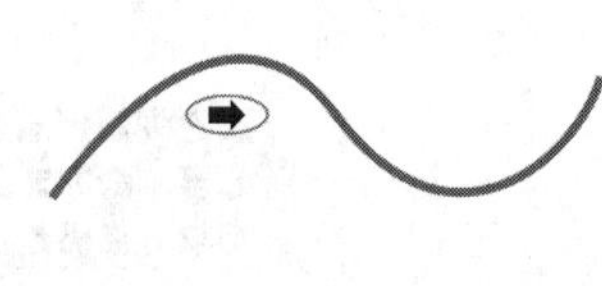

图9-13

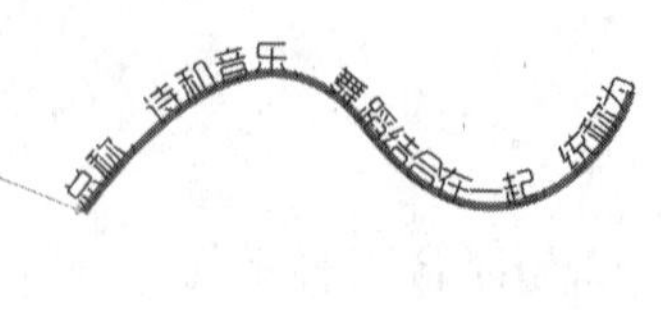

图9-14

技巧与提示

将文本链接到开放的路径时，路径上的文本就具有“沿路径文本”的特性，当选中该路径文本时，属性栏的设置和“沿路径文本”的属性栏相同，此时可以在属性栏上对该路径上的文本进行属性设置。

课堂案例

制作下沉文字效果

案例位置	案例文件>CH09>课堂案例：制作下沉文字效果.cdr
视频位置	多媒体教学>CH09>课堂案例：制作下沉文字效果.flv
难易指数	★★★☆☆
学习目标	美术字的输入方法

下沉文字效果如图9-15所示。

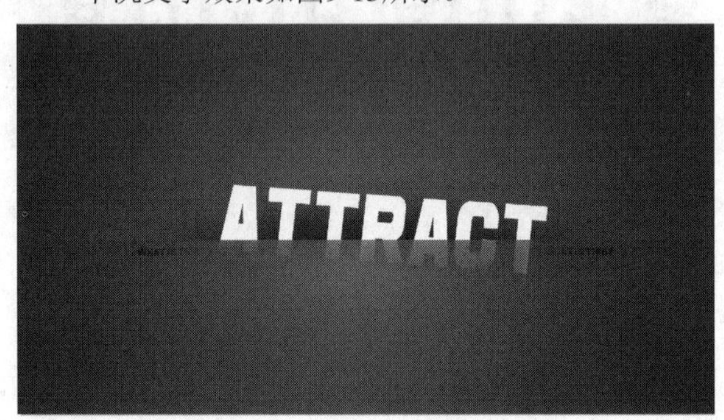

图9-15

01 新建空白文档，然后设置文档名称为“下沉文字效果”，接着设置“宽度”为280mm、“高度”为155mm。

02 双击“矩形工具”创建一个与页面重合的矩形，然后打开“渐变填充”对话框，接着设置“类型”为“辐射”、“垂直”为-19%、“颜色调和”为“双色”，再设置“从”的颜色为（C:88，M:100，Y:47，K:4）、“到”的颜色为（C:33，M:47，Y:24，K:0），最后单击“确定”按钮，如图9-16所示，填充完毕后去除轮廓，效果如图9-17所示。

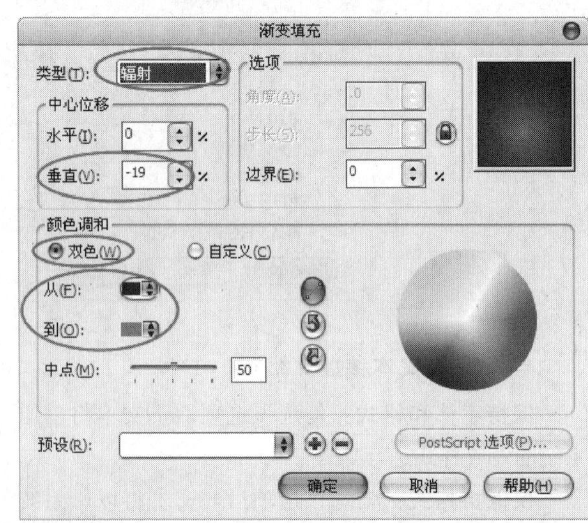

图9-16

图9-17

03 使用“椭圆工具”绘制一个椭圆，然后填充颜色为（C:95，M:100，Y:60，K:35），接着去除轮廓，如图9-18所示。

图9-18

04 选中前面绘制的椭圆，然后执行“位图>转换为位图”菜单命令，弹出“转换为位图”对话框，接着单击“确定”按钮，如图9-19所示，即可将椭圆转换为位图。

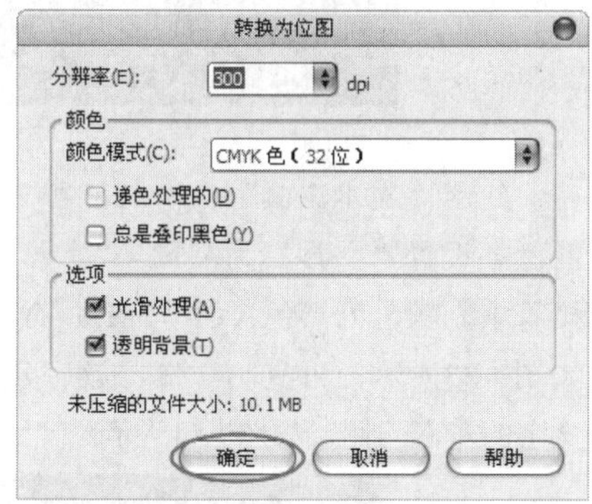

图9-19

05 选中转换为位图的椭圆，然后执行“位图>模糊>高斯式模糊”菜单命令，弹出“高斯式模糊”对话框，接着设置“半径”为250像素，最后单击“确定”按钮，如图9-20所示，模糊后的效果如图9-21所示。

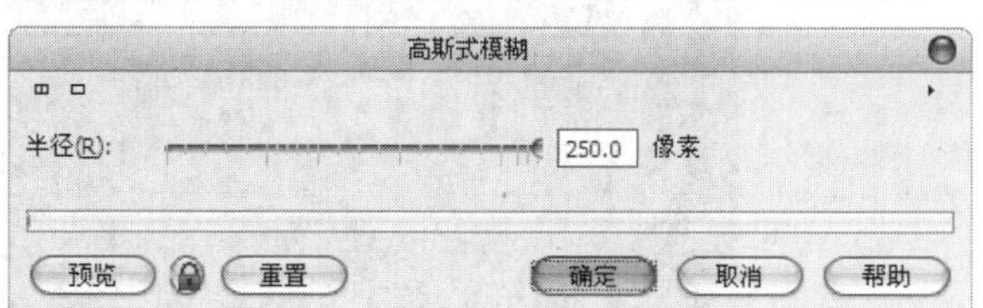

图9-20

图9-21

06 移动模糊后的椭圆到页面下方，然后单击“透明度工具”，接着在属性栏上设置“透明度类型”为“线性”、“透明度操作”为“常规”、“开始透明度”为100、“角度”为89.944°、“边界”为35%，如图9-22所示，设置后的效果如图9-23所示。

图9-22

图9-23

07 使用“矩形工具”在页面下方绘制一个矩形，然后打开“渐变填充”对话框，接着设置“类型”为“辐射”、“垂直”为45%、“颜色调和”为“双色”，再设置“从”的颜色为（C:88，M:100，Y:47，K:4）、“到”的颜色为（C:33，M:47，Y:24，K:0），最后单击“确定”按钮，如图9-24所示，填充完毕后去除轮廓，效果如图9-25所示。

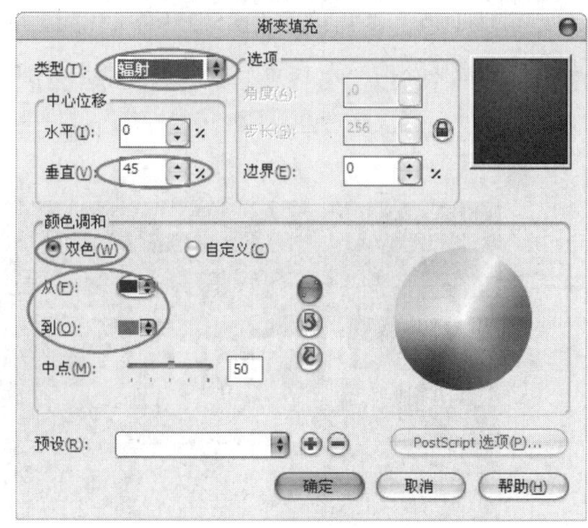

图9-24

图9-25

08 使用“文本工具” 输入美术文本，然后在属性栏上设置“字体”为Ash、“字体大小”为84pt，接着填充颜色为白色，如图9-26所示，再适当旋转，最后放置在页面下方的矩形后面，效果如图9-27所示。

图9-26

图9-27

09 选中页面下方的矩形，然后单击“透明度工具” ，接着在属性栏上设置“透明度类型”为“线性”、“透明度操作”为“常规”、“透明中心点”为100、“角度”为85.159°、“边界”为33%，如图9-28所示，设置后的效果如图9-29所示。

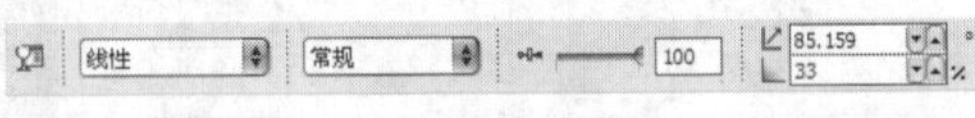

图9-28

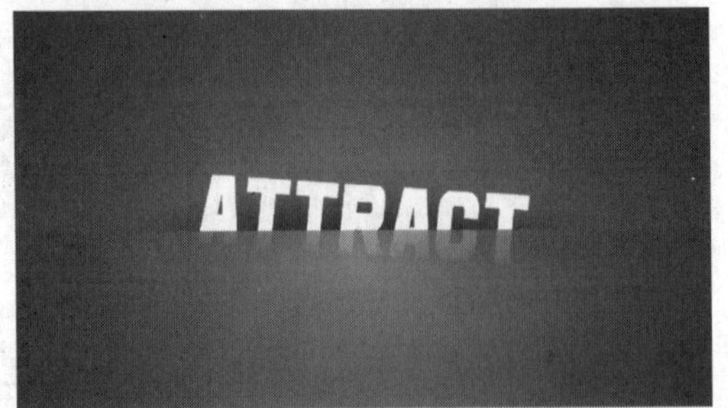

图9-29

10 选中前面输入的文本，然后复制一份，接着删除前面的字母只留下字母T，再移动该字母位置使其与原来的字母T重合，如图9-30所示。

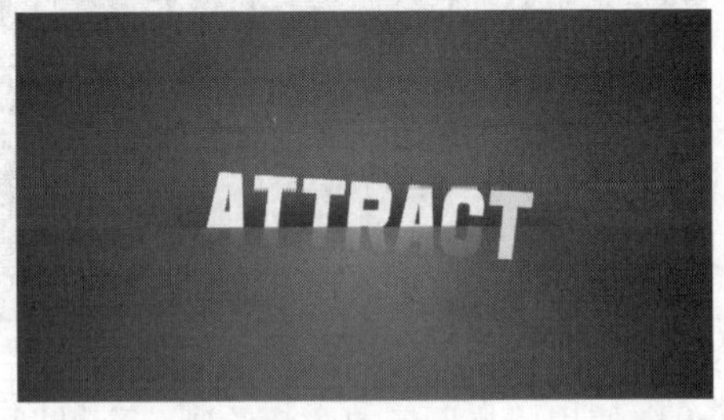

图9-30

11 选中复制的字母，然后单击“透明度工具” ，接着在属性栏上设置“透明度类型”为“线性”、“透明度操作”为“常规”、“透明中心点”为100、“角度”为152.709°、“边界”为26%，如图9-31所示，设置后的效果如图9-32所示。

图9-31

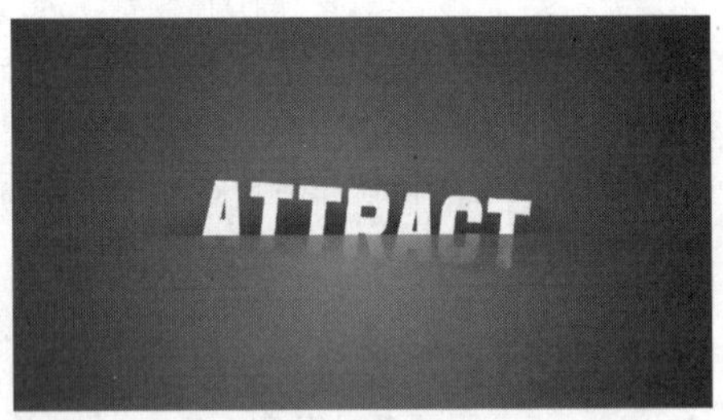

图9-32

12 使用“文本工具” 输入美术文本，然后在属性栏上设置“字体”为Ash、“字体大小”为8pt，接着填充颜色为黑色（C:0，M:0，Y:0，K:100），如图9-33所示，再复制一份，最后分别放置在倾斜文字的左右两侧，如图9-34所示。

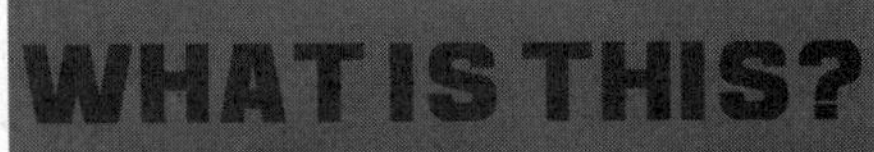

图9-33

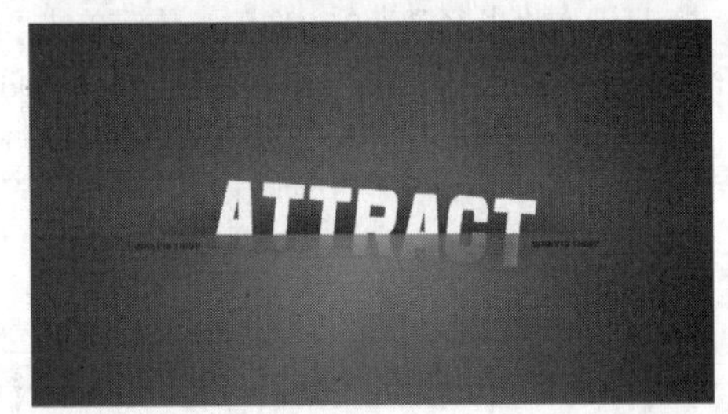

图9-34

⑬ 选中页面左侧的文字，然后单击“透明度工具”，接着在属性栏上设置“透明度类型”为“线性”、“透明度操作”为“常规”、“透明中心点”为100，如图9-35所示，设置后的效果如图9-36所示。

图9-35

图9-36

⑭ 选中右侧的文字，然后单击“透明度工具”，接着在属性栏上设置“透明度类型”为“线性”、“透明度操作”为“常规”、“透明中心点”为100、“角度”为180.477°，如图9-37所示，最终效果如图9-38所示。

图9-37

图9-38

9.2 文本设置与编辑

在CorelDRAW X6中，无论是美术文字，还是段落文本，都可以对其进行文本编辑和属性的设置。

9.2.1 形状工具调整文本

使用“形状工具”选中文本后，每个文字的左下角都会出现一个白色小方块，该小方块称为“字元控制点”。使用鼠标左键单击或是按住鼠标左键拖曳框选这些“字元控制点”，使其呈黑色选中状态，即可在属性栏上对所选字元进行旋转、缩放和颜色改变等操作，如图9-39所示，如果拖曳文本对象右下角的水平间距箭头，可按比例更改字符间的间距（字距）；如果拖曳文本对象左下角的垂直间距箭头，可以按比例更改行距，如图9-40所示。

图9-39

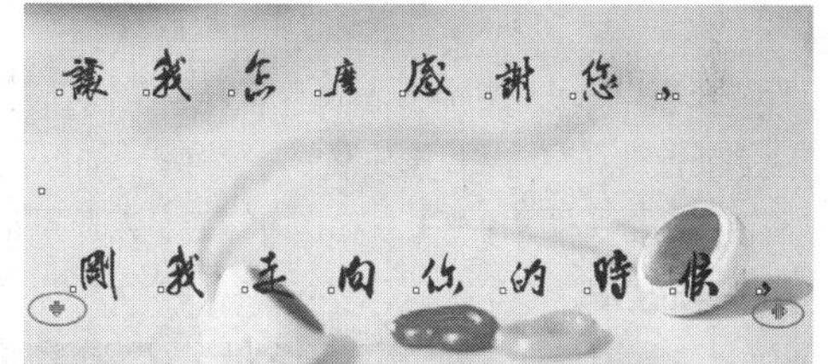

图9-40

技巧与提示

下面介绍使用“形状工具”编辑文本的方法。

使用“形状工具”选中文本后，属性栏如图9-41所示。

图9-41

当使用“形状工具”选中文本中任意一个文字的字元控制点（也可以框选住多个字元控制点）时，即可在该属性栏上更改所选字元的字体样式和字体大小，如图9-42所示，并且还可以为所选字元设置粗体、斜体和下画线样式，如图9-43所示，在后面的3个选项框中还可以设置所选字元相对于原始位置的距离和倾斜角度，如图9-44所示。

图9-42

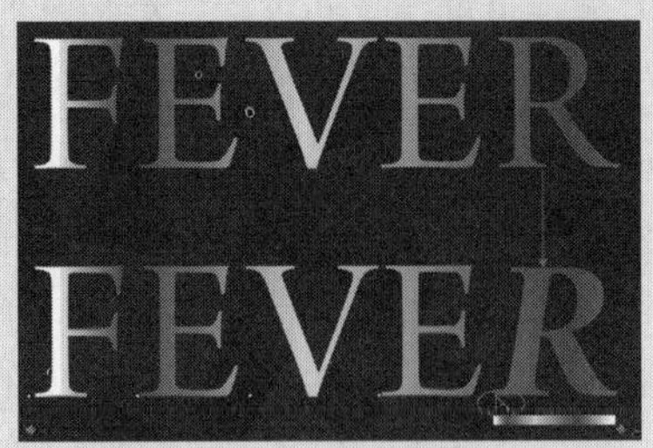
图9-43

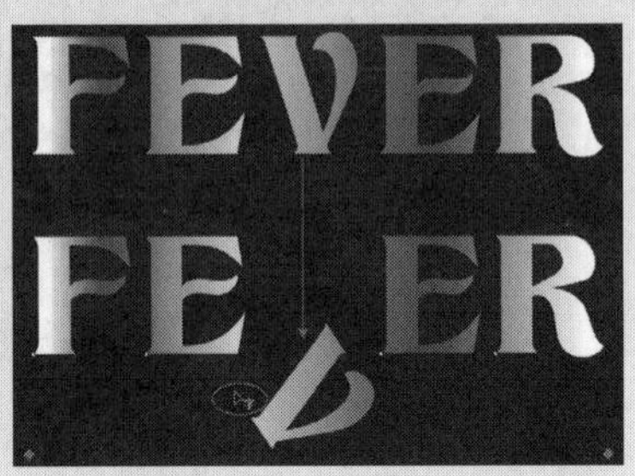
图9-44

除了通过“形状工具”的属性栏调整所选字元的位置外，还可以直接使用鼠标左键单击需要调整的文字对应的“字元控制点”，然后按住鼠标左键拖曳，如图9-45所示，待调整到合适位置时松开鼠标，即可更改所选字元的位置，如图9-46所示。

图9-45

图9-46

课堂案例

绘制书籍封面

案例位置	案例文件>CH09>课堂案例：绘制书籍封面.cdr
视频位置	多媒体教学>CH09>课堂案例：绘制书籍封面.flv
难易指数	★★★☆☆
学习目标	使用形状工具调整文本的方法

书籍封面效果如图9-47所示。

图9-47

01 新建空白文档，然后设置文档名称为“书籍封面”，接着设置“宽度”为205mm、“高度”为265mm。

02 双击“矩形工具”创建一个与页面重合的矩形，然后填充（C:50，M:50，Y:65，K:25），接着去除轮廓，如图9-48所示。

图9-48

03 选中前面绘制的矩形，然后执行“位图>转换为位图”菜单命令，弹出“转换为位图”对话框，接着单击“确定”按钮，如图9-49所示，即可将矩形转换为位图。

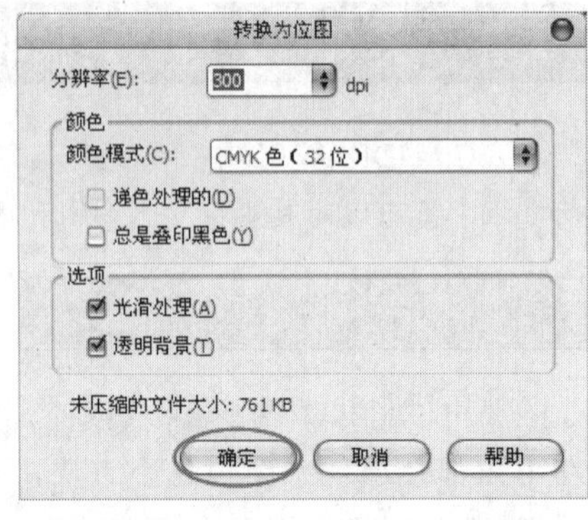

图9-49

04 选中矩形，然后执行“位图>添加杂点”菜单命令，弹出“添加杂点”对话框，接着设置“层次”为65、“密度”为65，再单击“确定”按钮，如图9-50所示，效果如图9-51所示。

添加杂点
杂点类型
高斯式(G)
尖突(K)
均匀(U)
层次(L):
65
密度(D):
65
颜色模式
强度(I)
随机(R)
单一(S)
预览
重置
确定
取消
帮助

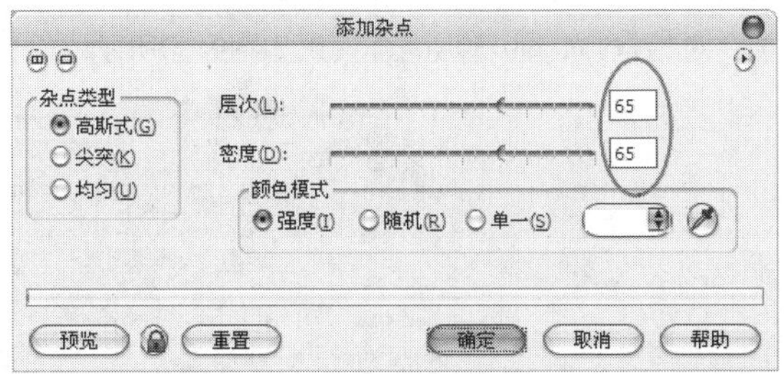

图9-50

图9-51

05 使用“文本工具”在页面内输入美术文本，然后在属性栏上设置“字体”为Armalite Rifle、“字体大小”为94pt，接着填充文本中的单词颜色为白色、蓝色（C:84，M:63，Y:37，K:0）、红色（C:43，M:100，Y:100，K:11）和深蓝色（C:96，M:92，Y:81，K:75），如图9-52所示，再删除单词间的空格，最后使用“形状工具”调整文本的字距和行距，效果如图9-53所示。

HOW A SIMPLE
HOME IMPROV
EMENT GUIDE
CAN CHANGE
HOMES FORTHE
BETTER

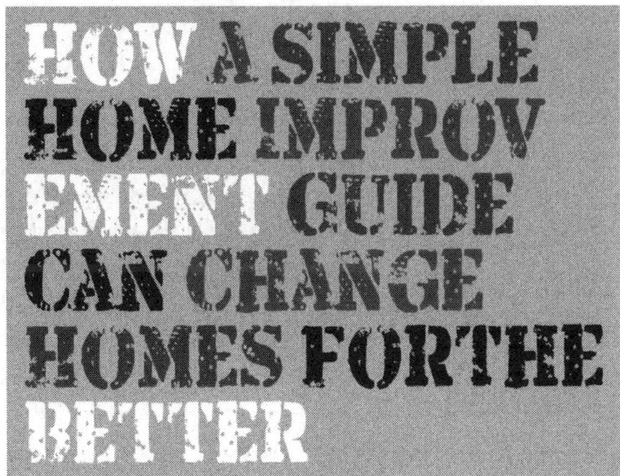

图9-52

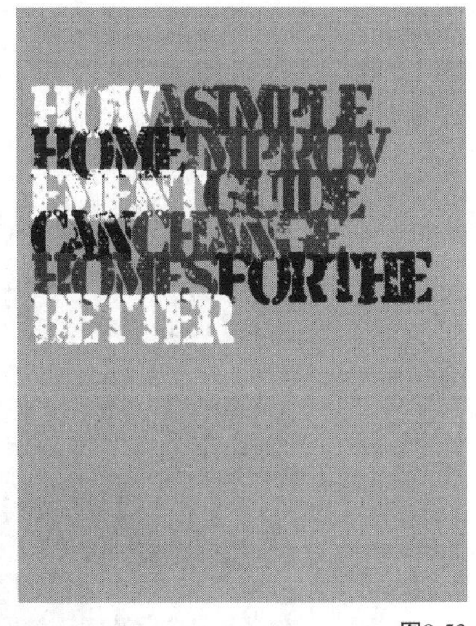

图9-53

06 使用“文本工具”在页面上方输入美术文本，然后在属性栏上设置“字体”为AdLib BT、“字体大小”为14pt，接着填充白色，如图9-54所示，最后选中页面中的两组文本，按L键使其左对齐，如图9-55所示。

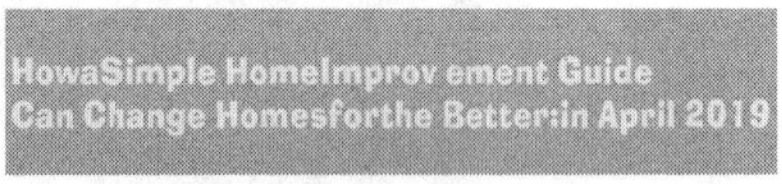

HowaSimple HomeImprov ement Guide
Can Change Homesforthe Better:in April 2019

图9-54

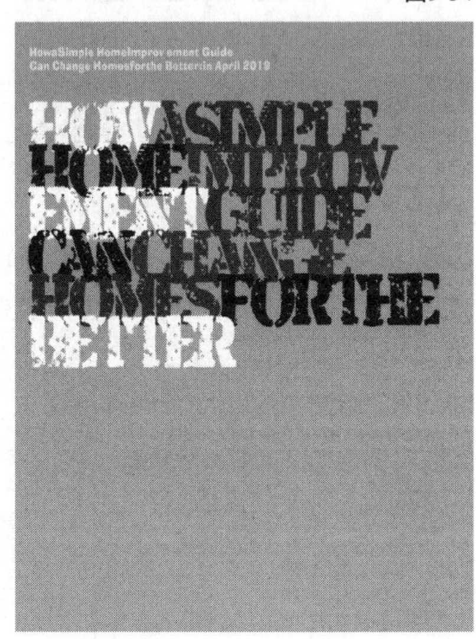

图9-55

07 使用“文本工具”在页面的右下方输入美术文本，然后在属性栏上设置“字体”为AFL Font nonmetric、“文本对齐”为“居中”，接着设置第一行字体大小为27.5pt、第二行字体大小为16pt，再填充第一行文本颜色为（C:43，M:100，Y:100，

K:11）、第二行为白色，如图9-56所示，再加选页面中间的文本，按R键使其右对齐，最后选中页面内所有的文本按Ctrl+Q组合键转曲，最终效果如图9-57所示。

图9-56

图9-57

9.2.2 文本设置

1.栏设置

当编辑大量文字时，通过“栏设置”对话框对文本进行设置，可以使排列的文字更加容易阅读，看起来也更加美观。执行“文本>栏”菜单命令将弹出“栏设置”对话框，如图9-58所示。

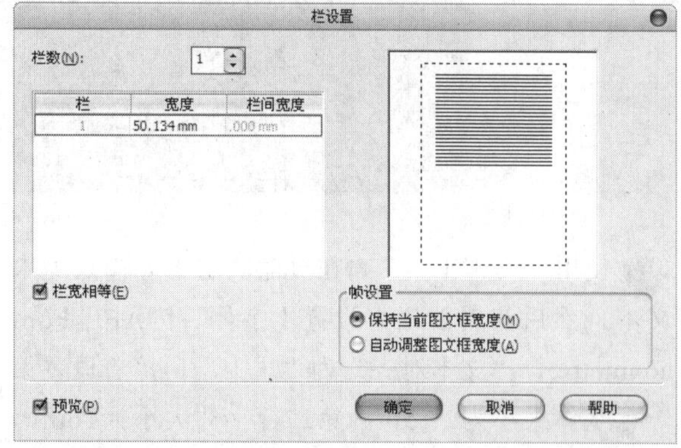

图9-58

2.项目符号

在段落文本中添加项目符号，可以使一些没有顺序的段落文本内容编排成统一风格，使版面的排列井然有序。执行“文本>项目符号”菜单命令将弹出“项目符号”对话框，如图9-59所示，效果如图9-60所示。

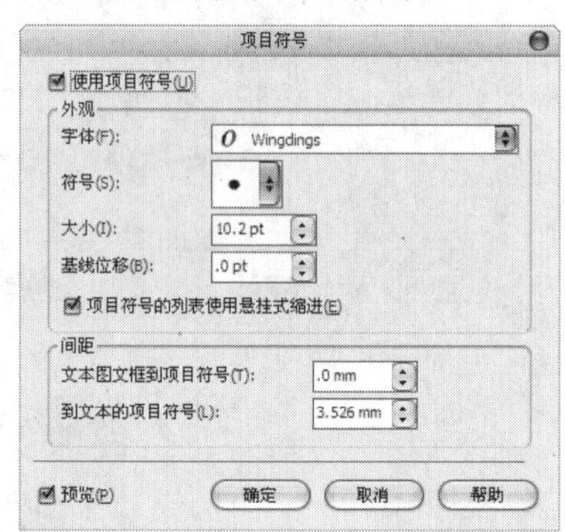

图9-59

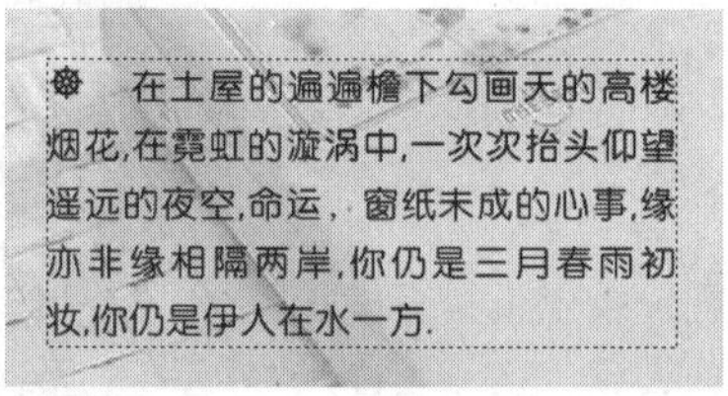

图9-60

3.首字下沉

首字下沉可以将段落文本中每一段文字的第1个文字或是字母放大同时嵌入文本。执行“文本>首字下沉”菜单命令将弹出“项目符号”对话框，如图9-61所示，效果如图9-62所示。

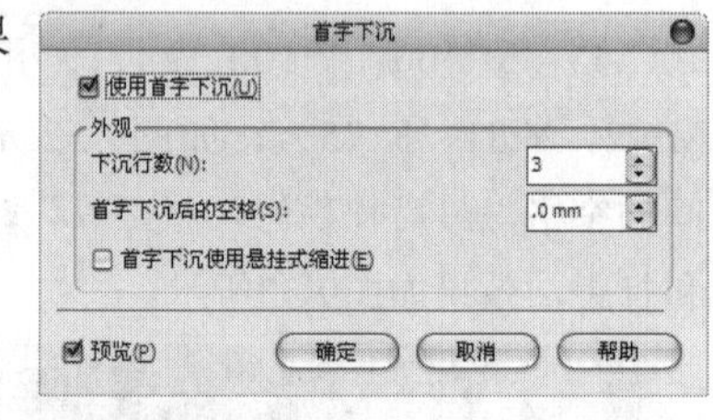

图9-61

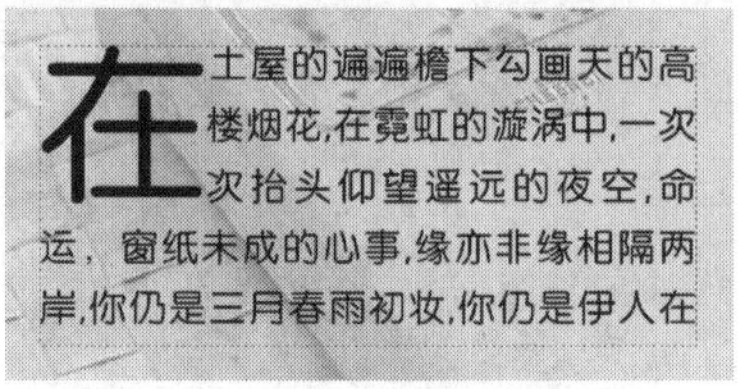

图9-62

4.断行规则

执行“文本>断行规则”命令，弹出“亚洲断行规则”对话框，如图9-63所示。

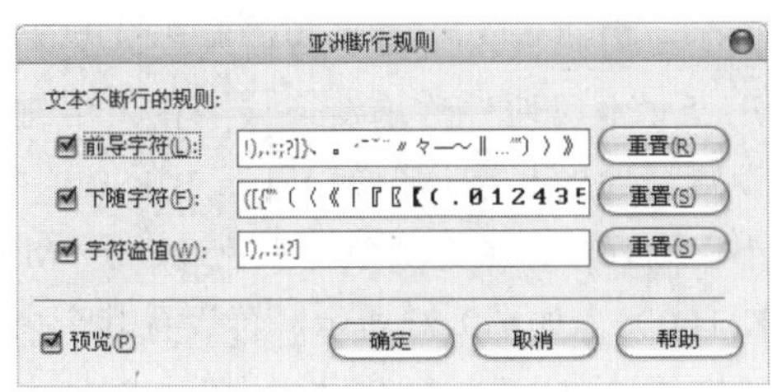

图9-63

亚洲断行规则对话框选项介绍

前导字符：确保不在选项文本框的任何字符之后断行。

下随字符：可以确保不在选项文本框的任何字符之前断行。

字符溢值：可以允许选项文本框中的字符延伸到行边距之外。

重置（重置(R)）**：**在相应的选项文本框中，可以输入或移除字符，若要清空相应选项文本框中的字符，进行重新设置时，即可单击该按钮清空文本框中的字符。

预览：勾选该选项的复选框，可以对正在进行“文本不断行规则”设置的文本进行预览。

技巧与提示

“前导字符”是指不能出现在行尾的字符；“下随字符”是指不能出现在行首的字符；“字符溢出”是指不能换行的字符，它可以延伸到右侧页边距或底部页边距之外。

课堂案例

绘制杂志内页

案例位置 案例文件>CH09>课堂案例：绘制杂志内页.cdr

视频位置 多媒体教学>CH09>课堂案例：绘制杂志内页.flv

难易指数 ★★★☆☆

学习目标 文本的属性设置

杂志内页效果如图9-64所示。

图9-64

01 新建空白文档，然后设置文档名称为“杂志内页”，接着设置“宽度”为210mm、“高度”为275mm；双击“矩形工具”创建一个与页面重合的矩形，然后填充白色，接着去除轮廓。

02 使用“贝塞尔工具”绘制一条竖直的线段，然后设置“轮廓宽度”为“细线”，接着适当旋转，如图9-65所示。

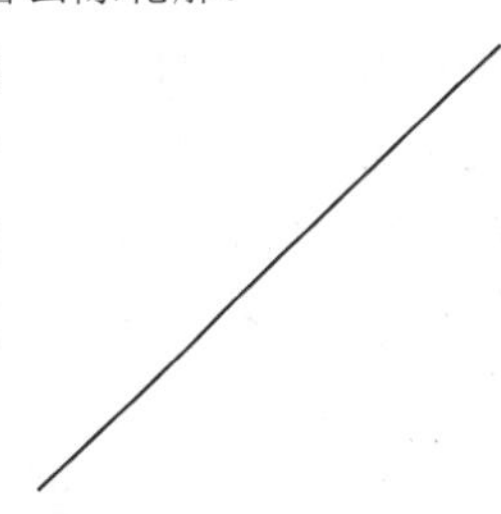

图9-65

03 选中直线，然后在水平方向上均匀地复制多个，如图9-66所示，接着使用“形状工具”调整绘制的线段对象，使线段对象的外轮廓呈矩形形状，如图9-67所示。

图9-66

图9-67

04 选中前部分的线段对象填充轮廓颜色为（C:0，M:0，Y:0，K:50），然后选中后部分的线段填充轮廓颜色为（C:0，M:0，Y:0，K:100），效果如图9-68所示，接着移动所有的线段到页面上方，再按Ctrl+G组合键进行群组，如图9-69所示。

图9-68

图9-69

05 使用“文本工具”输入美术文本，然后在属性栏上设置“字体”为Arrus BT、“字体大小”为38pt，接着填充颜色为（C:0，M:0，Y:0，K:80），再放置于页面左上角，如图9-70所示。

图9-70

06 导入“素材文件>CH09>01.jpg”文件，然后放置在页面内，接着适当调整位置，如图9-71所示。

图9-71

07 使用“矩形工具”绘制一个矩形，然后填充黄色（C:2，M:60，Y:95，K:0），接着去除轮廓，最后放置在图片的下方，如图9-72所示。

图9-72

08 使用“文本工具”输入段落文本，然后打开“文本属性”泊坞窗，接着在“字符”面板中设置标题的“字体”为Arrus Blk BT、“字体大小”为16pt、填充颜色为黑色（C:0，M:0，Y:0，K:100），如图9-73所示，再设置其余内容文本的“字体”为Arial、“字体大小”为7pt、填充颜色为（C:100，M:96，Y:64，K:46），如图9-74所示，最后打开“段落”面板设置内容文本的“首行缩进”为4mm、整个文本的“段前间距”为130%、“行距”为110%，如图9-75所示，效果如图9-76所示。

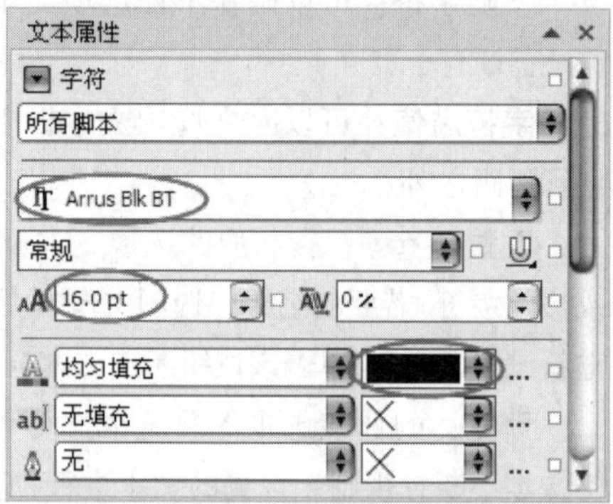

图9-73

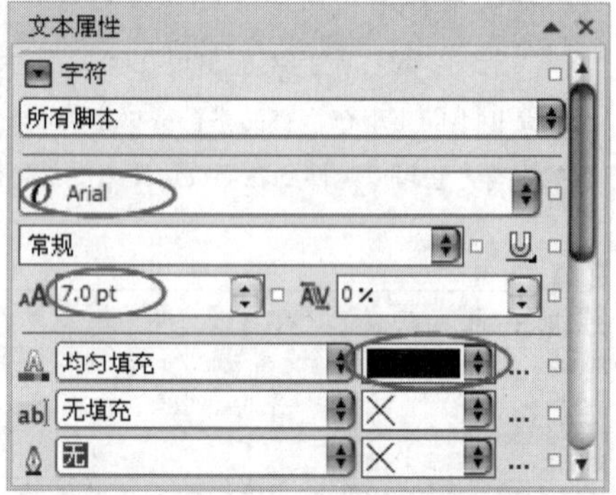

图9-74

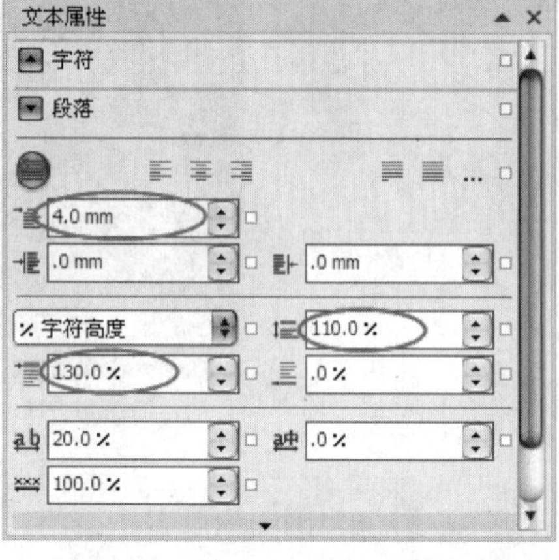

图9-75

图9-76

09 使用“文本工具”在前面输入的文本下方输入段落文本，然后在属性栏上设置“字体”为ArmstrongCursive、“字体大小”为8pt，接着调整文本位置，使其与上方的文本左对齐，如图9-77所示。

a new life

Today I shed my old skin which hath, too long, suffered the bruises of failure and the wounds of mediority.

Today I am born anew and my birthplace is a vineyard where there is fruit for all.

Today I will pluck grapes of wisdom from the tallest and fullest vines in the vineyard,for these were planted by the wisest of my profession who have come before me,generation upon generation.

www.luyuanyuan.com

图9-77

10 选中前面输入的文本，然后执行“文本>项目符号”菜单命令，打开“项目符号”对话框，接着勾选“使用项目符号”的复选框，在“符号”列表中选择要使用的符号，再设置“大小”为6.8pt、“基线位移”为-1pt、“到文本的项目符号”为1.126mm，最后单击“确定”按钮，如图9-78所示，效果如图9-79所示。

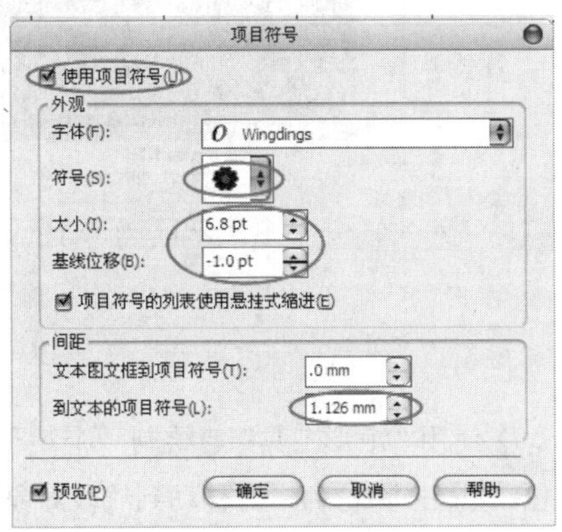

图9-78

a new life

Today I shed my old skin which hath, too long, suffered the bruises of failure and the wounds of mediority.

Today I am born anew and my birthplace is a vineyard where there is fruit for all.

Today I will pluck grapes of wisdom from the tallest and fullest vines in the vineyard,for these were planted by the wisest of my profession who have come before me,generation upon generation.

www.luyuanyuan.com

图9-79

11 使用“文本工具”选中插入的项目符号，然后填充颜色为（C:2，M:60，Y:95，K:0），如图9-80所示。

a new life

Today I shed my old skin which hath, too long, suffered the bruises of failure and the wounds of mediority.

Today I am born anew and my birthplace is a vineyard where there is fruit for all.

Today I will pluck grapes of wisdom from the tallest and fullest vines in the vineyard,for these were planted by the wisest of my profession who have come before me,generation upon generation.

www.luyuanyuan.com

图9-80

12 使用“矩形工具”绘制一个矩形，并且框住图片下方的文本，然后放置在黄色矩形下面，使顶边被黄色矩形覆盖，接着填充轮廓颜色为（C:0，M:0，Y:0，K:60），再设置“轮廓宽度”为0.25mm，如图9-81所示。

图9-81

13 选中前面绘制的线段，复制一份，然后旋转-90°，接着水平翻转，再移动到页面下方，按Ctrl+U组合键取消群组，最后删除不在页面内的线段，如图9-82所示。

图9-82

14 使用“形状工具”调整超出页面外的线段，使其边缘与页面底边对齐，然后选中图片下方的所有线段填充轮廓颜色为（C:0，M:0，Y:0，K:50），接着按Ctrl+G组合键进行群组，如图9-83所示。

图9-83

15 使用“矩形工具”绘制一个矩形，然后填充边框颜色为（C:0，M:0，Y:0，K:60），接着设置“轮廓宽度”为0.25mm，再放置于图片下面，如图9-84所示。

图9-84

16 使用“文本工具”输入美术文本，然后在属性栏上设置“字体”为Arrus Blk BT、“字体大小”为9pt、接着填充第一行文本颜色为（C:0，M:0，Y:0，K:80）、第二行文本颜色为（C:0，M:0，Y:0，K:100），最后放置在图片下面的矩形内，如图9-85所示。

图9-85

17 使用“矩形工具”绘制一个矩形，然后填充白色，接着去除轮廓，再移动到线段对象的上面，遮挡住线段对象的中间部分，如图9-86所示。

Cover
a new life
generation
upon generation

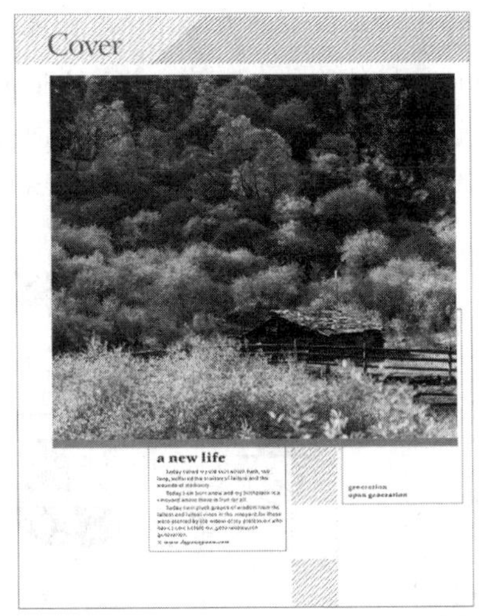

图9-86

⑱ 使用“文本工具”输入美术文本，然后在属性栏上设置“字体”为Bell Gothic Std Black、接着设置文本中文字的“字体大小”为20pt、符号的“字体大小”为70pt、再填充文字的颜色为（C:0，M:0，Y:0，K:50）、符号的颜色为（C:2，M:60，Y:95，K:0），效果如图9-87所示。

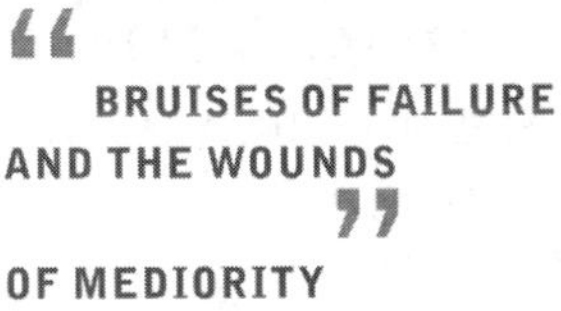
“
BRUISES OF FAILURE
AND THE WOUNDS
”
OF MEDIORITY

图9-87

⑲ 使用“形状工具”调整前面输入的文本位置，调整后如图9-88所示，然后移动文本到线段对象上的白色矩形上面，接着适当调整位置，效果如图9-89所示。

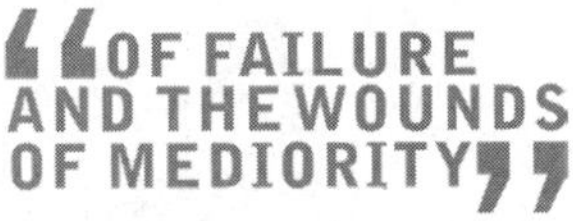
“OF FAILURE
AND THE WOUNDS
OF MEDIORITY”

图9-88

Cover
a new life
generation
upon generation
“OF FAILURE
AND THE WOUNDS
OF MEDIORITY”

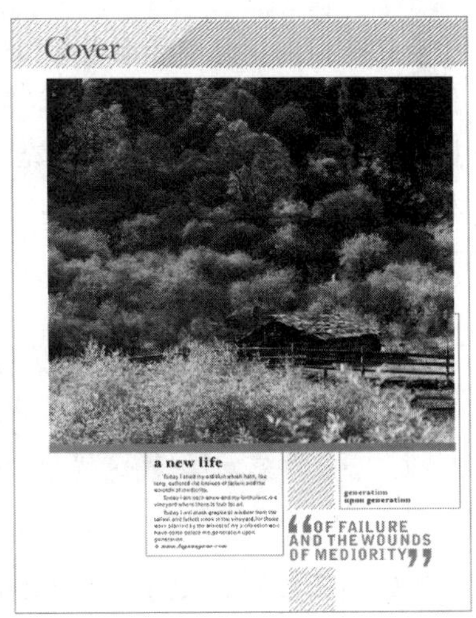

图9-89

⑳ 使用“文本工具”在页面左下角输入页码，然后在属性栏上设置“字体”为“Arial粗体”、“字体大小”为18pt，接着填充颜色为（C:100，M:96，Y:64，K:46），效果如图9-90所示。

Cover
a new life
generation
upon generation
“OF FAILURE
AND THE WOUNDS
OF MEDIORITY”
4

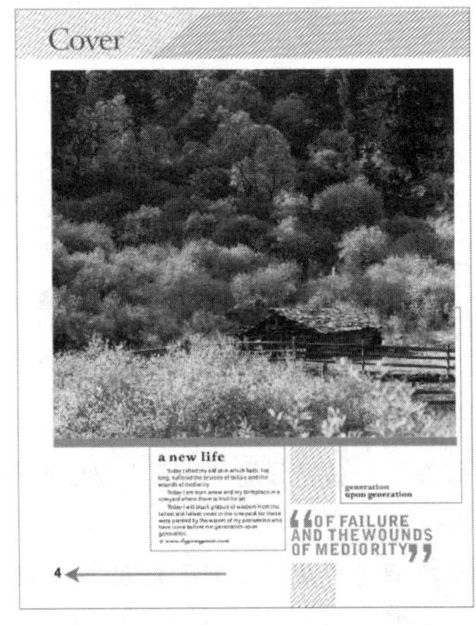

图9-90

㉑ 使用“文本工具”输入美术文本，然后在属性栏上设置“字体”为Armstrong Cursive、“字体大小”为14pt，接着填充颜色为（C:100，M:96，Y:64，K:46），再移动到页码下方，最终效果如图9-91所示。

Cover
a new life
generation
upon generation
“OF FAILURE
AND THE WOUNDS
OF MEDIORITY”
4
pluck grapes

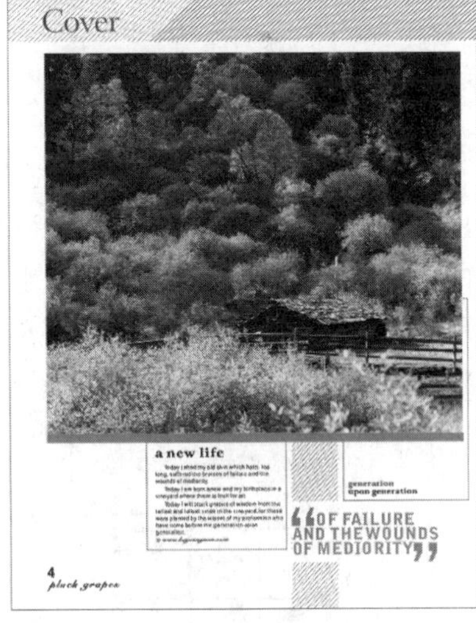

图9-91

课堂案例

绘制卡通底纹

案例位置	案例文件>CH09>课堂案例：绘制卡通底纹.cdr
视频位置	多媒体教学>CH09>课堂案例：绘制卡通底纹.flv
难易指数	★★☆☆☆
学习目标	插入字符的使用方法

卡通底纹效果如图9-92所示。

图9-92

01 新建空白文档，然后设置文档名称为“卡通底纹”，接着设置“宽度”为300mm、“高度”为300mm。

02 双击“矩形工具”创建一个与页面重合的矩形，然后填充颜色为（C:4，M:2，Y:9，K:0），接着去除轮廓，效果如图9-93所示。

图9-93

03 执行“文本>插入符号字符”菜单命令，弹出“插入字符”泊坞窗，然后设置“字体”为Festive、“字符大小”为50mm，接着在字符列表中用鼠标左键单击需要的字符，再单击“插入”按钮，如图9-94所示，插入的字符如图9-95所示。

图9-94

图9-95

04 按照以上的方法在该字体样式的字符列表中再插入另外的几个字符，并且“插入字符”对话框的设置不变，然后移动重叠在页面的字符，使其不产生重叠，插入的字符如图9-96所示。

图9-96

05 为插入的字符填充颜色。选中圣诞树，然后填充颜色为（C:58，M:0，Y:40，K:0），接着分别选中树叶填充颜色为（C:9，M:29，Y:88，K:0）、礼物填充颜色为（C:39，M:100，Y:62，K:2）、雪人填充颜色为（C:0，M:60，Y:100，K:0）、袜子填充颜色为（C:47，M:19，Y:67，K:0）、圣诞老人填充颜色为（C:0，M:100，Y:100，K:0），填充后效果如图9-97所示。

图9-97

06 选中前面填充的圣诞老人和袜子，然后复制一份，接着使用“颜色滴管工具”，在礼物和圣诞树上进行颜色取样，再分别填充到复制的圣诞老人和袜子上，如图9-98所示。

图9-98

07 适当调整所插入的字符的大小、位置和倾斜角度，如图9-99所示。

图9-99

08 选中前面调整后的所有对象，然后按Ctrl+G组合键进行群组，接着移动对象到页面，再复制多个组，使其均匀分布在页面上，如图9-100所示。

图9-100

09 选中前面绘制的矩形对象，然后移动矩形对象使其不与插入的字符重叠，接着选中所有插入的字符，执行“效果>图框精确剪裁>置于图文框内部”菜单命令，将其嵌入到矩形内，再适当调整，最后移动矩形与页面重合，最终效果如图9-101所示。

图9-101

9.3 文本编排

在CorelDRAW X6中，可以进行页面的操作、页面设置、页码操作、文本转曲以及文本的特殊处理等。

9.3.1 页码操作

1.插入页码

执行“布局>插入页码”菜单命令，可以观察到将要插入的页码有4种不同的插入样式可供选择，执行这4种插入命令中的任意一种，即可插入页码，如图9-102所示。

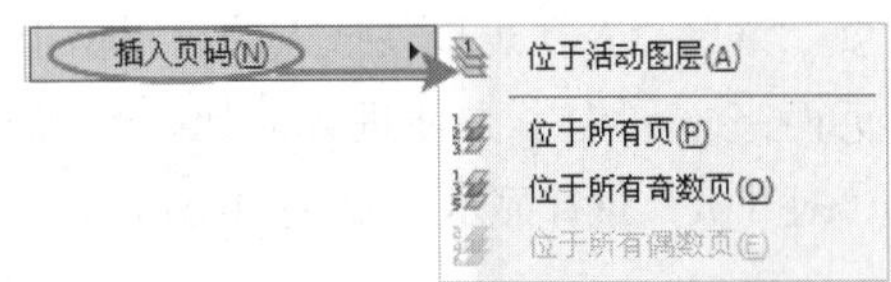

图9-102

第1种：执行“布局>插入页码>位于活动图层”菜单命令，可以让插入的页码只位于活动图层下方的中间位置，如图9-103所示。

图9-103

技巧与提示

插入的页码均默认显示在相应页面下方的中间位置，并且插入的页码与其他文本相同，都可以使用编辑文本的方法对其进行编辑。

第2种：执行“布局>插入页码>位于所有页”菜单命令，可以使插入的页码位于每一个页面下方。

第3种：执行“布局>插入页码>位于所有奇数页”菜单命令，可以使插入的页码位于每一个奇数页面下方，为了方便进行对比，可以重新设置为“对开页”进行显示，如图9-104所示。

图9-104

第4种：执行“布局>插入页码>位于所有偶数页”菜单命令，可以使插入的页码位于每一个偶数页面下方，为了方便进行对比，可以重新设置为“对开页”进行显示，如图9-105所示。

图9-105

技巧与提示

如果要执行“布局>插入页码>位于所有偶数页”菜单命令或执行“布局>插入页码>位于所有奇数页”菜单命令，就必须使页面总数为偶数或奇数，并且页面不能设置为“对开页”，这两项命令才可用。

2.页码设置

执行“布局>页码设置”菜单命令，打开“页码设置”对话框，可以在该对话框中设置页码的“起始编号”和“起始页”，单击“样式”选项右侧的按钮，可以打开页码样式列表，在列表中可以选择一种样式作为插入页码的样式，如图9-106所示。

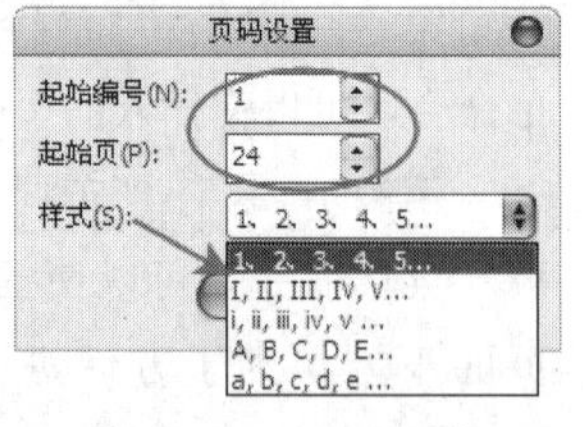

图9-106

9.3.2 文本绕图

在CorelDRAW X6中可以将段落文本围绕图形进行排列，使画面更加美观。段落文本围绕图形排列称为文本绕图。

设置文本绕图的具体操作是首先单击“文本工具”输入段落文本，然后绘制任意图形或是导入位图图像，将图形或图像放置在段落文本上，使其与段落文本有重叠的区域，接着单击属性栏上的“文本换行”按钮，弹出“换行样式”选项面板，如图9-107所示，单击面板中的任意一个按钮即可选择一种文本绕图效果（“无”按钮除外）。

图9-107

9.3.3 文本适合路径

在输入文本时，可以将文本沿着开放路径或闭合路径的形状进行分布，通过路径调整文字的排列，即可创建不同排列形态的文本效果。

1.直接填入路径

绘制一个矢量对象，然后单击“文本工具”，接着将光标移动到对象路径的边缘，待光标变为I时，单击对象的路径，即可在对象的路径上直接输入文字，输入的文字依路径的形状进行分布，如图9-108所示。

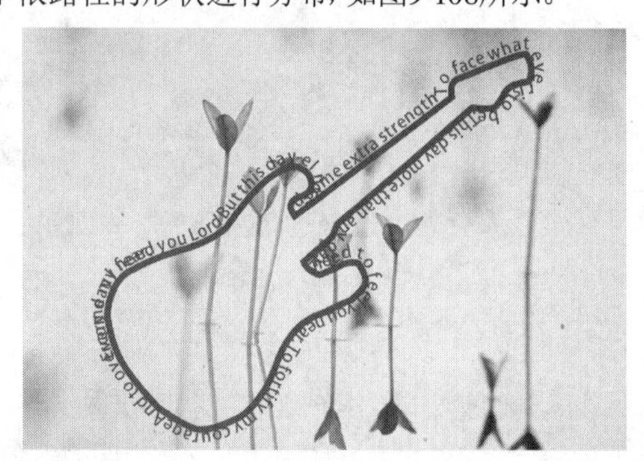
图9-108

2.执行菜单命令

选中某一美术文本，然后执行“文本>使文本适合路径”菜单命令，当光标变为➔ₐ时，移动到要填入的路径，在对象上移动光标可以改变文本沿路径的距离和相对路径终点和起点的偏移量（还会显示与路径距离的数值），如图9-109所示。

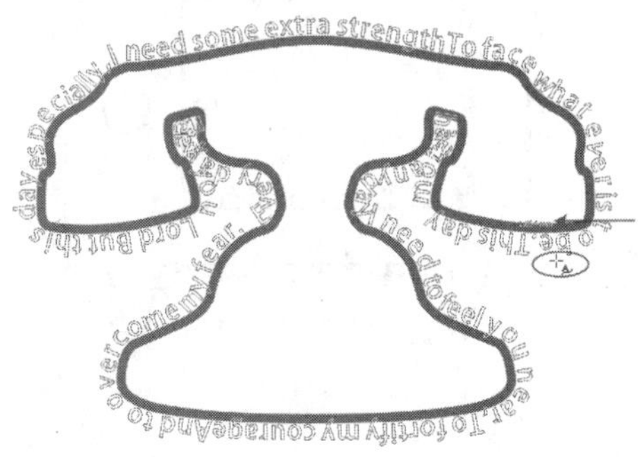

图9-109

3.右键填入文本

选中美术文本，然后按住鼠标右键拖曳文本到要填入的路径，待光标变为⊕时，松开鼠标右键，弹出菜单面板，如图9-110所示，接着使用鼠标左键单击“使文本适合路径”，即可在路径中填入文本，如图9-111所示。

图9-110

图9-111

4.沿路径文本属性设置

沿路径文本属性栏如图9-112所示。

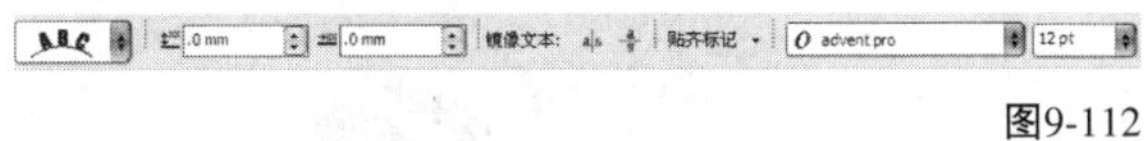

图9-112

沿路径文本属性栏选项介绍

文本方向：指定文本的总体朝向，如图9-113所示，进行列表中各项设置后效果如图9-114~图9-118所示。

图9-113

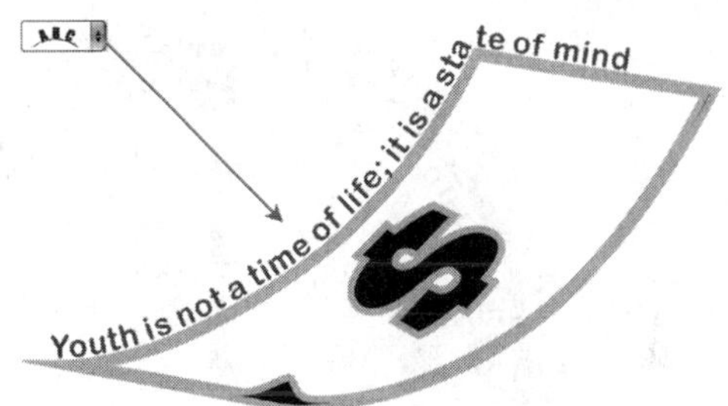

图9-114

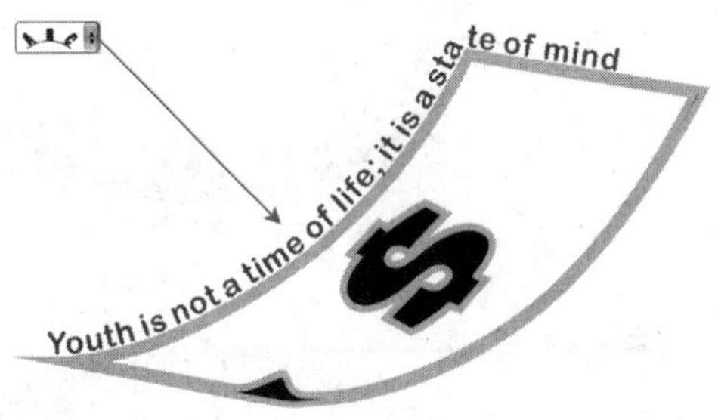

图9-115

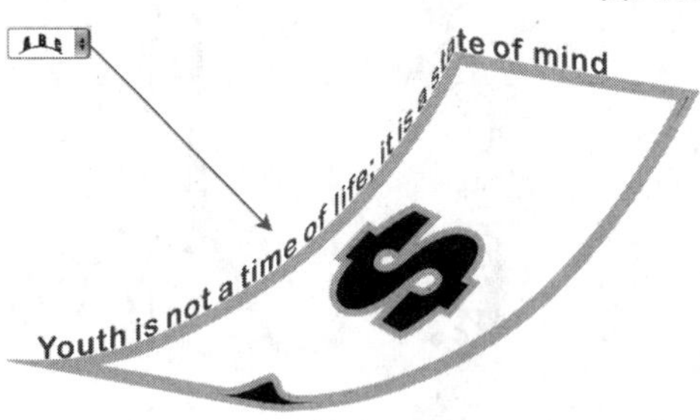

图9-116

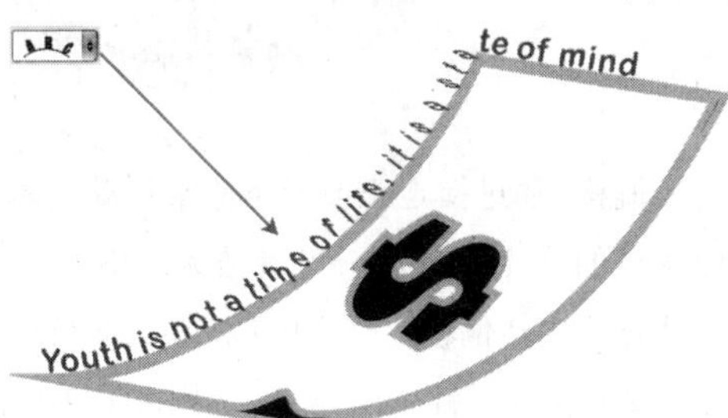

图9-117

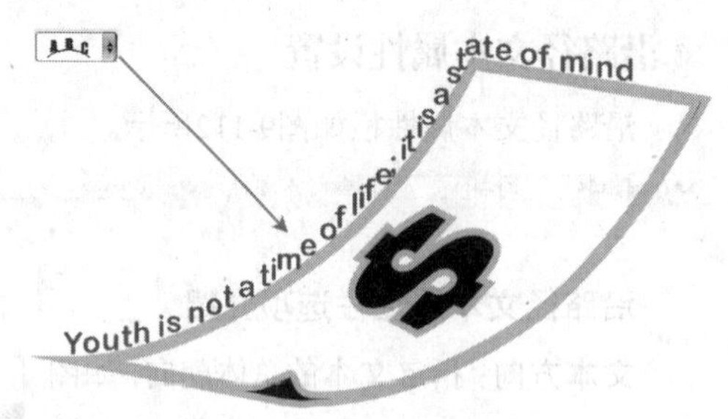

图9-118

与路径的距离：指定文本和路径间的距离，当参数为正值时，文本向外扩散，如图9-119所示；当参数为负值时，文本向内收缩，如图9-120所示。

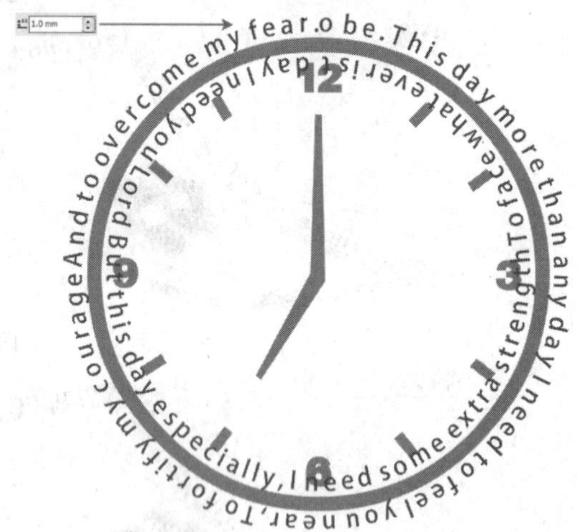

图9-119

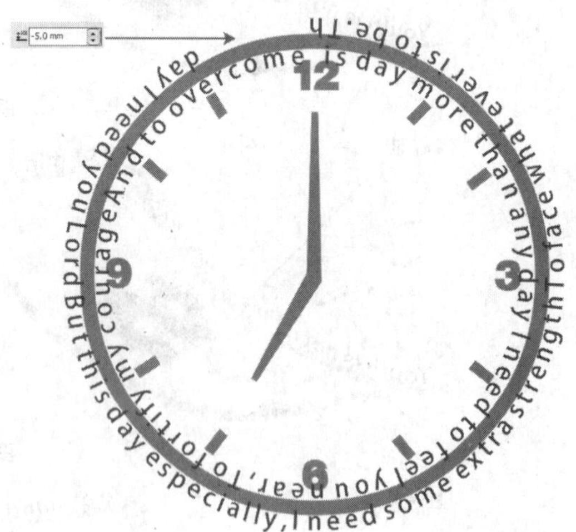

图9-120

偏移：通过指定正值或负值来移动文本，使其靠近路径的终点或起点，当参数为正值时，文本按顺时针方向旋转偏移，如图9-121所示；当参数为负值时，文本按逆时针方向偏移，如图9-122所示。

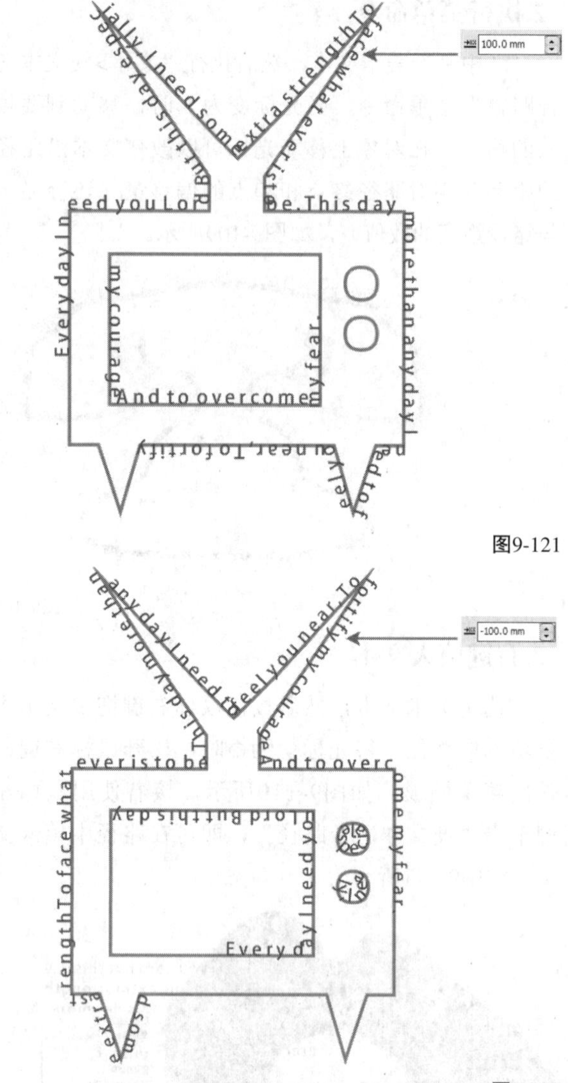

图9-121

图9-122

水平镜像文本：单击该按钮可以使文本从左到右翻转，效果如图9-123所示。

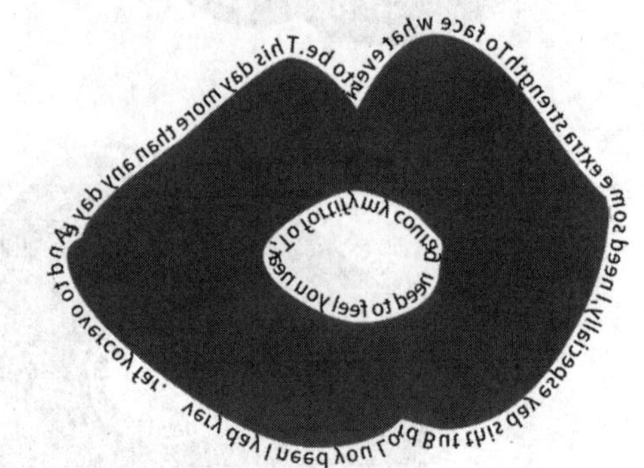

图9-123

垂直镜像文本：单击该按钮可以使文本从上到下翻转，效果如图9-124所示。

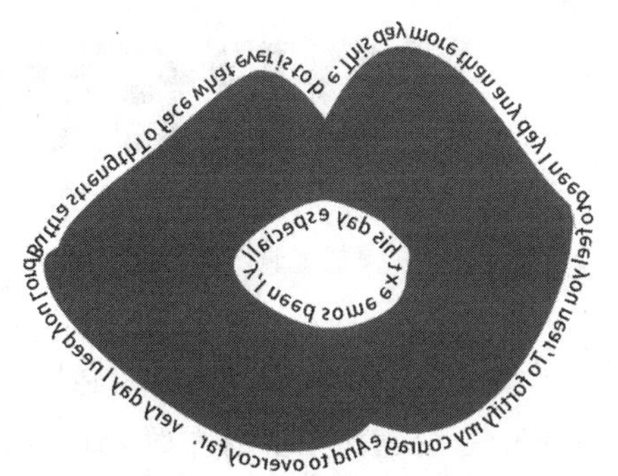

图9-124

贴齐标记：指定文本到路径间的距离，单击该按钮，弹出“贴齐记号”选项面板，如图9-125所示，单击“打开贴齐记号”即可在“记号间距”数值框中设置贴齐的数值，此时在调整文本与路径之间的距离时会按照设置的“记号间距”自动捕捉文本与路径之间的距离，若单击“关闭贴齐记号”即可关闭该功能。

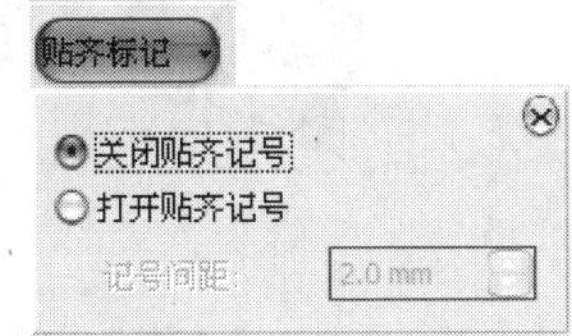

图9-125

技巧与提示

在该属性栏右侧的“字体列表”和“字体大小”选项中可以设置沿路径文本的字体和字号。

9.3.4 文本框设置

文本框分为固定文本框和可变文本框，系统默认的为固定文本框。

使用固定文本框时，绘制的文本框大小决定了在文本框中能显示文字的多少。使用可变文本框时，文本框的大小会随输入文本的多少而随时改变。

执行“工具>选项”菜单命令（或按Ctrl+J组合键），在弹出的对话框中使用鼠标左键依次单击“工作区>文本>段落文本框”命令，然后在右侧展开的面板中勾选“按文本缩放段落文本框”，接着单击“确定”按钮，如图9-126所示，即可将固定的文本框设置为可变的文本框。

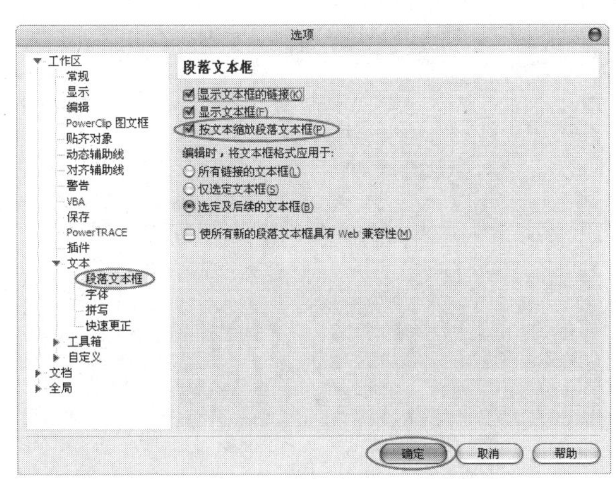

图9-126

课堂案例

绘制请柬内页

案例位置	案例文件>CH09>课堂案例：绘制请柬内页.cdr
视频位置	多媒体教学>CH09>课堂案例：绘制请柬内页.flv
难易指数	★★★☆☆
学习目标	文本适合路径的操作方法

请柬内页效果如图9-127所示。

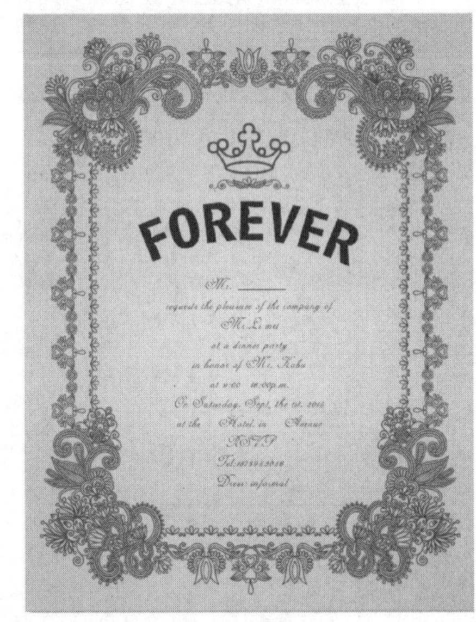

图9-127

01 新建空白文档，然后设置文档名称为“请柬内页”，接着设置“宽度”为143mm、“高度”为185mm。

02 双击“矩形工具”创建一个与页面重合的矩形，然后单击“交互式填充工具”，接着在属性栏上设置“填充类型”为“辐射”、两个节点填充颜色为（C:17，M:19，Y:37，K:0）和（C:7，M:7，Y:16，K:0），如图9-128所示，设置完毕后删除轮廓，效果如图9-129所示。

辐射
50

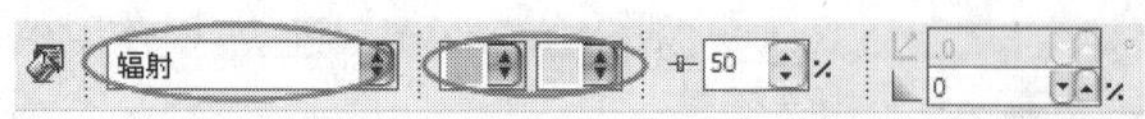

图9-128

图9-129

03 导入“素材文件>CH09>02.cdr”文件，然后放置在页面中间，如图9-130所示。

图9-130

04 使用“文本工具”输入美术文本，然后在属性栏上设置“字体”为BellCentBdilist BT、“字体大小”为39pt，接着填充颜色为（C:63，M:67，Y:100，K:30），如图9-131所示。

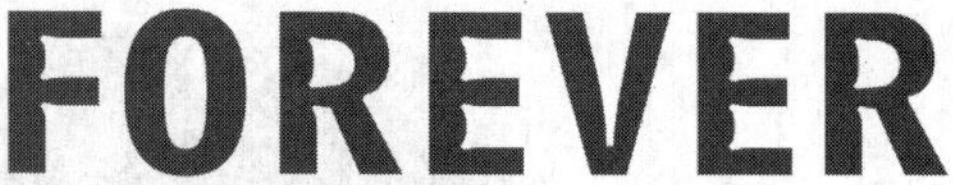

FOREVER

图9-131

05 使用“贝塞尔工具”绘制一条曲线，然后选中前面输入的文本执行“文本>使文本适合路径”菜单命令，当光标变为时，移动鼠标适当调整文本与路径的位置，接着单击鼠标左键，即可创建沿路径文本，如图9-132所示，效果如图9-133所示。

FOREVER
1.912 mm

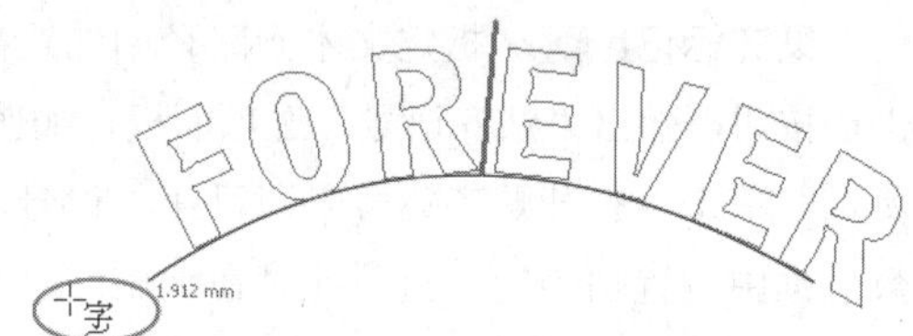

图9-132

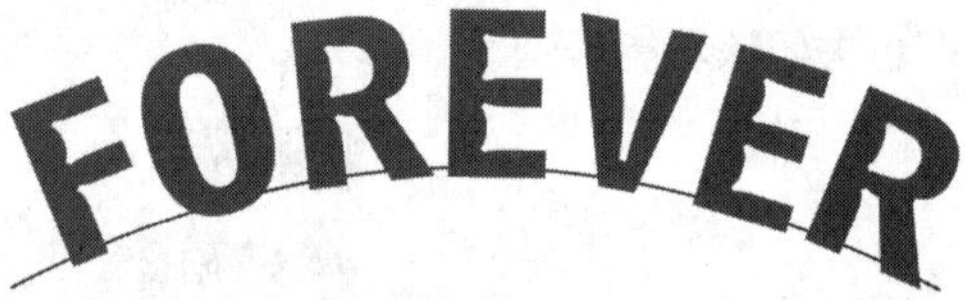

FOREVER

图9-133

06 使用“形状工具”选中沿路径文本的曲线，然后单击“选择工具”，接着按Delete键即可删除曲线，最后移动文本到页面上方，如图9-134所示。

FOREVER

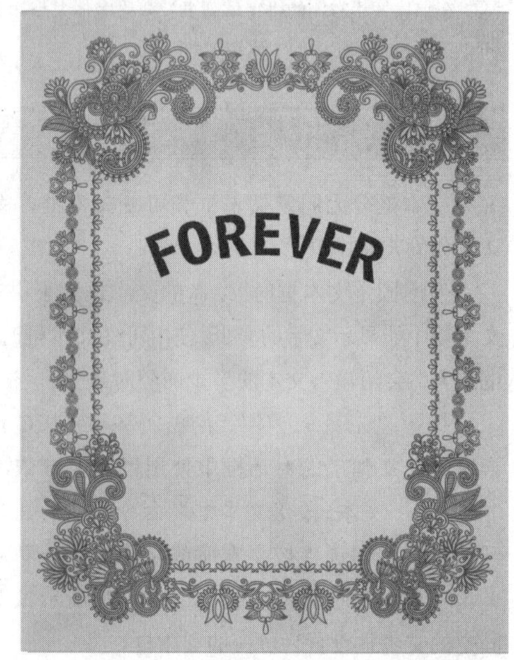

图9-134

07 使用“文本工具”输入美术文本，然后在属性栏上设置“字体”为AdineKirrnberg-Script、“字体大小”为16pt、“文本对齐”为“居中”，接着填充颜色为（C:0，M:100，Y:100，K:0），再放置在沿路径文本的下方，如图9-135所示。

图9-135

08 执行“文本>插入符号字符”菜单命令，打开“插入字符”泊坞窗，然后在泊坞窗中设置“字体”为BOBCO 10、“字符大小”为50mm，接着在字符列表中选择需要的字符，再单击“插入”按钮，如图9-136所示。

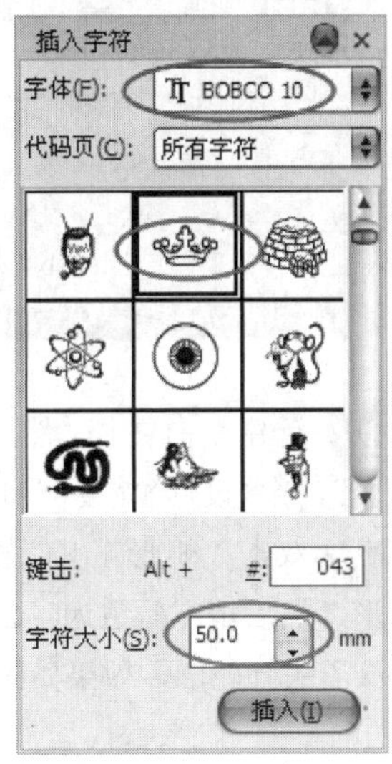

图9-136

09 选中插入的字符，然后填充颜色为（C:51，M:60，Y:85，K:7），接着去除轮廓，再适当调整大小，最后放置在沿路径文本的上方，如图9-137所示。

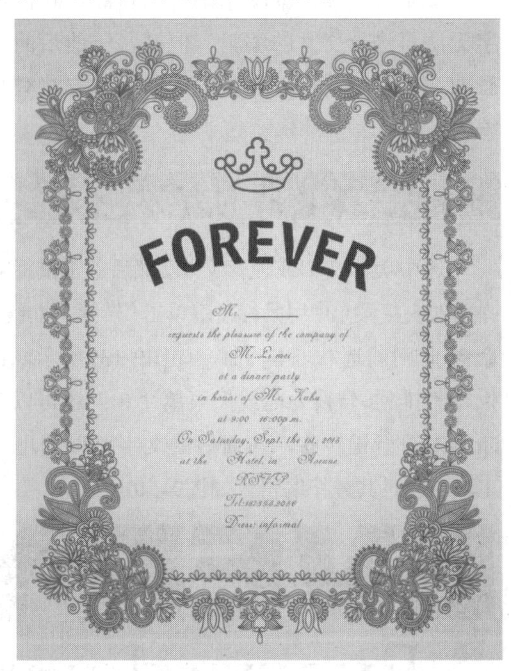

图9-137

10 导入“素材文件>CH09>03.cdr”文件，然后放置在插入的字符下方，接着选中页面中所有的文本按Ctrl+Q组合键转曲，最终效果如图9-138所示。

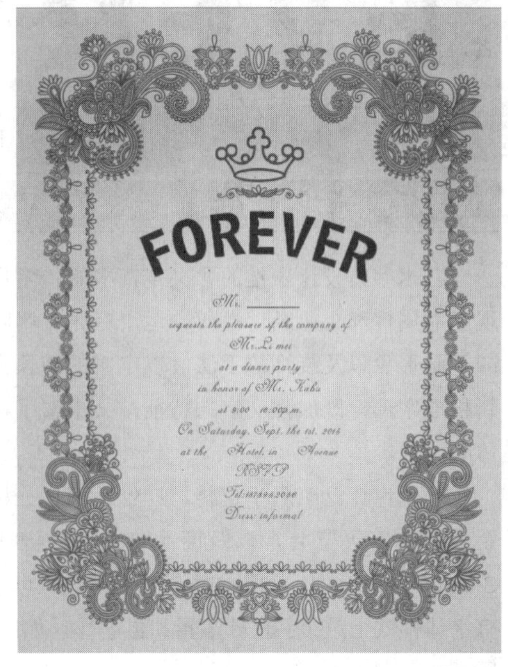

图9-138

9.4 文本转曲操作

美术文本和段落文本都可以转曲，转曲后的文字无法再进行文本的编辑，但是，转曲后的文字具有曲线的特性，可以使用编辑曲线的方法对其进行编辑。

9.4.1 文本转曲的方法

选中美术文本或段落文本，然后单击鼠标右键在弹出的快捷菜单中用鼠标左键单击“转换为曲线”菜单命令，即可将选中文本转曲，如图9-139所示，也可以执行“排列>转换为曲线”菜单命令；还可以直接按Ctrl+Q组合键转曲，转曲后的文字可以使用“形状工具”对其进行编辑，如图9-140所示。

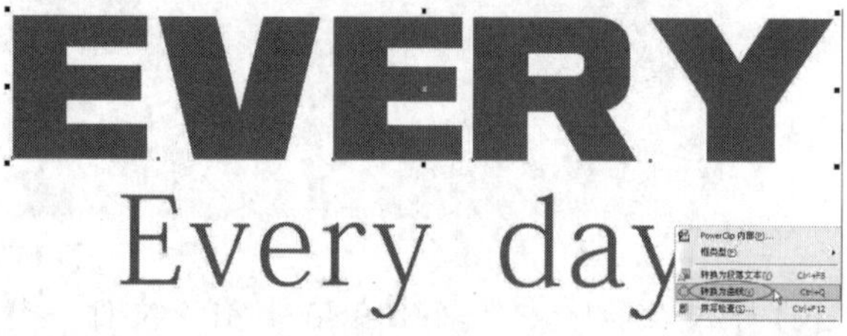

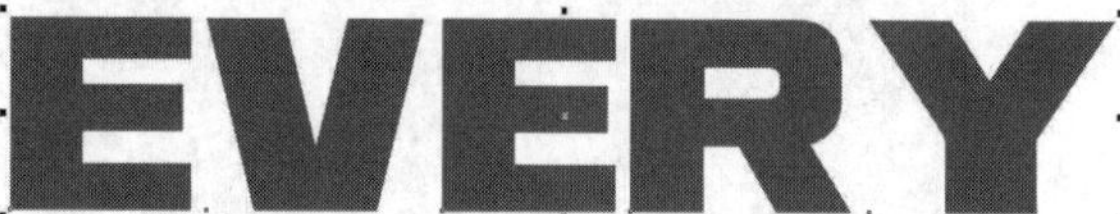

EVERY
Every day

图9-139

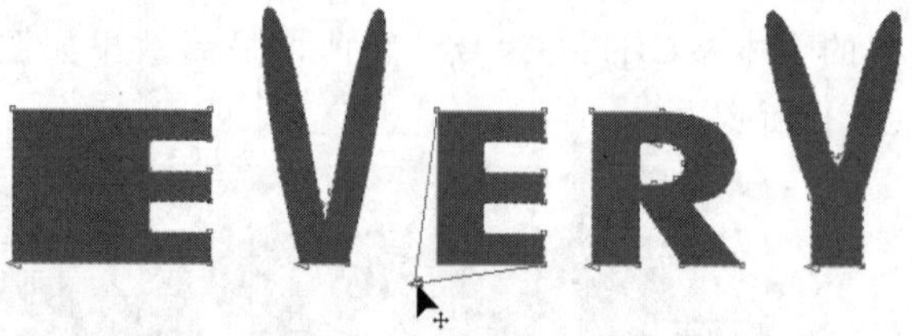

EVERY

图9-140

9.4.2 艺术字体设计

艺术字体设计表达的含义丰富多彩，常用于表现产品属性和企业经营性质。运用夸张、明暗、增减笔画形象以及装饰等手法，以丰富的想象力，重新构成字形，既加强文字的特征，又丰富了标准字体的内涵。

艺术字广泛应用于宣传、广告、商标、标语、企业名称、展览会，以及商品包装和装潢等。在CorelDRAW X6中，利用文本转曲的方法，可以在原有字体样式上对文字进行编辑和再创作，如图9-141所示。

focus

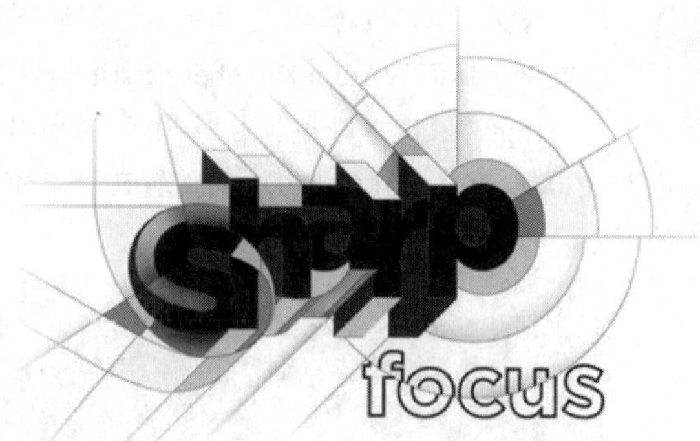

图9-141

课堂案例

绘制书籍封套

案例位置	案例文件>CH09>课堂案例：绘制书籍封套.cdr
视频位置	多媒体教学>CH09>课堂案例：绘制书籍封套.flv
难易指数	★★★☆☆
学习目标	文字转曲的编辑方法

书籍封套效果如图9-142所示。

YUANYUANINFO

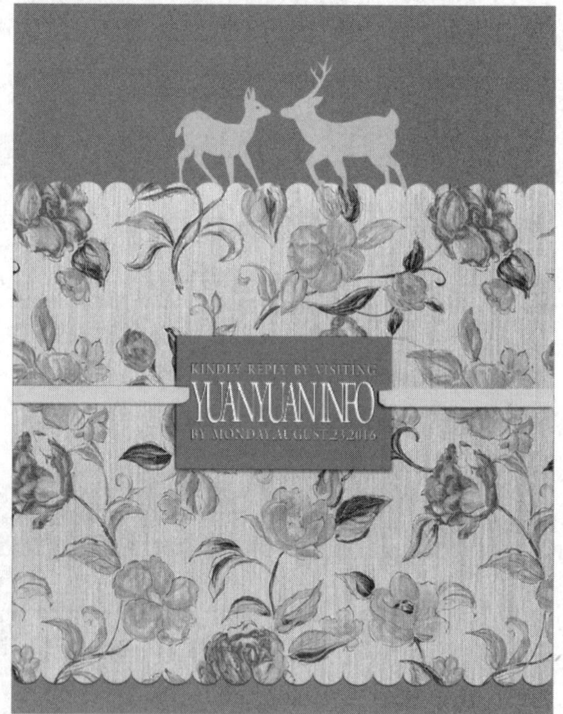

图9-142

01 新建空白文档，然后设置文档名称为“书籍封套”，接着设置“宽度”为128mm、“高度”为165mm。

02 双击“矩形工具”创建一个与页面重合的矩形，然后填充颜色为（C:35，M:38，Y:39，K:0），接着去除轮廓，效果如图9-143所示。

图9-143

03 选中矩形，然后执行“位图>转换为位图”菜单命令，弹出“转换为位图”对话框，接着单击“确定”按钮，如图9-144所示，即可将矩形转换为位图。

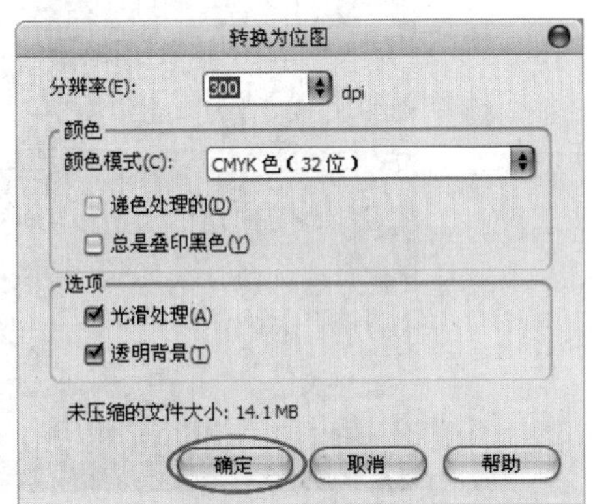

图9-144

04 保持矩形的选中状态，然后执行“位图>添加杂点”菜单命令，弹出“添加杂点”对话框（保持原对话框的设置），接着单击“确定”按钮，如图9-145所示，效果如图9-146所示。

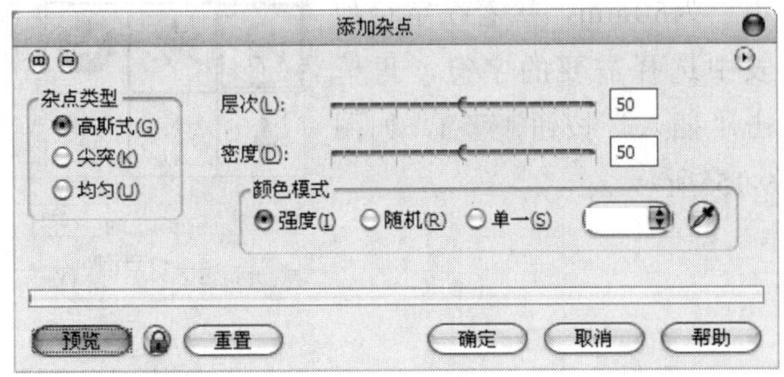

图9-145

图9-146

05 使用“矩形工具”绘制一个与页面同宽的矩形，然后单击“椭圆工具”绘制一个圆形，接着在水平方向上复制多个，再全部移动到矩形的底边，使圆形的圆心与矩形的边缘在同一水平线上，如图9-147所示，最后选中矩形和所有的圆形，在属性栏上单击“合并”按钮，效果如图9-148所示。

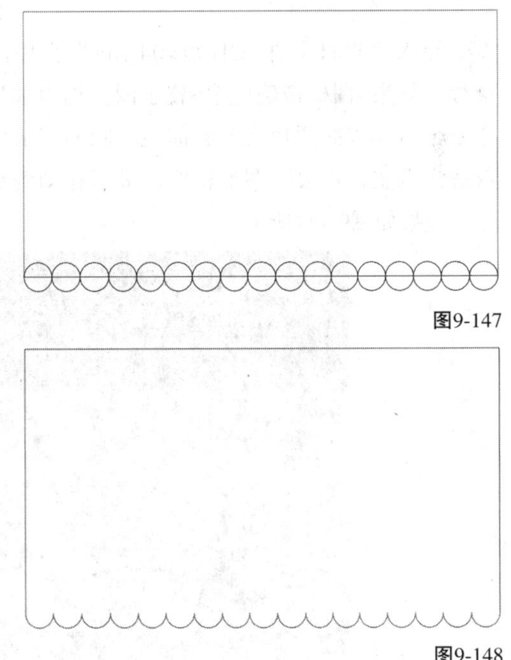

图9-147

图9-148

06 选中前面绘制的图形，然后在垂直方向上复制一个，接着单击属性栏上的“垂直镜像”按钮，如图9-149所示，再选中两个图形单击“合并”按钮，效果如图9-150所示。

图9-149

图9-150

07 导入“素材文件>CH09>04.jpg”文件，然后执行“效果>图框精确剪裁>置于图文框内部”菜单命令，将导入的图片嵌入到前面绘制的图形中，接着适当调整，再去除图形轮廓，最后移动到页面下方，效果如图9-151所示。

图9-151

08 选中嵌入图片的对象，然后复制一份，移除嵌入的图片，接着填充颜色为（C:0，M:0，Y:0，K:80），如图9-152所示，再单击“透明度工具”，在属性栏上设置“透明度类型”为“标准”、“透明度操作”为“乘”，如图9-153所示，设置完毕后放置在原始对象的后面，最后稍微调整位置，效果如图9-154所示。

图9-152

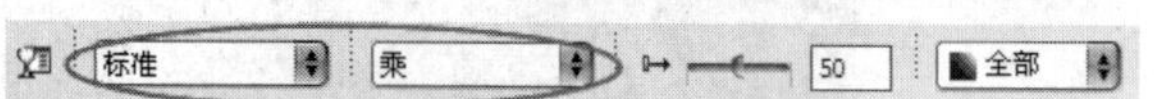

图9-153

图9-154

09 执行“文本>插入符号字符”菜单命令，弹出“插入字符”泊坞窗，然后设置“字体”为ChristmasTime、“字符大小”为50mm，接着在字符列表中选择需要的字符，再单击“插入”按钮，如图9-155所示。

图9-155

10 选中插入的字符，然后填充颜色为（C:0，M:0，Y:0，K:20），接着去除轮廓，再使用“形状工具”适当拉长小鹿的犄角，最后单击属性栏上的“水平镜像”按钮，效果如图9-156所示。

图9-156

11 在打开的“插入字符”泊坞窗中重新设置“字体”为“Animals 1”，接着在字符列表中选择需要的字符，再单击“插入”按钮，如图9-157所示。

图9-157

12 选中刚插入的字符，填充颜色为（C:0，M:0，Y:0，K:20），然后去除轮廓，如图9-158所示，接着适当调整两个插入字符的大小、位置和倾斜度，再放置在页面的上方，最后调整位置使其在嵌入图片对象的后面，效果如图9-159所示。

图9-158

图9-159

13 选中与页面相同大小的矩形，然后复制一个并适当缩小，接着放置在页面水平居中的位置，如图9-160所示，再单击“阴影工具”按住鼠标左键在对象上由上到下拖曳，最后在属性栏上设置“阴影角度”为271、“阴影的不透明度”为70、“阴影羽化”为3，如图9-161所示，效果如图9-162所示。

图9-160

图9-161

图9-162

14 使用“文本工具”输入美术文本，然后在属性栏上设置“字体”为ArnoProDisplay、第一行和第三行“字体大小”为10pt、第二行“字体大小”为24pt、文本对齐为“强制调整”，接着填充整个文本颜色为白色，再使用“形状工具”适当调整文本字距和行距，效果如图9-163所示。

图9-163

15 选中前面输入的文本，然后按Ctrl+Q组合键转曲，接着单击属性栏上的“取消群组”按钮，再按Ctrl+K组合键拆分曲线，最后选中第二行转曲文本在垂直方向上适当拉长，效果如图9-164所示。

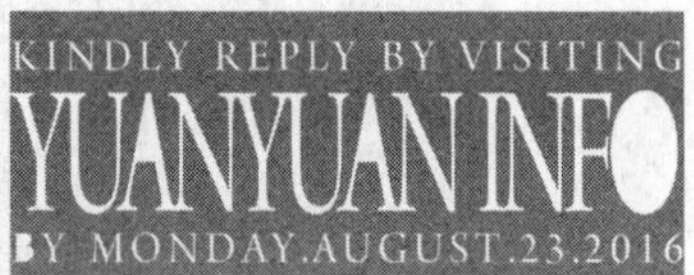

图9-164

16 选中转曲后的所有文本，然后按Ctrl+L组合键合并，接着在水平方向上适当缩小，再移动到页面最前面的矩形中间，效果如图9-165所示。

图9-165

17 复制一个转曲后的文本，然后等比例向四周稍微放大，接着填充颜色为（C:0，M: 0，Y: 0，K:100），再放置在原始的文本对象后面，效果如图9-166所示。

图9-166

18 使用“矩形工具”绘制一个矩形，然后填充浅黄色（C:9，M:9，Y:25，K:0），接着去除轮廓，如图9-167所示。

图9-167

19 选中绘制的矩形，然后单击“阴影工具”按住鼠标左键在对象上由上到下拖曳，接着在属性栏上设置“阴影偏移”为（x：0.081mm，y：-0.278mm）、“阴影角度”为271、“阴影的不透明度”为60、“阴影羽化”为13，如图9-168所示，效果如图9-169所示。

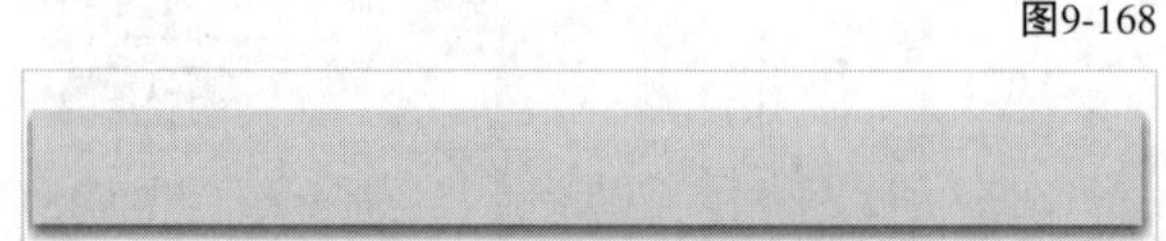

图9-168

图9-169

20 选中前面设置阴影的矩形，然后复制一个，接着分别放置在转曲文本的左右两侧，效果如图9-170所示。

图9-170

21 单击“涂抹工具”，然后在属性栏上设置“笔尖半径”为1mm、“压力”为56，接着适当涂抹浅黄色矩形与页面中间矩形重叠处的边缘，最终效果如图9-171所示。

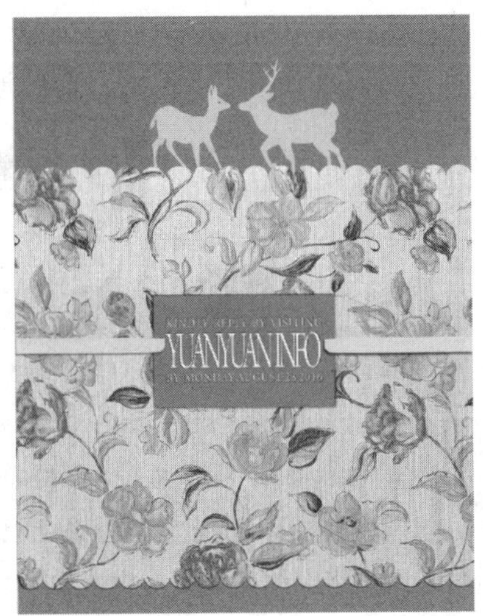

YUANYUANINFO
图9-171

课堂案例

组合文字设计

案例位置	案例文件>CH09>课堂案例：组合文字设计.cdr
视频位置	多媒体教学>CH09>课堂案例：组合文字设计.flv
难易指数	★★★☆☆
学习目标	转曲文字的编辑

组合文字效果如图9-172所示。

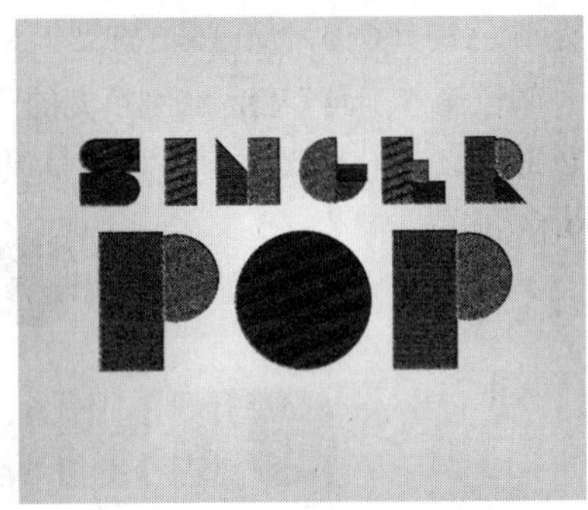

SINGER
POP
图9-172

01 新建空白文档，然后设置文档名称为“组合文字”，接着设置“宽度”为200mm、“高度”为170mm。

02 单击“文本工具”输入美术文本，然后设置“字体”为DiscoDeckCondensed、“字体大小”为24pt、“文本对齐”为“居中”，接着按Ctrl+Q组合键转换为曲线，如图9-173所示。

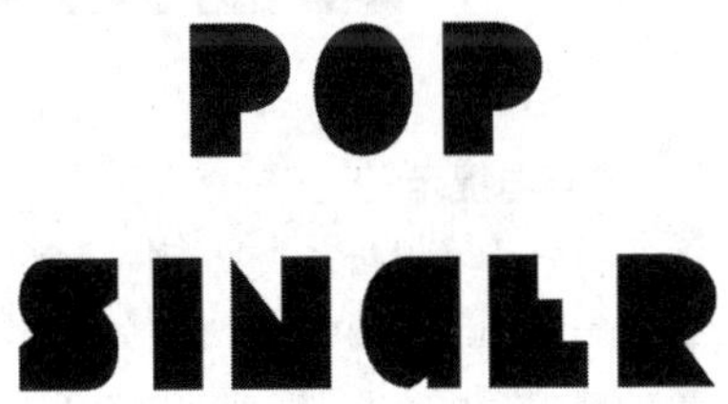

POP
SINGER
图9-173

03 为了更方便地编辑文字，可以按Ctrl+K组合键拆分转曲的文字，然后使用“形状工具”调整文字的外形，使文字外形可以用矩形、圆角矩形、圆形和半圆等图形组合形成，如图9-174所示。

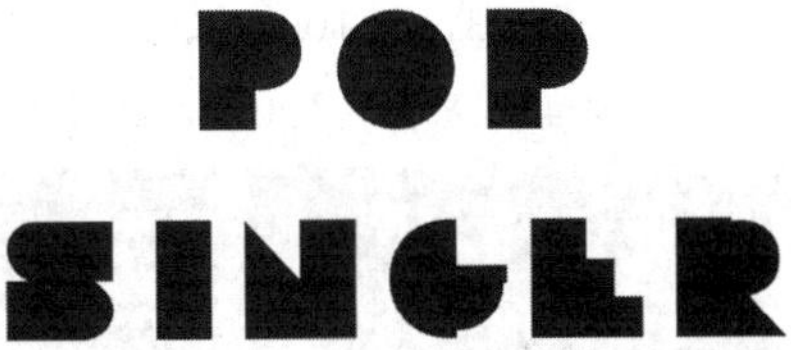
POP
SINGER
图9-174

04 使用“矩形工具”和“椭圆工具”在文字上绘制出与文字上的图形近似或相同的图形，然后按Ctrl+Q组合键把绘制的图形转曲，接着使用“形状工具”适当调整，使绘制的图形能重新组合成文字的外形，如图9-175所示。

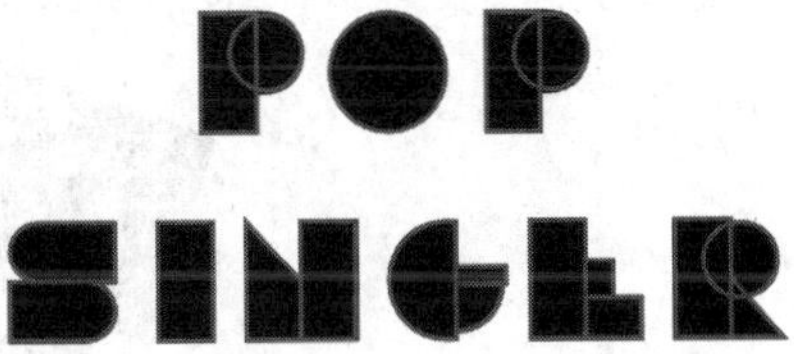
POP
SINGER
图9-175

05 使用“矩形工具”绘制一个矩形，然后填充深红色（C:44，M:100，Y:100，K:12），如图9-176所示，接着绘制一个矩形长条，填充颜色为（C:26，M:100，Y:100，K:0），再复制多个，使其在垂直方向上等距离分布，并按Ctrl+G组合键进行群组，如图9-177所示，最后移动群组的矩形长条到深红色矩形上面，效果如图9-178所示。

图9-176

图9-177

图9-178

06 按照上面的方法绘制出另外两组矩形条图案，其中第1组图案的矩形颜色为（C:0，M:54，Y:39，K:0）、矩形长条颜色为（C:0，M:36，Y:35，K:0），如图9-179所示，第2组图案的矩形颜色为（C:31，M:93，Y:100，K:0）、矩形长条颜色为（C:0，M:45，Y:39，K:0），如图9-180所示。

图9-179

图9-180

07 将前面绘制的3组矩形条图案分别群组，然后选中3组图案同时旋转20°，如图9-181所示。

图9-181

08 选中第1个的矩形条图案，然后复制多个，接着分别嵌入到文字上面的几何图形内，如图9-182所示。

图9-182

09 选中第2个的矩形条图案，然后复制多个，接着分别嵌入到文字上面的几何图形内，如图9-183所示。

图9-183

10 选中第3个的矩形条图案，然后复制多个，接着分别嵌入到文字上面的几何图形内，如图9-184所示。

图9-184

11 选中第1个字母上的矩形，然后填充颜色为（C:0，M:84，Y:80，K:0），接着使用“颜色滴管工具”，在刚填充的矩形上进行颜色取样，再分别填充到文字上的其他图形内，如图9-185所示。

图9-185

12 选中第2行第1个字母下方的圆角矩形，然后填充颜色为（C:0，M:36，Y:35，K:0），接着使用“颜色滴管工具”，在刚填充的圆角矩形上进行颜色取样，再分别填充到文字上的其他图形内，如图9-186所示。

图9-186

13 选中最后一个未填充的图形，然后填充颜色为（C:31，M:100，Y:100，K:0），接着删除图形后面的文字，效果如图9-187所示。

图9-187

技巧与提示

当两个图形几乎完全重合时，要删除后面的对象，可以使用“形状工具”单击要选择的图形，然后单击“选择工具”，接着按Delete键，即可删除所选对象。

⑭ 适当调整图形的位置和大小，然后放置在页面中间，效果如图9-188所示。

图9-188

⑮ 双击"矩形工具"创建一个与页面重合的矩形（作为图形背景），然后单击"交互式填充工具"，接着在属性栏上设置"填充类型"为"正方形"、两个节点填充颜色为（C:10，M:20，Y:11，K:0）和白色，如图9-189所示，填充效果如图9-190所示。

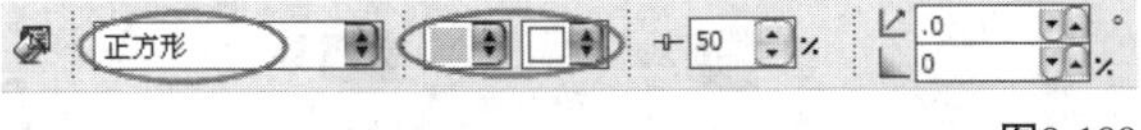

图9-189

图9-190

⑯ 选中页面中全部的文字图形，然后执行"位图>转换为位图"菜单命令，弹出"转换为位图"对话框，接着修改"分辨率"为400，再单击"确定"按钮，如图9-191所示，即可将文字图形转换为位图。

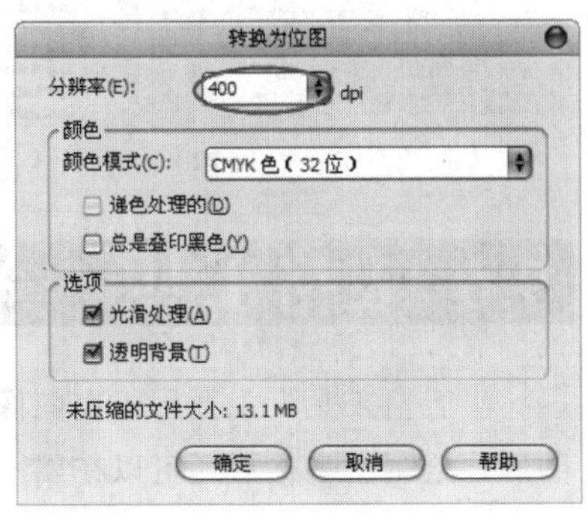

图9-191

⑰ 选中文字图形，然后执行"位图>三维效果>浮雕"菜单命令，打开"浮雕"对话框，接着在对话框中设置"浮雕色"为"原始颜色"、"深度"为18、"层次"为252，再单击"确定"按钮，如图9-192所示，设置后的效果如图9-193所示。

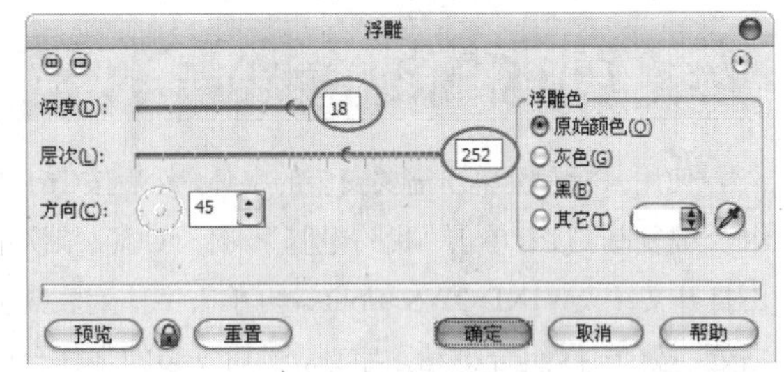

图9-192

图9-193

⑱ 选中文字图形，然后执行"位图>艺术笔触>木版画"菜单命令，打开"木版画"对话框（不改变原对话框的设置），接着单击"确定"按钮，如图9-194所示，最终效果如图9-195所示。

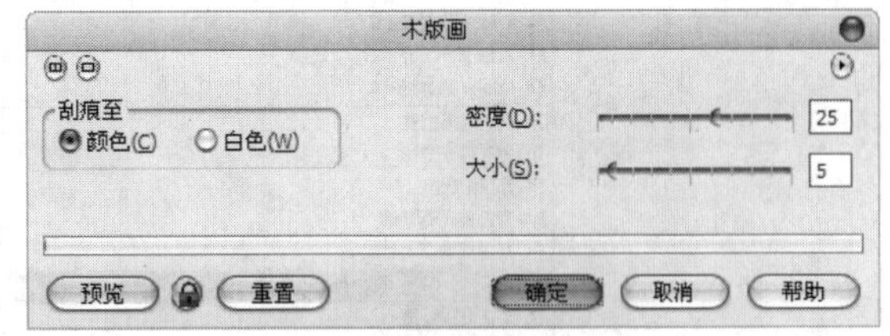

图9-194

图9-195

9.5 字库的安装

在平面设计中，只用Windows系统自带的字体，很难满足设计需要，因此需要在Windows系统中安装系统外的字体。

9.5.1 从计算机C盘安装

使用鼠标左键单击需要安装的字体，然后按Ctrl+C组合键复制，接着单击“我的电脑”，打开C盘，依次单击打开文件夹WINDOWS>Fonts，再单击字体列表的空白处，按Ctrl+V组合键粘贴字体，最后安装的字体会以蓝色选中样式在字体列表中显示，如图9-196所示，待刷新页面后重新打开CorelDRAW X6，即可在该软件的“字体列表”中找到装入的字体，如图9-197所示。

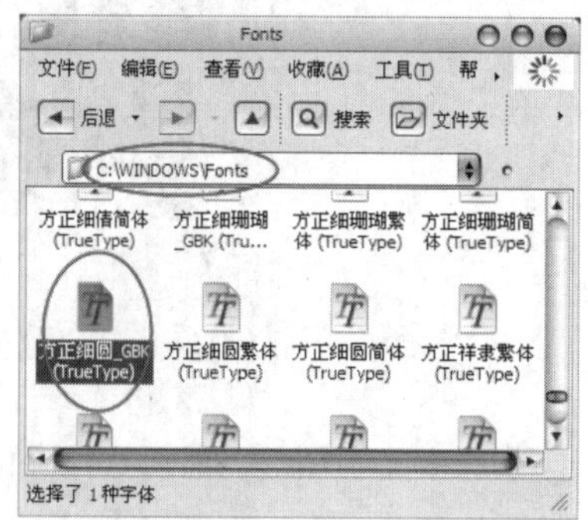

图9-196

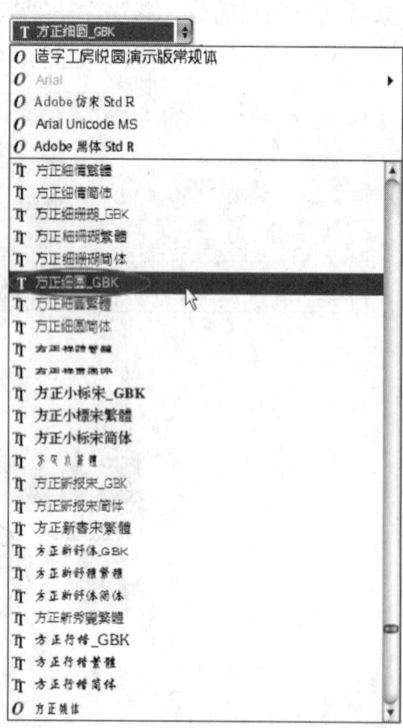

图9-197

9.5.2 从控制面板安装

使用鼠标左键单击需要安装的字体，然后按Ctrl+C组合键复制，接着依次单击“我的电脑>控制面板”，再双击“字体”打开字体列表，如图9-198所示，此时在字体列表空白处单击，按Ctrl+V组合键粘贴字体，最后安装的字体会以蓝色选中样式在字体列表中显示，如图9-199所示，待刷新页面后重新打开CorelDRAW X6，即可在该软件的“字体列表”中找到装入的字体，如图9-200所示。

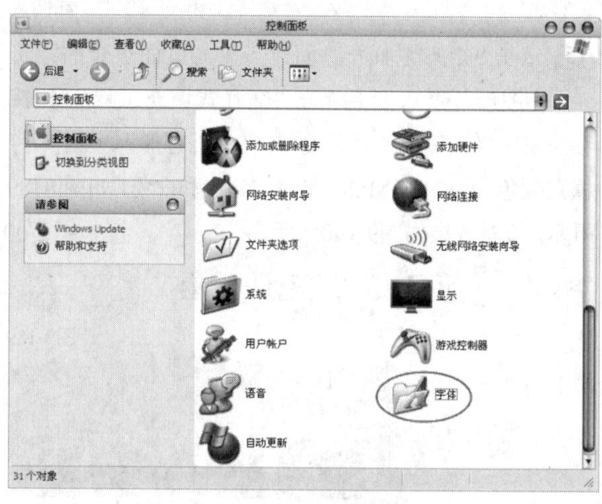

图9-198

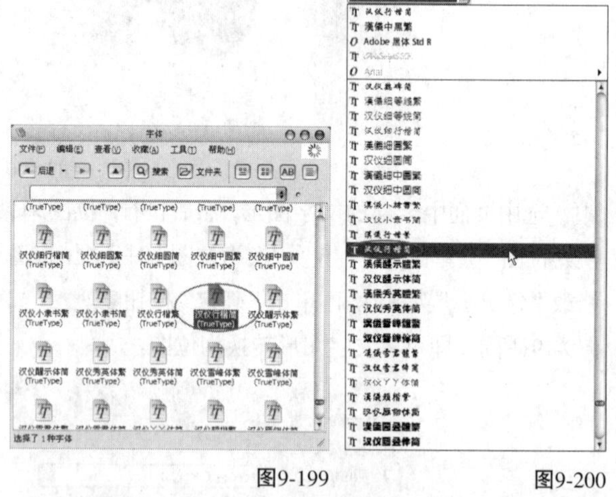

图9-199　图9-200

9.6 表格工具

“表格工具”主要用于在图像文件中添加表格图形。绘制出表格后还可以在属性栏中修改表格的行数、列数，并能进行单元格的合并和拆分等。

9.6.1 创建表格

创建表格的方法有以下两种。

第1种：单击“表格工具”，当光标变为时，在绘图窗口中按住鼠标左键拖曳，即可创建表格，如图9-201所示，创建表格后可以在属性栏中修改表格的行数和列数，还可以将单元格进行合并、拆分等。

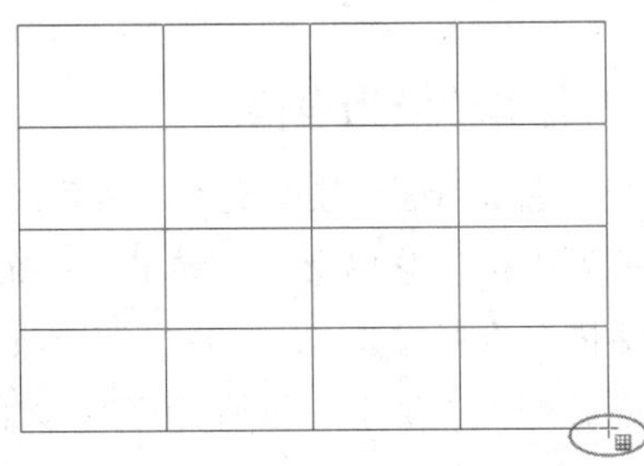

图9-201

第2种：执行“表格>创建新表格”菜单命令，弹出“创建新表格”对话框，在该对话框中可以对将要创建的表格进行“行数”、“栏数”，以及高度和宽度的设置，设置好对话框中的各个选项后，单击“确定”按钮，如图9-202所示，即可创建表格，效果如图9-203所示。

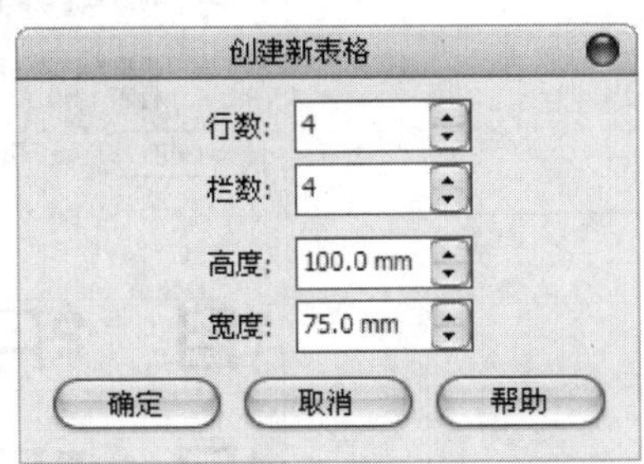

图9-202

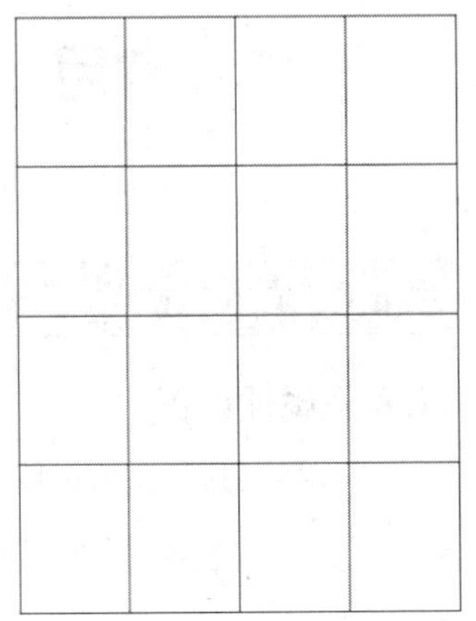

图9-203

技巧与提示

除了使用以上方法创建表格外，还可以由文本创建表格，首先使用“文本工具”输入段落文本，如图9-204所示，然后执行“表格>将文本转换为表格”菜单命令，弹出“将文本转换为表格”对话框，接着勾选“逗号”，最后单击“确定”按钮，如图9-205所示，即可创建表格，如图9-206所示。

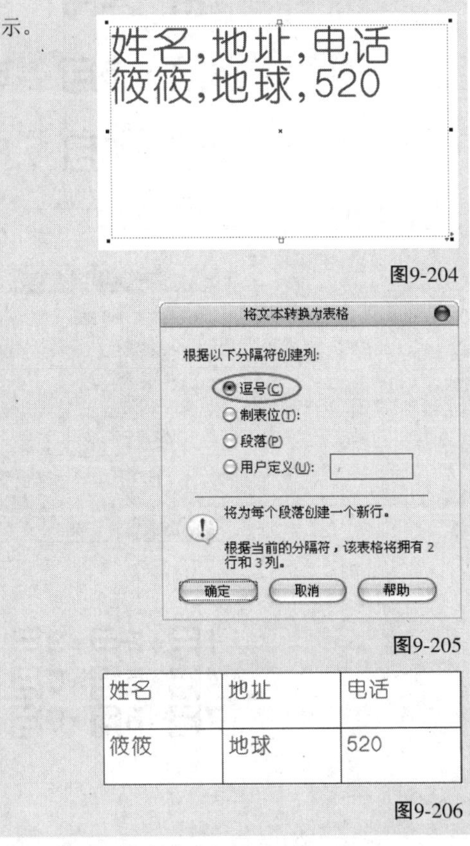

图9-204

图9-205

姓名	地址	电话
筱筱	地球	520

图9-206

9.6.2 文本表格互转

1.表格转换为文本

执行“表格>创建新表格”菜单命令，弹出“创建新表格”对话框，然后设置“行数”为3、“栏数”为3、“高度”为100mm、“宽度”为130mm，接着单击“确定”按钮，如图9-207所示。

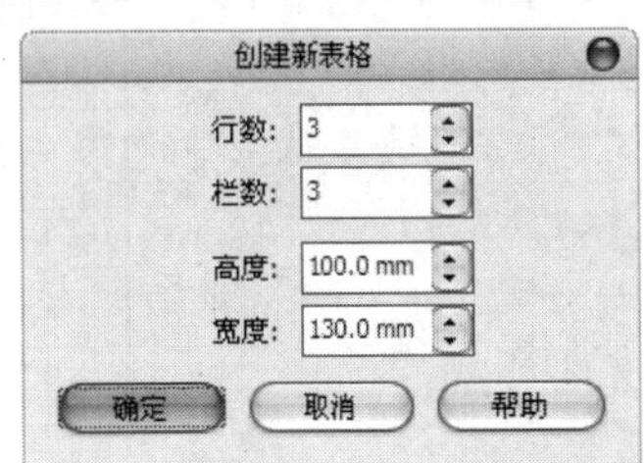

图9-207

在表格的单元格中输入文本，如图9-208所示，然后执行“表格>将表格转换为文本”菜单命令，弹出“将表格转换为文本”对话框，接着勾选“用户定义”选项，再输入符号*，最后单击“确定”按钮，如图9-209所示，转换后的效果如图9-210所示。

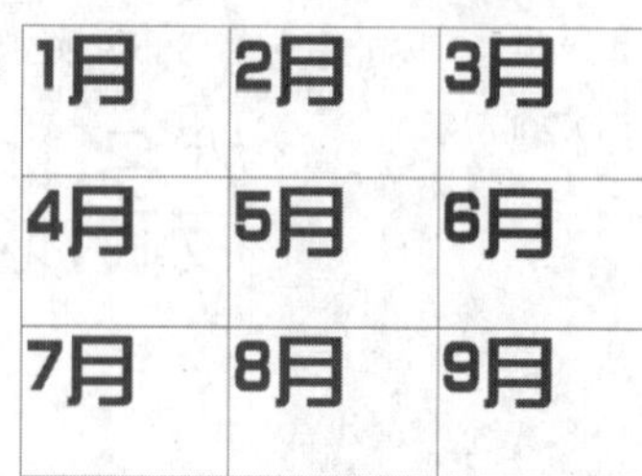

1月	2月	3月
4月	5月	6月
7月	8月	9月

图9-208

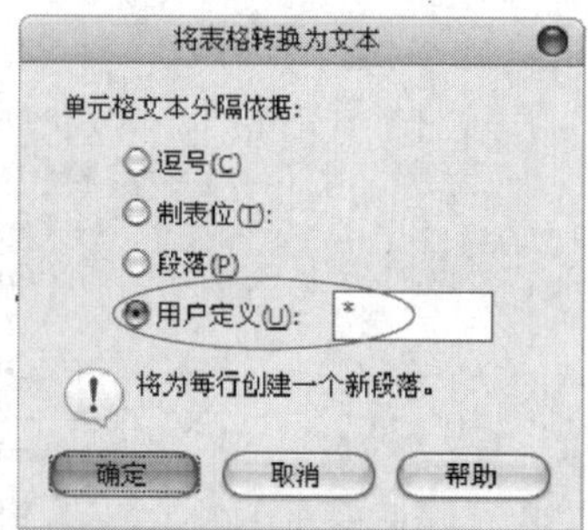

图9-209

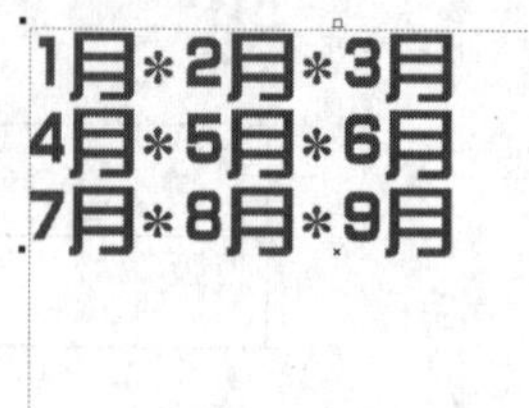

图9-210

技巧与提示

在表格的单元格中输入文本，可以使用“表格工具”单击该单元格，当单元格中显示一个文本插入点时，即可输入文本，如图9-211所示，也可以使用“文本工具”单击该单元格，当单元格中显示一个文本插入点和文本框时，即可输入文本，如图9-212所示。

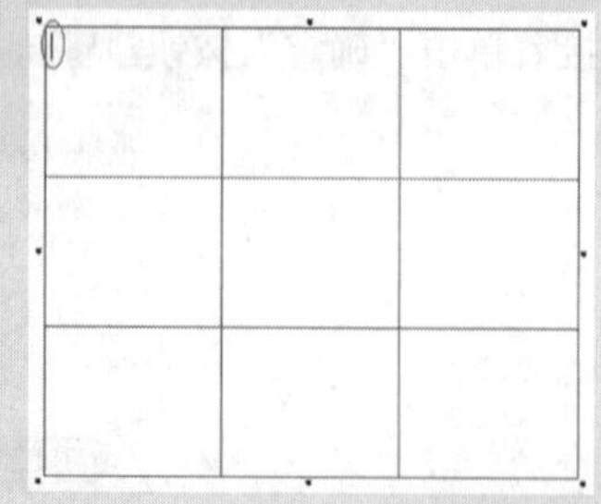

图9-211

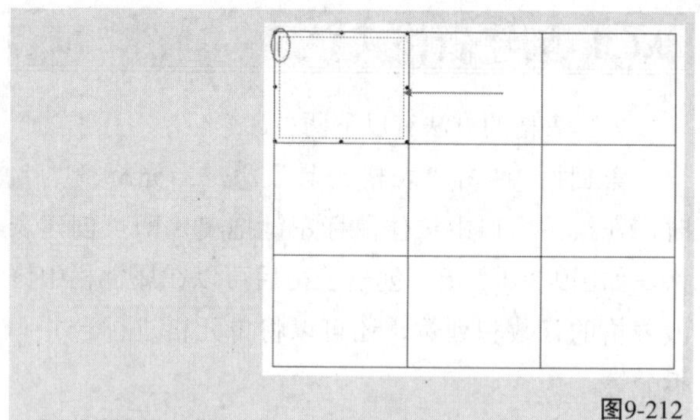

图9-212

2.文本转换为表格

选中前面转换的文本，然后执行“表格>文本转换为表格”菜单命令，弹出“将文本转换表格”对话框，接着勾选“用户定义”选项，再输入符号*，最后单击“确定”按钮，如图9-213所示，转换后的效果如图9-214所示。

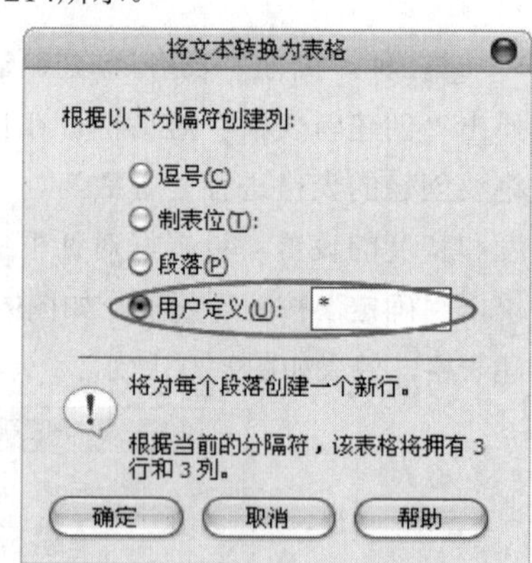

图9-213

1月	2月	3月
4月	5月	6月
7月	8月	9月

图9-214

9.6.3 表格设置

1.表格属性设置

“表格工具”的属性栏如图9-215所示。

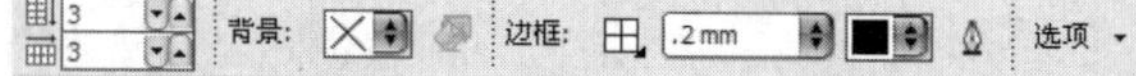

图9-215

表格工具参数介绍

行数和列数：设置表格的行数和列数。

背景：设置表格背景的填充颜色，如图9-216所示，填充效果如图9-217所示。

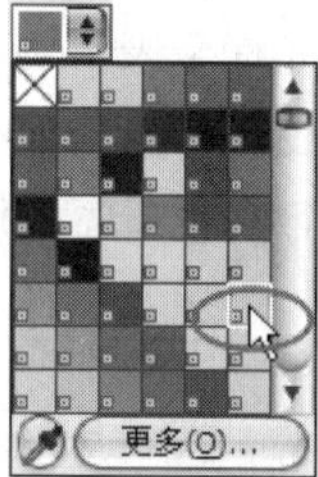

图9-216

图9-217

编辑颜色：单击该按钮可以打开“均匀填充”对话框，在该对话框中可以对已填充的颜色进行设置，也可以重新选择颜色为表格背景填充，如图9-218所示。

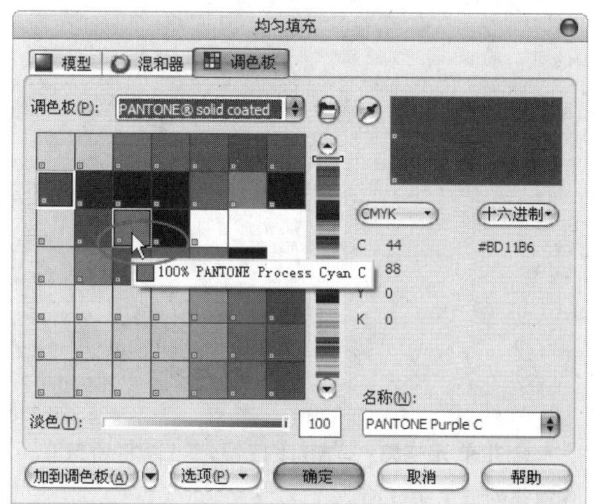

图9-218

边框：用于调整显示在表格内部和外部的边框，单击该按钮，可以在下拉列表中选择所要调整的表格边框（默认为外部），如图9-219所示。

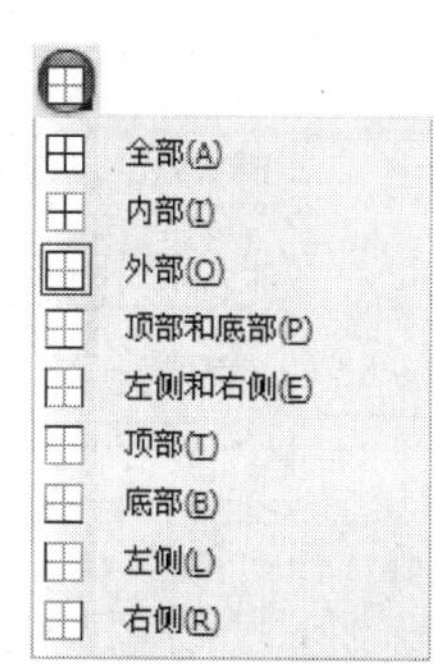

图9-219

轮廓宽度：单击该选项按钮，可以在打开的列表中选择表格的轮廓宽度，也可以在该选项的数值框中输入数值，如图9-220所示。

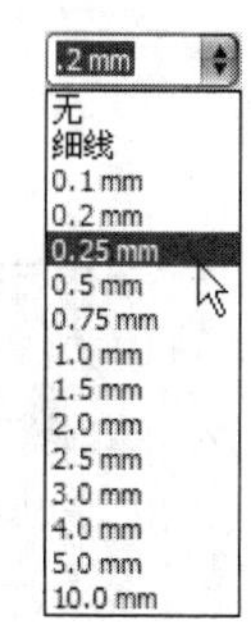

图9-220

轮廓颜色：单击该按钮，可以在打开的颜色挑选器中选择一种颜色作为表格的轮廓颜色，如图9-221所示，设置后的效果如图9-222所示。

图9-221

图9-222

轮廓笔：单击该按钮可以打开“轮廓笔”对话框，在该对话框中可以设置表格轮廓的各种属性，如图9-223所示。

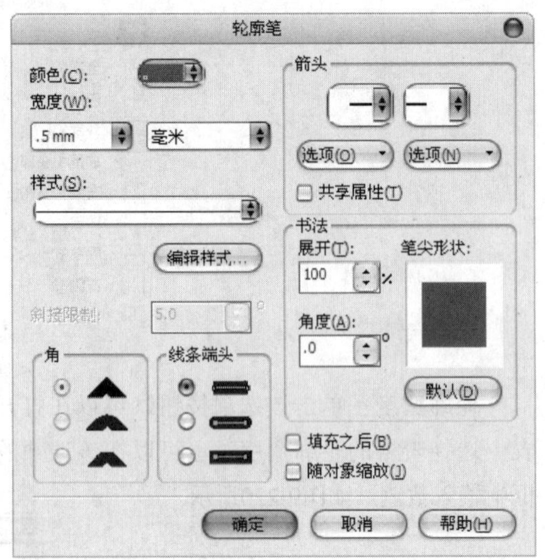

图9-223

技巧与提示

打开“轮廓笔”对话框，可以在“样式”选项的列表中为表格的轮廓选择不同的线条样式，拖曳右侧的滚动条可以显示列表中隐藏的线条样式，如图9-224所示，选择线条样式后，单击“确定”按钮，即可将该线条样式设置为表格轮廓的样式，如图9-225所示。

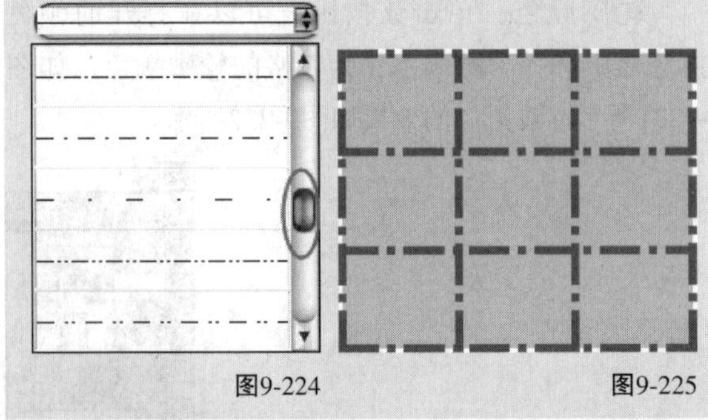

图9-224　　图9-225

选项：单击该按钮，可以在下拉列表中设置“在键入数据时自动调整单元格大小”或“单独的单元格边框”，如图9-226所示。

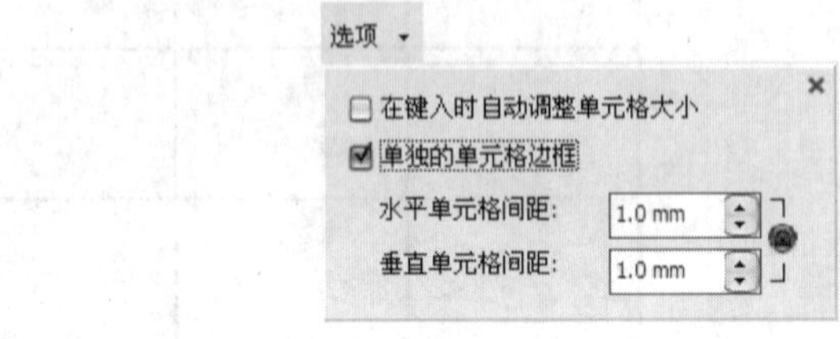

图9-226

2.单元格属性设置

当使用“表格工具”选中表格时，移动光标到要选择的单元格中，待光标变为加号形状时，单击鼠标左键即可选中该单元格，如果拖曳光标可将光标经过的单元格按行、按列选择，如图9-227所示；如果表格不处于选中状态，可以使用“表格工具”单击要选择的单元格，然后按住鼠标左键拖曳光标至表格右下角，即可选中所在单元格（如果拖曳光标至其他单元格，即可将光标经过的单元格按行、按列选择）。

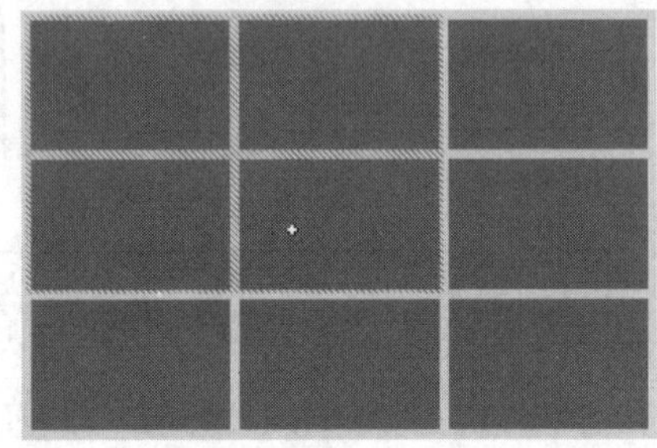

图9-227

选中单元格后，“表格工具”的属性栏如图9-228所示。

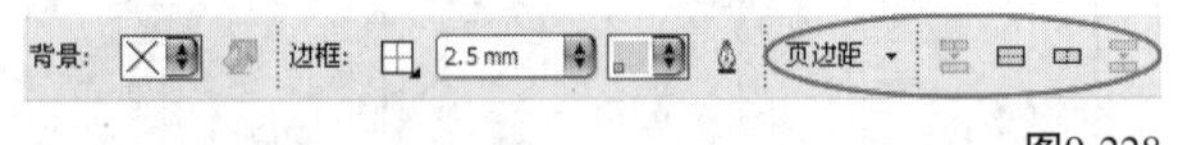

图9-228

选择单元格后属性栏选项介绍

页边距：指定所选单元格内的文字到4个边的距离，单击该按钮，弹出如图9-229所示的设置面板，单击中间的按钮，即可以对其他3个选项进行不同的数值设置，如图9-230所示。

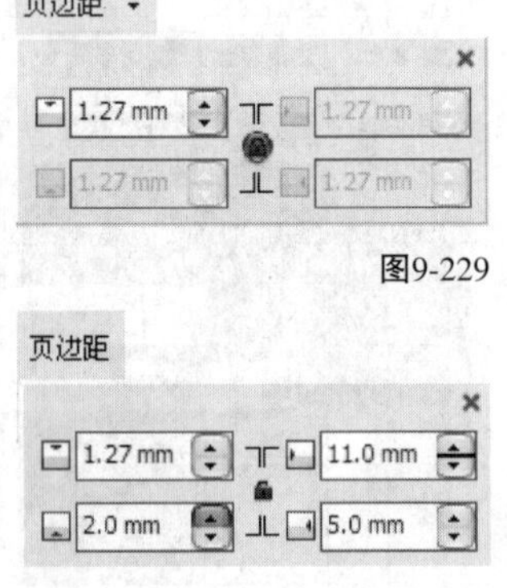

图9-229

图9-230

合并单元格：单击该按钮，可以将所选单元格合并为一个单元格。

水平拆分单元格：单击该按钮，弹出“拆分单元格”对话框，选择的单元格将按照该对话框中设置的行数进行拆分，如图9-231所示，效果如图9-232所示。

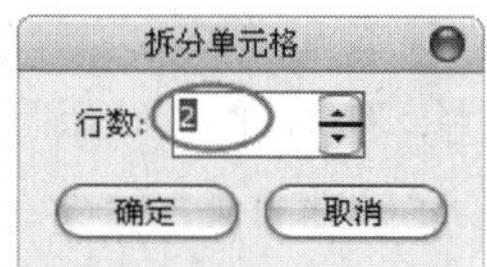

图9-231

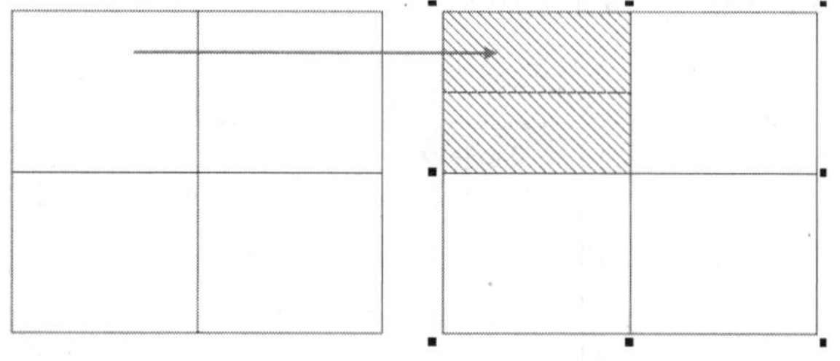

图9-232

垂直拆分单元格：单击该按钮，弹出“拆分单元格”对话框，选择的单元格将按照该对话框中设置的栏数进行拆分，如图9-233所示，效果如图9-234所示。

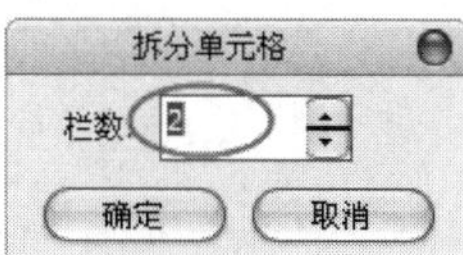

图9-233

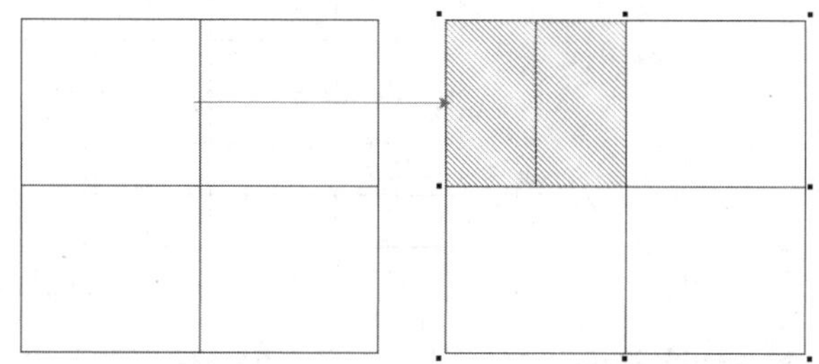

图9-234

撤销合并：单击该按钮，可以将当前单元格还原为没合并之前的状态（只有当选中合并过的单元格，该按钮才可用）。

课堂案例

绘制中式挂历

案例位置	案例文件>CH09>课堂案例：绘制中式挂历.cdr
视频位置	多媒体教学>CH09>课堂案例：绘制中式挂历.flv
难易指数	★★★★☆
学习目标	表格工具的使用方法

中式挂历效果如图9-235所示。

01 新建空白文档，然后设置文档名称为“中式挂历”，接着设置“宽度”为210mm、“高度”为280mm。

02 双击“矩形工具”创建一个与页面重合的矩形，然后填充颜色为（C:8，M:9，Y:18，K:0），接着去除轮廓，效果如图9-236所示。

图9-235

图9-236

03 使用“矩形工具”在页面上绘制一个与页面同宽的矩形，然后填充颜色为（C:51，M:53，Y:69，K:2），接着去除轮廓，效果如图9-237所示。

图9-237

04 导入“素材文件>CH09>05.jpg”文件，然后放置在前面绘制的矩形上面，接着适当调整位置，效果如图9-238所示。

图9-238

05 执行“表格>创建新表格”菜单命令，弹出“创建新表格”对话框，接着设置“行数”为8、“栏数”为7、“高度”为54mm、“宽度”为78mm，最后单击“确定”按钮，如图9-239所示，创建的表格如图9-240所示。

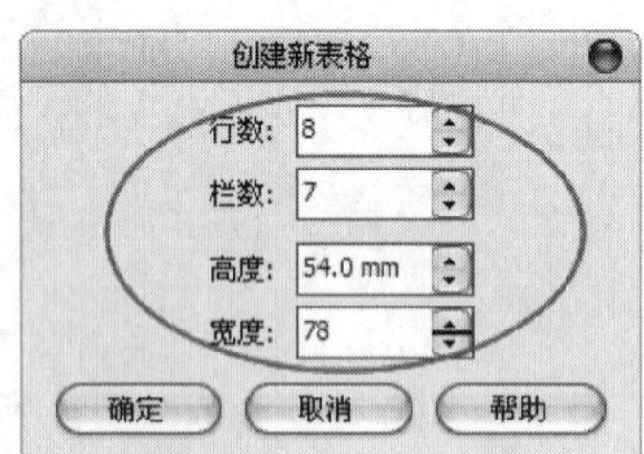

图9-239

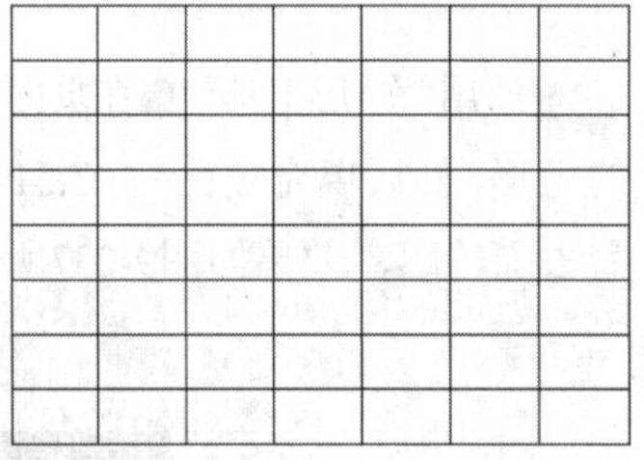

图9-240

06 使用“表格工具”选中表格上面的两行单元格，然后在属性栏上单击“合并单元格”按钮，效果如图9-241所示。

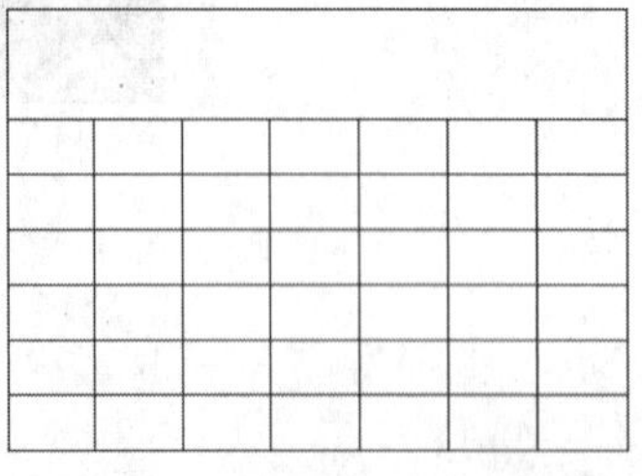

图9-241

07 使用“文本工具”在表格的第1个单元格内单击，然后打开“编辑文本”对话框，接着设置“字体”为Arial、“字体大小”为24pt，再单击“粗体”按钮，最后单击“确定”按钮，如图9-242所示，效果如图9-243所示。

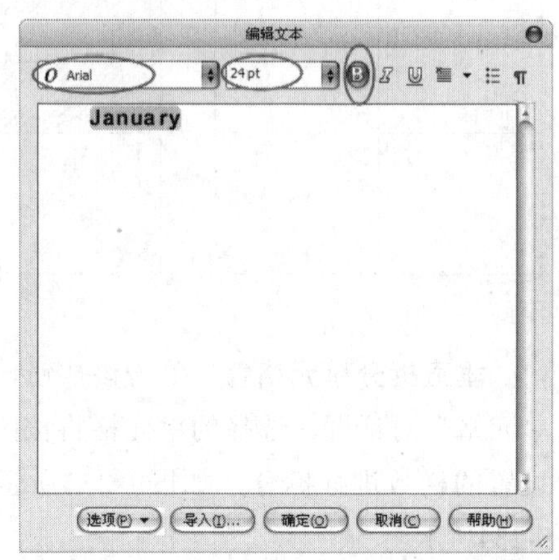

图9-242

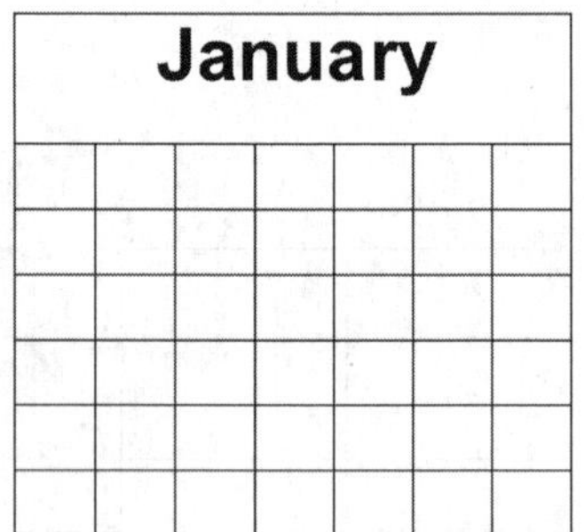

图9-243

技巧与提示

在单元格中输入文本后，为了使文本在单元格中水平居中，可以在输入时按空格键，也可以使用“形状工具”选中文本的字元控制点进行调节。

08 使用“文本工具”选中单元格中的文本，然后填充颜色为（C:45，M:62，Y:100，K:4），如图9-244所示。

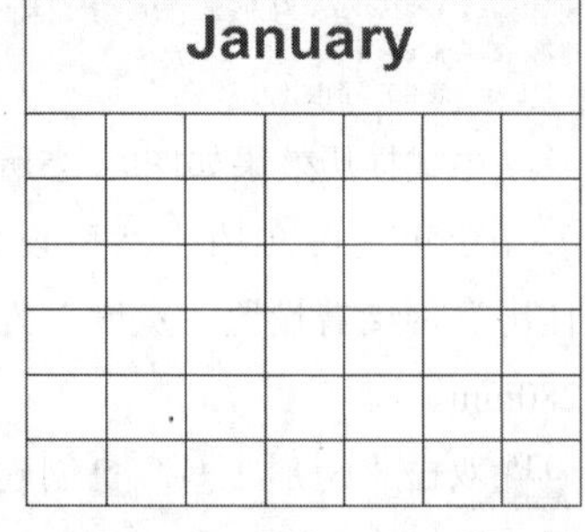

图9-244

09 使用“文本工具”在表格的第2个单元格中单击，然后打开“编辑文本”对话框，接着设置“字体”为Arial、“字体大小”为16pt，再单击“粗体”按钮，最后单击“确定”按钮，如图9-245所示，效果如图9-246所示。

图9-245

January						
su						

图9-246

10 使用“文本工具”选中表格第2个单元格中的文本，然后填充颜色为（C:100，M:96，Y:64，K:46），如图9-247所示。

January						
su						

图9-247

11 按照以上方法在表格第2行的其他单元格中输入文本，并且填充相同颜色，效果如图9-248所示。

January						
su	mo	Tu	We	Th	Fr	Sa

图9-248

12 使用“文本工具”在表格的其他单元格中输入文本，然后设置“字体”为Arial、“字体大小”为16pt，接着填充颜色为（C:0，M:0，Y:0，K:90），效果如图9-249所示。

January						
su	mo	Tu	We	Th	Fr	Sa
		1				

图9-249

13 按照以上的方法，在剩余的单元格中输入文本（第3行的前面两个单元格例外），并且进行相同设置，效果如图9-250所示。

January						
su	mo	Tu	We	Th	Fr	Sa
		1	2	3	4	5
6	7	8	9	10	11	12
13	14	15	16	17	18	19
20	21	23	24	25	26	27
28	29	30	31			

图9-250

技巧与提示

在单元格中输入文本后，如果字号较大或是单元格太小，文本就会被隐藏，此时拖曳表格使其变大，即可显示出单元格中被隐藏的文本。

14 按照前面讲解的方法，再制作一个表格，如图9-251所示。

February						
su	mo	Tu	We	Th	Fr	Sa
		1	2	3	4	5
6	7	8	9	10	11	12
13	14	15	16	17	18	19
20	21	23	24	25	26	27
28						

图9-251

技巧与提示

在表格中输入文本时，可以使用“文本工具”直接在单元格中输入文本，然后通过属性栏对文本进行设置，也可以打开“编辑文本”对话框，在该对话框中输入文本并且进行设置。

⑮ 使用“表格工具”选中表格中的所有单元格，然后在属性栏上单击“页边距”按钮，接着在打开的面板中单击按钮，再设置文本页边距均为0mm，最后单击按钮，如图9-252所示，适当调整表格大小后，效果如图9-253所示。

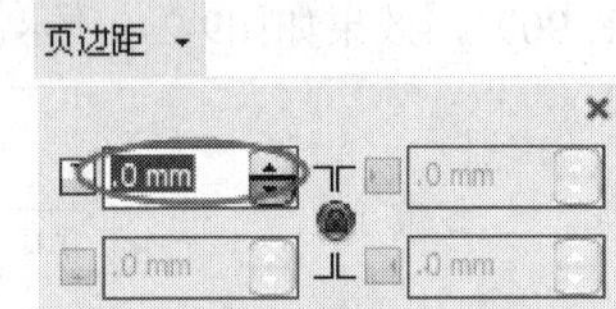

图9-252

February						
su	mo	Tu	We	Th	Fr	Sa
		1	2	3	4	5
6	7	8	9	10	11	12
13	14	15	16	17	18	19
20	21	23	24	25	26	27
28						

图9-253

⑯ 按照上面的方法，将另一个表格中所有单元格的页边距均设为0mm，效果如图9-254所示。

January						
su	mo	Tu	We	Th	Fr	Sa
		1	2	3	4	5
6	7	8	9	10	11	12
13	14	15	16	17	18	19
20	21	23	24	25	26	27
28	29	30	31			

图9-254

⑰ 选中两个表格，然后按T键使其顶端对齐，接着调整表格大小，使两个表格大小一致，再移动到页面下方，最后适当调整位置，效果如图9-255所示。

⑱ 分别选中两个表格按Ctrl+Q组合键转曲，然后按Ctrl+U组合键取消群组，接着删除表格轮廓，效果如图9-256所示。

图9-255

图9-256

⑲ 导入“素材文件>CH09>06.cdr”文件，然后放置在两个文本对象的中间，效果如图9-257所示。

图9-257

⑳ 使用“文本工具”输入美术文本，然后在属性栏上设置第一行文本的“字体”为“楷体-GB2312”、“字体大小”为16pt、第2行文本“字体”为Arial、“字体大小”为16pt，接着设置整个文本的“文本对齐”为“强制调整”，效果如图9-258所示。

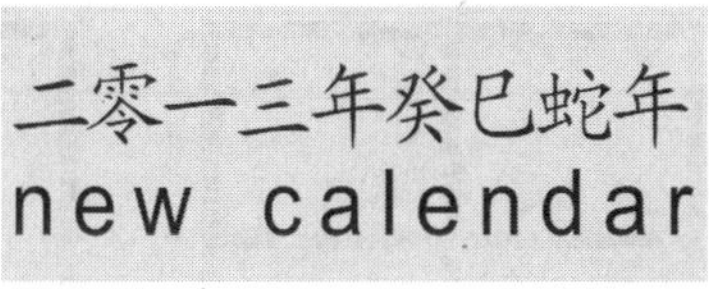
二零一三年癸巳蛇年
new calendar

图9-258

21 使用“文本工具”在前面输入的文本两侧输入中括号，然后设置“字体”为Arial、“字体大小”为33pt，接着移动文本和中括号到图片下方水平居中的位置，效果如图9-259所示。

二零一三年癸巳蛇年
new calendar
January
February
su mo Tu We Th Fr Sa

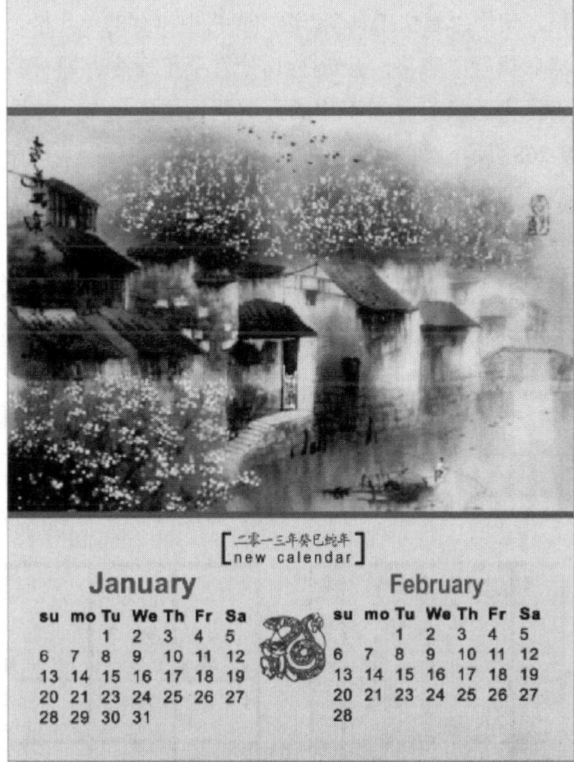

图9-259

22 使用“文本工具”输入美术文本，然后在属性栏上设置第一行“字体”为汉仪行楷简、“字体大小”为48pt，第2行“字体”为汉仪行楷简、“字体大小”为34pt，接着设置文本中句号“。”的“字体”为“Adobe仿宋Std R”、“字体大小”为72pt，再填充句号“。”为红色（C:28，M:100，Y:100，K:0），如图9-260所示。

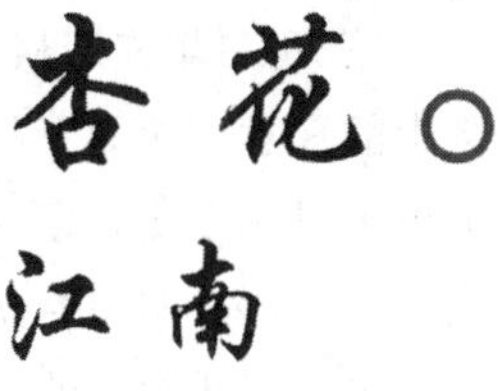
杏花。
江南

图9-260

23 使用“形状工具”调整文本的位置，效果如图9-261所示。

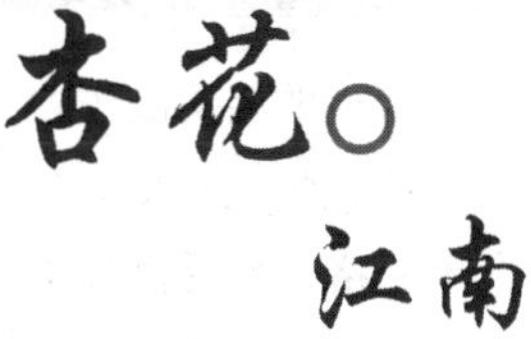
杏花。
江南

图9-261

24 使用“文本工具”输入美术文本，然后在属性栏上设置“字体”为Arial、“字体大小”为20pt，接着填充颜色为（C:45，M:62，Y:100，K:4），再使用“形状工具”适当调整文本的字距和行距，最后移动到前面输入的文本的左下方，效果如图9-262所示。

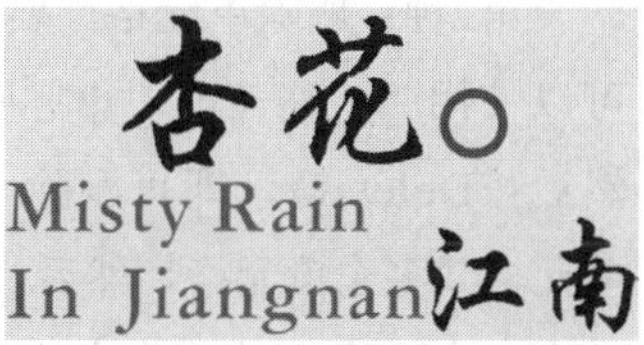
杏花。
Misty Rain
In Jiangnan江南

图9-262

25 选中前面输入的两组文本，然后移动到页面右上方，接着将页面内的所有文本转换为曲线，最终效果如图9-263所示。

杏花。
Misty Rain
In Jiangnan江南
二零一三年癸巳蛇年
new calendar
January
February

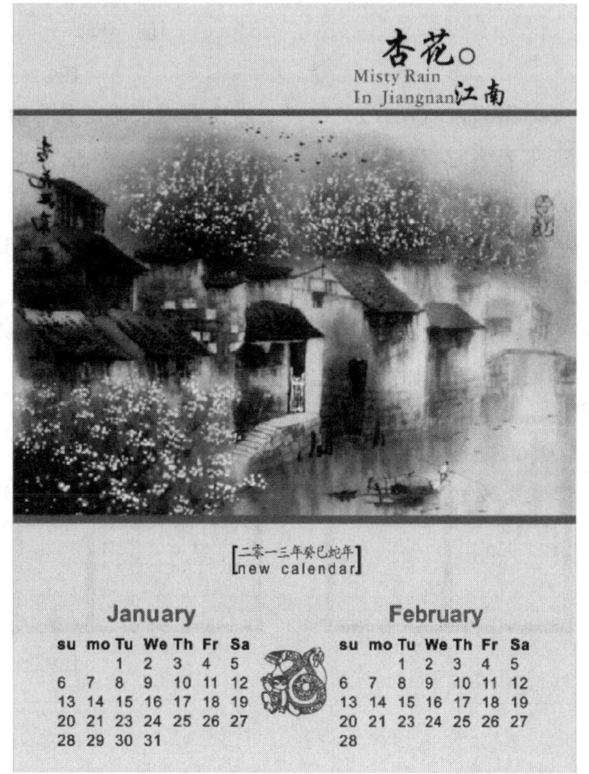

图9-263

9.6.4 表格操作

表格的相关操作方法有如下5种。

第1种：插入命令。选中任意一个单元格或多个单元格，然后执行“表格>插入”菜单命令，可以观察到在“插入”菜单命令的列表中有多种插入方式，如图9-264所示。

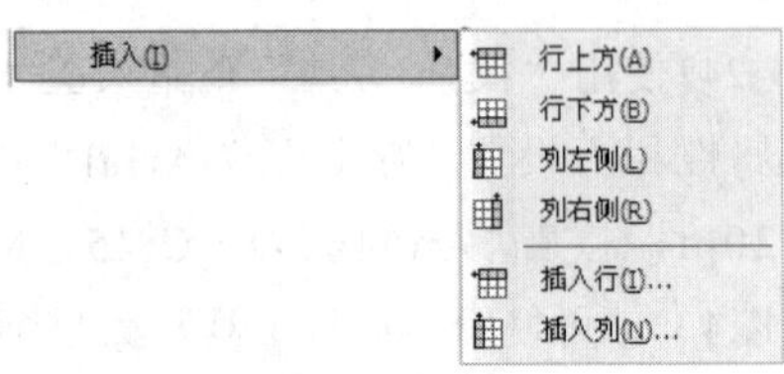

图9-264

第2种：删除单元格。要删除表格中的单元格，可以使用“表格工具”将要删除的单元格选中，然后按Delete键，即可删除。也可以选中任意一个单元格或多个单元格，然后执行“表格>删除”菜单命令，在该命令的列表中执行“行”“列”或“表格”菜单命令，如图9-265所示，即可对选中单元格所在的行、列或表格进行删除。

图9-265

第3种：移动边框位置。当使用“表格工具”选中表格时，移动光标至表格边框，待光标变为垂直箭头↕或水平箭头↔时，按住鼠标左键拖曳，可以改变该边框位置，如图9-266所示；如果将光标移动到单元格边框的交叉点上，待光标变为倾斜箭头↖时，按住鼠标左键拖曳，可以改变交叉点上两条边框的位置，如图9-267所示。

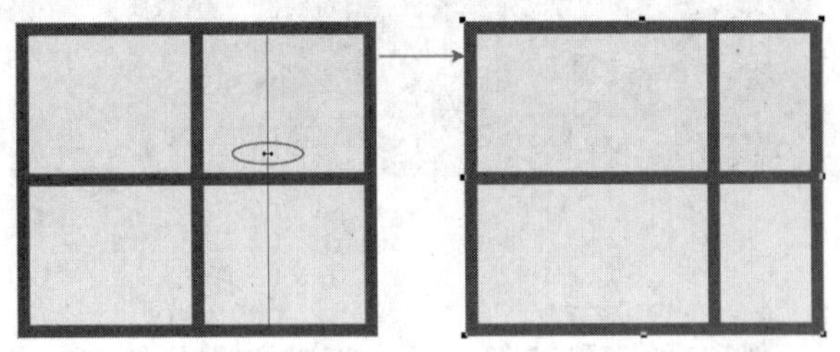

图9-266

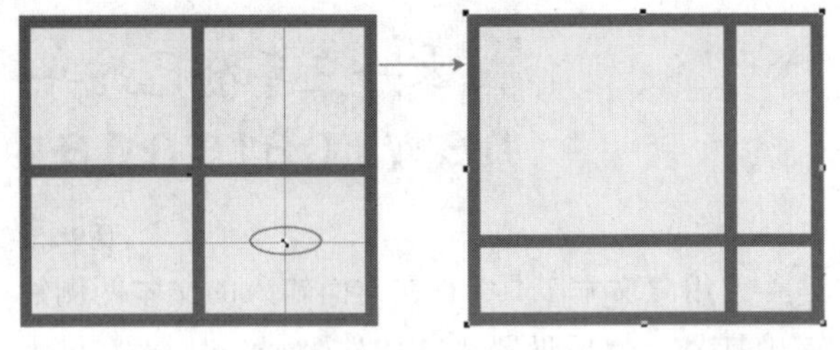

图9-267

第4种：分布命令。当表格中的单元格大小不一时，可以使用分部命令对表格中的单元格进行调整。使用“表格工具”选中表格中所有的单元格，然后执行“表格>分布>行均分”菜单命令，即可将表格中的所有分布不均的行调整为均匀分布，如图9-268所示；如果执行“表格>分布>列均分”菜单命令，即可将表格中的所有分布不均的列调整为均匀分布，如图9-269所示。

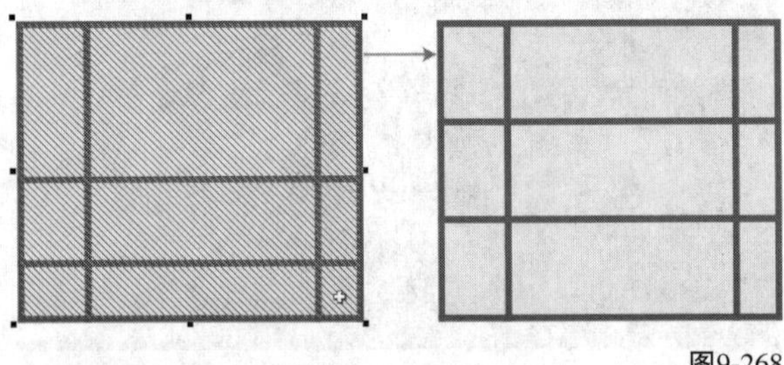

图9-268

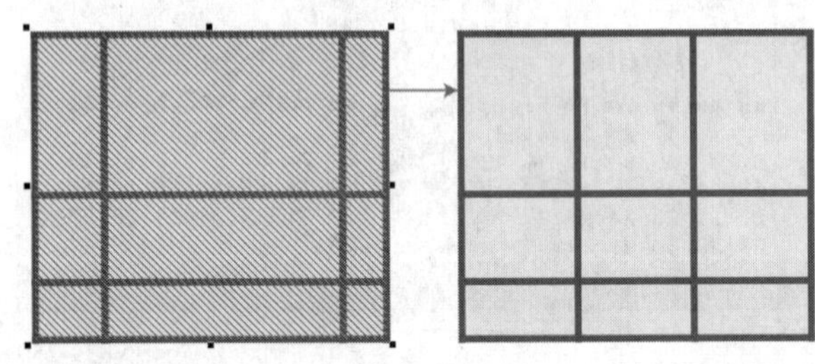

图9-269

技巧与提示

在执行表格的“分布”菜单命令时，选中的单元格行数和列数必须要在两个或两个以上。“行均分”和“列均分”菜单命令才可以同时执行，如果选中的多个单元格中只有一行，则“行均分”菜单命令不可用；如果选中的多个单元格中只有一列，则“列均分”菜单命令不可用。

第5种：填充表格。使用“表格工具”选中表格中的任意一个单元格或整个表格，然后在调色板上单击鼠标左键，既可为选中单元格或整个表格填充单一颜色，如图9-270所示，也可以单击“填充工具”，打开不同的填充对话框，然后在相应的对话框中为所选单元格或整个表格填充单一颜色、渐变颜色、位图或底纹图样，如图9-270~图9-274所示。

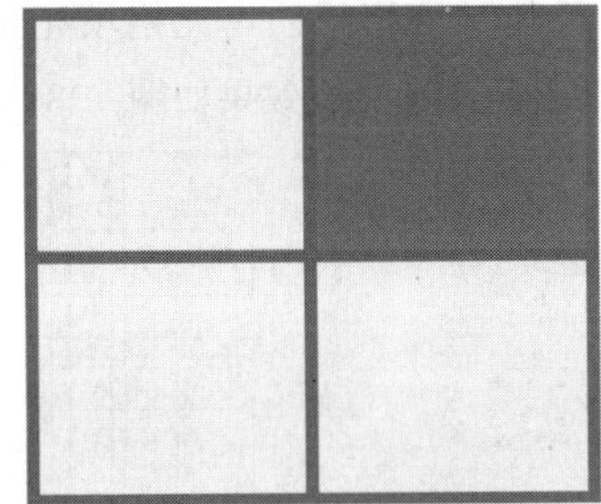

图9-270

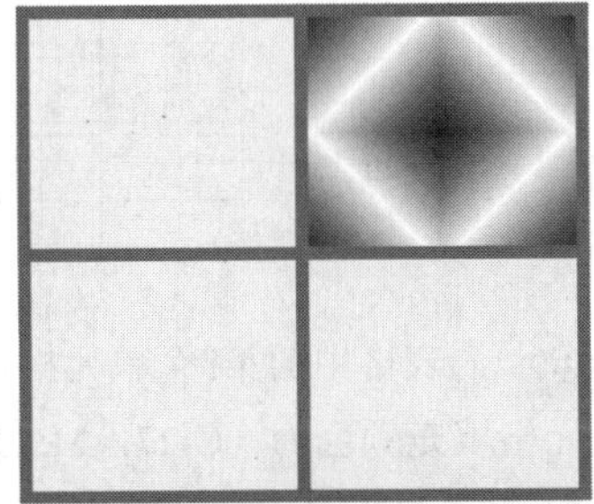

图9-271

图9-272

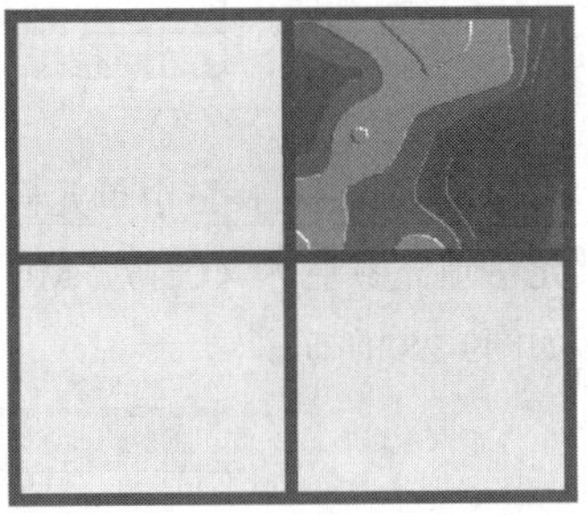

图9-273

图9-274

技巧与提示

填充表格的轮廓颜色除了通过属性栏设置，还可以通过调色板进行填充，首先使用“表格工具”选中表格中的任意一个单元格（或整个表格），然后在调色板中单击鼠标右键，即可为选中单元格（或整个表格）的轮廓填充单一颜色，如图9-275所示。

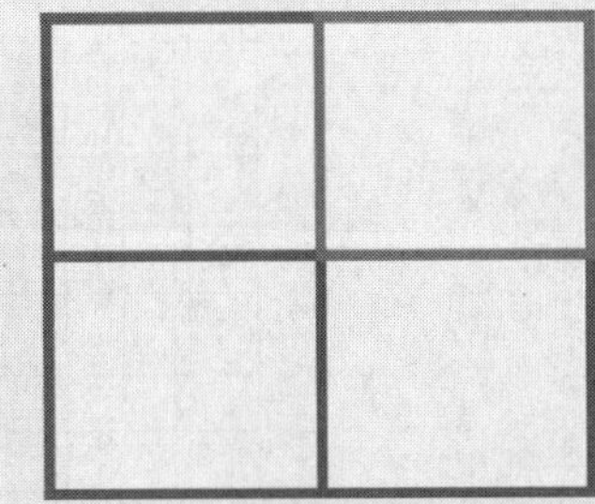

图9-275

课堂案例

绘制格子背景

案例位置	案例文件>CH09>课堂案例：绘制格子背景.cdr
视频位置	多媒体教学>CH09>课堂案例：绘制格子背景.flv
难易指数	★★☆☆☆
学习目标	表格工具的使用方法

格子背景效果如图9-276所示。

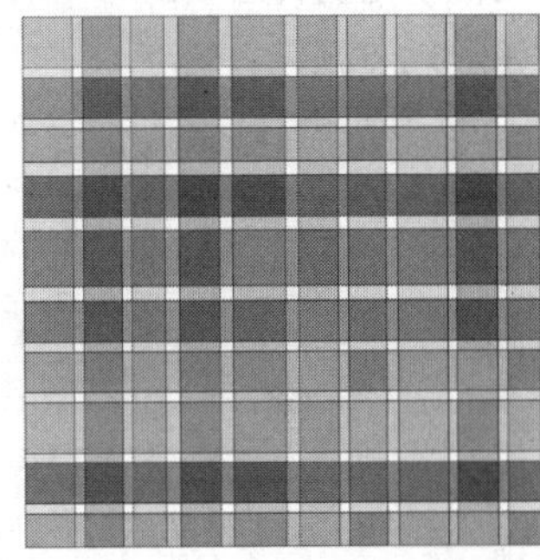

图9-276

01 新建空白文档，然后设置文档名称为“格子背景”，接着设置“宽度”为210mm、“高度”为210mm。

02 单击“表格工具”，然后在属性栏上设置“行数和列数”为19和19，接着在页面上绘制出一个与页面相同大小的表格，如图9-277所示。

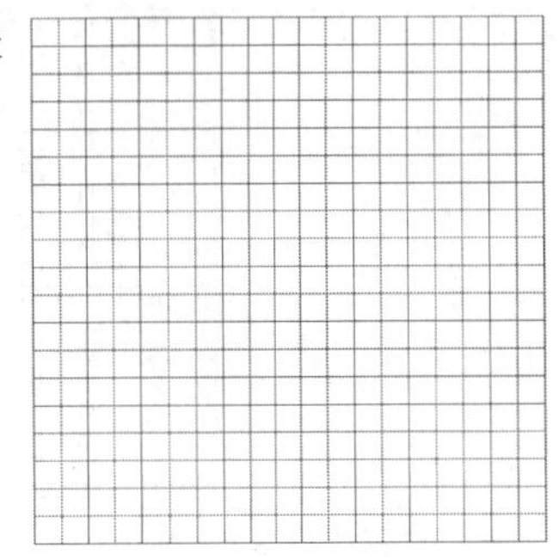

图9-277

03 使用“表格工具”调整表格内部的边框，调整后效果如图9-278所示。

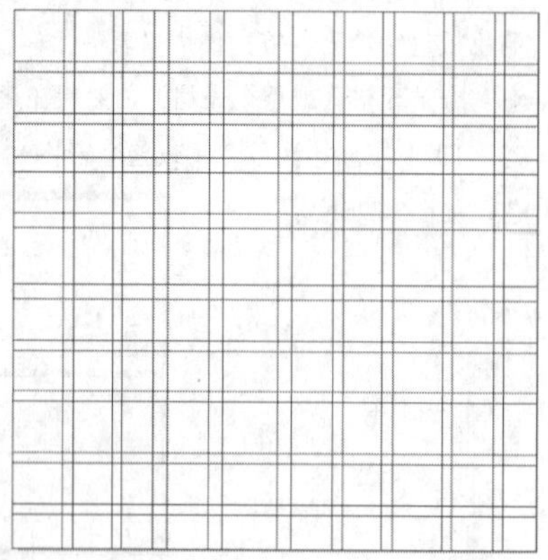

图9-278

04 使用“形状工具”单击表格，然后按住Ctrl键的同时移动光标至需要填充同一颜色的单元格中，待光标左下方出现一个加号+时，单击这些单元格，即可同时选中多个不相邻的单元格，如图9-279所示，接着使用鼠标左键在调色板上单击，为所选单元格填充浅黄色（C:4，M:13，Y:60，K:0），效果如图9-280所示。

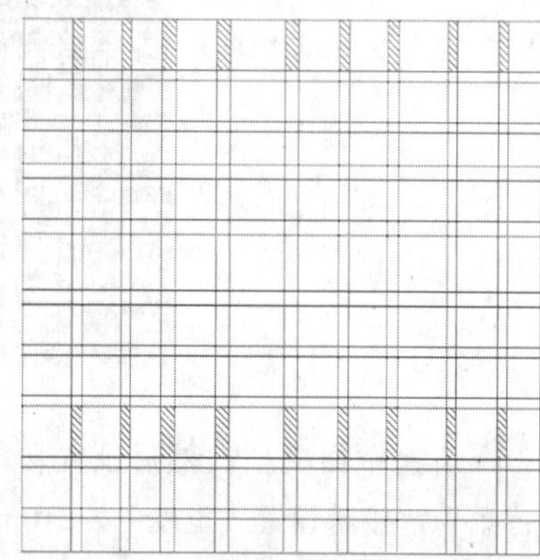

图9-279

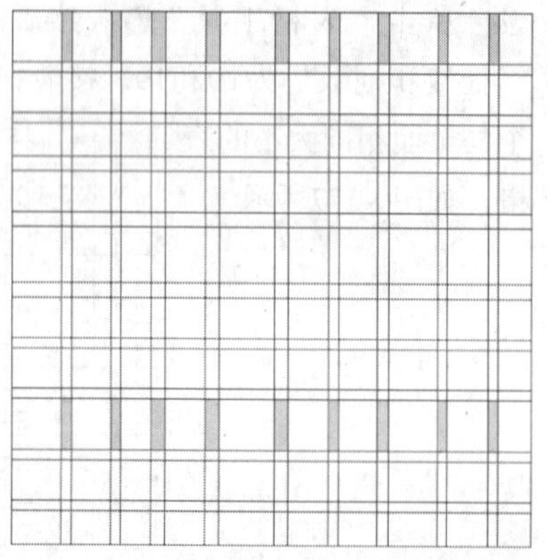

图9-280

05 按照以上的方法，为表格中的第1个单元格以及与其颜色相同的单元格填充颜色为（C:6，M:19，Y:86，K:0），效果如图9-281所示。

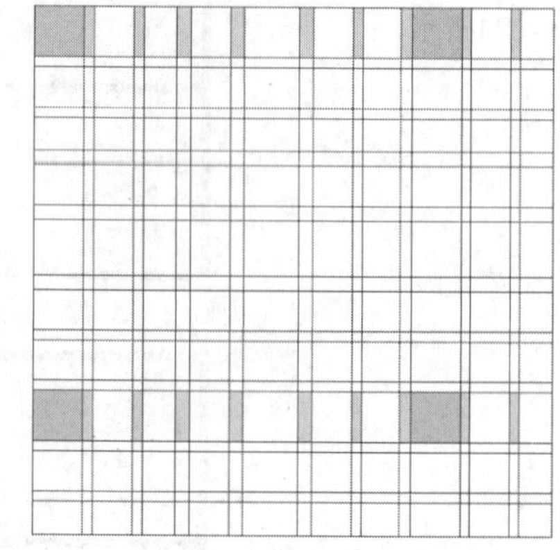

图9-281

06 为表格中的第3个单元格以及与其颜色相同的单元格填充颜色为（C:27，M:23，Y:71，K:0），效果如图9-282所示。

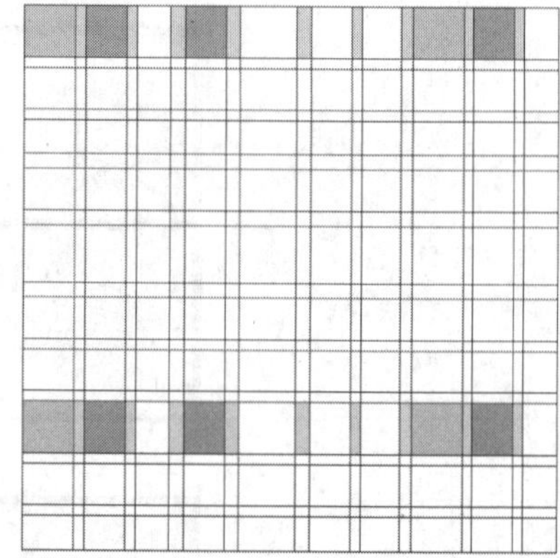

图9-282

07 为表格中的第5个单元格以及与其颜色相同的单元格填充颜色为（C:17，M:16，Y:65，K:0），效果如图9-283所示。

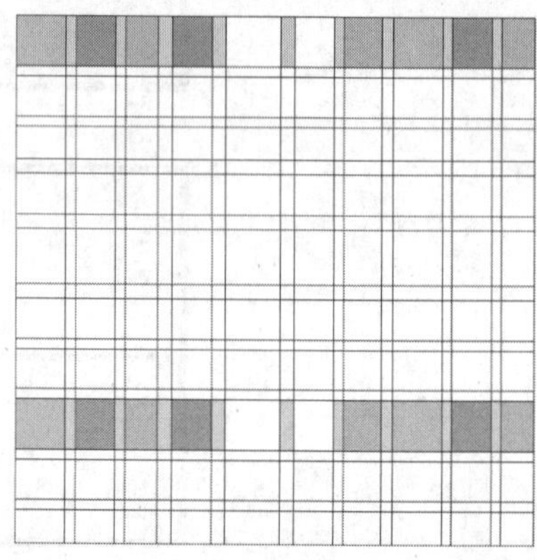

图9-283

08 为表格中的第9个单元格以及与其颜色相同的单元格填充颜色为（C:3，M:33，Y:95，K:0），效果如图9-284所示。

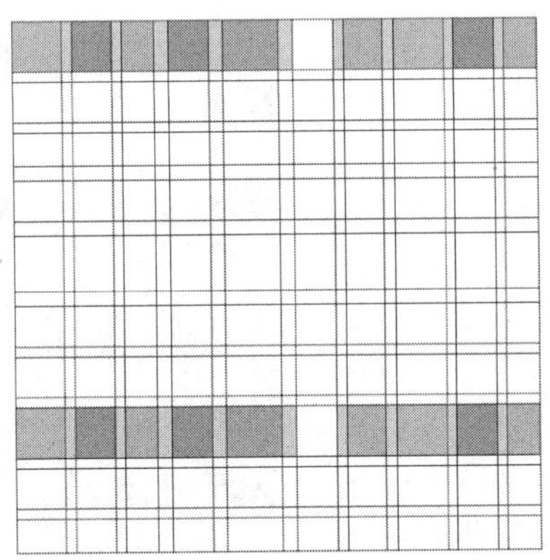

图9-284

09 为表格中的第11个单元格以及与其颜色相同的单元格填充颜色为（C:18，M:21，Y:89，K:0），效果如图9-285所示。

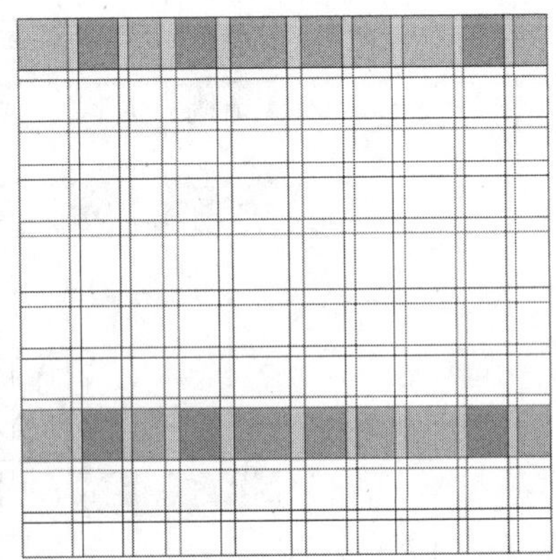

图9-285

10 为表格中第2行的第1个单元格以及与其颜色相同的单元格填充颜色为（C:2，M:6，Y:33，K:0），效果如图9-286所示。

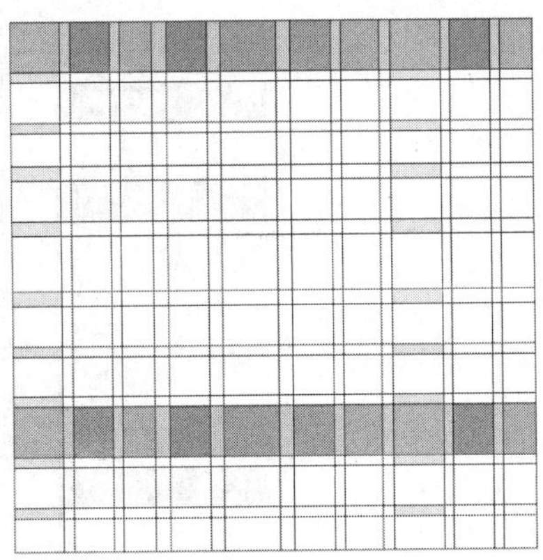

图9-286

11 为表格中第2行的第2个单元格以及与其颜色相同的单元格填充颜色为白色，效果如图9-287所示。

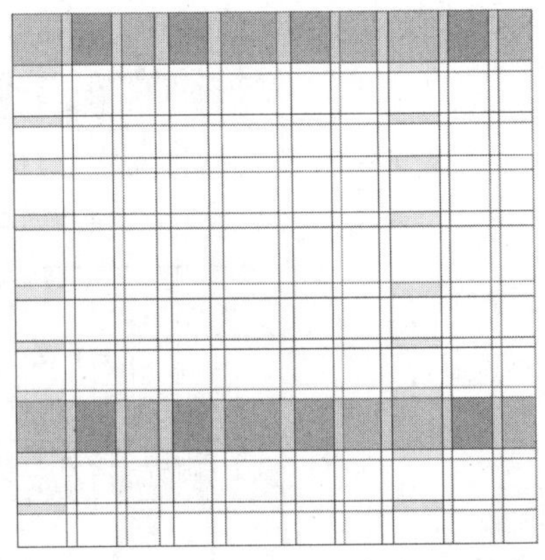

图9-287

12 为表格中第2行的第3个单元格以及与其颜色相同的单元格填充颜色为（C:22，M:10，Y:5，K:0），效果如图9-288所示。

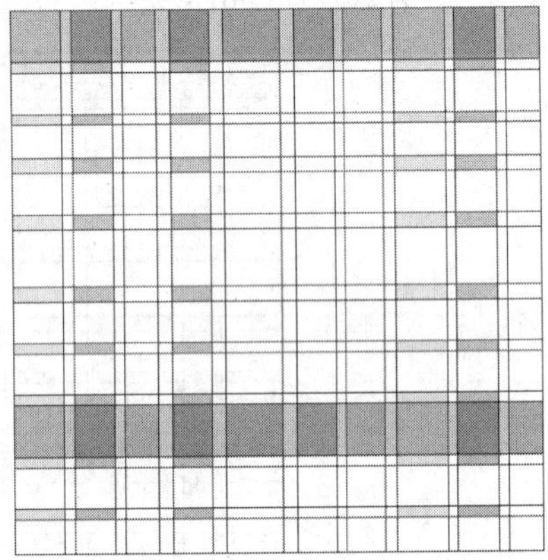

图9-288

13 为表格中第2行的第5个单元格以及与其颜色相同的单元格填充颜色为（C:13，M:4，Y:3，K:0），效果如图9-289所示。

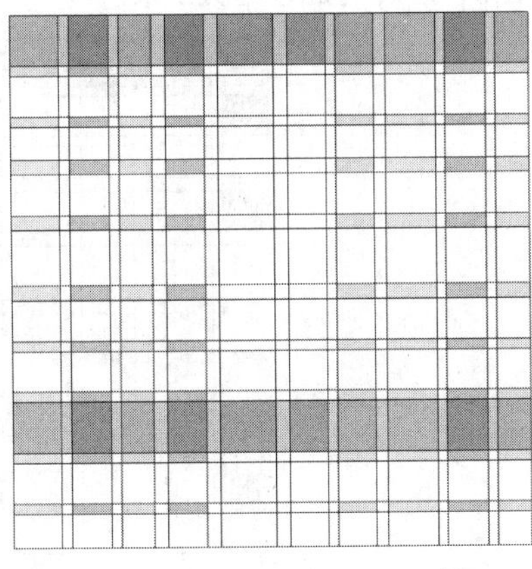

图9-289

⑭ 为表格中第2行的第9个单元格以及与其颜色相同的单元格填充颜色为（C:0，M:18，Y:32，K:0），效果如图9-290所示。

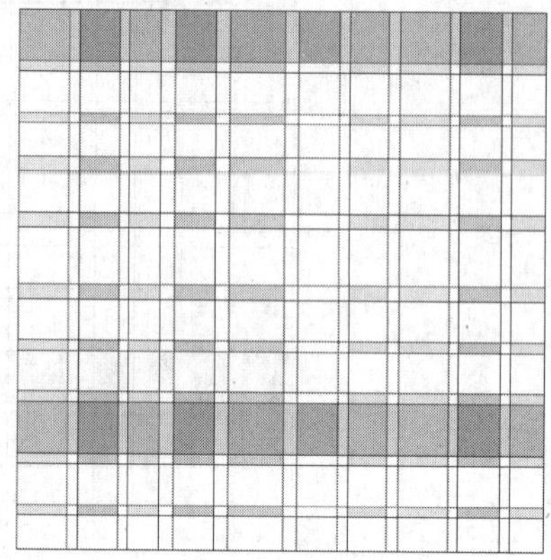

图9-290

⑮ 为表格中第2行的第11个单元格以及与其颜色相同的单元格填充颜色为（C:13，M:7，Y:33，K:0），效果如图9-291所示。

图9-291

⑯ 为表格中第3行的第1个单元格以及与其颜色相同的单元格填充颜色为（C:46，M:28，Y:46，K:0），效果如图9-292所示。

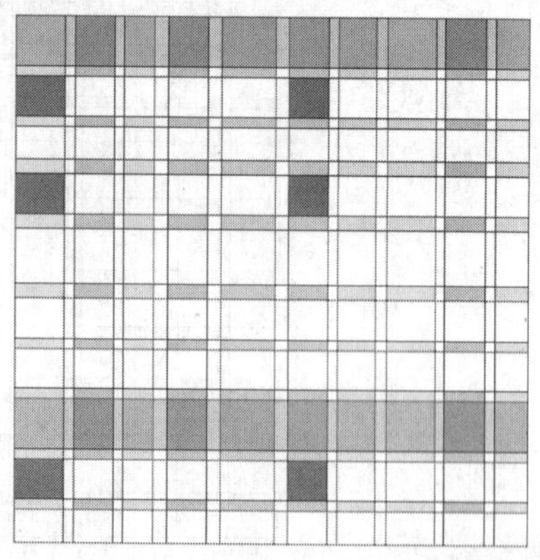

图9-292

⑰ 为表格中第3行的第2个单元格以及与其颜色相同的单元格填充颜色为（C:42，M:21，Y:11，K:0），效果如图9-293所示。

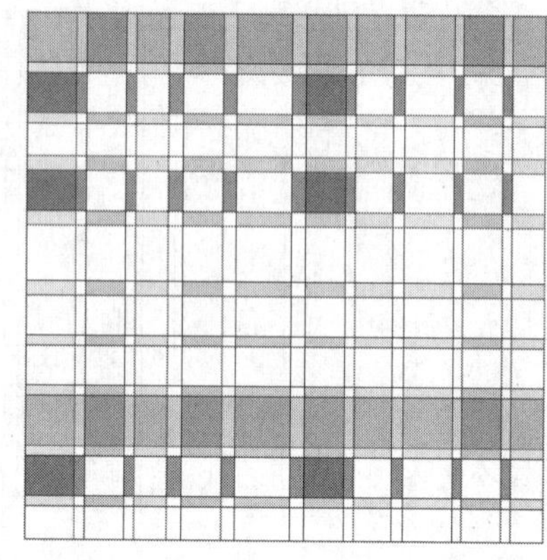

图9-293

⑱ 为表格中第3行的第3个单元格以及与其颜色相同的单元格填充颜色为（C:62，M:35，Y:15，K:0），效果如图9-294所示。

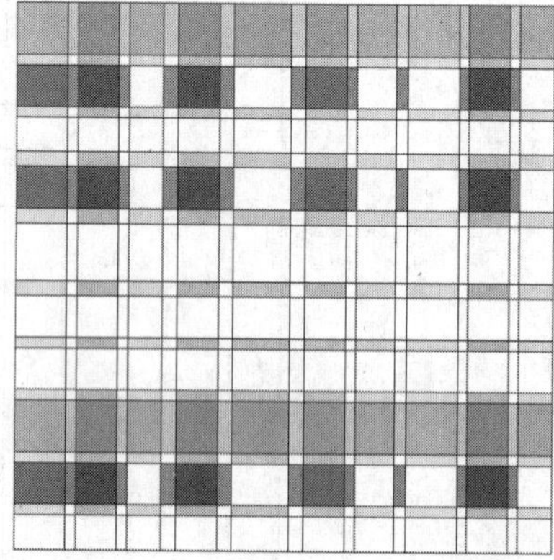

图9-294

⑲ 为表格中第3行的第5个单元格以及与其颜色相同的单元格填充颜色为（C:53，M:27，Y:13，K:0），效果如图9-295所示。

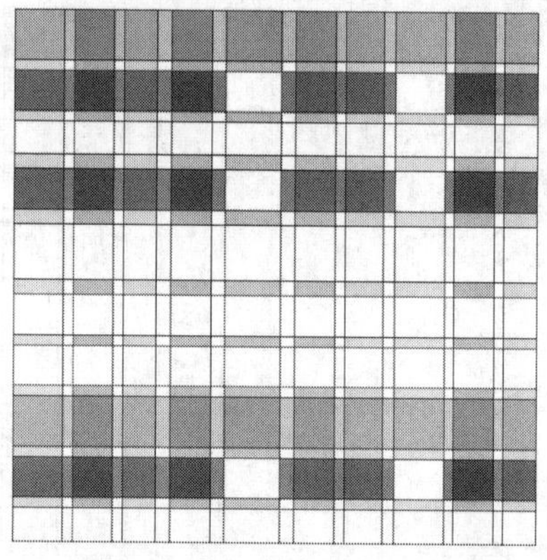

图9-295

⑳ 为表格中第3行的第9个单元格以及与其颜色相同的单元格填充颜色为（C:46，M:42，Y:47，K:0），效果如图9-296所示。

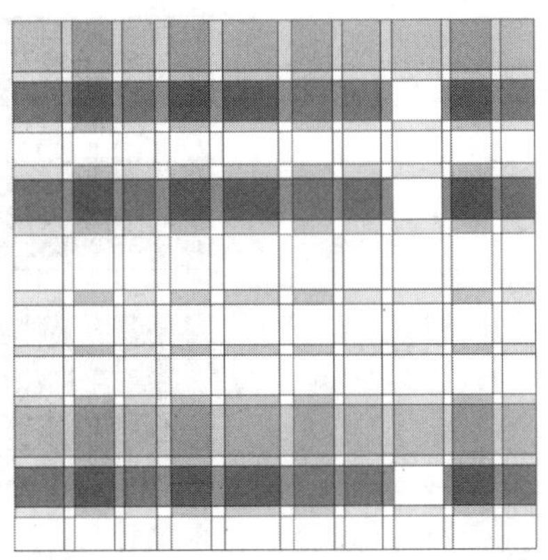

图9-296

㉑ 为表格中第3行的第15个单元格以及与其颜色相同的单元格填充颜色为（C:46，M:28，Y:46，K:0），效果如图9-297所示。

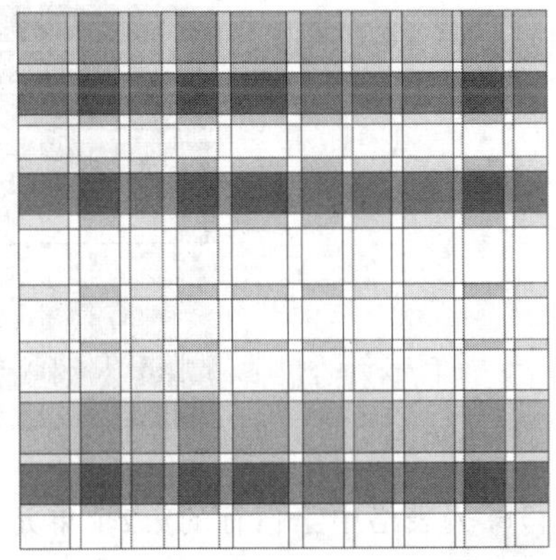

图9-297

㉒ 为表格中第5行的第1个单元格以及与其颜色相同的单元格填充颜色为（C:27，M:15，Y:39，K:0），效果如图9-298所示。

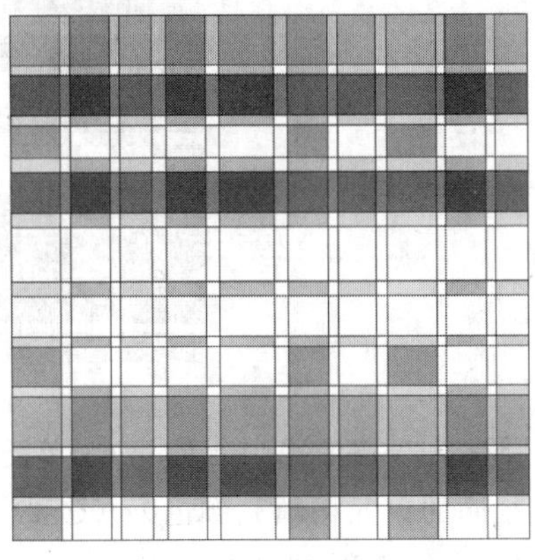

图9-298

㉓ 为表格中第5行的第2个单元格以及与其颜色相同的单元格填充颜色为（C:24，M:9，Y:5，K:0），效果如图9-299所示。

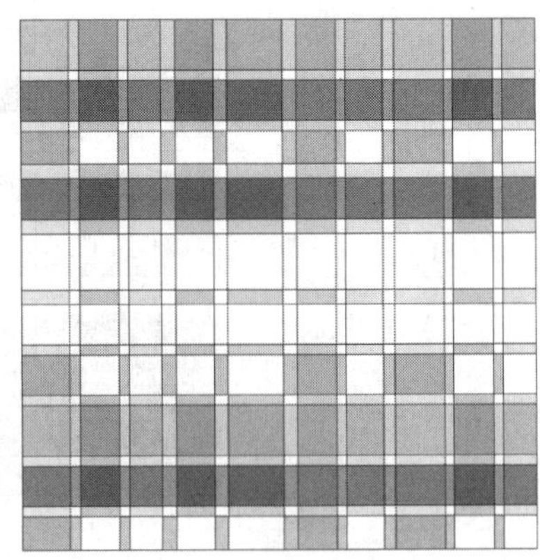

图9-299

㉔ 为表格中第5行的第3个单元格以及与其颜色相同的单元格填充颜色为（C:44，M:20，Y:31，K:0），效果如图9-300所示。

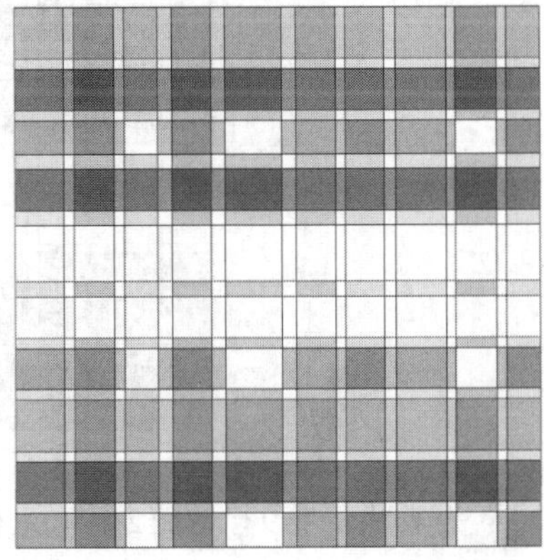

图9-300

㉕ 为表格中第5行的第5个单元格以及与其颜色相同的单元格填充颜色为（C:35，M:13，Y:9，K:0），效果如图9-301所示。

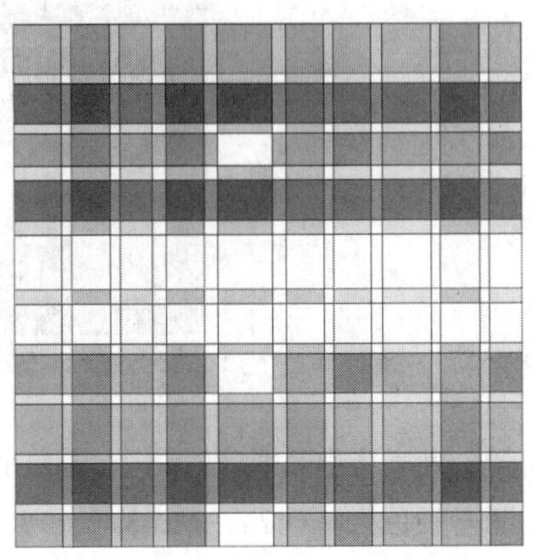

图9-301

26 为表格中第5行的第9个单元格以及与其颜色相同的单元格填充颜色为（C:26，M:28，Y:40，K:0），效果如图9-302所示。

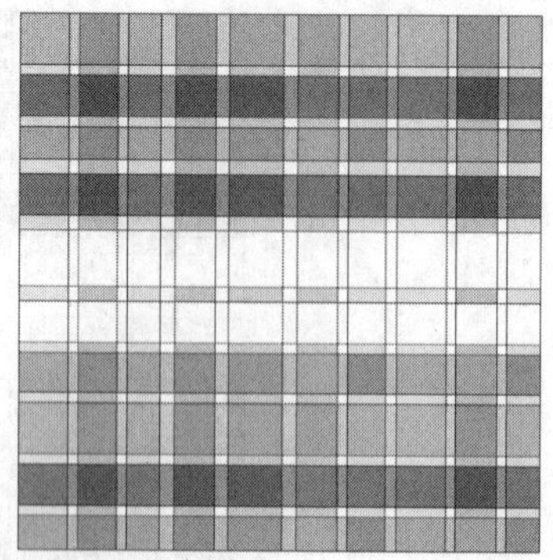

图9-302

27 为表格中第9行的第1个单元格以及与其颜色相同的单元格填充颜色为（C:0，M:44，Y:92，K:0），效果如图9-303所示。

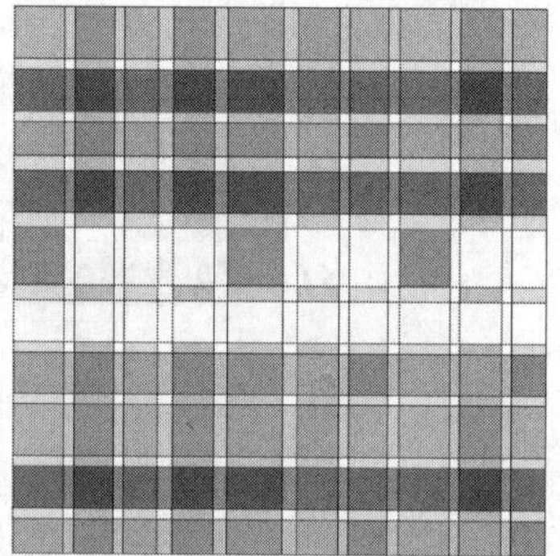

图9-303

28 为表格中第9行的第2个单元格以及与其颜色相同的单元格填充颜色为（C:0，M:36，Y:64，K:0），效果如图9-304所示。

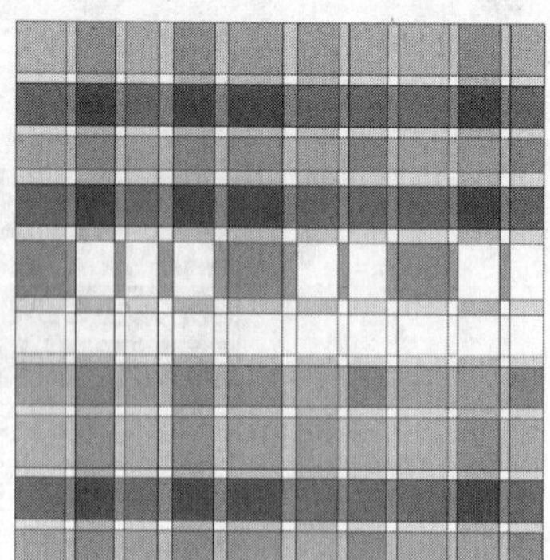

图9-304

29 为表格中第9行的第3个、第7个和第17个单元格填充颜色为（C:24，M:48，Y:77，K:0），然后选中该行的第5个、第13个和第19个单元格填充颜色为（C:13，M:42，Y:70，K:0），接着填充该行最后一个单元格颜色为（C:0，M:53，Y:96，K:0），效果如图9-305所示。

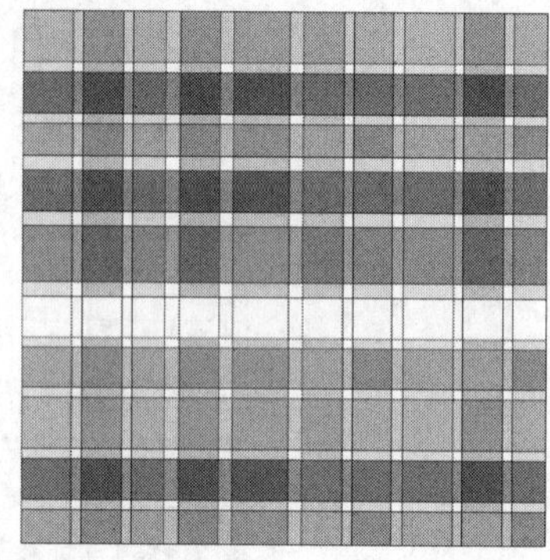

图9-305

30 为表格中第11行的第1个单元格以及与其颜色相同的单元格填充颜色为（C:31，M:24，Y:95，K:0），效果如图9-306所示。

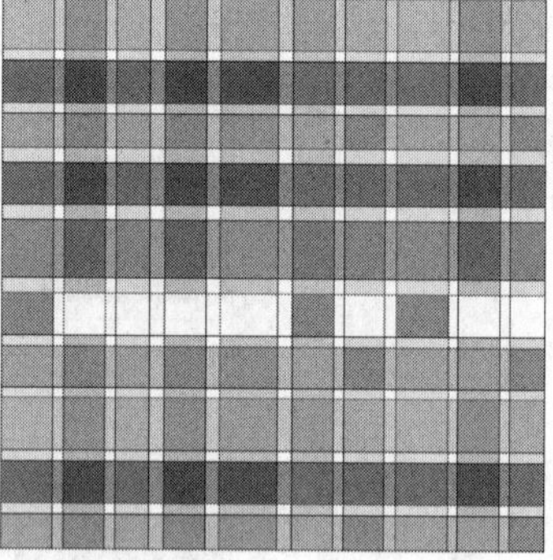

图9-306

31 为表格中第11行的第2个单元格以及与其颜色相同的单元格填充颜色为（C:27，M:16，Y:65，K:0），效果如图9-307所示。

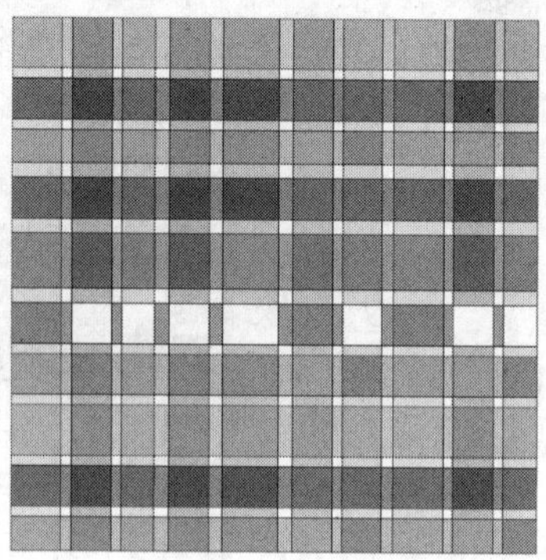

图9-307

32 为表格中第11行的第3个单元格以及与其颜色相同的单元格填充颜色为（C:49，M:29，Y:77，K:0），效果如图9-308所示。

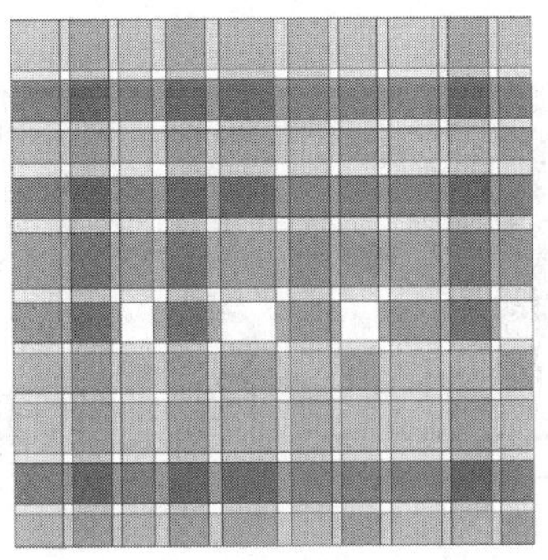
图9-308

33 为表格中第11行的第5个单元格以及与其颜色相同的单元格填充颜色为（C:39，M:22，Y:71，K:0），效果如图9-309所示，然后填充表格中最后一个单元格颜色为（C:29，M:37，Y:100，K:0），最终效果如图9-310所示。

图9-309

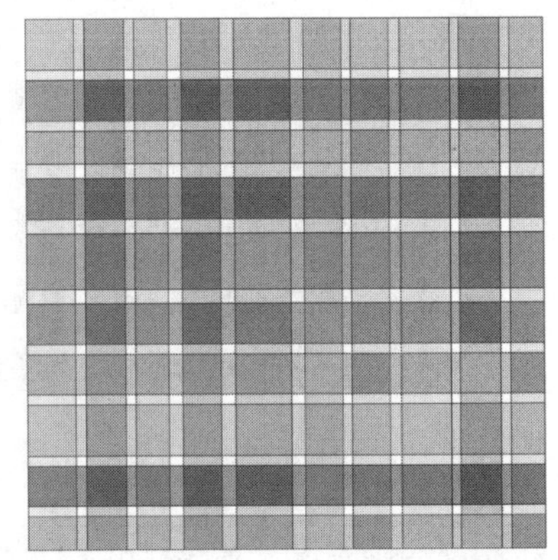
图9-310

9.7 本章小结

通过本章的学习，应该熟练掌握文本工具和表格工具的具体使用方法。文本工具和表格工具作为基本的工具之一，是设计的基础，只有掌握其属性和具体的操作方法，才能做出更优秀的设计作品。处理好文字本身也将为我们带来意想不到的效果，因此希望读者在设计中要精益求精，注重细节。

9.8 课后习题

课后习题

绘制饭店胸针

案例位置	案例文件>CH09>课后习题：绘制饭店胸针.cdr
视频位置	多媒体教学>CH09>课后习题：绘制饭店胸针.flv
难易指数	★★★☆☆
练习目标	文本适合路径的操作方法

饭店胸针效果如图9-311所示。

图9-311

步骤分解如图9-312所示。

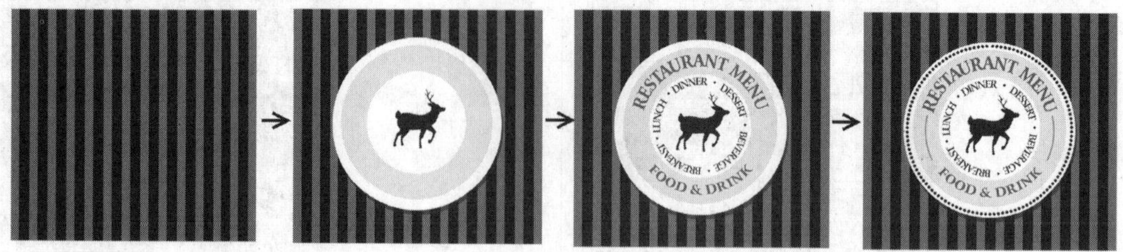

图9-312

课后习题

绘制甜点菜单

案例位置	案例文件>CH09>课后习题：绘制甜点菜单.cdr
视频位置	多媒体教学>CH09>课后习题：绘制甜点菜单.flv
难易指数	★★★☆☆
练习目标	文本转曲的编辑方法

甜点菜单效果如图9-313所示。

图9-313

步骤分解如图9-314所示。

图9-314

课后习题

绘制复古信纸

案例位置	案例文件>CH09>课后习题：绘制复古信纸.cdr
视频位置	多媒体教学>CH09>课后习题：绘制复古信纸.flv
难易指数	★★★☆☆
练习目标	表格工具的使用方法

复古信纸效果如图9-315所示。

图9-315

步骤分解如图9-316所示。

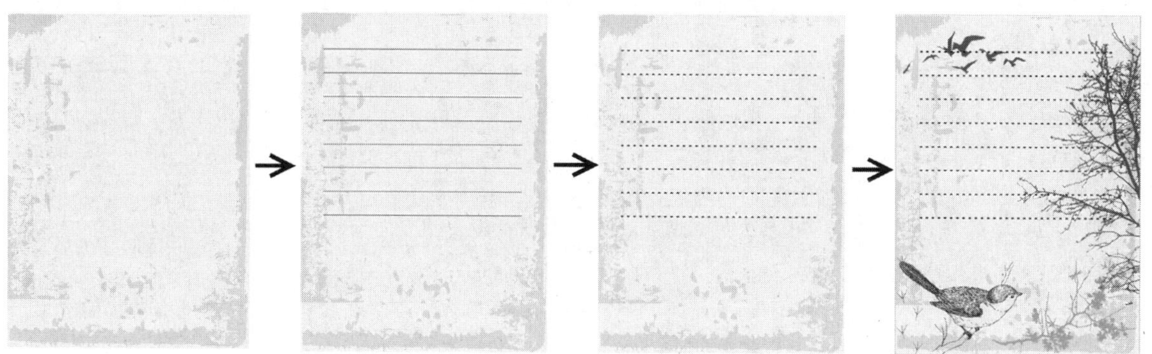

图9-316

课后习题

绘制日历卡片

案例位置　案例文件>CH09>课后习题：绘制日历卡片.cdr

视频位置　多媒体教学>CH09>课后习题：绘制日历卡片.flv

难易指数　★★★★☆

练习目标　表格工具的使用方法

日历卡片效果如图9-317所示。

图9-317

分解步骤如图9-318所示。

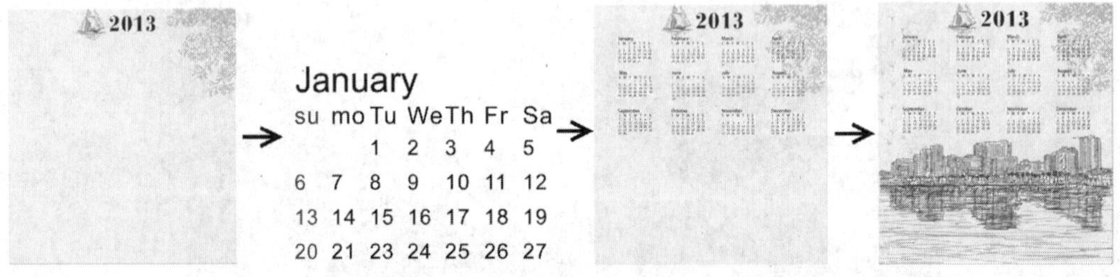

图9-318

第10章

商业案例实训

学习完CorelDRAW X6中所有绘图和图像处理方面的基本内容后，为了巩固和加深读者所学的软件知识，提高读者在软件方面的实际综合应用能力，本章提供了标志设计、插画设计、文字设计、版式设计、服饰设计和工业设计等6个不同类型的典型课堂案例供读者练习。

课堂学习目标

掌握标志的制作方法

掌握插画的制作方法

掌握文字的制作方法

掌握版面的制作方法

掌握服饰的制作方法

掌握工业产品的制作方法

10.1 课堂案例：精通女装服饰标志设计

案例位置　案例文件>CH10>课堂案例：精通女装服饰标志设计.cdr
视频位置　多媒体教学>CH10>课堂案例：精通女装服饰标志设计.flv
难易指数　★★★★☆
学习目标　服装标志的制作方法

女装标志效果如图10-1所示。

图10-1

01 新建空白文档，然后设置文档名称为“复古信纸”，接着设置“宽度”为200mm、“高度”为170mm。

02 双击“矩形工具”创建一个与页面重合的矩形，然后单击“交互式填充工具”，接着在属性栏上设置“填充类型”为“线性”，两个节点填充颜色为（C:11，M:7，Y:16，K:0）和（C:2，M:2，Y:7，K:0）、“角度”为138.496°、“边界”为7%，如图10-2所示，填充完成后去除轮廓，效果如图10-3所示。

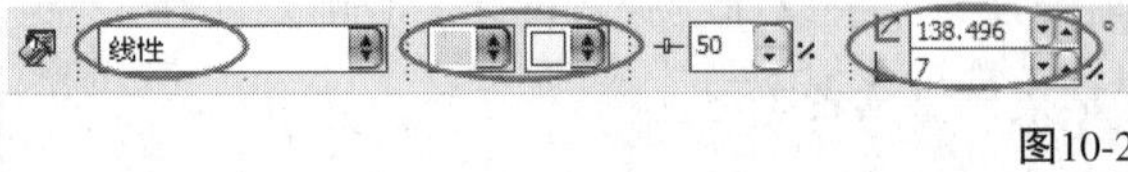

图10-2

图10-3

03 绘制千纸鹤的外形。使用“多边形工具”在页面内绘制一个三角形，如图10-4所示，然后复制4个，接着将其调整为不同的形状、大小，并放到不同位置，效果如图10-5所示。

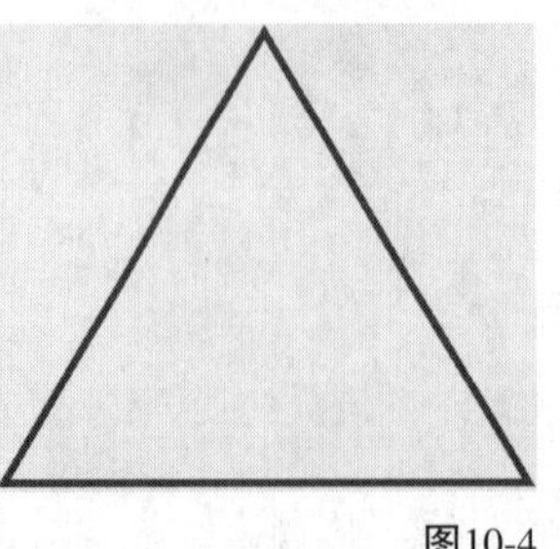

图10-4

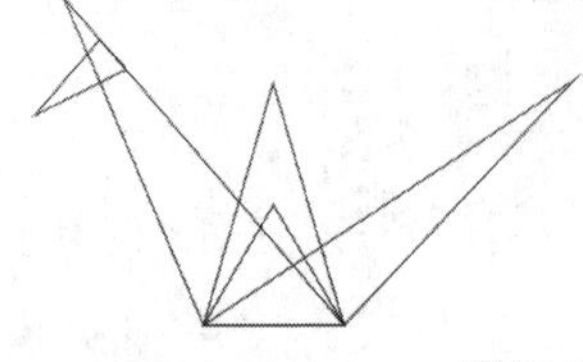

图10-5

04 选中左边的两个三角形，然后按Ctrl+Q组合键将其转换为曲线，接着使用“形状工具”调整轮廓，调整完毕后，效果如图10-6所示。

图10-6

05 选中绘制好的千纸鹤外形，然后打开“渐变填充”对话框，接着在“预设”列表中选择“射线-彩虹色”渐变样式，再更改“填充类型”为“线性”，最后单击“确定”按钮，如图10-7所示，填充完成后去除轮廓，效果如图10-8所示。

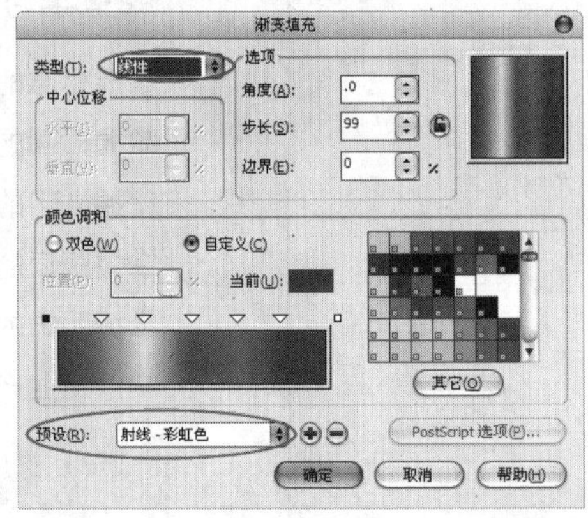

图10-7

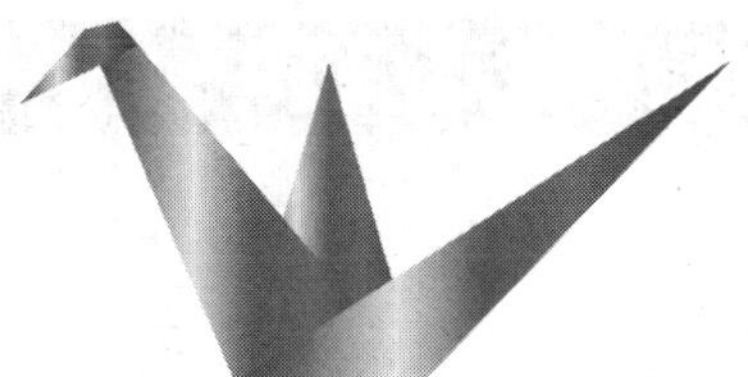

图10-8

06 移动千纸鹤到页面内，然后单击“透明度工具”，接着在属性栏上设置“透明度类型”为“线性”、“透明度操作”为“乘”、“角度”为90.512°，如图10-9所示，效果如图10-10所示。

线性
乘
100
90.512
0

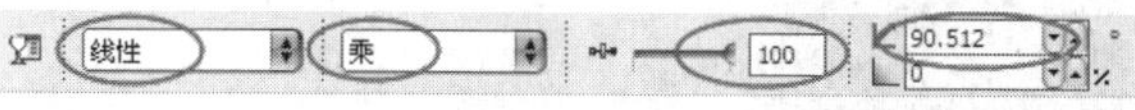

图10-9

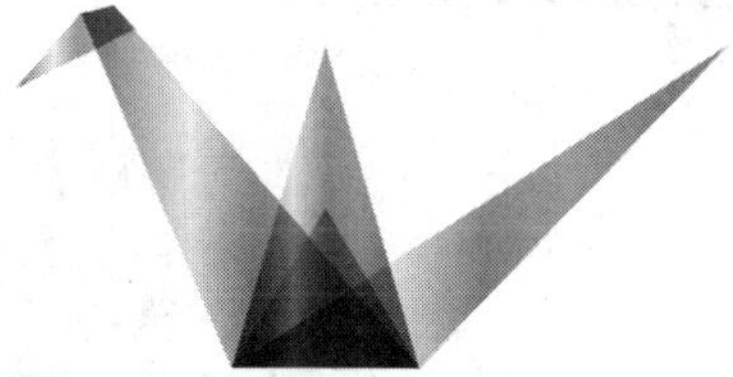

图10-10

07 选中千纸鹤，然后按Ctrl+G组合键进行群组，接着在原位置上复制一个，再单击“垂直镜像”按钮，最后移动复制的对象，使两个对象呈镜像效果，如图10-11所示。

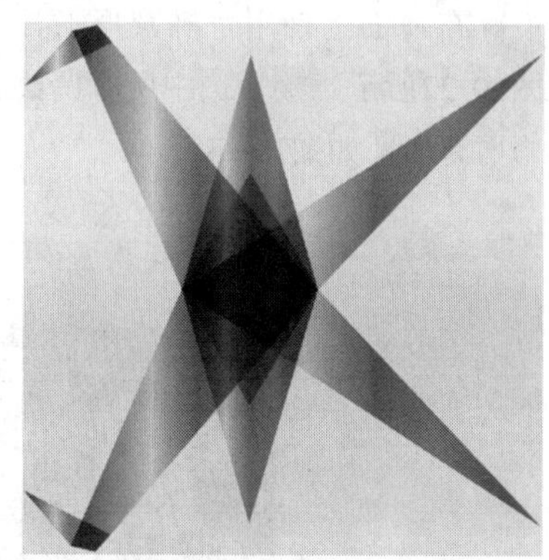

图10-11

08 选中位于下方的千纸鹤，然后单击“透明度工具”，接着在属性栏上设置“透明度类型”为“线性”、“透明度操作”为“乘”、“角度”为271.128°、“边界”为8%，如图10-12所示，效果如图10-13所示。

线性
乘
0
271.128
8

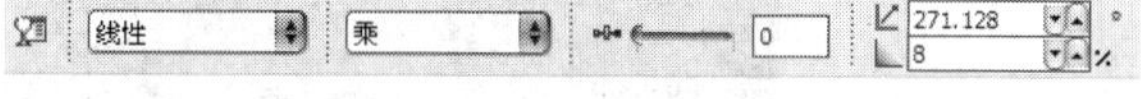

图10-12

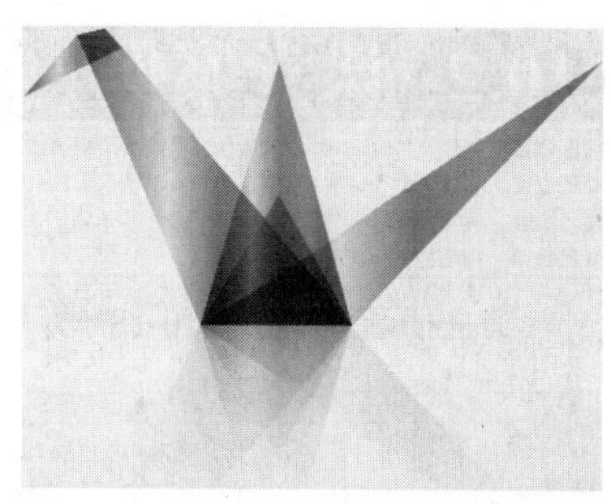

图10-13

09 使用“文本工具”输入美术文本，然后在属性栏上设置“字体”为Asenine Thin、第一行文本“字体大小”为52pt、第二行文本“字体大小”为36pt，接着填充第一行文本颜色为（C:100，M:73，Y:94，K:65）、第二行文本颜色为（C:0，M:0，Y:0，K:100），效果如图10-14所示。

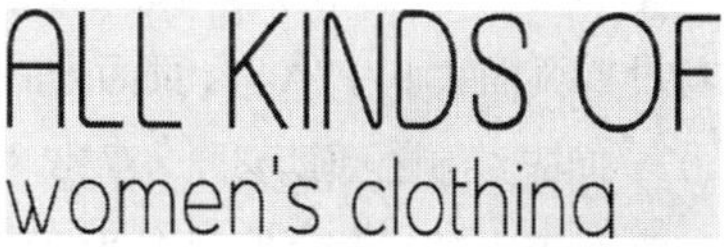

ALL KINDS OF
women's clothing

图10-14

10 选中前面输入的文本，然后单击“阴影工具”，按住鼠标左键在文本上由上到下拖曳，接着在属性栏上设置“阴影角度”为270、“阴影羽化”为2%，如图10-15所示，效果如图10-16所示。

270
50
2
0
50
乘

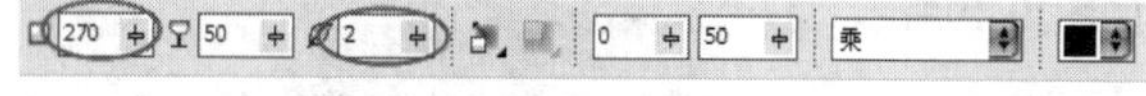

图10-15

ALL KINDS OF
women's clothing

图10-16

11 移动文本到千纸鹤的左侧，然后适当调整文本和千纸鹤的大小和位置，接着选中文本，按Ctrl+Q组合键转曲，最后群组页面内的对象，使其相对于页面水平居中，最终效果如图10-17所示。

ALL KINDS OF
women's clothing

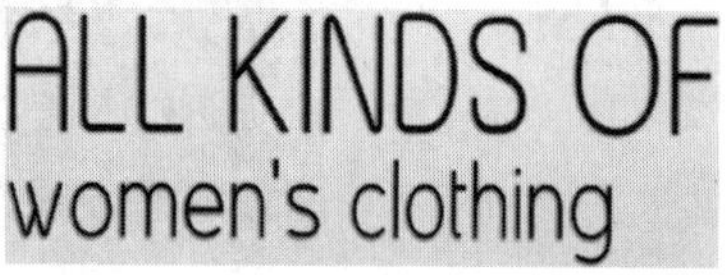

图10-17

10.2 课堂案例：精通寓言插画设计

案例位置 案例文件>CH10>课堂案例：精通寓言插画设计.cdr
视频位置 多媒体教学>CH10>课堂案例：精通寓言插画设计.flv
难易指数 ★★★★☆
学习目标 插画的制作方法

寓言插画效果如图10-18所示。

图10-18

01 新建空白文档，然后设置文档名称为"危机"，接着设置页面大小为"A4"、页面方向为"横向"。

02 首先绘制插画场景。双击"矩形工具"创建与页面等大的矩形，然后在"渐变填充"对话框中设置"类型"为"辐射"、"颜色调和"为"双色"，再设置"从"的颜色为（C:6，M:26，Y:36，K:0）、"到"的颜色为（C:0，M:60，Y:100，K:0），接着单击"确定"按钮完成填充，如图10-19所示。

图10-19

03 复制一份矩形向下进行缩放，如图10-20所示，然后在"渐变填充"对话框中更改"中心位移"中设置"水平"为-1%、"垂直"为41%、"颜色调和"为"双色"，再设置"从"的颜色为（C:99，M:61，Y:87，K:40）、"到"的颜色为（C:45，M:13，Y:31，K:0），接着单击"确定"按钮完成填充，如图10-21所示。

图10-20

图10-21

04 在海面上使用"椭圆形工具"绘制椭圆，如图10-22所示，接着选中所有偶数椭圆进行群组，再修剪海面，如图10-23所示。

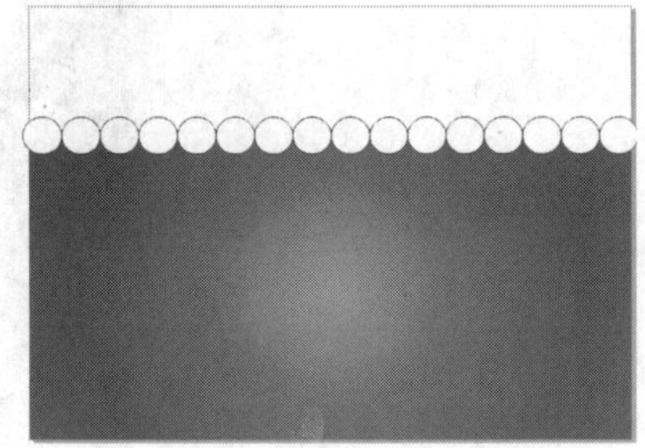

图10-22

图10-23

05 选中剩下的椭圆进行群组，然后焊接在海面上，如图10-24所示，接着调整节点位置，再删除多余的节点，如图10-25所示。

图10-24

图10-25

06 下面绘制云朵。使用“矩形工具”绘制矩形，然后在属性栏设置“圆角”为6.5mm，接着在矩形上使用“椭圆形工具”绘制圆形，如图10-26所示，最后将对象焊接起来调整形状，如图10-27所示。

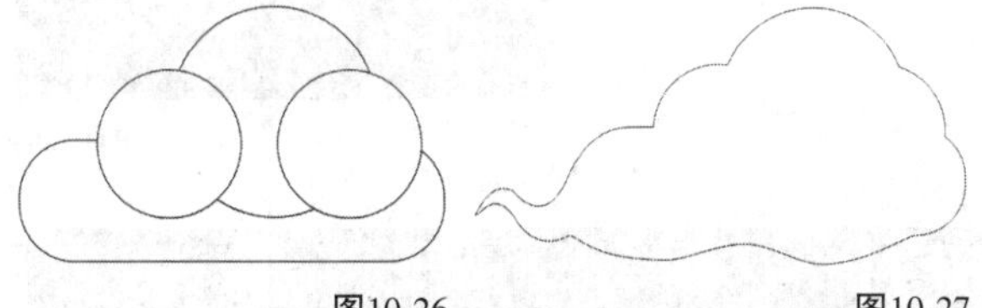

图10-26　　图10-27

07 将天空和海洋排放在页面中，然后使用“椭圆形工具”绘制夕阳，接着填充红色，再去掉轮廓线，如图10-28所示。

图10-28

08 将夕阳放置在海面下面，然后将前面绘制的云朵拖曳到天空上，再复制排放，接着填充被遮盖的云朵颜色为（C:7，M:20，Y:31，K:0）、填充上方云朵颜色为（C:0，M:14，Y:22，K:0），最后去掉轮廓线，如图10-29所示。

图10-29

09 下面绘制人物。使用“钢笔工具”绘制人物轮廓，如图10-30所示，然后填充黑色，如图10-31所示。

图10-30　　图10-31

10 将人物拖曳到夕阳与海面交界处，然后进行缩放，接着单击“透明度工具”，在属性栏中设置“透明度类型”为“标准”、“透明度操作”为“叠加”、“开始透明度”为0，如图10-32所示，透明效果如图10-33所示。

标准	叠加	0	全部

图10-32

图10-33

⑪ 复制人物对象然后使用海面进行修剪，保留人物上半部分，接着将修剪的上半身复制，叠加在一起，效果如图10-34所示，最后将人物群组。

图10-34

⑫ 使用"钢笔工具" 绘制鲨鱼轮廓，然后在鲨鱼嘴里绘制牙齿，如图10-35所示，接着将牙齿焊接到鲨鱼上，最后填充黑色，如图10-36所示。

图10-35

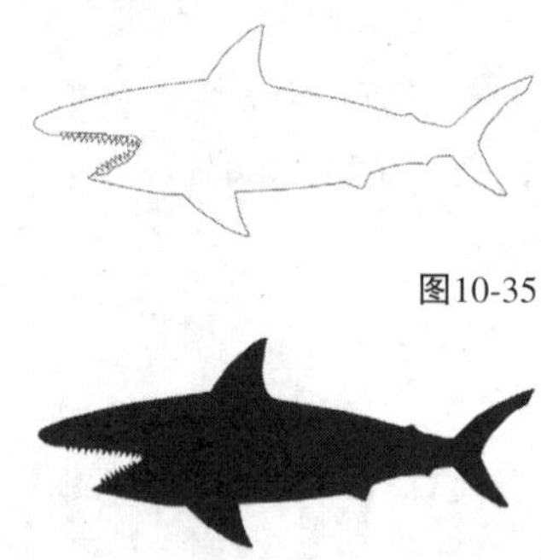

图10-36

⑬ 将鲨鱼拖曳到页面中复制排放在海里，然后将人物缩放到合适比例，如图10-37所示，接着将鲨鱼群组，再单击"透明度工具" ，在属性栏中设置"透明度类型"为"标准"、"透明度操作"为"叠加"、"开始透明度"为50，效果如图10-38所示。

图10-37

图10-38

⑭ 将海洋复制一份，然后单击"透明度工具" ，在属性栏中设置"透明度类型"为"底纹"、"透明度操作"为"常规"、"底纹库"为"样本8"，再选择合适的底纹样式，如图10-39所示，最终效果如图10-40所示。

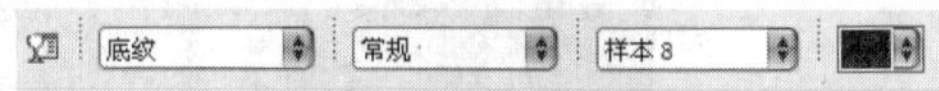

图10-39

图10-40

10.3 课堂案例：精通彩钻文字设计

案例位置　案例文件>CH10>课堂案例：精通彩钻文字设计.cdr
视频位置　多媒体教学>CH10>课堂案例：精通彩钻文字设计.flv
难易指数　★★★★★
学习目标　钻石文字的设计方法

钻石文字效果如图10-41所示。

图10-41

01 新建空白文档，然后设置文档名称为“钻石文字”，接着设置“宽度”为200mm、“高度”为165mm。

02 双击“矩形工具”创建一个与页面重合的矩形，然后填充颜色为（C:93，M:88，Y:89，K:80），接着去除轮廓，效果如图10-42所示。

图10-42

03 选中矩形，然后执行“位图>转换为位图”菜单命令，弹出“转换为位图”对话框，接着单击“确定”按钮，如图10-43所示，即可将矩形转换为位图。

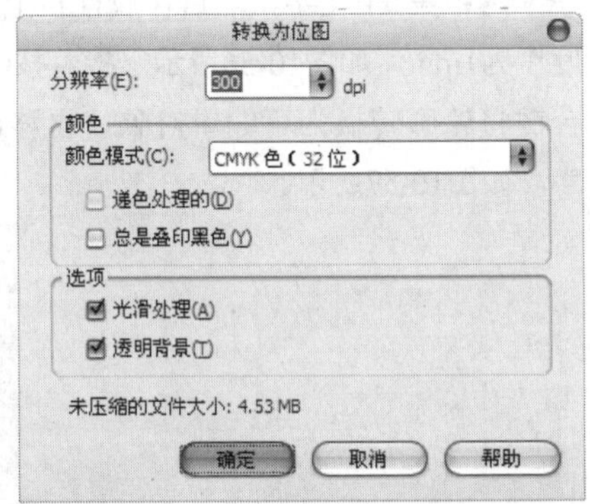

图10-43

04 保持对象的选中状态，然后执行“位图>杂点>添加杂点”菜单命令，弹出“添加杂点”对话框，接着设置“层次”为100、“密度”为100，最后单击“确定”按钮，如图10-44所示，效果如图10-45所示。

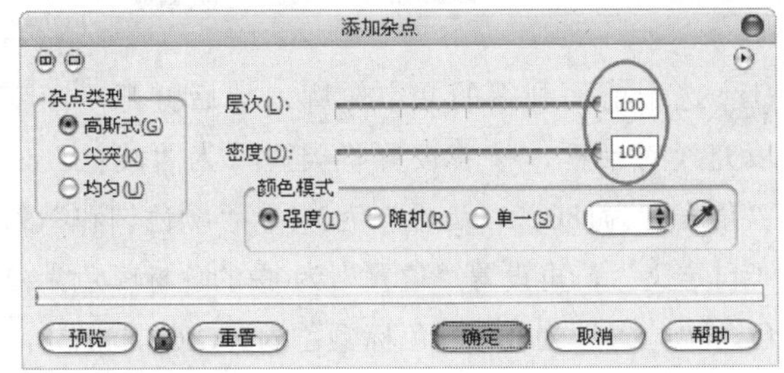

图10-44

图10-45

05 双击“矩形工具”创建一个与页面重合的矩形，然后填充颜色为（C:93，M:88，Y:89，K:80），效果如图10-46所示。

图10-46

06 选中前面绘制的矩形，然后向中心缩小的同时复制一个，接着选中两个矩形，在属性栏上单击“移除前面对象”按钮，修剪后效果如图10-47所示。

图10-47

技巧与提示

在上一步的操作中，所修剪后图形的轮廓为默认的黑色（C:0，M:0，Y:0，K:100），图形的“轮廓宽度”为默认的0.2mm。

07 导入“素材文件>CH10>01.jpg”文件，然后将图移动到页面内与页面重合，如图10-48所示，接着单击“透明度工具”，在属性栏上设置“透明度类型”为“标准”、“透明度操作”为Add、“开始透明度”为85，如图10-49所示，效果如图10-50所示。

图10-48

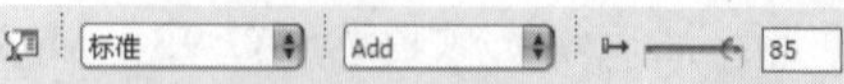

图10-49

图10-50

08 使用“文本工具”输入美术文本，然后在属性栏上设置“字体”为Athenian、“字体大小”为140pt，接着填充青色（C:100，M:0，Y:0，K:0），如图10-51所示。

图10-51

09 选中前面输入的文本，然后按Ctrl+Q组合键转曲，接着按Ctrl+K组合键拆分曲线，拆分后如图10-52所示，再选中第5个文字，按Ctrl+ L组合键结合，效果如图10-53所示。

图10-52

图10-53

10 导入“素材文件>CH10>02.jpg”文件，然后选中第1个文字，移动到钻石图片上面，如图10-54所示，接着选中图片和文字，再单击属性栏上的“相交”按钮，修剪后移出文字和文字后面修剪形成的文字图形，如图10-55所示。

图10-54

图10-55

11 选中第1个文字，然后在属性栏上设置“轮廓宽度”为1mm，如图10-56所示，接着按Ctrl+Shift+Q组合键将轮廓转换为可编辑对象，再移出轮廓内的文字，如图10-57所示。

图10-56

图10-57

12 选中前面制得的文字轮廓，然后打开“渐变填充”对话框，接着设置“类型”为“线性”、“角度”为180、“边界”为3%、“颜色调和”为“自定义”，再设置“位置”为0%的色标颜色为白色、“位置”为28%的色标颜色为（C:66，M:58，Y:89，K:17）、“位置”为65%的色标颜色为

（C:14，M:7，Y:24，K:0）、“位置”为90%的色标颜色为（C:71，M:57，Y:71，K:14）、“位置”为100%的色标颜色为白色，最后单击“确定”按钮，如图10-58所示，效果如图10-59所示。

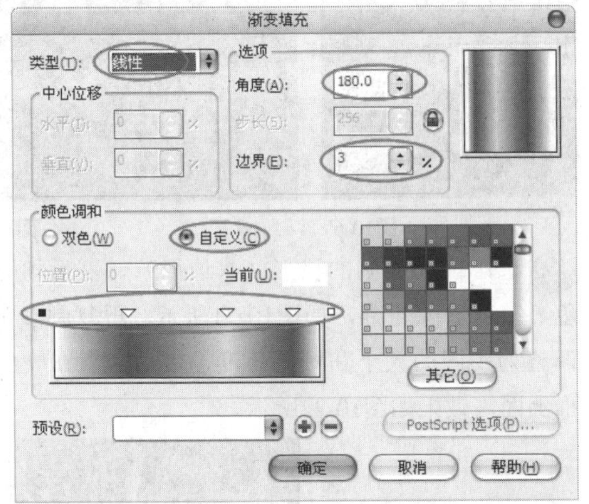

图10-58

图10-59

13 选中第1个文字，然后在属性栏上设置“轮廓宽度”为1.75mm，如图10-60所示，接着按Ctrl+Shift+Q组合键将轮廓转换为可编辑对象，再移出轮廓内的文字，如图10-61所示，最后删除该文字。

图10-60

图10-61

14 选中前面制得的文字轮廓，然后打开“渐变填充”对话框，接着设置“类型”为“线性”、“角度”为237.9、“边界”为8%、“颜色调和”为“自定义”，再设置“位置”为0%的色标颜色为（C:4，M:3，Y:3，K:0）、“位置”为28%的色标颜色为（C:71，M:64，Y:100，K:34）、“位置”为65%的色标颜色为（C:21，M:11，Y:33，K:0）、“位置”为90%的色标颜色为（C:78，M:65，Y:93，K:45）、“位置”为100%的色标颜色为（C:4，M:3，Y:3，K:0），最后单击“确定”按钮，如图10-62所示，效果如图10-63所示。

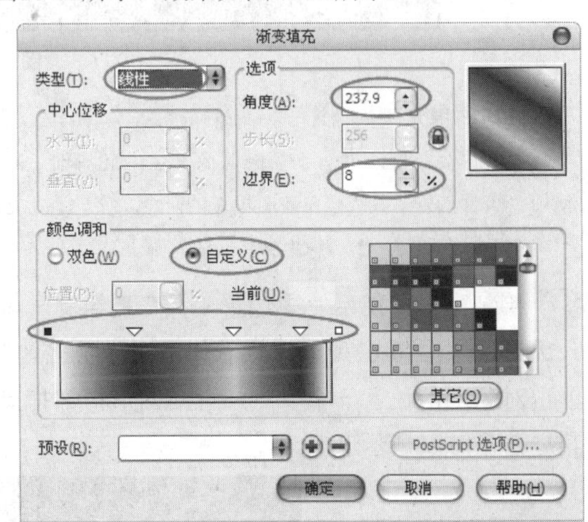

图10-62

图10-63

15 选中填充的第1个文字轮廓，然后放置在第2个文字轮廓上面，如图10-64所示，接着选中修剪形成的文字图形，再移动到两个文字轮廓的上面，最后适当调整各图形的位置（制得第一个文字图形），效果如图10-65所示。

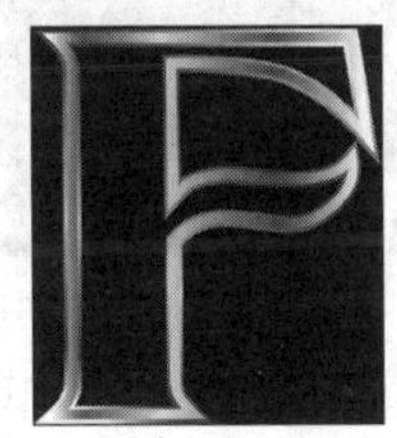

图10-64

图10-65

16 按照以上的方法，绘制出其余的文字图形，然后移动到页面水平居中的位置，接着选中所有文字图形按快捷键T，使其底端对齐，再按Ctrl+G组合键进行群组，效果如图10-66所示，最后删除钻石图片。

图10-66

技巧与提示

为了提高绘制速度，在填充其余文字的轮廓时，可以使用“属性滴管工具”在前面填充的两个文字轮廓上进行“填充”属性取样，然后应用到相应的轮廓上。

(17) 绘制星形。使用“多边形工具”绘制一个正八边形，如图10-67所示，接着使用“形状工具”单击对象上的任意一个节点，再向图形内部拖曳使其呈如图10-68所示形状。

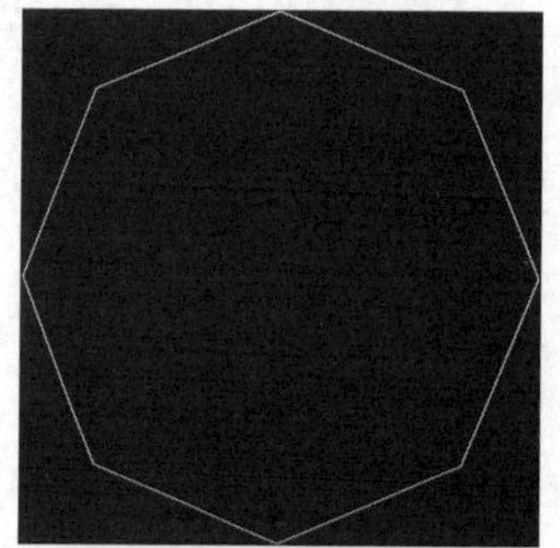

图10-67

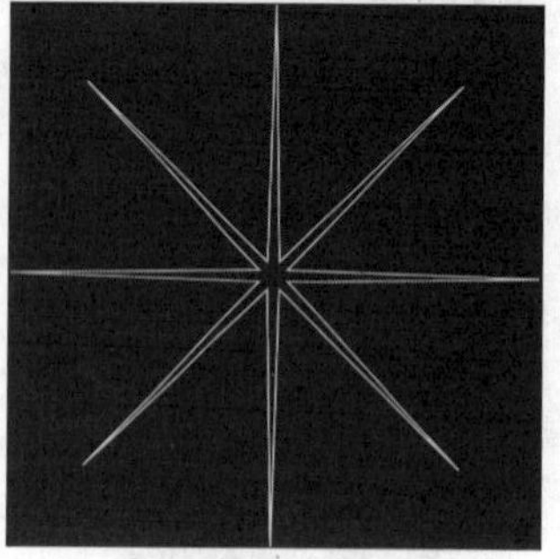

图10-68

(18) 选中前面绘制的图形，然后按Ctrl+Q组合键将其转曲，接着使用“形状工具”调整图形水平方向上的两个端点处的节点，使其呈如图10-69所示形状，再调整图形垂直方向上的两个端点处的节点，使其呈如图10-70所示形状。

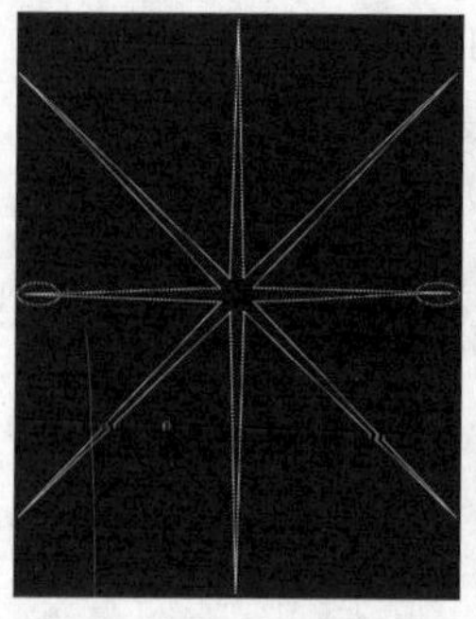

图10-69　　图10-70

(19) 选中前面绘制的星形（八边形），然后填充白色，接着去除轮廓，如图10-71所示，再复制多个，调整为不同的大小和倾斜角度，最后放置在文字图形上面，效果如图10-72所示。

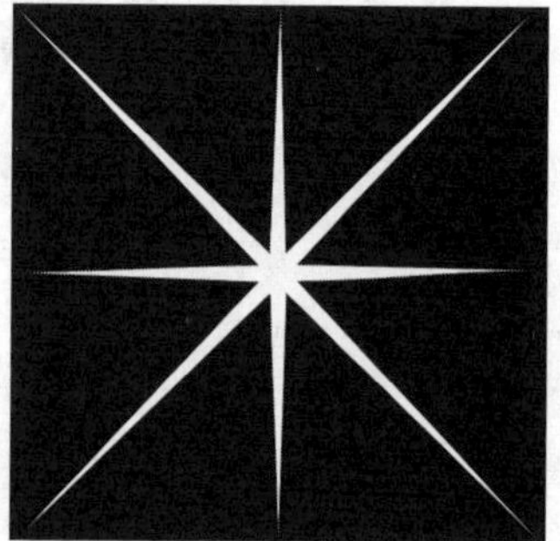

图10-71

图10-72

(20) 选中所有的文字图形和星形对象，然后按Ctrl+G组合键进行群组，接着在原位置复制一份，再单击属性栏上的“垂直镜像”按钮，最后按住Shift键移动到原始对象下方，使其呈镜像效果，如图10-73所示。

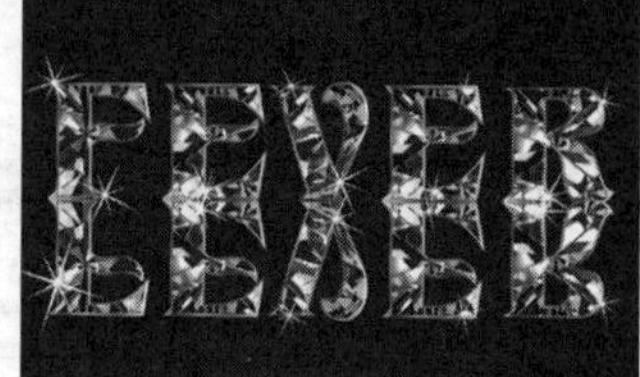

图10-73

(21) 保持对象的选中状态，然后单击“透明度工具”，接着在属性栏上设置“透明度类型”为“线性”、“透明度操作”为“常规”、“角度”为272.081°、“边界”为1%，如图10-74所示，效果如图10-75所示。

图10-74

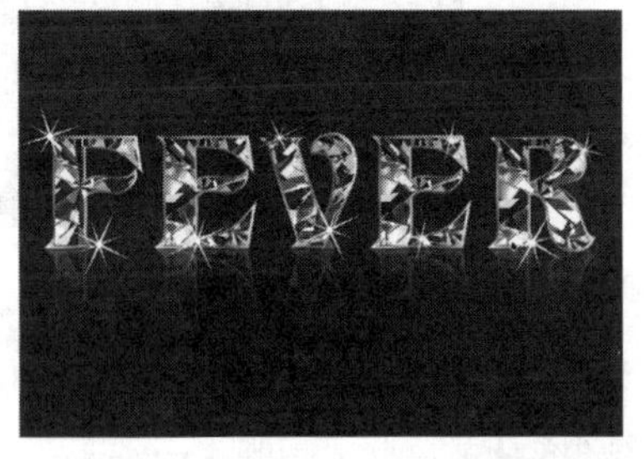

图10-75

22 导入“素材文件>CH10>03.cdr”文件，然后放置在页面下方，最终效果如图10-76所示。

图10-76

10.4 课堂案例：精通摄影网页设计

案例位置 案例文件>CH10>课堂案例：精通摄影网页设计.cdr
视频位置 多媒体教学>CH10>课堂案例：精通摄影网页设计.flv
难易指数 ★★★★☆
学习目标 网页的版面编排方法

摄影网页效果如图10-77所示。

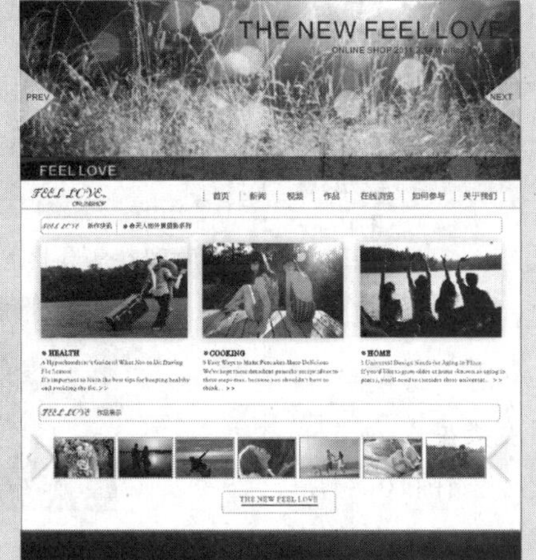

图10-77

01 新建空白文档，然后设置文档名称为“摄影网页”，接着设置“宽度”为180mm、“高度”为200mm。

02 双击“矩形工具”创建一个与页面重合的矩形，然后填充白色，接着填充轮廓颜色为（C:0，M:0，Y:0，K:70），最后设置“轮廓宽度”为0.2mm，如图10-78所示。

图10-78

03 导入“素材文件>CH10>04.jpg”文件，然后适当调整图片（版头图片），接着放置在页面上方，效果如图10-79所示。

图10-79

04 使用“多边形工具”在版头图片左侧绘制一个三角形，然后填充白色，接着旋转-90°，如图10-80所示，再单击“透明度工具”，在属性栏上设置“透明度类型”为“标准”、“透明度操作”为“常规”、“开始透明度”为20，设置完毕后去除轮廓，效果如图10-81所示。

图10-80

图10-81

05 选中前面绘制的三角形，然后复制一个，接着水平移动到版头图片右侧，再水平翻转，效果如图10-82所示。

图10-82

06 使用“矩形工具”绘制一个与页面同宽的矩形长条，然后填充黑色（C:0，M:0，Y:0，K:100），如图10-83所示，接着单击“透明度工具”，再设置属性栏上的“透明度类型”为“标准”、“透明度操作”为“减少”，如图10-84所示，设置完毕后去除轮廓，最后移动到版头图片下方，效果如图10-85所示。

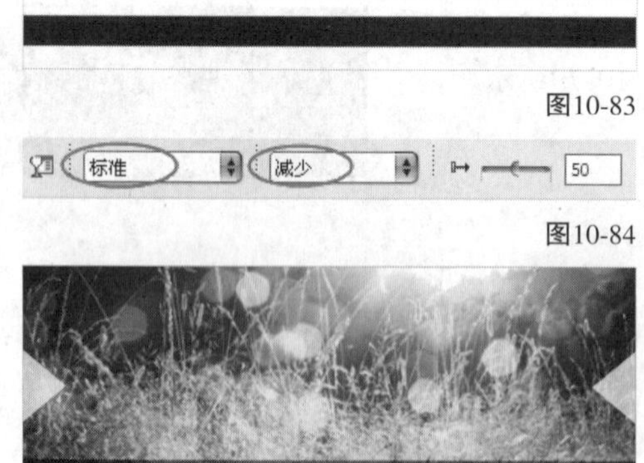

图10-83

图10-84

图10-85

07 使用“文本工具”在版头图片上输入标题文本，然后设置“字体”为Arial、“字体大小”为25pt、“文本对齐”为“右对齐”、颜色为（C:0，M:0，Y:0，K:100），接着更改第二行的字号为9pt，效果如图10-86所示。

图10-86

08 分别在两个三角形和矩形条上输入文本，然后设置三角形上的文本字体为Arial、“字体大小”为8pt，接着设置矩形条上的文本字体为Arial、“字体大小”为14pt，颜色为白色，效果如图10-87所示。

图10-87

09 使用“矩形工具”绘制一个与页面同宽的矩形，然后设置“高度”为10mm、“轮廓宽度”为0.2mm，接着填充轮廓颜色为（C:0，M:0，Y:0，K:60），再放置在版头图片下方，效果如图10-88所示。

图10-88

10 使用“文本工具”在前面绘制的矩形框内输入文本，然后设置第一行前面两个单词的字体为BodoniClassicChancery、“字体大小”为12pt，接着设置后面两个字母的字体为Arial、“字体大小”为4pt，再设置最后一行字体为Arial、“字体大小”为6pt，最后设置文本的对齐方式为“右对齐”，效果如图10-89所示。

图10-89

⑪ 在矩形框的右边输入文本，作为网页导航，然后设置“字体”为微软雅黑、“字体大小”为8pt，如图10-90所示，接着使用“矩形工具”绘制一个矩形竖条，填充灰色（C:0，M:0，Y:0，K:70），再去除轮廓，最后使其平均分布在文本词组中间，效果如图10-91所示。

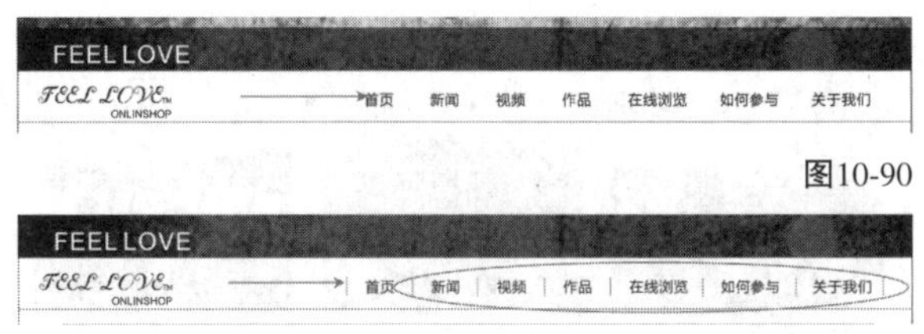

图10-90

图10-91

⑫ 使用“矩形工具”绘制一个矩形，然后在属性栏上设置“宽度”为166mm、“高度”为6mm、“圆角”为1.5mm、“轮廓宽度”为0.2mm，如图10-92所示，接着填充边框颜色为（C:0，M:0，Y:0，K:50），再移动到页面水平居中的位置，效果如图10-93所示。

图10-92

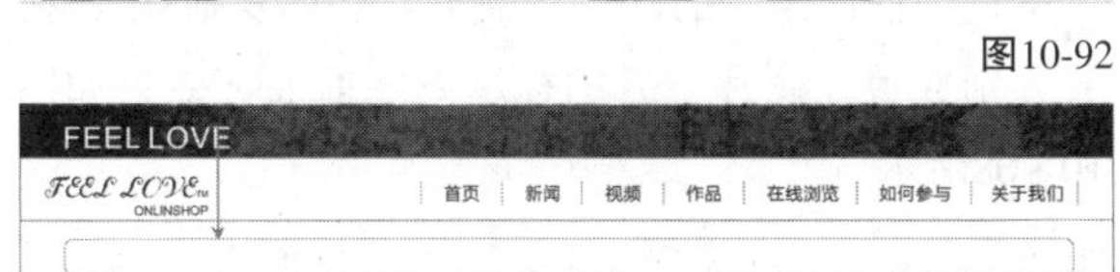

图10-93

⑬ 使用“文本工具”在圆角矩形内输入文本，然后设置“字体”为微软雅黑、“字体大小”为6pt，如图10-94所示，接着选中上方矩形框左侧的文本复制一个，再放置在圆角矩形左侧，最后只保留该文本中前两个单词，效果如图10-95所示。

图10-94

图10-95

⑭ 选中前面绘制的矩形竖条，然后复制一个，接着放置在矩形框内（中文文本的间隔处），如图10-96所示。

新作快讯 春天人物外景摄影系列

图10-96

⑮ 使用“椭圆工具”绘制一个圆形，然后填充颜色为洋红（C:9，M:94，Y:0，K:0），接着去除轮廓，如图10-97所示，再移动到圆角矩形内的矩形竖条后面，最后适当调整大小，效果如图10-98所示。

图10-97

春天人物外景摄影系列

图10-98

⑯ 使用“选择工具”拖曳辅助线到圆角矩形的左右两侧边缘，如图10-99所示。

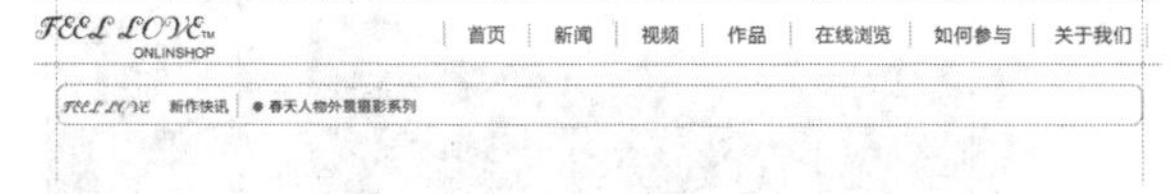

图10-99

⑰ 导入“素材文件>CH10>05.jpg~07.jpg”文件，然后将图片调整为相同高度，接着适当缩小，使位于两端的图片贴齐圆角矩形两侧的辅助线，如图10-100所示。

图10-100

⑱ 选中05.jpg~07.jpg文件，然后执行“排列>对齐与分布>对齐与分布”菜单命令，接着在打开的泊坞窗中依次单击“顶端对齐”按钮、“水平分散排列

间距”按钮，如图10-101所示，效果如图10-102所示。

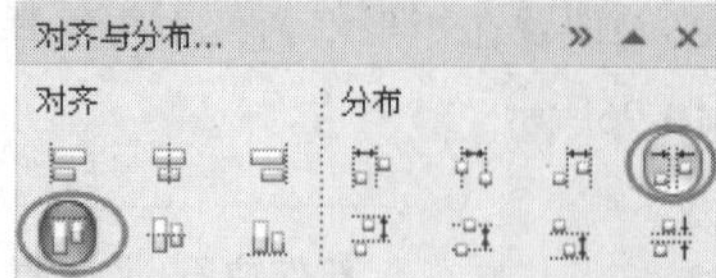

图10-101

图10-102

19 选中05.jpg文件，然后单击“阴影工具”按住鼠标左键在图片上拖曳，接着在属性栏上设置“阴影偏移”为（x:0mm，y:0mm）、“阴影的不透明度”为22、“阴影颜色”为（C:9，M:90，Y:100，K:0），如图10-103所示，效果如图10-104所示。

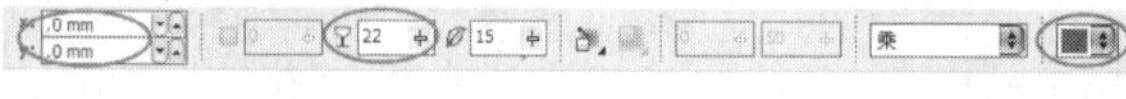

图10-103

图10-104

20 按照以上方法，为另外的两张图片设置相同的阴影效果，如图10-105所示。

图10-105

21 使用“文本工具”分别在导入的3张图片下方输入文本，然后设置3组文本标题的“字体”为Aldine721LtBT、“字体大小”为7pt、轮廓颜色为黑色（C:0，M:0，Y:0，K:100），正文的“字体”为Aldine721LtBT、“字体大小”为6pt，接着调整文本位置，使其与相对应的上方图片左对齐，效果如图10-106所示。

图10-106

22 接着使用“形状工具”调整3组标题文字的位置，使其均向右平移适当距离，效果如图10-107所示。

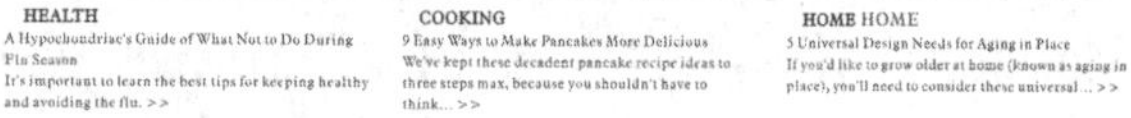

图10-107

23 选中前面绘制的洋红色圆形，然后复制3个，接着分别放置在图片下方的标题文字前面，效果如图10-108所示。

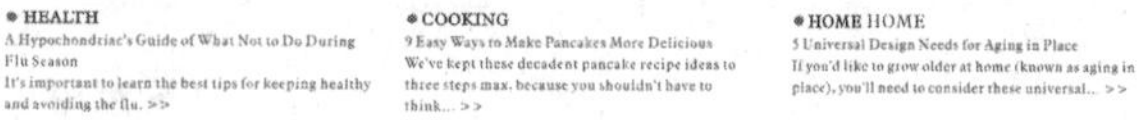

图10-108

24 选中前面绘制的圆角矩形和矩形内的标题文字，然后复制一份，接着垂直移动到文本下方，如图10-109所示。

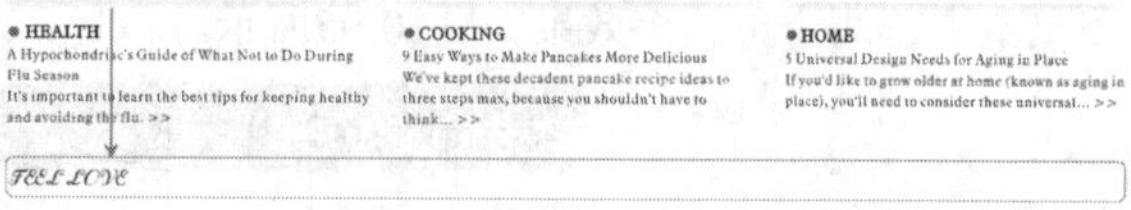

图10-109

25 单击“文本工具”在页面下方的圆角矩形内输入文本，然后设置“字体”为微软雅黑、“字体大小”为6pt，接着适当调整位置，效果如图10-110所示。

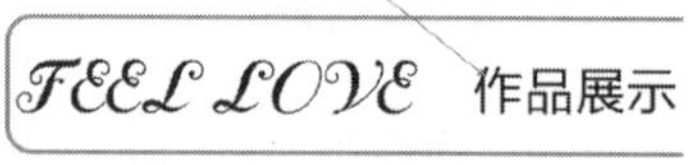

FEEL LOVE 作品展示

图10-110

26 选中前面绘制的三角形，然后复制一个，接着单击“阴影工具”按住鼠标左键在三角形上拖曳，再设置属性栏上的“阴影偏移”为（x:1.6mm、y:0mm）、“阴影的不透明度”为20、“阴影羽化”为20、“阴影颜色”为（C:0，M:0，Y:0，K:80），如图10-111所示，设置完毕后效果如图10-112所示。

图10-111

图10-112

27 选中前面设置阴影的三角形，然后复制一个，接着适当缩小，再水平翻转，最后放置在原始对象左侧，效果如图10-113所示。

图10-113

28 选中设置阴影效果的两个三角形，然后按Ctrl+G组合键进行群组，接着在水平方向上复制一份，再水平翻转，最后分别放置在页面的左右两侧，效果如图10-114所示。

图10-114

29 导入“素材文件>CH10>08.jpg~14.jpg”文件，然后选中导入的7张图片，调整为相同高度，接着按T键使其顶端对齐，再打开“对齐与分布”泊坞窗，单击“水平分散排列间距”按钮，如图10-115所示，最后移动图片到页面水平居中的位置，效果如图10-116所示。

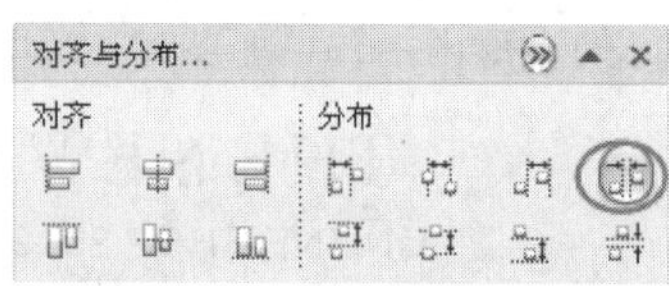

图10-115

图10-116

30 使用“矩形工具”绘制一个矩形，然后在属性栏上设置“宽度”为40mm、“高度”为8mm、“圆角”为1mm、“轮廓宽度”为0.2mm，如图10-117所示，接着填充轮廓颜色为（C:0，M:0，Y:0，K:50），再移动到页面下方水平居中的位置，效果如图10-118所示。

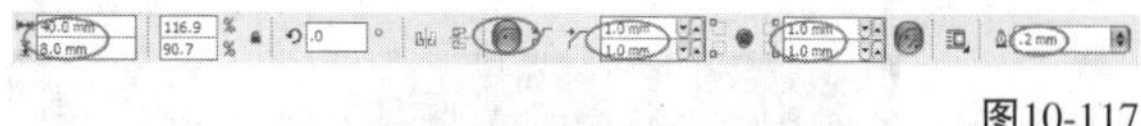

图10-117

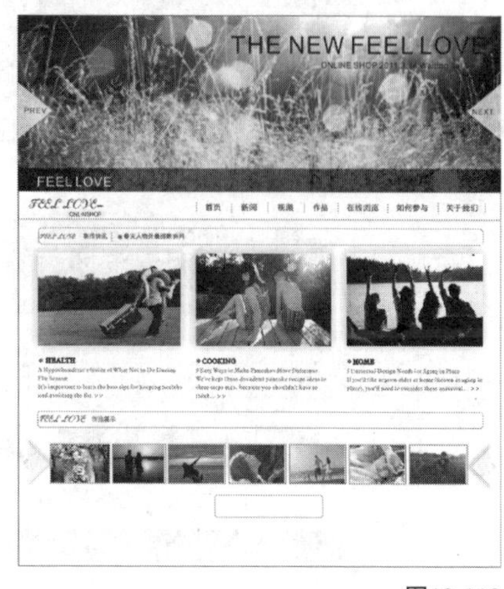

图10-118

31 选中页面最上方的标题文本，然后复制一份，接着更改“文本对齐”为“居中”、第一行的“字体”为Aldine721LtBT、“字体大小”为7.5pt，第二行的字号为4pt，如图10-119所示，再移动到页面下方的矩形内，效果如图10-120所示。

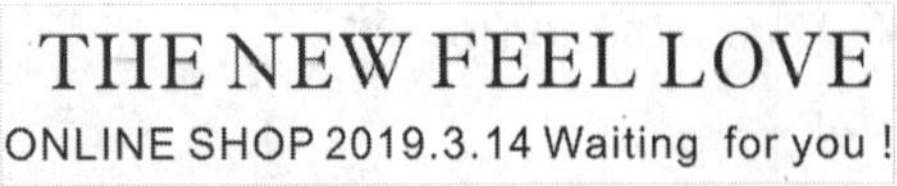

THE NEW FEEL LOVE
ONLINE SHOP 2019.3.14 Waiting for you !

图10-119

THE NEW FEEL LOVE
PREV
NEXT
FEEL LOVE

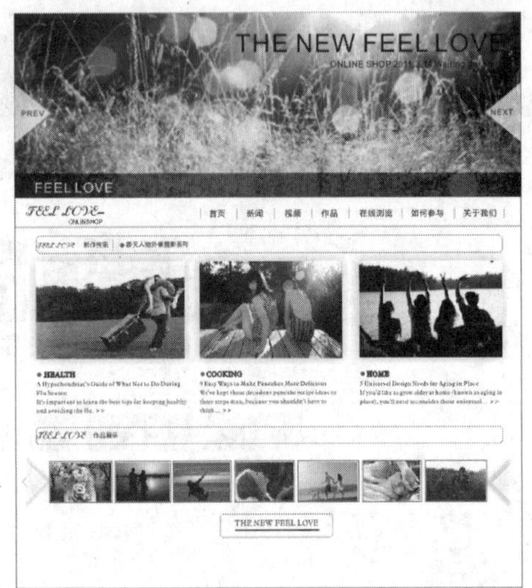

图10-120

32 选中版头图片，复制一份，然后使用“裁剪工具”保留图片中间颜色丰富的部分，如图10-121所示，接着放置在页面下方，效果如图10-122所示。

图10-121

THE NEW FEEL LOVE
PREV
NEXT
FEEL LOVE

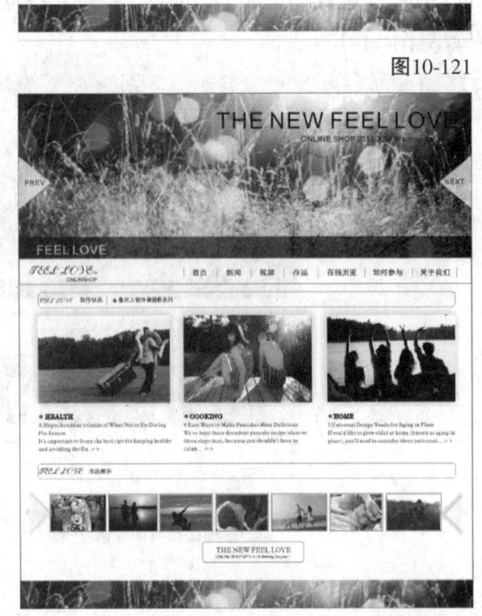

图10-122

33 使用“矩形工具”绘制一个矩形，然后打开“渐变填充”对话框，接着设置“类型”为“线性”、“角度”为-90、“颜色调和”为“自定义”，再设置“位置”为1%的色标颜色为（C:0，M:0，Y:0，K:90）、“位置”为80%的色标颜色为（C:90，M:85，Y:87，K:80）、“位置”为100%的色标颜色为（C:93，M:88，Y:89，K:80），最后单击“确定”按钮，如图10-123所示，填充完毕后去除轮廓，效果如图10-124所示。

渐变填充
类型(T):
线性
选项
角度(A):
-90.0
中心位移
水平(I):
垂直(V):
步长(S):
256
边界(E):
0
颜色调和
双色(W)
自定义(C)
位置(P):
当前(U):
其它(O)
预设(R):
PostScript 选项(P)...
确定
取消
帮助(H)

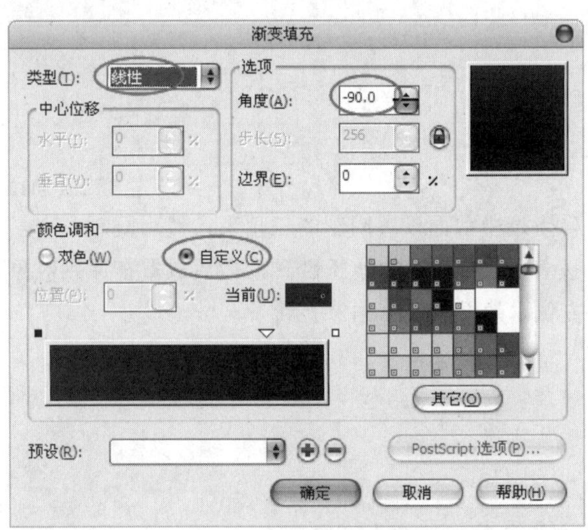

图10-123

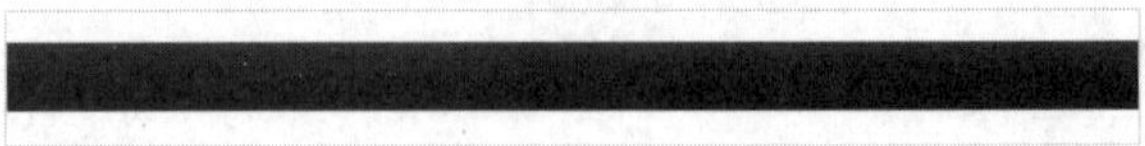

图10-124

34 移动渐变矩形到裁切后的版头图片上面，然后调整位置，使两个对象重合，如图10-125所示，接着单击“透明度工具”，再设置属性栏上的“透明度类型”为“标准”、“透明度操作”为“常规”、“开始透明度”为15，设置后的效果如图10-126所示。

35 单击“阴影工具”按住鼠标左键在渐变矩形条上拖曳，然后在属性栏上设置“阴影角度”为90、“阴影的不透明度”为50、“阴影羽化”为2，如图10-127所示，接着将页面内文本对象转曲，最终效果如图10-128所示。

THE NEW FEEL LOVE

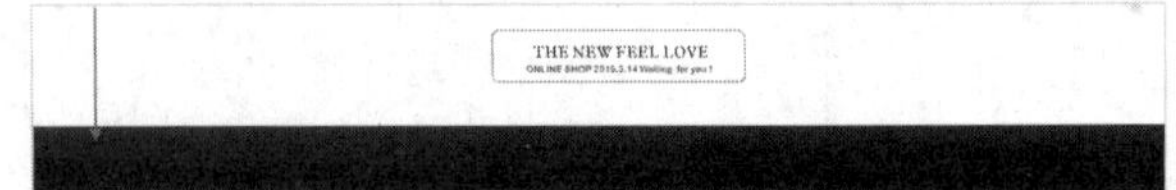

图10-125

图10-126

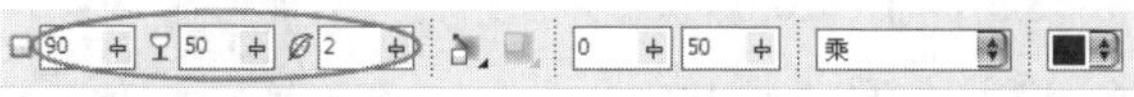

图10-127

图10-128

10.5 课堂案例：精通休闲鞋设计

案例位置	案例文件>CH10>课堂案例：精通休闲鞋设计.cdr
视频位置	多媒体教学>CH10>课堂案例：精通休闲鞋设计.flv
难易指数	★★★★★
学习目标	休闲鞋的制作方法

休闲鞋效果如图10-129所示。

图10-129

01 新建空白文档，然后设置文档名称为“休闲鞋”，接着设置页面的大小“宽”为279mm、“高”为213mm。

02 首先绘制鞋底。使用“钢笔工具”绘制鞋底厚度，然后在“渐变填充”对话框中设置“类型”为“线性”、“颜色调和”为“双色”，再设置“从”的颜色为（C:45，M:58，Y:73，K:2）、“到”的颜色为（C:57，M:75，Y:95，K:31），接着单击“确定”按钮完成填充，最后设置“轮廓宽度”为0.5mm、颜色为（C:69，M:86，Y:100，K:64），如图10-130所示。

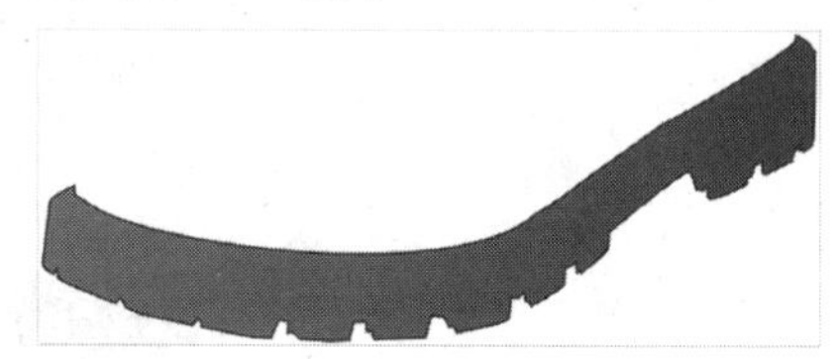

图10-130

03 使用“钢笔工具”绘制鞋大底厚度，如图10-131所示，然后填充颜色为（C:68，M:86，Y:100，K:63），再去掉轮廓线，如图10-132所示。

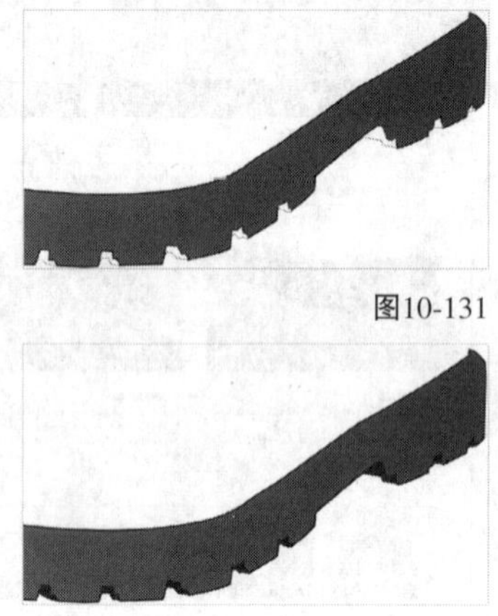
图10-131

图10-132

04 使用“钢笔工具”绘制鞋底和鞋面的连接处，然后填充颜色为（C:53，M:69，Y:100，K:16），再设置“轮廓宽度”为0.75mm、颜色为（C:58，M:86，Y:100，K:46），如图10-133所示，接着绘制缝纫线，设置“轮廓宽度”为1mm、轮廓线颜色为白色，如图10-134所示。

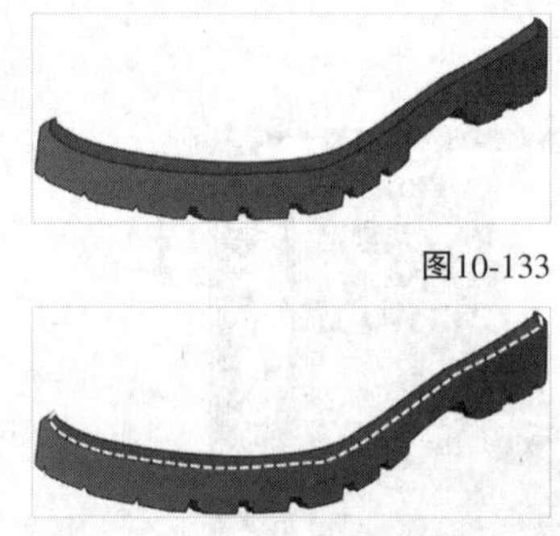
图10-133

图10-134

05 使用“钢笔工具”绘制鞋面，然后设置“轮廓宽度”为0.5mm、颜色为（C:58，M:85，Y:100，K:46），如图10-135所示。

图10-135

06 导入“素材文件>CH10>15.jpg”文件，然后执行“效果>图框精确剪裁>置于图文框内部”菜单命令，把布料放置在鞋面中，如图10-136所示。

图10-136

07 使用“钢笔工具”绘制鞋面块面，然后设置“轮廓宽度”为1mm、轮廓线颜色为（C:58，M:85，Y:100，K:45），效果如图10-137所示。

图10-137

08 使用“钢笔工具”绘制块面阴影，然后填充颜色为（C:58，M:85，Y:100，K:45），再去掉轮廓线，如图10-138所示。

图10-138

09 使用“钢笔工具”绘制鞋面缝纫线，然后设置“轮廓宽度”为1mm、颜色为（C:58，M:84，Y:100，K:45），如图10-139所示，接着将缝纫线复制一份，再填充轮廓线颜色为白色，最后将白色缝纫线排放在深色缝纫线上面，如图10-140所示。

图10-139

图10-140

10 使用“钢笔工具”绘制鞋舌，然后选中导入的布料执行“效果>调整>颜色平衡”菜单命令，打开“颜色平衡”对话框，再设置“青--红”为28、“品红--绿”为-87、“黄--蓝”为-65，接着单击“确定”按钮完成设置，如图10-141所示。

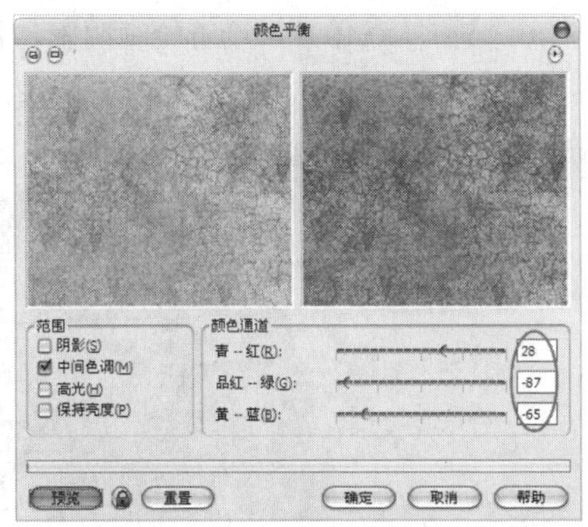

图10-141

11 选中布料，然后执行“效果>调整>色度/饱和度/亮度”菜单命令，打开“色度/饱和度/亮度”对话框，再选择“主对象”、设置“色度”为-2、“饱和度”为15、“亮度”为-32，接着单击“确定”按钮完成设置，如图10-142所示，最后将调整好的布料置入鞋舌中，如图10-143所示。

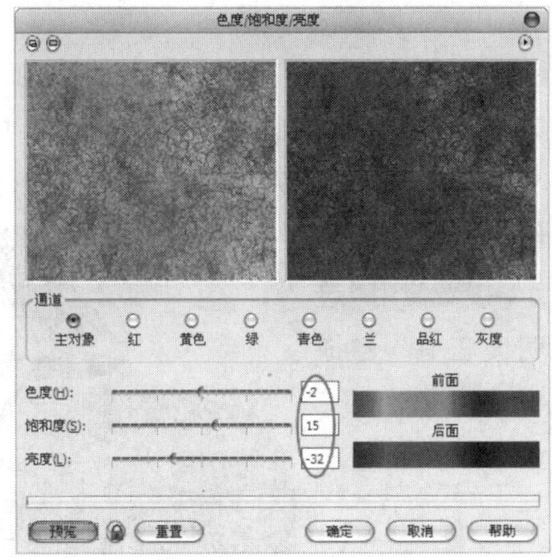

图10-142

图10-143

12 下面绘制脚踝部分。使用“钢笔工具”绘制脚踝处轮廓，如图10-144所示，然后在“渐变填充”对话框中设置“类型”为“线性”、“角度”为32.2、“边界”为14%、“颜色调和”为“双色”，再设置“从”的颜色为黑色、“到”的颜色为（C:69，M:83，Y:94，K:61），接着单击“确定”按钮完成填充，如图10-145所示。

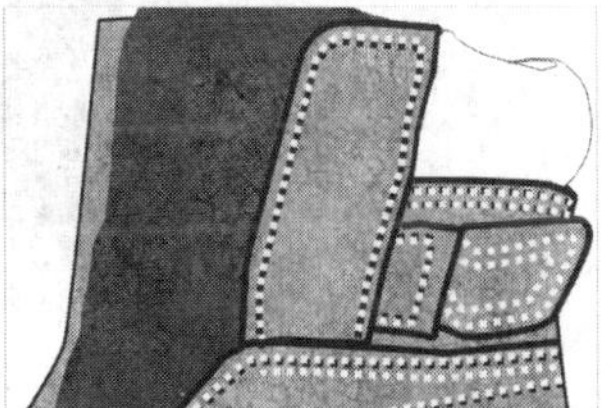

图10-144

图10-145

13 使用“钢笔工具”绘制鞋面与鞋舌的阴影处，然后填充颜色为（C:68，M:86，Y:100，K:63），再去掉轮廓线，如图10-146所示。

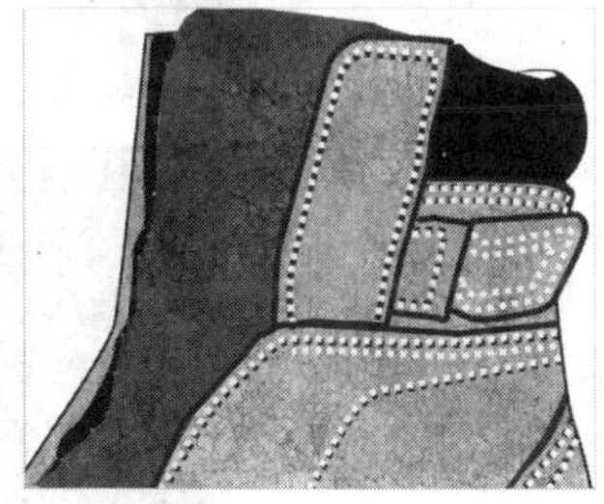

图10-146

14 使用“钢笔工具”绘制鞋舌阴影，然后填充颜色为黑色，如图10-147所示，接着使用“透明度工具”拖曳透明度效果，如图10-148所示。

图10-147

图10-148

15 使用“钢笔工具”绘制鞋面转折区，然后填充颜色为（C:60，M:75，Y:98，K:38），如图10-149所示，接着使用“透明度工具”拖曳透明度效果，如图10-150所示。

图10-149

图10-150

16 使用“钢笔工具”绘制鞋面前段鞋带穿插处，然后将布料置入对象中，再设置“轮廓宽度”为1mm、颜色为（C:58，M:84，Y:100，K:45），如图10-151所示。

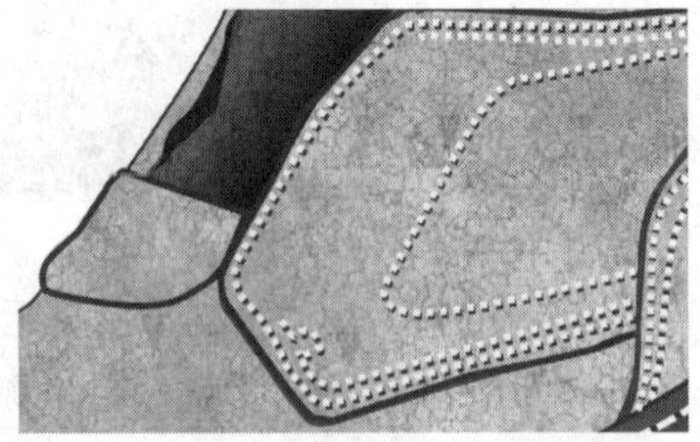
图10-151

17 使用“钢笔工具”绘制缝纫线，然后设置“轮廓宽度”为0.5mm、轮廓线颜色为（C:0，M:0，Y:0，K:40），接着绘制阴影，再填充颜色为（C:51，M:79，Y:100，K:21），如图10-152所示，最后为对象添加缝纫线，效果如图10-153所示。

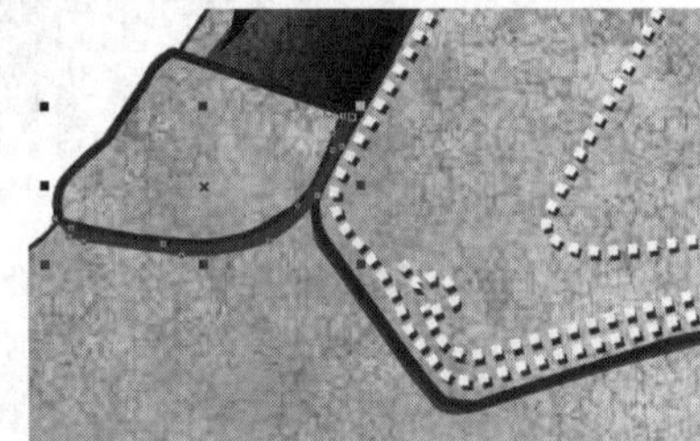
图10-152

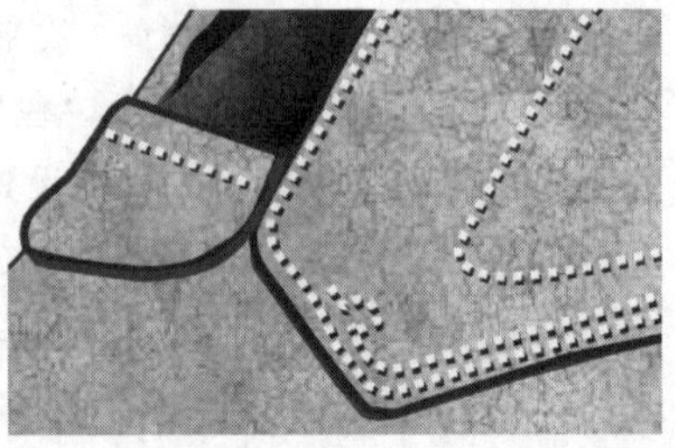
图10-153

18 下面绘制鞋面阴影。使用“钢笔工具”绘制阴影部分，然后从深到浅依次填充颜色为（C:68，M:86，Y:100，K:63）、（C:60，M:75，Y:98，K:38），再去掉轮廓线，如图10-154所示，接着使用“透明度工具”拖曳透明度效果，如图10-155所示。

图10-154

图10-155

19 使用“椭圆形工具”绘制圆形，然后向内复制，再合并为圆环，接着填充颜色为（C:44，M:60，Y:75，K:2），最后设置“轮廓宽度”为1mm，如图10-156所示。

图10-156

20 使用“椭圆形工具”绘制圆形，然后在“渐变填充”对话框中设置“类型”为“辐射”、中心位移“水平”为-24%、“垂直”为7%、“颜色调和”为“双色”，再设置“从”的颜色为黑色、“到”的颜色为（C:0，M:20，Y:20，K:60），接着单击“确定”按钮完成填充，最后去掉轮廓线，如图10-157所示。

图10-157

21 将前面绘制的圆环和纽扣拖曳到鞋子上，如图10-158所示，然后使用“矩形工具”绘制矩形，再设置“圆角”为2.8mm，如图10-159所示。

图10-158

图10-159

22 选中矩形在“渐变填充”对话框中设置“类型”为“线性”、“角度”为270、“颜色调和”为“自定义”，然后分别设置“位置”为0%的色标颜色为黑色、“位置”为34%的色标颜色为（C:55，M:67，Y:94，K:17）、“位置”为56%的色标颜色为黑色、“位置”为100%的色标颜色为（C:55，M:67，Y:94，K:17），接着单击“确定”按钮完成填充，如图10-160所示，将矩形复制一份拖曳到下方，如图10-161所示。

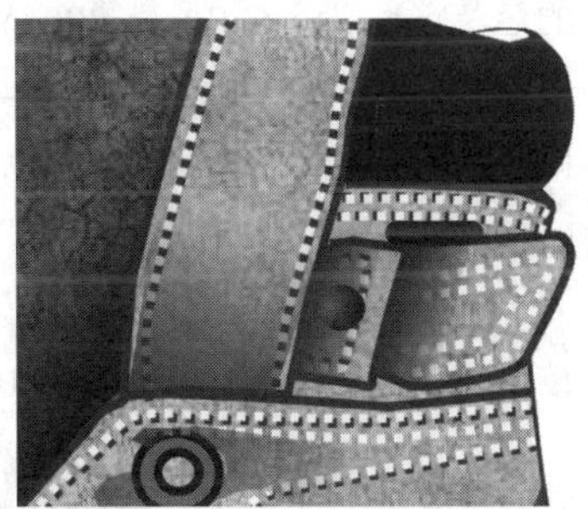

图10-160

图10-161

23 使用“钢笔工具”绘制鞋舌上的标志形状，然后填充颜色为黑色，接着绘制缝纫线，再设置“轮廓宽度”为0.5mm、颜色为白色，如图10-162所示。

图10-162

24 使用“钢笔工具”绘制标志上的形状，然后从上到下依次填充颜色为(C:0，M:20，Y:20，K:60)、(C:20，M:0，Y:20，K:40)，如图10-163所示。

图10-163

25 使用“钢笔工具”绘制标志上的形状，然后在“渐变填充”对话框中设置“类型”为“线性”、“角度”为331.4、“边界”为19%、“颜色调和”为“自定义”，再分别设置“位置”为0%的色标颜色为（C:0，M:20，Y:100，K:0）、“位置”为19%的色标颜色为（C:41，M:79，Y:100，K:5）、“位置”为42%的色标颜色为（C:35，M:70，Y:100，K:7）、“位置”为100%的色标颜色为（C:0，M:20，Y:100，K:0），接着单击“确定”按钮完成填充，如图10-164所示。

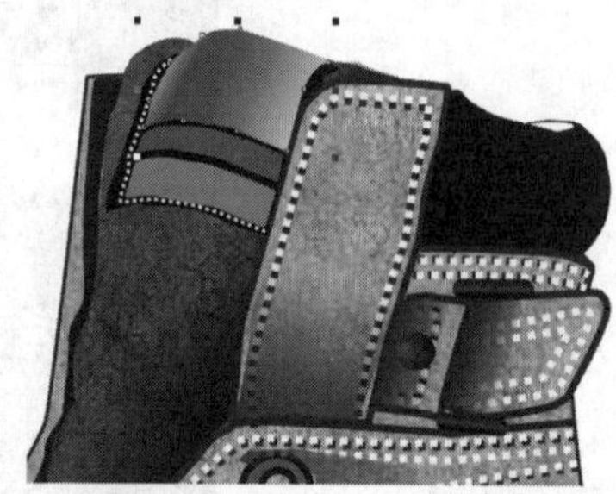

图10-164

26 使用“钢笔工具”绘制鞋带穿插，然后设置“轮廓宽度”为4mm，再从深到浅依次填充颜色为（C:57，M:86，Y:100，K:44）、（C:50，M:77，Y:91，K:18），如图10-165所示。

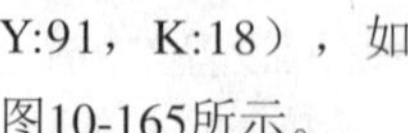

图10-165

27 使用“钢笔工具”绘制鞋带钩，然后在“渐变填充”对话框中设置“类型”为“线性”、“角度”为355.2、“边界”为3%、“颜色调和”为“自定义”，再分别设置“位置”为0%的色标颜色为黑色、“位置”为34%的色标颜色为（C:54，M:67，Y:92，K:16）、“位置”为56%的色标颜色为黑色、“位置”为100%的色标颜色为（C:55，M:67，Y:94，K:17），接着单击“确定”按钮完成填充，最后去掉轮廓线，如图10-166所示。

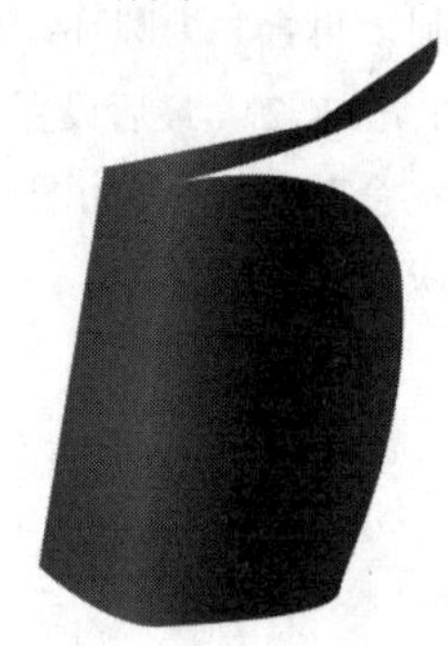

图10-166

28 使用“钢笔工具”绘制鞋带钩底座，然后在“渐变填充”对话框中设置“类型”为“线性”、“角度”为143.3、“边界”为15%、“颜色调和”为“自定义”，再分别设置“位置”为0%的色标颜色为黑色、“位置”为56%的色标颜色为（C:100，M:100，Y:100，K:100）、“位置”为100%的色标颜色为（C:55，M:67，Y:97，K:18），接着单击“确定”按钮完成填充，如图10-167所示。

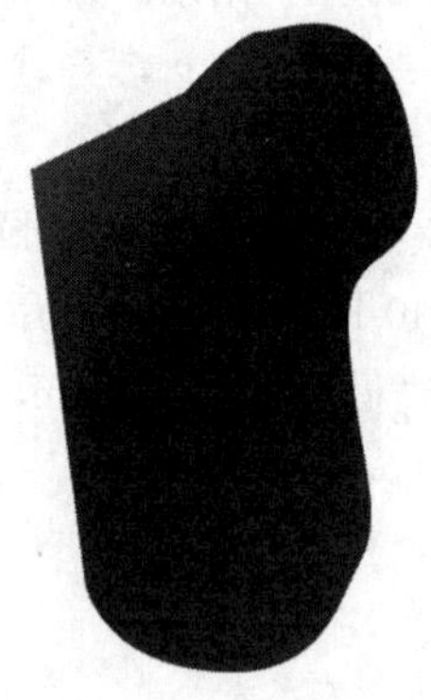

图10-167

29 使用“椭圆形工具”绘制椭圆，然后在“渐变填充”对话框中设置“类型”为“线性”、“角度”为288、“边界”为5%、“颜色调和”为“自定义”，再分别设置“位置”为0%的色标颜色为（C:54，M:66，Y:90，K:15）、“位置”为56%的色标颜色为（C:71，M:84，Y:93，K:64）、“位置”为100%的色标颜色为（C:54，M:66，Y:90，K:15），接着单击“确定”按钮完成填充，如图10-168所示。

图10-168

30 将编辑好的对象组合在一起，如图10-169所示，然后绘制侧面的鞋带钩，再使用“属性滴管工具”吸取颜色属性，填充在绘制的侧面鞋带钩上，如图10-170所示，接着将鞋带钩拖曳在鞋子上，如图10-171所示。

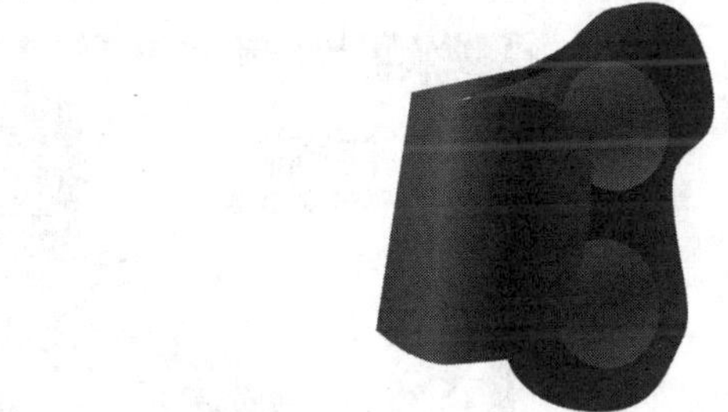

图10-169

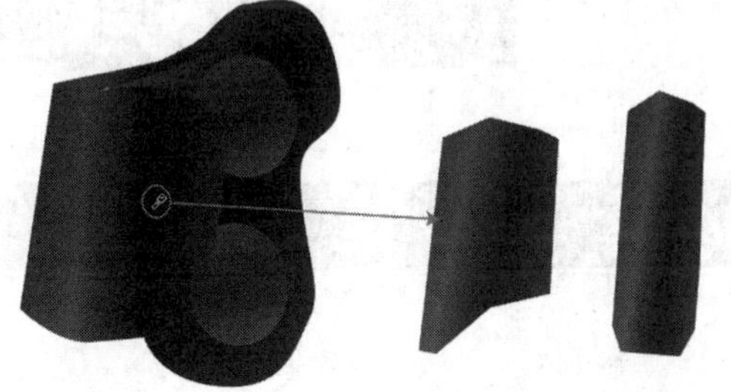

图10-170

图10-171

31 使用“钢笔工具”绘制鞋舌上的布条，然后填充颜色为（C:69，M:86，Y:98，K:64），再设置“轮廓宽度”为0.5mm，接着填充暗部颜色为黑色，如图10-172所示。

图10-172

32 使用“钢笔工具”绘制布条上的条纹，然后填充颜色为（C:43，M:78，Y:100，K:7），再去掉轮廓线，如图10-173所示，接着绘制缝纫线，最后设置“轮廓宽度”为0.5mm、颜色为（C:43，M:78，Y:100，K:7），如图10-174所示。

图10-173

图10-174

33 使用“文本工具”输入标志文本和鞋子侧面的文本，然后填充文本颜色为（C:71，M:85，Y:97，K:65），如

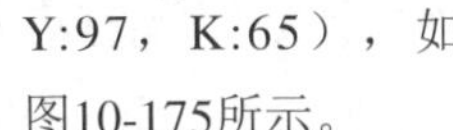

图10-175所示。

图10-175

34 导入“素材文件>CH10>16.jpg”文件，然后执行“效果>调整>替换颜色”菜单命令，打开“替换颜色”对话框，再吸取“原颜色”为黑色、设置“新建颜色”为（C:69，M:86，Y:98，K:64）、“色度”为10、“饱和度”为29、“亮度”为4、“范围”为19，接着单击“确定”按钮 确定 完成替换，如图10-176所示，最后将鞋子拖曳到页面右边，如图10-177所示。

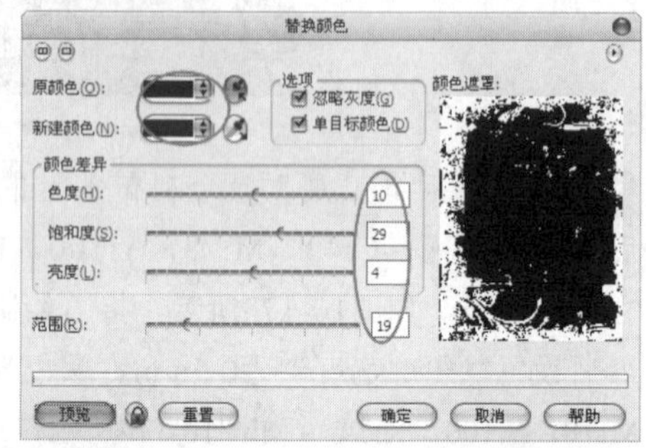

图10-176

图10-177

35 使用“椭圆形工具”绘制圆形，然后水平复制，接着从左到右依次填充颜色为（C:9，M:32，Y:84，K:0）、（C:47，M:61，Y:74，K:3）、（C:52，M:78，Y:100，K:23）、（C:57，M:86，Y:100，K:44）、（C:81，M:89，Y:97，K:77），最后去掉轮廓线，如图10-178所示。

图10-178

36 使用“文本工具”输入文本“休闲鞋”，最终效果如图10-179所示。

图10-179

10.6 课堂案例：精通概念跑车设计

案例位置 案例文件>CH10>课堂案例：精通概念跑车设计.cdr
视频位置 多媒体教学>CH10>课堂案例：精通概念跑车设计.flv
难易指数 ★★★★★
学习目标 跑车的制作方法

红色跑车效果如图10-180所示。

图10-180

01 新建空白文档，然后设置文档名称为“红色跑车”，接着设置页面大小为“A4”、页面方向为“横向”。

02 使用“钢笔工具”绘制跑车轮廓，然后填充颜色为（R:191，G:31，B:0），如图10-181所示，接着绘制跑车上面部分，在“渐变填充”对话框中设置“类型”为“线性”、“角度”为7.9、“边界”为9%、“颜色调和”为“双色”，再设置“从”的颜色为（R:222，G:45，B:1）、“到”的颜色为（R:237，G:84，B:14），接着单击“确定”按钮完成填充，如图10-182所示。

图10-181

图10-182

03 绘制引擎盖上的转折区域，然后填充颜色为（R:97，G:24，B:10），再使用“透明度工具”拖曳透明效果，如图10-183所示。

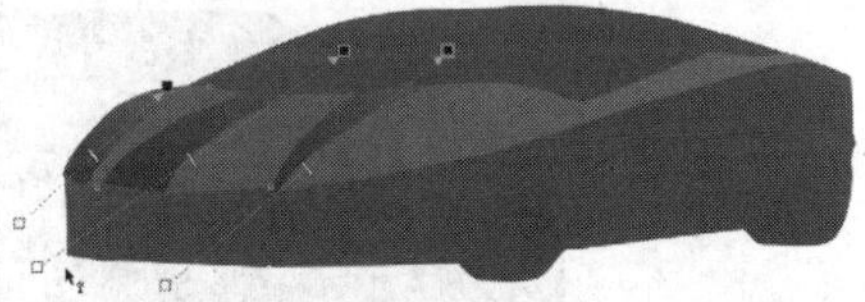

图10-183

04 绘制前面凹陷块面，然后在“渐变填充”对话框中设置“类型”为“线性”、“角度”为288.2、“边界”为27%、“颜色调和”为“双色”，再设置“从”的颜色为（R:68，G:19，B:15）、“到”的颜色为（R:104，G:20，B:10），接着单击“确定”按钮完成填充，最后使用“透明度工具”拖曳透明效果，如图10-184所示。

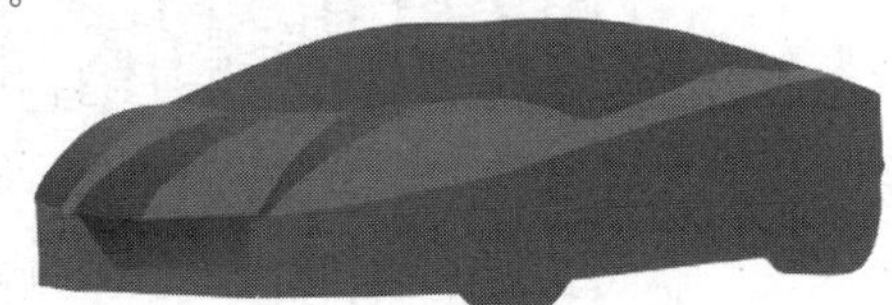

图10-184

05 绘制车尾转折区域，然后在“渐变填充”对话框中设置“类型”为“线性”、“角度”为46、“边界”为22%、“颜色调和”为“双色”，再设置“位置”为0%的色标颜色为（R:68，G:19，B:15）、“位置”为52%的色标颜色为（R:209，G:61，B:6）、“位置”为100%的色标颜色为（R:245，G:72，B:3），接着单击“确定”按钮完成填充，如图10-185所示，最后绘制跑车深色区域，然后填充颜色为黑色，如图10-186所示。

图10-185

图10-186

06 下面丰富车头。绘制车头转折区域，如图10-187所示，接着由深到浅依次填充颜色为（R:73，G:11，B:14）、（R:70，G:6，B:6）、（R:168，G:17，B:8）、（R:202，G:47，B:1），如图10-188所示。

图10-187

图10-188

07 绘制车头中间位置，如图10-189所示。然后选中伸出块面，在“渐变填充”对话框中设置“类型”为“线性”、“角度”为85.9、“边界”为25%、“颜色调和”为“双色”，再设置“从”的颜色为（R:14，G:14，B:14）、“到”的颜色为

（R:40，G:16，B:14），接着单击“确定”按钮完成填充，最后选中斜面填充与伸出面同样的颜色。

图10-189

08 选中鞋面然后转换为位图，再添加模糊效果，接着将斜面凹痕填充颜色为黑色，如图10-190所示。

图10-190

09 绘制块面反光区域，然后填充颜色为（R:217，G:112，B:80），再使用“透明度工具”拖曳透明效果，如图10-191所示，接着绘制高光区域，填充颜色为（R:195，G:195，B:195），最后转换为位图添加模糊效果，如图10-192所示。

图10-191

图10-192

10 绘制排气孔侧面边框，如图10-193所示，然后从深到浅依次填充颜色为（R:9，G:9，B:9）、（R:13，G:13，B:11）、（R:16，G:15，B:13）、（R:22，G:22，B:24）、（R:25，G:13，B:13）、（R:33，G:7，B:16）、（R:51，G:51，B:51），如图10-194所示。

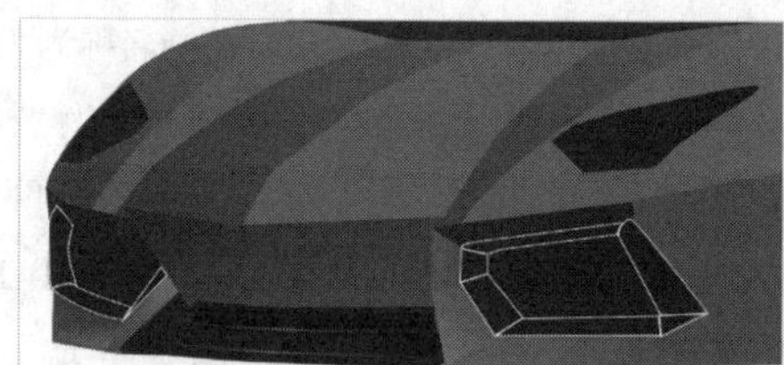

图10-193

图10-194

11 绘制反光区域，如图10-195所示，然后填充左边排气反光颜色为（R:51，G:51，B:51）、（R:77，G:7，B:9），接着填充右边排气反光颜色为（R:34，G:13，B:10）、（R:77，G:7，B:9），最后使用“透明度工具”拖曳透明效果，如图10-196所示。

图10-195

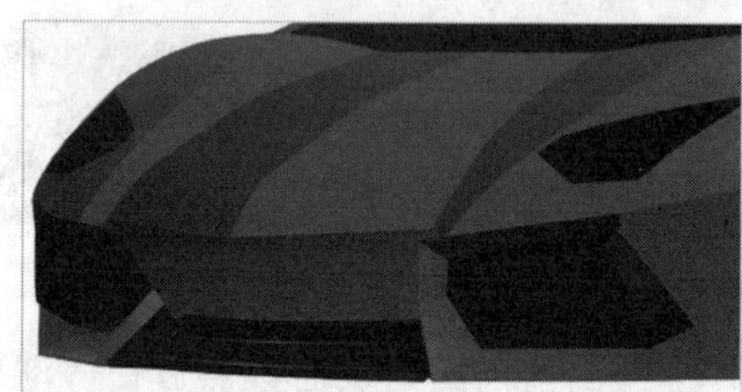

图10-196

12 使用“矩形工具”绘制矩形，然后在属性栏设置“倒棱角”为4mm，再复制排列，如图10-197所示，接着选中对象进行群组，填充轮廓线颜色为（R:51，G:51，B:51），最后分别复制置入排气孔内，如图10-198所示。

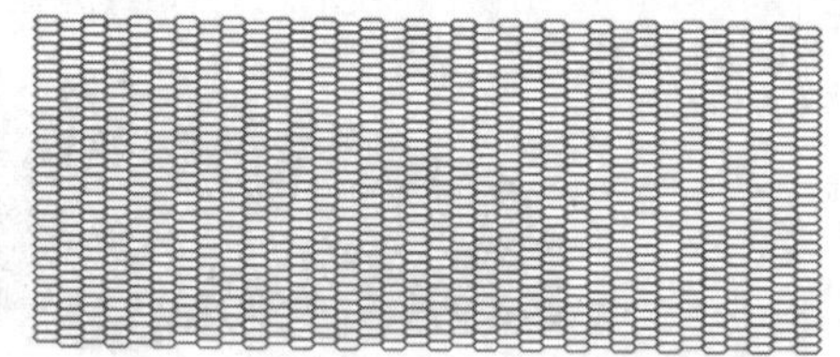

图10-197

图10-198

13 绘制排气孔阴影区域，如图10-199所示。然后填充颜色为（R:16，G:15，B:13），接着使用“透明度工具”拖曳透明效果，最后使用“钢笔工具”绘制转折厚度，如图10-200所示。

图10-199

图10-200

14 选中排气区域的厚度线，填充颜色为（R:121，G:120，B:118），然后选中车身厚度线填充颜色为（R:255，G:118，B:76），接着使用“透明度工具”拖曳透明效果，如图10-201所示，最后绘制车头侧面转折反光区域，如图10-202所示。

图10-201

图10-202

15 选中上方高光区域，填充颜色为（R:255，G:228，B:207），然后选中排气孔上方转折阴影，填充颜色为（R:73，G:11，B:14），再将上方的阴影转换为位图添加模糊效果，接着填充侧面下方的转折颜色为（R:13，G:13，B:11），最后使用“透明度工具”拖曳透明效果，如图10-203所示。

图10-203

16 下面绘制车灯。绘制车灯分区，如图10-204所示，然后选中遮挡区域填充颜色为黑色，接着选中分区填充颜色为（R:194，G:207，B:187），再使用“透明度工具”拖曳透明效果，如图10-205所示。

图10-204

图10-205

17 使用“椭圆形工具”绘制车灯轮廓，如图10-206所示，然后选中平面填充颜色为（R:37，G:31，B:35），接着选中侧面在“渐变填充”对话框中设置“类型”为“辐射”、在“中心位移”中设置“水平”为-30%、“垂直”为9%、“颜色调和”为“双色”，再设置“从”的颜色为白色、“到”的颜色为黑色，最后单击“确定”按钮 完成填充，如图10-207所示。

图10-206

图10-207

18 选中平面上的椭圆，然后在“渐变填充”对话框中设置“类型”为“辐射”、“边界”为10%、“颜色调和”为“双色”，再设置“从”的颜色为（R:121，G:120，B:118）、“到”的颜色为（C:0，M:0，Y:0，K:10），接着单击“确定”按钮 完成填充，如图10-208所示。

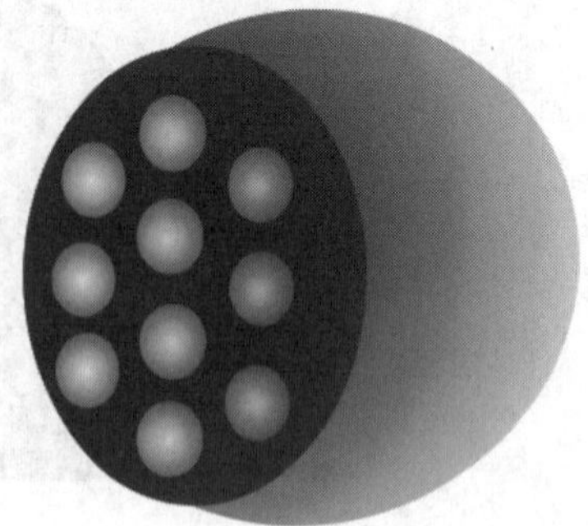

图10-208

19 选中侧面椭圆，然后使用“属性滴管工具” 吸取平面上椭圆的颜色属性，填充在侧面，接着在“渐变填充”对话框中更改设置“从”的颜色为（R:51，G:51，B:51）、“到”的颜色为（C:0，M:0，Y:0，K:40），单击“确定”按钮 完成填充，最后将椭圆置入车灯侧面，如图10-209所示。

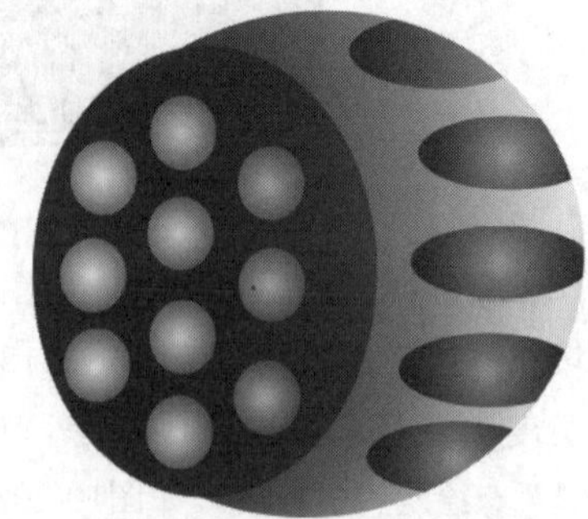

图10-209

20 把前面绘制的车灯复制一份进行缩放，然后置入车灯分割区域，如图10-210所示，接着使用同样的方法绘制另一边的车灯，如图10-211所示。

图10-210

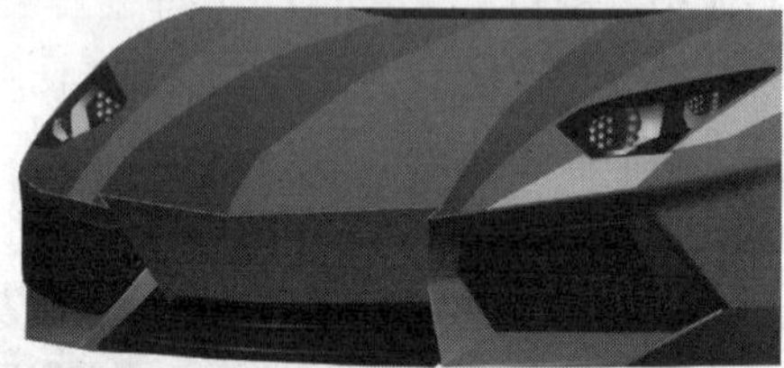

图10-211

21 原位置复制车灯轮廓，然后使用“透明度工具” 拖曳透明效果，如图10-212所示，接着绘制车灯反光区域，如图10-213所示，最后使用“透明度工具” 拖曳透明效果，如图10-214所示。

图10-212

图10-213

图10-214

22 使用“钢笔工具”绘制引擎盖接合线，然后填充浅色轮廓线颜色为（R:209，G:61，B:6）、填充深色轮廓线颜色为（R:70，G:6，B:6），如图10-215所示，接着使用“钢笔工具”绘制跑车侧面车身结构如图10-216所示。

图10-215

图10-216

23 填充车门上方阴影区域颜色为（C:70，M:95，Y:98，K:68），然后分别转换为位图添加模糊效果，再使用“透明度工具”拖曳透明效果，如图10-217所示，接着选中车门转折面填充颜色为（R:255，G:102，B:30），最后使用“透明度工具”拖曳透明效果，如图10-218所示。

图10-217

图10-218

24 选择车门下方转折区域，然后在“渐变填充”对话框中设置“类型”为“线性”、“角度”为204.4、“边界”为34%、“颜色调和”为“双色”，再设置“从”的颜色为（R:135，G:30，B:11）、“到”的颜色为（R:218，G:67，B:10），接着单击“确定”按钮完成填充，如图10-219所示。

图10-219

25 绘制底部转折区域，然后在“渐变填充”对话框中设置“类型”为“线性”、“角度”为358.8、“边界”为11%、“颜色调和”为“双色”，再设置“从”的颜色为（R:139，G:5，B:12）、“到”的颜色为（R:245，G:72，B:3），接着单击“确定”按钮完成填充，如图10-220所示。

26 选中侧面后方突起，然后填充上面对象颜色为（C:30，M:99，Y:100，K:1），再填充下面对象颜色为（C:55，M:100，Y:100，K:45），接着转换为位图添加模糊效果，最后使用“透明度工具”拖曳透明效果，如图10-221所示。

图10-220

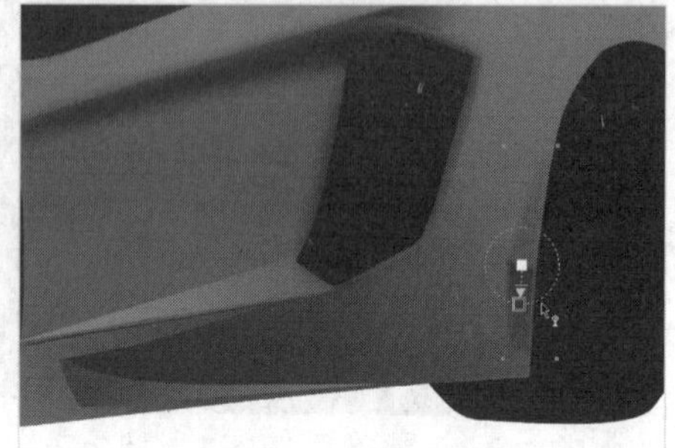

图10-221

27 使用前面绘制车头排气孔的方法绘制侧面排气孔，如图10-222所示，然后绘制侧面反光区域，填冲颜色为白色，接着使用“透明度工具”拖曳透明效果，如图10-223所示。

图10-222

图10-223

28 绘制车顶反光区域，然后在“渐变填充”对话框中设置“类型”为“辐射”、“边界”为9%、“颜色调和”为“双色”，再设置“从”的颜色为（R:222，G:45，B:1）、“到”的颜色为（R:237，G:84，B:14），接着单击“确定”按钮完成填充，如图10-224所示。

图10-224

29 将侧面车窗轮廓向内复制，然后填充颜色为（C:0，M:0，Y:0，K:90），接着向内复制，填充颜色为（R:51，G:51，B:51），如图10-225所示，最后绘制车窗块面，填充颜色为（R:13，G:13，B:11），如图10-226所示。

图10-225

图10-226

30 绘制车窗反光区域，然后填充前边玻璃反光区域颜色为（C:0，M:0，Y:0，K:30），接着选中后两块玻璃反光填充颜色为白色，再使用“透明度工具”拖曳透明效果，如图10-227所示，最后将前面的反光向内复制，填充颜色为白色，如图10-228所示。

图10-227

图10-228

31 绘制车窗转折阴影，然后填充颜色为黑色，再转换为位图添加模糊效果，如图10-229所示，接着绘制阴影区域填充颜色为黑色，最后绘制气孔区域置入贴图，如图10-230所示。

图10-229

图10-230

32 绘制排气孔侧面，然后填充颜色为白色，再使用“透明度工具”拖曳透明效果，如图10-231所示，接着绘制厚度反光，填充颜色为白色，最后转换为位图添加模糊效果，效果如图10-232所示。

图10-231

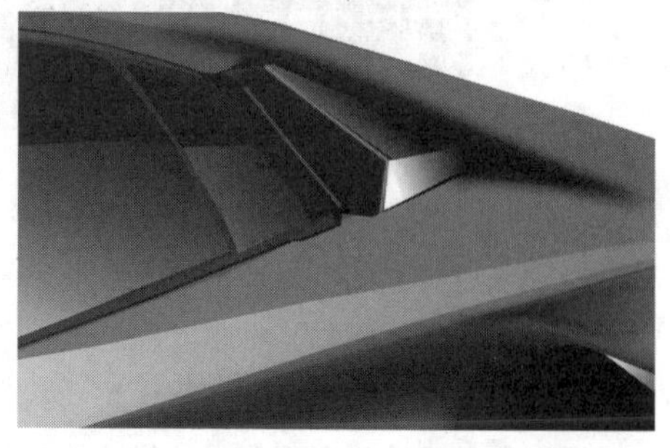

图10-232

33 绘制窗框反光线，然后设置“轮廓宽度”为0.5mm、颜色为（C:0，M:0，Y:0，K:30），接着绘制车门连接线，由深到浅依次填充颜色为（R:48，G:7，B:3）、（R:121，G:120，B:118）、（R:255，G:169，B:143），最后将车窗下的反光线转换为位图添加模糊效果，效果如图10-233所示。

图10-233

34 选中前挡风玻璃，然后更改颜色为（C:61，M:58，Y:60，K:53），再向内复制并更改颜色为（R:51，G:51，B:51），接着向内复制并更改颜色为（R:13，G:13，B:11），如图10-234所示。

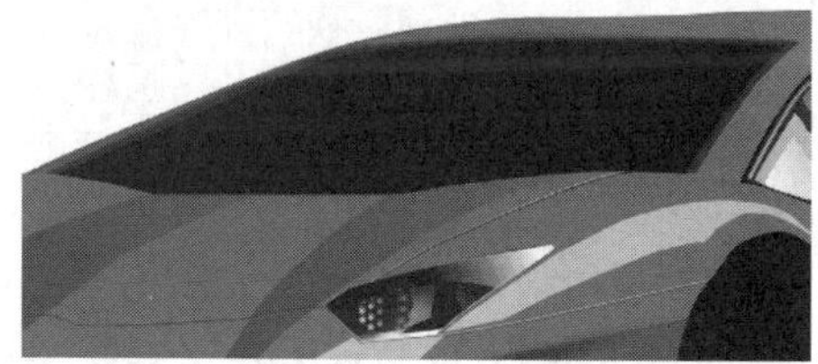

图10-234

35 绘制玻璃内凸起，然后填充颜色为（R:33，G:22，B:21），接着绘制反光区域，填充颜色为白色，再使用“透明度工具”拖曳透明效果，如图10-235所示。

图10-235

36 绘制后视镜轮廓，如图10-236所示，然后选中下面对象，在“渐变填充”对话框中设置“类型”为“线性”、“角度”为13.7、“边界”为32%、“颜色调和”为“双色”，再设置“从”的颜色为（R:197，G:30，B:14）、“到”的颜色为（R:48，G:7，B:3），接着单击“确定”按钮完成填充，如图10-237所示。

图10-236

图10-237

37 选中后视镜下端，然后在“渐变填充”对话框中设置“类型”为“线性”、“角度”为200、“边界”为25%、“颜色调和”为“双色”，再设置“从”的颜色为（R:50，G:14，B:18）、“到”的颜色为（R:168，G:17，B:8），接着单击“确定”按钮完成填充，如图10-238所示。

图10-238

38 选中后视镜上端，然后在“渐变填充”对话框中设置“类型”为“线性”、“角度”为131.9、“边界”为32%、“颜色调和”为“双色”，再设置“从”的颜色为（R:251，G:78，B:2）、“到”的颜色为（R:222，G:45，B:1），接着单击“确定”按钮完成填充，如图10-239所示。

图10-239

39 绘制反光区域，如图10-240所示，然后填充侧面颜色为（R:255，G:169，B:143），再选中另外两个对象填充颜色为白色，接着使用“透明度工具”拖曳透明效果，如图10-241所示，最后绘制投影填充颜色为（R:77，G:7，B:9），添加过渡效果，如图10-242所示。

图10-240

图10-241

图10-242

40 下面绘制轮胎。使用“椭圆形工具”绘制椭圆，然后在“渐变填充”对话框中设置“类型”为“线性”、“角度”为271.5、“边界”为2%、“颜色调和”为“自定义”，再设置“位置”为0%的色标颜色为（R:138，G:27，B:18）、“位置”为51%的色标颜色为（R:220，G:56，B:2）、“位置”为100%的色标颜色为黑色，接着单击“确定”按钮完成填充，如图10-243所示。

图10-243

41 向内复制，然后在“渐变填充”对话框中更改“角度”为271.7、“边界”为2%、“颜色调和”为“自定义”，再设置“位置”为0%的色标颜色为（R:218，G:67，B:10）、“位置”为51%的色标颜色为（R:255，G:169，B:143）、“位置”为100%的色标颜色为（R:197，G:30，B:14），接着单击“确定”按钮完成填充，如图10-244所示。

图10-244

42 向内复制，然后在“渐变填充”对话框中更改“角度”为271.1、“边界”为1%、“颜色调和”为“自定义”，再设置“位置”为0%的色标颜色为（R:168，G:17，B:8）、“位置”为51%的色标颜色为（R:220，G:56，B:2）、“位置”为100%的色标颜色为（R:104，G:20，B:10），接着单击“确定”按钮完成填充，如图10-245所示，最后向内复制填充颜色为黑色，如图10-246所示。

图10-245

图10-246

43 绘制对象，然后使用“属性滴管工具”吸取内圈填充的颜色属性，填充在对象上，如图10-247所示，接着绘制对象，再填充颜色为（R:203，G:43，B:26），如图10-248所示。

图10-247

图10-248

44 绘制其他部分，然后由深到浅依次填充颜色为（R:51，G:15，B:12）、（R:118，G:25，B:9）、（R:223，G:92，B:72）、（R:252，G:163，B:135），如图10-249所示，接着绘制中间的椭圆，填充颜色为（R:40，G:16，B:14），如图10-250所示。

图10-249　图10-250

45 将对象群组，然后复制一份进行缩放调整，如图10-251所示，接着将轮胎拖曳到跑车上调整位置和大小，如图10-252所示。

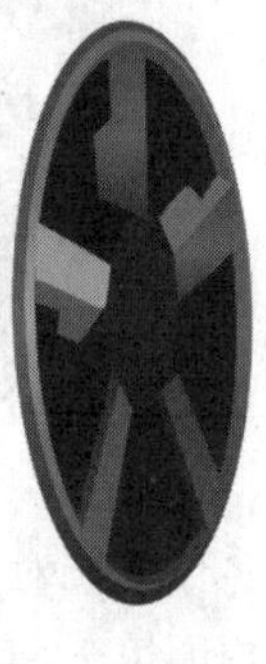

图10-251

图10-252

46 绘制两个椭圆修剪出圆环形状，然后填充颜色为（R:102，G:104，B:103），再转换为位图，添加模糊效果，如图10-253所示，接着使用“透明度工具”拖曳透明效果，如图10-254所示。

图10-253

图10-254

47 使用同样的方法绘制另一面的后视镜和车窗装饰，如图10-255所示，然后使用“钢笔工具”绘制标志，如图10-256所示，填充颜色为（C:0，M:60，Y:100，K:0）、黑色，接着旋转标志调整位置进行群组。

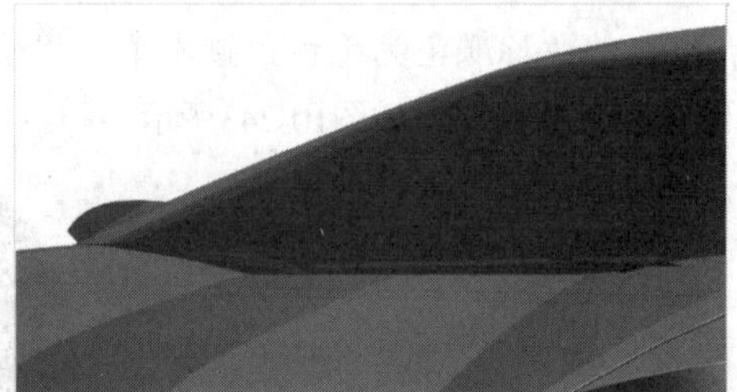

图10-255

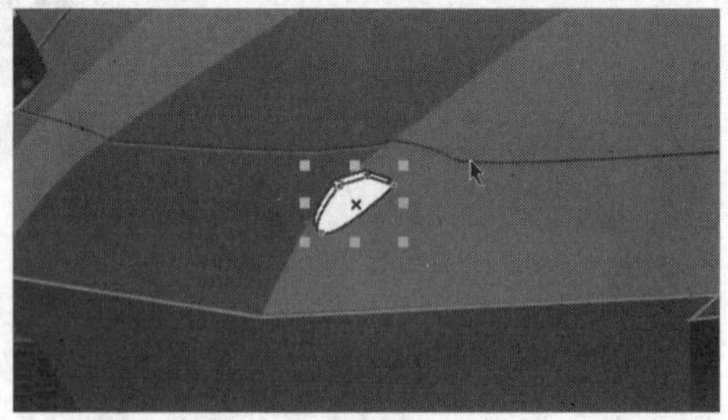

图10-256

48 将绘制好的跑车进行群组，然后使用“钢笔工具”绘制车底阴影，再填充颜色为黑色，接着转换为位图添加模糊效果，如图10-257所示。

图10-257

49 将跑车复制一份进行垂直镜像，然后转换为位图，再使用矩形修剪位图，如图10-258所示，接着使用“透明度工具”拖曳透明效果，如图10-259所示。

图10-258

图10-259

50 双击“矩形工具”创建与页面等大的矩形，然后在“渐变填充”对话框中设置“类型”为“线性”、“角度”为90.2、“边界”为3%、“颜色调和”为“自定义”，再设置“位置”为0%的色标颜色为白色、“位置”为34%的色标颜色为（C:37，M:30，Y:31，K:0）、“位置”为45%的色标颜色为（C:33，M:27，Y:27，K:0）、“位置”为100%的色标颜色为白色，接着单击“确定”按钮完成填充，最终效果如图10-260所示。

图10-260

10.7 本章小结

通过本章的学习，应该对商业案例的制作有一些认识，要重点掌握商业案例的制作步骤与关键环节。当然，时间才是检验真理的唯一标准，当有了一个好的创意和想法以后，一定要付诸实践，在实践中才能更快地成长，才能学习到更多的实践经验。

10.8 课后习题

10.8.1 课后习题：精通荷花山庄标志设计

案例位置	案例文件>CH10>课后习题：精通荷花山庄标志设计.cdr
视频位置	多媒体教学>CH10>课后习题：精通荷花山庄标志设计.flv
难易指数	★★★★☆
练习目标	文化园区标志的制作方法

荷花山庄标志效果如图10-261所示。

图10-261

步骤分解如图10-262所示。

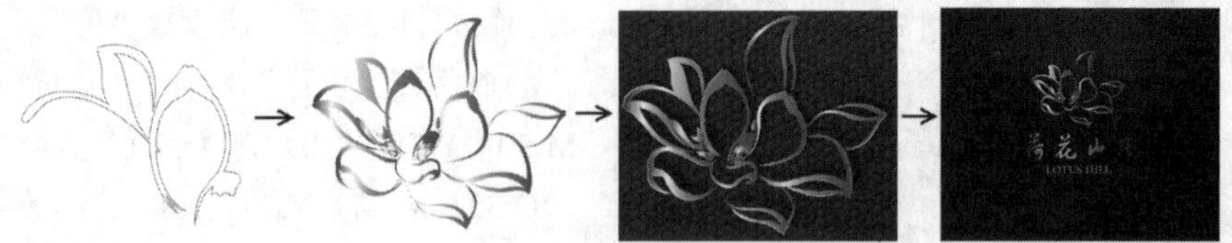

图10-262

10.8.2 课后习题：精通卡通人物设计

案例位置　案例文件>CH10>课后习题：精通卡通人物设计.cdr
视频位置　多媒体教学>CH10>课后习题：精通卡通人物设计.flv
难易指数　★★★★★
练习目标　漫画的制作方法

卡通人物效果如图10-263所示。

图10-263

步骤分解如图10-264所示。

图10-264

10.8.3 课后习题：精通炫光文字设计

案例位置　案例文件>CH10>课后习题：精通炫光文字设计.cdr
视频位置　多媒体教学>CH10>课后习题：精通炫光文字设计.flv
难易指数　★★★★★
练习目标　发光文字的设计方法

炫光文字效果如图10-265所示。

图10-265

步骤分解如图10-266所示。

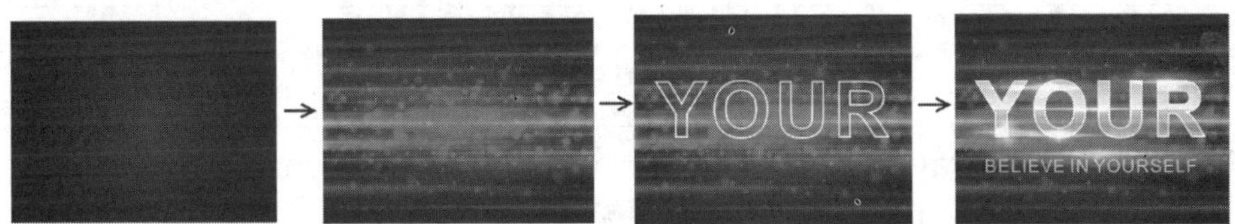

图10-266

10.8.4 课后习题：精通地产招贴设计

案例位置	案例文件>CH10>课后习题：精通地产招贴设计.cdr
视频位置	多媒体教学>CH10>课后习题：精通地产招贴设计.flv
难易指数	★★★★☆
练习目标	地产招贴的制作方法

地产招贴效果如图10-267所示。

图10-267

步骤分解如图10-268所示。

图10-268

10.8.5 课后习题：精通男士皮鞋设计

案例位置	案例文件>CH10>课后习题：精通男士皮鞋设计.cdr
视频位置	多媒体教学>CH10>课后习题：精通男士皮鞋设计.flv
难易指数	★★★★★
练习目标	男士皮鞋的制作方法

男士皮鞋效果如图10-269所示。

图10-269

步骤分解如图10-270所示。

图10-270

10.8.6 课后习题：精通概念摩托车设计

案例位置	案例文件>CH10>课后习题：精通概念摩托车设计.cdr
视频位置	多媒体教学>CH10>课后习题：精通概念摩托车设计.flv
难易指数	★★★★★
练习目标	概念摩托车的制作方法

概念摩托车效果如图10-271所示。

图10-271

步骤分解如图10-272所示。

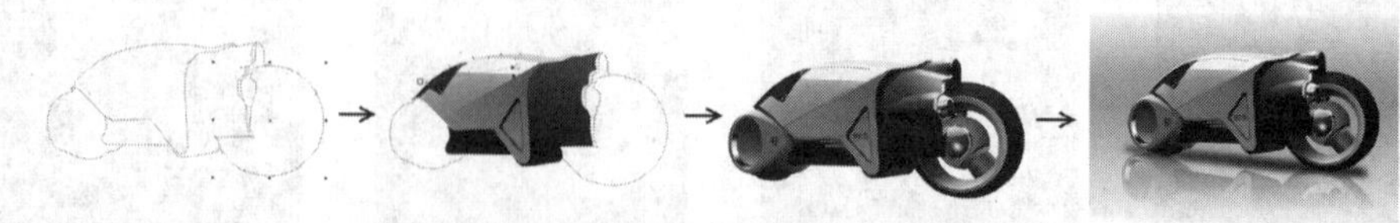

图10-272

附录：本书索引

一、CorelDRAW X6快捷键索引

1.主界面快捷键

操作	快捷键
运行 Visual Basic 应用程序的编辑器	Alt+F11
保存当前的图形	Ctrl+S
显示导航窗口	N
打开编辑文本对话框	Ctrl+Shift+T
擦除图形的一部分或将一个对象分为两个封闭路径	X
撤销上一次的操作	Ctrl+Z
撤销上一次的操作	Alt+Backspase
垂直定距对齐选择对象的中心	Shift+A
垂直分散对齐选择对象的中心	Shift+C
垂直对齐选择对象的中心	C
打印当前的图形	Ctrl+P
打开一个已有绘图文档	Ctrl+O
打开大小工具卷帘	Alt+F10
运行缩放动作然后返回前一个工具	F2
运行缩放动作然后返回前一个工具	Z
导出文本或对象到另一种格式	Ctrl+E
导入文本或对象	Ctrl+I
发送选择的对象到后面	Shift+B
将选择的对象放置到后面	Shift+PageDown
发送选择的对象到前面	Shift+T
发送选择的对象到右面	Shift+R
发送选择的对象到左面	Shift+L
将文本更改为垂直排布（切换式）	Ctrl+.
将选择的对象放置到前面	Shift+PageUp
将文本对齐基线	Alt+F12
将对象与网格对齐（切换）	Ctrl+Y
将选择对象的分散对齐舞台水平中心	Shift+P
将选择对象的分散对齐页面水平中心	Shift+E

（续表）

操作	快捷键
对齐选择对象的中心到页中心	P
绘制对称多边形	Y
拆分选择的对象	Ctrl+K
打开封套工具卷帘	Ctrl+F7
打开符号和特殊字符工具卷帘	Ctrl+F11
复制选定的项目到剪贴板	Ctrl+C
复制选定的项目到剪贴板	Ctrl+Ins
设置文本属性的格式	Ctrl+T
恢复上一次的撤销操作	Ctrl+Shift+Z
剪切选定对象并将它放置在剪贴板中	Ctrl+X
剪切选定对象并将它放置在剪贴板中	Shift+Delete
将字体大小减小为上一个字体大小设置	Ctrl+（小键盘）2
将渐变填充应用到对象	F11
结合选择的对象	Ctrl+L
绘制矩形；双击该工具便可创建页框	F6
打开轮廓笔对话框	F12
打开轮廓图工具卷帘	Ctrl+F9
绘制螺旋形；双击该工具打开选项对话框的工具框标签	A
启动拼写检查器；检查选定文本的拼写	Ctrl+F12
在当前工具和挑选工具之间切换	Ctrl+Space
取消选择对象或对象群组所组成的群组	Ctrl+U
显示绘图的全屏预览	F9
将选择的对象组成群组	Ctrl+G
删除选定的对象	Delete
将选择对象上对齐	T
将字体大小减小为字体大小列表中上一个可用设置	Ctrl+（小键盘）4
转到上一页	PageUp
将镜头相对于绘画上移	Alt+↑
生成属性栏并对准可被标记的第一个可视项	Ctrl+Backspase
打开视图管理器工具卷帘	Ctrl+F2
在最近使用的两种视图质量间进行切换	Shift+F9
用手绘模式绘制线条和曲线	F5
使用该工具通过单击及拖曳来平移绘图	H

（续表）

操作	快捷键
按当前选项或工具显示对象或工具的属性	Alt+Backspase
刷新当前的绘图窗口	Ctrl+W
水平对齐选择对象的中心	E
将文本排列改为水平方向	Ctrl+,
打开缩放工具卷帘	Alt+F9
缩放全部的对象到最大	F4
缩放选定的对象到最大	Shift+F2
缩小绘图中的图形	F3
将填充添加到对象；单击并拖曳对象实现喷泉式填充	G
打开透镜工具卷帘	Alt+F3
打开图形和文本样式工具卷帘	Ctrl+F5
退出 CorelDRAW 并提示保存活动绘图	Alt+F4
绘制椭圆形和圆形	F7
绘制矩形组	D
将对象转换成网状填充对象	M
打开位置工具卷帘	Alt+F7
添加文本（单击添加美术字；拖曳添加段落文本）	F8
将选择对象下对齐	B
将字体大小增加为字体大小列表中的下一个设置	Ctrl+（小键盘）6
转到下一页	PageDown
将镜头相对于绘画下移	Alt+↓
包含指定线性标注线属性的功能	Alt+F2
添加/移除文本对象的项目符号（切换）	Ctrl+M
将选定对象按照对象的堆栈顺序放置到向后一个位置	Ctrl+PageDown
将选定对象按照对象的堆栈顺序放置到向前一个位置	Ctrl+PageUp
使用超微调因子向上微调对象	Shift+↑
向上微调对象	↑
使用细微调因子向上微调对象	Ctrl+↑
使用超微调因子向下微调对象	Shift+↓
向下微调对象	↓
使用细微调因子向下微调对象	Ctrl+↓
使用超微调因子向右微调对象	Shift+←
向右微调对象	←
使用细微调因子向右微调对象	Ctrl+←

（续表）

操作	快捷键
使用超微调因子向左微调对象	Shift+→
向左微调对象	→
使用细微调因子向左微调对象	Ctrl+→
创建新绘图文档	Ctrl+N
编辑对象的节点；双击该工具打开节点编辑卷帘窗	F10
打开旋转工具卷帘	Alt+F8
打开设置 CorelDRAW 选项的对话框	Ctrl+J
全选对象进行编辑	Ctrl+A
打开轮廓颜色对话框	Shift+F12
给对象应用均匀填充	Shift+F11
显示整个可打印页面	Shift+F4
将选择对象右对齐	R
将镜头相对于绘画右移	Alt+←
再制选定对象并以指定的距离偏移	Ctrl+D
将字体大小增加为下一个字体大小设置	Ctrl+（小键盘）8
将剪贴板的内容粘贴到绘图中	Ctrl+V
将剪贴板的内容粘贴到绘图中	Shift+Ins
启动这是什么?帮助	Shift+F1
重复上一次操作	Ctrl+R
转换美术字为段落文本或反过来转换	Ctrl+F8
将选择的对象转换成曲线	Ctrl+Q
将轮廓转换成对象	Ctrl+Shift+Q
使用固定宽度、压力感应、书法式或预置的自然笔样式来绘制曲线	I
左对齐选定的对象	L
将镜头相对于绘画左移	Alt+→

2.文本编辑

操作	快捷键
显示所有可用/活动的HTML字体大小的列表	Ctrl+Shift+H
将文本对齐方式更改为不对齐	Ctrl+N
在绘画中查找指定的文本	Alt+F3
更改文本样式为粗体	Ctrl+B
将文本对齐方式更改为行宽的范围内分散文字	Ctrl+H
更改选择文本的大小写	Shift+F3

（续表）

操作	快捷键
将字体大小减小为上一个字体大小设置	Ctrl+（小键盘）2
将文本对齐方式更改为居中对齐	Ctrl+E
将文本对齐方式更改为两端对齐	Ctrl+J
将所有文本字符更改为小型大写字符	Ctrl+Shift+K
删除文本插入记号右边的字	Ctrl+Delete
删除文本插入记号右边的字符	Delete
将字体大小减小为字体大小列表中上一个可用设置	Ctrl+（小键盘）4
将文本插入记号向上移动一个段落	Ctrl+↑
将文本插入记号向上移动一个文本框	PageUp
将文本插入记号向上移动一行	↑
添加/移除文本对象的首字下沉格式（切换）	Ctrl+Shift+D
选定文本标签，打开选项对话框	Ctrl+F10
更改文本样式为带下划线样式	Ctrl+U
将字体大小增加为字体大小列表中的下一个设置	Ctrl+（小键盘）6
将文本插入记号向下移动一个段落	Ctrl+↓
将文本插入记号向下移动一个文本框	PageDown
将文本插入记号向下移动一行	↓
显示非打印字符	Ctrl+Shift+C
向上选择一段文本	Ctrl+Shift+↑
向上选择一个文本框	Shift+PageUp
向上选择一行文本	Shift+↑
向上选择一段文本	Ctrl+Shift+↑
向上选择一个文本框	Shift+PageUp
向上选择一行文本	Shift+↑
向下选择一段文本	Ctrl+Shift+↓
向下选择一个文本框	Shift+PageDown
向下选择一行文本	Shift+↓
更改文本样式为斜体	Ctrl+I
选择文本结尾的文本	Ctrl+Shift+PageDown
选择文本开始的文本	Ctrl+Shift+PageUp
选择文本框开始的文本	Ctrl+Shift+Home
选择文本框结尾的文本	Ctrl+Shift+End
选择行首的文本	Shift+Home
选择行尾的文本	Shift+End

（续表）

操作	快捷键
选择文本插入记号右边的字	Ctrl+Shift+←
选择文本插入记号右边的字符	Shift+←
选择文本插入记号左边的字	Ctrl+Shift+→
选择文本插入记号左边的字符	Shift+→
显示所有绘画样式的列表	Ctrl+Shift+S
将文本插入记号移动到文本开头	Ctrl+PageUp
将文本插入记号移动到文本框结尾	Ctrl+End
将文本插入记号移动到文本框开头	Ctrl+Home
将文本插入记号移动到行首	Home
将文本插入记号移动到行尾	End
移动文本插入记号到文本结尾	Ctrl+PageDown
将文本对齐方式更改为右对齐	Ctrl+R
将文本插入记号向右移动一个字	Ctrl+←
将文本插入记号向右移动一个字符	←
将字体大小增加为下一个字体大小设置	Ctrl+（小键盘）8
将文本对齐方式更改为左对齐	Ctrl+L
将文本插入记号向左移动一个字	Ctrl+→
将文本插入记号向左移动一个字符	→
显示所有可用/活动字体粗细的列表	Ctrl+Shift+W
显示一包含所有可用/活动字体尺寸的列表	Ctrl+Shift+P
显示一包含所有可用/活动字体的列表	Ctrl+Shift+F

二、课堂案例索引

（续表）

（续表）

案例名称	所在页
课堂案例：精通寓言插画设计	385
课堂案例：精通彩钻文字设计	360
课堂案例：精通摄影网页设计	365
课堂案例：精通休闲鞋设计	371
课堂案例：精通概念跑车设计	378

三、课后习题索引